DEUTSCHE DEMOKRATISCHE REPUBLIK
DEUTSCHE AKADEMIE DER LANDWIRTSCHAFTSWISSENSCHAFTEN ZU BERLIN
INSTITUT FÜR LANDWIRTSCHAFTLICHE INFORMATION UND DOKUMENTATION

Landwirtschaftliches Zentralblatt

ABTEILUNG II

PFLANZLICHE PRODUKTION

8. JAHRGANG
1963

AKADEMIE-VERLAG · BERLIN

LZ. II PFLANZLICHE PRODUKTION · JG. 1963 · NR. 10 · SEITE 2581—2884 · BERLIN · OKTOBER 1963

INHALTSVERZEICHNIS

LZ. II/10/63

NAMENVERZEICHNIS

Seitenzahl in [Klammer] bedeutet Bibliographie, mit Stern * bedeutet Buchbesprechung

LANDWIRTSCHAFTLICHES ZENTRALBLATT
ABTEILUNG PFLANZLICHE PRODUKTION

1963 NR. 10 OKTOBER

I. ALLGEMEINES

White-Stevens, Robert; Princeton, Amer. Cyanamid Co., Agric. Div. Feeding an exploding population. The role of agricultural chemicals. **(Die Ernährung der zunehmenden Bevölkerung. Die Rolle von Chemikalien in der Landwirtschaft.)** Agric. Inst. Rev. **17** (1962) Nr. 6. S. 11–13. 46. – 4 Lit.
Untersuchungen der World Health Organization der UN haben gezeigt, daß $^3/_5$ bis $^4/_5$ der Weltbevölkerung nicht mehr als 1800 Kal. täglich zu sich nehmen können. 50% der Weltbevölkerung haben sogar weniger als 1500 Kal./Tag zur Verfügung; das bedeutet, daß die Hälfte der Menschheit hungert. Bei der notwendigen Erhöhung der Weltproduktion an landwirtsch. Erzeugnissen kommt den Produkten der chem. Industrie große Bedeutung zu. Außer Düngemitteln, Krankheits- und Schädlingsbekämpfungsmitteln und Herbiciden müssen auch synthetische Vitamine und Hormone für die Tierernährung und Medikamente erwähnt werden. Die Aufgabe, die noch gelöst werden muß, liegt darin, die richtige Anwendung chem. Präparate vor allem bei den Völkern Asiens und Afrikas intensiv zu propagieren. E. M. Ardelt. 1.

Brouwer, W. **Entwicklungslinien und Aufgabenkreis des Acker- und Pflanzenbaues.** Z. Acker- u. Pflanzenbau **116** (1963) Nr. 3. S. 215–230.
Im Hinblick auf den ständig größer werdenden Nahrungsmittelbedarf der unaufhaltsam anwachsenden Weltbevölkerung werden folgende Probleme des Acker- und Pflanzenbaus besprochen: Fruchtfolgefragen, Unkrautbekämpfung, Phytopathologie und -therapie, Resistenzzüchtung, Bodenbearbeitung, Wasserhaushalt des Bodens. Die Bereitstellung von kontinuierlich fließenden Nährstoffquellen während der Vegetationsdauer der Kulturpflanzen und die Erforschung von Ertragsschwankungen sind Schwerpunkte der landwirtschaftswissenschaftlichen Forschung ebenso wie Sortenversuche. Auf den Mais- und Rapsanbau geht Vf. bes. ein und behandelt Weizen, Gerste und Hafer unter dem Gesichtspunkt der Qualitätsverbesserung.
E. M. Ardelt. 1.

B. Biographien, Persönliches und Nachrufe

Gramms. **Zum 70. Geburtstag von Prof. Dr. h. c. Florus Kertscher.** Z. landwirtsch. Versuchs- und Untersuchungswes. 8 (1962) Nr. 6. S. 423–424. 50.

Rudorf, W.; Herrsching, Ammersee. **In memoriam E. Tschermak-Seysenegg.** Z. Pflanzenzücht. **49** (1963) Nr. 1. S. 1–6. 50.

Danert, S. **Die wissenschaftlichen Arbeiten Rudolf Mansfelds.** Kulturpflanze Beih. Nr. 3. (1962) S. 13–25. 50.

C. Ausstellungen, Tagungen, Mitteilungen aus den Instituten

Anonym. Proceedings of the first triennial conference of the European association for potato research. **(Berichte der ersten Dreijahrestagung der Europäischen Gesellschaft für Kartoffelforschung.)** Ber. Tätigk. Forsch.-Anst. Landwirtsch. Braunschweig-Völkenrode **1960** (hrsg. 1961) S. 1–355. – 36 Abb., 12 Tab., 623 Lit.

Die vorliegende Dokumentation über die Tagung der Europäischen Gesellschaft für Kartoffelforschung vom 12.–17. Sept. 1960 in Braunschweig-Völkenrode enthält neben dem Einführungsvortra 8 Übersichtvorträge in ausführlicher Form und die Kurzfassung von insgesamt 65 Vorträgen, die in den einzelnen Sektionen gehalten wurden. Die Thematik reicht von Anbauproblemen der Kartoffel über Physiologie, Sortenwesen, Pathologie und Mechanisierungsfragen bis zu Qualitäts- und Veredelungsproblemen.

M. Lüpnitz. 100.

Les aspects et les étapes de la recherche agronomique en France. Paris: Acad. d'agriculture de France. 1961. (96 S.) 8°. (1963 A 248)

II. NATURWISSENSCHAFTLICHE GRUNDLAGEN

A. Systematik der Pflanzen

Bowden, Wray M.; Ottawa, Ontario, Canada Dep. of Agric., Plant Res. Inst., Res. Branch. Cytotaxonomy of the native and adventive species of Hordeum, Eremopyrum, Secale, Sitanion, and Triticum in Canada. **(Cytotaxonomie der einheimischen und eingeführten Arten von Hordeum, Eremopyrum, Secale, Sitanion und Triticum in Kanada.)** Canad. J. Bot. **40** (1962) Nr. 12. S. 1675–1711. – 40 Lit.

Herbarmaterial und lebende Pflanzen dienten als Grundlage für die Untersuchungen. Die Feststellungen zur Systematik und die Ergebnisse der Chromosomenzahluntersuchungen werden mitgeteilt. Für die in Kanada vorkommenden *Hordeum*-Arten wird ein Bestimmungsschlüssel gegeben. Folgende Arten werden beschrieben: *Hordeum depressum* (2n = 28), *H. geniculatum* (2n = 14 und 28), *H. geniculatum* f. *hirtellum* (novum), *H. glaucum* (2n = 14), *H. jubatum* subsp. *jubatum* (2n = 28), *H. jubatum* subsp. × *intermedium* (novum) (2n = 28), *H. jubatum* subsp. *breviastrum* (novum) (2n = 28), *H. leporinum* var. *leporinum* (2n = 28), *H. leporinum* var. *simulans* (novum) (2n = 42), *H. murinum* (2n = 28), *H. pusillum* (2n = 14), *H. vulgare*; ergänzend erwähnt, da nicht aus Kanada bekannt, die 3 *Hordeum*-Arten: *H. arizonicum* (2n = 42), *H. californicum* (2n = 14), *H. marinum* (2n = 14); weitere kanadische Arten sind: *Eremopyrum bonaepartis* f. *hirsutum* (novum) (2n = 28), *E. bonaepartis* f. *bonaepartis* (2n = 14 und 28), *E. triticeum* (2n = 14), *E. distans* (2n = 28), *Secale cereale, Sitanion elymoides, S. hystix, Triticum aestivum, T. turgidum.* Für die einzelnen Arten werden Herkünfte des Herbarmaterials und auch Fundorte sowie die wichtigsten Unterscheidungsmerkmale mitgeteilt.

F. Beleites. 201.

Kulpa, Władyslaw und Danert, Siegfried; Lublin, Polen, Landwirtsch. Hochschule, Inst. für Pflanzenzücht. **Zur Systematik von Linum usitatissimum L.** Kulturpflanze, Beih. Nr. 3. (1962) S. 341–388. – 3 Abb., 2 Tab., 54 Lit. – nach Zus.

Linum usitatissimum L. ist eine Kulturpflanze, bei der sich im Laufe der vergangenen Jahrhunderte einige großräumig verbreitete infraspezifische Sippen herausgebildet haben. Sie sind durch Übergangsformen eng miteinander verbunden, eine Gruppenbildung ist daher nur durch eine künstliche Abgrenzung möglich. Mit den Methoden der Kombinationszüchtung ist man bemüht, die wertvollen Merkmale von Pflanzen, die verschiedenen infraspezifischen Sippen angehören können, in neuen Sorten zu vereinigen. Erstrebenswert ist daher ein System, das sowohl „natürliche" Entwicklungslinien innerhalb der Art widerspiegelt, in das aber auch Neuzüchtungen aufgenommen werden können. Eine solche Gliederung setzt voraus, daß gewisse Merkmalskorrelationen vorliegen. Auf Grund der bisherigen züchterischen Erfahrungen wurden die Abgrenzungsmerkmale der höheren infraspezifischen Taxa festgelegt. In der Rangstufe einer Convarietät unterscheiden wir 4 infraspezifische

Taxa, die die Springleine, die Faserleine, die mediterranen Ölleine und die übrigen Leine, die meist als Ölleine genutzt werden, umfassen. Zur weiteren Untergliederung in Varietäten verwenden wir die Blütenkronen- und Samenfarbe, den Öffnungsgrad der Blüten und die Form der Petalen. Leine mit schmalen Blütenblättern und röhrenartiger Blütenkrone treten bevorzugt unter den indo-abessinischen Formen auf, sie sind aber auch in anderen Gruppen vertreten. 28 Varietäten werden insgesamt unterschieden, eine davon wurde erstmalig erfaßt. Einigen Varietäten, die nach 1935 nur in einer lebenden Sprache beschrieben wurden, werden Diagnosen beigegeben. 201.

Nishiyama, Ichizo und Teramura, Tei; Kyoto Univ., Fak. of Agric., Lab. of Genetics. Mexican wild forms of sweet potato. **(Mexikanische Wildformen der Süßkartoffel.)** Econ. Bot. **16** (1962) Nr. 4. S. 305–314. – 8 Abb., 4 Tab., 15 Lit.
Die Annahme, daß die Kulturformen der Süßkartoffel auf amerikanische Wildformen zurückgehen, wurde wegen der Unterschiede im Chromosomensatz in letzter Zeit verworfen. Vff. berichten nunmehr über eine Wildform (*I. trifida* [HBK] G.Don.), die bei einer systematischen Sammelexpedition in Mexiko gefunden wurde und die sowohl im Habitus als auch im Chromosomensatz ($2n = 90$) mit den Kultursorten weitgehend übereinstimmt. Aus den gesammelten Samen konnten 20 Pflanzen (Stamm K 123), die die verschiedensten Formen zeigten, aber alle keine Knollen aufwiesen, herangezogen und danach vegetativ vermehrt werden. Sie werden nach Wurzel-, Stengel-, Blattstiel- und Blattform beschrieben und nach diesen Kennzeichen mit bekannten Kultursorten verglichen. Selbstungen und Kreuzungen mit gebauten Formen zeigten fast völlige Selbststerilität und gute Kreuzbarkeit mit *I. batatas*. In Bezug auf die Kreuzungsverträglichkeit miteinander wurden die 20 Klone von K 123 vorläufig in 7 Gruppen eingeordnet (Kultursorten: 3 Gruppen). Unterschiede zur Kulturform bestehen vor allem in der fehlenden Knollenausbildung, den dünnen verzweigten Stengeln sowie der starken Behaarung der ganzen Pflanze. Dennoch kann *I. trifida* als Stammform für *I. batatas* angesehen werden. Weitere Untersuchungen sollen sich auf die Erfassung der Variation und der geograph. Verteilung der Wildform, auf vergleichende Untersuchungen der Formen hinsichtlich der Kreuzungsverträglichkeit und die Analyse der Polyploidieverhältnisse erstrecken.
V. Ehrenpfordt. 201.

Werner, Klaus; Halle/S., Martin-Luther-Univ. Halle-Wittenberg, Inst. für Systemat. Bot. und Pflanzengeographie. **Die kultivierten Digitalis-Arten.** Kulturpflanze, Beih. Nr. 3. (1962) S. 167–182. – 5 Lit. – nach Zus.
Die in den Samentauschkatalogen der botan. Gärten angebotenen *Digitalis*-Arten sind größtenteils nicht richtig bestimmt. Heute befinden sich etwa 7–9 Arten in Kultur, die in den Gärten mit 27 verschiedenen Artnamen bezeichnet sind. Diese Namen werden in einer Liste den tatsächlich kultivierten Arten gegenübergestellt. In dem beigefügten Bestimmungsschlüssel sind die kultivierten *Isoplexis*- und *Digitalis*-Arten nebst ihren häufigsten Bastarden sowie eine Reihe verwandter Arten aufgenommen. Für die angebauten Arten werden Kulturhinweise gegeben und einige in Gärten nicht selten spontan auftretende Bastarde näher beschrieben. 201.

B. Morphologie der Pflanzen

Baker, E. A., Batt, R. F., Roberts, Margaret F. und Martin, J. T. Studies on plant cuticle: Progress report. **(Untersuchungen der Pflanzenkutikula: Fortschrittsbericht.)** Annu. Rep. agric. horticult. Res. Stat., Long Ashton, Bristol **1961** S. 114–123. – 6 Abb., 10 Tab., 9 Lit.
Färbungsversuche und Untersuchungen mit polarisiertem Licht erhärteten die Tatsache, daß Cutin nebst eingelagerten Wachsen in der gesamten Blatt-

kutikula verbreitet ist, während Cellulose und Pektin nur von den Epidermiszellwänden her in die Kutikula eindringen. Im Verlauf des Blattwachstums werden Cutin und Wachs in konstanten Raten produziert und abgelagert (Versuche mit Blättern der Apfelunterlage MM 160 und der Apfelsorte 'Cox Orange'). Getrennte Analysen der Ober- und Unterseite der Blätter ergaben ferner, daß die Kutikula der Unterseite mehr Wachse enthält als die der Oberseite. Um die Bedeutung der Kutikula für die Resistenz gegen Pilzkrankheiten zu klären, wurden alte *Citrus*-Blätter, die gegen *Gloeosporium limetticola* Clausen resistent sind, neben jungen, anfälligen Blättern untersucht. Die resistenten Blätter enthalten sehr viel mehr Cutin als die nichtresistenten. Der keimhemmende Einfluß von Cutinsäure und Wachsen auf *Gloeosporium*-Sporen wird durch Keimversuche nachgewiesen. Bei Apfelfrüchten erfolgte die Ablagerung des Kutikulamaterials ebenso konstant wie bei den Blättern. Die Sorte 'Dabinett', die rel. schorfresistent ist, lagert stärker Cutin ab als die anfälligere Sorte 'Dove'. Die methodische Schwierigkeit, fruchtfleischfreie Schalenproben zu gewinnen, wird beachtet. Untersuchungen über die Ablagerungen während der Lagerung wurden durch die Schalenschrumpfung erschwert. 'Cox' lagert dabei weniger Cutin ein als 'Laxton' oder 'Winston'. Aus Kutikulen von 'Dabinett'-Früchten konnten Trihydroxyoctadecansäure und Dihydroxyhexadecansäure sicher identifiziert werden. Diese sollen nach vergleichenden Untersuchungen mit den von anderen Autoren aus Agave-Kutikula gewonnenen Subst. identisch sein. K. Arlt. 211.

Avers, Charlotte J.; New Brunswick, N.J., State Univ., Douglass Coll., Dep. of Biol. Sci. Fine structure studies of Phleum root meristem cells. II. Mitotic asymmetry and cellular differentiation. **(Untersuchungen über die Feinstruktur der Wurzelmeristemzellen von Phleum. 2. Mitt. Mitotische Asymmetrie und Zelldifferenzierung.)** Amer. J. Bot. **50** (1963) Nr. 2. S. 140 bis 148. — 1. Mitt. vgl. LZ. Abt. II **8** (1963) Nr. 6. S. 1445. 211.

C. Physiologie der Pflanzen

Müller, F. **Der Einfluß von Gibberellin auf die Frosthärte von Gerste und Weizen.** Bayer. landwirtsch. Jb. **39** (1962) Nr. 8. S. 1007–1008.

Der Vf. berichtet über Versuche, bei denen Wi-Gerste und Wi-Weizen bei der Samenquellung und/oder danach mit Gibberellin behandelt wurden und später reduzierte Frostresistenz zeigten. Die Sortenrangordnung nach ihrer Frostresistenz war bei behandelten und Kontroll-Pflanzen dieselbe. Einen ausführlichen Bericht über dieselben Versuche findet man in „Eigenschaften und Wirkungen der Gibberelline", Symposium der Oberhessischen Gesellschaft für Natur- und Heilkunde, Naturw. Abt., zu Gießen vom 1. bis 3. Dez. 1960 (Springer-Verlag Berlin-Göttingen-Heidelberg, 1962) S. 173–180. G. Kretschmer. 221.

Chinoy, J. J. Physiology of drought resistance in wheat. IV. Effect of wilting at different growth and developmental stages on plant characters determining yield of grain in eight varieties of wheat. **(Physiologie der Dürreresistenz von Weizen. 4. Mitt. Der Einfluß des Welkens in verschiedenen Wachstums- und Entwicklungsstadien auf den den Kornertrag bestimmenden Pflanzencharakter von 8 Weizensorten.)** Phyton [Vicente López, Argentina] **19** (1962) Nr. 1. S. 5–10. — 2 Abb., 8 Lit. 3. Mitt. vgl. LZ. Abt. II **8** (1963) Nr. 7. S. 1719.

Zur Charakterisierung wurden herangezogen: Zahl der Körner je Ähre des Hauptsprosses, Zahl der Ähren pro Pflanze, Zahl der Ährchen je Ähre des Hauptsprosses, Länge der Ähre, 1000-Korngewicht und Kornertrag von 10 Pflanzen. — Die Pflanzen wurden während des Schossens und Blühens normal bewässert oder Wassermangel unterworfen. Die Kornzahl, die TKM und der Kornertrag nahmen mit zunehmender Spätreife der Sorten zu. Welken während des Schossens und Blühens beeinträchtigte bes. den Kornertrag der spätreifenden Sorten. Die Zahl der Ähren und Ährchen sowie die Ährenlänge wurden dagegen nur bei Welken während des Schossens beeinflußt. Dieser Effekt war um so größer, je länger die Vegetationsperiode der Sorte war. Vf. nimmt an, daß die unterschiedliche Dürreresistenz der einzelnen Sorten nicht so sehr, wie allg. vermutet wird, auf genetischen Differenzen beruht, sondern auf unterschiedlichen Umwelteinflüssen während der verschiedenen Wachstums- und Entwicklungsstadien. I. Frommhold. 221.

Chinoy, J. J. Physiology of drought resistance in wheat. V. Drought coefficients in relation to drought intensity. **(Physiologie der Dürreresistenz von Weizen. 5. Mitt. Trockenheitskoeffizienten in Beziehung zur Trockenheitsintensität.)** Phyton [Vicente López, Argentina] **19** (1962) Nr. 1. S. 11–20. – 9 Abb., 34 Lit. 4. Mitt. vgl. vorst. Ref.

Es zeigte sich, daß die spätblühenden Sorten im Vergleich zu den frühblühenden empfindlicher gegen Welken während des Schossens und Blühens waren. Das beruhte darauf, daß zu diesen Zeiten eine größere Dürre herrschte. Sorten ein und derselben Reifeklasse weisen keine Unterschiede in der Trockenresistenz auf. Die Bedeutung des Protoplasmas u.a. Faktoren wird diskutiert. I. Frommhold. 221.

Bray, J. R.; Toronto, Ontario, Univ., Dep. of Bot. Root production and the estimation of net productivity. **(Die Leistung der Wurzel und die Bestimmung der Nettoproduktivität.)** Canad. J. Bot. **41** (1963) Nr. 1. S. 65–72. – 2 Tab., 28 Lit.

Vf. stellt die in der Literatur für 28 krautige Angiospermen und mehrere Baumarten der gemäßigten Zone (bes. aus USA, UdSSR, Deutschland) vorhandenen Angaben über Gesamtertrag, Ertrag der ober- und unterirdischen Pflanzenteile und den Quotienten unterirdisch:oberirdisch zusammen. Die Werte beziehen sich auf Tr.-Subst.-Gehalt. Der mittlere Gesamtertrag liegt für krautige Pflanzen bei 9,8 t/ha (unterirdisch: 3,9 t/ha; oberirdisch: 5,9 t/ha), für die betrachteten Baumarten bei 10,8 t/ha (unterirdisch: 1,9; oberirdisch: 8,9 t/ha). Dementsprechend ist der Quotient unterirdisch:oberirdisch bei den Kräutern signifikant höher, am größten bei den Kulturpflanzen mit Knollen oder Rüben. Die Masse der unterirdischen Teile nimmt bei den Kräutern mit zunehmendem Alter der Wurzel ab. G. Ballin. 221.

Fialová, Svatava und Dobřemyslová, Marie; Prague, Dep. of Plant Physiol. and Soil Biol., Natural Sci. Fac., Charles Univ. Aktivita katalázy a fosfatázy v pšenici při ovlivněné rychlosti růstu. **(Katalase- und Phosphataseaktivität im Weizen bei beeinflußter Wachstumsschnelligkeit.)** Biol. Plantarum [Praha] 4 (1962) Nr. 3. S. 182–190. – 8 Abb., 13 Lit. Orig.: engl., Ausz.: russ.

Das Wachstum wurde durch K-Humat stimuliert, und in den Blättern und Wurzeln war die Phosphataseaktivität erhöht, während die Katalaseaktivität nur in den Wurzeln gesteigert war. Höhere Temperatur bei der Kultivierung hatte einen Rückgang der Phosphataseaktivität in den Wurzeln und Blättern und der Katalaseaktivität in den Blättern zur Folge. Die Narkotisierung der Keimlinge mit Chloroform verlangsamt das Wachstum, steigert die Phosphataseaktivität während der ersten Tage nach der Behandlung und erhöht die Aktivität der Katalase. Endospermentnahme aus den Körnern verursachte verlangsamtes Wachstum. Aus solchen Körnern hervorgegangene Weizenpflanzen wiesen erhöhte Katalase- und Phosphataseaktivität auf. Die Katalaseaktivität hängt wahrscheinlich weniger von der Wachstumsgeschwindigkeit ab und steht eher mit der Ernährung, Chlorophyllbildung, mit der photosynthetischen Aktivität usw. im Zusammenhang. M. Pštross. 221.

Horvatovičová-Haspelová, Alžběta; Bratislava, Biol. Ústáv Slov. Akad. Vied; Odd. Rastlinnej Fyziol. Príspevok k fyziológii letálnych jedincov Zea Mays s chlorofylovým defektom. III. Makroskopické změny pigmentácie pri ontogenetickom vývine. **(Beitrag zur Physiologie chlorophylldefekter letaler Maispflanzen. 3. Mitt. Makroskopische Veränderungen der Pigmentierung im Verlauf ihrer ontogenetischen Entwicklung.)** Biológia [Bratislava] **17** (1962) Nr. 8. S. 576–582. – 2 Tab., 26 Lit. Zus. in Russ., Dtsch.
Anhand des internationalen Farbenkodex von Séguy bestimmte Vf. die Veränderung der Farbe bei Jungpflanzen gleichzeitig mit der morphol. Entwicklung der Blätter, des Endosperms und des Wurzelsystems junger albinotischer Maispflanzen, die teilweise mit Saccharose künstlich ernährt wurden. Die nichternährten Pflanzen fingen bald an abzusterben, während bei den ernährten Pflanzen nur die ersten Blätter abstarben und die jungen Blätter gesund waren. Die Veränderungen des Pigments hingen mit morphol. Veränderungen der sich entwickelnden Pflanzen zusammen. Nach dem Erscheinen der Koleoptilen wurden sowohl die genährten als auch die nichtgenährten Pflanzen grün, dann wurden sie jedoch vorübergehend blaß, was offensichtlich auf die Erschöpfung des Endosperms und das Absterben der Primärwurzel zurückzuführen war. Zu Beginn der Tätigkeit der Adventivwurzeln wurden sie wieder grün. Z. Šesták. 221.

Meidner, Hans; Pietermaritzburg, South Africa, Univ. of Natal. The minimum intercellular-space CO_2-concentration (Γ) of maize leaves and its influence on stomatal movements. **(Die Minimalkonzentration von CO_2 (Γ) in den Interzellularräumen der Maisblätter und ihr Einfluß auf die Spaltöffnungsbewegungen.)** J. exp. Bot. **13** (1962) Nr. 38. S. 284-293. – 1 Abb., 5 Tab., 15 Lit.
Mittels des Infrarotanalysengerätes, einer besonderen Blattkammer und eines Porometers (Prinzip Wheatstone'sche Brücke) wurde der CO_2-Kompensationspunkt Γ, d.h. die CO_2-Konz., bei der sich respiratorische CO_2-Abgabe und assimilatorische CO_2-Aufnahme aufheben, bei Maisblättern bestimmt. $\Gamma = 0$ wurde in den Interzellularen der Blätter bei 20 °C und 100 ft.-c. Belichtungsintensität erreicht, während bei 25 °C 120 ft.-c und bei 30 °C 500 ft.-c benötigt wurden. Über 30 °C konnte auch mit 1500 ft.-c $\Gamma = 0$ nicht erreicht werden. Bei schwacher Wasserversorgung stiegen die Γ-Werte bei konstanter Temperatur und Belichtung an. Auch wurden als Nachwirkung überstandener Perioden mit schwacher Wasserversorgung höhere Γ-Werte gefunden (= „Abhärtung"). Der CO_2-Gehalt der umgebenden Luft übt zwischen 0 und 100 ppm einen Einfluß auf die Öffnung der Stomata aus; dabei verläuft der Spaltöffnungsschluß bei ansteigendem CO_2-Gehalt langsamer als die Öffnung bei fallender CO_2-Konzentration. In allen diesen Punkten zeigt Mais ein abweichendes Verhalten gegenüber anderen bisher untersuchten Pflanzen.
M. Schmiedeknecht. 221.

Henke, O. und Mihatsch, H.; Dresden-Pillnitz, Versuchsstat. Obstzücht. des Inst. für Obst- und Zierpflanzenbau der Dtsch. Akad. der Landwirtsch.-Wiss. zu Berlin. **Beitrag zum Stoffwechsel chlorotischer Pflanzen. I. Mineralstoffwechsel.** Albrecht-Thaer-Arch. **7** (1963) Nr. 7/8. S. 519—536. -4 Abb., 9 Tab., 73 Lit. – nach Zus.
Es wird der Mineralstoffwechsel chlorotischer Pflanzen diskutiert und über Mineralstoffanalysen von Obstbäumen berichtet, die an Kalkchlorose leiden. Für die chlorotischen Pflanzen ist, unabhängig von den die Chlorose auslösenden ökologischen Faktoren, eine Verringerung des Gehaltes an „aktivem" Eisen charakteristisch. Die Störungen im Stoffwechsel der anderen Nährstoffe bzw. Spurenelemente sind bei den einzelnen Chlorosen verschiedener Art. Es lassen sich keine patholog. Abweichungen erkennen, die allen Formen der

unter dem Begriff Chlorose zusammengefaßten Erkrankungen gemeinsam sind. Der Mineralstoffgehalt des Bodens ließ keine eindeutige Beziehung zum Auftreten der Chlorose erkennen. 222.

Leblová, Sylva und Koštíř, Josef; Praha, Přírodovědecká Fak. Karlovy Univ.; Katedra Biochem. Vliv organických isothiokyanátů na metabolismus rostlin. VI. Vliv allylisothiokyanátu (AITK) na metabolismus fosforu, cukrů a ketokyselin v klíčních rostlinách hrachu (Pisum sativum). **(Einfluß organischer Isothiocyanate auf den Pflanzenmetabolismus. 4. Mitt. Einfluß des Allylisothiocyanats [AITK] auf den Phosphor-, Zucker- und Ketonsäuremetabolismus bei Erbsenkeimpflanzen [Pisum sativum].)** Rostlinná Výroba **8(35)** (1962) Nr. 7. S. 919–928. – 5 Abb., 3 Tab., 30 Lit. Zus. in Russ., Engl., Dtsch. 3. Mitt. vgl. LZ. Abt. II **7** (1962) Nr. 5. S. 1208.
Die Samen der Erbsensorte 'Unikum' keimten auf Licht in Petri-Schalen im Wasser oder Wasseremulsion des Allylisothiocyanats ($5 \cdot 10^{-4}$–10^{-2} mol. Konz.). Sowohl in 8 Tage alten, ganzen Pflanzen als auch in ihren einzelnen Organen wurde dann der Gehalt an reduzierenden und nichtreduzierenden Zuckern festgestellt, deren qualitative Veränderungen mit Hilfe der Papierchromatographie verfolgt wurden. Ferner stellte man den Gehalt an anorg. und löslichem org. P labiler und stabiler Art und an aliphatischen Ketosäuren fest. Infolge der Wirkung von Inhibitoren sank der Gehalt an reduzierenden Zuckern in den Keimblättern, Epikotylen und Wurzeln. In den Vegetationsorganen nahm der Gehalt an nichtreduzierenden Zuckern zu. Der Inhibitor greift auch in den Abbau der Polysaccharide ein und senkt den Gehalt an aliphatischen Ketosäuren. Der Anteil des anorg. P nimmt in den Keimblättern ab und in den Epikotylen und Wurzeln zu. Auch hinsichtlich des Gehalts an löslichen org. P-Verbindungen fand man signifikante Unterschiede. Das Allylisothiocyanat greift offenbar in die Bildungsprozesse der P-haltigen Zuckerester ein.
Z. Šesták. 222.

Quinlan, J. D. und Sagar, G. R.; Bangor, Univ. Coll. of North Wales, Dep. of Agric. Bot. An autoradiographic study of the movement of ^{14}C-labelled assimilates in the developing wheat plant. **(Eine autoradiographische Untersuchung über den Transport von ^{14}C-markierten Assimilaten in der wachsenden Weizenpflanze.)** Weed Res. **2** (1962) Nr. 4. S. 264–273. – 5 Abb., 12 Lit.
Mit der autoradiographischen Technik wurde der aus $^{14}CO_2$ assimilierte C in Weizenpflanzen während verschiedener Wachstumsstadien verfolgt. In frühen Entwicklungsstadien wird ^{14}C in Assimilaten von den Blättern über die ganze Pflanze verteilt, der Hauptteil findet sich dabei in meristematischen Geweben. In späteren Entwicklungsstadien verbleiben die gebildeten Assimilate in jedem Trieb in der Nähe des Blattes. Nach dem Ährenschieben werden die Assimilate vorwiegend von den Blättern unterhalb der Fahne zu den Wurzeln und von den Blättern oberhalb der Fahne zur Ähre transportiert. Eine geringe Speicherung in älteren Blättern wurde festgestellt. Es wird für möglich gehalten, daß über den Transpirationsstrom vom Phloem zum Xylem auch einige Herbicide (2.4 D, Dalapon, Amitrol) in der Weizenpflanze verteilt werden.
P. Neubert. 222.

Rufelt, Henry; Uppsala, Univ., Inst. of Plant Physiol. Rapid changes in transpiration in plants. **(Schnelle Änderungen der Transpiration von Pflanzen.)** Nature [London] **197** (1963) Nr. 4871. S. 985–986. – 3 Abb., 1 Tab., 12 Lit.
Oft tritt nach dem Abschneiden von Blättern ein kurzfristiger Anstieg der Transpirationsintensität auf. Nach Iwanow beruht dies auf einer Zunahme des Wassergehaltes in den Blättern infolge der Unterbrechung des Wasserstromes in den Leitgefäßen (hydroaktiver Effekt). Darwin und Pertz nahmen dagegen an, daß das Öffnen der Stomata durch Turgorverlust der die Schließzellen umgebenden Epidermiszellen, bes. der Nebenzellen, hervorgerufen wird (mechanischer Effekt). Vf. untersuchte u.a. die rel. Turgescenz

(RT) der Blattspreiten und Blattstiele abgeschnittener Blätter. Die RT nahm in den Blattstielen schneller als in den Blattspreiten ab. Mit Hilfe einer bes. Versuchsanordnung konnte gezeigt werden, daß bei Weizen kein mechanischer Effekt vorlag. Aus den Ergebnissen zieht der Vf. die Schlußfolgerung, daß der Wasserstrom von den Wurzeln zu den Schließzellen die Nebenzellen passiert,ohne deren Volumen merklich zu verändern. Änderungen des Wassergehaltes der Blätter beeinflussen jedoch sofort den Wassergehalt der Schließzellen. Dabei scheint der Wassergehalt der Zellwände bzw. der Wassertransport in den Zellwänden von großer Bedeutung zu sein, und nach Ansicht des Vf. ist es notwendig, zwischen dem Wasserdefizit des Blattes und dem der Zellwände zu unterscheiden. I. Frommhold. 222.

Peters, D. B. und Roberts, W. J. Use of octa-hexadecanol as a transpiration suppressant. **(Die Verwendung von Okto-Hexadecanol als Mittel zur Transpirationshemmung.)** Agronomy J. **55** (1963) Nr. 1. S. 79. – 1 Lit.
Die Versuche wurden im Freiland an bedeckten und unbedeckten Parzellen durchgeführt. Der Wasserverbrauch wurde gravimetrisch und mittels Neutronen-Durchstrahlung festgestellt. Letzteres erfolgte alle 2 Wochen während der Vegetationsperiode. Es ergaben sich weder im Wasserverbrauch noch im Kornertrag statistisch signifikante Unterschiede zwischen den Kontrollen und den mit Hexadecanol behandelten Pflanzen. Lediglich die Höhe der Pflanzen war im letzteren Fall etwas geringer. Aus den Ergebnissen geht hervor, daß unter den gegebenen Bedingungen die Herabsetzung des Wasserverbrauches durch Verabreichung von Hexadecanol nicht möglich ist.
I. Frommhold. 222.

Ben-Yehoshua, S., Robertson, R. N. und Biale, J. B.; Los Angeles, Univ. of California, Dep. of Bot. and Plant Biochem. Respiration and internal atmosphere of avocado fruit. **(Respiration und interne Atmosphäre der Avocadofrucht.)** Plant Physiol. **38** (1963) Nr. 2. S. 194–201. – 4 Abb., 4 Tab., 27 Lit. 222.

Gaastra, P.; Wageningen, Agric. Univ., Labor. of Plant Physiol. Res., Nat. Council for Agric. Res. Photosynthesis of leaves and field crop. **(Photosynthese von Blättern und Feldbeständen.)** Netherl. J. agric. Sci. **10** (1962] Nr. 5. S. 311–324. – 7 Abb., 1 Tab., 36 Lit.
Vf. behandelt eingangs die die Photosynthese begrenzenden Faktoren (Lichtintensität, CO_2-Diffusion) und geht dann auf die Photosynthese unter Freilandbedingungen ein. Die Photosynthese der Freilandpflanzen wird durch physiol. und strukturelle Eigenschaften der Pflanze und durch meteorol. Bedingungen beeinflußt. Die Respiration bei Freilandpflanzen kann 25–50% der Bruttoassimilation betragen. W. Hiller. 222.

Kardo-Sysoeva, E. K. und Kopteva, E. G. (Kardo-Syssojewa, Je. K. und Koptewa, Je. G.) Značenie svetovogo i temperaturnogo faktorov Krajnego Severa dlja nakoplenija krachmala v klubnjach kartofelja. **(Die Bedeutung der Licht- und Temperaturfaktoren des Hohen Nordens für die Stärkeanreicherung in Kartoffelknollen.)** Fiziologija rastenij, Moskva **10** (1963) Nr. 1. S. 31–39. – 3 Abb., 8 Tab., 8 Lit. Zus. in Engl.
Die Verkürzung der Tageslichtperiode auf 12 Std. führt im Hohen Norden bei der Kulturkartoffel weder zum natürlichen Abreifen des Krautes, noch zur Erhöhung des niedrigen Stärkegehaltes. Die Erwärmung des Bodens ohne Veränderungen der Lichtbedingungen bewirkte eine Erhöhung des Stärkegehaltes der Knollen von 10 auf 13–14%. Dies wurde von der Reife der Knollen und dem Absterben des Krautes begleitet. Die Wildkartoffel *Solanum schreiteri* reagiert auf verkürzten Tag ohne Temperaturbeeinflussung mit Bildung von Knollen mit 21–23% Stärke. Die Pfropfung von *S. schreiteri* auf *S. tuberosum* führte zur Erhöhung des Stärkegehaltes der Knollen. Das Temperaturopti-

mum der Fermente, die für die Stärkesynthese in den Knollen der Kulturkartoffel verantwortlich sind, ist höher als die vorliegenden Bodentempera, turen, wogegen das Enzymsystem von *S. schreiteri* auch in der Kälte aktiv ist.
J. Birke. 222.

Avratovščuková, Naděžda, Bartoš, Jiří und Šesták, Zdeněk; Praha, Karlova Univ., Přírodovědecká Fak., Odd. Genet. Třeboň, Biol. Ústav ČSAV, Lab. pro Výzkum Řas; Praha, Biol. Ústav ČSAV, Odd. Fyziol. Rostlin. Závislost mezi intenzitou fotosyntézy, množstvím chlorofylu a kresbou listů u jetele lučního (Trifolium pratense L.). **(Abhängigkeit zwischen der Intensität der Photosynthese, der Chlorophyllmenge und der Blattzeichnung beim Rotklee [Trifolium pratense L.].)** Rostlinná Výroba **8(35)** (1962) Nr. 9. S. 1225 bis 1234. – 4 Abb., 3 Tab., 17 Lit. Zus. in Russ., Dtsch.
In Laborversuchen 1958–59 und 1961 wurde die höchste Intensität der Photosynthese bei dunkelgrünen und zeichnungsfreien Blättern festgestellt. Die Intensität der Photosynthese wurde mit Hilfe der Wägemethode nach Bartoš, Kubín und Šetlík und durch Bestimmung der Chlorophyllmenge (a + b) je Blattflächeneinheit festgestellt. V. Skládal. 222.

Clark, R. B., Wallace, A. und Mueller, R. T.; Los Angeles, Univ. of California, Dep. of Plant Biochem. Dark CO_2 fixation in avocado roots, leaves, and fruit. **(CO_2-Dunkelfixierung in Wurzeln, Blättern und Früchten von Avocado.)** Proc. Amer. Soc. horticult. Sci. **78** (1961) S. 161–168. 222.

Tesche, Manfred; Dresden, TU, Inst. für Bot. **Untersuchungen über den Einfluß von erhöhtem Thiamingehalt auf einige Mono- und Oligosaccharide junger Weizenpflanzen.** Flora [Jena] **152** (1962) Nr. 3. S. 409–422. – 2 Abb., 10 Tab., 26 Lit.
Bei Gegenwart von Thiamin in der Nährlösung (Knopsche Lösung + 0,5 mg Thiaminhydrochlorid/100 ml) bestockten sich die Weizenpflanzen besser, waren die Stengel dicker, zeigten die Wurzeln ein verstärktes Längenwachstum und sowohl Sproßteile als auch Wurzeln ein höheres Frisch- und Trockengewicht als die Kontrollen. Das Längenwachstum der oberirdischen Organe wurde nicht beeinflußt. Analytisch wurde eine quantitative Erhöhung des Glucose-, Fructose-, Saccharose-, Raffinose- und Fructosangehaltes nachgewiesen. H. E. Freytag. 222.

Kubániová, Otília; Bratislava, Katedra Fyziol. Univ. Komenského. Osmotícký tlak a metabolismus glycidov jarnej pšenice (Triticum vulgare Vill.). **(Osmotischer Druck und Metabolismus der Zucker des Sommerweizens [Triticum vulgare Vill.].)** Biológia [Bratislava] **17** (1962) Nr. 8. S. 583–589. – 3 Abb., 4 Tab., 21 Lit. Zus. in Russ., Dtsch.
Pflanzen der Weizensorten 'Niva', 'Peko' und 'Ratbor E' wurden während der Vegetationsperiode auf den osmotischen Druck in den Blättern (kryoskopisch), die Anwesenheit einzelner Saccharide (papierchromatographisch) und auch die Gesamtmenge der reduzierenden und nichtreduzierenden Zucker (kolorimetrisch nach Somogyi-Nelson) untersucht. Der osmotische Druck und der Gehalt an reduzierenden Stoffen zeigten zwei Höchstwerte: zu Beginn der Vegetationsperiode und zur Blütezeit. Die osmotischen Werte erreichten bis 22 at. Von den Sacchariden wurden Saccharose, Glucose, Fructose, Raffinose, Melibiose und Maltose nachgewiesen. Die höchste Konz. wiesen die ersten drei Zuckerarten auf; die Saccharose schwindet allerdings während des Reifens der Ähre bei gleichzeitiger Steigerung der Konz. anderer Saccharide. Die Sorte 'Niva' hatte den größten Zuckergehalt in der Frischmasse.
Z. Šesták. 222.

Eifert, Josef; Balatonboglàr, Ungarn, Staatsgut, Lab. für Rebenforsch. **Die Änderungen der Reservekohlehydrate des Rebholzes und die Bedeutung**

des Kohlehydratstoffwechsels für die Verwachsungsvorgänge bei der Pfropfrebe. Weinberg u. Keller 9 (1962) Nr. 11/12. S. 403–415. – 7 Abb.

Bei der Rebenanzucht spielen die Reservekohlenhydrate eine wichtige Rolle. Auf dem Stock überwinternde Triebe zeigen ebenso auch wie die abgeschnittenen und im Einschlag aufbewahrten Ruten Veränderungen im Kohlenhydratgehalt. Während des Vortreibens der Pfropfreben ist der Kohlenhydratverbrauch mit ca. 40% am größten. Zur Einsparung von Reservestoffen muß die Bildung überflüssiger Organe, wie z.B. Wurzeln, Fußkallus und langer Triebe, verhindert werden. Versuche haben erwiesen, daß sich mit abnehmendem Kohlenhydratgehalt die Anwachsprozente der Veredlungen vermindern. In der Zeit des Abhärtens der Veredlungen ändert sich der Kohlenhydratgehalt der Unterlagen je nach der Temperatur der Abhärteräume; er nimmt bei in ungekühlten Räumen abgehärteten Pfropfreben bis zum Einschulen stetig ab, während er bei gekühlten Reben erhalten bleibt. Bei diesen Reben war auch das Anwachsergebnis nach dem Einschulen höher als beim üblichen Abhärten. Es wird daher für die Pfropfrebenherstellung in Großbetrieben die Schaffung von Kühleinrichtungen empfohlen. K. Thiele. 222.

Jefford, T. G. und Edelman, J.; London, Imperial Coll. of Sci. and Technol., Dep. of Plant Physiol. The metabolism of fructose polymers in plants. II. Effect of temperature on the carbohydrate changes and morphology of stored tubers of Helianthus tuberosus L. **(Der Metabolismus von Fructose-Polymeren in Pflanzen. 2. Mitt. Der Einfluß der Temperatur auf die Veränderungen der Kohlenhydrate und der Morphologie lagernder Knollen von Helianthus tuberosus L.)** J. exp. Bot. **14** (1963) Nr. 40. S. 56–62. – 3 Abb., 1 Tab., 9 Lit. 1. Mitt. vgl. LZ. Abt. II **7** (1962) Nr. 11. S. 2877.

In der 1. Mitt. berichteten Vff. über Mobilisierung, Umwandlung und Transport von Kohlenhydraten in den Knollen von *H. tuberosus*. In vorliegender Arbeit wird gezeigt, daß im Laufe der Ruheperiode die optische Aktivität von Preßsäften eine Veränderung erfährt. Anfangs stark linksdrehend, werden die Preßsäfte im Febr. rechtsdrehend. Dies steht in engstem Zusammenhang mit der Umwandlung der Fructosane in Oligosaccharide von niedrigem Molekulargewicht. Parallel dazu geht ein Anstieg der Glucosekonzentration. Lagertemperaturen von 2 °C fördern diesen Prozeß, solche von 20 °C hemmen ihn stark. Eine Beeinflussung der Kohlenhydratumwandlung durch die ruhenden Knospen konnte nicht nachgewiesen werden. Etwa 7 Wochen lang bei 2 °C gelagert, trieben die ruhenden Knollen normal aus. Nach Lagerung bei 20 °C kam es zur Tochterknollenbildung. J. Meinl. 222.

Sahulka, Josef; Praha, Ústav Exp. Bot. Českoslov. Akad **Věd**. Volné aminokyseliny a amidy v pupenech aminokyseliny v hydrolysátech pupenů střídavě plodných jabloní. **(Freie Aminosäuren und Amine in Knospen und Aminosäuren in Hydrolysaten der Knospen von alternierend fruchttragenden Apfelbäumen.)** Biol. Plantarum [Praha] **4** (1962) Nr. 4. S. 278–282. – 4 Tab., 5 Lit. Orig.: engl., Ausz.: russ.

Die den fruchttragenden Zweigen entnommenen Knospen enthielten mehr freies Asparagin u. a. freie Aminosäuren als die Knospen nichtfruchtender Bäume. Das quantitative Verhältnis der Aminosäuren in den Knospenhydrolysaten der fruchtenden und nichtfruchtenden Bäume deckte sich in hohem Maße. Der höhere Gehalt an freien Verbindungen kann als ein Beweis dafür angesehen werden, daß das geringere Wachstum der Knospen nicht durch N-Mangel, sondern durch einen anderen Inhibierungsmechanismus verursacht wird. M. Pštross. 222.

Kazarjan, V. O. und Karapetjan, K. A. (Kasarjan, W. O. und Karapetjan, K. A.); Akad. der Wiss. der Armen.SSR, Abt. Bot., Lab. für Physiol. Změny obsahu a poměru aminokyselin v květních pupenech mandloně během přezimování a vývinu. **(Veränderungen des Aminosäuregehalts in den Mandelbaum-Blütenknospen während ihrer Überwinterung und Entwicklung.)** Biol. Plantarum [Praha] 4 (1962) Nr. 4. S. 269–277. — 4 Abb., 1 Tab., 27 Lit. Orig.: engl., Ausz.: russ.

Vf. führt die Ergebnisse einer chromatographischen Bestimmung der freien sowie der in Äthylalkohol und Lauge löslichen und unlöslichen Aminosäuren der Eiweißfraktionen in Blüten- und Vegetativknospen zweier Mandelbaumsorten ('Non plus ultra' und 'Wochtschaberdi') an, die gegen Kälte ungleich resistent sind. Die Knospen wurden zu verschiedenen Zeitpunkten vom Herbst bis zum Frühjahr gesammelt. Zwischen den Blüten- und Sproßknospen ergab sich im Herbst und Winter ein merklicher Unterschied hinsichtlich des Gehalts und des Verhältnisses der Aminospuren bei fast allen Fraktionen. Dieser Unterschied schwindet z.Z. des Frühjahrstreibens und des Wachstums.

M. Pštross. 222.

James, A. T.; Mill Hill, London, Great Britain, Nat. Inst. for Med. Res. The biosynthesis of long-chain saturated and unsaturated fatty acids in isolated plant leaves. **(Die Biosynthese langkettiger gesättigter und ungesättigter Fettsäuren in isolierten Pflanzenblättern.)** Biochim. biophysica Acta [Amsterdam] **70** (1963) Nr. 1. S. 9–19. — 6 Abb., 8 Tab., 13 Lit. 222.

Stumpf, P. K. und James, A. T.; London, Great Britain, Nat. Inst. for Med. Res. The biosynthesis of long-chain fatty acids by lettuce chloroplast preparations. **(Die Biosynthese langkettiger Fettsäuren durch Chloroplastenpräparationen von Salat.)** Biochim. biophysica Acta [Amsterdam] **70** (1963) Nr. 1. S. 20–32. — 1 Abb., 11 Tab., 20 Lit. 222.

Yoshida, Takehiko und Takahashi, Jisuke. Studies on the metabolism in roots of lowland rice. IV. Seasonal change of certain enzyme activities at successive growth stages. **(Untersuchungen über den Stoffwechsel von Sumpfreis. 4. Mitt. Jahreszeitliche Änderung einiger Enzymaktivitäten in aufeinanderfolgenden Wachstumsstadien.)** Soil Sci. Plant Nutrit. [Tokyo] **8** (1962) Nr. 4. S. 1–6. — Orig.: engl. 3. Mitt. vgl. LZ. Abt. II **8** (1963) Nr. 6. S. 1527. 222.

Nordheim, W. und Müller, G.; Berlin, Forschungsgemeinsch. Dtsch. Akad. der Wiss., Inst. für Zellphysiol. **Über die aerobe und anaerobe Äthylalkoholbildung von Getreidesamen und den Einfluß von 2.4-Dinitrophenol.** Mber. Dtsch. Akad. Wiss. Berlin **5** (1963) Nr. 2. S. 73–75. — 1 Abb., 1 Tab., 11 Lit. 222.

Wellensiek, S. J.; Wageningen, Netherlands, Agric. Univ., Horticult. Dep. The control of flowering. **(Die Kontrolle des Blühens.)** Netherl. J. agric. Sci. **10** (1962) Nr. 5. S. 390–398. — 16 Lit.

Vf. behandelt in vorliegender Vortragsniederschrift vorwiegend eigene Arbeitsgebiete, wie Untersuchungen über die juvenile Phase, Vernalisation, Gibberelline u.a. — In der juvenilen Phase ist die Blütenbildung unmöglich. Die Länge dieser Phase differiert bei verschiedenen Pflanzen zwischen wenigen Wochen und mehreren Jahren (Bäume), läßt sich aber bei krautigen Pflanzen beeinflussen, z. B. durch hohe Lichtintensität reduzieren. Bei der Blütenbildung der „neutralen" Pflanzen (z. B. Gartenbohnen) ist möglicherweise eine Thermoperiodizität beteiligt. Die blühinduzierende Wirkung der photoperiodischen Behandlung oder Vernalisation erfolgt offenbar über zwei verschiedene Mechanismen. Voraussetzung für die erfolgreiche Vernalisation ist das Vorhandensein sich teilender Zellen. Die direkte Wirkung der Gibberelline besteht in der Förderung der Stengelstreckung. Sie sind demnach nur indirekt bei der Blütenbildung beteiligt. Die Existenz eines universellen Blühhormons wird vom Vf. abgelehnt. Nach seiner Meinung kommt die Blütenbildung durch blühfördernde und -hemmende Faktoren zustande, wenn genügend Substrat als Bau- und Atmungsmaterial vorhanden ist. Auf die praktische Bedeutung einer experimentellen Kontrolle der Blütenbildung geht Vf. kurz ein. G. Ballin. 230.

Dodson, Edward O. und Yu, Chi Kang; Ottawa, Ontario, Univ. of Ottawa. Depression of germination in cereals treated with severe centrifugal force. **(Abnahme der Keimfähigkeit bei Getreide nach Behandlung mit starker Zentrifugalkraft.)** Canad. J. Bot. **40** (1962) Nr. 12. S. 1714–1717. – 2 Abb., 1 Tab., 6 Lit.

Zu den vorliegenden Versuchen wurden von Weizen, Hafer, Roggen, Mohrenhirse (*Sorghum*), Hirse (*Panicum*) und Buchweizen jeweils 100 Korn für 3 bzw. 6 Std. Zentrifugalkräften von 5, 10, 15, 20 oder 25 kg ausgesetzt. Die Keimfähigkeit diente als Kriterium für die Wirkung der Behandlung. Vor Beginn des Zentrifugierens waren die Samen 24 Std. angekeimt. Bei 3std. Behandlung wurde mit 15 kg der kritische Punkt mit 50% überlebenden Keimlingen erreicht. Weizen und Mohrenhirse zeigten sich am unempfindlichsten. Bei 6std. Behandlung wurde bei 15 kg von keiner Art die Grenze von 50% Keimfähigkeit erreicht. Roggen und Hafer reagierten am empfindlichsten. Die höhere Resistenz von Gerste wurde bereits in einer früheren Arbeit mitgeteilt (vgl. LZ. Abt. II 7 [1962] Nr. 12. S. 3353). Auf Grund ihrer Ergebnisse kommen Vff. zu dem Schluß, daß die Getreidearten unterschiedlich auf das Zentrifugieren reagieren und somit nicht miteinander verglichen werden können. F. Beleites. 230.

Makkink, G. F. und Hoemst, H. D. J. van. Wortelgroei en waterverbruik bij granen. **(Wurzelwachstum und Wasserverbrauch bei Getreide.)** Inst. biol. scheikund. Onderzoek Landbouwgewassen Wageningen, Meded. **1962** Nr. 113 bis 120.

Der Wasserverbrauch ist in der Periode des maximalen Wachstums am größten. Das Längenwachstum der Sproßspitzen erfolgt während eines großen Teiles der Wachstumsperiode unabhängig vom Wasservorrat; es wird jedoch erheblich durch die Bodenart beeinflußt. Die Transpiration wird während dieser Periode durch den Wasservorrat nur wenig beeinflußt. Verschiedene Bodenarten bedingen große Unterschiede in der Transpiration, was kausal auf die beträchtlich differenzierte Entwicklung des Getreides zurückzuführen ist. Die Tr.-Subst.-Produktion je Einheit transpirierten Wassers beträgt bei Hafer 6 g/kg. Die Wassererschöpfungskapazität bei Gerste, Hafer und Weizen auf verschiedenen Böden wurde bestimmt. P. Curth. 230.

Fedorov, A. K. (Fjodorow, A. K.); Moskau, Genet. Abt. der Akad. der Wiss. der UdSSR. O podstatě přesívek. **(Über das Wesen der Wechselweizensorten.)** Rostlinná Výroba **8(35)** (1962) Nr. 11/12. S. 1363–1374. – 5 Tab., 13 Lit. Zus. in Russ., Dtsch.

Durch die Wirkung der Herbstbedingungen werden zum Unterschied von den Sommerformen Entwicklung und Wachstum der Wechselweizensorten stark gehemmt, wodurch ihre Kälteresistenz gefördert wird. Da die überwinternden Pflanzen jarowisiert sind, ändern sie ihr Verhältnis zu den Lichtbedingungen bei der Herbstaussaat. Ähnlich wie bei den Wi-Weizensorten ist auch bei Wechselweizen die Dauer des Jarowisationsstadiums mit der Länge der Herbstperiode eng verbunden. Die Aussaat des Wechselweizens zum optimalen Saattermin der Wintersorten, wenn der Tag noch lang und die Belichtung intensiv ist, kann zu einer Umwandlung der Reaktion des Wechselweizens auf die Belichtungsbedingungen oder sogar zu seiner Umwandlung zu Wi-Weizen führen. Die Unterschiede in der Reaktion der Pflanzen auf die Belichtungsverhältnisse bedingen in bedeutendem Maße die Unterschiede des Entwicklungstypus, der Vegetationsdauer und der Kälteresistenz. M. Pštross. 230.

LaCroix, L. J., Naylor, J. und Larter, E. N.; Saskatoon, Saskatchewan, Univ., Crop Sci. Dep. Factors controlling embryo growth and development in barley (Hordeum vulgare L.). **(Über Faktoren, die das Wachstum und die Entwicklung von Embryonen der Gerste [Hordeum vulgare L.] kontrollieren.)** Canad. J. Bot. **40** (1962) Nr. 11. S. 1515–1523. – 8 Abb., 7 Tab., 14 Lit.
Wachstum und Entwicklung von Embryonen in isolierten Ovarien (kultiviert auf Agar-Nährmedium) werden durch An- oder Abwesenheit der Deck- und Vorspelzen beeinflußt. Die Entwicklung ist nur dann normal, wenn den Blütchen die Spelzen belassen werden. Entfernung der Spelzen beeinträchtigt das Wachstum der Embryonen und führt zu einer Verdoppelung des DNS-Gehaltes ihrer Kerne (Nachweis mit Feulgen-Reaktion). Mitosen werden nur selten beobachtet. Vff. nehmen an, daß die Spelzen und auch andere Pflanzenteile (z.B. Blätter) einen Faktor liefern („hull factor“), der die Zellteilung fördert, die Zellstreckung aber hemmt. Die fördernde Wirkung der Spelzen bzw. Blätter beruht nicht auf einer Bereitstellung von Stoffen für den Energiegewinn (z. B. Saccharose) oder auf einer Beeinflussung des Gaswechsels.
G. Ballin. 230.

Ray, Peter M.; Ann Arbor, Univ. of Michigan, Dep. of Bot. Cell wall synthesis and cell elongation in oat coleoptile tissue. **(Zellwandsynthese und Längenwachstum der Zelle im Hafer-Koleoptilengewebe.)** Amer. J. Bot. **49** (1962) Nr. 9. S. 928–939. – 8 Abb., 8 Tab., 31 Lit.
Die Zellwandsynthese verläuft in den Zellen von Hafer-Koleoptilen parallel zum Zellenlängenwachstum, aber gewöhnlich nicht direkt proportional. Diese Ergebnisse wurden sowohl bei Wachstumsförderungen mit Auxin und Zuckern als auch bei Hemmungen durch hohe Auxin- und Zuckerkonz. oder verschiedene Hemmstoffe erzielt. Die Hemmstoffe des Längenwachstums können in 2 Gruppen eingeteilt werden. Die erste Gruppe umfaßt Subst., die das Längenwachstum der Zellen und die Zellwandsynthese annähernd gleich stark hemmen (Galaktose, Mannose, Mannit, Azid, Jodacetat, Dinitrophenol, hohe Auxindosen), und in der 2. Gruppe werden die Subst. zusammengefaßt, die das Zellenwachstum prozentual stärker hemmen als die Zellwandsynthese (Ca^{++}, Fluorid, Arsenit, Hg-Verbindungen). Es kann zu vollständiger Hemmung des Zellenlängenwachstums kommen, obwohl die Zellwandsynthese weiterläuft. Vf. schließt aus den Ergebnissen, daß die größte Menge des neugebildeten Zellwandmaterials der Zellwand aufgelagert wird (Apposition), während ein Teil in die bestehende Zellwandstruktur eingelagert wird und das Längenwachstum der Zelle induziert. H. Opel. 230.

Roder, W. **Zur Wachstumsphysiologie, Ertragsleistung und Inhaltsstoffausbildung der Silomaispflanze in Abhängigkeit vom Sortencharakter. II. Grünmassezuwachs und -produktivität.** Wiss. Z. Hochschule LPG Meissen **5** (1962) Nr. 4. S. 377–398. – 10 Tab., 69 Lit. 1. Mitt. vgl. LZ. Abt. II 8 (1963) Nr. 6. S. 1570.
Es handelt sich bei dieser Arbeit um den gekürzten Teil einer Habilitationsschrift. Vf. untersuchte 12 Maissorten in den Jahren 1958–60 bezüglich Wachstumsleistung. Die Mittelwerte entsprechen den Erwartungen und den bekannten Beschreibungen. Nach dem Aufgang nahm bis zum 6. Blatt das Gewicht täglich um ½ g zu Die Leistung stieg bis zum Fahnenschieben auf täglich 12 g. Die Sortendifferenzen sind recht beachtlich. Während sich die frühen Sorten durch gute Leistungen in den ersten Entwicklungsphasen auszeichnen, überragen die spätreifen bezüglich ihrer Leistung am Ende der Vegetationsperiode. Es ist nicht möglich, anhand der Ergebnisse zwischen allen verglichenen Wachstumsphasen eindeutige Korrelationen festzustellen. Lediglich zwischen dem Grünmassezuwachs im 4-6-Blattstadium und dem im 10-12-Blattstadium läßt sich eine positive Beziehung errechnen.
H. Müller/Bernburg. 230.

Ungar, Irwin A.; Kingston, Univ. of Rhode Island, Dep. of Bot. Some effects of controlled conditions on the morphology of Helianthus annuus L. **(Einige Wirkungen kontrollierter Bedingungen auf die Morphologie von Helianthus annuus L.)** Trans. Kansas Acad. Sci. **65** (1962) Nr. 3. S. 307–309. – 2 Tab., 13 Lit.

Die Pflanzen wuchsen bei 37, 58 und 93% rel. Luftfeuchtigkeit im Gewächshaus auf. Mit steigender Luftfeuchtigkeit waren die Blätter größer ausgebildet, und die Pflanzen erreichten eine größere Höhe. Der innere Bau der Blätter veränderte sich nicht. Eine Ausnahme bildeten die Pflanzen aus dem Gewächshaus, bei denen das Palisadenparenchym der Blätter etwas dicker war. Es wurde keine Beziehung zwischen den geänderten Umweltsbedingungen und der Dicke der Cuticula oder anderen anatom. Merkmalen gefunden.
G. Ballin. 230.

Bernier, G.; Liège, Belgique, I. R.S.I.A., Centre de Rech. des Hormones Végétales. Inst. de Bot. Sinapis alba L., a new long-day plant requiring a single photoinductive cycle. **(Sinapis alba L., eine neue Langtagpflanze, die nur einen photoinduktiven Zyklus benötigt.)** Naturwissenschaften **50** (1963) Nr. 3. S. 101. – 1 Abb., 1 Tab., 4 Lit.

Unter kontrollierten Bedingungen aufgezogene Pflanzen (20 °C, 80% Luftfeuchtigkeit, 5000 lx) erwiesen sich als Langtagpflanzen mit einer kritischen Minimaltageslänge von 10 Std. – 60 oder 90 Tage alte Pflanzen, die von der Keimung an im Kurztag wuchsen, benötigten nur 1 Langtag zur Blühinduktion.
G. Ballin. 230.

Bruinsma, J.; Wageningen, Plant Physiol. Res. Centre. A survey of recent Japanese research on dormancy in potato tubers. **(Ein Überblick über neue japanische Forschungen über die Keimruhe von Kartoffeln.)** Europ. Potato J. [Wageningen] **5** (1962) Nr. 3. S. 195–203. – 1 Abb., 1 Tab., 20 Lit. Zus. in Franz., Dtsch.

Der Bericht gibt einen Überblick über in Japan durchgeführte physiol. und biochem. Untersuchungen von 1955–60 über die Keimruhe von Kartoffelknollen. Die Einflüsse, welche natürlich vorkommende wachstumshemmende und -fördernde Stoffe auf die Knollenbildung und die Keimung ausüben, werden behandelt. Das Verhältnis zwischen diesen Wachstumsregulatoren kontrolliert wahrscheinlich die Veränderungen der rel. Aktivität der verschiedenen Atmungsenzymsysteme, die bei Beendigung der Keimruhe auftreten.
Ch. Pfeffer. 230.

Bodlaender, K.B.A. und Lugt, C.; Wageningen, Inst. voor Biol. en Scheikundig Onderzoek van Landbouwgewassen. Observations on sprouting of second-growth tubers. **(Beobachtungen über das Keimen von Zwiewuchsknollen.)** Inst. biol. scheikund. Onderzoek Landbouwgewassen Wageningen, Meded. **1962** Nr. 181. S. 59–67. – 7 Abb., 5 Tab., 5 Lit.

Im Jahre 1959 trat häufig Zwiewuchs bei Kartoffeln auf. Auf Sandboden wurden von der Sorte 'Libertas' im Nov. Zwiewuchsknollen gesammelt. Die noch zusammenhängenden primär und sekundär gebildeten Knollen wurden im Dunkeln bei 15 °C 5 Wochen gelagert. Wenn die primär und sekundär gebildeten Knollen nicht getrennt wurden, traten keine Unterschiede in der Anzahl der Keime und in Gesamtlänge aller Keime am Ende der Lagerperiode auf; bei Sekundärknollen waren aber die längsten Keime länger und das Gesamtkeimgewicht größer als bei Primärknollen. Wurden die Knollen voneinander getrennt, so war bei den Primärknollen die Anzahl der Keime, die Gesamtlänge aller Keime, die durchschnittliche Länge des längsten Keimes jeder Knolle und das durchschnittliche Gesamtkeimgewicht je Knolle größer als bei den Sekundärknollen. Bei zusammenhängenden Primär- und Sekundärknollen hemmen die Sekundärknollen die Keimentwicklung der Primärknollen. Diese Hemmung wird nach der Trennung der Knollen sofort aufgehoben und kann auch in gewissem Umfang durch die Behandlung der Sekundärknollen mit Indolessigsäure oder durch Schälen beseitigt werden. Primärknollen sind physiol. älter als Sekundärknollen. Ch. Pfeffer. 230.

Toponi, Maria. Caractères histologiques de fragments de feuilles de chou rouge (Brassica oleracea L. var. capitata L.) cultivés in vitro. **(Histologische Eigenschaften von Blattstücken von Kopfkohl [Brassica oleracea L. var. capitata L.] bei Kultur in vitro.)** C.R. hebd. Séances Acad. Sci. **256** (1963) Nr. 5. S. 1144–1150. 230.

Kribben, F. J.; Limburg/Lahn, Biol. Forsch.-Inst. **Die Entstehung von Blüten aus Kallusgewebe bei der Gurke (Cucumis sativus L.).** Naturwissenschaften **50** (1963) Nr. 3. S. 101–102. – 2 Abb., 9 Lit.
Aus Kallusgewebe der Gurke bilden sich nach geeigneter Behandlung ♀ Blüten. Sie entstehen in den Achseln der Kotyledonen aus einem Kallus, der sich nach Ausbrechen der dort vorhandenen Sproßanlagen bildet, oder aus einem Kallus am Epikotyl. Letzterer wird durch Auxinbehandlung (Indol- oder Naphthylessigsäurepaste 0,05%ig auf die Unterseite eben entfalteter Primärblätter aufgetragen) von vorher mit Antibiotica gefütterten Keimlingen hervorgerufen. G. Ballin. 230.

Evert, Roy Franklin; Madison, Univ. of Wisconsin, Dep. of Bot. The cambium and seasonal developemnt of the phloem in Pyrus malus. **(Das Kambium und die jahreszeitliche Entwicklung des Phloems bei Pyrus malus.)** Amer. J. Bot. **50** (1963) Nr. 2. S. 149–159. 230.

Ram, H. Y. Mohan, Ram, Manasi und Steward, F. C.; Delhi, India, Univ. of Delhi, Dep. of Bot. Growth and development of the banana plant. III. A. The origin of the inflorescence and the development of the flowers. B. The structure and development of the fruit. **(Wachstum und Entwicklung der Bananenpflanze. 3. Mitt. A. Der Ursprung des Blütenstandes und die Entwicklung der Blüten. B. Struktur und Entwicklung der Frucht.)** Ann. Bot. [London] [N.S.] **26** (1962) Nr. 104. S. 657–673. – 11 Abb. 2. Mitt. vgl. LZ. Abt. II **8** (1963) Nr. 5. S. 1184.
Auf Grund mikroskopischer Untersuchungen und mit Hilfe von Mikroaufnahmen wird die Entwicklung von Blüte und Frucht beschrieben. – Der Wachstumskegel ist mit einer Meristemschicht überzogen. Er streckt sich beim Beginn der Blütenentwicklung und bildet viele spiralig angeordnete Seitenäste aus. In jeder Astachsel entwickelt sich ein meristematischer Körper, aus dem sich die Blüten in Doppelreihe (Hände) entwickeln. Durch ein interkalares Meristem an der Basis wird die Hand vom Stiel abgewinkelt. Nach neueren Veröffentlichungen sind offenbar 2 blütenstimulierende Subst. vorhanden; die eine wirkt auf das Wachstum der Hauptachse, die andere beeinflußt die Blütenbildung. Die Blütenorgane erscheinen in der Reihenfolge Narbe, Staubgefäße, Stempel. Unterschiede in der Entstehung ♂ und ♀ Blüten ließen sich nicht feststellen. Die alternative Ausbildung in einer Richtung geschieht dann durch das Zusammenwirken innerer (genetischer) und ökolog. Faktoren. – Die Entwicklung parthenokarper und kerntragender Bananensorten wurde untersucht. Wichtig sind dabei die Pulpenzellen in der inneren Epidermis des Perikarps. Bei parthenokarpen Früchten entwickeln sie sich 2–4 Wochen nach Erscheinen des Blütenstandes. Danach vermehrt sich die Pulpenmasse nur noch durch Zellvergrößerung. 9 Wochen später wächst unregelmäßig das Pulpenparenchym ein, Stärke wird eingelagert und verschwindet bei der Reife wieder. Die kerntragenden Bananen zeigen die Zellteilung der Pulpenzellen etwas später und weisen eine nur geringe Fleischbildung auf. – Es wird darauf hingewiesen, daß, wenn der Vorgang der Induktion der Pulpenbildung bekannt ist, eventuell durch Chemikalien die Fruchtbildung positiv beeinflußt werden kann. V. Ehrenpfordt. 230.

Kolek, I. und Ovčarov, K. (Kolek, I. und Owtscharow, K.); Bratislava, Biol. Inst. der Slowak. Akad. der Wiss.; Moskau, Pflanzenphysiol. Timirjasew-Inst. der Akad. der Wiss. der UdSSR. K voprosu o vzaimodejstvii meždu vitaminami i stimuljatormai rosta. **(Zur Frage der Wechselwirkung zwischen Vitaminen und Wachstumsstimulatoren.)** Fiziologija rastenij, Moskva **10** (1963) Nr. 1. S. 84–89. – 6 Tab., 10 Lit. Zus. in Engl.

Die Wechselwirkung zwischen Vitaminen (Biotin, Thiamin, Riboflavin, C) und Heteroauxin einerseits und Trijodbenzoesäure andererseits bei ihrer Anwendung auf Bohnen wurde untersucht. Samenbehandlung mit Biotin, Vitamin C und Riboflavin verstärkt das Wachstum der Achseltriebe. Wird jedoch Heteroauxin auf den mittleren Teil des Epikotyls gebracht, wird dieses Wachstum stark gehemmt. Diese Wechselwirkung ist bes. stark in den Varianten Thiamin + Heteroauxin und Biotin + Heteroauxin. Trijodbenzoesäure bewirkt bei gemeinsamer Anwendung mit Biotin, Thiamin und Riboflavin keine Hemmung des Wachstums der Achseltriebe, mit Vitamin C wurde das Wachstum sogar stimuliert. Die Anwendung von Heteroauxin auf das etiolierte Epikotyl wirkt hemmend auf den akro- und basipetalen Transport von Thiamin. J. Birke. 230.

Bărbat, I. Influenţa luminii şi gibberellinei asupra stadiului de iarovizare la grău Triticum durum var. hordeiforme. **(Der Einfluß des Lichtes und des Gibberellins auf das Jarowisationsstadium beim Weizen, Triticum durum var. hordeiforme.)** Comun. Acad. Republ. Populare romîne **12** (1962) Nr. 1. S. 125–128. – 3 Tab., 4 Lit. Zus. in Russ., Franz.

Die neuesten Forschungen zeigten, daß bei Wi-Weizen das Jarowisationsstadium im Freien unter anderen Verhältnissen als im Laboratorium verläuft. Im Freien sind die Pflanzen veränderlichen Temperatur- und Lichteinflüssen ausgesetzt. Vf. untersuchte an *Triticum durum* var. *hordeiforme* den Einfluß des Lichtes und des Gibberellins auf das Jarowisationsstadium. Bei grünen Pflanzen im Jarowisationsstadium förderte die ununterbrochene Belichtung im Laufe von 10 Tagen beträchtlich die Entwicklung im Vergleich zum Kurztag. Gibberellin wirkt sowohl unter den Kurztagbedingungen als auch unter denen des Langtags fördernd. Der Einfluß des Langtags und des Gibberellins steht wahrscheinlich mit einer besseren Ernährung der Pflanzen in Verbindung. C. Ilchievici. 230.

Vilkova, N. A. (Wilkowa, N. A.) Nekotorye izmenenija v roste i razvitii kukuruzy pri vozdejstvii gibberellina s cel'ju povyšenija ustojčivosti k švedskoj muche. **(Veränderungen des Wachstums und der Entwicklung von Mais bei Einwirkung von Gibberellin zum Zwecke der Erhöhung der Widerstandsfähigkeit gegen die Fritfliege.)** V. sb.: Morfogenez rastenij, Moskva **1** (1961) S. 485–489. – Aus: Referativnyj žurnal. Biologija, Moskva **1962** Nr. 2. G 236. S. 28.

Maispflanzen der frühreifen Sorte 'Perwenez Sibiri' und der spätreifen Sorte 'Odesskaja 10' wurden mit Gibberellin in alkoholischer Lösung, 0,002 und 0,00002%, behandelt. Die Behandlung erfolgte durch Anfeuchten des Saatguts vor der Aussaat, Bespritzen der Keime und Ausbringen von Tropfen auf die Blattspreiten. Das Ergebnis waren längere Blätter, Veränderungen in Form und Farbe der Blätter und Verringerung des Fritfliegenbefalles. Zwischen den einzelnen Behandlungsarten wurden keine bedeutenden Unterschiede der Wirkung des Gibberellins festgestellt. Bedeutende Veränderungen betrafen den Wuchscharakter und die Differenzierung des Wachstumskegels. Die Wachstumskegel entwickelten sich besonders stark während des Übergangs der Rispen zur 5. Etappe der Organogenese. Die gleiche Vergrößerung beobachtete man bei der Länge der Blütenschuppen der Versuchspflanzen. übersetzt v. E. Fröhmcke. 230.

Stelian, Stan und Stănescu, Nelly. Cercetări privind acțiunea Giberelinei asupra coleoptilui de porumb. **(Forschungen über den Einfluß von Gibberellin auf die Maiskoleoptile.)** Studii Cercetări Biol. [București], Ser. Biol. vegetală **14** (1962) Nr. 1. S. 53–65. – 13 Abb., 2 Tab., 13 Lit. Zus. in Russ., Franz.
Pflanzen von 5 Maissorten wurden mit Gibberellin A oder mit Gibberellinsäure in wäßriger Lösung (1, 10 und 100 mg/l) behandelt. Bei allen Sorten ergab sich ein stimulierender Einfluß des Gibberellins, der in Abhängigkeit von der Zusammensetzung des Nährstoffmediums schwankte. V. Bontea. 230.

Wheeler, A. W. und Humphries, E. S.; Harpenden, Herts., Rothamsted Exp. Stat. Effect of gibberellic acid on growth, gibberellin content, and chlorophyll content of leaves of potato (Solanum tuberosum). **(Die Wirkung von Gibberellinsäure auf Wachstum, Gibberellingehalt und Chlorophyllgehalt von Kartoffelblättern [Solanum tuberosum].)** J. exp. Bot. **14** (1963) Nr. 40. S. 132-136. – 2 Abb., 1 Tab., 13 Lit.
Kartoffelpflanzen der Sorte 'Majestic' wurden kurz vor Ausbildung des 15. Blattes 2mal mit Gibberellinsäure (GS), 50 mg/l, besprüht. Die Behandlung führte zu einer Vergrößerung der Blattfläche und Erhöhung des Gehaltes an GS. GS konnte in nichtbehandelten Pflanzen nicht nachgewiesen werden. Der GS-Gehalt der Blätter von behandelten Pflanzen verminderte sich nach 2 Wochen, und nach 5 Wochen war keine GS mehr nachzuweisen. Da die Blattfläche stärker durch GS-Behandlung vergrößert wurde als der Chlorophyllgehalt sich erhöhte, nahm der Chlorophyllgehalt je Flächeneinheit in den Blättern ab. Die Blätter von behandelten Pflanzen waren heller als die von unbehandelten. Ch. Pfeffer. 230.

Guttridge, C. G.; Invergowrie, Dundee, Mylnefield, Scott. Horticult. Res. Inst. Inhibition of fruit-bud formation in apple with gibberellic acid. **(Hemmung der Fruchtknospenbildung beim Apfel mit Gibberellinsäure.)** Nature [London] **196** (1962) Nr. 4858. S. 1008. – 1 Tab., 6 Lit.
Zweige von 6 Apfelsorten wurden von Ende Mai bis Ende Aug. 1960 in wöchentlichen Intervallen 14mal mit 10 oder 50 ppm Gibberellinsäure behandelt. Im Frühjahr des nächsten Jahres wurden die austreibenden Knospen, in Fruchttriebe und vegetative Triebe getrennt, ausgezählt. Dabei ergaben sich (für alle Apfelsorten zusammengenommen) folgende Verhältniszahlen Fruchttriebe/vegetative Triebe: Kontrolle 106/97; mit 10 ppm 17/125 und mit 50 ppm 16/161. H. Opel. 230.

Pillai, S. K. und Chandhoke, K. R.; Pilani, Rajasthan, Birla Coll., Dep. of Bot. Effects of auxins on the growth, maturity and yield of crop plants under Rajasthan conditions. VI. Effect of gibberellin on Sorghum vulgare Pers. **(Wirkungen von Wuchsstoffen auf Wachstum, Reife und Ertrag von Kulturpflanzen unter den Bedingungen Rajasthans. 6. Mitt. Wirkung von Gibberellin auf Sorghum vulgare Pers.)** Phyton [Vicente López, Argentina] **17** (1961) Nr. 1. S. 91–96. – 3 Tab., 15 Lit.
15 und 35 Tage nach der Aussaat wurden Pflanzen von *Sorghum vulgare* Pers. 'H 473' mit Lösungen von 0,1, 1,10 und 30 ppm Gibberellin besprüht. Die niedrigste Konz. war positiv wirksam sowohl im Hinblick auf die Bildung von Körnern (810, 18, Kontrolle 607, 31 Stck.) als auch Stroh (83,69 g, Kontrolle 76,14 g). Die Pflanzen wiesen größere Länge, höhere Blattzahl, größere Ährenlänge, höhere Ährenzahl, höheren Kornansatz, höheres Korngewicht/Pflanze, aber niedrigere TKM als die Kontrollpflanzen auf. Die höheren Konz. an GS wirkten zunehmend wachstumshemmend und ertragsmindernd. Die vegetative Periode wurde von den GS-Konz. 1, 10 und 30 ppm verlängert, durch 0,1 ppm nicht signifikant verkürzt. H. Opel. 230.

Bruinsma, J.; Wageningen, Netherlands, Plant Physiol. Res. Centre. Chemical control of crop growth and development. **(Kontrolle des Wachstums**

und der Entwicklung von Getreide durch Chemikalien.) Netherl. J. agric. Sci. **10** (1962) Nr. 5. S. 409–426. – 94 Lit.

Eine Anzahl von Subst. ohne Nährstoffcharakter wirkt regulierend auf das Wachstum und die Entwicklung. In diesem Beitrag (Vortragsniederschrift) wird über wachstumsfördernde (Auxine, Gibberelline, Kinine), wachstumshemmende (native und synthetische Inhibitoren) sowie pesticid wirkende Substanzen (Herbicide, Fungicide, Nematicide, Insekticide) referiert. Folgende physiol. Effekte werden behandelt: Kontrolle von Keimruhe, Keimung, Stecklingsbewurzelung, Beeinflussung der pflanzlichen Gestalt, Förderung des vegetativen Wachstums und der Entwicklung, Induktion der Blütenbildung und männlicher Sterilität, Kontrolle des Fruchtansatzes und -wachstums, Ausdünnung von Früchten, Verhinderung des Blattabwurfs, Defoliation. G. Ballin. 230.

Pilet, P. E. und Gaschen, M.; Lausanne, Univ., Lab. de Physiol. Végétale. Action comparée de l'acide 2,4-dichlorophénoxyacétique et de l'acide β-indolyl-acétique sur la croissance de fragments de racines. **(Vergleichsweise Wirkung der 2.4-Dichlorphenoxyessigsäure und der β-Indolylessigsäure auf das Wachstum von Wurzelstücken.)** Ber. schweiz. bot. Ges. **72** (1962) S. 139–146. – 3 Abb., 1 Tab., 20 Lit. 230.

Dobrev, K. (Dobrew, K.) Dejstvieto na njakoi chimičeski veštestva vŭrchu razvitieto na kartofite. **(Wirkung einiger chemischer Stoffe auf die Entwicklung der Kartoffel.)** Izvestija na Instituta za chimičeski sredstva v selskoto stopanstvo, Sofija **1** (1962) S. 93–100. – 4 Tab., 11 Lit. Zus. in Russ., Engl.

Auf 3 Versuchsfeldern wurden 1958–61 Versuche mit den Sorten 'Bintje', 'Saskia', 'Capella', 'Ranni rosowi', 'Kardinal', 'Rila' und 'Aquila' angestellt, deren Knollen durch 30 Minuten langes Eintauchen in Lösung von K-2.4-Dichlorphenoxyacetat (5, 10, 30 und 60 mg/l), Thioharnstoff 1% und Holzasche in Pulverform in Dosen von 8 kg/t behandelt wurden. Als Kontrolle dienten reifebeschleunigte und mit reinem Wasser angefeuchtete Knollen. Dabei wurde festgestellt, daß bei allen mit 2.4-D in Konz. 5–10 mg/l, mit 1% Thioharnstoff und Holzasche in Mengen von 8 kg/t behandelten Knollen bei 22 °C die Vorkeimdauer um 8–10 Tage verkürzt und die Zahl der Lichtkeime erhöht war. Darüber hinaus haben das Thioharnstoff-Präparat und die Holzasche bei allen untersuchten Sorten die Entwicklung beschleunigt und den Ertrag gesteigert. Die hohen Konz. von 2.4-D (30 und 60 mg/l) wirkten hemmend auf das Vorkeimen und das Wachstum der Lichtkeime.
K. Tschanew. 230.

Hoveland, C. S.; Auburn, Ala., Univ., Agric. Exp. Stat., Dep. of Agronomy and Soils. Effect of 3-indolebutyric acid on shoot development and rooting of several bermudagrasses. **(Wirkung von 3-Indolylbuttersäure auf Sproßentwicklung und Bewurzelung bei einigen Bermudagräsern.)** Agronomy J. **55** (1963) Nr. 1. S. 49–50. – 2 Tab., 4 Lit.

Rhizomstücke von 3 Hybridsorten von *Cynodon dactylon* wurden in Talkumpulver mit 0,1–0,8% Indolylbuttersäure (IBS) eingetaucht und anschließend ausgepflanzt. IBS steigerte die Sproßentwicklung nur bei der Sorte 'Suwanee', nicht aber bei den Sorten 'Coastal' und 'Midland'. Die Bewurzelung wurde bei 'Coastal' und 'Suwanee' durch IBS gefördert. Unbehandelte Rhizome der Sorte 'Coastal' waren denen von 'Suwanee' hinsichtlich Bewurzelung und Sproßentwicklung überlegen. G. Ballin. 230.

Bose, P. C. und Hamner, C. L.; East Lansing, Michigan State Univ. Growth, development and mineral uptake in tomato plants, as affected by maleic hydrazide. **(Wachstum, Entwicklung und Mineralstoffaufnahme von**

Tomatenpflanzen bei Einwirkung von Maleinsäurehydrazid.) Indian J. agric. Sci. **30** (1960) Nr. 3. S. 170-176. – 4 Tab., 13 Lit.
Tomatenpflanzen der Sorte 'John Baer' wurden mit 10, 50 oder 100 ppm Maleinsäurehydrazid (MH) besprüht und danach auf N, K, P, Ca, Mg, Fe, B, Mn, Cu und Zn analysiert. Pflanzen, die mit 50 und 100 ppm MH behandelt wurden, zeigten eine kontinuierliche Hemmung des Wachstums, während bei 10 ppm nur vorübergehend eine Wachstumshemmung auftrat. Die Blätter waren dunkelgrün, dicker und spröder als die der Kontrollpflanzen. 50 und 100 ppm MH unterdrückten die Blütenbildung und hemmten das Wachstum der Wurzeln in stärkerem Maße als das Spitzenwachstum des Sprosses. 10 ppm MH verursachten einige morphol. Abnormitäten (Verzweigung und Blattzahl), Trocken- und Frischgewicht waren erniedrigt. Die Analysen ergaben für alle Elemente im Durchschnitt eine Abnahme mit zunehmender MH-Konzentration. H. Opel. 230.

Chvojka, L., Trávníček, M. und Zakouřilová, M.; Prague, Inst. of Exp. Bot. of the Czechoslov. Acad. of Sci. Vliv stimulačních dávek 6-benzylaminopurinu na probouzející se pupeny jabloně a na jejich spotřebu kyslíku. **(Stimulierender Einfluß von 6-Benzylaminopurin auf Knospen des Apfelbaumes und auf ihren Sauerstoffverbrauch.)** Biol. Plantarum [Praha] **4** (1962) Nr. 3. S. 203-206. – 1 Abb., 1 Tab. Orig.: engl., Ausz.: russ.
Es wurde der Einfluß von 6-Benzylaminopurin auf die Knospenatmung der Apfelsorte 'Boskoop' innerhalb von 5 Tagen nach einer Chininverabreichung verfolgt. Der nach Warburg bestimmte O_2-Verbrauch war bereits nach dem ersten Tage seit der Verabreichung von 6-Benzylaminopurin höher und stieg bis zum 5. Tage immer deutlicher an. An diesem Tage war der O_2-Verbrauch der stimulierten Knospen um 75% höher als bei den Kontrollknospen. Vom 6. Tage nach der 6-Benzylaminopurin-Applikation an bestand für das Messen des O_2-Verbauches kein Grund mehr, weil von diesem Tage ab die stimulierten Knospen anfingen, sich morphol. anders zu entwickeln als die Knospen der Kontrolle. M. Pštross. 230.

Gur, A.; Rehovot, Israel, Hebrew Univ., Fac. of Agric. The role of growth substances in the abscission of avocado buds. **(Die Rolle von Wuchsstoffen beim Abwerfen der Knospen bei Avocado.)** Phyton [Vicente López, Argentina] **19** (1962) Nr. 2. S. 179-184. – 3 Abb., 3 Tab., 24 Lit. 230.

Kendall, W. A. Effect of amino acids on germination of red clover seeds. **(Wirkung von Aminosäuren auf die Keimung der Samen von Rotklee.)** Agronomy J. **55** (1963) Nr. 1. S. 51-52. – 3 Tab., 3 Lit.
Die Keimung von Rotkleesamen (8 Sorten, verschiedene Herkünfte, zusammen 18 Proben) und die Wurzellänge wurden durch Zusatz von Asparaginsäure, Glycin, Methionin, Leucin, Glutaminsäure und Asparagin zum Keimbett unterschiedlich beeinflußt. Verwendet wurden Konz., die eine möglichst starke Keimungshemmung verursachten. Es ergaben sich zwar signifikante Unterschiede zwischen den Proben und deren Reaktion auf die einzelnen Aminosäuren, die aber nicht zur Bestimmung der Sorten oder Herkünfte ausreichen. G. Ballin. 230.

Woltz, S. S.; Bradenton, Univ. of Florida, Gulf Coast Exp. Stat. Growth-modifying and antimetabolite effects of amino acids on Chrysanthemum. **(Wachstumsändernde und antimetabolische Wirkungen von Aminosäuren bei Chrysanthemum.)** Plant Physiol. **38** (1963) Nr. 1. S. 93-99. – 2 Abb., 4 Tab., 18 Lit.
20 L- und 20 DL-Aminosäuren wurden dem Pflanzsubstrat als Lösungen zugegeben (300 mg Aminosäure/Pflanze). 4 L-Aminosäuren (Isoleucin, Leucin, Methionin, Valin) und 7 DL-Aminosäuren (Alloisoleucin, Norleucin, Äthionin, Methionin, Valin, Isovalin, Norvalin) beeinträchtigten das Längen-

wachstum der *Chrysanthemum*-Pflanzen und riefen Veränderungen an den Blättern hervor. Die schädigenden Wirkungen von DL-Alloisoleucin konnten durch DL-Valin oder DL-Leucin, die von DL-Äthionin und DL-Norleucin durch DL-Methionin weitgehend aufgehoben werden. Die Schädigungen werden auf die antimetabolischen Eigenschaften der betreffenden Aminosäuren zurückgeführt. G. Ballin. 230.

Kuraishi, Susumu und Muir, Robert M.; Iowa City, Iowa, Univ., Dep. of Bot. Mode of action of growth retarding chemicals. **(Wirkungsweise wachstumshemmender Chemikalien.)** Plant Physiol. **38** (1963) Nr. 1. S. 19–24. – 5 Abb., 2 Tab., 12 Lit.

„Phosfon D" und Chlorcholinchlorid (CCC) werden häufig als Anti-Gibberelline angesehen. Vff. prüften in mehreren Testverfahren, ob eine Wechselwirkung mit Gibberellinsäure (GS) oder Indolessigsäure (IES) besteht. – Bei An- und Abwesenheit von IES hemmten CCC und „Phosfon D" bes. bei hohen GS-Konz. die Frischgewichtszunahme in einem Blattscheibentest mit *Raphanus sativus*. GS konnte im Gegensatz zu IES die CCC-induzierte Hemmung der Streckung von *Avena*-Koleoptilzylindern nicht aufheben. Auch das Wachstum von Stengelsegmenten, die aus durch CCC gehemmten *Pisum*-Pflanzen gewonnen wurden, ließ sich nur durch IES, nicht aber durch GS stimulieren. Diese Pflanzen wiesen außerdem einen erheblich verminderten Gehalt an diffusiblem Auxin auf, verglichen mit nicht CCC-behandelten. Vff. vermuten, daß CCC den Auxingehalt in der Pflanze herabsetzt und lehnen eine direkte Wechselwirkung mit GS ab. G. Ballin. 230.

Bonner, James, Heftmann, Erich und Zeevaart, Jan A. D.; Pasadena, Calif., Inst. of Techn., Div. of Bot. Suppression of floral induction by inhibitors of steroid biosynthesis. **(Unterdrückung der Blütenbildung durch Inhibitoren der Steroid-Biosynthese.)** Plant Physiol. **38** (1963) Nr. 1. S. 81–88. – 11 Abb., 1 Tab., 18 Lit.

Verschiedene Inhibitoren der Steroid-Biosynthese wurden den Kurztagpflanzen *Xanthium pensylvanicum* und *Pharbitis nil* über junge Blätter appliziert. „SK&F 525" und „SK&F 3301" verursachen Gelbwerden der Blätter, hemmen möglicherweise die Phytinsynthese. „Triparanol" ruft Nekrosen hervor, hat aber keinen Einfluß auf die Blütenbildung. „SK&F 7732" und bes. „SK&F 7997" hemmen die Blütenbildung beider Pflanzen. Am wirksamsten ist „SK&F 7997" (I), wenn es ca. 2 Std. vor der induktiv wirkenden langen Nacht geboten wird; danach appliziert, ist es wirkungslos. Vff. vermuten, daß die Synthese des Blühhormons blockiert wird, das demnach ein Isoprenoid oder Steroid sein könnte. Eine Reihe von Steroiden oder deren Vorstufen können die Blühhemmung nicht aufheben, darunter Mevalonsäure und Squalen. Ebenfalls unwirksam sind nicht-verseifbare Lipide aus *Xanthium*. **I** hemmt den Einbau von Acetat und Mevalonsäure (beide radioaktiv markiert) in verschiedene nicht-verseifbare Lipidfraktionen. Dabei unterbleibt die Bildung von β-Sitosterin und Stigmasterin, jedoch auch bei nicht-induzierten Pflanzen. Die blühhemmende Wirkung von **I** beruht also nicht auf der Blockierung der Synthese dieser beiden Sterine, sondern entweder auf der Hemmung der Bildung des Blühhormons (mit Isoprenoid- oder Steroidcharakter) oder dafür notwendiger Cofaktoren. G. Ballin. 230.

Šefernová, Zdeňka; ÚVTI MZLVH. Stručný přehled gazometrických metod studia fotosyntézy. **(Kurze Übersicht der gasometrischen Methoden zum Studium der Photosynthese.)** Studijní Inform., Základní a Pomocné Vědy v Zemědělství **1962** Nr. 4. S. 1–35. – 10 Abb., 1 Tab., 77 Lit.

Eingangs werden Methoden zum Messen der Intensität der Photosynthese besprochen. Dann werden die auf der CO_2-Absorption durch einen Basenstoff beruhenden Methoden (Titriermethode, Konduktometrie, kolorimetrisches

Messen der pH-Veränderungen einer Bicarbonatlösung), die manometrischen (Warburg-Methode, Mikrorespirometrie) und diaferrometrischen Methoden, Anwendung infraroter Analysatoren (auch die aerodynamische, zum Messen im Terrain geeignete Methode) und Methoden, die ^{14}C anwenden, angeführt.
Z. Šesták. 230.

Mesdag. **Das Gefrierschrankverfahren an der Stiftung für Pflanzenzüchtung in Wageningen.** Bayer. landwirtsch. Jb. **39** (1962) Nr. 8. S. 1000–1002.
Eine neue Anlage ermöglicht Frosthärteprüfungen mit Serien von je 2240 Getreidepflanzen im 3- bis 4-Blatt-Stadium. Die Pflanzen werden in 16 Kästchen ausgelegt und wachsen im Aufwuchsraum, der Platz für 9mal 16 Kästchen hat, bei regulierter Temperatur zwischen 7 und 18 °C und Kunstlicht. Anschließend bleiben sie 3 Wochen im Härtungsraum bei 2 °C und 12 Std. Licht pro Tag. Danach kommen sie in den Gefrierschrank, dessen Temperatur von zunächst −3 °C im Verlauf von 4 Tagen auf −14 °C und dann wieder stufenweise auf −3 °C gebracht wird. Der Schrank hat zwei Teile mit den Innenmaßen 50 cm Höhe, 40 : 215 cm Grundfläche. Die Luft im Schrank wird durch Ventilatoren bewegt. Nach dem Gefrieren werden die Pflanzen bei 5–10 °C gehalten und sofort und später nochmals auf Blattschäden und -verfärbung bonitiert und danach auf Neubildung von Blättern.
G. Kretschmer. 239.

Voisey, Peter W.; Ottawa, Ontario, Canada Dep. of Agric., Engng. Res. Serv. Note on the modification of an electronic temperature controller to provide diurnal temperature variations in plant growth chambers. **(Bemerkung über die Modifikation eines elektronischen Thermostaten zur Verhinderung diurnaler Temperaturschwankungen in Vegetationskammern.)** Canad. J. Plant Sci. **43** (1963) Nr. 1. S. 111–112. – 2 Abb. 239.

D. Chemie der Pflanzen

Boldea, Elena, Oproiu, Elena, Cernescu, Lidia und Mitroiu, Valeria. Insușirile de panificație ale cîtorva soiuri de grîu de înaltă productivitate. **(Die Backfähigkeit bei einigen Weizensorten mit hohem Ertrag.)** Probleme agric. [București] **14** (1962) Nr. 9. S. 23–32. – 8 Tab. Zus. in Russ., Franz.
Vff. beschreiben die in Laboratorium und Industrie erzielten Ergebnisse hinsichtlich der Backfähigkeit von 7 ertragsfähigen Wi-Weizensorten. Die Sorten sind in günstigen Anbauzonen rayoniert. Die Körner wurden industriell gemahlen. Die Bestimmungen wurden an Körnern, Mehl, Teig und Brot mit Hilfe der üblichen Laboratoriumsmethoden durchgeführt. Auf Grund der Ergebnisse wurden die Sorten wie folgt klassifiziert: sehr gute Backfähigkeit haben 'Besostaja' und 'Ponca', gute Backfähigkeit haben 'Triumph', 'Skorospelka 3', 'Harrach' und 'Nr. 301', ungenügende Backfähigkeit hat 'San Pastore'.
N. Hulpoiu. 240.

Petříček, Drahomír; Žatec, Výzkumný Ústav Chmelařský. Změny pivovarsky účinných složek během zrání a skladování a vliv doby sklizně chmele na kvalitu piva. **(Veränderungen brauereitechnisch wirksamer Komponenten während des Reifens und Lagerns sowie Einfluß des Hopfenerntezeitpunktes auf die Bierqualität.)** Rostlinná Vyroba **8(35)** (1962) Nr. 8. S. 1015–1034. – 10 Tab., 13 Lit. Zus. in Russ., Dtsch.
In der ebenerdigen, mittelhohen und oberen Schicht sowie im Rand- und Innenteil eines Hopfengartens werden der Gehalt des Hopfens an Bitterstoffen und die Isomere der bitteren Hopfensäuren z. Z. des Reifens und der Vollreife der Hopfenpflanzen chromatographisch bestimmt. Zugleich wurden Brau- und Geschmacksprüfungen der Biere vorgenommen. Ein Teil der Hopfenproben wurde im Laboratorium geschwefelt und während der Einlagerung der Hopfenzapfen auf Veränderungen untersucht. Im Jahre 1958 war als Folge

der Sonnenstrahlung der Brauwert des Hopfens am Gartenrand um 6,2 und im Jahre 1960 um 35,5% höher. Ferner wurde festgestellt, daß beim Klon 72 die optimale Ernteperiode mit Rücksicht auf den Bitterstoffgehalt zwischen dem 25.8 und 5.9 und beim Klon 126 zwischen dem 20.8. und 5.9. liegt. Außerdem wurde bestätigt, daß die einheimischen Hopfensorten reicher an Lupulon und Humulon, die ausländischen dagegen an Cohumulon und Colupulon sind, ferner daß die einheimischen Rothopfen gegen das Altern resistenter sind und daß SO_2 eine günstige Wirkung auf die Konservierung der im Hopfen enthaltenen Bitterstoffe ausübt. J. Špinka. 240.

Srivastava, R. Dayal und Prabhu, K. A.; Kanpur, Nat. Sugar Inst. Nature of colloids in clarified cane juices. **(Natur der Kolloide in geklärten Zuckerrohrsäften.)** Current Sci. [Bangalore] **32** (1963) Nr. 1. S. 17. – 9 Lit. 240.

Romney, D. H.; Jamaica, Coconut Ind. Board, Res. Dep. Measurement of moisture in commercial copra. **(Messung des Wassergehaltes in kommerzieller Kopra.)** J. agric. Soc. Trinidad & Tobago **62** (1962) Nr. 3. S. 329–333. – 1 Abb., 1 Tab., 6 Lit. 240.

González-Alonso, M.; Madrid, Span.,Inst. de Farmac. C.S.I.R.O., Plant Physiol. Sect. Spraying reagents for simultaneous detection of sugars and organic acids in paper chromatography. **(Sprühreagentien zum simultanen Nachweis von Zuckern und organischen Säuren bei der Papierchromatographie.)** Phyton [Vicente López, Argentina] **19** (1962) Nr. 2. S. 95–100. – 1 Tab., 22 Lit. 240.

Müller, K.; Hannover, Forsch.-Anst. Büntehof. **Über die quantitative Zucker- und Stärkebestimmung in Pflanzen.** Landwirtsch. Forsch. **16** (1963) Nr. 1. S. 18–28. – 11 Abb., 1 Tab., 12 Lit. Zus. in Engl., Franz., Dtsch.
Zur quantitativen direkten photometrischen Bestimmung von löslichen Kohlenhydraten wird die chlorophyllfreie Probe nach Gefriertrocknung mit Alkohol verschiedener Konz. (80–20 Vol.%) und Temperaturen (30–40 °C) extrahiert. Aus grünen Pflanzenteilen werden die Zucker durch wiederholte Extraktion mit warmem H_2O entfernt. Nach Ausfällung von Eiweiß mit Essigsäure/Alkohol, Filtration und Einengung bzw. Gefriertrocknung der Extrakte wird der Rückstand in 10 oder 15 ml 40%igem Alkohol aufgenommen und vor Auftragen auf einen Keilstreifen (Schleicher & Schüll 2043 b; 0,01–0,03 ml) hochtourig zentrifugiert oder durch ein engporiges Filter gegeben. Die Trennung der Zucker erfolgt durch aufsteigende Chromatographie mit Benzol/Butanol/Pyridin/Wasser (3:10:5:4). Nach 10 Std. werden die Streifen an der Luft getrocknet und erneut eingehängt. Je nach Zuckerart muß 3-4mal chromatographiert werden. Nach beendeter Trennung werden die Streifen durch eine frisch bereitete Lösung von Anilinphthalat gezogen und im Trockenschrank bei 140 °C 10 Min. entwickelt. Die fertigen Chromatogramme werden im Beckman „Analytrol" RB bei 500 nm photometriert. Der Fehler dieser Methode beträgt $\pm 2,5\%$. Zur Stärkebestimmung in grünem Pflanzenmaterial wird auf das Verfahren von Steiner und Guthrie (vgl. Ind. Engng. Chem. **16** [1944] S. 736.) verwiesen. P. Stoß. 242.

Lenartowicz, W. und Łazęcka, H. Porównanie czterech chemicznych metod ilościowego oznaczania cukrów w owocach. **(Der Vergleich von vier chemischen Methoden der quantitativen Bestimmung von Zucker in den Früchten.)** Prace Inst. Sadownictwa Skierniewicach **6** (1962) S. 211–225. – 4 Tab., 17 Lit. Zus. in Russ., Engl.
Im Jahre 1957 wurden die Zucker in den Früchten von 45 Sorten von 8 Gattungen (Erdbeere, Johannisbeere, Stachelbeere, Himbeere, Weinrebe, Kirsche, Pflaume, Apfel) untersucht. Zur Erarbeitung von für Massenanalysen geeigneten Verfahren wurden 4 chem. Methoden zur Bestimmung von Zuckern miteinander verglichen: die von Bertrand (B), Luff-Schoorl (LS), die

jodometrische und die Ferrocyan-Methode. Die Interaktion Methode × Sorte zeigt, daß die Unterschiede in den mittleren Mengen je nach Sorte verschieden sind. Die LS-Methode zeigte die größte Übereinstimmung der Ergebnisse mit den Werten nach der B-Methode (Standard), wobei aber der mit nach LS bestimmte Gehalt an Zuckern immer etwas höher war. Nach Ansicht mehrerer Autoren gibt die B-Methode einen kleineren als den wirklichen Gehalt an als Folge der Zersetzung von Zuckern in alkalischen Reagentien. Die LS-Methode besitzt den Vorteil, daß sie leicht ausführbar ist und einen kleineren Arbeitsaufwand benötigt als die B-Methode. Sie ist also am brauchbarsten zur Bestimmung von Zuckern in den Früchten. J. Pragłowski. 242.

Bartholomae, F.; Stuttgart, Süddtsch. Zucker-AG, Betriebslab. **Einfache kolorimetrische Bestimmung von Zucker mit Hilfe von Schwefelsäure.** Zucker **16** (1963) Nr. 6. S. 144–148. – 5 Abb., 12 Lit.
Es wird eine kolorimetrische Bestimmung von Saccharose im Bereich von 0,005–0,1% beschrieben, wobei die durch Hydrolyse gebildete Fructose mit dem Reagens eine gelbbraune Färbung gibt. – 5 ml Zuckerlösung im Reagenzglas mit 5 ml Schwefelsäure p. a. (d 1,84) unterschichten, genau 10 s kräftig durchschütteln, innerhalb 30 s auf Zimmertemperatur abkühlen, die Färbung im Lange-Kolorimeter mit dem Filter BG 5 oder BG 12 messen und die Zuckerkonz. einer Eichkurve entnehmen. Der mittlere Fehler des abgelesenen Extinktionswertes beträgt ±5%. Die Analyse dauert 2 Min. Die Bestimmung eignet sich vor allem für die Praxis zur Prüfung von Kondensat, Speise-, Fall- und Kanalwasser. W. Franzke. 242.

Gad, A. und Shoeb, Z. E.; Münster/Westf., Dtsch. Inst. für Fettforsch. **Über das Öl der Johannisbrot-Kerne.** Fette, Seifen, Anstrichmittel **65** (1963) Nr. 2. S. 138. – 5 Lit. Zus. in Russ., Engl., Franz.
Der Petrolätherextrakt aus Johannisbrot-Kernen zeigte folgende Kennzahlen: VZ 194,8; SZ 4,2; Unv. 1,2; n_D^{20} 1,4668; JZ 104,1 und RhZ 68,1. Die papierchromatographische Trennung (Schleicher & Schüll 2043 b) mit Undecan-Essigsäure/Acetonitril (3:1) ergab folgende Fettsäurezusammensetzung des Öles: Stearinsäure 4,7%, Palmitinsäure 18,7%, Ölsäure 33,9%, Linolsäure 41,0% und Linolensäure 1,7%. W. Franzke. 243.

Sisakjan, N. M. und Melik-Sarkisjan, S. S. (Sissakjan, N. M. und Melik-Sarkisjan, S. S.); Moskau, Biochem. Bach-Inst. der Akad. der Wiss. der UdSSR. Nekotorye osobennosti belkov fotosintezirujuščich i nefotosintezirujuščich plastid rastenij. **(Einige Besonderheiten des Eiweißes photosynthetisierender und nichtphotosynthetisierender Plastiden von Pflanzen.)** Fiziologija rastenij, Moskva **10** (1963) Nr. 1. S. 17–22. – 4 Tab., 33 Lit. Zus. in Engl.
Die Eiweiße photosynthetisierender und nichtphotosynthetisierender Plastiden der Zuckerrübe (Chloroplasten der Blätter; Leukoplasten des Körpers und der etiolierten Blätter) unterscheiden sich bedeutend in ihren elektrochem. und einigen hydrodynamischen Eigenschaften. Geringer werdende Photosyntheseintensität alternder Pflanzen oder ihre völlige Unterdrückung in etiolierten Pflanzen führt zur Verringerung der elektrophoretischen Beweglichkeit aller Eiweißfraktionen der Plastiden. Bei normaler Photosyntheseintensität besitzen die Plastideneiweiße eine hohe effektive negative Ladung. Das α-Chromoproteid photosynthetischer Plastiden besitzt Moleküle mit gestreckterer Form als das der Leukoplasten. Die Sedimentationskonstante von Chloroplastenprotein aus alten Pflanzen ist größer als die des Proteins aus jungen Pflanzen. Die Eiweißmoleküle nehmen demnach mit der Entwicklung der Chloroplasten an Größe zu. J. Birke. 244.

Stafijčuk, A. A. und Pavlenko, L. N. (Stafitschuk, A. A. und Pawlenko, L. N.); Dnepropetrowsk, Unions-Inst. für Maisforsch. Soderžanie i kačestvo proteina zerna pri gibridizacii kukuruzy. **(Gehalt und Qualität des Proteins**

im Korn bei der Hybridisation von Mais.) Vestnik sel'skochozjajstvennoj nauki, Moskva 7 (1962) Nr. 8. S. 21–24. – 2 Tab., 11 Lit. Zus. in Engl., Franz., Dtsch.

Von den Vff. wurden 1948–59 in Dnepropetrowsk 210 Hybriden in der F_1 und 103 in der F_2 im Vergleich zu ihren Elternformen untersucht auf Gesamt-N und Nichtzein-N. 32,9% der F_1-Hybriden übertrafen im Gesamt-N-Gehalt ihre Eltern, 29% unterlagen ihnen und 38,6% waren intermediär. Bei den F_2-Hybriden lauteten die entspr. Werte 27,2%; 36,9% und 35,9%. Bei Nichtzein-N-Gehalt lagen 35,9% der F_1-Hybriden über ihren Eltern, 31% unter ihnen, und 33,1% waren ihnen gleich. Die entspr. Werte bei den F_2-Hybriden waren 36,9%, 31,1% und 32%. Die Ergebnisse lassen erkennen, daß bei der Maishybridisation keine eindeutige Tendenz in der Vererbung des Proteingehaltes und der Proteinqualität des Kornes auftritt. I. Schilowa. 244.

Harberts, Catharina L. und Sonneveld, Hendrika A. De bepaling van ruw eiwit in wortel- en knolgewassen. Voorlopige mededeling. **(Die Bestimmung von Rohprotein in Wurzel- und Knollenfrüchten. Vorl. Mitt.)** Inst. biol. scheikund. Onderzoek Landbouwgewassen Wageningen, Meded. **1962** Nr. 192. S. 149–155. – 8 Tab., 5 Lit.

Die Rohproteinbestimmung sollte stets an frischer Subst. erfolgen. Bei Futterrüben ergibt die Bestimmung an getrockneter Subst. zu hohe Werte (z. B. bei Rohprotein +0,4, bei Reinprotein +0,2%). Die N-Düngung hatte hierauf bei Futterrüben keinen Einfluß. Bei Stoppelrüben ergab die Bestimmung an der Tr.-Subst. ebenfalls zu hohe Werte. Hier stiegen die Differenzen zwischen den Bestimmungen aus Frisch- und Tr.-Subst. mit steigender N-Düngung in der Regel an, z. T. sogar erheblich. Bei Kartoffeln ergab die Bestimmung an der Tr.-Subst. stets zu niedrige Werte. Die Differenzen nahmen ebenfalls mit steigender N-Düngung zu, das Verhalten schwankte aber etwas je nach Sorte. – Der Gehalt an Roh- und Reinprotein nahm bei allen Kulturen mit steigender N-Düngung zu; bei Stoppelrüben stieg vor allem der Nitratgehalt. W. Stenz. 244.

Xavier Filho, J., Hollanda Lima, Iracema, und Ventura, M. M; Fortaleza, Ceará, Brasil, Univ. do Ceará, Inst. de Quim. e Tecnol., Dep. de Bioquim. Free amino acids in some Brazilian fruits. **(Freie Aminosäuren in einigen brasilianischen Früchten.)** Phyton [Vicente López, Argentina] **19** (1962) Nr. 2. S. 121–125. – 6 Abb., 1 Tab., 13 Lit. 244.

Kutáček, Milan, Rosmus, Jan und Devl, Zdeněk.; Praha-Ruzyně, Výzkumný Ústav Rostlinné Výroby; Praha-Smíchov, Ústřední Výzkumný Ústav Potravinářského Průmyslu. Nové způsoby chromatografického dělení giberelinů A_1 a A_3. **(Neue Methoden der chromatographischen Trennung der Gibberelline A_1 und A_3.)** Biol. Plantarum [Praha] **4** (1962) Nr. 3. S. 226–231. – 1 Abb., 11 Lit. Orig.: engl., Ausz.: russ.

Zur Trennung der physiol. aktiven Gibberelline wurden einige neue chromatographische Methoden angewandt, wie z. B. Zentrifugalchromatographie (a) und Dünnschichtchromatographie mit Aluminiumoxyd (b). Die zugleich untersuchte Papierelektrophorese ist zum Trennen von Gibberellin A_1 und A_3 nicht geeignet. Bei a hat sich das System Benzol-Essigsäure-Wasser 4:1:2 bewährt. Zur Trennung nach b wurde Benzol-Essigsäure 100:23 ausprobiert. Es wird auf Durchlauf chromatographiert (60 ml Laufmittel), die Schicht hat eine Fläche von 10×23 cm. Beide Analysen dauern etwa 6 Std. M. Pštross. 245.

Mayfield, Darwin L., Lincoln, Richard G. Hutchins, Robert O. und Cunningham, Alan; Long Beach, Calif., State Coll., Dep. of Chem.; Dep. of Bot. Concentration of a floral-inducing entity from plant extracts.

(Konzentrierung eines blüteninduzierenden Prinzips aus Pflanzenextrakten.) J. agric. Food Chem. **11** (1963) Nr. 1. S. 35–38. – 2 Abb., 2 Tab., 11 Lit.
Das von Lincoln u.a. (vgl. LZ. Abt. II **7** (1962) Nr. 5. S. 1234.) beschriebene Verfahren zur Herstellung eines das Blühen bewirkenden Extraktes aus *Xanthium* wurde modifiziert. Blätter von einheimischem *Xanthium strumarium* L. var. *canadense* Mill. wurden innerhalb 5 Min. nach Abschneiden (Ausschaltung von Enzym-Wirkung) in flüssigem N_2 eingefroren und zerkleinert. Nach Gefriertrocknung auf $< 2\%$ H_2O wurde mit kaltem (0–10 °C) abs. Methanol extrahiert. Nach Verdunstung des Methanols wurden aus 350 g frischen Blättern ca. 15 g roher Extrakt erhalten. Nach dieser Methode wurden bis zu 60 kg Blätter auf einmal aufgearbeitet. Der Extrakt wurde bis zur Verwendung unter Tiefkühlung aufbewahrt. Die im Extrakt enthaltene wirksame Subst. wurde durch absteigende Papierchromatographie (24 Std., 25 °C, obere Schicht von 19 Vol. Butanol-1, 1 Vol. Eisessig, 6 Vol. H_2O) konzentriert und besaß einen Rf-Wert von 0,42–0,65. Wirksame Extrakte von *Helianthus annuus* verhielten sich gleichartig. Löslichkeitsunterschiede in wäßrigen sauren und basischen Systemen wurden ebenfalls zur Konzentrierung herangezogen. Die wirksame Subst. ist löslich in H_2O, Methanol, Aceton, Äther usw., weniger dagegen in Petroläther. Sie wird durch wäßrige Lösungen vom pH 1–12 selbst nach einigen Std. und durch 3 Std. Erwärmen auf 45 °C nicht desaktiviert. P. Stoß. 245.

Anonym. Novoe rostovoe veščestvo – NRV. **(Der neue Wuchsstoff NRW.)** Kukuruza, Moskva **1963** Nr. 1. S. 50. 245.

Davison, R. M.; Auckland, New Zealand, Fruit Res. Div. Growth-inhibiting substances in xylem sap. **(Wachstumshemmende Stoffe in der Xylemflüssigkeit.)** Nature [London] **197** (1963) Nr. 4867. S. 620–621. – 1 Abb., 7 Lit.
Holzteile von Bäumen (*Tecomaria capensis*, *Malus sylvestris*, *Salix fragilis*) wurden extrahiert und der Extrakt nach Ansäuerung mit H_2SO_4 auf pH 2 mit Äther ausgeschüttelt. Papierchromatogramme (Isopropanol/Ammoniak/Wasser 10:1:1) ergaben zwischen den Rf-Werten 0,5–0,7 Hemmbezirke. Auch bei ruhenden *Salix*-Knospen konnte bei diesen Rf-Werten die Existenz von Hemmstoffen nachgewiesen werden. Vf. vermutet in Blatt und Xylem einander ähnliche Inhibitoren, die eventuell dem „inhibitor-β“-Komplex zugerechnet werden können. H.-L. Pätzold. 245.

Hjarde, Willy; Copenhagen, Denmark, Nat. Vitamin Lab. Collection and examination of clover samples for determination of the contents of tocopherol and carotene. **(Entnahme und Prüfung von Kleeproben zur Bestimmung des Tocopherol- und Carotingehaltes.)** Acta Agric. scand. **12** (1962) Nr. 4. S. 325 bis 334. – 7 Tab.
Um eine einheitliche Bewertung des Tocopherol (**I**)- und Carotin(**II**)-Gehaltes von Rotklee vornehmen zu können, wurden eine Reihe von Faktoren und ihr Einfluß auf den **I**- und **II**-Gehalt geprüft. Wesentliche **I**- und **II**-Verluste treten bei Gefrierlagerung der Proben nach dem Auftauen auf. Beim Verreiben der frisch entnommenen Probe mit Äthanol im Verhältnis 1:1 ist der **I**-Verlust nach 8 Tagen unbedeutend, der an **II** schon beträchtlich. Die zur Extraktion erforderliche Äthanolmenge beträgt etwa das 10fache der Einwaage. Die Streuung innerhalb einer Probe wurde für **I** zu 18% und für **II** zu 5,6% ermittelt. Die **II**- und bes. die **I**-Verluste sind bei Lagerung der unbehandelten Kleeproben bei +4 °C noch nach 22 Tagen gering. Im Äthanol-Petrolätherextrakt (Lagerung bei −18 °C) ist auch nach 10mon. Lagerung keine Abnahme von **I** und **II** festzustellen. H. Ackermann. 245.

Chúrý, Jiří; Brno, Katedra Biol. a Fyziol. Veterin. Fak. VŠZ. Obsah fytoestrogénů v některých našich rostlinách. **(Phytoöstrogengehalt in einigen**

unserer Pflanzen.) Sbornik Vysoké Školy zemědělské Brně, Řada B **9(30)** (1961) Nr. 1/2. S. 31–34. – 2 Tab., 22 Lit. Zus. in Russ., Dtsch.
Bei infantilen Mäuseweibchen wurden Ölextrakte von Alkoholextrakten aus Weißklee, Luzerne, Wiesenschwingel, Weidelgras und Wiesenlieschgras biologisch titriert. Es stellte sich heraus, daß in allen untersuchten Pflanzen Phytoöstrogene vorkommen. In Weißklee und Wiesenlieschgras war der Gehalt an östrogenaktiven Stoffen am höchsten, im Wiesenschwingel war er am kleinsten. Die Versuchsergebnisse deckten sich ziffernmäßig gut mit Angaben aus der Literatur. M. Pštross. 245.

Heyningen, Ruth van und Waley, S. G.; Oxford, Univ., Nuffield Lab. of Ophthalmol. Neutral proteinases in the lens. 2. Partial purification and properties. **(Neutrale Protinasen in der Linse. 2. Mitt. Partielle Reinigung und Eigenschaften.)** Biochem. J. **86** (1963) Nr. 1. S. 92–101. 245.

Hobson, G. E.; Littlehampton, Sussex, Glasshouse Crops Res. Inst. Pectinesterase in normal and abnormal tomato fruit. **(Pektinesterase in normalen und abnormen Tomatenfrüchten.)** Biochem. J. **86** (1963) Nr. 2. S. 358–365. – 6 Tab., 44 Lit.
Während der Ausreife von Tomatenfrüchten nimmt ihr Gehalt an unlöslichen Pektinen und Gesamtpektin ab. Eine physiol. Störung des Reifungsprozesses, als „blotchy ripening" bezeichnet, führt zu harten, grünen oder gelben Flächen auf der Frucht. Diese Früchte enthalten sowohl im abnormen als auch im normalen Gewebe doppelt soviel Pektine wie bei normaler Ausreife. Mit dem Rotwerden normal ausreifender Früchte nimmt die Pektinesteraseaktivität zu, während sie in fleckigen Früchten nur etwa so hoch ist wie in den Frühstadien bei normaler Reifung. Es ist nicht anzunehmen, daß die verminderte enzymatische Aktivität auf die Verringerung der normal ausreifenden Fruchtfläche zurückzuführen ist. Früchte von Pflanzen, die auf K-Mangelböden gewachsen sind, zeigten ebenfalls eine verminderte Pektinesterase-Aktivität. W. Franzke. 245.

Beneš, Karel; Praha, Inst. Exp. Bot. Českoslov. Akad. Věd. Histochemický průkaz esterasy azokopulační metodou v kořenové špičce bobu Vicia faba L. **(Histochemischer Nachweis der Esterase in der Wurzelspitze von Vicia faba L. nach der Azokopulationsmethode.)** Biol. Plantarum [Praha] 4 (1962) Nr. 3. S. 211–219. – 11 Abb., 2 Tab., 37 Lit. Orig.: russ., Ausz.: engl.
Nach den Azokopulationsmethoden wurde die Esterase in der Wurzelspitze von *Vicia faba* L. nachgewiesen und ihre Lokalisierung auf Querschnitten in verschiedener Entfernung von der Spitze studiert. Das A.S.-Acetat gab sowohl bei den tiefgekühlten und mit Calciumformol nach Baker fixierten Schnitten, als auch bei Schnitten aus Paraffinmaterial, das mit ausgesäuertem Alkohol nach Wolman fixiert war, eine positive Reaktion in Geweben des Zentralzylinders. Beim α-Acetat gab es Unterschiede zwischen den gekühlten und den paraffinierten Schnitten. Bei den paraffinierten Schnitten reagieren neben der Wurzelhaube auch die Bastpartien des Zentralzylinders intensiv, während bei den tiefgekühlten Schnitten die intensivste Reaktion in den Innenschichten der Primärrinde stattfindet. Diese Ergebnisse bestätigen und präzisieren frühere Befunde. M. Pštross. 245.

Dijkshoorn, W. und Lampe, J. E. M. Partition chromatography of the organic acids of Lolium perenne L. on silica gel columns. **(Verteilungschromatographie der organischen Säuren von Lolium perenne L. an Silikagelsäulen.)** Inst. biol. scheikund. Onderzoek Landbouwgewassen Wageningen, Meded. **1962** Nr. 191. S. 141–148. – 2 Abb., 5 Lit.
Die Trennung organischer Säuren aus Pflanzen an Silikagelsäulen ist weitverbreitet im Gebrauch, wobei je nach Art der Pflanzen und Säuren (z. B. flüchtige und nichtflüchtige) die Verfahrensweise modifiziert wird. In der

vorliegenden Arbeit wird eine Vorschrift für die Untersuchung von *Lolium* gegeben unter Berücksichtigung der von anderen Autoren mit der Trennung an Silikagelsäulen gemachten Erfahrungen. – Die Säuren werden mittels Anionenaustauscher isoliert, dann wird die Oxalsäure bestimmt, und danach werden die Extrakte zur Chromatographie vorbereitet. Des weiteren werden Vorschriften über die Anfertigung der Lösungsmittel und der Säule, Aufbringen der Probe und Aufbau der Apparatur für die kontinuierliche Chromatographie gegeben. Die 170–180 gewonnenen Fraktionen werden mit NaOH titriert (Thymolblau als Indikator). Die Darstellung und Auswertung der Werte erfolgt auf logarithmischem Papier. Es ergibt sich eine Kurve mit additiver Folge der Werte, die qualitative und quantitative Schlüsse zuläßt.

W. Stenz. 246.

Dijkshoorn, W. und Lampe, J. E. M. The separation of organic acids from Lolium perenne L. **(Die Trennung der organischen Säuren von Lolium perenne L.)** Inst. biol. scheikund. Onderzoek Landbouwgewassen Wageningen, Meded. **1962** Nr. 190. S. 135–139. – 5 Abb., 1 Lit.

In Vorversuchen wurden 3 g trockene Grünmasse nach Pulverung in 50 ml 0,04 n HCl suspendiert, das Ganze aufgekocht, filtriert und auf 100 ml aufgefüllt. Nach Neutralisierung und Entfernung der Kationen wurde der Extrakt langsam durch eine Säule mit stark basischem Austauscher (Formiatform) gegeben. Der Durchlauf wurde in 3 ml-Fraktionen aufgefangen. Anschließend erfolgte Elution mit Ameisensäure (0,1; 1,3 und 5 n). Dabei zeigte sich, daß Zitronen-, Malein- und Succininsäure vom Austauscher festgehalten wurden (also durch Elution mit Ameisensäure gewonnen wurden), 4 andere Säuren aber ungehindert die Säule passierten. Durch Verwendung einer Säule aus starkem Anionenaustauscher in der OH-Form gelang in einem weiteren Versuch die vollständige Adsorption und nachfolgende Elution aller sauren Bestandteile des Extraktes. Auf Grund dieser Untersuchungen wird ein Standardverfahren empfohlen, welches eingehend beschrieben wird (Häckseln, Wägen, Dämpfen, Homogenisieren, Dampfextraktion, Ansäuern mit H^+-Sulfonsäureharz, Filtrieren, Harz waschen und mit weiterem Harz eine Säule bilden, mit der der Extrakt von Kationen befreit wird, 1 Tropfen/s Durchlaufgeschwindigkeit; Abtrennung der Säuren aus der resultierenden, gelblichen, klaren Lösung mit stark basischem Anionenaustauscher in der OH-Form, 6 g Merck III, Säule 12×0,8 cm, Elution mit 5 n Ameisensäure, 1 Tropfen in 3 s, Einengen, Oxal- und stärkere Mineralsäuren bleiben im Austauscher und können dann mit 1 n H_2SO_4 eluiert werden; 2dimensionale Chromatographie auf Whatman 1 mit Äthanol-Ammoniak-Wasser 80:4:16 und n-Butanol-Ameisensäure-Wasser 72:12:11; Nachweis mit Glucose-Anilin-Reagens und/oder Fluorescenz im UV-Licht).

W. Stenz. 246.

Baerug, Ragnar; Vollebekk, Norway, Agric. Coll., Inst. of Fertilization and Soil Management. Influence of different rates and intensities of light on solanine content and cooking quality of potato tubers. **(Einfluß verschiedener Lichtgaben und Lichtintensitäten auf den Solaningehalt und die Speisequalität von Kartoffelknollen.)** Europ. Potato J. [Wageningen] **5** (1962) Nr. 3. S. 242–251. – 3 Abb., 3 Tab., 14 Lit. Zus. in Franz., Dtsch.

Frisch gerodete Kartoffelknollen der Sorte 'Kerr's Pink' wurden 2–72 Std. dem natürlichen Licht im Freien (max. Lichtintensität 60000 lx) ausgesetzt und in einem zweiten Versuch 1–22 Tage bei schwachem Licht (<30 lx) gelagert. Die Knollen konnten 2–4 Std. intensivem Licht im Freien ausgesetzt werden, ohne daß wesentliche Veränderungen im Solaningehalt oder in der Speisequalität eintraten. Nach 6 Std. wurde eine beträchtliche Steigerung des Solaningehaltes und eine mäßige Qualitätsverschlechterung beobachtet. Eine noch längere Belichtung führte zu einer weiteren Erhöhung des Solaningehaltes und zu einer bedeutenden Verschlechterung der Qualität. 22täg.

Lagerung bei schwachem Licht (gesamte Lichtgabe entsprach etwa ½ Std. Sonnenlicht) hatte keinen merklichen Einfluß auf den Solaningehalt. Proben, welche 60 Std. dieser Lagerungszeit künstlichem Licht von 25 lx ausgesetzt waren, wurden grün. Während 3täg. Lagerung im Freien wurde dagegen keine Chlorophyllbildung beobachtet, obwohl diese Proben viel mehr Licht erhielten. Gewaschene Knollen waren gegenüber Licht empfindlicher als nur gebürstete. Zwischen verschiedenen Sorten wurden große Unterschiede im Solaningehalt beobachtet. Ch. Pfeffer. 246.

Il'in, G. S. (Iljin, G. S.); Moskau, Biochem. Bach-Inst. der Akad. der Wiss. der UdSSR. Biosintez nikotina v rastenijach tabaka. **(Nicotinbiosynthese in Tabakpflanzen.)** Fiziologija rastenij, Moskva **10** (1963) Nr. 1. S. 79–83. – 3 Tab., 10 Lit. Zus. in Engl.
Im Wasserkulturversuch wurden zusammen mit Knopscher Nährlösung jeweils 100 mc einer markierten Nikotinvorstufe ($^{14}CH_3COONa$ **I**; $^{14}CH_3NH_2HCl$ **II**; $NaH^{14}CO_3$ **III**) gegeben und die Nicotinsynthese in wachsenden Pflanzen von *Nicotiana tabacum* (A), oder in abgeschnittenen Blütenständen von *N. tabacum*, *N. glutinosa*, *N. rustica*, die in die Lösungen eingestellt wurden (B), verfolgt. Versuch A zeigte, daß der Einbau der Vorstufen **I** und **II** in den ersten beiden Tagen erfolgt und das Maximum am 3. und 4. Tag erreicht, wonach eine Senkung der Radioaktivität auftritt und ein bestimmter konstanter Gehalt bis zu Ende des Versuches eingestellt wird. Der Nicotingehalt ist charakteristisch für jeden angewandten Metaboliten. Versuch B zeigte, daß die Samen der geprüften Arten mit Hilfe der angewandten Vorstufen **I** und **III** Nicotin synthetisieren. Dies ist wahrscheinlich an die Entwicklung des Keimlings gebunden. J. Birke. 246.

Avundžjan, Ė. S. (Awundshjan, E. S.); Jerewan, Inst. für Ackerbau des Min. für Erzeug. und Erfass. Landwirtsch. Produkte der Armen.SSR, Lab. für Biochem. und Pflanzenphysiol. O vlijanii istočnika azota i fosfora na soderžanie alkaloidov tabaka. **(Über den Einfluß der N- und P-Quelle auf den Alkaloidgehalt des Tabaks.)** Fiziologija rastenij, Moskva **10** (1963) Nr. 1. S. 11–16. – 4 Tab., 31 Lit. Zus. in Engl.
Es wurde der Einfluß von NH_4^+ und NO_3^- einzeln oder in Verbindung mit P auf den Gehalt an Nicotin und begleitenden Alkaloiden in verschiedenen Organen der Tabakpflanze im Vegetationsversuch untersucht. Die Pflanzen wurden 1 Mon. nach Versuchsbeginn geerntet. Blätter, Stengel und Wurzeln von NH_4-gedüngten Pflanzen enthielten mehr Alkaloide als die von NO_3-gedüngten. Das primär in den Wurzeln gebildete Alkaloid ist höchstwahrscheinlich Nicotin. P beeinflußt beträchtlich die Alkaloidbildung in den Wurzeln. Dieser Effekt ist ein indirekter, indem P die Nitratreduktion, die Aminosäurebildung und Zuckeraktivierung unterstützt. Die intensivste Alkaloidbildung erfolgt in den Wurzeln, obgleich die größte Anreicherung in den Blättern gefunden wird. Nur bei starker Anreicherung von Nicotin in den Geweben erfolgt die Bildung der anderen Alkaloide (Nornicotin, Anabasin usw.), was auf ihre Bildung aus Nicotin schließen läßt. J. Birke. 246.

Freedman, Louis und Merritt, A. Jay; Yonkers, New York, United States Vitamin and Pharmac. Corporation, Product Development Lab. Citrus flavonoid complex: chemical fractionation and biological activity. **(Flavonoidkomplex bei Citrus: Chemische Fraktionierung und biologische Aktivität.)** Science [Washington] **139** (1963) Nr. 3552. S. 344–345. – 1 Tab., 12 Lit. 246.

Schreiber, Klaus und Osske, Gerhard. **Isolierung von Cycloartenol aus Blättern der Kulturkartoffel, Solanum tuberosum L. Sterine und Triterpenoide. 2. Mitt.** Kulturpflanze **10** (1962) S. 372–382. – nach Zus. 1. Mitt. vgl. Experientia [Basel] **17** (1961) S. 463.

Aus Blättern der Kartoffelpflanze, *Solanum tuberosum* L., wurde das Triterpen Cycloartenol (9 *β*. 19-Cyclo-lanost-24-en-3 *β*-ol, I) in Mengen von 0,03–0,3% des Trockengewichtes isoliert. In dem unverseifbaren Anteil des Blatt-Rohfettes wurden außerdem ein Kohlenwasserstoff vom Schmp. 65,5 °C (vermutlich Triakontan), *β*-Sitosterin sowie 2 weitere noch nicht identifizierte Sterine aufgefunden. 246.

E. Pflanzenökologie

Best, R.; Wageningen, Agric. Univ., Lab. of Trop. Agric. Production factors in the tropics. **(Produktionsfaktoren in den Tropen.)** Netherl. J. agric. Sci. **10** (1962) Nr. 5. S. 347–353. – 3 Abb., 5 Lit.

Die eingefallene Strahlungsmenge ist in der gemäßigten Zone im Sommer ca. 1,5mal so hoch im Vergleich zu den Tropen. Auch die Boden- und Temperaturbedingungen sind in den gemäßigten Klimaten günstiger. Wasser ist in den Tropen in der Regel nur während der Regenzeit verfügbar, d. h. bei verminderter Einstrahlung. Die besseren Produktionsbedingungen im gemäßigten Klima sind an den Reiserträgen zu sehen. Die Durchschnittserträge liegen in Anbaugebieten am Äquator bei 1,1–1,8 t/ha. In Spanien und Italien sind sie dagegen 4–5mal so hoch. Für die besseren Erträge ist das größere Wurzelsystem mit verantwortlich, welches unter Langtagsbedingungen entwickelt wird. Die in den Tropen herrschenden hohen Temperaturen wirken ebenfalls ertragsmindernd. Der Winter wirkt auf Bodenstruktur und Humusakkumulierung im gemäßigten Klima günstig. In den Tropen muß in der Trockenzeit der Boden auch oft ½ Jahr unbestellt bleiben, wobei er unter der starken Sonneneinstrahlung leidet. Günstiger sind die Produktionsverhältnisse für perennierende Pflanzen in den Tropen, die lange Zeit eine dichte Bodenbedeckung ergeben. Zuckerrohr (lange Periode mit geschlossener Bodendecke) ergibt pro Jahr Erträge von 260 t/ha (21 t/ha Zucker) im Vergleich zu Zuckerrüben 120 t/ha (12 t/ha). Zuckerrüben haben nur für 4 ½ Mon. eine geschlossene Oberfläche. Weiter günstig für den Anbau unter tropischen Bedingungen sind Ölpalmen und Kakao. W. Hiller. 249.

Rickard, W. H.; Richland, Wash., Gen. Electric Co., Hanford Lab.; Biol. Lab. Comparison of annual harvest yields in an arctic and a semidesert plant community. **(Vergleich des Jahres-Ernteertrages einer arktischen und einer Halbwüste-Pflanzengesellschaft.)** Ecology **43** (1962) Nr. 4. S. 770–771. – 2 Tab., 3 Lit.

Zwei Pflanzengesellschaften, die in einigen wichtigen Punkten einander ähneln, in andern grundverschieden sind, wurden verglichen. Die Ähnlichkeiten: Physiognomie: fast geschlossene, wiesenähnliche Bestände; Ernteertrag einer Vegetationsperiode: I 102, II 146 g/m² im Mittel. Die Unterschiede: Heimat: I Alaska, II Staat Washington, USA; Klima: I kalt, II trocken; Vegetationsperiode: I Mai-Aug., 75 Tage, II Nov.-Mai, 180 Tage; tägliche Wärmeeinstrahlung während der Vegetationsperiode: I 0,43, II 0,23 cal/cm²; Artenzusammensetzung: I *Carex aquatilis* dominant, dazwischen andere Perennierende und *Sphagnum*, II fast Reinbestand von *Bromus tectorum*, eingestreut andere Annuelle; Trockenmasse-Produktion pro Tag: I 0,57, II 2 g/m² im Mittel. – Die Benachteiligung durch das arktische Klima erscheint nach den Erträgen größer als die durch das aride. Der Vergleich ist aber unvollständig, „weil die Trockensubstanz der unterirdischen Organe nicht gewogen wurde“. G. Kretschmer. 249.

Gračanin, M.; Skopje, Lab. für Pflanzenphysiol. und -ökol. **Die kritische Bodenfeuchtigkeit für die Guttation. Ein Beitrag zur Frage des ökologischen Wertes des aktiven Bodenwassers.** Ber. dtsch. bot. Ges. **75** (1962) Nr. 10. S. 465–473. – 6 Abb., 10 Lit.

Die Guttation der Pflanzen wird, lange bevor der Wassergehalt des Bodens den Wert des „permanent wilting coefficient" erreicht hat, sistiert. Die Untersuchungen dienten dem Ziel, festzustellen, welchen Anteil das „Guttationswasser" am gesamten ökolog. aktiven Wasser hat. Es wurden verschiedene Bodenarten verwendet. Als Versuchsobjekt diente Weizen. Es ergab sich, daß die abs. Werte der für die Guttation kritischen Bodenfeuchtigkeit je nach dem Bodentypus in sehr breiten Grenzen schwanken können. Bei den vorliegenden Versuchen bewegten sie sich zwischen 1,8 und 24,7%. Die höchsten Werte wurden beim mäßig podsolierten Boden und Salzboden ermittelt, die niedrigsten beim alluvialen Sandboden. Aus den Ergebnissen geht hervor, daß nicht das gesamte ökolog. aktive Bodenwasser für die Guttation brauchbar ist. Vf. nimmt an, daß sie nicht nur durch die Saugkraft des Bodens, sondern auch durch andere Faktoren beeinflußt wird. I. Frommhold. 249.

Săulescu, N., Ionescu, M., Ivănescu, Magda, Ferando, Maria und Bîrsan, Maria. Influenţa condiţiilor pedoclimatice asupra calităţii bobului la diferiţi hibrizi dubli de porumb. **(Der Einfluß der pedoklimatischen Bedingungen auf die Kornqualität bei verschiedenen Maisdoppelhybriden.)** Probleme agric. [Bucureşti] **14** (1962) Nr. 5. S. 49–56. – 9 Tab. Zus. in Russ., Franz.

Vff. analysierten die chem. Zusammensetzung von 21 Maisdoppelhybriden aus 6 in verschiedenen Zonen gelegenen Versuchsfeldern. Die Unterschiede im Stärke- und Eiweißgehalt waren zwischen den Versuchsorten größer als die zwischen den Hybriden an einem Ort. Der Fettgehalt war dagegen zwischen den Hybriden im selben Versuchsfelde sehr unterschiedlich, während der Versuchsort den Fettgehalt einer Hybride nicht beeinflußte. Zwischen der Dauer der Vegetationsperiode und dem Stärkegehalt wurde eine positive und zwischen der Dauer der Vegetationsperiode und dem Eiweißgehalt eine negative Korrelation festgestellt. N. Hulpoiu. 249.

Čirkovskij, V. I. (Tschirkowski, W. I.) Vlijanie ėkologičeskich faktorov pri formirovanii semjan tabaka na process ich starenija. **(Der Einfluß ökologischer Faktoren bei der Ausbildung der Tabaksamen auf ihr Altern.)** Sbornik naučno-issledovatel'skich rabot. Vsesojuznyj naučno-issledovatel'skij institut tabaka i machorki „VITIM", Krasnodar **1960** Nr. 151. S. 65–76. – 6 Abb., 8 Tab., 5 Lit. 249.

F. Pflanzensoziologie

Pielou, E. C.; West Summerland, Brit. Columbia, Canada. The use of plant-to-neighbour distances for the detection of competition. **(Die Verwendung von Pflanze-zu-Nachbar-Abständen zur Aufdeckung von Konkurrenzverhalten.)** J. Ecol. **50** (1962) Nr. 2. S. 357–367. – 5 Abb., 2 Tab., 7 Lit.

Vf. befaßt sich mit dem möglichen Abstand zwischen 2 Pflanzen in einem Bestand. Dieser Abstand r ist für die intraspezifische Konkurrenz kennzeichnend. Die Berechnungen über die theoretischen Verteilungen gehen vom Quadrat dieser Distanz $r^2 = \omega$ aus; in einer zufälligen Population lautet diese Verteilung $\lambda e(\omega) = {}^{-\lambda\omega}$, wobei λ die durchschnittliche Dichte einer Population, gemessen als Individuenzahl in einem von einem Radius gekennzeichneten Kreis bedeutet. Der Abstand zwischen 2 Pflanzen kann positiv korreliert sein mit der Summe ihrer Größen (im Falle geringer Bestandesdichte) oder durch eine unterste Distanzgrenze, die gerade noch das ungehinderte Wachstum von 2 Nachbarpflanzen ermöglicht. Vf. erläutert seine theoretischen Betrachtungen an 5 Beispielen aus Nadelbaumbeständen. Dabei werden die gemessenen Abstände in 10 Größenklassen eingeordnet und die Häufigkeiten verglichen. Ein auswertbares Ergebnis über den geringsten, ohne gegenseitig negativen Einfluß möglichen Pflanzenabstand war erst durch Ausschluß der größeren Abstände aus dem Vergleich zu erhalten. Auf Grund vereinfachender Annahmen ist es möglich, die minimale Distanz zu bestimmen, die zwischen 2 Pflanzen vorhanden sein muß, wenn diese ihre definitive Größe erreichen sollen. H. Naumann. 250.

Stoffers, A. L. und Knapp, R.; Bonn, Univ., Bot. Inst. **Experimentelle Untersuchungen über den Einfluß von Überflutungen auf verschiedene Rasengesellschaften.** Ber. dtsch. bot. Ges. 75 (1962) Nr. 8. S. 280–294. – 4 Tab., 6 Lit.

Rasenstücke in bezug auf die Wasserversorgung sehr unterschiedlicher Grünlandgesellschaften (Schafschwingeltrockenrasen, Glatthaferwiese, Feuchtwiese und Flechtstraußgrasrasen) wurden in Tonschalen (2 r = 13 cm) kontrollierten Überflutungen ausgesetzt. Die Kontrolle wurde gleichmäßig feucht gehalten; Variante 2 wurde während der Vegetationszeit 10½ Tage (5 + 2 + 2 + 1½) überflutet und Variante 3 zusammen 33 Tage (11 + 8 + 8 + 6). Bei jedem Rasen dienten 6 Gefäße als Variante. Die Substanzproduktion ging nach Überflutung beim Schafschwingelrasen und bei der Glatthaferwiese gegenüber der Kontrolle stark zurück (starke Lückenbildung), während bei der Feuchtwiese nur ein geringfügiger Rückgang und beim Flechtstraußgrasrasen sogar eine Zunahme festgestellt wurde. Wie die einzelnen Arten auf die Überflutung reagieren, wird für die 4 untersuchten Rasengemeinschaften dargelegt. Bemerkenswert ist, daß ein und dieselbe Art nicht in jeder Pflanzengemeinschaft auf die Überflutung gleich reagiert, weil die Konkurrenzverhältnisse unterschiedlich sind. So wird *Ranunculus repens* in der Feuchtwiese durch Überflutung gefördert, während er im Flechtstraußgrasrasen bei langer Überflutung zurückgeht. W. Lampeter. 253.

King, J.; Edinburgh, Hill Farming Res. Organization. The Festuca-Agrostis grassland complex in South-East Scotland. **(Der Festuca-Agrostis-Grasland-Komplex in Südost-Schottland.)** J. Ecol. 50 (1962) Nr. 2. S. 321–355. – 8 Abb., 5 Tab., 45 Lit.

Auf einem 800 ha großen Areal des SO-schottischen Hügellandes untersuchte Vf. Pflanzengesellschaften des *Festuca-Agrostis*-Komplexes und Grasheiden mit Vorherrschen von *Nardus stricta*. Es wurde dabei die Variation der Gesellschaften auf den jeweiligen Böden geprüft, die nach Drainageklassen und Bodentyp geordnet wurden. Es ergab sich eine Reihenfolge von Vegetationseinheiten mit dominanten Arten, die als Bodentyp/Codominanten-Kombinationen zueinander in Beziehung gesetzt wurden. Im einzelnen wurden 122 Bestände von 4×8 m ausgewertet. Die Pflanzengesellschaften wurden nach dem Umweltgradienten „Bodenprofil" (Moorboden → mesotrophischer Gley) angeordnet. Auf Grund bestimmter Ähnlichkeiten wurden die verschiedenen Boden/Codominanten-Kombinationen zu 12 Gruppen zusammengefaßt und zum Gehalt an austauschbarem Ca, zur Basensättigung und zum pH-Wert ihrer Standorte in Beziehung gesetzt. Dabei ließ sich eine Sequenz der Gesellschaften von Moorböden über oligotrophe Braunerde zu a) mesotropher Braunerde und b) oligotrophem Gley feststellen. Eine Anzahl von Populationen, in denen *Nardus stricta* dominant war, werden als durch selektive Abweidung bedingte Variationen der *Festuca-Agrostis*-Gesellschaften angesehen. Die Einwanderung von *N. stricta* hängt vom Basengehalt und von der Wasserführung des Bodens ab. H. Naumann. 253.

Waldvegetationskundliche Untersuchungen im Bereich des Diluviums der DDR. Eberswalde, Abt. Vegetationskunde Inst. Forstwiss. Dtsch. Akad. Landwirtsch.-Wiss. Berlin Plan-Nr.: 1701 21 h-2-17/7. Teil-Abschlußber. (17/3. 1963).

Vegetationskundliche Untersuchungen wurden in naturnahen Wäldern des baltischen Buchengebietes von Nordostpolen bis Schleswig-Holstein durchgeführt und so eine großräumig gültige soziolog. Gliederung der Buchenwälder erarbeitet. Sie bildet die Grundlage für eine einheitliche Vegetations- und Standortskartierung im baltischen Buchengebiet. 258.

K. Agrarmeteorologie

Lowry, William P.; Corvallis, Oregon State Univ., Forest Res. Lab. Standardizing field estimates of evaporative soil moisture loss rates. **(Abschätzungen verdunstungsbedingter normierter Intensitätsänderungen des Bodenfeuchteverlustes im Gelände.)** Ecology **43** (1962) Nr. 4. S. 757–760. – 4 Abb., 1 Tab., 7 Lit.
Messungen der Evaporation auf Grund der Bestimmung des Bodenfeuchteverlustes sind untereinander nicht unmittelbar vergleichbar, weil die Evaporation sowohl von der Bodenfeuchte als auch vom Sättigungsdefizit und den sonstigen physikal. Umweltverhältnissen bestimmt wird, wobei die letzteren sich zeitlich ändern. Es werden hier 2 Verfahren beschrieben, mit denen sich einmal die Evaporationsintensität als Funktion der Bodenfeuchte bei konstanter Bodenart und -struktur und konstanten Umweltbedingungen und zum anderen die Wirkung der veränderlichen physikal. Umweltbedingungen bei gleichbleibender Boden- und Luftfeuchte bestimmen lassen. Hierzu werden zwei Formeln abgeleitet, nach denen sich die normierte Evaporationsintensität aus Messungen des Bodenfeuchteverlustes und des Wasserverlustes eines Atmometers unter den gegebenen und unter normierten Bedingungen und der Einfluß der physikal. Umweltbedingungen aus dem Wasserverlust des Atmometers sowie der Größe $R = (1/100)\,(1 - f)$ (f = rel. Luftfeuchte) unter den gegebenen und unter normierten Bedingungen abschätzen lassen. Die Ergebnisse der Untersuchungen zeigen folgendes: Die normierte Evaporation als Funktion des Wassergehaltes des Bodens steigt anfangs langsam und später immer steiler an. Die experimentell ermittelten Werte der Größe, die den Umwelteinfluß charakterisiert, sind normal um einen Mittelwert verteilt, soweit die zugrundeliegenden Meßwerte unter einheitlichen Verhältnissen ermittelt wurden. Die Größe des Mittelwertes hängt bes. von der Bestandesdichte ab. Vergleichsmessungen an einem freien Feld und an zwei 50jähr. Douglasienbeständen verschiedener Bestandesdichte zeigten, daß sich die Umwelteinflüsse erst bei sehr starker Lichtung des Bestandes stärker verändern. W. Höhne. 295.

Molga, M. **Agricultural meteorology. Part II. Outline of agrometeorological problems.** Warszawa: Published for the National Science Foundation and the Department of Agriculture by Centralny Institut Informacji naukowo-technicznej i ekonomicznej. 1962. (351 S. mit 245 Abb. u. 132 Tab.) 17 × 24 cm. Internationale Anerkennung dieses Buches führte zu seiner Übersetzung aus dem Polnischen ins Englische. – Wegen der Überschneidungen mit anderen Wissenschaftsbereichen wird eine klare Abgrenzung der Agrarmeteorologie stets schwierig sein. Während die Physik der Atmosphäre und des Bodens die Grundlage der Agrarmeteorologie bilden, sind auch biol. und ökolog. Erkenntnisse maßgebend, weshalb ein Buch über Agrarmeteorologie auch die Beziehungen von Wetter und Klima zur Physiologie, Ökologie und Agrotechnik behandeln muß. – Im einzelnen geht der Vf. stets von den physikal. Voraussetzungen und landwirtsch. Bedürfnissen aus, klärt die Begriffe und zieht zur Beweisführung neben eigenen auch viele Ergebnisse aus der Literatur heran. – Das Buch ist in 8 Kapitel gegliedert. Kap. I: Meteorol. Bedingungen in der bodennahen Luftschicht. Kap. II: Bodenklima, bes. Fragen der Bodentemperatur; Bodenfeuchte, Pflanzentranspiration und Wasserhaushalt sind zur „Agrohydrologie“ zusammengefaßt. Kap. III: Einiges über Ökologie: Fragen des Bestandesklimas landwirtsch. Kulturen und Forstmeteorologie. Kap. IV: Einfluß der meteorol. Elemente auf den Pflanzenorganismus. Kap. V: Phänologie, wobei der landwirtsch. Wert der Phänologie hervorgehoben wird. Kap. VI: Verbesserung des Pflanzenstandortes, diesbezügliche agrotechnische Maßnahmen; Frostschutz und Maßnahmen zur Veränderung der Landschaft. Kap. VII: Agrarmeteorol. Beratungsdienst, worin Polen eine bes. Tradition aufzuweisen hat. Kap. VIII: Über einige agrarklimatische Studien; es werden verschiedene Methoden zur gebietsweisen agrarklimatischen Charakterisierung behandelt. – Vf. beschränkt sich in seinem Buch bewußt auf die Darstellung agrarmeteorol. Bedingungen im pflanzlichen Sektor, bevorzugt der Kulturpflanzen. Den großen Umfang der Erkenntnisse über die Beziehungen von Klima und Tierhaltung deutet der Vf. dagegen nur an. – Die Literaturangaben bieten in bes. Maße Zugang zu osteuropäischen Autoren. T. v. Wilamowitz-Moellendorff.

III. BODENKUNDE

A. Allgemeine Literatur, Berichte, Statistiken u. a.

Chiriţă, C. D. Probleme de orientare ale stiinţei solului în R.P.R. **(Probleme der Orientierung der Bodenkunde in Rumänien.)** Studii Cercetări [Timişoara], Biol. Ştiinţ. agric. **9** (1962) Nr. 1/2. S. 39–60. – Zus. in Russ., Franz.

Vf. behandelt in einem Vortrag die wichtigsten bodenkundlichen Probleme, die in Rumänien zu lösen sind: a) Bodenbildung, b) vollständige Identifizierung der genetischen Einheiten, c) Bodenbildungsprozeß, d) Bodennomenklatur und -klassifikation, e) Bodenkartierung, f) Studium des Bodens als Produktionsmittel, Bodenmelioration, Erosionsbekämpfung, Verbesserung der Bodenfruchtbarkeit. E. Kellner. 301.

Welte, E., Marckwordt, U. und *Werner, W.* **Die Forschungen auf dem Gebiete der Agrikulturchemie und Bodenkunde der Jahre 1957–1958.** Hannover-Kirchrode: Landwirtschaftliche Forschungsanstalt Büntehof. (201 S.) 21 × 14,5 cm. Das Buch enthält die wichtigsten Ergebnisse von 804 deutschen Arbeiten in gedrängter Form. Vff. gliedern den Stoff in die Abschnitte A. Boden, B. Pflanzenernährung, C. Qualitätsuntersuchungen und D. Düngemittel. Der Abschnitt A beinhaltet Ausführungen zum Ton-Humuskomplex als Grundlage der Bodenfruchtbarkeit (allg. Bodeneigenschaften, org. und anorg. Aufbaukomponente des Bodens, Bodensystematik und Bodenklassifikation), zum Einfluß der Düngung auf den Boden (Allgemeines, org. und mineral. Düngung, Wasser und Beregnung) und schließlich zur Bodenuntersuchung. Im Abschnitt B werden Arbeiten über allg. Fragen der Pflanzenernährung, klimatische Wachstumsfaktoren, Wasser, Mineralstoffe (Kernnährstoffe, Spurenelemente), org. Dünger- und Wirkstoffe und über das Untersuchungswesen (Versuchswesen, Versuchsauswertung, Ertragsgesetze, methodische Fragen) ausgewertet. Im Abschnitt C stehen Probleme der Qualitätsbeeinflussung der Ernteprodukte durch die Düngung im Vordergrund. Der Abschnitt D bringt Beiträge zu den verschiedensten Fragen der Düngung. Dabei wird bes. die Bakteriendüngung kritisch beleuchtet. H. Kretschmer.

C. Bodenchemie

Shickluna, J. C. The relationship of pH, available phosphorus, potassium, and magnesium to soil management groups. **(Die Beziehungen des pH-Wertes, des verfügbaren Phosphors, Kaliums und Magnesiums bestimmter Bodengruppen.)** Michigan State Univ., agric. Exp. Stat., quart. Bull. **45** (1962) Nr. 1. S. 136–147. – 5 Abb., 9 Tab.

Die Bodenuntersuchungsergebnisse aus 7 Grafschaften in Michigan werden in der vorliegenden Arbeit zusammengefaßt. – Obwohl die Böden einen gewissen Ca-Mangel zeigen, beträgt der pH-Wert meistens 6,6. – Ein hoher %-Satz der Ton-, tonigen Lehm- und Lehmböden kann den Pflanzen nur wenig P zur Verfügung stellen. Die sandigen Lehm-, lehmigen Sand- und Sandböden enthalten dagegen viel P. Die Unterschiede im P-Gehalt der Böden sind unzweifelhaft auf die vorangegangene Behandlung und auf die P-Fixierung zurückzuführen. Genau umgekehrt verhält es sich mit der K-Versorgung der Böden. Die Ergebnisse der Gefäßversuche stimmen mit denen der Feldversuche überein, und sie zeigen eindeutig die Notwendigkeit, die Düngemittel entspr. der Bodenart auszuwählen. – Die Tatsache, daß alle Böden sowohl hohe als auch niedrige P- und K-Werte aufweisen können, läßt die Wichtigkeit der Bodenuntersuchung als ein Mittel zur Bestimmung der optimal benötigten P- und K-Menge erkennen. – Im allg. sind die Ton- und Lehmböden mit Mg ausreichend versorgt. Die Sandböden weisen Mg-Mangel auf. Es ist möglich, daß der Mg-Mangel der Sandböden durch ein weites Ca/Mg-Verhältnis und/oder durch hohe K-Gaben veranlaßt wird. – Zur Bestimmung der K-, Ca- und Mg-Sättigung des Bodens wird ein kürzlich eingeführtes Gerät empfohlen (Routine-Test-Verfahren). H. Masche. 330.

Smith, Charles M. und Pesek, John T.; Bozeman, Montana State Coll.; Ames, Iowa, Agronomy and Home Econ. Exp. Stat., Agronomy Dep. Comparing measurements of the effect of residual fertilizer phosphorus in some Iowa soils. **(Vergleichende Messungen über die Wirkung des Rest-Dünger-**

phosphors in einigen Iowa-Böden.) Proc. Soil Sci. Soc. America **26** (1962) Nr. 6. S. 563–566. – 5 Abb., 1 Tab., 12 Lit.

Die Beziehungen zwischen chem. extrahierbarem Boden-P (0,03 n NH_4F in 0,025 n HCl) und den unter Verwendung von ^{32}P bestimmbaren „A-Werten" (A = [% P_2O_5 aus dem Boden/% P_2O_5 aus dem Dünger] × Menge zugesetzter P_2O_5; = Kriterium für die Ausnutzbarkeit der Phosphorsäure auf verschiedenen Böden) wurden für einige Böden Iowas bei unterschiedlich hoch eingestellten P-Restmengen (erreicht durch einmalige bzw. mehrmalige Zufuhr von Superphosphat) gesucht. Zwischen den z. B. im Frühjahr des 3. Versuchsjahres über die Radioaktivitätsmessungen bestimmten A-Werten und den „P-Ertragswerten", den Kornerträgen (Hafer) und den Tr.-Subst. bestanden enge Beziehungen. Sehr starke Abhängigkeiten zeigten sich auch zwischen den chem. bestimmten Boden-P-Gehalten und im Gefäßversuch ermittelten A-Werten (*r* für die 3 verwendeten Testböden zwischen 0,936 und 0,968 liegend), wobei für die neutralen und sauren Böden eine gemeinsame Regressionslinie, jedoch für den alkalisch reagierenden Ida-silt loam eine andersartige, mit geringerer Neigung verlaufende erschien. H. E. Freytag. 330.

Sen Gupta, M. B. und Cornfield, A. H.; London, Imp. Coll. of Sci. and Technol., Chem. Dep. Phosphorus in calcareous soils. I. The inorganic phosphate fractions and their relation to the amount of calcium carbonate present. **(Phosphor in Kalkböden. 1. Mitt. Die anorganischen Phosphatfraktionen und ihre Beziehung zum vorhandenen Calciumcarbonat.)** J. Sci. Food Agric. **13** (1962) Nr. 12. S. 652–655. – 2 Tab., 10 Lit.

An 6 verschiedenen Böden mit unterschiedlichem $CaCO_3$-Gehalt wurden in einem Analysengang Gesamt-P (**I**), leicht entfernbarer P ([**II**], extrahierbar mit n NH_4Cl), nichtapatitische P-Fraktion ([**III**], extrahierbar mit 0,5 n Essigsäure), Al-gebundene P-Fraktion ([**IV**], extrahierbar mit 0,5 n NH_4F vom pH 7), Fe-gebundene P-Fraktion ([**V**], extrahierbar mit 0,1 n NaOH) sowie die Apatitfraktion ([**VI**], extrahierbar mit 0,5 n H_2SO_4) bestimmt. Die „inerte" P-Fraktion (**VII**) wurde rechnerisch durch Subtraktion der anorg. und der getrennt bestimmten org. P-Fraktionen von **I** ermittelt. Eine gesicherte Beziehung zwischen den Phosphatfraktionen und dem $CaCO_3$-Gehalt des Bodens wurde nur bei **IV** gefunden. Der Anteil von **III, IV** und **V** an **I** war bei den untersuchten Kalkböden geringer als für nichtkalkhaltige Böden in der Literatur angegeben, wogegen der Anteil von **VI** und **VII** in den Kalkböden größer war. P. Stoß. 330.

Sen Gupta, M. B. und Cornfield, A. H.; London, Imp. Coll. of Sci. and Technol., Chem. Dep. Phosphorus in calcareous soils. II. Determination of the organic phosphorus content of calcareous soils and its relation to soil calcium carbonate content. **(Phosphor in Kalkböden. 2. Mitt. Bestimmung des Gehalts an organischem Phosphor in Kalkböden und seine Beziehung zum Calciumcarbonatgehalt des Bodens.)** J. Sci. Food Agric. **13** (1962) Nr. 12. S. 655–658. – 2 Tab., 11 Lit. 1. Mitt. vgl. vorst. Ref.

Von 33 kalkhaltigen Böden wurde an den zur Entfernung von anorg. P und freiem Carbonat mit n Essigsäure und 0,2 n H_2SO_4 gewaschenen Bodenproben durch 2std. Erhitzen bei 550 °C (**I**) sowie durch Oxydation mit H_2O_2 (**II**) bei nachfolgender Extraktion der Phosphorsäure mit 0,2 n H_2SO_4 und Bestimmung nach der Molybdänblau-Methode der Gehalt an org. P ermittelt. Im Durchschnitt enthielten diese Böden ca. 15% des Gesamt-P in org. Form gebunden. Die mittleren Werte nach **I** lagen bei 14,5%, nach **II** bei 15,6%. In einzelnen Böden wurden größere Unterschiede gefunden. Die statistische Behandlung der Analysenergebnisse ergab, daß zwischen dem Gehalt des Bodens an org. P und an $CaCO_3$ eine gesicherte Beziehung bestand.
P. Stoß. 330.

Schroeder, D. und Zahiroleslam, S.; Kiel, Univ., Inst. für Pflanzenernähr. und Bodenkunde. **Die Magnesium-Vorräte schleswig-holsteinischer Böden.** Z. Pflanzenernähr., Düng., Bodenkunde **100(145)** (1963) Nr. 3. S. 207–215. – 2 Abb., 2 Tab., 21 Lit.

Von 55 Ackerstandorten Schleswig-Holsteins (10 Jungmarschen, 15 lehmige Braunerden aus Geschiebemergel, 10 sandige Braunerden aus Geschiebesand, 10 Podsol-Braunerden und 10 Podsole aus Geschiebe- und Schmelzwassersanden) wurden Proben aus dem Oberboden (0–25 cm) und dem Unterboden (25–45 cm) auf verschiedene Mg-Fraktionen untersucht. Der Gesamt-Mg-Gehalt (HF-Aufschluß) lag bei den Marschen im Mittel bei 480 mg Mg/100 g und nahm über die Braunerden bis zu den Podsolen ab, die nur ca. 50 mg enthielten. Der Hauptanteil des Mg (80–97%) entfiel auf die Mg-Reserven, und zwar ungefähr je zur Hälfte auf die Mg-Reserve I (in 10%iger HCl lösl. minus 0,05 n HCl-lösl.) und auf die Mg-Reserve II (HF-Aufschluß minus in 10%iger HCl lösl.) . Der Anteil an verfügbarem Mg (0,025 n $CaCl_2$-lösl.) lag bei 2–6% des Gesamt-Mg. Mit zunehmender Korngröße nahmen die Mg-Reserven ab. 44–67% der gesamten Mg-Reserven waren in der Fraktion $< 20\ \mu m$ lokalisiert. Zwischen dem Gehalt an Mg-Reserven und dem Gehalt an der Fraktion $< 20\ \mu m$ bestand eine sehr enge Korrelation ($r = +0{,}9$).
H. Kretschmer. 330.

Schroeder, D,. Zahiroleslam, S. und Hoffmann, W. E.; Kiel, Univ., Inst. für Pflanzenernähr. und Bodenkunde. **Untersuchungen über die Verfügbarkeit der Magnesiumvorräte des Bodens.** Z. Pflanzenernähr., Düng., Bodenkunde **100(145)** (1963) Nr. 3. S. 215–224. – 4 Tab., 15 Lit. Vgl. vorst. Ref.

Der hohe Anteil an Mg-Reserven gibt Anlaß zu der Frage, in welchem Umfang diese nicht pflanzenverfügbaren Mg-Mengen im Laufe der Zeit pflanzenverfügbar werden können. Während einer 16mon. Entzugszeit (Gefäßversuch mit Weidelgras) wurden bei Jungmarschen 23, bei lehmigen Braunerden 5, bei sandigen und Podsol-Braunerden 3 und bei Podsolen 1 mg Mg aus nichtaustauschbaren Formen nachgeliefert. Deshalb ist unter den derzeitigen Düngungs- und Anbaumaßnahmen eine ins Gewicht fallende Verarmung der Böden an Mg in absehbarer Zeit nicht zu erwarten. H. Kretschmer. 330.

Winsor, G. W., Davies, J. N. und Massey, D. M.; Rustington, Sussex, Glasshouse Crops Res. Inst. Soil salinity studies. I. Effect of calcium sulphate on the correlation between plant growth and electrical conductivity of soil extracts. **(Untersuchungen der Bodenversalzung. 1. Mitt. Einfluß von Calciumsulfat auf die Beziehung zwischen Pflanzenwachstum und elektrischer Leitfähigkeit von Bodenextrakten.)** J. Sci. Food Agric. **14** (1963) Nr. 1. S. 42 bis 48. – 6 Tab., 5 Lit.

Vff. untersuchten die Beziehung zwischen Wachstum von Salat und Bodenversalzung bei unterschiedlichem $CaSO_4$-Gehalt des Bodens (Gefäßversuche). Der Salzgehalt der untersuchten Bodenproben wurde durch Zugabe verschiedener Mengen einer Mischung von KNO_3 und $(NH_4)_2HPO_4$ eingestellt und durch Messung der elektrischen Leitfähigkeit a) der (mit Alkohol) isolierten Bodenlösung, b) der Sättigungsextrakte und c) der 1:1-, 2,5:1- und 5:1-Wasser/Bodensuspensionen bestimmt. Die Leitfähigkeit der mit H_2O gesättigten Bodenproben wurde direkt gemessen. Zur Vermeidung von Leitfähigkeitsvariationen, hervorgerufen durch $CaSO_4$ im Boden, wurden weitere Messungen der mit überschüssigem $CaSO_4 \cdot 2\ H_2O$(0,5 g/100 ml) versetzten 2,5:1 Wasser/Bodensuspensionen vorgenommen. Zwischen der Grünmasse an Salat und den Ergebnissen der Leitfähigkeitsmessungen der Bodensuspensionen bestanden nur wenig gesicherte Beziehungen, wobei mit der 1:1-Suspension die besten Werte erhalten wurden. Dagegen korrelierten die Leitfähigkeitswerte der Sättigungsextrakte und der Bodenlösung stark signifikant mit den

Salaterträgen. Die höchsten Korrelationen wurden dann gefunden, wenn die Werte der mit $CaSO_4$ gesättigten Bodensuspensionen verrechnet wurden. Die Direktmessungen ergaben ähnlich gesicherte Beziehungen wie die Messungen der Filtrate der gesättigten Bodenproben. P. Stoß. 330.

Freney, J. R., Barrow, N. J. und Spencer, K.; Canberra, A.C.T., C.S.I.R.O., Div. of Plant Ind.; Nedlands, C.S.I.R.O., Div. of Plant Ind. A review of certain aspects of sulphur as a soil constituent and plant nutrient. **(Eine Übersicht über gewisse Aspekte des Schwefels als Bodenbestandteil und Pflanzennährstoff.)** Plant and Soil [The Hague] **17** (1962) Nr. 3. S. 295–308. – 126 Lit.

In einer Lit.-Übersicht wird über die Ergebnisse der Forschung der letzten 10 Jahre über die mit S zusammenhängenden chem. Beziehungen zwischen Boden und Pflanze berichtet. In Arbeiten über die chem. Natur von S im Boden standen Bestimmung der S-Fraktionen, Bindungsart des S, Identifizierung der org. S-Verbindungen und Bestimmung der Sulfatadsorption im Vordergrund. Viele Autoren beschäftigten sich mit dem Eintritt von S in den Boden und dem S-Verlust im Boden. Die durch Niederschläge eingebrachte S-Menge beläuft sich jährlich auf 12 lb. S/acre in Westeuropa, 5,4 lb. S/acre in Landbezirken des Südostens der USA, 3 lb. S/acre in Skandinavien und auf 1 lb. S/acre in Westaustralien. Die großen S-Mengen im Niederschlag sind eindeutig auf Industrie und Verkehr zurückzuführen. Einen breiten Raum nahmen auch Arbeiten über die Mineralisierung von org. S im Boden sowie Entwicklungen von Methoden zur Bestimmung des S-Zustandes der Böden ein. P. Stoß. 330.

Guinn, Gene und Joham, Howard E. Displacement of iron from ferric ethylenediaminetetraacetic acid and ferric hydroxyethylenediaminetriacetic acid by copper and zinc. **(Ersatz des Eisens aus Fe-EDTA und Fe-HEEDTA durch Kupfer und Zink.)** Soil Sci. **95** (1963) Nr. 2. S. 101–104. – 3 Tab., 14 Lit.

Wurde $CuSO_4 \cdot 5H_2O$ einer Fe-EDTA- oder Fe-HEEDTA-Lösung zugesetzt, so konnte (ebenso wie bei +Zn oder +Mn) ein der Zusatzmenge proportional gehender Anstieg im pH-Wert ($Cu > Zn > Mn$) beobachtet werden. Ebenso erhöhte sich dabei – gegenüber dem reinen $CuSO_4 \cdot 5\,H_2O$ – die Lichtabsorption bei 720 nm (gegenüber 400 nm) infolge Bildung von Cu-EDTA (Cu-Chelat). Durch Zusatz von Cu oder Zn ging der Anteil an Lösungs-Fe zurück, wobei insbes. mit höherem pH immer weniger Fe in Lösung verblieb. Im Vergleich mit den Fe-HEEDTA-Lösungen wurde aus Fe-EDTA-Lösungen weniger Fe gefällt, wie hinsichtlich der größeren Stabilität von Fe-EDTA auch zu erwarten war. H. E. Freytag. 330.

Motomura, Satoru; Tokyo, Nat. Inst. of Agric. Sci. The relationship between ferrous iron formation and nitrogen metabolism in soil. **(Die Beziehung zwischen Eisen-(II)-Bildung und Stickstoffstoffwechsel im Boden.)** Soil Sci. Plant Nutrit. [Tokyo] 8 (1962) Nr. 5. S. 9–17. – 9 Abb., 2 Tab., 15 Lit. Orig.: engl.

Der Einfluß der Zugabe von KNO_3, $NaNO_3$, $Ca(NO_3)_2$, $(NH_4)_2SO_4$, $(NH_4)_2CO_3$ und NH_4Cl auf die Bildung von Fe^{II} in überschwemmten Böden wurde untersucht. Durch Zugabe von Nitrat wurde – unabhängig vom verwendeten Kation – mit steigender Konz. die Fe^{II}-Bildung zunehmend unterdrückt, was darauf zurückgeführt wird, daß die Anaerobier Nitrat-O besser verwerten als Fe-Oxyde. Im Gegensatz dazu steigerten NH_4-Salze, bes. bei gleichzeitiger Zugabe von Glucose, infolge Verstärkung der mikrobiellen Aktivität die Bildung von Fe^{II}, wobei diese unabhängig von Anion und Konz. des zugegebenen NH_4-Salzes war. Bei gleichzeitiger Zugabe von Glucose und Nitrat wurde dann Fe^{II} gebildet, wenn gegen Ende des Versuches die Hauptmenge des zugegebenen Nitrats abgebaut worden war. P. Stoß. 330.

Kick, H.; Bonn, Univ., Agrikulturchem. Inst. **Über den Nährstoffgehalt ägyptischer Böden unter besonderer Berücksichtigung der Spurennährstoffe Cu, Zn und B.** Z. Pflanzenernähr., Düng., Bodenkunde **100** (1963) Nr. 2. S. 102–114. – 2 Tab., 12 Lit.

Vf. untersuchte 49 Bodenproben aus den wichtigsten Landgewinnungsvorhaben Ägyptens. Die Böden ließen größere Unterschiede in ihrer chem. Zusammensetzung erkennen. Heißwasserlösl. B erreichte bei allen Böden sehr hohe Werte (2,6–7,0 ppm, auf den Solontschak-Böden des Nil-Deltas bis zu 11 ppm). Die schweren Böden der küstennahen Gebiete enthielten die höchsten B-, Cu- und Zn-Mengen. Bei den leichten Böden nach der Wüste zu lagen die Zn- und Cu-Gehalte rel. niedrig. Hier wird bei intensiver Bewirtschaftung mit entspr. Mangel zu rechnen sein. Die C-Gehalte der Proben schwankten in weiten Grenzen, die N-Gehalte lagen meist um 0,05%. Dadurch kommen sehr unterschiedliche C/N-Verhältnisse zustande. Einige Wasserproben aus artesischen Brunnen der Oasen enthielten 0,26–1,05 g B/m^3.

H. Kretschmer. 330.

Wayman, Cooper H.; Denver, Colo., U.S. Geol. Survey. The malachite-azurite equilibrium in soil profiles. **(Das Malachit-Azurit-Gleichgewicht in Bodenprofilen.)** Soil Sci. **95** (1963) Nr. 2. S. 134–136. – 1 Abb., 1 Tab., 4 Lit.

Die Verschiebung des Reaktionsgleichgewichtes zwischen Malachit und Azurit: $3\,[Cu_2CO_3(OH)_2] + CO_2 = 2\,[Cu_3(CO_3)_2(OH)_2] + H_2O$ läßt sich auf rein thermodynamischer Basis in Abhängigkeit von den in der Boden-Luft-Sphäre herrschenden CO_2- und H_2O-Partialdrücken errechnen. Es zeigte sich, daß Azurit bei $3 \cdot 10^{-4}$ at, CO_2 nicht unter einem Wasserdampfdruck von $8{,}36 \cdot 10^{-2}$at in Malachit übergeht (T = 25 °C). In semiariden Gebieten mit tiefem Grundwasserstand (Arizona) z.B., wird also Azurit als stabilere Form im Boden auftreten können.

H. E. Freytag. 330.

Gonzalez Garcia, F. und Mazuelos Vela, C.; Sevilla, Centro de Edafol. y Biol. Aplicada del Cuarto. Geoquimica, formas y ciclo del mangeneso en suelos calizos. IV. Manganeso cambiable y facilmente reducible en suelos del valle del Guadalquivir. **(Geochemie, Formen und Zyklus des Mangans in kalkhaltigen Böden. 4. Mitt. Austauschbares und leicht reduzierbares Mangan in Böden des Guadalquivirtales.)** An. Edafol. Agrobiol. **21** (1962) Nr. 2. S. 91 bis 107. – 3 Abb., 2 Tab., 9 Lit. 3. Mitt. vgl. LZ. Abt. II **8** (1963) Nr. 8. S. 2037.

Der Gehalt an austauschbarem Mn ist in den untersuchten Böden infolge ihrer hohen Ca-Sättigung niedrig. Der Anteil an leicht reduzierbarem Mn ist in Sand- und Tonfraktionen dieser Böden relativ hoch, daher sind Mn-Mangelerscheinungen nicht zu erwarten. Der Mn-Zyklus dieser kalkhaltigen Böden wird in einer Übersicht dargestellt.

O. Knabe. 330.

Aleixandre, V., Garcia Vicente, J. und Aleicandre, T. Estudio de la composicion mineralogica de las arcillas de los suelos volcanicos Españoles. **(Untersuchung über die mineralogische Zusammensetzung der Tone in vulkanischen Böden Spaniens.)** An. Edafol. Agrobiol. **21** (1962) Nr. 3. S. 117–158. – 19 Abb., 15 Tab., 25 Lit.

In der Tonfraktion der überwiegend aus vulkanischen Gläsern hervorgegangenen Böden findet sich meistens Montmorillonit als vorherrschendes Tonmineral. In einigen Fällen überwiegt der auch sonst fast regelmäßig vorkommende Halloysit. Kaolinit, Illit und Al-Hydroxyd sind nur in geringen Anteilen vertreten. Als primäres Verwitterungsprodukt kommt in allen Böden in mehr oder minder großen Mengen Allophan vor. Das häufige Vorherrschen des Montmorillonits wird auf das reichliche Vorkommen von Augit (Ca- und Mg-Ionen) im Ausgangsmaterial zurückgeführt.

J. Garz. 332.

Aomine, Shigenori und Miyauchi, Nobufumi; Kyushi, Univ., Fac. of Agric. Clay minerals from diallage in a warm and humid climate. **(Tonminerale aus Diallag in einem warmen und feuchten Klima.)** Soil Sci. Plant Nutrit. [Tokyo] 8 (1962) Nr. 5. S. 18–22. – 4 Abb., 1 Tab., 7 Lit. Orig.: engl.
Die Verwitterungsprodukte von Diallag im Gabbro wurden mit Hilfe chem. und therm. Methoden untersucht sowie durch Röntgenstrukturanalyse und DTA identifiziert. – Die Ergebnisse zeigen, daß die Verwitterung von Diallag im Gabbro über Chlorit zu Montmorillonit geht, wobei wahrscheinlich als Zwischenstufe von Chlorit und Montmorillonit Vermiculti auftritt. Aus den chem. Analysen ist ersichtlich, daß im Verlaufe der Verwitterung SiO_2- und Alkali-Verluste eine rel. Zunahme des Sesquioxyd-Gehalts bewirken. Kaolin und Gibbsit werden nicht aufgefunden, was darauf schließen läßt, daß freigesetztes Al in Chlorit, Vermiculit oder Montmorillonit eingebaut wird. Im Diallag liegt Fe in 2wertiger Form vor. Es wird bei der Verwitterung rasch oxydiert und hauptsächlich in Form von nichtkristallinem Fe-Oxyd, wahrscheinlich Limonit, aufgefunden. P. Stoß. 332.

Alvarez, T. Fernandez und Chesa, A. Hernandez. Accion del acido clorhidrico sobre los minerales de la arcilla. I. Cambios en la composicion quimica y en la capacidad de cambio ionico. **(Die Wirkung von Salzsäure auf die Tonminerale. 1. Mitt. Änderung in der chemischen Zusammensetzung und Ionenaustauschkapazität.)** An. Edafol. Agrobiol. **21** (1962) Nr. 3. S. 159–168.
Ein Bentonit und ein Halloysit wurden mit kochender HCl verschiedener Konz. behandelt. Mit zunehmender HCl-Konz. gingen steigende Mengen an Al, Fe, Mg und Ca in Lösung; außerdem bildeten sich entspr. Mengen an freiem SiO_2. Die Kationenaustauschkapazität des Rückstandes nahm beträchtlich ab. J. Garz. 332.

Harward, M. E., Theisen, A. A. und Evans, D. D.; Corvallis, Oregon State Univ., Dep. of Soils. Effect of iron removal and dispersion methods on clay mineral identification by X-ray diffraction. **(Einfluß der Eisenbeseitigung und der Dispersionsmethoden auf die Tonmineralidentifizierung durch Röntgenstreuung.)** Proc. Soil Sci. Soc. America **26** (1962) Nr. 6. S. 535–541. – 7 Abb., 1 Tab., 22 Lit.
Aus den A-Horizonten der Aiken(reddish brown lateritic-soil)-, Astoria(brown latosol)- und Willamette(gray brown podzolic soil)-Serien wurden Proben entnommen, diese mit H_2O_2 (org. Subst.-) und Dithionit (Fe-Beseitigung) behandelt und anschließend dispergiert (mit H_2O, Na_2CO_3, Calgon oder heißer NaOH). Die Proben reagierten auf die Behandlung ungleich: Astoria zeigte nach Dispersion und Fe-Beseitigung die deutlichsten Unterschiede in den Röntgenstreuspektren (offenbar infolge der Anwesenheit von schwächer kristallisiertem und labilerem, zwischenständigem Material mit Chlorit-Montmorillonit/Vermiculit-Eigenschaften) und Aiken die geringsten (hier wahrscheinlich besser kristallisiert und dem Chlorit-Ende des Spektrums näherstehend), während Willamette eine Zwischenstellung einnahm. H. E. Freytag. 332.

Klinge, Hans; Plön, Holstein, Max-Planck-Ges., Hydrobiol. Anst. **Über Epiphytenhumus aus El Salvador (Zentralamerika). I. Die Standorte und ihre gesamtökologische Situation.** Pedobiologia [Jena] **2** (1963) Nr. 1. S. 1–8. – 5 Abb., 3 Tab., 35 Lit. Zus. in Franz.
Mit Epiphyten bewachsene Humuslager der Astgabeln und Äste verschiedener Baumarten werden bodenkundlich charakterisiert. Die oft bis zu 12 cm mächtigen Humusbildungen vergleicht Vf. mit dem Bodenhumus und stellt fest, daß die org. Subst. des Epiphytenhumus vorwiegend dem Laubfall des Kronenraumes entstammt und die Mineral- und Nährstoffversorgung auf Windsedimente zurückgeführt werden kann. N wird den Epiphyten durch die in den Tropen nitratreichen Niederschläge zur Verfügung gestellt. H. Unger. 333.

Kosaka, Jiro, Honda, Chikabumi und Izeki, Akira. Transformation of humus in upland soils, Japan. **(Die Umbildung von Humus in Hochlandböden von Japan.)** Soil Sci. Plant Nutrit. [Tokyo] 8 (1962) Nr. 5. S. 23–28. – 11 Abb. 2 Tab., 8 Lit. Orig.: engl.
Die Umbildung von Humus (Reisstrohkompost) mit fortschreitender Humifizierung wurde an nichtvulkanischen und vulkanischen Aschenböden verfolgt. Die in nichtvulkanischen Aschenböden gebildete Huminsäure war infolge Fehlens von aktivem Al instabil und neigte zur Zersetzung. In vulkanischen Aschenböden dagegen reicherte sich Huminsäure infolge Anwesenheit von stabilisierendem Al mit fortschreitender Humifizierung an. Die Untersuchung der Beziehungen zwischen Methoxylgehalt und anderen Kenngrößen, wie Gehalt an Huminsäure, Fulvosäure, Uronsäuren, „Nährhumus" (nutrient humus), hydrolysiertem N und C/N-Verhältnis, ergab, daß der Methoxylgehalt als Index für den Grad der Humifizierung bes. für Hochlandböden geeignet ist. P. Stoß. 333.

Haslbach, J.; Brno, Katedra Půdoznalství, Meteorol. a Klimatol. VŠZ. Vlastnosti a složení humusu některých druhů zahradnických zemin. **(Zusammensetzung und Eigenschaften von Humus einiger Arten der gärtnerischen Erden.)** Sborník Vysoké Školy zemědělské Brně, Řada A **1961** Nr. 3/4. S. 395 bis 406. – 7 Tab., 8 Lit. Zus. in Russ., Dtsch.
Der aus 26 Gartenerden stammende (davon 7 Rasen-, 6 Laub- und 5 Torferden) Humus wurde nach der Methode von Najmr in seine Bestandteile zerlegt. – Sämtliche Gartenerden, bes. Rasen- und Komposterden, enthielten mehr Dauerhumus als Nährhumus. Eine Ausnahme bildeten die Torferden. Vom Gesichtspunkt des Humin-Fulvosäure-Verhältnisses enthielten die Rasen- und Komposterden den besten Humus. Die Mistbeeterden wiesen die gleiche Humusqualität auf wie die Schwarzerdeböden, die Blatterden eine den Braunerde- bis Podsolböden ähnliche und die Torferden eine den Podsolböden entsprechende. Die Werte der untersuchten Eigenschaften schwankten stark, was die uneinheitliche Aufbereitungstechnik der Erden verursachte. Es empfiehlt sich daher, das Erdensortiment einzuschränken und die Erdenaufbereitung zu vereinheitlichen. V. Skládal. 333.

Visser, S. A.; Kampala, Uganda, Makere Univ. Coll., Dep. of Zool. Production of humic substances on decomposing peat and compost samples. **(Bildung von Huminsubstanzen bei der Zersetzung von Torf- und Kompostproben.)** Nature [London] **196** (1962) Nr. 4860. S. 1211-1212. – 3 Abb., 1 Tab., 2 Lit.
Durchgeführte Untersuchungen (bis zu 20 m Tiefe) von Papyrus- und Sphagnumtorflagern führten zu der Schlußfolgerung, daß der Gehalt an Huminsäuren (mit 0,5% NaOH extrahiert und umgefällt) und in Acetylbromid unlösl. Stoffen mit der Tiefe und damit dem Alter der Ausgangsstoffe zunahm. Der Anteil an Fulvosäuren erwies sich als brauchbarer Indikator für den Umsetzungsgrad. Frische, noch in Zersetzung befindliche Proben wiesen Fulvosäure/Huminsäure-Verhältnisse von 1-40 auf, in Proben mit nur noch geringer Abbaugeschwindigkeit lag dieser Wert unter 0,05. Zwischen diesem Wert und der Zusammensetzung des pflanzlichen Ausgangsmaterials bestand ein Zusammenhang. Die Elementarzusammensetzung der gefundenen Huminsäuren wich stark von der in der Literatur angegebenen ab (34–55% C, 5–11% H, 40–55% O). Es wird daher angenommen, daß auch die ältesten Proben (> 16 m tief, > 15000 Jahre alt) wenig humifiziert sind. In die Sümpfe eingegrabene Papyrusproben setzten sich bei Zusatz von Kaolinit schneller um als mit Montmorillonit. Im letztgenannten Fall wurden weniger Huminsäuren gebildet, jedoch war der Humifizierungsgrad höher. Vf. folgert aus den Ergebnissen, daß anaerobe oder semi-aerobe und insbes. wechselnd anaerobe und aerobe Bedingungen für die Humifizierung günstiger sind als aerobe. K. Koepke. 333.

McDowell, L. L. und Marshall, C. E.; Univ. of Mississippi, State Coll., U.S. Dep. of Agric., A.R.S.; Columbia, Univ. of Missouri. Ionic properties of mica surfaces. **(Ionenwirksamkeit von Glimmeroberflächen.)** Proc. Soil Sci. Soc. America **26** (1962) Nr. 6. S. 547–551. – 6 Abb., 1 Tab., 12 Lit.
An 7 gereinigten Glimmerarten wurden für je 2 Ionenpaare (Li-Na, Li-Rb, Li-Cs, Li-NH_4 und Ba-Ca, Ba-Sr) die „Selektivitätswerte Ks" in Abhängigkeit von einem variierten Ion (Li oder Ba) bei jeweils einem Partnerion als Parameter aufgenommen [$Ks = (C_1/C_2)_E/(C_1^1/C_2^1)_s$ mit C_1, C_2 als analytisch im Gleichgewichtszustand in der Außenlösung bestimmbare Konz. bzw. C_1^1, C_2^1 als in der Substratphase befindliche Gesamtkationenkonz.]. Insbes. für die monovalenten Partnerionen äußerte sich über stark schwankend verlaufende Ionenbesatzkurven der polyfunktionelle Charakter der oberflächlichen Ionenbindung. Cs wurde weniger fest als Rb von den Biotit-, Vermiculit-Biotit- und Lepidomelan-Oberflächen gehalten, von Phlogopit jedoch – der normalen Ordnung entsprechend – mehr Cs als Rb. Magarit, ein Glimmer, der sich auch hinsichtlich der Ladungsverteilung pro Einheitszelle heraushebt, zeigte ein ganz unterschiedliches Verhalten gegenüber den anderen Glimmerarten ($NH_4 < Cs < Na < K < Rb$). – Die mit den gegenüber einer pH-Verschiebung (→ pH 5) chemisch genügend stabilen Glimmern (Muskovit, „Rosa-Muskovit" [≙ Lepidolith], Vermiculit-Biotit) durch potentiometrische Titrationen gewonnenen Kurven (mit Tonmembran und Ag-Elektroden, für Na^+, Ag^+ und Ca^{2+} in 0,5% Suspensionen) bzw. die errechneten Bindungsenergien ließen ebenfalls den polyfunktionellen Charakter der Glimmeroberflächen erkennen. Allgemein geht aus den Untersuchungen hervor, daß die Oberflächenwirkung sehr stark von den geometrischen Faktoren bestimmt wird, die in den meisten Fällen über die Hydratationseffekte und Valenzkräfte dominieren.
H. E. Freytag. 335.

Chaussidon, J.; Versailles, France, Centre Nat. de Rech. Agronomiques, Stat. Centr. d'Agronomie. Application of the Gouy theory to divalent cations: saturated clay suspensions. **(Anwendung der Gouy-Theorie auf zweiwertige Kationen: Gesättigte Tonsuspensionen.)** Soil Sci. **95** (1963) Nr. 2. S. 131–133. – 1 Tab., 7 Lit.
Es wird versucht unter Anwendung der Gouy-Chapman-Theorie über die diffuse Doppelschicht zwischen fester Phase und Lösung (hier Vermiculitsuspension), Einblick in die Verhaltensweise mono-divalenter Elektrolyte vom $CaCl_2$-Typ zu gewinnen. Über die für Chloridadsorptionsmessungen daraus abgeleiteten Formeln (Unterschiede der Anionenkonz. zwischen Suspension und Lösung [Trennung durch Dialysenmembran]) und aus den Versuchsansätzen folgt, daß bei pH-Werten um 10 die Erdalkalikationen (Sr, Mg) eine gleiche Verhaltensweise (im negativen Adsorptionsverhältnis) wie die monovalenten Ionen (Na, K, Li) zeigen, nicht jedoch bei pH 7. Eine Erklärung ergibt sich aus der Annahme einer Bildung von Komplexionen des Typs $(MOH)^+$, wobei eine „positive Chloridadsorption" gemessen werden müßte, da der tatsächliche, negative Adsorptionseffekt sehr klein gegenüber der Kationenaustauschkapazität ist. Die Existenz von $(MOH)^+$-Ionen müßte u.a. auch eine Deutung des abnormalen Verhaltens von Erdalkalibasen bei der Titration saurer Tone nach der Hissink-Methode erbringen und ließ sich schließlich wie folgt nachweisen: Würde Sr aus Sr-Ton durch NaCl oder Na aus Na-Ton durch $SrCl_2$ bei pH 7 ausgetauscht, so müßte die Bilanz für Sr auf der Basis der Wertigkeit 2 equilibrieren, – bei pH 10 jedoch müßte sich ein kleinerer Wert ergeben, wie vom Vf. auch gefunden werden konnte. H. E. Freytag. 335.

D. Bodenphysik

Fiedler, Hans-Joachim und Czerney, Peter; Tharandt, Inst. für Bodenkunde und Standortlehre der TH Dresden. **Bodenstabilisierung und -abdichtung**

durch Zusatz von Chemikalien. Wiss. Z. Techn. Univ. Dresden **11** (1962) Nr. 5. S. 1159–1166. – 3 Abb., 5 Tab.
An Hand von Literaturangaben werden unter Ergänzung einiger eigener Versuche die Möglichkeiten einer verschiedenen Zwecken dienenden Bodenstabilisierung mit Hilfe verschiedener Chemikalien besprochen. Probleme der Erosionsbekämpfung, der Bodenabdichtung und des Straßenbaues werden behandelt, wobei insbes. auf die Erhöhung der Druckfestigkeit von künstlich hergestellten Bodenkörpern und die wasserabstoßende Wirkung der behandelten Böden eingegangen wird. Als wirksame Chemikalien werden besprochen: hydrolysiertes Polyacrylnitril, verschiedene Polyphosphate, Ligninsulfosäure unter Verwendung von Chromsalzen, Silikone und ihre Vorprodukte, Anilin-Furfurolharze, Resorcin-Formaldehydharze, Phenol-Formaldehydharze und Acrylate. Durch die Behandlung der Böden mit Ca-Acrylat unter Zugabe von $Na_2S_2O_8$ und $Na_2S_2O_3$ wurde die Druckfestigkeit der Böden stärker erhöht als durch andere Chemikalien. Bei stark humosen Böden (Kompost und Moor) sowie reinem Quarzsand reichten die zunächst verwandten 5% Ca-Acrylat nicht aus. Durch 10–15% Ca-Acrylat konnten auch diese extremen Böden stabilisiert werden. W. Bergmann. 344.

Eimern, J. van. **Die Hebung des Bodens durch Frost.** Bayer. landwirtsch. Jb. **39** (1962) Nr. 8. S. 1011–1015. – 2 Abb., 7 Lit.
Vf. berichtet über Messungen (vertikale Bewegung der Bodenoberfläche infolge Gefrierens und Auftauens, Wassergehalt und Temperatur in verschiedenen Tiefen) und Beobachtungen im Winter 1959/60 in Weihenstephan. Form und Anordnung des Eises im Boden werden kurz beschrieben und wechselseitige Wirkungen von Getreidepflanzen und Bodenfrost erwähnt. Die max. Bodenhebung während des Winters betrug 38 mm bei einem vor dem Winter etwas gelockerten Boden und 25 mm bei einem gesetzten Boden. Die Hebungsgeschwindigkeit erreichte fast 2 mm/h, die Sinkgeschwindigkeit beim Auftauen bis 8 mm/h. G. Kretschmer. 346.

Ralčev, A. (Raltschew, A.) Vodno-fizični svojstva na njakoi počvi ot Severozapadna Bŭlgarija. **(Hydrophysikalische Eigenschaften einiger Böden in Nordwestbulgarien.)** Naučni trudove na Centralnija naučnoizsledovatelski institut po počvoznanie i agrotechnika „Nikola Puškarov", Sofija **3** (1962) S. 103 bis 122. – 3 Abb., 6 Tab., 12 Lit. Zus. in Russ., Dtsch.
Die stark ausgelaugten, leicht lehmigen Tschernoseme liegen mehr auf den Erhebungen des Reliefs und sind viel verbreiteter, als es bisher bekannt war. Ihren Eigenschaften nach sind sie den ausgelaugten Tschernosem-Smolnitza-Böden sehr ähnlich. Die anderen untersuchten Böden (Bleicherden) sind im Relief tiefer anzutreffen, sie wurden in Bulgarien erstmalig festgestellt. Die Böden zeichnen sich durch einen im Bodenuntergrund befindlichen, vom Oberflächenwasser gebildeten Verdichtungshorizont aus. M. Miltschew. 346.

Masujima, Hiroshi und Mori, Tetsuro. Soil water system in relation to plant growth. I. Soil moisture condition as a factor affecting soil productivity in Tokachi volcanic ash land. **(Beziehung zwischen dem Bodenwassersystem und dem Pflanzenwachstum. 1. Mitt. Die Bodenfeuchtigkeit als ein die Bodenproduktivität bedingender Faktor in vulkanischem Ascheboden von Tokachi.)** Res. Bull. Hokkaido nat. agric. Exp. Stat. **1962** Nr. 79. S. 30–35. – 6 Abb., 5 Tab., 8 Lit. Orig.: jap., Ausz.: engl.
Bei der Ermittlung der Beziehungen zwischen verfügbarer Wasserkapazität (WK) und Pflanzenertrag wurde für das Wachstum von Bohnen folgende optimale Verteilung des Großporenraumes gefunden: 30% nichtkapillarer Porenraum (pF-Bereich 0–2,7), 20% Dränageporenraum (pF-Bereich 0–1,7). Die Verteilung der Poren war von der Teilchengröße und dem Gehalt an org. Subst. abhängig. Die verfügbare WK stieg mit dem Tongehalt des Bodens an.
H. Unger. 346.

Untersuchungen über den jahreszeitlichen Verlauf des Wasserhaushalts staunasser Böden bei verschiedener Bestockung und auf Kahlschlag. Eberswalde, Abt. Vegetationskunde Inst. Forstwiss. Dtsch. Akad. Landwirtsch.-Wiss. zu Berlin. Plan-Nr.: 170 121h-06i 2-03/9. 16 S. Abschlußber. (27/3. 1963).
Auf repräsentativen Standorten des thüringisch-sächsichen Vogtlandes, deren Produktionsvermögen von der Forstlichen Versuchsanstalt ermittelt wurde, ist in den Jahren 1961 und 1962 die Bodenfeuchtigkeit über elektrische Leitfähigkeitsmessungen dekadenweise registriert worden. Eine Übereinstimmung zwischen Höhen- und Zuwachsentwicklung einerseits und der Bodenfeuchtigkeit andererseits wurde festgestellt. 346.

Féodoroff, A.; Versailles, Seine-et-Oise, Centre Nat. de Rech. Agronomiques, Lab. d'Etudes de Techn. Cult. Ressuyage du sol et capacité de rétention pour l'eau. **(Dränage des Bodens und Wasserkapazität.)** Ann. agronom. **13** (1962) Nr. 6. S. 523–547. – 25 Abb., 6 Tab., 9 Lit. Zus. in Russ., Engl., Dtsch.
An Hand von Laborversuchen wurden Böden von oben mit Wassergaben versehen und nach bestimmten Zeiten die Feuchtigkeit in verschiedenen Tiefen bestimmt. Die Feuchtigkeit als Funkion des Logarithmus der Zeit ergibt eine lineare Abhängigkeit: $h = a\, t^{-1}/^{b}$ (a und b sind Parameter). Neben dieser direkten Methode wird eine indirekte (vorteilhafter) angegeben, wobei auf trockenen Boden ein bestimmter Anteil an wassergesättigtem gebracht und die Versickerung des Wassers bestimmt wird. Hier gilt die Beziehung $h = a - b \log 10\, t$. Trägt man $\Delta\, h/\Delta t$ gegen die Feuchtigkeit auf, ergibt sich eine 2fache lineare Beziehung: eine schwach ansteigende Gerade für geringe Feuchtigkeitswerte und eine steil ansteigende Gerade für hohe Feuchtigkeitswerte. Der Schnittpunkt der Geraden ergibt den Bereich der Feldkapazität. Alle Böden besitzen daher eine charakteristische Feuchtigkeit (10–36%), die einer Verzögerung der Dränagegeschwindigkeit entspricht. Der Prozeß der Dränage ist theoretisch durch 2 Exponentialfunktionen $h = f\,(t)$ mit verschiedenen Parametern charakterisiert, die eine unterhalb, die andere oberhalb der Feldkapazität anwendbar. Die angegebenen Beziehungen gelten für eine große Zahl von Böden. W. Schulze. 346.

E. Bodenbiologie

Fiedler, Hans-Joachim und Schmidt, Ludwig; Dresden, TU, Fak. für Forstwirtsch., Inst. für Bodenkunde und Standortslehre. **Über die Beziehungen zwischen Spurenelementen und Mikroorganismen des Bodens.** Wiss. Z. Techn. Univ. Dresden **11** (1962) Nr. 4. S. 799–809. – 108 Lit.
An Hand umfangreicher Literatur werden der Einfluß der Spurenelemente Fe, Mn, Cu, Zn, Mo, Co und B auf Wachstum, Enzymbildung und Stoffwechsel der Bodenmikroorganismen sowie die Bedeutung der Mikroben für die Pflanzenverfügbarkeit dieser Mikronährstoffe besprochen. Das Fe spielt eine wichtige Rolle im Stoffwechsel der Mikroben (Wachstum, Farbstoffbildung, N-Bindungsvermögen, Enzymbildung, Mineralisierung org. Subst.). Am Beispiel der Umlagerung des Fe im Boden durch die Mikroorganismen wird deren Funktion im Bodenbildungsprozeß verdeutlicht. Am Mn, das für Wachstum, Sporenbildung, Kohlenhydratabbau und N-Stoffwechsel der Mikroben notwendig ist, zeigen Vff. die Beziehungen zwischen mikrobiol. Aktivität und Versorgung der Pflanze mit Spurenelementen. Die Verankerung des Mo in zahlreichen Bakterienfermenten (bes. zur N-Bindung und Nitratreduktion) kennzeichnet seine Bedeutung. Co ist ein essentieller Bestandteil des mikrobiell gebildeten Vitamins B_{12}. H. Unger. 350.

Yoshida, Tomio und Sakai, Hiroshi. Microbiological studies on the soils of Hokkaido. Part 1. The soil microflora and their activities in the several kinds of soils. **(Mikrobiologische Untersuchungen an den Böden von Hokkaido.**

1. Mitt. Die Bodenmikroflora und ihre Aktivitäten in verschiedenen Bodenarten.) Res. Bull. Hokkaido nat. agric. Exp. Stat. **1962** Nr. 79. S. 36–44. – 9 Abb., 4 Tab., 32 Lit. Orig.: jap., Ausz.: engl.

4 in Hokkaido typische Bodenarten (Boden alluvialer Entstehung **I**, schwerer Ton **II**, Ascheboden vulkanischen Ursprungs **III**, Torf **IV**) wurden auf Mikroorganismenarten und -zahlen sowie CO_2-Produktion und N-Mineralisierung geprüft. Jeder Boden hatte seine spez. Mikroflora. Die Keimzahlen waren bei **I** am höchsten und bei **IV** am niedrigsten. In **IV** kamen auffällig viele Pilze, Cellulosezersetzer und Algen, in **III** viele Aktinomyceten vor. Auf den in Kultur befindlichen Standorten der 4 Bodenarten wurden mehr nitrifizierende Bakterien, Aktinomyceten und Cellulosezersetzer gefunden als auf jungfräulichen. Zwischen Keimzahlen, CO_2-Bildung und N-Mineralisation bestanden enge Beziehungen. H. Unger. 350.

Yoshida, Tomio und Sakai, Hiroshi. Microbiological studies on the soils of Hokkaido. Part 2. Seasonal variations of soil microflora and the effect of organic matter application on them. **(Mikrobiologische Untersuchungen an den Böden von Hokkaido. 2. Mitt. Jahreszeitliche Veränderungen der Bodenmikroflora und der durch Anwendung organischer Substanz bedingte mikrobielle Einfluß.)** Res. Bull. Hokkaido nat. agric. Exp. Stat. **1962** Nr. 79. S. 45 bis 50. – 4 Abb., 4 Tab., 24 Lit. Orig.: jap., Ausz.: engl. 1. Mitt. vgl. vorst. Ref.

Die Anwendung org. Subst., wie Stroh, Stalldung und Pflanzenwurzeln, erhöhte die Gesamtkeimzahlen. Am stärksten wirkte Stalldung, wobei bes. Cellulosezersetzer und nitrifizierende Bakterien begünstigt wurden. Die Gesamtkeimzahlen erreichten im Frühjahr und Herbst Maximalwerte. Demgegenüber nahmen die Zahlen der Cellulosezersetzer, der nitrifizierenden und denitrifizierenden Bakterien sowie Aktinomyceten vom Frühjahr zum Sommer hin bedeutend zu. H. Unger. 350.

Soulides, D. A., Pinck, L. A. und Allsion, F. E.; Beltsville, Maryland Agric. Res. Div., U.S. Soils Lab. Antibiotics in soils. V. Stability and release of soil-adsorbed antibiotics. **(Antibiotica in Böden. 5. Mitt. Stabilität und Freisetzung von an Boden adsorbierten Antibotica.)** Soil Sci. **94** (1962) Nr. 4. S. 239–244. – 5 Abb., 2 Tab., 5 Lit.

Durch Boden adsorbiertes Terramycin zeigte eine geringere Stabilität als das Streptomycin. Die Freisetzung von Antibiotica durch die verschiedenen Böden war unterschiedlich stark. Ein Boden (Fargo) setzte keine Antibiotica frei, was wahrscheinlich auf den Einfluß chem. oder phys. Faktoren, weniger auf die biol. Aktivität zurückzuführen war. K. E. Lindner. 350.

Stenz, Eckart; Leipzig, Karl-Marx-Univ., Bot. Inst. **Über den Einfluß von Bakterienfiltraten und Wuchsstoffen auf Wurzelhaare.** Wiss. Z. Karl-Marx-Univ. Leipzig, math.-naturwiss. R. **11** (1962) Nr. 4. S. 641–646. – 13 Abb., 2 Tab., 27 Lit.

Es wurde unter sterilen Bedingungen mit Reagenzgläsern, die mit Agar verfestigte Nährmedien enthielten, gearbeitet. Die Auswertung der Versuche erfolgte 14 Tage nach dem Versuchsansatz. – Sterile Filtrate von *Rhizobium lupini* erzeugten bei *Ornithopus sativus* und *Trifolium pratense* typische Krümmungen der Wurzelhaare. Die Wurzelhaare waren außerdem länger als die der Kontrollpflanzen. Stärker konz. Filtrate erhöhten die Zahl der aufgetretenen Verkrümmungen. Die Wurzelhaare der Nichtleguminosen veränderten sich nicht unter dem Einfluß dieser Filtrate. *Rh.-trifolii*-Filtrate führten bei Nichtleguminosen zum gleichen Ergebnis. Sie verursachten bei *Trifolium pratense* typische Wurzelhaarverkrümmungen und vermochten selbst in 4facher Konz. bei *Ornithopus sativus* nur Anschwellungen und Schlängelungen der Wurzelhaare auszulösen. Die verwendeten Wuchsstoffe (β-Indolylessigsäure, β-Indolylbuttersäure, Kaliumnaphthylacetat, Phenylessigsäure und Phenylessigsäuremethylester) verursachten in keinem Fall typische Wurzelhaarkrümmungen. Sie führten in Abhängigkeit von der Pflanzenart, der Konz. und der Wuchsstoffart jedoch zu anderen Veränderungen und zu Substanzablagerungen an den Wurzelhaaren. Stärkere Konz. der Wuchsstoffe erhöhten die Wurzelhaardichte und hemmten gleichzeitig das Wurzelwachstum. Die Wurzelhaarlänge wurde durch β-Indolylessigsäure und Kaliumnaphthylacetat eindeutig gefördert. Filtrate von anderen Bodenbakterien (*Azotobacter chroococcum, Bac. subtilis, Bac. mycoides*) wirkten ähnlich wie die Wuchsstoffe. Das Wurzelwachstum wurde durch diese Filtrate gehemmt. G. Otto. 350.

Yoshida, Tomio und Sakai, Hiroshi. Studies on the microbial changes of rhizospheric soil during the growth of leguminous plants. **(Untersuchungen über die mikrobiellen Veränderungen im Rhizosphärenboden während des Wachstums der Leguminosenpflanzen.)** Res. Bull. Hokkaido nat. agric. Exp. Stat. **1962** Nr. 79. S. 51–57. – 8 Abb., 1 Tab., 30 Lit. Orig.: jap., Ausz.: engl.

Untersuchungen über den Einfluß des Pflanzenwachstums (Luzerne und Rotklee), der Rhizobienimpfung und der N-Düngeranwendung auf Zahl und Art der Bodenmikroorganismen wurden durchgeführt. Im Jugendstadium der Leguminosen konnten überwiegend aerobe Bakterien im Rhizosphärenboden festgestellt werden. Der Einfluß des Rhizosphäreneffektes wirkte sich mikrobiell weit stärker aus als Bakterienimpfung und N-Düngung. Cellulosezersetzer wurden in der Rhizosphäre im Jugendstadium der Leguminosen mehr oder weniger gefördert. Mit fortschreitendem Pflanzenwachstum stiegen die Pilzzahlen kontinuierlich, während Aktinomyceten und anaerobe Bakterien völlig unbeeinflußt blieben. H. Unger. 350.

Tewari, G. P.; Ibadan, Western Nigeria, Dep. of Agric. Res. Note on effects of soil sterilization and some mineral nutrients on commercial strains of cowpea Rhizobium in Western Nigeria. **(Bemerkung über die Wirkungen der Bodensterilisation und einiger Mineralstoffe auf kommerzielle Rhizobium-Stämme der Kuhbohne in Westnigeria.)** Empire J. exp. Agric. **31** (1963) Nr. 121. S. 50–52. – 1 Tab., 11 Lit.

Die Untersuchungen unter Verwendung des kommerziellen „E-Nitragins" ergaben, daß sterilisierter Boden ungünstig *Rhizobium* beeinflußt. Durch Sterilisation entsteht im Boden Mangel an verfügbarem Fe (wahrscheinlich auch anderer mineral. Subst.), so daß kein Leghämoglobin gebildet werden kann. B senkt den Tr.-Subst.-Ertrag und auch die Knöllchenzahl, Ca stimuliert die Knöllchenbildung, P zeigt keinen merklichen Einfluß, während Mo weder eindeutig positiv noch negativ wirkt. K. E. Lindner. 352.

Hely, F. W. und Brockwell, J.; Canberra, C.S.I.R.O., Div. of Plant. Ind. An exploratory survey of the ecology of Rhizobium meliloti in inland New South Wales and Queensland. **(Eine informatorische Übersicht über die Ökologie von Rhizobium meliloti im Inneren von Neusüdwales und Queensland.)** Austral. J. agric. Res. **13** (1962) Nr. 5. S. 864-879. – 2 Abb., 4 Tab., 19 Lit.

In den untersuchten, 26 Standorten entnommenen Proben konnten Bakterien gefunden werden, die an *Medicago sativa* Knöllchen bildeten. Solche Bakterien wurden isoliert, auch wenn die Wirtspflanze nicht anwesend war. In 25 Fällen waren allerdings in geringeren Zahlen Bakterien vorhanden, die an *M. denticulata* Knöllchenbildung verursachten. Das Vorkommen dieser Bakterien war ebenfalls nicht an das Vorhandensein der Wirtspflanzen gebunden. 18mal bildeten die Bakterien an *M. laciniata* Knöllchen, obwohl in 8 Fällen diese Wirtspflanze auf den Probeflächen fehlte, 3mal waren die Bakterien bei Vorhandensein dieser *Medicago*-Art nicht festzustellen. Zusammenhänge bestanden zwischen den in der oberen Bodenschicht vorkommenden *Rh.-meliloti*-Bakterien und der Textur, der Pflanzengröße der annuellen *Medicago*-Arten und dem Grasbestand. K. E. Lindner. 352.

Gupta, K. G. und Sen, Abhiswar; New Delhi, Ind. Agric. Res. Inst. Variations in the characteristics of Rhizobium spp. of gram (Cicer arietinum) methi (Trigonella foenum-graecum) and pea (Pisum sativum). **(Merkmalsvariationen der Rhizobium-Arten von Kichererbse [Cicer arietinum], Bockshornklee [Trigonella foenum-graecum] und Erbse [Pisum sativum].)** Indian J. agric. Sci. **32** (1962) Nr. 4. S. 260–265. – 1 Tab., 22 Lit.
12 Einzelkoloniekulturen von *Cicer*, 12 von *Trigonella* und 16 von *Pisum* wurden hinsichtlich ihrer morphologischen, kulturellen und physiologischen Unterschiede sowie der möglichen Korrelation zwischen diesen Merkmalen und der Wirksamkeit bei der N-Bindung untersucht. Die beobachteten großen Unterschiede zwischen den Isolierungen betreffen vor allem das biochem. Verhalten (Verwertung verschiedener Zucker, Nitratreduktion, Bildung org. Säuren), weniger die Morphologie. Ein bes. Merkmal für die Wirksamkeit oder Unwirksamkeit eines Stammes konnte nicht ermittelt werden. Die Ergebnisse zeigten, daß kleinsamige Leguminosen auf eine Impfung in weitaus größerem Ausmaß reagieren als großsamige. Die Notwendigkeit einer Prüfung vieler Isolierungen zur Auswahl einer wirksamen für Impfzwecke wird betont. K. E. Lindner. 352.

Vincent, J. M. Humphrey, Beverley und North, R. J.; Sydney, Univ., School of Agric. Some features of the fine structure and chemical composition of Rhizobium trifolii. **(Einige Merkmale der Feinstruktur und chemischen Zusammensetzung von Rhizobium trifolii.)** J. gen. Microbiol. **29** (1962) Nr. 3. S. 551–555. – 1 Abb., 2 Tab., 20 Lit.
Bei den auffallend großen, sudanophilen Granula von *Rh. trifolii* scheint es sich um Aggregationen polymerer β-Hydroxy-Buttersäure zu handeln, die wahrscheinlich eng mit dem Zytoplasma verbunden ist. Eine gut entwickelte Kultur enthält etwa 40–50% des Polymers, bezogen auf das Zelltrockengewicht. Für die Zellwand wie für die zytoplasmatische Membran konnten klassische doppelte Membranen (Lipoproteine ?) ermittelt werden. Vorsichtig fixierte und eingebettete Objekte ließen oft eine Anhäufung von Material zwischen den Doppelmembranen erkennen, bes. an den Enden, ohne Beweis einer Schädigung in den geschnittenen Organismen. Es ist möglich, daß diese Räume normale Strukturen sind, in die vom Zytoplasma Substanzen abgeschieden werden. K. E. Lindner. 352.

Ellis, N. J., Kalz, G. G. und Doncaster, J. J.; Montreal, Mc Gill Univ., Dep. of Bacteriol. and Biol.; Wolfville, Acadia Univ. Transformation in Rhizobium trifolii. **(Transformation bei Rhizobium trifolii.)** Canad. J. Microbiol. 8 (1962) Nr. 6. S. 835–840. – 3 Tab., 10 Lit.
Streptomycin- und Chloramphenicol-Resistenz sowie Kristallviolett-Toleranz wurden bei *Rhizobium trifolii* erzielt, und zwar mit Hilfe eines zellfreien Extraktes, das ein resistenter, homologer Stamm lieferte. K. E. Lindner. 352.

Humphrey, Beverley und Vincent, J. M.; Sydney, Univ., School of Agric., Microbiol. Lab. Calcium in cell walls of Rhizobium trifolii. **(Calcium in Rhizobium-trifolii-Zellwänden.)** J. gen. Microbiol. **29** (1962) Nr. 3. S. 557–561. – 1 Tab., 13 Lit.
Es wurde versucht, eine chem. Ursache für die mangelhafte Ausbildung bzw. den Verlust von Zellwänden der Organismen zu finden, die unter Ca-Mangel wuchsen. Die für die gramnegativen Zellen typischen org. Komponenten konnten sowohl für die normalen als auch für die Ca-Mangelzellen ermittelt werden, die letzteren konzentrierten jedoch den Hauptteil der im Minimum

zur Verfügung stehenden Ca-Menge in den Zellwänden, die jedoch nur 60% des Ca-Anteils normaler Zellen enthielten. Als Zellwandbestandteil vermochte Mg das Ca nicht zu ersetzen. K. E. Lindner. 352.

Knösel, D.; Hohenheim, Landwirtsch. Hochschule, Inst. für Pflanzenschutz. **Prüfung von Bakterien auf Fähigkeit zur Sternbildung.** Zbl. Bakteriol., Parasitenkunde, Infektionskrankh. Hyg., II. Abt. **116** (1962) Nr. 1. S. 79–100. – 19 Abb., 2 Tab., 37 Lit.
Zum Nachweis der Sternbildung von Bakterien wurden diese auf Möhrensaftagar gezüchtet und in Deckglas- oder Kammerpräparaten mikroskopiert. Gegen Ende der log.-Wachstumsphase war die Sternbildung am stärksten. – Von den erstmalig auf Sternbildung untersuchten 22 Bakterienarten erwiesen sich 11 als positiv. Sie gehören den Gattungen *Rhizobium*, *Agrobacterium*, *Chromobacterium* und *Phyllobacterium* an. Die Sternbildung wird als Sexualakt der Bakterien gedeutet. Auf bestehende Ähnlichkeiten mit den Kopulationsvorgängen bei Protisten wird hingewiesen. H. Unger. 352.

Brown, Margaret E., Burlingham, Susan K. und Jackson, R. M.; Harpenden, Rothamsted Exp. Stat. Studies on Azotobacter species in soil. II. Populations of Azotobacter in the rhizosphere and effects of artificial inoculation. **(Untersuchungen über Azotobacter-Arten in Böden. 2. Mitt. Azotobacter-Populationen in der Rhizosphäre und die Wirkungen künstlicher Beimpfung.)** Plant and Soil [The Hague] **17** (1962) Nr. 3. S. 320–332. – 8 Tab., 17 Lit. 1. Mitt. vgl. LZ. Abt. II 8 (1963) Nr. 10. S. 2638.
Die Untersuchungen über die Verteilung von *Azotobacter* in der Rhizosphäre einiger Kulturpflanzen zeigten, daß der Rhizosphäreneffekt sehr gering ist und daß *A.* häufig unterdrückt wird. An der Wurzeloberfläche ließen sich keine *A.*-Zellen nachweisen, ebenso war die Rhizosphäre von sauren Böden *A.*-frei. Die Beimpfung von Samen, Wurzeln und Boden führte zu hohen *A.*-Zahlen in der Rhizosphäre der Pflanzen, die in Böden mit einem pH über 6,5 wuchsen. Die Samenimpfung war am wirkungsvollsten und erzielte eine gute Verteilung der Zellen über das gesamte Wurzelsystem. Die Rhizosphärenpopulation wurde von der Höhe und dem Alter des Samen-Inoculums beeinflußt. Das Besprühen der Samen mit 14 Tage alten Kulturen bei sofortigem Aussäen lieferte die besten Ergebnisse. K. E. Lindner. 352.

Glathe, H., Knoll, K. H. und Makawi, A. A. M.; Gießen, Justus-Liebig-Univ., Inst. für Landwirtsch. Mikrobiol. **Die Lebensfähigkeit von Escherichia coli in verschiedenen Bodenarten.** Z. Pflanzenernähr., Düng., Bodenkunde **100** (1963) Nr. 2. S. 142–150. – 3 Tab., 19 Lit.
Die in Modellversuchen mit mehreren Konz. von *Coli-commune*-Reinkulturen beimpften Lehm- und Tonböden beeinflußten die Überlebensrate dieser Mikroben unterschiedlich. In beiden Böden vermehrten sich bis zum 20. Tag nach der Beimpfung mit schwachen Keimkonz. (10^3–10^4/ml) die Colibakterien im Lehmboden stärker als im Sand. Zusatz hoher Keimmengen (10^6–10^8/ml) führte im Lehm zu einer anfangs schwachen Vermehrung (bis zum 5. Tag) mit nachfolgendem Abfall, während im Sand die Keimzahlen sofort zurückgingen. 90 Tage nach der Infektion ließen sich nur noch im Lehmboden geringe Colivorkommen nachweisen. Als Ursache der höheren Überlebensrate dieser Fäkalkeime im Lehmboden wird dessen höherer Nährstoffgehalt angesehen. H. Unger. 352.

Glathe, H., Knoll, K. H. und Makawi, A.A.M.; Gießen, Justus-Liebig-Univ., Inst. für Landwirtsch. Mikrobiol. **Das Verhalten von Salmonellen in verschiedenen Bodenarten.** Z. Pflanzenernähr., Düng., Bodenkunde **100(145)** (1963) Nr. 3. S. 224–233. – 4 Tab., 21 Lit.
4 Böden (Lößlehm **I**, Podsol **II**, Tonschiefer **III** und degradierte Schwarzerde **IV**) wurden mit Salmonellenreinkulturen (*Salmonella cairo*, *S. enteritidis*, *S*

typhi) infiziert. – Die 3 Bakterienarten erwiesen sich als unterschiedlich resistent. *S. cairo* war mit 60 Überlebenstagen in 3 Bodenarten (**I, III, IV**) am widerstandsfähigsten und *S. typhi* mit max. 15 Tagen im inaktiven Podsol am wenigsten resistent. Die Abtötungsrate nahm von **III** über **I** und **IV** zu **II** stark ab. Abwasserrückstände und Klärschlamm werden auf Grund dieser Untersuchungen als seuchenhygienisch bedenklich bezeichnet. Eine Entseuchung ist zu empfehlen. H. Unger. 352.

Kendrick, W. Bryce; Ottawa, Canada Dep. of Agric., Plant Res. Inst. Soil fungi of a copper swamp. **(Bodenpilze eines Kupfersumpfes.)** Canad. J. Microbiol. 8 (1962) Nr. 5. S. 639–647. – 13 Abb., 2 Tab., 14 Lit.

Die Untersuchungen wurden an 35 Bodenproben aus einem Sumpfgebiet mit Cu-haltigem Torf durchgeführt. Der Cu-Gehalt schwankte zwischen 1 und 68000 ppm. Die Pilzflora war ziemlich spärlich. In Torfhorizonten mit hohem Cu-Gehalt konnten bis 9000 Kolonien/g Boden gezählt werden, in ausgelaugten anorg. Horizonten von niedrigem Cu-Gehalt fehlten die Pilze meistens. Insgesamt wurden 12 Hyphomyceten, 5 Phycomyceten, 3 Coelomyceten, 3 Basidiomyceten, 2 Pyrenomyceten und 6 sterile Formen isoliert. 13 Arten einschl. *Penicillium ochro-chloron* waren nur in Bodenproben mit über 7500 ppm Cu vorhanden. 9 Arten, darunter der seltene *Mucor ambiguus*, ließen sich nur bei weniger als 5 ppm Cu feststellen. Die restlichen meist gemeinen Saprophyten blieben durch die Cu-Konz. mehr oder weniger unbeeinflußt.

K. E. Lindner. 352.

Radu, Vasile Gh., Rogojanu, Victor, Grecea, Alexandrina und Tenț-Dan, Florica. Dinamica microfaunei dîn citeva feluri de sol din jurul Clujului sub culturi vegetale diferite. **(Der Rhythmus der Mikrofauna einiger Bodenarten in der Umgebung von Cluj, unter verschiedenen Pflanzenkulturen.)** Studii Cercetări Biol. [București], Ser. Biol. vegetală 14 (1962) Nr. 2. S. 155–179. – 5 Abb., 9 Tab., 20 Lit. Zus. in Russ., Franz.

Die Fauna von 12 Biotypen wurde untersucht. Die reichhaltigste Fauna wiesen rotbraune Waldböden und Böden unter Weiden auf, die ärmste dagegen alluviale Böden und Böden mit Luzernebestand. Die Insekten bildeten den Hauptanteil an der Mikrofauna, es folgen Würmer, Milben und Miriapoden.

V. Bontea. 352.

Radu, Vasile Gh., Rogojanu, Victor, Frecea, Alexandrina und Tenț-Dan, Florica. Dinamica larvelor de Coleoptere în raport cu natura solului și a vegetației. **(Der Rhythmus der Koleopterenlarven in Beziehung zu den Bodeneigenschaften und zur Vegetation.)** Studii Cercetări Biol. [București], Ser. Biol. vegetală 14 (1962) Nr. 1. S. 65–78. – 1 Abb., 11 Tab., 18 Lit. Zus. in Russ., Franz.

Der Rhythmus der Koleopterenlarven wurde studiert und dabei festgestellt, daß ihre Zahl vom Bodentyp und von der Kulturart bestimmt wird. Die meisten Larven waren in alluvialen Böden und in Böden unter Weide, die wenigsten in rotbraunen Waldböden und in Böden unter Weizenbestand vorhanden. Die höchste Organismenzahl wurde in den Mon. Apr. bis Juni festgestellt. V. Bontea. 352.

Moursi, Amr A.; Wien, Univ., II. Zool. Inst. The lethal doses of CO_2, N_2, NH_3 and H_2S for soil arthropoda. **(Die Lethaldosis von CO_2, N_2, NH_3 und H_2S für Boden-Arthropoden.)** Pedobiologia [Jena] 2 (1963) Nr. 1. S. 9–14. – 5 Abb., 1 Tab., 12 Lit. Zus. in Dtsch.

Für 14 Bodentierarten (vorwiegend Collembolen und Milben) verschiedener Herkunft (Boden, Pflanzenkompost und Stalldung) wurde die LD 50 (Lethaldosis, bei der 50% der Tiere überleben) von N, CO_2, H_2S und NH_3 ermittelt. Die stärkste Giftwirkung zeigte NH_3, das schon in Konz. von weniger als 0,01%

die resistenten Tiere des Stalldunges schwer schädigte. Sehr toxisch wirkte auch H_2S. Trotz hoher O_2-Konz. lähmte CO_2 die Bodentiere. N_2 erwies sich als völlig ungiftig. H. Unger. 352.

Milne, S. Phenology of a natural population of soil Collembola. **(Phänologie einer natürlichen Population von Boden-Collembolen.)** Pedobiologia [Jena] 2 (1963) Nr. 1. S. 41–52. – 4 Abb., 6 Tab., 20 Lit. Zus. in Dtsch.
Unter einem Adlerfarnbestand wurden aus mehreren Tiefen über 2 Jahre Bodenproben (Zylinder mit 50 cm³ Inhalt) in 1-2monatlichen Abständen entnommen. Die Gesamtzahlen an Collembolen lagen im Frühsommer und Winter am höchsten. Sie folgten weitgehend den Feuchtigkeitsverhältnissen. Unterschiede zwischen den Arten waren augenfällig. Mit zunehmender Bodentiefe nahmen die Besatzzahlen ab. Der höchste Jungtierbesatz wurde stets in der tieferen Schicht gefunden. H. Unger. 352.

Krivoluckij, D. A. (Kriwoluzki, D. A.); Moskau, Sewerzow-Inst. für Tiermorphol., Lab. für Bodenzool. Pancirnye klešči (Oribatoidea) v počvach Strelleckogo učastka Central'no-Černozemnogo zapovednika im prof. V. V. Alechina (Kurskaja oblast'). **(Hornmilben [Oribatiden] in Böden des W.W. Alechin Naturschutzgebietes in der zentralen Tschernosem-Zone [Streletzkij-Abteilung, Gebiet Kursk].)** Pedobiologia [Jena] 2 (1963) Nr. 1. S. 53–65. – 3 Abb., 2 Tab., 21 Lit. Zus. in Dtsch.
Bei Vergleichen des Hornmilbenbesatzes verschiedener Schwarzerdestandorte wurden reicherer Artenbestand und höhere Tierzahlen im Eichenwald gegenüber Waldwiese und „Steppe“ gefunden. Die von der Fauna anderer Wälder der UdSSR merklich abweichende Hornmilbenfauna des Eichenwaldes wird auf den trockeneren Standort zurückgeführt. Zwischen Streuschicht- und Mineralbodenfauna bestanden qualitative und quantitative Unterschiede. H. Unger. 352.

Mihelčič, Franz; St. Johann, Österreich. **Können Tardigraden im Boden leben?** Pedobiologia [Jena] 2 (1963) Nr. 2. S. 96–101. – 2 Tab., 21 Lit. Zus. in Franz.
Wenn auch die Tardigraden ungünstige Lebensbedingungen, wie Austrocknung des Lebensraumes durch Anabiose, überstehen können, so zeigen sie doch eine deutliche Abhängigkeit von Klima, Nahrung, Durchlüftung, Feuchtigkeit und Vegetation. Der entscheidende Faktor ist die Bodenstruktur. Als Tardigradenböden werden Protorendzinen und Protoranker, als sogenannte Erstlingsböden, Wiesen-, Alm- und lichte Waldböden sowie Rohhumusböden bezeichnet. H. Unger. 352.

Raw, F.; Harpenden, Rothamsted Exp. Stat. Studies of earthworm populations in orchards. I. Leaf burial in apple orchards. **(Untersuchungen über Regenwurmpopulationen in Obstanlagen. 1. Mitt. Blattvererdung in Apfelanlagen.)** Ann. appl. Biol. 50 (1962) Nr. 3. S. 389–404. – 6 Abb., 5 Tab., 6 Lit.
Von den vorkommenden ($^3/_4$–1 t/acre) Regenwürmern (*Lumbricus terrestris*) wurden über 90% des Laubes während des Winters verarbeitet. Apfelblätter wurden auf Ackerboden schneller vererdet als auf Grasboden. Die Zahl der in einem Grasboden verarbeiteten Blätter war dem Bewuchs der Bodenoberfläche umgekehrt proportional. Die Verarbeitungsrate ist von der Bodentemperatur abhängig, bei 2 °C stellen die Regenwürmer ihre Tätigkeit wahrscheinlich ein. Die langzeitige gute Wirkung der Blattvererdung sowie die ungünstige Bodenstruktur eines regenwurmlosen Bodens werden an einigen Profilen demonstriert. Messungsmethode der Blattverarbeitung sowie Bestimmung der Regenwurmpopulation werden beschrieben.
K. E. Lindner. 352.

Haider, K., Lim, Soun-Uk und Flaig, W.; Braunschweig-Völkenrode, Forsch.-Anst. für Landwirtsch., Inst. für Biochem. des Bodens. **Untersuchungen über die Einwirkung von Mikroorganismen auf ^{14}C-markierte phenolische Verbindungen.** Landwirtsch. Forsch. **15** (1962) Nr. 3/4. S. 196–204. – 6 Abb., 14 Lit. Zus. in Engl., Franz.

Lignin stellt eine wesentliche Quelle der im Boden entstehenden Huminstoffe dar. Bei der mikrobiellen Zersetzung von ligninhaltigem Material treten phenolische Verbindungen auf. Die Untersuchungen an diesen mit ^{14}C-markierten Verbindungen zeigten, daß diese entweder als C- oder Energiequelle den Mikroorganismen dienen. Es erfolgt entweder eine Aufspaltung des aromatischen Ringes und Bildung aliphatischer Ketosäuren oder ein nur teilweiser Abbau und Umbau zu hochmolekularen huminsäureähnlichen Stoffen. K. E. Lindner. 354.

McGarity, J. W.; Armidale, New South Wales, Univ. of New England, Dep. of Agric. Effect of freezing of soil on denitrification. **(Wirkung des Bodenfrostes auf die Denitrifikation.)** Nature [London] **196** (1962) Nr. 4861. S. 1342 bis 1343. – 4 Lit.

Nach Bestimmung der denitrifizierenden Aktivität wurden Bodenproben bei folgenden Temperaturen gehalten: a) zwischen –78 und –30 °C, b) zwischen 0 und –5 °C, c) zwischen 0 und 2 °C, d) zwischen 30 und 31 °C (Brutschrank), e) zwischen 15 und 19 °C (luftgetrocknet). Die nach 28 Tagen durchgeführte Bestimmung der denitrifizierenden Aktivität ergab, daß alle Frostbehandlungen diese erhöhten. Je niedriger die Temperatur nach der ersten Frostwirkung gehalten wurde, desto höher lag die Aktivität bei der folgenden anaeroben Bebrütung. Auch durch die Lufttrocknung wurde die Denitrifikation erhöht. Einfrieren und Trocknung kann nicht als ein universelles Mittel zur Erhaltung der Denitrifikationsaktivität frisch gesammelten Bodens empfohlen werden. Eine saisonbedingte Änderung der Denitrifikation durch Trocknung und Frost im Freiland, bes. in den oberen Bodenschichten, ist zu erwarten. K. E. Lindner. 356.

Duff, R. B., Webley, D. M. und Scott, R. O.; Aberdeen, Scotland, Macaulay Inst. for Soil Res. Solubilization of minerals and related materials by 2-ketogluconic acid-producing bacteria. **(Lösung von Mineralen und anderen Substanzen infolge der Wirkung von 2-Ketogluconsäure produzierenden Bakterien.)** Soil Sci. **95** (1963) Nr. 2. S. 105–114. – 10 Tab., 35 Lit.

Auf Glucosemedium wachsend, produzieren die aktivsten, Phosphat und Silicat aus mineral. Bindung freisetzenden Bakterien (u. a. *Pseudomonas fluorescens*) erhebliche Mengen von 2-Ketogluconsäure, die mit einigen 2wertigen Metallionen (Ca, Mg, Mn) einen Chelatkomplex bildet und sich papierchromatographisch fassen läßt. Unter Verwendung von natürlichen und synthetischen unlöslichen Salzen und Mineralen wurde mit 2-Ketogluconsäure produzierenden Bakterienkulturen das Löslichwerden einiger Metalle im Vergleich zu unbeimpften Ansätzen studiert (Si z. B. aus Wollastonit, Diopsid; Ca aus Dicalciumphosphat, natürlichem Apatit, synthet. Hydroxylapatit; Mg aus Mg-Orthophosphat, Olivin; Fe und Al u. a. aus Geothit; u. a. m.), wobei die freiwerdenden Metalle mit Hilfe spektrochem. Methoden in den nach Zentrifugieren der Kulturlösungen gewonnenen Zentrifugaten quantitativ bestimmt wurden. – Bei Verwendung von Dicalciumphosphat als unlösliche Phase wurden über 17% in Form von org. Phosphat freigesetzt, das freigesetzte Si scheint in eine „ammoniummolybdat-reaktive“, kolloidal polymerisierte, amorphe und schließlich wieder unlösliche Form umgesetzt zu werden (extrahierbar in verdünntem Na_2CO_3). Auf die Bedeutung dieser Prozesse in der Natur wird abschließend eingegangen.
H. E. Freytag. 358.

Schatz, Albert; Fair Lawn, N.J., Radburn Res. Inst. Pedogenic (soil forming) activity of lichen acids. **(Pedogene [bodenbildende] Aktivität von Flechtensäuren.)** Naturwissenschaften **49** (1962) Nr. 22. S. 518–519. – 1 Abb., 4 Lit.
In Modellversuchen wurde nachgewiesen, daß Flechten Säuren bilden, die Gestein und Minerale lösen können. Die Säuren setzten aus Granit und Muskovit Fe frei. In Gesteinsmehl-Flechtensäure-Gemischen wurde bereits nach 2 Tagen eine schwache, aber deutliche, die Fe-Komplexbildung anzeigende violette Färbung beobachtet. Auf Grund der schnellen bodenbildenden Verwitterung durch Flechten wird den Flechtensäuren eine hohe biogeochem. Funktion zuerkannt. H. Unger. 358.

Hanstein, Else. **Untersuchung über die celluloseabbauenden Enzyme von Irpex lactus Fr. und Trichoderma viride Pers. ex. Fr.** Diss., Naturwiss. Fak. Basel. 1960. (S. 314–352.) 8°. (Diss. 8862)

F. Bodensystematik und Bodengenese

Cernescu, N. und Florea, N. Lista sistematică a solurilor din RPR. **(Systematische Liste der Böden Rumäniens.)** Studii Cercetări [Timişoara], Biol. Ştiinţ. agric. **9** (1962) Nr. 1/2. S. 231–254. – 1 Abb., 10 Tab., 27 Lit. Zus. in Russ., Franz.
Die aktuellen Probleme der Bodenklassifizierung und Nomenklatur Rumäniens werden dargelegt. Die systematische Liste der Böden soll als Grundlage für die Ausarbeitung von Bodenkarten kleineren oder mittleren Maßstabes dienen. Die Böden sind den wichtigsten taxonomischen Einheiten zugeordnet. Die Kriterien zu den jeweiligen Böden werden aufgeführt. Die Tab. enthalten die Indices der Bodentypen (Humus-, Carbonatgehalt, Auslaugungs-, Sättigungs- und Versalzungsgrad usw.). E. Kellner. 362.

Oprea, C. V., Stănescu, P., Crişan, I., Teaci, D. und Maxim, N. Solurile din partea de vest a ţării, nomenclatura şi clasificarea lor. **(Die Böden Westrumäniens, ihre Nomenklatur und Klassifikation.)** Studii Cercetări [Timişoara], Biol. Ştiinţ. agric. **9** (1962) Nr. 1/2. S. 63-136. – 2 Abb., 7 Tab. Zus. in Russ., Franz.
Die Grundlage der Arbeit bilden die bisherigen Forschungsergebnisse über die natürlichen Bedingungen und die Böden der Ebene Westrumäniens. Die unter verschiedenen klimat., geolog. und hydrogeolog. Verhältnissen entstandenen Böden sind charakteristische Typen der feuchten Steppe, der Waldsteppe, der Waldzone und alpinen Wiesen. Vff. schlagen eine Klassifikation der Böden vor, bestehend aus 10 geographisch-genetischen Gruppen, 20 genetischen Typen und 113 taxonomischen Einheiten. Die große Anzahl der taxonomischen Einheiten machte es notwendig, eine praktischen Zwecken entspr. Systematik auszuarbeiten. Nach diesen Gesichtspunkten wurden 9 Bodengruppen gebildet, deren Fruchtbarkeitseigenschaften ausführlich beschrieben werden. E. Kellner. 362.

Oprea, C. V. Solurile saline şi alcalice din RPR şi ameliorarea lor. **(Die Salz- und Alkaliböden Rumäniens und ihre Verbesserung.)** Studii Cercetări [Timişoara], Biol. Ştiinţ. agric. **9** (1962) Nr. 1/2. S. 177–226. – 20 Tab., 58 Lit. Zus. in Russ., Franz.
Ungefähr 300000 ha der landwirtsch. Nutzfläche Rumäniens sind Salzböden, davon liegen 170–180000 ha in der westlichen Ebene, wo sie meist als Grünland, aber auch für Getreide-, insbes. Reis, und Gemüsebau genutzt werden. 130000 ha Salzböden liegen in der Donauebene und im -delta, in der Tiefebene der Moldau und an der Schwarzmeerküste. Art und Stärke der Versalzung dieser Böden sind sehr unterschiedlich. Die Möglichkeiten ihrer Verbesserung werden gezeigt. E. Kellner. 364.

Le Floc'h, J. Essai de cartographie d'une carte de conservation de l'eau et du sol. **(Versuch der Darstellung einer Karte für Wasser- und Bodenerhaltung.)** Bull. Assoc. franç. Étude Sol **1962** Nr. 9. S. 426–434. – 26 Lit.
Auf bereits bestehenden Arbeitsmethoden aufbauend, entwickelte man eine kartographische Methode, die über folgende Fragen Auskunft geben soll: Geländeneigungen, Sickerwasserzonen, bereits bearbeitete Zonen, noch durchzuführende Bodenbearbeitungsmaßnahmen, Anbauwürdigkeit der verschiedenen Bodenarten, Bodenfaktoren (Erosion, Bödenmächtigkeit, Vegetation, Muttergestein). Während Geländeneigung und Bodenart (Anbauwürdigkeit) nach einem bestimmten Schlüssel farbig dargestellt sind, werden die verschiedenen Kultivierungsmaßnahmen als Zeichen vermerkt.
P. Schäfer. 368.

Chauvel, A. Ficiies de sol à perforation marginale. **(Gebrauch von bodenkundlichen Randlochkarten.)** Bull. Assoc. franç. Étude Sol **1962** Nr. 9. S. 436 bis 452. – 2 Abb., 16 Lit.
In Tunesien werden jedes Jahr ungefähr 10000 Bodenprofile aufgenommen. Der bodenkundliche Dienst Tunesiens hat vorgeschlagen, einheitliche Lochkarten für die Erfassung der verschiedenen Bodenkriterien zu verwenden. Zur Auswahl standen u. a. Lochkarten für eine elektronische Auswertung (IBM) und Randlochkarten. Am besten bewährten sich Randlochkarten, die im Format 21×27 cm empfohlen werden. Mit Hilfe verschiedener Lochkombinationen können Angaben über Geländeneigung, Erosion, Dränage, Vegetation, Bodenbearbeitung, Klima, Bodenmorphologie, Muttergestein und chem. Bodenanalysen verschlüsselt werden. P. Schäfer. 368.

Dupuis, M.; Arras, Stat. Agronomique. Compte rendu du symposium international de photo interpretation de Delft. **(Bericht über ein internationales Symposium in Delft zum Zwecke der Bildauswertung.)** Bull. Assoc. franç. Étude Sol **1962** Nr. 10. S. 489–497.
An dem Symposium, das vom 30. Aug. bis 5. Sept. 1962 stattfand, nahmen 530 Spezialisten aus ungefähr 50 Ländern teil. – In 9 Arbeitsgruppen (Photographie, Geräte und Technik, Geologie, Bodenklassifizierung und -erhaltung, Vegetation, regionale Geographie, Glaziologie, Archäologie, Ozeanographie und Bauwesen) wurden 80 Vorträge gehalten. In allg. Ausführungen werden die Möglichkeiten des Lichtbildeinsatzes in den verschiedenen Landbaudisziplinen und der Bodenkunde erörtert. Im Gegensatz zur Geologie und Pflanzensoziologie ist die Ausdeutung des Luftbildes bei rein bodenkundlichen Fragen sehr schwierig und muß sich auf weitere informative Quellen stützen: Landschafts- und Oberflächengestaltung, Orientierung über Wasserläufe, Pflanzendecke, Verteilung von Kultur- und Naturräumen. Die Luftbildergebnisse bilden für die Laboruntersuchungen eine wesentliche Hilfe und umgekehrt. Unter schwierigen geographischen Verhältnissen ist diese Art der Standortkartierung sehr zeitsparend. P. Schäfer. 368.

Rode, A. A. **The soil forming process and soil evolution.** Translated from Russian. Jerusalem: Israel Program for Scientific Translations. 1961. (104 S. m. Literaturverz.) 8°. $ 6,00.
Das 1947 in Moskau erschienene und nunmehr in engl. Übersetzung vorliegende Buch gliedert sich in 7 Kapitel. Unter den Anfangskapiteln ist bes. der historische Überblick über die bisherige Entwicklung der Bodengenetik hervorzuheben, der in erster Linie den entscheidenden Beiträgen der russischen Bodenkunde zu diesem Teilgebiet gewidmet ist. Nach der Besprechung der Bodenbildungsfaktoren – hier werden Ausgangsmaterial, Klima, Organismen, Wasser, Topographie, Zeit, Gravitation und menschliche Arbeit genannt – sowie der Reversibilität und Irreversibilität von Bodenbildungsprozessen werden die Ergebnisse, die die Bodenentwicklungslehre bisher erarbeitet hat, in 18 Punkten zusammengefaßt. Dabei werden die Entwicklungsfähigkeit eines jeden Bodens und die vielfach zyklisch verlaufende Entwicklung bes. hervorgehoben.
H. Kretschmer.

Antonietti, Alessandro e Vanzetti, Carlo. **Carta della utilizzazione del suolo d'Italia.** Milano: Feltrienelli 1961. (82 S. m. 13 Kt.) 4°. (1963 B 43)

G. Bodenuntersuchung

Leo, Micah W. M.; Brandon, Manitoba, Canada Dep. of Agric., Res. Branch. A new suction plate apparatus for extraction of soil solution in conductivity determination. **(Eine neue Saugplattenapparatur zwecks Extraktion von Bodenlösungen zur Leitfähigkeitsbestimmung.)** Soil. Sci. **95** (1963) Nr. 2. S. 142–143. – 2 Abb., 2 Lit.
Der „Bodenbrei" (5 g Boden + H_2O, gründlich verrührt) wird auf einem Filtrierpapier (11 cm Dmr.) mit dem Spatel ausgebreitet, in dieser Form auf eine nicht umrandete, ebene Saugplatte (durchlöcherte Metallplatte mit trichterartigem Übergang) gebracht und die Bodenlösung zwecks Bestimmung ihrer elektrischen Leitfähigkeit in ein 35 ml fassendes Glasgefäß abgesaugt. Die Vorteile dieser Apparatur sind: leichte Reinigung der Platte mit Hilfe durchzusaugenden Wassers, bessere Ausbreitungsmöglichkeit des Bodenbreies als auf dem Büchner-Trichter, Herabsetzung der zur Extraktion nötigen Zeit. H. E. Freytag. 370.

Machado Grácio, J. T. Phosphorus fixation in acid soils. I. Identification of the phosphorus fixing soils. **(Phosphorfestlegung in sauren Böden. 1. Mitt. Identifizierung von phosphorfixierenden Böden.)** Agronom. lusitana **23** (1961) Nr. 2. S. 103–116. – 1 Abb., 5 Tab., 4 Lit. Zus. in Portug.
Die P-Festlegungskapazität von 7 portugiesischen Böden wurde chem. und in Gefäßversuchen mit Roggen unter Verwendung von ^{32}P bestimmt. Obwohl graduelle Unterschiede zwischen den Werten beider Methoden (die eingehend beschrieben sind) bestanden, besaßen die durch die biol. Methode ausgewiesenen „P-fixierenden" Böden die höchsten chem. bestimmten Festlegungskapazitäten. Die P-Festlegungskapazität hängt, wie aus den analytischen Daten ersichtlich, mit dem Gehalt an freiem Fe-Oxyd sowie mit dem P/Fe_2O_3- und SiO_2/Fe_2O_3-Verhältnis zusammen. Es wird vermutet, daß Maßnahmen zur Vermeidung von P-Festlegung wahrscheinlich eine große Rolle bei der Verbesserung der Fruchtbarkeit einiger P-fixierender Böden spielen. P. Stoß. 372.

Kaila, Armi; Helsinki, Univ., Dep. of Agric. Chem. Phosphorus test values of fresh and air-dried soil samples. **(Phosphor-Testwerte von frischen und luftgetrockneten Bodenproben.)** Maataloustieteellinen Aikakauskirja [J. sci. agric. Soc. Finland] **34** (1962) Nr. 4. S. 210–215. – 2 Tab., 7 Lit. Zus. in Finn.
Der Einfluß der Trocknung von Bodenproben bei 20 °C auf P-Testwerte, ermittelt nach der Essigsäure-Methode **(I)**, nach Bray (vgl. Soil Sci. **59** [1945] S. 39.) **(II)** und nach Teräsvuori (vgl. Publ. Staatl. Landwirtschaftl. Versuchswes. Finnland [1954] Nr. 141.) **(III)**, wurde untersucht. Bei P-Werten nach **II** war nach der Trocknung die Tendenz zu niedrigeren Werten ausgeprägter als bei den nach **I** erhaltenen, während die Werte nach **III** in beiden Richtungen streuten. Zwischen den durch Lufttrocknung hervorgerufenen Veränderungen der P-Testwerte einerseits und Feuchtigkeitsgehalt der frischen Proben, pH-Wert, Gehalt an org. C sowie in Oxalsäure löslichem Fe und Al andererseits wurden keine Beziehungen gefunden. Es wird betont, daß die Bedeutung der durch Lufttrocknung hervorgerufenen möglichen Fehler durch Fehler bei der Probenahme und durch Variation der Boden-P-Bedingungen herabgesetzt wird. P. Stoß. 372.

Andersen, A. J. und Mogensen, Th.; Roskilde, Dan. Atomic Energy Commiss., Agric. Res. Dep., Res. Establishment Risö; Viborg, Dan. Heath Soc. Lab. A comparison of various laboratory methods for determining the phosphate condition in soils. **(Ein Vergleich verschiedener Labormethoden zur Bestimmung des Phosphatzustandes in Böden.)** Acta Agric. scand. **12** (1962) Nr. 4. S. 315–324. – 4 Tab., 12 Lit.

Der P-Gehalt von 34 verschiedenen Böden wurde nach der Isotopenverdünnungsmethode **(I)** und durch Extraktion mit Lösungen von 0,2 n H_2SO_4 **(II)**, Ammoniumlactat (0,1 n)-Essigsäure (0,4 n) **(III)**, 0,5 n $NaHCO_3$**(IV)**, Na-zeolith **(V)** und 0,01 mol. $CaCl_2$ **(VI)** sowie aus den L-Werten bestimmt. Die gefundenen Werte wurden mit dem Ertrag an Weidelgras, der P-Aufnahme aus den unbehandelten Böden sowie den Ertragssteigerungen nach P-Düngung verglichen. Zwischen L-Werten einerseits und Ertrag an Tr.-Subst., P-Aufnahme aus unbehandelten Böden und Ertragssteigerung nach P-Düngung andererseits bestand eine gesicherte Beziehung. Die Korrelation zwischen nach **I** bestimmtem austauschbarem Phosphat und L-Werten war signifikant. Die Übereinstimmung zwischen L-Werten und den nach den einzelnen Extraktionsmethoden bestimmten P-Werten nahm in der Reihenfolge **IV** > **V** > **III** > **II** > **VI** ab. P. Stoß. 372.

Chang, S. C. und Juo, S. R.; Taipei, Taiwan, China, Nat. Taiwan Univ. Available phosphorus in relation to forms of phosphates in soils. **(Verfügbarer Phosphor in Beziehung zu den Phosphatformen in den Böden.)** Soil Sci. **95** (1963) Nr. 2. S. 91–96. – 3 Tab., 11 Lit.

Um die praktische Verwendbarkeit der verschiedenen Methoden zur Bestimmung der P-Verfügbarkeit einschätzen zu können, wurden 26 Bodenproben aus den typischen Ackerbaugebieten genommen, die Gehalte an Al-, Fe- und Ca-Phosphat bestimmt und schließlich die Proben hinsichtlich ihrer Phosphatformen auf 3 Gruppen verteilt: **I** mit dominierendem Fe-Phosphat, **II** mit sowohl dominierendem Fe- als auch Ca-Phosphat und **III** mit dominierendem Ca-Phosphat. Die nach den 7 gebräuchlichen Methoden (Truog [0,002 n H_2SO_4], „North-Carolina" [0,05 n HCl + 0,025 n H_2SO_4 als Extraktionsmittel], Peech [Na-Acetat-Essigsäure], Olsen [0,5 n $NaHCO_3$], Bray 1 [0,03 n NH_4F + 0,025 n HCl], Bray 2 [0,03 n NH_4F + 0,1 n HCl], Bray 4 [0,5 n NH_4F + 0,1 n HCl]) bestimmten verfügbaren P-Mengen für **I** zeigten alle eine enge Korrelation. Bei **II** korrelierten jeweils die Methoden nach Olsen, Peech und Bray 4, nach „North-Carolina" und Truog sowie nach Bray 1 und 2, bei **III** die Methoden nach Olsen und Bray 1, Bray 2 und 4 sowie North-Carolina und Truog. Die Gründe für die jeweils errechneten hohen Korrelationskoeffizienten dürften in den gruppenweise ähnlich wirkenden Lösungsbedingungen zu suchen sein. H. E. Freytag. 372.

Kaila, Armi; Helsinki, Univ., Dep. of Agric. Chem. Determination of total organic phosphorus in samples of mineral soils. **(Bestimmung des gesamten organischen Phosphors in Proben von Mineralböden.)** Maataloustieteellinen Aikakauskirja [J. sci. agric. Soc. Finland] **34** (1962) Nr. 4. S. 187–196. – 2 Tab., 15 Lit. Zus. in Finn.

Von 345 Bodenproben wurde org. P durch Extraktion nach **(I)** Mehta (vgl. Soil Sci. Soc. Amer. Proc. **18** [1954] S. 443.) und **(II)** durch aufeinanderfolgende Extraktion mit 4 n H_2SO_4 und 0,5 n NaOH bei Raumtemperatur bestimmt. Im allg. wurden gleiche Ergebnisse erhalten. – Es scheint, daß durch **I** org. P vollständiger entfernt wird, wobei jedoch die Hydrolyse der org. P-Verbindungen wahrscheinlich größer als bei **II** ist. Die Genauigkeit der bisher bekannten Methoden zur Bestimmung von org. P im Boden ist relativ gering, so daß Differenzen < 20 ppm vernachlässigt werden können. Zwischen den Differenzen der nach **II** und nach einer Verbrennungsmethode **(III)** erhaltenen Werte (**III**-Werte i. allg. > **II**-Werte) einerseits und pH-Wert, Tonmineralgehalt, Gehalt an org. C und in Oxalsäure löslichem Al und Fe andererseits konnten keine oder nur wenig gesicherte Beziehungen gefunden werden. Es wird empfohlen, als org. P-Werte die aus **II** und **III** erhaltenen Mittelwerte zu verwenden. P. Stoß. 372.

Peaslee, D. E., Anderson, C. A., Burns, G. R. und Black, C. A.; Ames, Iowa, Iowa Agric. and Home Econ. Exp. Stat., Dep. of Agronomy. Estimation of relative value of phosphate rock and superphosphate to plants on different soils. **(Untersuchung zur relativen Bewertung von Rohphosphat und Superphosphat für die Pflanzen auf verschiedenartigen Böden.)** Proc. Soil Sci. Soc. America **26** (1962) Nr. 6. S. 566–570. – 2 Abb., 1 Tab., 13 Lit.

An 19 Böden mit Hirse als Testpflanze ließen sich im Gefäßversuch die Unterschiede in der Verfügbarkeit von Rohphosphat und Superphosphat bestimmen. Hierzu wurden in 3 Versuchsserien die extrahierbaren P-Mengen aus unbehandeltem, mit Rohphosphat behandeltem und mit Superphosphat behandeltem Boden ermittelt und – unter Einbeziehung des „P-Ertrages" (in der Pflanze) – daraus die „Verfügbarkeitskoeffizienten" für die folgenden 3 Extraktionsweisen bestimmt: (1) P extrahiert mit 0,025 n HCl/0,03 n NH_4F nach einer 30täg. Inkubationsperiode, (2) P extrahiert durch Verwendung von Anionenaustauschern ohne vorherige Inkubation der Proben und (3) mit Anionenaustauschern nach 30täg. Inkubation bei 25°C (erst nach Inkubation 2 Std. mit H_2O und Cl-gesättigtem Dowex geschüttelt, den Austauscher durch Siebung wieder isoliert, mit Na_2SO_4-Lösung die PO_4-Ionen freigesetzt und dann colorimetrisch bestimmt). – Zwischen den Verfügbarkeitskoeffizienten und den für die 3 verschiedenen Extraktionweisen auf analoge Weise errechneten „Extraktionskoeffizient-Verhältnissen" ergab sich mit Methode 2 der höchste, hingegen mit Methode 1 der niedrigste Korrelationskoeffizient. Da der Boden-pH-Wert sehr entscheidend die rel. Verfügbarkeit des P im Rohphosphat gegenüber dem P im Superphosphat bestimmt, wurde auch hier eine Korrelation gefunden (r = – 0,91, zwischen pH 5 und 6,5), die enger war als im Hinblick auf eine nur indirekte Einflußnahme des pH-Wertes zunächst vermutet wurde. H. E. Freytag. 372.

Vasco da Gama, Manuel. Sobre o metodo de Volk para avaliação da capacidade de fixação de potássio dos solos. **(Über die Methode von Volk zur Bestimmung der Kalium-Festlegungskapazität von Böden.)** Agronom. lusitana **23** (1961) Nr. 2. S. 117–128. – 5 Tab., 9 Lit. Zus. in Engl.

Die von Volk (vgl. J. Amer. Soc. Agronomy **26** [1934] S. 537.) angegebene Methode wurde zur Bestimmung der K-Festlegungskapazität von 4 portugiesischen Böden herangezogen. Dabei wurde in 2 Fällen bei K-Extraktion unmittelbar nach KCl-Zugabe (K_1) weniger K als zugegeben erhalten. Es wird daher empfohlen, zuerst die Ammoniumacetat-Lösung (Extraktionsmittel) und erst nach 1 Std. die KCl-Lösung zuzugeben, wodurch die Festlegung von K während der Bestimmung von K_1 zurückgedrängt wird. P. Stoß. 372.

Stîngă, N. und Blănaru, V. Unele observaţii asupra metodelor de laborator pentru stabilirea dozelor de amendamente calcaroase. **(Einige Bemerkungen über die Laboratoriumsmethoden zur Feststellung der für die Bodenkalkung erforderlichen Kalkmengen.)** Probleme agric. [Bucureşti] **14** (1962) Nr. 6. S. 64–67. – 1 Tab., 7 Lit.

Als Versuchsböden dienten sehr saure Böden (natürliche Gebirgswiesen, Braunerden und primäre Podsole). Von den geprüften Laboratoriumsmethoden zur Bestimmung des Kalkbedarfs der Böden (Jensen, Remesow, Godlin, Woodruff, Schachtschabel) empfehlen Vff. den Laboratorien die Methode nach Woodruff für Serienarbeiten. Diese Methode ist am besten und verursacht außerdem die geringsten Kosten. C. I. Milică. 372.

Bergseth, H., Hagebø, F. A., Lien, H. und Steenberg, K.; Vollebekk Agric. Coll. of Norway. Determination of cation-exchange capacity in colloidal soil material by means of radiostrontium (Sr 89). **(Bestimmung der Kationenaustauschkapazität in kolloidem Bodenmaterial unter Verwendung von Radiostrontium [^{89}Sr].)** Soil Sci. **95** (1963) Nr. 2. S. 97–100. – 4 Abb., 1 Tab., 6 Lit.

Die Vorteile des Sr-Ions bzw. -Isotops hinsichtlich der Kationenaustauschkapazitätsbestimmung nutzend (das 2wertige Sr-Ion tauscht leichter andere Kationen, z. B. Ca^{2+}, aus; der Sr-Ionengehalt im Boden ist normalerweise sehr klein; die von ^{89}Sr emittierten ß-Partikel mit $E_{max} = 1,46$ MeV und einer passenden Halbwertszeit von 50 Tagen erlauben einen einfachen Nachweis des Ions mit Hilfe der üblichen GM-Meßanordnungen), entwickelten Vff. eine auf der Verwendung dieses Ions beruhende Methode: Das kolloide Material wird als Suspension durch Zusatz von $^{89}SrCl_2$ geflockt, die klare Lösung dekantiert, das Koagulat (nach nochmaliger $^{89}SrCl_2$-Sättigung) von überschüssigem ^{89}Sr durch Waschungen mit H_2O (bis zur Cl-Freiheit) gereinigt und schließlich die adsorbierte ^{89}Sr-Menge durch Vergleich mit einem ^{89}Sr-Standard ermittelt. — Die Werte der Sr-Radioaktivitätsmethode von 4 verschiedenartigen Bodenmaterialien (Kaolinit, 2 Tonherkünfte Norwegens und Montmorillonit) wurden mit den bei flammenphotometrischer Sr-Bestimmung erhaltenen verglichen und die Ergebnisse eines Versuches mitgeteilt, in dem der Einfluß steigenden Zusatzes von $CaCO_3$ zur gleichen Probe auf die mit der ^{89}Sr-Methode ermittelten Austauschwerte geprüft werden sollte (Rückgang der CEC-Werte infolge Mischbeladung der Bodenpartikel mit Ca^{2+} und Sr^{2+}).
H. E. Freytag. 372.

Baker, A. S.; Puyallup, Western Washington Exp. Stat. A source of error in cation-exchange capacity determinations by flame-emission procedures. **(Über eine Fehlerquelle bei den Bestimmungen der Kationenaustauschkapazität mit Hilfe von Flammen-Emissionsmethoden.)** Proc. Soil Sci. Soc. America **26** (1962) Nr. 6. S. 613–614. — 3 Tab., 4 Lit.
Bestimmungen der Kationenaustauschkapazität [Boden + $Ca(OAc)_2$-Lösung, + $CaCl_2$, dann mit 95% Äthanol Cl-frei gewaschen, adsorbiertes Ca mit Hilfe von NaOAc extrahiert und Ca schließlich in der NaOAc-Lösung mit dem Flammenphotometer bestimmt] erbrachten gegenüber EDTA-Titrationen bis 40% höhere Werte, die auf eine Erhöhung der Ca-Emission in der Flamme in Abhängigkeit vom Alkoholspiegel des NaOAc-Extraktes zurückgeführt werden konnten. H. E. Freytag. 372.

Maywald, H.; Berlin, Humboldt-Univ., Inst. für Acker- und Pflanzenbau. **Eine Schnellmethode zur Bestimmung der Kationen-Umtauschkapazität von Mineralböden.** Z. landwirtsch. Versuchs- u. Untersuchungswes. 8 (1962) Nr. 6. S. 521–523. — 5 Lit. — nach Zus.
Eine Schnellmethode zur Bestimmung des T-Wertes von Mineralböden wurde entwickelt. Die Bodenproben werden mit $^1/_{25}$ n HCl geschüttelt. Nach Titrieren des nicht adsorbierten HCl-Anteiles wird der im Boden befindliche Säurewasserstoff durch Ba-Ionen ausgetauscht und titrimetrisch erfaßt. 372.

Bakes, J. M., Gregory, G. R. E. C. und Jeffery, P. G.; Stevenage, Herts. D.S.I.R., Warren Spring Lab. The determination of niobium in pyrochlore soils. **(Die Bestimmung von Niob in „Pyrochlorit"-Böden.)** Analyt. chim. Acta [Amsterdam] **27** (1962) Nr. 6. S. 540–544. — 4 Tab., 6 Lit. Zus. in Engl., Franz.
0,25 g der fein gepulverten Probe werden mehrmals mit 10 ml HF bis auf 2 ml abgeraucht. Nach Zugabe von 25 ml H_2O wird filtriert und der Rückstand mit verd. HF (1:99) gewaschen. Die vereinigten Filtrate werden mit H_2SO_4 versetzt und bis zum Auftreten von H_2SO_4-Nebeln eingedampft. Nach Kühlen, Einbringen in 150 ml H_2O und Waschen der Pt-Schale mit verd. H_2SO_4 werden 50 ml konz. HCl und anschließend konz. NH_3 (d = 0,880) zugegeben, bis der Neutralpunkt erreicht ist. Falls Ti nicht oder nur in geringen Mengen vorhanden ist, werden 10 ml 0,1%ige TiO_2-Lösung in verd. H_2SO_4 zugegeben. Nach Zugabe von 7,5 ml konz. HCl und 2 g Hydroxylammoniumchlorid wird auf 450 ml verdünnt und aufgekocht. Danach wird mit 25 ml 10%iger wäßriger Tanninlösung versetzt, 15 Min. erhitzt, und es werden 1 g Cellulose-

pulver sowie 5 ml 5%ige Cinchoninlösung in 0,25 n HCl zugegeben. Nach 45 Min. Erhitzen wird der gebildete Niederschlag abfiltriert, mit verd. (1:50) HCl, die 2% Tannin enthält, gewaschen, verascht und mit ca. 3,5 g $K_2S_2O_7$ aufgeschlossen. Die Schmelze wird in 30 ml verd. (1:1) H_2SO_4 aufgenommen und mit H_2O_2 versetzt. Nach Einengen der Lösung bis zum Auftreten von H_2SO_4-Nebeln wird weitere 15 Min. abgeraucht, die Lösung in 20 ml sirupöse H_3PO_4 überführt und mit H_2SO_4 auf 100 ml verdünnt. An einem geeigneten Aliquot (50 ml) wird nach Zugabe von 0,1 ml 100%igem H_2O_2 Nb an Hand einer Eichkurve spektrophotometrisch bei 365 nm bestimmt.

P. Stoß. 372.

Edge, R. A., Dunn, J. D. und Ahrens, L. H.; Rondebosch, South Africa, Univ. of Cape Town, Dep. of Geochem. The determination of molybdenum in granitic and related rocks by a combined solvent extractionspectrochemical technique. **(Die Bestimmung von Molybdän in granitischen und verwandten Gesteinen durch ein kombiniertes solventextraktions-spektrochemisches Verfahren.)** Analyt. chim. Acta [Amsterdam] **27** (1962) Nr. 6. S. 551–558. – 5 Tab., 26 Lit. Zus. in Franz., Dtsch.

1 g Gestein wird in einer Pt-Schale mit 20 ml HF und 2–3 Tropfen konz. H_2SO_4 wiederholt behandelt. Nach Abrauchen von H_2SO_4 wird es in 12 ml 6 n HCl aufgenommen, der Rückstand erneut mit 10 ml HF und 1–2 Tropfen H_2SO_4 behandelt, zur Trockne eingedampft und in 10 ml 6 n HCl aufgenommen. Nach Lösung der Rückstände in 6 n HCl (evtl. nach erneuter HF/H_2SO_4-Behandlung) werden die salzsauren Lösungen mit 25 ml Tributylphosphat (TBP), gesättigt mit 6 n HCl, extrahiert. Die wäßrige Schicht wird verworfen. Fe und Mo werden aus der TBP-Schicht mit 5 × 10 ml entionisiertem H_2O extrahiert. Die wäßrigen Extrakte werden mit 20 mg Pd-C-Mischung zur Trockne eingedampft. Im Rückstand wird Mo spektrographisch (Analysenlinie Mo 3170,35) bestimmt. Die dabei erhaltenen Werte stimmen gut mit den durch ein kationaustausch-spektrochem. Verfahren erhaltenen überein. Die Methode ist zur Mo-Bestimmung silicatischer und basischer Gesteine geeignet.

P. Stoß. 372.

Kunath, Liselotte; Potsdam-Bornim, Inst. für Landtechn. der Dtsch. Akad. der Landwirtsch.-Wiss. zu Berlin. **Zur Bodendichtebestimmung mit Bodensonden.** Arch. Landtechn. **3** (1961/62) Nr. 3. S. 227–242. – 15 Abb., 5 Tab., 17 Lit. – nach Zus.

In den Jahren 1961 und 1962 wurden zur Klärung der Frage, ob mit Hilfe der Bodensonde durch die Einstichkraftmessung eine Aussage über die Größe der Verdichtung unter Fahrzeugspuren oder z. B. unter der Pflugsohle möglich sei, Laborversuche in homogenem Material und Feldmessungen auf verschiedenen Böden durchgeführt. Aus den Laborversuchen und einer großen Anzahl von Feldmessungen ergab sich folgendes: 1. Porenvolumen und Einstichkraft zeigen keine eindeutige Beziehung zueinander. 2. Die Feststellung unterschiedlicher Bodenverfestigung – bei Feldmessungen unter gleichen Bodenbedingungen und bei Laborversuchen innerhalb ein und derselben Füllung – ist mit der Bodensonde, bes. bei kleinen Unterschieden, sicherer möglich als mit Stechzylindern. – Außerdem brachten die Laborversuche folgende Ergebnisse: 1. Der Einfluß der Einstichtiefe auf den Einstichwiderstand konnte in Übereinstimmung mit Selina nachgewiesen werden. 2. Die von Bekker aufgestellte Gleichung für die Einsinktiefe von Platten gilt ebenfalls für Spitzen. 3. Mit zunehmendem Porenvolumen konnte für den Exponenten n der Gleichung von Selina eine leicht fallende Tendenz festgestellt werden. – Mit der Bodensonde nach Bohrisch können Bodenverdichtungen qualitativ festgestellt werden. Es ist jedoch damit noch nicht möglich, eine Aussage über die Größe der Verdichtung zu machen. 374.

Winter, E. J.; Wellestourne, Warwick, Nat. Vegetable Res. Stat. Low-cost weighable lysimeters. **(Billige, wägbare Lysimeter.)** Nature [London] **196** (1962) Nr. 4861. S. 1341–1342. – 1 Abb., 2 Lit.

Kleine Lysimeter ruhen in wassergefüllten Beuteln im Boden. Die Druckänderung in den Beuteln, die durch die Feuchteänderung in den Lysimetern entsteht, wird registriert. Die Ergebnisse dieser Methode und der nach Penman verlaufen parallel. Die geringen Kosten der Anlage ermöglichen umfangreichere Untersuchungen über den Wasserbedarf der Pflanzen, als es bisher der Fall war. T. v. Wilamowitz-Moellendorff. 374.

Domsch, Klaus H.; Kiel-Kitzeberg, Biol. Bundesanst. für Land- u. Forstwirtsch., Inst. für Getreide-, Ölfrucht- und Futterpflanzenkrankh. **Bodenatmung. Sammelbericht über Methoden und Ergebnisse.** Zbl. Bakteriol., Parasitenkunde, Infektionskrankh. Hyg., II. Abt. **116** (1962) Nr. 1. S. 33–78. – 382 Lit.

In dieser Literaturbesprechung über Bodenatmung werden eingangs die Methoden der O_2-Messung (Manometrie, Konsumetrie, Diffusionsmessungen) und der CO_2-Bestimmung (Titration, Gravimetrie, Gasvolumetrie, Colorimetrie, Konduktometrie, Spektrometrie, Elektrolyse) sowie die Anordnung der CO_2-Meßapparaturen in Freiland- und Laborversuchen besprochen. Im Kapitel Organismen werden die Möglichkeiten behandelt, mit deren Hilfe man die Atmungsintensität der Rein- und Anreicherungskulturen, der natürlichen Mikroflora und der Wurzeln prüfen kann. Der Faktor Boden nimmt in Verbindung mit der Nutzung, Bearbeitung, Tiefe, Reaktion und den fördernden sowie hemmenden Zusätzen breiten Raum ein. Die umfangreiche, im Abschnitt Umweltfaktoren bearbeitete Literatur charakterisiert die Bedeutung von Bodenfeuchte und -temperatur, Luftdruck und Strahlung. – Vf. begnügte sich nicht mit einer reinen Aufzählung, sondern setzte sich kritisch mit den Fragen auseinander. H. Ungar. 376.

Novák, B.; Prag-Ruzyně, Zentr. Forsch.-Inst. für Pflanzl. Produkt. **Beitrag zur Methodik des Studiums mikrobieller Umwandlung organischer Stoffe im Boden.** Albrecht-Thaer-Arch. **7** (1963) Nr. 7/8. S. 553–563. – 4 Tab., 12 Lit. – nach Zus.

In der Arbeit wird über die Anwendung einiger biochem. Teste zur Beurteilung mikrobieller Veränderungen im Boden berichtet. Bei diesen Testen, die sich in langjährigen Untersuchungen bewährt haben und deren Methodik kurz beschrieben wird, handelt es sich vor allem um die respirometrischen Untersuchungsverfahren und die Bestimmung der Umsetzungen des Nitrat- und Ammoniak-N. Unter gewissen Bedingungen hat sich auch die Bestimmung der Intensität der Cellulosezersetzung als zuverlässig erwiesen. Die biochem. Teste erlauben es, die Dynamik der durch die Mikroorganismen hervorgerufenen Veränderungen wirklichkeitsgetreu zu bestimmen. Dabei werden neben den Grundveränderungen, die in der natürlichen Bodenprobe bei konstanter Temperatur während einer bestimmten Zeit eintreten, die potentiellen Veränderungen ermittelt. Im letzteren Fall werden die Veränderungen bestimmt, die in der Bodenprobe nach Zusatz eines Substrates, das ein Maximum der Aktivität der Mikroflora hervorruft, eintreten. Die respirometrische Methode dient dazu, die rel. Verwertbarkeit des Boden-C (G:B) und des Boden-N (N:B) durch die Mikroorganismen zu ermitteln sowie die allg. Stabilität der org. Subst. im Boden (NG:G) zu bestimmen. In gewisser Weise kann mit dieser Methode auch das Zusammenwirken der phys. Bedingungen des Bodens mit den mikrobiol. Prozessen $\left(\frac{NG:G}{N:B}\right.$ oder $\left.\frac{NG:N}{G:B}\right)$ bestimmt werden. Ein Vergleich der Ammonisations-

und Nitrifikationswerte mit denen der Bodenatmung ermöglicht es, über die Beziehung zwischen der Mineralisation des C und N sowie über die Bedingungen der physiol. Verwertbarkeit des N im Boden zu urteilen. 376.

Unger, H.; Jena-Zwätzen, Inst. für Landwirtsch. Versuchs- u. Untersuchungswes. **Über einige in Feldversuchen mit Cellulosetestbeuteln erzielte Ergebnisse.** Landwirtsch. Forsch. **15** (1962) Nr. 3/4. S. 204–205. — 4 Lit.
Kurze Mitt., die Angaben über Herstellung verbesserter Gazebeutel, Variationsmöglichkeiten der Beutelgröße, Maschenweite und Menge der Prüfsubstanz enthält. Die mit diesem Aktivitätstest in den Jahren 1957–1959 erhaltenen bodenmikrobiol. Ergebnisse werden besprochen.
K. E. Lindner. 376.

Elkan, Gerald H. und Moore, W. E. C.; Raleigh, North Carolina State Coll., Dep. of Bot. and Bacteriol.; Blacksburg, Virginia Polytechn. Inst., Dep. of Animal Pathol. A rapid method for measurement of CO_2 evolution by soil microorganisms. **(Eine Schnellmethode zur Messung der CO_2-Bildung durch Bodenmikroorganismen.)** Ecology **43** (1962) Nr. 4. S. 775–776. – 1 Abb., 1 Tab., 3 Lit.
Vff. beschreiben eine Methode, mit der das von den Mikroorganismen gebildete CO_2 bestimmt werden kann. Die Methode wurde bereits für verschiedene Untersuchungen mit Bodenmikroorganismen sowie zur Messung des Stoffwechsels bei Algen mit gutem Erfolg verwendet. K. E. Lindner. 376.

Brown, Margaret E., Burlingham, Susan K. und Jackson, R. M.; Harpenden, Rothamsted Exp. Stat. Studies on Azotobacter species in soil. I. Comparison of media and techniques for counting Azotobacter in soil. **(Untersuchungen über Azotobacter-Arten in Böden. 1. Mitt. Vergleich von Nährböden und Methoden zur Bestimmung der Azotobacter-Zahl im Boden.)** Plant and Soil [The Hague] **17** (1962) Nr. 3. S. 309–319. – 1 Abb., 6 Tab., 10 Lit.
Die höchsten *Azotobacter*-Zahlen werden nach Schütteln der Bodensuspension in sterilem, mit Glasperlen versetztem aqua dest. bei nachfolgender Verwendung von Glucose-Agar erzielt. Mannit wird insofern als geeignete Energiequelle zurückgewiesen, da es stets niedrigere Werte als Glucose ergab. Für die Agarplattenmethode wird ein klares Medium ohne ausgefälltes Phosphat und $CaCO_3$ empfohlen. Die *A.*-Zahl wird durch die Phosphatkonz. beeinflußt. Die Verdünnungsröhrchenmethode liefert weniger genaue Werte als die Agarplattenmethode; das erstere Verfahren ist jedoch gebräuchlicher, wenn viele Bodenproben untersucht werden müssen. K. E. Lindner. 376.

Doeksen, J. und Couperus, Hicke. Het vaststellen van groei bij regenwormen. **(Die Feststellung des Regenwurmwachstums.)** Inst. biol. scheikund. Onderzoek Landbouwgewassen Wageningen, Meded. **1962** Nr. 195. S. 173–175. – 1 Abb.
Die Wirkung verschiedener äußerer Einflüsse auf den Regenwurm wurde im Laboratorium untersucht. Es war schwierig, einen Maßstab für die Kondition der Versuchstiere zu finden, da Regenwürmer in der Lage sind, bis zu 7 Mon. ohne Nahrung auszukommen, wenn die übrigen Bedingungen optimal sind. Das Wachstum der Regenwürmer ergab sich als Mittel zur Feststellung der Qualität des Milieus. Darminhalt und der sich schnell ändernde Feuchtigkeitsgehalt des Bodens beeinflußten das Lebendgewicht der Regenwürmer. – Die Tiere werden folgendem Verfahren zur „Reinigung" unterzogen: 3 Tage lang werden sie in täglich erneuertem, angefeuchtetem Cellulosepulver gehalten, danach 11 Tage lang in Plastikdosen mit kleinen Schaumgummischwämmen, die mit Wasser zu tränken sind. Die Regenwürmer verlieren dabei ihren gesamten Darminhalt. Die Schwämme werden täglich erneuert. Das Gewicht von jeweils 10 dieser Regenwürmer ohne Darminhalt wird im Pyknometer festgestellt. Die Tiere werden getötet und bei

110 °C getrocknet, um das Verhältnis Trockengewicht:Pyknometergewicht zu ermitteln. Diese Verhältniszahl wird zur Errechnung des Trockengewichtes der lebenden Regenwürmer benötigt. Um die Wirkung anderer Umweltverhältnisse als der obengenannten auf Regenwürmer zu untersuchen, werden weitere Versuche notwendig sein. E. M. Ardelt. 376.

Jensen, Vagn; Copenhagen, Denmark, Roy. Veterin. and Agric. Coll., Dep. of Gen. Microbiol. Studies on the microflora of Danish beech forest soils. I. The dilution plate count technique for the enumeration of bacteria and fungi in soil. **(Untersuchungen über die Mikroflora dänischer Buchenwaldböden. 1. Mitt. Die Verdünnungsplatten-Zähltechnik zur Zählung von Bakterien und Pilzen im Boden.)** Zbl. Bakteriol., Parasitenkunde, Infektionskrankh. Hyg., II. Abt. **116** (1962) Nr. 1. S. 13–32. – 6 Abb., 5 Tab., 43 Lit.

An Hand der Literatur und eigener Erfahrungen bespricht Vf. die Technik des Kochschen Gußplattenverfahrens. Seine sich vorwiegend auf Waldböden beziehenden Ausführungen beinhalten alle Stufen der Methode von der Probenahme bis zur Verrechnung der Ergebnisse. Als bes. wichtig werden herausgestellt: a) sofortiges Verarbeiten der gezogenen Bodenproben, b) Mörsern und Schütteln des Bodens, c) exakteste Herstellung der Verdünnungen, wobei nur wenige Pipetten zu verwenden sind, d) Einhalten der opt. Bebrütungstemperatur und -zeit, e) Auswertung der Platten gleicher Verdünnungsstufen. Für Bakterien und Pilze sowie verschiedene Buchenwaldböden werden mittlere Fehler angegeben. H. Unger. 376.

H. Bodenfruchtbarkeit

Obrejanu, Gr., Băjescu, I., Chiriac, A., Salzman, S. und Vintilă, I. **Hebung der Fruchtbarkeit von Podsolböden in Rumänien.** Studii Cercetări [Timişoara], Biol., Ştiinţ. agric. **9** (1962) Nr. 1/2. S. 137–173. – 7 Tab., 27 Lit. Zus. in Russ., Franz.

In der RVR nehmen die Podsolböden etwa eine Fläche von 2,5 Mill. ha ein. Die Fruchtbarkeit dieser Böden kann durch verschiedene Maßnahmen verbessert werden: Vertiefung der Ackerkrume, Kalkdüngung (die Wirkung des Kalkes ist i. allg. 3–8 Jahre nach der Verabreichung am größten), org. und mineral. Düngung (die höchsten Mehrerträge [bis 107% bei Getreide und 169% bei Zuckerrübe] wurden mit N erzielt, während einseitige P-Düngung zu keinem Erfolg führte). Die Anwendung von P erwies sich nur dann als wirtschaftlich, wenn gleichzeitig mit N gedüngt wurde.
E. Kellner. 380.

IV. BODENBEARBEITUNG

C. Spezielle Fragen der Bodenbearbeitung

Beare, J. A. Tillage for the cereal crop. Part 2. Implements for seedbed preparation. **(Bodenbearbeitung zu Getreide. 2. Mitt. Landtechnische Ausrüstung für Saatbettbereitung.)** J. Dep. Agric. South Australia **66** (1962) Nr. 4. S. 134–141. – 10 Abb.

Der Maschinen- und Gerätepark für die Bodenbearbeitung vor der Getreideaussaat ist in den südaustralischen Farmen ziemlich einheitlich und dem hohen Steingehalt des Bodens angepaßt. Für den 1. Umbruch zur längeren Brachlegung werden folgende 3 Grundtypen eingesetzt: 1. „Mouldboard"-Pflug (große Bodenfreiheit zur besseren Überwindung von Steinen und Stubben, trotz seiner 8 Schare aber unbefriedigende Flächenleistung); 2. Scheibenpflug, ein sog. Zwillingsscheibenpflug, bei dem an je einem der 14 oder 16 Scheibenhalter jeweils ein größeres und ein kleineres Scheibensech montiert ist und 3. angehängte oder aufgesattelte Federzahngrubber. Alle 3 Geräte einschl. ihrer verschiedenen Bauarten sind, wie betont wird, hervorragend geeignet, den Boden in gute Krümelstruktur zu bringen. Geräte mit maschinell angetriebenen, rotierenden Werkzeugen haben sich bisher nicht durchsetzten können, desgl. auch nicht kombinierte Kultivator-Drillgeräte, da es durch den rel. groben Boden leicht zu Verschüttungen der Samen durch die Grubberschare kommt. E. v. Wangenheim. 430.

Konupčik, J.; Brno, Katedra Zemědělské Techn. VŠZ. Působení hřebů bran na půdu pri zvýšených pracovních rychlostech. **(Wirkung der Eggenzinken auf den Boden bei erhöhten Arbeitsgeschwindigkeiten.)** Sborník Vysoké Školy zemědělské Brně, Řada A **1962** Nr. 3/4. S. 349–359. – 7 Abb., 3 Tab., 2 Lit. Zus. in Russ., Dtsch.
Im Jahre 1961 prüfte man die Arbeitsgeschwindigkeit beim Eggen von 4 bis 13 km/h auf mittelschwerem und schwerem Boden. Es wurde das Krümeln und Zerpulvern, die Schollenbildung des Bodens (Schollen von mehr als 5 cm Größe), die Auflockerung und das Einebnen der Bodenoberfläche, ferner die Rillen- sowie Eggentiefe, physikal. Bodeneigenschaften, Bodenfeuchtigkeit und -verdichtung bestimmt. Bei einer Geschwindigkeit von 8 km/h hatte das Eggen keine wesentliche Verschlechterung der Bodeneigenschaften zur Folge. Die beste Qualität des Krümelns erreicht man bei Geschwindigkeiten um 7–8 km/h, die schlechteste bei 5–6 km/h. Die Wirkung des Krümelns macht sich besonders auf schwereren Böden bemerkbar. Das Zerpulvern und die Schollenbildung sind gewöhnlich bei 7–8 km/h geringer. Auf schweren und schollenreicheren mittelschweren Böden erzielt man durch höhere Geschwindigkeit auch eine bessere Auflockerung, aber das Einebnen des Bodens ist schlechter. Bei erhöhter Geschwindigkeit des Eggens wird die Tiefe dieses Eingriffes etwas kleiner. Es empfiehlt sich daher, in solchen Fällen die Egge zu beschweren. Bei den geprüften Böden erscheint die Geschwindigkeit von 8 km/h als die beste. Die Geschwindigkeiten von 5–6 km und über 8 km/h sind weniger geeignet. V. Skládal. 455.

V. BODENMELIORATION UND BODENSCHUTZ

A. Allgemeine Literatur, Berichte, Statistiken u. a.

Güntschl, Ernst; Wien, Bundesmin. für Land- und Forstwirtsch., Wasserbausekt. **Der Wasserhaushalt Österreichs.** Wasser u. Boden **15** (1963) Nr. 1. S. 2–5. – 2 Tab. 501.

Kar, Julius; Wien, Hochschule für Bodenkult., Inst. für Wasserwirtsch. **Die Siedlungs- und Industriewasserwirtschaft in Österreich.** Wasser u. Boden **15** (1963) Nr. 1. S. 8–12. – 6 Abb. 501.

B. Bodenmelioration

Gerabek, Karl; Wien, Bundesmin. für Land- und Forstwirtsch. **Das landwirtschaftliche Meliorationswesen in Österreich.** Wasser u. Boden **15** (1963) Nr. 1. S. 12–14. – 2 Abb. 520.

Seidel, E.; Potsdam, VEB Meliorationsbau. **Wie arbeitet der VEB Meliorationsbau Potsdam?** Wiss.-techn. Fortsch. Landwirtsch. **4** (1963) Nr. 3. S. 107–109. – 3 Abb. 520.

Obrejanu, Gr., Măianu, Al. und Albescu, I. Cercetări privind ameliorarea şi cultivarea unor soluri salinizate secundar sub orezărie în lunca Dunării. **(Untersuchung über Melioration und Bebauung sekundärer Salzböden unter Reiskulturen in der Donauaue.)** Probleme agric. [Bucureşti] **14** (1962) Nr. 6. S. 8–18. – 9 Tab., 13 Lit. Zus. in Russ., Franz.
Die experimentellen Arbeiten wurden im Laufe von 5 Jahren in eingedeichtem Gelände durchgeführt. Die Reiserträge auf den Alluvialböden gingen von Jahr zu Jahr infolge der sekundären Versalzung und Versumpfung des

Bodens forstschreitend zurück. Untersuchungen setzten sich die Lösung von Fragen zum Ziel wie etwa: Feststellung der Toleranz einiger Reissorten gegen Bodenversalzung zur Erzielung normaler Erträge, Ermittlung der Meliorationsmethoden für sekundär versalzene Böden, Feststellung der geeignetesten Bewässerungsart, Ausarbeitung des Komplexes agrotechn. Maßnahmen für diese Böden. Die Anwendung dieser Maßnahmen zur Melioration der Salzböden führte zur Erzielung von Reiserträgen von 4270 bis 6200 kg/ha gegenüber 230–475 kg/ha auf den Kontrollparzellen.
C. I. Milică. 520.

Oprea, C., Ciaglic, I., Vlas, I., Colibas, I., Drăgan, I., Andrei, I. Mihoc, Emma und Opriș, L. Rezultate ale cercetărilor privind ameliorarea solurilor saline și alcalice din partea de vest a țării. **(Versuchsergebnisse zur Melioration der alkalischen und Salzböden im Westen des Landes.)** Probleme agric. [București] **14** (1962) Nr. 6. S. 19–32. – 3 Abb., 4 Tab. Zus. in Russ., Franz.

Die alkalischen und Salzböden nehmen im Westen der RVR eine Fläche von 175 000–190 000 ha ein und entstanden vor 150 Jahren gleichzeitig mit den ersten Eindeichungsarbeiten. Für diese empfehlen Vff. die Aufbringung von 20 t/ha Phosphorgips als Kalkung zusammen mit 50–60 t/ha halbvergorenem Stalldung. Auf diesem Boden ist es angezeigt, für Weizenkulturen 120 kg N/ha und für Sorghum-vulgare-Kulturen 60 kg N/ha zu verabreichen. Auf den mit Phosphor behandelten Böden brachten Superphosphat und Kalisalz keine Ertragssteigerung. Im ersten Meliorationsjahr wird im Sommer 14–16 cm tief geackert, dann wird von Jahr zu Jahr tiefer gepflügt. Das zur Kultur auf verbesserten Salzböden geeigneteste Pflanzensortiment besteht aus: Winterweizen, Roggen, Gerste, Sudangras, Sorghum, Hirse, Steinklee, Sonnenblume, Zuckerrübe, Reis, Tomate, Eierfrucht und Senf. C. I. Milică. 520.

Witzel, Gustav; Bonn. **Schutz der oberirdischen Gewässer und des Grundwassers vor den Folgen der Lagerung von Müll, Schutt und sonstigen Abfällen.** Wasserwirtschaft **53** (1963) Nr. 2. S. 35–37.

Mit zunehmender Industrialisierung und Steigerung des Lebensstandards ist die Menge der festen Abfallstoffe stark angestiegen. Sofern keine Beseitigungsanlagen hierfür bestehen, z. B. in größeren Gemeinden oder Industriewerken, werden diese irgendwo abgelagert und bilden eine Gefahr für die oberirdischen Gewässer oder das Grundwasser. Das Wasserhaushaltsgesetz (WHG) des Bundes vom 1. März 1960 und die Landeswassergesetze schützen die Gewässer vor der Beeinträchtigung ihrer Brauchbarkeit. Die hierauf Bezug nehmenden Paragraphen werden behandelt. Dem Schutze der Gewässer vor den Folgen der Lagerung und Ablagerung von Abfallstoffen dienen neben der Anzeigepflicht oder der behördlichen Erlaubnis auch die Vorschriften des WHG über die Schadenshaftung und die Straf- und Bußgeldbestimmungen. Es wird ferner die Rechtslage bei Abfallstoffen behandelt, die vor Inkrafttreten des WHG bestanden. D. Nehring. 525.

Hálek, Václav; Brno, Vědecko-Výzkumný Ústav Hydrotechn. pri VÚT. K metodice experimentálního řešení vlivu výparu z volné hladiny podzemní vody. **(Zur Methodik der experimentellen Ermittlung des Einflusses der Verdunstung vom freien Grundwasserspiegel.)** Vodohospodársky Časopis **10** (1962) Nr. 2. S. 127–141. – 9 Abb., 8 Lit. Zus. in Russ., Dtsch.

Die Verdunstungswirkung wird gewöhnlich in der Grundwasserhydraulik nicht erwogen. Es gibt jedoch Fälle, wo der Verdunstungseinfluß nicht vernachlässigbar ist. Die Arbeit befaßt sich mit der Problematik der Anwendung der elektrischen Analogiemethode, die gegenüber anderen Methoden zahlreiche Vorteile aufweist. Vf. modifizierte die Averjansche Formel zur Berechnung der Verdunstungsmenge des freien Grundwasserspiegels auf folgende Weise: $q = A/\Delta h^n$. $\Delta h \geqq 0$, wo A = Proportionalitätskoeffizient, h = Höhenunterschied zwischen dem freien Spiegel und der kritischen Grenze, n = Exponent, bei dem der Wert $n = 1 + 3$ ist. Die Grundwasserbewegung kann man auf diese Weise durch Differentialgleichungen ausdrücken und nach der elektrischen Analogiemethode verfolgen. Die Arbeit führt mehrere Methoden im Prinzip an. J. Šindelářová. 525.

Obrejanu, Gr. und Sandu, Gh. Cartarea pedoameliorativă în scopul proiectarii lucrărilor de irigații. **(Die pedomeliorative Kartierung zwecks Projektierung von Bewässerungsarbeiten.)** Probleme agric. [București] **14** (1962) Nr. 8. 30–47. – 13 Tab., 23 Lit. Zus. in Russ., Franz.
Zur Realisierung der Aufgabe hinsichtlich Einrichtung einer eingedeichten und entwässerten Fläche von 1 000 000 ha und mindestens 800 000 ha bewässerter Fläche in der RVR stellten Vff. die wichtigsten Aspekte der peomeliorativen Klassifikation der Böden zwecks Ausarbeitung von Bewässerungsprojekten dar. Bes. hervorgehoben werden die Arbeiten zur Feststellung des Kartierungsmaßstabes in Abhängigkeit von der Projektierungsstufe, dann die Geomorphologie und Hydrologie des Geländes, Muttergestein, Grad und Charakter des Bodensalzgehaltes, Gehalt an Karbonatböden und Skelettböden, sowie die granulometrische Zusammensetzung. Vff. analysieren die kritische Tiefe und Mineralisierung des Grundwassers, den Versalzungsprozeß, Solonetzbildung und Versumpfung der Böden. Besondere Aufmerksamkeit wird dem Geländestudium zwecks ackerbaulicher Charakterisierung der Böden und Pflanzengemeinschaften gewidmet.
C. I. Milică. 525.

Anonym. **Zur Einführung der internationalen Dezimalklassifikation (DK) in Wasser und Boden.** Wasser u. Boden **15** (1963) Nr. 1. S. 1–2. 525.

Witzel, G.; Bonn. **Nichtigkeit des Gesetzes zur Reinhaltung der Bundeswasserstraßen.** Wasser u. Boden **15** (1963) Nr. 1. S. 25–28. 525.

Grabmayr, P.; Wien, Bundesmin. für Land- und Forstwirtsch. Oberste Wasserrechtsbehörde. **Das österreichische Wasserrecht.** Wasser u. Boden **15** (1963) Nr. 1. S. 5–8. – 3 Lit. 525.

Kresser, W.; Wien, TH, Inst. für Hydraulik und Gewässerkunde. **Lehre und Forschung auf dem Gebiete der Wasserwirtschaft in Österreich.** Wasser u. Boden **15** (1963) Nr. 1. S. 22–24. – 2 Abb. 525.

Morphologische, hydrologische und vegetationskundliche Untersuchungen im Gebiet der Unstrut. Halle/S., Inst. Landesforsch. u. Naturschutz Dtsch. Akad. Landwirtsch.-Wiss. Berlin Plan-Nr.: 170 128 h-2-02/0. 20 S. Teil-Abschlußber. (18/3. 1963). – 1 Karte, 2 Tab.
Eine systematische Kartierung der Stauteiche im Thüringer Wald und im Thüringer Schiefergebirge westlich der Loquitz und Steinach ließ eine Gliederung der zahlreichen, aber auf die einzelnen Flußgebiete sehr unterschiedlich verteilten Arten aller Stauhaltungen zu nach: a) Fischteiche, b) Holzflößteiche, c) Bergbauteiche, d) Triebwerksteiche für Mühlen, Pochwerke, Schmelzen u. dgl. und e) Eisteiche. Lage, Entstehungszeit und Funktion der einzelnen Arten der Stauhaltungen als typische Repräsentanten der historischen Wasserbewirtschaftung im Mittelgebirge werden beschrieben. Ein Großteil der alten Stauteiche ist heute nicht bespannt. Es liegt im gesamt-volkswirtschaftlichen Interesse, die Kleinstspeicher wieder herzurichten. Dazu werden Vorschläge unterbreitet, mit deren Realisierung für die Belange der Wasserwirtschaft, Landeskultur, Forstwirtschaft und Landschaftspflege an verschiedenen Stellen bereits begonnen wurde. 525.

Path, Bodo. **Meliorations- und Bewirtschaftungsmaßnahmen auf grundwasserbeeinflußten Wiesen und Weiden.** Dipl.-Arb. Humboldt-Univ. Berlin, Inst. für Meliorationswes. **1962** (eing. 26/2. 1963) 54 S.

Vf. behandelt die Wirkung der Meliorationen (Vorflutbeschaffung, Binnenentwässerung durch offene Gräben und Dräne, Bewässerung, regelmäßige Unterhaltung) und der Folgemaßnahmen (Umbruch, Einrichtung einer Mähweide) auf das Grünland der Stadtgemeinde Friedland NL. 525.

Elemente der vollmechanischen Dränung. Greifswald-Eldena, Inst. Angew. Bodenkunde und Bodenmelioration Plan-Nr.: 2153 13/2-17/0. 4 S. Abschlußber. (19/4. 1963).

Die Arbeiten über die Elemente der vollm. Dränung wurden erfolgreich abgeschlossen, indem das Verfahren der vollm. Dränung inzwischen in die Produktion gegangen und außerdem das Verfahren auch in der praktischen Anwendung erprobt worden ist. Dabei sind neuerdings nicht nur die Saugstränge, sondern auch die Sammler mit den Rohranschlüssen vollmechanisch hergestellt worden, indem Gruppensammler mit Aufbringung von Filtermaterial an den Einmündungsstellen der Saugstränge angewandt worden sind. Auf diese Weise ist erstmalig die tatsächlich ganz vollmechanisch hergestellte Dränung verwirklicht worden. 530.

Pohl, E.; Bad Schmiedeberg, Kreis Wittenberg, Meliorationsgenossenschaft „Pretzscher Bach". **Die Meliorationsgenossenschaft „Pretzscher Bach" entwässert im Bereich der oberen Elbe und Mulde.** Wiss.-techn. Fortschr. Landwirtsch. **4** (1963) Nr. 3. S. 109–110. 530.

Kidder, E. H. und Stegman, E. C. Equipment and instrumentation to measure the water requirements of plants. **(Anlage und Ausrüstung zur Messung der Wasserbedürfnisse von Pflanzen.)** Michgan State Univ., agric. Exp. Stat., quart. Bull. **45** (1962) Nr. 2. S. 260–265. – 4 Abb.

Es wird ein Versuchsprojekt beschrieben, mit dem die Wasserbedürfnisse verschiedener Getreidearten unter den klimatischen Bedingungen von Michigan bestimmt werden sollen. Es soll die Wirkung verschiedener minimaler Feuchtigkeitsbedingungen, beeinflußt durch das Klima außer Niederschlägen, auf Ertrag, Qualität und Wurzelanlage bestimmt werden. Techn. Einzelheiten, insbes. über Dränage, automatisierte Parzellenüberdeckung, Präzisionsbewässerungsanlage, Meßeinrichtung für die Witterungsdaten sowie Sonnenstrahlung, Bodentemperatur und -feuchtigkeit sind dem Original zu entnehmen. Untersuchungsergebnisse werden nicht mitgeteilt.
M. Becker. 535.

Degan, Ariosto. Sulla scelta del metodo di irrigazione. **(Die Wahl der Bewässerungsmethode.)** Irrigazione [Bologna] **9** (1962) Nr. 6. S. 4–21. – 11 Abb., 2 Tab., 6 Lit.

Nach Darstellung des Vf. sind bei der Wahl der Bewässerungsmethode bindende Faktoren, die z. B. eine bestimmte Methode in einem speziellen Fall ausschließen, und nichtbindende Faktoren zu unterscheiden. So sind bei der Beregnung 3 Faktoren bindend: heftige und beständige Winde, eine Salzhaltigkeit des Wassers über 0,5‰ und ein starker Salzgehalt des Bodens bes. an der Oberfläche. Bei den anderen aräometrischen Systemen werden 4 bindende Elemente angeführt: salzhaltiges oberflächennahes Grundwasser, Boden mit dünner Oberkrume, hügelige Bodenoberfläche mit Steigungen über 3–4% und kaltes Wasser unter 8–10 Grad. Vf. zeigt, wie die oft antagonistischen Bedingungen am zweckmäßigsten in Einklang zu bringen sind.
E. v. Wangenheim. 535.

Tanda, Giovanni. Apporto della aerofotografia e della aerofotogrammatria nella progettazione degli impianti di irrigazione a pioggia. **(Anwendung**

der Luftphotographie und der Luftphotogrammetrie bei der Planung von Beregnungsanlagen.) Irrigazione [Bologna] **9** (1962) Nr. 6. S. 32–35. – 1 Tab.
Die Luftphotographie gestattet die Identifizierung vieler Einzelheiten wie Wege, Gräben, Teilung der einzelnen Grundstücke und sogar deren Kulturweise. Sie zeigt deutlich die günstigste Lage der einzelnen Wasseranschlüsse. Bei der Projektierung größerer Bewässerungsanlagen, die einige 1000 ha umfassen, kann die Luftphotographie daher eine bedeutende Hilfe und wirtschaftliche Maßnahme sein. In hügeligem Gelände ist ebenso die Luftphotogrammetrie mit gutem Erfolg einzusetzen, denn sie gibt vollständige und gleichmäßige planimetrische Angaben von unbedingter Genauigkeit. Auch beim Vorliegen guter Karten im Maßstab 1:25 000 können Luftphotographie und Luftphotogrammetrie eine gute Ergänzung sein.
E. v. Wangenheim. 535.

Leuthier, Herbert. **Das Jauche -und Abwasserproblem im landwirtschaftlichen Großbetrieb.** Wasserwirtsch.-Wassertechn. **13** (1963) Nr. 1. S. 14–18. – 6 Abb., 1 Tab., 4 Lit.
Es werden erste Ergebnisse eines Forschungsauftrages „Abwasser in landwirtschaftl. Großbetrieben" mitgeteilt. Zu klären war, in welchen Mengen Jauche und Abwasser bei der modernen Rinder- und Schweinehaltung anfallen. Es wurden rd. 200 Großbetriebe untersucht. Die Menge der anfallenden Abwässer hängt im wesentlichen von Fütterung, Tränkart, Einstreu, Witterung und Mechanisierungsgrad der Reinigung ab. Die Untersuchungsergebnisse werden nach dem Anfallort gegliedert. In einer Tab. sind außerdem die aus einer Reihe von Proben gewonnenen Analysenwerte der versch. Abwässer angegeben. Sie geben Auskunft über die Beschaffenheit der Abwässer, ihre organ. und mineral. Verschmutzung, ihren Nährstoffgehalt usw. Es wird zum Ausdruck gebracht, daß die Auslauf- als auch die Melkhausabwässer nicht so harmlos sind, wie vielfach angenommen wird. Abschließend wird kurz auf die Verwertung der Abwässer hingewiesen.
D. Voigt. 535.

Michael, Hans-Ulrich. **Die Wirkung der Grundwasserabsenkung in der Niederlausitz auf den Wasserhaushalt und die Ertragsbildung landwirtschaftlich genutzter Flächen sowie Maßnahmen zur Behebung bzw. Abschwächung vorhandener Grundwasserentzugsschäden.** Diss. Humboldt-Univ. Berlin, Inst. für Meliorationswes. **1959** (eing. 16/2. 1963) 71 S. – 1 Anlage.
Die Ertragsbildung der im Grundwasserentzugsgebiet liegenden Sandböden ist stark witterungsbedingt. Ertragseinbußen von 30–50% bei Futterpflanzen und Getreide wurden festgestellt. Bei Beregnung steht das entsprechend aufbereitete Grubenwasser dem Klarwasser nicht nach. 535.

Teipel, Rudolf, Klatt, Fritz und Hartig, Hans. **Gutachten über die Verregnung der Grubenabwässer der Niederlausitz.** Gutachten Humboldt-Univ. Berlin, Inst. für Meliorationswes. **1961** (eing. 26/2. 1963) 37 S. – 24 Kt.
Es wird festgestellt, daß Mischwasser der Schwarzen Elster ohne Aufbereitung verregnet werden kann. Entlang der Schwarzen Elster bis zur Einmündung in die Elbe stehen 6 200 000 m^3, aus dem Speicherbecken Knappenrode 2 000 000 m^3 Wasser für die Beregnung von 6120 ha zur Verfügung. Insgesamt werden an 33 Orten Beregnungsflächen nachgewiesen. Zur Beregnung werden Gemüse, Hackfrüchte, Klee-Gras und Getreide vorgeschlagen. Bei einem geschätzten Nettomehrertrag von 2 869 000 DM wird eine Wirtschaftlichkeit von 29% errechnet. 535.

Edwards, Gail P., Pfafflin James R., Schwartz, Leonard H. und Lauren, Paul M. Determination of nitrates in wastewater effluents and water. **(N-Gehaltsbestimmungen in Abwasser und Wasser.)** J. Water Pollut. Control Federat. **34** (1962) Nr. 11. S. 1112–1116. – 1 Abb. 535.

Vogel, Monika. **Untersuchungen im Abwasserverwertungsgebiet Jüterbog.** Dipl.-Arb. Humboldt-Univ. Berlin, Inst. für Meliorationswes. **1961** (eing. 26./2. 1963) 83 S.

Vf. gibt eine Beschreibung der 1951 erbauten Abwasserlandbehandlungsanlage der Stadt Jüterbog. Die Anlage ist reichlich mit Beregnungsmaterial versorgt. Als Abschreibungssatz scheinen 5% pro Jahr auszureichen. Im Winter erfolgt Abwassereinleitung in alte Kiesgruben (2,2 ha). Die Erschließungsfläche umfaßt (1961) 121 ha AL, 89 ha Weide, 50 ha Wiesen. Das Beregnungspersonal besteht aus 8 Personen (Maschinisten, Regenwärter.) Ein Beregnungsplan basiert auf 4500 m³ Abwasseranfall/Tag. In Trockenzeiten reicht das Abwasser nicht. 535.

Fröhlich, H.; Großbeeren, Inst. für Gartenbau der Dtsch. Akad. der Landwirtsch.-Wiss. zu Berlin. **Ergebnisse mehrjähriger Klarwasserberegnungsversuche in Großbeeren.** Z. Landeskult. **3** (1962) Nr. 3. S. 267–276. – nach Zus.

Der Feldgemüsebau ist das lohnendste Einsatzgebiet der Klarwasserberegnung. Um die Ertragsmöglichkeiten voll auszunutzen, ist es bei der Bewässerung erforderlich, grundsätzlich die vorhandene Bodenfeuchtigkeit in die Beurteilung der Notwendigkeit der Zusatzbewässerung einzubeziehen. Dabei kommt es jedoch nicht auf das Aussehen der Bodenoberfläche an, sondern auf die Bodenfeuchtigkeit in etwa 10–20 cm Tiefe. Es erscheint dringend notwendig, einfache Methoden zur hinreichend genauen Festellung der Bodenfeuchtigkeit für den praktischen Einsatz zu entwickeln. Bei Gemüsearten, deren Früchte genutzt werden, erscheint eine zeitweilige Absenkung der Bodenfeuchtigkeit vor der Blüte bzw. Fruchtbildung zweckmäßig, während bei den übrigen Gemüsearten eine ständig gleichmäßig hohe Bodenfeuchtigkeit zur Erzielung von Höchsterträgen notwendig ist. 535.

Steinbrenner, K. und Eich, D.; Müncheberg/Mark, Inst. für Acker- und Pflanzenbau der Dtsch. Akad. der Landwirtsch.-Wiss. zu Berlin. **Ergebnisse mehrjähriger Klarwasserberegnungsversuche in Müncheberg.** Z. Landeskult. **3** (1962) Nr. 3. S. 277-293. – nach Zus.

Mehrjährige Klarwasserberegnungsversuche führten im Durchschnitt der Jahre bei allen geprüften 8 landwirtsch. Kulturen zu deutlichen Mehrerträgen, die bei den einzelnen Feldfrüchten zwischen 90, – DM und 800, – DM Gewinn je ha schwanken. Werden die Erfassungspreise angesetzt, so ergibt sich folgende Reihe mit abnehmendem geldlichen Erfolg der Beregnung: Futterrübe, Frühkartoffel, Spätkartoffel, Raps, Sommergerste, Winterweizen, Kleegras, Sommerweizen. Die höchste Ertragssteigerung (43%) wurde im 5-jährigen Durchschnitt bei Kleegras erzielt. Zur Sicherung der Futtergrundlage der leichten Böden im Bezirk Frankfurt/Oder sollte die Feldberegnung auf 15% der LN ausgedehnt werden. 535.

Scheele, H.; Paulinenaue, Inst. für Grünland und Moorforsch. der Dtsch. Akad. der Landwirtsch.-Wiss. zu Berlin. **Ergebnisse mehrjähriger Abwässerbewässerungsversuche auf der Versuchsstation Düben.** Z. Landeskult. **3** (1962) Nr. 3. S. 241–253. – nach Zus.

In den Jahren 1951–58 wurde der Einfluß der landwirtsch. Abwasserverwertung auf Boden und Pflanze geprüft. Die Mehrerträge durch diese Maßnahmen betrugen unter Berücksichtigung der Witterungsverhältnisse bei Getreide bis zu 50%, bei Z.-Rüben etwa 70% Rüben und rd. 100% Blatt, bei F.-Rüben über 200%. Frühkartoffeln brachten Erträge bis 400 dt/ha. Ein gesicherter Feldfutterbau und Anbau von Sommerzwischenfrüchten sowie eine ganzjährige Nutzung der Dauergrünlandflächen war nur mit Hilfe der Bewässerung möglich, wobei Leistungen bis 135 dt/ha Tr.-Subst. erzielt wurden. Im Verlauf dieser mehrjährigen Versuche konnten die günstigen Bewässerungszeiten für die wichtigsten landwirtsch. Kulturarten ermittelt werden.

Die Anzahl der Wassergaben und die jeweilige Einzelmenge wurden nach dem Witterungsablauf, der Bodenfeuchte und dem Stand des Pflanzenaufwuchses bemessen. Als wertbestimmender Vergleichsfaktor der Bewässerungswirkung wurde der Getreidewert (GE) errechnet. Hierbei konnten je mm zusätzlicher Bewässerung bei Z.- und F.-Rüben ca. 0,50 dt GE, bei Halmfrüchten im Mittel 0,20 dt GE und im Futterbau insbes. Dauergrünland 0,16 dt GE je ha erzielt werden. Die Spätkartoffeln erbrachten auch hier nur 0,12 dt GE mit 1 mm Bewässerung. 535.

Spence, C. C. Irrigation in Canada — its impact on agriculture. **(Bewässerung in Kanada — ihr Einfluß auf die Landwirtschaft.)** Agric. Inst. Rev. **16** (1961) Nr. 3. S. 26–28. 30. — 2 Abb.

Nur ca. 750000 acres der insgesamt 100 Mill. acres umfassenden meliorierten Fläche werden regelmäßig bewässert, wobei unter „regelmäßig" meistens nur 1 × im Jahr zu verstehen ist. Die Hauptflächen unter Bewässerung liegen im südlichen Teil der 3 Westprovinzen Saskatchewan, Alberta und Britisch-Kolumbien. Der Beginn größerer Bewässerungen geht auf den Anfang dieses Jahrhunderst zurück, wo der Schwerpunkt noch auf der Steigerung der Futtererzeugung für die Rinderbestände lag. Ferner konzentrierte sich die Anwendung von Bewässerungen auf Obst- und Gemüseplantagen für die Konservenindustrie sowie auf Zuckerrüben, die z. B. in Alberta bis zu 40% ihrer Anbaufläche bewässert werden. Folgende Faktoren haben sich auf Grund der spezifischen Erfahrungen mit der Bewässerung in Kanada als wichtig erwiesen: Wasserversorgung, Technik, Bodeneigenschaften u. a. physikal. Besonderheiten des Ackers, Wirksamkeit der Wasseranwendung, Klima, Marktverhältnisse und menschliche Reaktion. W. Fleischmann. 535.

Casanova, J. Arrighi de; Avignon. Irrigation par aspersion et cultures tropicales. **(Beregnung tropischer Kulturen.)** Irrigazione [Bologna] **9** (1962) Nr. 6. S. 22–25.

Bei der Bewässerung tropischer Kulturen ist zumeist maßgebend, daß es sich um primitive Ackerbaumethoden handelt, daß nur dürftige Landesprodukte angebaut werden, die im wesentlichsten der direkten Ernährung der Bevölkerung dienen, und daß die Energiebeschaffung teuer und schwierig ist. Aus diesen Gründen ist die Beregnung verhältnismäßig wenig anzutreffen. Vf. gibt zu bedenken, daß etwa 75% der tropischen Zonen einer zusätzlichen Bewässerung bedürfen und gerade die fruchtbaren Kulturen Kaffee, Tee, Bananen, Zuckerrohr für eine solche sehr dankbar sind. Hier hat die Beregnung — bes. in hügeligem Gelände — eine große Chance. Es werden geringere zusätzliche Wassermengen benötigt als bei anderen Methoden und demgemäß halten sich auch die Energiekosten in tragbaren Grenzen.

E. v. Wangenheim. 535.

Scholz, Ulrich. **Über die Zusammenhänge zwischen Grundwasserstand, Pflanzenertrag und Nährstoffgehalt des Heues auf Niedermoorwiesen.** Dipl.-Arb. Humboldt-Univ. Berlin, Inst. für Meliorationswes. **1960** (eing. 26/2. 1963) 60 S.

Eine Analyse der ertragsbildenden Faktoren: Bodenstruktur (CO_2 als am stärksten wachstumshemmender Faktor, Wasserregelung vorrangig), Pflanzenbestand und Witterung zeigt Beziehungen zwischen Grundwasserstand und Heuertrag und -qualität. Gleichbleibend hohe Erträge sind nur bei aktiver Wasserregelung möglich. Bei tieferen Grundwasserständen ist eine bessere Heuqualität zu erzielen. 540.

Wasserregulierung durch Stauen und Einstauen auf Niedermoor. Paulinenaue, Inst. Grünland- u. Moorforsch. Dtsch. Akad. Landwirtsch.-Wiss. Berlin Plan-Nr.: 17 01 35 h-3-25/0. Abschlußber. (22/4. 1963).

Es wird über die Entwicklung des Paulinenauer Klappenstaues aus Stahlbetonfertigteilen berichtet. Im einzelnen wird auf die unterschiedliche Meinung der Fachexperten der Wasserwirtschaft, insbesondere auf deren Einwände eingegangen. Die gelungene Klappendichtung im Betonkasten wird herausgestellt. Die unternommenen Schritte zur Überführung des Klappenstaues in die Praxis werden dargelegt. Die ersten Ergebnisse über die Reichweite des Fremdwassereinstaues auf dem Staustandort Paulinenaue werden mitgeteilt. 540.

Rauchenberger, Peter. **Die Melioration des Rauener Luches.** Dipl.-Arb. Humboldt-Univ. Berlin, Inst. für Meliorationswes. **1962** (eing. 9/3. 1963) 39 S. — 11 Anlagen.
Die Arbeit berichtet über die Melioration des Rauener Luchs: Projektierung der Entwässerung des 22,72 ha großen Flachmoors (ermittelt durch 32 Handbohrungen, 11 Schürfgruben) mittels Neubaus eines 2977 m langen Vorfluters, Planierung und kombinierter Maulwurfdränung, Umbruch und Neuansaat. Der Kostenaufwand wird mit 102000, — DM ausgewiesen. 540.

Waydbrink, v. d.; Paulinenaue, Inst. für Grünland- und Moorforsch. der Dtsch. Akad. der Landwirtsch.-Wiss. zu Berlin. **Flachgründige, sanduntergelagerte Niedermoorstandorte mit Hilfe der Pflugsanddeckkultur verbessern.** Wiss.-techn. Fortschr. Landwirtsch. **4** (1963) Nr. 3. S. 119-121. — 2 Abb., 3 Lit. 540.

Scholz, A.; Paulinenaue, Inst. für Grünland- und Moorforsch. der Dtsch. Akad. der Landwirtsch.-Wiss. zu Berlin. **Wasseranstau und -einstau auf sandunterlagerten flachgründigen Niedermoor- und Anmoorstandorten.** Wiss.-techn. Fortschr. Landwirtsch. **4** (1963) Nr. 3. S. 118–119. 540.

Voráček, Vladimír; Praha, Výzkumný Ústav Melioraci. Asanace a rekultivace území devastovaných průmyslem se zřetelem na lesnictví. **(Sanierung und Rekultivierung eines durch die Industrie devastierten Gebietes mit Rücksicht auf die Forstwirtschaft.)** Studijní Inform., Lesnictví **1962** Nr. 2. S. 1-31. — 37 Lit.
In der ČSSR wird dem Sanierungsproblem der durch die industrielle Tätigkeit entstandenen landschaftl. Schäden seitens der Regierungs-, Planungs- und Forschungsorgane große Aufmerksamkeit gewidmet; die eigentliche ausführende Tätigkeit ist jedoch noch nicht voll entwickelt. Die ČSSR gehört zu den ersten Staaten, in denen dieses Problem nicht nur als passives Beseitigen der entstandenen Schäden, sondern vor allem als ein Problem der Prävention und dann der eigentlichen Durchführung der Sanierungsmaßnahmen angesehen wird. Diese gestaltende Tätigkeit betrifft sämtliche Natur- und wirtschaftlichen Bedingungen und Faktoren des Geländes. Es wird der Begriff des kultivierten Industriegeländes bestimmt, die in der Tschechoslowakei durch die Industrie entstandenen Schäden werden geschätzt, die Rekultivierung der devastierten Gebiete im allg. werden behandelt. J. Šindelářová. 545.

C. Bodenabtrag und Bodenschutz

Weber, Albert; Wien, Bundesmin. für Land- und Forstwirtsch., Wildbach- und Lawinenverbauung. **Das forstliche System der Wildbach- und Lawinenverbauung in Österreich.** Wasser u. Boden **15** (1963) Nr. 1. S. 14-17. — 5 Abb. 570.

Biozönotische Untersuchungen über die Bedeutung der Restgehölze, Hecken und Feldraine für die landwirtschaftliche Flurplanung. Halle/S., Inst. Landesforsch. u. Naturschutz Dtsch. Akad. Landwirtsch.-Wiss. Berlin. Plan-Nr.: 170 128 h-2-01/0. 1025. Teil-Abschlußber. (18/3. 1963). — 2 Abb., 24 Tab.

Aufgabe des Forschungsauftrages ist es, die Bedeutung der in Hecken und Restgehölzen vorhandenen Biozönosen für die Landwirtsch. im Hinblick auf die Flurneuordnung zu untersuchen. Im vorliegenden Bericht werden geographische Lage, Geologie, Hydrologie, Klima und Vegetation der 6 Untersuchungsgebiete, der Lösungsweg und die methodische Durchführung der Arbeit dargestellt. Unter den bisher bearbeiteten Tiergruppen (Laufkäfer, Geradflügler, Zikaden), deren Ökologie und Biologie an Hand der Untersuchungsergebnisse eingehend erörtert werden, gibt es sowohl nützliche Arten (Carabiden), als auch einige wenig bedeutungsvolle Schädlinge (Dermaptera, Zikaden), die in bestimmten Beziehungen zu Feldhecken und Restgehölzen stehen. Im allgemeinen ist aber die Hecken- bzw. Restwaldfauna streng auf diese Biotope beschränkt und strahlt nicht in die angrenzenden Fluren aus. 580.

Müller, Heinz. **Über den Einfluß von Windschutzanlagen auf den Wasserhaushalt und die Erosion des Bodens.** Dipl.-Arb. Humboldt-Univ. Berlin, Inst. für Meliorationswes. **1961** (eing. 26/2. 1963) 64 S. – 1 Anhang.
Die Arbeit behandelt den Einfluß von Hecken auf den Wind, die Niederschlagsverhältnisse, die Bodenerosion durch Wind und den Ertrag. Eine Beschreibung der 18 km langen Windschutzhecken des VEG Selbelang, Bez. Potsdam, sowie Temperatur- und Bodenfeuchtemessungen im Juli 1961 sind angefügt. 585.

Kryszan, Cz. und *Dluzewski, J.* **Inwestycje wodno-melioracyjne. Zarys ekonomiki.** (Wassermeliorationsinvestitionen. Abriß der Ökonomik.) Warszawa: Panstw. wyd. rolnicze i leśne. 1962. (285 S.) 8°. (1963 A 152)
Rachmanov, Viktor Vasil'evič. **Vodoochrannaja rol' lesov.** (Die wasserschützende Rolle der Wälder.) Moskva: Goslesbumizdat. 1962. (234 S.) 8°. (1963 A 296)
Melioracija počv Kura-Araksinskoj nizmennosti. (Melioration der Böden in der Kura-Arax-Niederung.) Hrsg.: Akad. nauk SSSR, Počvennyj inst. im. V. V. Dokučaeva. Moskva: Izd. Akad. nauk SSSR. 1962. (243 S.) 4°. (1963 B 30)

VI. PFLANZENERNÄHRUNG UND DÜNGUNG

B. Pflanzenernährung

Aufnahme, Wanderung und Speicherung von Radioisotopen bei Forstgewächsen. Graupa, Abt. Forstl. Pflanzenphysiol. Inst. Forstwiss. Dtsch. Akad. Landwirtsch.-Wiss. Berlin Plan-Nr.: 170 122/01i-62-13/0. Abschlußber. (27/3. 1963).
Fichten und Kiefern eignen sich wegen ihrer extrem hohen Spritzverträglichkeit gut für die NPKMg-Blattdüngung. Mit ^{32}P wurden das rasche Eindringen, die Abwanderung und Verteilung des Düngers untersucht. Die Versuche mit ^{14}C, ^{32}P, ^{35}S und ^{85}Kr über Transportvorgänge im Pappelphloem betrafen die Tagesrhythmik, die herbstliche Rückwanderung und ihre Auslösung, die exakte Messung der Transportgeschwindigkeit und korrelativen Abhängigkeiten der Wanderrichtung, Wandergeschwindigkeit, Stoffverteilung und Assimilatabgabe durch das Blatt. 625.

Yoshida, Daisuke; Natano, Japan, Monopoly Corporation, Tabacco Exp. Stat. Effect of nutrient deficiencies on the activities of glutamic acid decarboxylase in tobacco plant. **(Einfluß von Nährstoffmangel auf die Aktivität von Glutaminsäure-Decarboxylase in Tabakpflanzen.)** Soil Sci. Plant Nutrit. [Tokyo] 8 (1962) Nr. 5. S. 29–31. – 2 Tab., 11 Lit. Orig.: engl.
Der Einfluß von N-, P-, S-, K-, Ca- und Mg-Mangel auf die Aktivität von Glutaminsäure-Decarboxylase und den Gehalt an γ-Aminobuttersäure in Tabakpflanzen wurde in Gefäßversuchen mit Nährlösungen untersucht. Bei N-, P- und S-Mangel wurden geringere Aktivitäten erhalten, was teilweise auf Beeinflussung der Enzymsynthese durch diese Elemente beruhen kann. Bei Mangel an Kationen (K, Ca, Mg) nahm die Aktivität zu, woraus zu schließen ist, daß K, Ca und Mg nicht für den Prozeß der Decarboxylierung

notwendig sind. Der Gehalt an γ-Aminobuttersäure stieg in Pflanzen mit P-, S-, K- und Mg-Mangel. Es bestand keine klare Beziehung zwischen Enzymaktivität und γ-Aminobuttersäure-Gehalt. Dagegen wiesen Pflanzen mit höheren Enzymaktivitäten das größere γ-Aminobuttersäure/Glutaminsäure-Verhältnis auf. P. Stoß. 625.

Brouwer, R.; Wageningen, Inst. for Biol. and Chem. Res. on Field Crops and Herbage. Nutritive influences on the distribution of dry matter in the plant. **(Einflüsse der Ernährung auf die Verteilung der Trockensubstanz in der Pflanze.)** Netherl. J. agric. Sci. **10** (1962) Nr. 5. S. 399-408. – 8 Abb., 1 Tab., 15 Lit.

Dem Beitrag liegt ein Vortrag zu Grunde. – Das Wurzelwachstum hängt von der Kohlenhydratlieferung durch die Blätter ab. Es wird von den gleichen Faktoren begünstigt, die das Blatt- und Sproßwachstum fördern. Umgekehrt hängen Blatt- und Sproßwachstum von den durch die Wurzeln gelieferten Mineral- und Wassermengen ab. Diese Wechselwirkung zwischen Sproß- und Wurzelsystem findet ihren Ausdruck in dem konstanten Sproß-Wurzel-Verhältnis für bestimmte Außenbedingungen. Werden die Außenbedingungen geändert, so wird auch das Verhältnis ein anderes. Ohne daß sich die Außenbedingungen ändern, verschiebt sich das Verhältnis, wenn ober- oder unterirdische Pflanzenteile beschnitten werden. In diesen Fällen erfolgt eine rasche Wiederherstellung des normalen Verhältnisses. W. Hiller. 625.

Sapatyj, S. E. (Sapaty, S. Je.) Vlijanie uslovij pitanija na aktivnost' okislitel'nych fermentov v ozimoj pšenice Ukrainka (Predvarit. soobščenie). **(Der Einfluß der Ernährungsbedingungen auf die Aktivität oxydierender Fermente bei Winterweizen 'Ukrainka'. Vorl. Mitt.)** Sb. naučn. tr. Umanskij s.-ch. in-t **1960** Nr. 12. S. 79–86. – Aus: Referativnyj žurnal. Biologija, Moskva **1961** Nr. 15. G 454. S. 49.

Die Ergebnisse zweier Versuche, durchgeführt in Vegetationsgefäßen mit verschiedenen mineral. und org. Düngern sowie verschiedenen Bodenarten, werden beschrieben. Die Aktivität der Oxydationsfermente war verschieden in den unter- und oberirdischen Teilen der Pflanzen. In den Blättern war die Peroxydase-Aktivität in allen Gefäßen etwa 2mal höher als in den Wurzeln. Mineral. Volldüngung erhöhte die Peroxydase-Aktivität in den Blättern bedeutend. Bei Zufuhr von Mikronährstoffen (Zn und Mn) wurde eine sehr hohe Katalase-Aktivität beobachtet. In den Varianten mit hoher Peroxydase-Aktivität in den Blättern zeichneten sich die Pflanzen durch stärkeres Wachstum und bessere Entwicklung aus und gaben viel höhere Erträge. Die Beziehung zwischen Katalase-Aktivität und Ertrag war undeutlich. Die Aktivität der Fermente wurde durch die Bodeneigenschaften beeinflußt. In den Gefäßen mit degradierter Schwarzerde (Dauergrünland) waren Ertrag und Peroxydase-Aktivität erhöht, die Katalase-Aktivität bedeutend gesenkt, bes. in den Blättern. übersetzt v. W. Stenz. 625.

Černavskaja, N. M. (Tschernawskaja, N. M.); Moskau, Pflanzenphysiol. Timirjasew-Inst. der Akad. der Wiss. der UdSSR. Fotosintez v uslovijach raznogo azotnogo pitanija i intensivnosti sveta. **(Photosynthese unter den Bedingungen verschiedener N-Ernährung und verschiedener Lichtintensität.)** Fiziologija rastenij, Moskva **10** (1963) Nr. 1. S. 3–10. – 6 Tab., 36 Lit. Zus. in Engl.

Zur Aufklärung der Bedingungen der Mineralstoffernährung und der Belichtung, die zu einem schnellen Übergang von Keimpflanzen zur autotrophen Ernährung führen, wurden Bohnen-, Gurken- und Kürbissamen (z. T. in 2 Größengruppen) zum Keimen gebracht und in Wasserkultur mit verschiedenem N-Gehalt (½; 1; 2) der Nährlösung und verschiedener Belichtung (2500, 5500 und 11000 lx sowie Tageslicht) herangezogen. – Der Übergang der untersuchten Pflanzen zur autotrophen Ernährung ist abhängig vom Charakter der Reservestoffe, der N-Ernährung und der Belichtung. Zur Gewährleistung normalen Wachstums und normaler Entwicklung müssen Lichtbedingungen und N-Ernährung harmonisch zusammenwirken. Einer stärkeren N-Versorgung muß stärkere Belichtung beigeordnet werden und umgekehrt. Das Verhältnis dieser Bedingungen ist verschieden für die einzelnen Pflanzengruppen, die sich durch verschiedene Zusammensetzung der Sameninhaltsstoffe, den Charakter der Lichtreaktion und die Ansprüche an die N-Versorgung unterscheiden. In den frühen Entwicklungsphasen ergab sich eine positive Korrelation zwischen dem Tr.-Subst.-Zuwachs und der Photosyntheseintensität. J. Birke. 625.

Harley, J. L. und Beevers, Harry; Lafayette, Ind., Purdue Univ., Dep. of Biol. Sci. Acetate utilization by maize roots. **(Acetatverwertung durch Maiswurzeln.)** Plant Physiol. **38** (1963) Nr. 1. S. 117–123. – 8 Abb., 2 Tab., 8 Lit.

Die 1 cm langen Apikalteile junger Wurzeln von Mais ('Wf 9 × 38-11') wurden mit 1-^{14}C-Acetat bzw. 2-^{14}C-Acetat versetzt (2,5 μMol Acetat auf 10 ml 0,025 mol. K-Phosphatlösung), in aufeinanderfolgenden kurzen Zeitabständen bis zu 2½ Std. mit kochendem 80%igem Äthanol abgetötet und analysiert. Während der Untersuchungsperiode wurde die $^{14}CO_2$-Entwicklung in kurzen Zeitabständen gemessen. – Nach 30 Sek. waren bereits 98% des alkohollösl. ^{14}C in org. Säuren (außer Acetat) lokalisiert. Dieser %-Satz sank in den folgenden 30 Min. bis auf die Hälfte ab, dafür konnten in zunehmendem Maße ^{14}C-haltige Aminosäuren nachgewiesen werden. ^{14}C-haltige Zucker wurden dagegen nicht gefunden. Auf der Basis gleicher Aktivitäten war die $^{14}CO_2$-Ausscheidung bei den 1-^{14}C-Acetat-Wurzeln wesentlich höher als bei den 2-^{14}C-Acetat-Wurzeln. H. Kretschmer. 625.

Kulikova, L. I. (Kulikowa, L. I.) Obmen veščestv u pšenicy v svjazi s primeneniem granulirovannogo superfosfata i azotobakterina. **(Stoffwechsel bei Weizen im Zusammenhang mit dem Einsatz von granuliertem Superphosphat und Azotobacterin.)** Tr. Omskogo s.-ch. in-ta **43** (1961) S. 23–32. – Aus: Referativnyj žurnal. Biologija, Moskva **1962** Nr. 2. G 53. S. 7.

In Vegetations- und Feldversuchen wurde der Einfluß von granuliertem Superphosphat und Azotobakterin (bei getrennter und gemeinsamer Einbringung) auf den Gehalt an P-Formen, Zuckern, N sowie auf die Atmungsenergie der Weizenblätter in verschiedenen Wachstumsphasen untersucht. übersetzt v. E. Fröhmcke. 625.

Greenway, H. und Rogers, A.; Adelaide, Australia, Univ., Dep. of Bot.; Kojonup, C.S.I.R.O., Div. of Plant Ind. Growth and ion uptake of *Agropyron elongatum* on saline substrates, as compared with a salt-tolerant variety of *Hordeum vulgare*. **(Wachstum und Ionenaufnahme von Agropyrum elongatum auf salzhaltigen Substraten im Vergleich mit einer salztoleranten Sorte von Hordeum vulgare.)** Plant and Soil [The Hague] **18** (1963) Nr. 1. S. 21–30. – 3 Abb., 1 Tab., 12 Lit.

Wachstum (Tr.-Subst.-Gew.) und Ionenaufnahme (K, Na, Cl) von *Agropyrum elongatum* wurden auf einem Salzalkaliboden von Westaustralien sowie in Gefäßansätzen bei verschiedenen NaCl-Konz. im Vergleich mit einer salztoleranten *Hordeum-vulgare*-Sorte ermittelt. *A.* zeigte bei hohen Salzgehalten noch ein bemerkenswert gutes Wachstum und eine etwas höhere Widerstandsfähigkeit als *H.*, insbes. während der frühen Wuchsstadien; die Cl- und Na-Gehalte der Sprosse waren ebenfalls beträchtlich geringer. H. E. Freytag. 625.

Pate, J. S.; Belfast, Northern Ireland, Queens Univ., Dep. of Bot. Root-exudation studies on the exchange of C^{14}-labelled organic substances between the roots and shoot of the nodulated legume. **(Untersuchungen der Wurzelexsudationen über den Austausch von ^{14}C-markierten organischen Substanzen zwischen Wurzeln und Schößling der mit Wurzelknöllchen behafteten Leguminose.)** Plant and Soil [The Hague] **17** (1962) Nr. 3. S. 333–356. – 7 Abb., 2 Tab., 28 Lit.

Die Wurzelexsudation wurde durch Abschneiden einzelner Pflanzen alle 1 oder 2 Std. in Höhe von 1 cm über der Bodenoberfläche hervorgerufen. Nach Vol.-Bestimmung der Exsudate wurden die Proben eingefroren und bei – 15 °C bis zur weiteren Untersuchung (Bestimmung von K; Ca; N, Papierchromatographie der Aminoverbindungen) aufbewahrt. Die Vol.-Bestimmung der Exsudate ergab einen 24 Std.-Rhythmus, wobei die Ausscheidung von K, Ca und Aminoverbindungen in der Zeit von 10-12 Uhr ein Maximum und um Mitternacht ein Minimum erreichte. Bei Pflanzen, die unter gleichbleibenden Licht- und Temperaturbedingungen aufgezogen wurden, fehlte dieser Rhythmus. Als Hauptkomponenten wurden im Exsudat Asparaginsäure, Asparagin, Glutamin und Homoserin identifiziert, daneben auch Glutaminsäure, Valin und Leucin/Isoleucin. In Versuchen mit $^{14}CO_2$ wurden im Exsudat nach 1-1 ½ Std. Photosynthese in 20–100 μc $^{14}CO_2$/Pflanze bei Asparagin, Asparaginsäure und Glutaminsäure innerhalb weniger Stunden hohe spez. Aktivitäten gefunden. Es wird betont, daß die Abwesenheit nachweisbarer Mengen von markierter Glutaminsäure nicht als Beweis gegen die Rolle von Glutaminsäure bei der N-Fixierung anzusehen ist. P. Stoß. 630.

Bange, G. G. J. und Gemerden, H. van; Leiden, Holland Foundation for Res. of Plant Nutrit. The initial phase of ion uptake by plant roots. **(Über die Anfangsphase der Ionenaufnahme durch die Pflanzenwurzeln.)** Plant and Soil [The Hague] **18** (1963) Nr. 1. S. 85–98. – 7 Abb., 10 Lit.

Entgegen der Annahme, daß die in Abhängigkeit von der Zeit gehende Ionenaufnahme u der Gleichung $u = k_3 \cdot a_1 [MR] \cdot t + a_1 [MR] + a_2 [MX] + a_3 [M]$ ([MR] = Ion-Träger-Komplex, [M] = Ion, [R] = Träger, [MX] = nichtspez. Bindung des Ions an Nichtträgersubstanzen) folge und bei Auftragung von u über t aus dem Ordinatenabschnitt ($= a_1 [MR] + a_2 [MX] + a_3 [M]$) der so erscheinenden Geraden mit der Steigung $k_3 \cdot a_1 [MR]$ die Menge initial aktiv gebundener Ionen bzw. die Zahl der entspr. Adsorptionsplätze sich erkennen und errechnen lassen müsse, finden Vff. unter Verwendung von Cs als Testion (CsCl) mit jungen *Hordeum-vulgare*-Wurzeln (nach 60, später 30 Min. Kontaktzeit mit je 5 Min. Abstand Wurzeln entnommen, verascht und daraus Cs flammenphotometrisch bei $\gamma = 852$ nm bestimmt) nach Suche des „Fließgleichgewichtes" (Cs-Absorptionsrate [mval/h/kg] gegen Cs-Konzentration: [mval/ltr] → const. bei > 0,1 mval Cs/ltr), daß – in Gegenwart von 2 mval/l Ca in der Lösung (um irgendwelche nicht spez. Cs-Adsorption [MX] zu eliminieren) – kein signifikant nachweisbarer Ordinatenabschnitt bei Auftragung von u gegen t erscheint. Daß eine nichtspez. Cs-Adsorption existiert und ein Ca-Zusatz nötig ist, ging aus dem lediglich bei 0,1 mval Cs/l erscheinenden positiven Ordinatenabschnitt hervor (rasche, sofort anlaufende Initialaufnahme läßt auf andererseits zur Trägerbildung [MR] nötige Zeit schließen), während bei 0,01 Cs, 0,01 Cs + 2 Ca bzw. auch 0,1 Cs + 2 Ca die $u = f(t)$-Kurven im Koordinatenursprungspunkt begannen.
H. E. Freytag. 630.

Cunningham, R. K.; Harpenden, Herts., Rothamsted Exp. Stat. Cation-anion relationships in Italian ryegrass (Lolium multiflorum). **(Kationenaustauschverhältnisse im Welschen Weidelgras [Lolium multiflorum].)** Nature [London] **196** (1962) Nr. 4860. S. 1230–1231. – 1 Abb., 7 Lit.

Mehr als 100 Grasproben, die über 5 Vegetationsperioden (1957–61) auf 20 verschiedenen Böden Englands gewachsen waren, wurden auf Kationen- und Anionengehalte analysiert. (Erstere variierten zwischen 80–205 mval, letztere zwischen 130–551 mval/100 g Tr.-Subst. einschl. des Si bzw. zwischen 104 bis 496 ohne Si. Die bestehende Abhängigkeit zwischen den Gesamt-Kationen- und -Anionengehalten wird durch Si gestört (z. B. $r = 0{,}77$ mit und $r = 0{,}94$ ohne Si), weshalb man, um derartige Studien nicht unnötigerweise zu komplizieren, auf seine Einbeziehung verzichten sollte. Das Verhältnis zwischen Gesamt-Kationen- und -Anionengehalt war in allen Fällen < 1, jedoch keine Konstante und variierte (Si ausgeschlossen) insbes. in Abhängigkeit von N-Versorgung und N-Form (NO_3^- oder NH_4^+) zwischen 0,33 und 0,93.

H. E. Freytag. 630.

MacDonald, Ian R. und Laties, George G.; Los Angeles, Univ. of California, Dep. of Plant Biochem. Kinetic studies of anion absorption by potato slices at 0 C. **(Kinetische Untersuchungen der Anionenabsorption durch Kartoffelscheiben bei 0 °C.)** Plant Physiol. **38** (1963) Nr. 1. S. 38–44. – 9 Abb., 13 Lit.

Scheiben (1 mm dick, 9 mm Dmr.) von 'Russet Burbank'-Kartoffelknollen wurden nach gründlicher Auswaschung mit Cl (0,04 mol. $K^{36}Cl$-Lösung), Br (0,04 mol. $K^{82}Br$-Lösung) und P (0,04 mol. $KH_2{}^{32}PO_4$-Lösung) versetzt und in Erlenmeyerkolben bei 0 °C geschüttelt. Danach wurde zur Entfernung des nichtabsorbierten Anionenanteils erneut gewaschen und schließlich radiometrisch analysiert. – Alle Anionen wurden im Verlauf der 1. Std. bes. stark absorbiert. Im Anschluß an diese Phase stellte sich eine etwas schwächere, aber gleichmäßige Absorption (steady-state-uptake) ein, die sich graph. durch eine ansteigende Gerade veranschaulichen läßt. Trotz dieses im wesentlichen gleichartigen Absorptionsverlaufes stimmten die zeitlichen Übergänge von der starken zur steady-state-Phase (absorption shoulder) bei den einzelnen Anionen doch nicht vollständig überein, so daß spez. Absorptionsmechanismen vorhanden sein müssen.

H. Kretschmer. 630.

Berko, N. F.; Moskau, Pflanzenphysiol. Timirjasew-Inst. der Akad. der Wiss. der UdSSR. Rol' različnych tipov kornej kukuruzy v pitanii rastenij i ich fiziologičeskie osobennosti v uslovijach orošenija. **(Die Rolle der verschiedenen Wurzeltypen von Mais bei der Ernährung der Pflanze und ihre physiologischen Besonderheiten bei Bewässerung.)** Fiziologija rastenij, Moskva **10** (1963) Nr. 1. S. 23–30. – 5 Abb., 17 Lit. Zus. in Engl.

Die Perioden der aktiven Tätigkeit und die Lebensdauer der verschiedenen Wurzeltypen des Maises sind sortenspezifisch und abhängig von den Umweltbedingungen. Optimale Wasserversorgung führt zur Bildung eines mächtigen Wurzelsystems mit großer Adsorptionsoberfläche der ersten 3 Wurzeltypen und mit langer aktiver Lebenszeit. Die Hauptrolle in der Nährstoff- und Wasserversorgung spielen zu Beginn der Entwicklung die Keim- und Primärwurzeln. Vom Beginn der Entwicklung der Sproßwurzeln an verläuft die Versorgung hauptsächlich über diese und die Stützwurzeln, sobald letztere den Boden erreichen. Ungenügende Wasserversorgung führt zur Senkung des Zuwachses an Tr.-Subst. und zum Absterben des Wurzelsystems, bes. in der reproduktiven Periode. Dies kann zu starken Ertragssenkungen führen. Starke Lufttrockenheit mit ungenügender Wasserversorgung erhöht die Atmungsintensität der Wurzeln. Dies ist bei den Keimwurzeln mit deren Welke gekoppelt und bei den Sproßwurzeln mit großen Energieverlusten. Unter weniger extremen Witterungsbedingungen (keine Lufttrockenheit) läßt schlechte Wasserversorgung die Atmungsintensität der Wurzeln absinken. Bewässerung fördert die Wachstumsprozesse und bewirkt Erhöhung der Atmungsenergie, wodurch die produktive Leistung der Pflanzen gewährleistet ist.

J. Birke. 630.

Boguslawski, E. von und Schneider, B.; Gießen, Justus-Liebig-Univ., Inst. für Pflanzenbau u. Pflanzenzücht. **Die dritte Annäherung des Ertrags-**

gesetzes. 2. Mitt. Z. Acker- u. Pflanzenbau **116** (1962) Nr. 2. S. 113–128. – 11 Abb., 7 Lit. 1. Mitt. vgl. LZ. Abt. II 8 (1963) Nr. 3. S. 668.
Diese Ausführungen beschäftigen sich mit der Erörterung der mathematischen Eigenschaften der 3. Annäherung der Ertragsgesetze an die Wirklichkeit, wobei zunächst die mehr oder weniger stark ausgeprägte S-Form der neuen Ertragsfunktion und die Bedeutung der Parameter M und m als biol. definierte Größen diskutiert werden. Aus der Differentiation der zugrunde liegenden Ertragsfunktion leiten Vff. eine neue Wirkungsfunktion ab, die in 2 Funktionen zerlegt werden kann. Zum Zwecke einer besseren Anpassung der empirisch ermittelten Ertragskurven an die Werte der Ertragsfunktion und der Wirkungsfunktion wird es bei speziellen Versuchsanlagen bzw. Fruchtarten oder Nährstoffen gelegentlich erforderlich sein, als weiteren Parameter die Potenz n einzuführen. Diese Potenz kann dann eine beliebige Zahl > 1 sein; sie ist innerhalb einer Versuchsreihe konstant zu halten. Bei Gegenüberstellung mit den Formeln der 1. und 2. Annäherung von E. A. Mitscherlich können Vff. nachweisen, daß die 3. Annäherung des Ertragsgesetzes keineswegs den Mitscherlich-Funktionen widerspricht, sondern diese erweitert und ergänzt.
W. Prager. 635.

Atmung und Wasserhaushalt. Leipzig. Adolf-Zade-Inst. Acker- u. Pflanzenbau Karl-Marx-Univ. Plan-Nr.: 2154 18 2-27/0. 59 S. Abschlußber. (24/4. 1963).
Zwischen der Intensität der Anwelktranspiration und der Intensität der Wurzelatmung (gemessen am O_2-Verbrauch) wurde eine positive Korrelation festgestellt, wobei „optimal" mit N versorgte Individuen an bzw. nach „Schönwettertagen" bei geringerem O_2-Verbrauch niedriger transpirierten als „mangelhaft" mit N versorgte. Bei trübem, kühlem Wetter bestand reziprokes Verhalten hinsichtlich Wurzelatmung und Transpiration. Zwischen der Blattatmung und der Anwelktranspiration konnte dieses reziproke Verhalten nicht nachgewiesen werden. Zur Blütezeit wiesen „optimal" mit N versorgte Pflanzen niedrigste osmotische Werte bei größter Frischmasse auf. Sie lieferten höchste Kornerträge. Nach dem jetzigen Stand der Erkenntnisse lassen sich demnach „optimale" Nährstoffverhältnisse in der Pflanze durch Bestimmung der Anwelktranspiration testen. An bzw. nach „Schönwettertagen" bei N-Mangel übermäßig gesteigerter O_2-Verbrauch der Wurzeln führte zu Ertragseinbußen. 640.

Grinenko, V. V. (Grinenko, W. W.); Inst. für Ackerbau der Akad. der Wiss. der Tadshik.SSR. Izmenenie vodnogo režima kak prisposobitel'naja reakcija rastenij. **(Veränderungen des Wasserhaushalts als Anpassungsreaktion der Pflanzen.)** V sb.: Vodn. režim rast. v zasušlivych r-nach SSSR, Moskva **1961** S. 210–222. – Aus: Referativnyj žurnal. Biologija, Moskva **1962** Nr. 4. G 88. S. 13.
Es werden Beispiele dafür angegeben, daß ein korrelativer Zusammenhang zwischen der Dürreresistenz von Pflanzen und der Menge des gebundenen Wassers besteht. Bei den Ephemeren der Halbwüsten Tadshikistans (*Gagea graminifolia*, *Ranunculus pinnatrisectus*) ist der Gehalt an gebundenem Wasser nicht höher als 40%, bei den ariden Formen (*Festuca sulcata*, *Artemisia dracunculus*, *Onobrychis echidna*) erreicht er 60–100%; dabei steigt er vom Frühjahr bis zur Mitte des Sommers und verändert sich im Laufe des Tages mit einem Maximum in den wärmsten Stunden. Eine Herabsetzung der Transpiration bei den wenig widerstandsfähigen Formen (*Poa bulbosa*) von 81,9 auf 1,9 g je m^2/h ließ die oberirdische Pflanzenmasse von 84,5 auf 4,6 g je m^2 absinken. Geringe wasserhaltende Kraft hat auch die Baumwollstaude, die in der Periode zwischen den Bewässerungen und sogar sofort nach der Bewässerung durch die Abkühlung des Wurzelsystems an Wassermangel leidet. Die Weinrebe (die Sorten vom Typ Rkaziteli) vermag adäquat den Trockenheitsbedingungen oder dem langsamen Gefrieren die Wasserbindung

zu verstärken und ist daher für den Anbau in unbewässerten Gebirgs- und Vorgebirgsgegenden Tadshikistans geeignet.

übersetzt v. G. Boetticher. 640.

Robelin, M.; Clermont-Ferrand, Puy-de-Dôme, Centre de Rech. Agronomiques du Massif Centr., Stat. d'Agronomie. Évaporation réelle de différents couverts végétaux bien alimentés en eau et évapotranspiration potentielle. Détermination expérimentale. **(Reale Evaporation verschiedener mit Wasser gut versorgter Pflanzendecken und potentielle Evapotranspiration. Experimentelle Bestimmung.)** Ann. agronom. **13** (1962) Nr. 6. S. 493–522. – 12 Abb., 12 Tab., 9 Lit. Zus. in Russ., Engl., Dtsch.

An einem Versuch von 6 Jahren Dauer wird die Gültigkeit des Konzeptes der potentiellen Evapotranspiration **(I)** verschiedener Pflanzendecken geprüft: Wiesenpflanzen, Mais, Wintergetreide, unbedeckter Boden, Zuckerrüben, Sommergetreide und Senf. Die Futterpflanzen zeigen immer hohe **I**, doch können die übrigen Pflanzen während ihrer Maximalentwicklung vorübergehend ebenfalls hohe Werte erreichen. Die „Aktivität' der Pflanzendecken erfährt eine starke Reduzierung z. Z. der Schnitte, die 1–2 Dekaden andauert. Die potentielle **I** als klimatische Größe, die die max. **I** bestimmt, ist experimentell zu verifizieren. Die Werte für die potentielle **I** werden miteinander verglichen nach Formeln von Penman, Bouchet (beste Übereinstimmung mit experimentellen Werten), Turc, Thornthwaite, Makkink, Blaney-Criddle und Hargreaves. Die **I** repräsentiert in Gebieten mit guter Wasserversorgung eine klimatische und praktisch „exakte" Beziehung. Die reale **I** einjähriger Kulturen stimmt mit der potentiellen nur während einer begrenzten Dauer überein. Es ist notwendig, die Faktoren zu studieren, die die max. reale **I** begrenzen, um für jeden konkreten Fall eine gute Annäherung zu erreichen.

W. Schulze. 640.

Puškarev, V. F. (Puschkarjow, W. F.) Summarnoe isparenie i transpiracija kukuruzy. **(Gesamtverdunstung und Transpiration des Maises.)** Tr. Gos. gidrolog. in-ta **1961** Nr. 91. S. 132–144. – Aus: Referativnyj žurnal. Biologija, Moskva **1962** Nr. 6. G 235. S. 28.

Die Versuche wurden von 1955–60 in den Versuchsstationen des Staatl. Hydrolog. Inst. durchgeführt. Im Bezirk Waldai u. a. landwirtsch. Bezirken des euroäpischen Teils der UdSSR werden alljährlich hohe Erträge an Grünmais erzielt (Durchschnittsertrag an Grünmasse 550 dt/ha). Die max., die stündliche und die tägliche durchschnittliche Verdunstung in den einzelnen Entwicklungsphasen wurden gemessen. Die gesamte Verdunstungsmenge der Maisbestände betrug in den Jahren 1955–60 unter den Verhältnissen des Waldai 220-280 mm pro Vegetationsperiode; die Transpiration betrug im Durchschnitt 38% der gesamten Verdunstungsmenge.

übersetzt v. E. Fröhmcke. 640.

Enyi, B. A. C.; Nsukka, Univ. of Nigeria, Coll. of Agric. Water and nitrogen uptake in upland and swamp rice. **(Wasser- und Stickstoffaufnahme von Berg- und Sumpfreis.)** Ann. Bot. [London] [N.S.] **26** (1962) Nr. 104. S. 583 bis 589. – 3 Tab., 12 Lit.

Verwendet wurden die Bergreissorte 'Kindinga' und die Sumpfreissorte 'Dima'. Die N-Versorgung (NH_4NO_3) betrug 23,6; 70,8 und 118 kg/ha. Die Wasserkapazität des Bodens war zu 75% gesättigt. Es ergab sich, daß entgegen der Erwartung bei allen N-Gaben der Wasserbedarf der Sorte 'Kindinga' signifikant höher als der der Sorte 'Dima' war, und zwar wahrscheinlich bedingt durch die größere Blattfläche. Die Wirkung der Wasserüberflutung auf Sumpfreis muß daher eine indirekte sein. Die Berechnung der N-Aufnahme pro ml absorbierten Wassers zeigte, daß bei 'Dima' höhere Werte vorlagen als bei 'Kindinga'. Das bedeutet, daß bei stehendem

Wasser die Verfügbarkeit der Nährstoffe für die Pflanze größer ist als unter rel. trockenen Bedingungen. 'Dima' stellt offensichtlich höhere Ansprüche an den Boden als 'Kindinga'. I. Frommhold. 645.

Burghardt, Helmut; Dülmen/Westf., Ruhr-Stickstoff AG, Landwirtsch. Forsch. Hanninghof. **Über die Bedeutung des Chlors für die Pflanzenernährung unter besonderer Berücksichtigung des Chlorid/Sulfat-Problems.** Angew. Bot. **36** (1962) Nr. 5. S. 203–257. – 18 Tab., 202 Lit.

In einer Literaturübersicht werden die Bedeutung des Cl in der Pflanzenernährung und die zwischen Cl und SO_4 bestehenden Wechselbeziehungen diskutiert. Cl-Überschuß und S-Mangel können unter europäischen Boden- und Klimaverhältnissen von praktischer Bedeutung sein. Die Cl-Aufnahme durch die Pflanze erfolgt sehr schnell, sie kann proportional dem Angebot sein. Die Cl-Speicherung kann durch NO_3-Gaben und Erniedrigung des pH-Wertes eingeschränkt werden. SO_4^{--} wird nur in geringem Umfang durch die Pflanze aufgenommen. Cl^- hindert, SO_4^{--} fördert die Aufnahme anderer Ionen. Hohe Cl-Gaben und Cl-Überschuß führen zu Chlorose, Wachstumshemmungen und Absterbeerscheinungen. Bei S-Mangel zeigen sich ähnliche Symptome wie bei N-Mangel. Durch die physiol. Wirkung des Cl wird die Anionenaufnahme der Pflanzen verstärkt, der Pigmentgehalt vermindert und die Aktivität hydrolysierender Enzyme beeinträchtigt. Dadurch werden Kohlenhydrathaushalt und Eiweißsynthese gestört. Durch Lichtmangel wird der Cl-Einfluß verstärkt. SO_4 wirkt entgegengesetzt und fördert physiol. Prozesse. Ertrag und Qualität von Getreide werden durch Cl- oder SO_4-haltige Düngemittel nicht beeinflußt. Bei Rüben bringen Cl-haltige und bei Kartoffeln SO_4-haltige Düngemittel bessere Leistungen. Bei Obst und Gemüse werden Ertrag und Gehalt an Wasser, Eiweiß und anderen wertbestimmenden Inhaltsstoffen durch SO_4 vorteilhafter beeinflußt als durch Cl. Die unterschiedliche Wirkung der Cl- und SO_4-haltigen Düngemittel bei verschiedenen Pflanzenarten ist genetisch bedingt und hängt von unterschiedlichen physiol. Reaktionen bei der Nährstoffaufnahme und den Umweltverhältnissen ab. Für spezielle Kulturen (Gemüsearten, Obst und Zierpflanzen) sollten unbedingt Cl-freie Düngemittel Verwendung finden. O. Knabe. 645.

Monteith, J. L.; Harpenden, Herts., Rothamsted Exp. Stat. Measurement and interpretation of carbon dioxide fluxes in the field. **(Messung und Interpretation des Kohlendioxydflusses im Freiland.)** Netherl. J. agric. Sci. **10** (1962) Nr. 5. S. 334–346. – 8 Abb., 2 Tab., 17 Lit.

Vf. bespricht eingangs die Theorie der Übertragung von CO_2 und die Fließgeschwindigkeit. Im Anschluß daran werden die Methoden zur Messung des CO_2-Flusses in der Atmosphäre und im Boden besprochen, danach CO_2-Profile (0,2–1,6 m über der Bodenoberfläche, Gras und Bohnen) aufgeführt und interpretiert. Bei *Vicia-vulgaris*-Beständen ist die min. Konz. 90 cm über der Bodenoberfläche zu finden, d. h. in Höhe der oberen Blattschicht. Die unteren Blattlagen liegen in höheren CO_2-Konz., die von der CO_2-Ausscheidung des Bodens herrühren. Die CO_2-Gehalte dicht über dem Boden sind um 10–15 ppm höher als die min. Konzentrationen. Der CO_2-Fluß (mg cm^{-2} h^{-1}) ist proportional der eingefallenen Strahlung. Für Bohnen werden als Beispiele der Berechnung des CO_2-Flusses 2 Tagesbilanzen gegeben. W. Hiller. 652.

Stemmet, M. C., Bruyn, J. A. de und Zeeman, P. B.; Stellenbosch, South Africa, Univ. The uptake of carbon dioxide by plant roots. **(Die Aufnahme von Kohlendioxyd durch Pflanzenwurzeln.)** Plant and Soil [The Hague] **17** (1962) Nr. 3. S. 357–364. – 4 Abb., 3 Lit.

Die $^{14}CO_2$-Aufnahme durch die Wurzeln intakter Tomatenpflanzen aus $Na_2{}^{14}CO_3$-Lösungen (1 μc/ml) wurde untersucht, und zwar bei Tageslicht im Labor, Tageslicht + elektrischem Licht und völliger Dunkelheit. Die Bestimmung des ^{14}C-Gehalts der Wurzeln und Blätter sowie des durch Blätter abgegebenen ^{14}C ergab, daß der ^{14}C-Gehalt der Wurzeln i. allg. etwas höher lag als der der Schößlinge. Bei Lichtintensitäten unterhalb des Kompensationspunktes und bei Dunkelheit nahm der ^{14}C-Gehalt der Schößlinge, rel. zu den Wurzeln gesehen, ab. Gleichzeitig damit war die Abgabe von $^{14}CO_2$ während der Respiration verbunden. Dies deutet darauf hin, daß unter diesen Bedingungen das absorbierte ^{14}C schnell transportiert und als CO_2 abgegeben wird. Oberhalb des Kompensationspunktes wurde kein $^{14}CO_2$ abgegeben. Die CO_2-Aufnahme war bei Pflanzen, die unmittelbar in die Na_2CO_3-Lösung umgesetzt wurden, größer als bei den vor Umsetzen 12 Std. in CO_2-freiem H_2O gehaltenen. P. Stoß. 652.

Skok, John, Chorney, William und Broecker, Wallace S.; Argonne. Ill., Nat. Lab., Div. of Biol. and Med. Res.; Palisades, N. Y., Columbia Univ., Lamont Geol. Observatory. Uptake of CO_2 by roots of Xanthium plants. **(CO_2-Aufnahme durch die Wurzeln von Xanthium-Pflanzen.)** Bot. Gaz. **124** (1962) Nr. 2. S. 118–120. – 1 Tab., 9 Lit.

Vff. untersuchten die u. a. von Kursanov u. M. (vgl. Doklady Akademii nauk SSSR, Moskva **85** [1952] S. 313-316.) nachgewiesene Aufnahme und Fixierung von CO_2 durch die Wurzel hinsichtlich ihrer Größe und ihrer Bedeutung als ergänzende Quelle für die C-Versorgung der Pflanze unter Anwendung von $^{14}CO_2$ in Wuchskammertesten und fanden, daß nur unbedeutende C-Mengen aus dem CO_2 über die Wurzel nachgeliefert werden können. Die pro Min. aufgenommenen CO_2-Mengen waren bei 7–8 Wochen alten Pflanzen von *Xanthium pennsylvanicum* Wallr. etwa hundertmal geringer als die gleichzeitig über die Wurzelatmung verlorengehenden CO_2-Mengen. Auch die neuerdings nach Kernexplosionstesten in einigen Fällen genannten Befunde betreffs der ^{14}C-Verteilung in den Blättern von Bäumen (geringeres $^{14}C/^{12}C$-Verhältnis in den Blättern als in der umgebenden Luft und deshalb Schluß auf stärkere CO_2-Aufnahme aus der noch weniger verseuchten Bodenluft über den Wurzeln) sprechen kaum für eine Beteiligung der Wurzel an der C-Versorgung der Pflanze, wenn man die Möglichkeit einer Veratmung von C-Vorräten einkalkuliert. H. E. Freytag. 652.

Mokronosov, A. T. und Michajlova, T. L. (Mokronossow, A. T. und Michailowa, T. L.); Uralsk, RSFSR, Gorki-Univ. Temnovaja fiksacija CO_2 list'jami kartofelja. **(CO_2-Aufnahme in der Dunkelheit durch die Blätter der Kartoffel.)** Doklady Akademii nauk SSSR, Moskva **147(30)** (1962) Nr. 5. S. 1226–1229. – 3 Abb., 1 Tab., 16 Lit.

Abgeschnittene Kartoffelblätter wurden in einer Kammer $^{14}CO_2$ (300 μc/100 ml) bei völliger Dunkelheit ausgesetzt. Unter diesen Verhältnissen betrug die CO_2-Aufnahme ca. 2–12% der photosynthetischen CO_2-Assimilation in der Mittagszeit. Die höchsten Anteile wurden bei jungen Pflanzen beobachtet. Mit zunehmendem Alter verringerte sich die CO_2-Dunkelfixierung (**I**). Die Einwirkungszeit des $^{14}CO_2$ betrug 20 Sek. bis 20 Min., und die dabei entstandenen Verbindungen wurden analysiert. Eine geringe Menge ^{14}C wurde in Eiweißen wiedergefunden (3–5%). 15% wurden nach 20 Min. Behandlung in Ketosäuren, der Hauptanteil jedoch in Oxalacetaten und in geringerer Menge in Ketoglutarat und in Brenztraubensäure gefunden. Danach ist offenbar die Carboxylierung des Pyruvats bzw. des Phosphoenol-pyruvats der Hauptweg des CO_2-Einbaues bei **I**. Weiterhin wurde ^{14}C in 2 nichtidentifizierten Verbindungen gefunden. Bei längerer Versuchsdauer enthielten auch Saccharose, Stärke, Phosphohexosen, Phosphoglycerinsäure und Alanin gewisse Mengen ^{14}C. Die Vielfalt der bei **I** gebildeten Verbindungen war bei längerer Versuchsdauer der bei Tageslicht gebildeten gleich. Nach Vf. läßt sich diese Tatsache nur durch die Beteiligung von ATP und TPNH erklären. Die Fähigkeit der Pflanzen zu **I** fällt mit der Steigerung

der Reduktionsaktivität der Gewebe und der vorwiegenden Kohlenhydratbildung während der generativen Phase der Kartoffel zusammen. Bei Kurztag ist **I** um 10–30% geringer als bei Langtag. Die photosynthetische CO_2-Aufnahme verhält sich umgekehrt. Die bei **I** entstandenen Produkte sind in beiden Fällen gleich, nur werden bei Langtag mehr Malate und Ketosäuren, bei Kurztag mehr aminierte Verbindungen gebildet.
G. Graul. 652.

Bretschneider-Herrmann, B.; Gießen, Univ., Inst. für Pflanzenbau und Pflanzenzucht. **Über die Wechselwirkung von Temperatur und Kohlensäuregehalt der Luft auf Hafer.** Z. Acker- u. Pflanzenbau **116** (1963) Nr. 3. S. 301–316. – 4 Abb., 5 Tab., 9 Lit. Zus. in Engl.
In Klimakammern wurde der Einfluß einer erhöhten CO_2-Konz. der Luft in Abhängigkeit von Temperatur und Düngung auf die Entwicklung und den Ertrag von Hafer untersucht. Die Düngung wurde von 0,2 über 0,4 – 0,8 – 1,2 – 1,6 – 2,0 auf 2,4 g N/Gefäß gesteigert. – Bei normalem CO_2-Gehalt hatten steigende Phototemperaturen eine Abnahme der Hafererträge zur Folge. Ein erhöhter CO_2-Gehalt (0,15 Vol.%) bewirkte einen Anstieg der Stroherträge, während die Kornerträge nicht bzw. bei höheren Temperaturen negativ beeinflußt wurden. – Die Entwicklung der Haferpflanzen und das Längenwachstum des Hafers wurden durch erhöhte Temperaturen stark und durch zusätzliche CO_2-Gaben in geringem Umfang gesteigert. Die steigende Düngung hatte große Ertragssteigerungen zur Folge. Die N-Aufnahme wurde durch höhere Temperaturen und CO_2-Gehalte gehemmt.
H. Ansorge. 652.

Delmas, J. und Routchenko, W.; Pont-de-la-Maye, Gironde, Centre de Rech. Agronomiques du Sud-Ouest, Stat. d'Agronomie. Contribution à l'étude des variations de la composition minérale du suc de maïs soumis à deux types d'alimentation azotée, l'une totalement nitrique, l'autre totalement ammoniacale. **(Beitrag zum Studium der Veränderungen in der Mineralzusammensetzung des Saftes von Mais, der zwei Arten von Stickstoffernährung — einmal gänzlich Nitrat, einmal gänzlich Ammonium — unterworfen wurde.)** Ann. agronom. **13** (1962) Nr. 6. S. 575–586. – 6 Tab., 10 Lit. Zus. in Russ., Engl., Dtsch.
In Gefäßversuchen (Sandkultur) wurden Maispflanzen gezogen und N – 10 mval/l – in Form von $Ca(NO_3)_2$ und $(NH_4)_2SO_4$ gegeben. Während anfangs Unterschiede in der Entwicklung der Pflanzen nicht zu beobachten waren, traten bei den mit NH_4 gedüngten Pflanzen Vergiftungserscheinungen auf. Dies war der Fall, wenn die Konz. des NH_4-N im Saft 260 mg/l erreichte. Dieser wurde aus den Leitgefäßen gepreßt und NO_3-N, NH_4-N, P, K, Mg, Ca und Cl bestimmt. Bei NH_4-Ernährung wurden im Laufe der 29tägigen Versuchsdauer abnehmende Werte für NH_4, aber auch immer beträchtliche Mengen an NO_3 sowie hohe Werte für anorg. P gefunden. (Gelingt es den Pflanzen, sich zu entgiften, fallen die NH_4-Werte im Saft stark ab.) NO_3-N in gleicher Konz. verursachte keine Störungen, und die damit gedüngten Pflanzen entwickelten sich wesentlich besser. Nitrate waren im Saft der Maispflanzen z. Z. der letzten Probenahmen nicht mehr nachzuweisen, was auf ungenügendes N-Angebot zurückgeführt wurde. W. Schulze. 654.

Jensen, Gustav; Copenhagen, Denmark, Roy. Veterin. and Agric. Coll., Lab. of Plant Physiol. Relationship between water and nitrate uptake in excised tomato root systems. **(Beziehung zwischen der Wasser- und Nitrataufnahme bei abgeschnittenen Tomatenwurzelsystemen.)** Physiol. Plantarum [Copenhagen] **15** (1962) Nr. 4. S. 791–803. – 7 Abb., 29 Lit. Zus. in Engl.
Um Aufschlüsse über den evtl. Zusammenhang zwischen Wasser- und Nitrataufnahme zu erhalten, wurden Versuche mit abgeschnittenen Wurzelsystemen 6–8 Wochen alter Tomatensämlinge vorgenommen. Das Wurzelsystem einer

Versuchspflanze besaß ein Frischgewicht von ca. 4 g. Die Sämlinge selbst wurden im Gewächshaus auf Nährlösung gezogen. Die regulierende Wirkung der Transpiration auf die Wasseraufnahme wurde durch Vakuum ersetzt, das oberhalb der Schnittfläche des Stengelstumpfes mit Hilfe einer Wasserstrahlpumpe erzeugt wurde. Im Bereich von 0-70 cm Hg zeigte es sich, daß das Wurzelsystem Wasser und Nitrat im gleichen Verhältnis aufnahm, wenn der Unterdruck oberhalb des Stengelstumpfes konstant gehalten wurde. Je höher das Vakuum, desto größer war die Aufnahmerate des Wassers wie auch des Nitrats. Das Verhältnis Wasseraufnahme/Nitrataufnahme stellte jedoch keine geradlinige Funktion dar, weil ihre Beträge durch eine Vakuumänderung nicht gleichartig variiert wurden. G. Loßner. 654.

Larsen, S. und Sutton, C. D.; Ipswich, Levington Res. Stat. The influence of soil volume on the absorption of soil phosphorus by plants and on the determination of labile soil phosphorus. **(Der Einfluß des Bodenvolumens auf die Aufnahme des Boden-Phosphors durch die Pflanzen und auf die Bestimmung des labilen Bodenphosphors.**) Plant and Soil [The Hague] 18 (1963) Nr. 1. S. 77–84. – 2 Abb., 5 Tab., 8 Lit.

Im Gefäßversuch mit unterschiedlich hohen Töpfen (variiertes Bodenvolumen) wurde die P-Aufnahme durch Raigras unter Verwendung von trägerfreiem ^{32}P (als H_3PO_4) studiert. Bei kleineren Bodenvolumina wurde eine rel. größere P-Menge (mg P/kg Boden) aufgenommen und eine Erhöhung des „labilen Phosphors" (L-Wert) beobachtet. Wie sich über die in 2wöchentlichem Abstand gewonnenen und auf ^{32}P bzw. ^{31}P analysierten, insgesamt 6 Schnitte ergab, liegt der L-Wert zunächst hoch (infolge des jetzt noch rel. hohen ^{31}P-Gehaltes aus den Samen), geht dann aber zurück, da die ^{21}P-Aufnahme aus dem Boden dominiert, und steigt schließlich auf einen etwa konstant bleibenden Wert an (Isotopenverdünnung des zugesetzten ^{32}P). Offenbar existiert im Boden zwischen nicht labilem, labilem und dem P in der Bodenlösung ein Gleichgewicht, das infolge der P-Aufnahme durch die Pflanze verschoben wird. H. E. Freytag. 656.

Miča, B.; Havlíčkův Brod, ČSSR, Forsch.-Inst. für Kartoffelbau. **Die Aufnahme von Schwefel durch die Kartoffelpflanze.** Albrecht-Thaer-Arch. 7 (1963) Nr. 3 S. 231–235. – 4 Tab., 11 Lit. – nach Zus.

Es wurde festgestellt, daß während der Vegetation der Kartoffel der Gehalt an SO_4^{2-} in der Fr.-Subst. in allen Organen der Pflanze allmählich ansteigt. Den größten Anteil der insgesamt aufgenommenen Menge an SO_4^{2-} enthalten während der ganzen Vegetation die Wurzeln und die Blätter. Die Phase der vollen Blüte und das Abblühen sind 2 der wichtigsten Phasen für den S-Stoffwechsel in der Kartoffelpflanze. Der Sulfatgehalt, ausgedrückt in % der Tr.-Subst., nimmt während der Vegetation in der gesamten Pflanze zu. Hinsichtlich der %-Verteilung der Sulfate in der Tr.-Subst. sinkt der Anteil in den Wurzeln gegen Ende der Vegetation im Vergleich zur insgesamt aufgenommenen Menge, während er in den anderen Organen der Pflanze steigt. Beim weiteren Studium ist es notwendig, sich auf die S-Menge zu konzentrieren, die für den Bau eines Eiweißmoleküls verwendet wird, sowie auf die Verfolgung des sog. Reserve-S. Dies soll Gegenstand kommender Forschungsarbeit sein. 658.

Helmy, A. K., Hassan, M. N. und Taher, S.; Alexandria, Egypt, Univ., Fac. of Agric., Dep. of Soils. Absorption of Na, K, and Ca by barley roots at constant ionic strength. **(Na-, K- und Ca-Aufnahme durch Gerstenwurzeln bei konstanter Ionenstärke.)** Plant and Soil [The Hague] 18 (1963) Nr. 1. S. 133–139. – 1 Tab., 8 Lit.

Der Einfluß variierter NaCl-, KCl- und $CaCl_2$-Konz. auf die Na-, Ca- und K-Aufnahme durch abgeschnittene Gerstewurzeln wurde bei Anwesenheit jeweils zweier Salze im Gemisch und immer gleichbleibender Ionenstärke (1 mmol/l) in gut durchlüfteten Lösungen nach 5stündig. Kontakt untersucht, wonach die Wurzeln herausgenommen, getrocknet und bei 450 °C verascht wurden, um anschließend Na, K und Ca flammenphotometrisch (bzw. Ca auch mit Hilfe der Versenat-Methode) bestimmen zu können. – Der Na-Gehalt der Wurzeln lief hierbei der Na-Konz. in der Lösung linear parallel und war unabhängig von gleichzeitig anwesendem K oder Ca. Hingegen erhöhte steigende K-Konz. die aufgenommene Ca-Menge, woraus geschlossen wird, daß sowohl K als auch Ca an der Bildung eines Träger-Komplexes teilhaben. H. E. Freytag. 660.

Vyskrebenceva, È. I. (Wyskrebenzewa, E. I.); Moskau, Pflanzenphysiol. Timirjasew-Inst. der Akad. der Wiss. der UdSSR. Vlijanie kalija na ispol'zovanie fosfata v metabolizme kornej. **(Der Einfluß von Kali auf die Phosphatverwertung im Wurzelstoffwechsel.)** Fiziologija rastenij, Moskva **10** (1963) Nr. 1. S. 40–47. – 5 Tab., 20 Lit. Zus. in Engl.

Wasserkulturversuche an Kürbis ergaben, daß die P-Aufnahme durch die Wurzeln und der P-Gehalt dieser vom Versorgungsgrad der Pflanzen mit K abhängen. Der K-Einfluß auf die P-Aufnahme und dessen Gehalt wird im bedeutenden Maße von seiner Mitwirkung in den Prozessen des P-Stoffwechsels bestimmt. K-Mangel verlangsamt die Veresterung des aufgenommenen P, wodurch das Niveau der makroenergetischen Nucleotide abfällt und die Synthese anderer org. P-Verbindungen vermindert wird. Zugabe von K in die Nährlösung führt zur schnellen Wiederherstellung der normalen Aufnahme und zur Veresterung des mineral. P. Der aufgenommene mineral. ^{32}P, der innerhalb von 1 Min. in org. säurelösliche Verbindungen übergeht, kann im Verlauf der folgenden 10 Min. wieder leicht gegen neu aufgenommenen anorg. P (KH_2PO_4; NaH_2PO_4 oder $NH_4H_2PO_4$) ausgetauscht werden. Im Gegensatz dazu wird unter dem Einfluß der vollen Nährlösung die weitere Einbeziehung des vorher aufgenommenen P verstärkt. J. Birke. 660.

Morani, V. und Fortini, S.; Rome Exp. Stat. of Agric. Chem. Sodium in the mineral nutrition of Avena sativa. **(Natrium in der Mineralstoffernährung von Avena sativa.)** Plant and Soil [The Hague] **18** (1963) Nr. 1. S. 140 bis 142. – 2 Tab., 4 Lit.

Si erhöht die mechanische Festigkeit des Strohes. Weizen, der auf vorübergehend mit Meerwasser überfluteten Böden wuchs, zeigte sich bes. widerstandsfähig gegen Lagerbildung. Vff. untersuchten den Einfluß von Na_2SO_4- und Na_2SO_4/K_2SO_4-Gaben auf die Zusammensetzung der Asche des Haferstrohes unter bes. Berücksichtigung des Si-Gehaltes. Na und Na + K verursachten eine hochsignifikante Abnahme des Si-Gehaltes. Ebenso setzten Na- und Na + K-Gaben den Ca-Gehalt und den Celluloseanteil herab. Signifikant erhöht wurde der P-Gehalt, der von 0,019% auf 0,13% anstieg. G. Loßner. 660.

Waisel, Yoav; Israel, Univ. of Tel Aviv, Dep. of Bot. The effect of Ca on the uptake of monovalent ions by excised barley roots. **(Die Wirkung des Calciums auf die Aufnahme einwertiger Ionen durch abgeschnittene Gerstenwurzeln.)** Physiol. Plantarum [Copenhagen] **15** (1962) Nr. 4. S. 709–724. – 10 Abb., 5 Tab., 23 Lit. Zus. in Engl.

Vf. untersuchte die Wirkung von Ca und Mg auf den Aufnahmeprozeß von Na und Rb durch die Pflanze. Die Versuche wurden mit den Wurzeln 6 Tage alter Gerstenpflanzen unter Verwendung von ^{22}Na und ^{86}Rb in der Chloridform durchgeführt. Die Absorptionsperiode betrug 60 Minuten. – Es wird nachgewiesen, daß die 2wertigen Ionen die selektive Permeabilität der

Zellgrenzschicht bewirken. Der Viets-Effekt wird durch eine von Ca hervorgerufene Veränderung der Membranpermeabilität verursacht. Ca erhöht die Diffusionsrate von K oder Rb durch die Membran, senkt jedoch das Durchdringungsvermögen hoch hydratisierter Kationen, wie Na, Li und anscheinend auch das der H-Ionen. Der „carrier"-Mechanismus scheint nicht spezifisch zu sein. Die Affinität der untersuchten Ionen zu diesem Mechanismus ist H > Na > Rb. Gedrosselte Energieversorgung der Zellen bewirkt eine Abnahme der Membranpermeabilität. Für das Auftreten der durch Ca hervorgerufenen Effekte ist eine ausreichende Energiezufuhr notwendig.

G. Loßner. 660.

Bussler, W.; Berlin, TU, Inst. für Pflanzenernähr., Bodenchem. und Bodenbiol. **Calcium-Mangelsymptome an höheren Pflanzen.** Pflanzenernähr., Düng., Bodenkunde **100** (1963) Nr. 2. S. 129–142. – 6 Abb., 2 Tab., 36 Lit.
Obwohl ca. 60% des Gesamt-Ca in der Pflanze wasserlösl. sind, wird Ca bei Mangel nicht in die wachsenden Organe transportiert. Ca-Mangel muß deshalb zuerst an jüngeren Pflanzenteilen auftreten. An Sonnenblumen beobachtete Ca-Mangelsymptome sind „Aderbräune", „Stengelweiche" und „Stengelknicken", die auf „Ca-Mangelautolyse" der Zellen zurückzuführen sind. Diese Symptome konnten auch an 39 anderen höheren Pflanzen festgestellt werden. Durch Literaturvergleich konnte Übereinstimmung mit den Beobachtungen anderer Autoren erzielt werden. Ca-Mangelsymptome sind grundverschieden von Schäden durch zu hohe Bodensäure (z. B. Schäden an älteren Blättern, die meist durch Kalkung zu beheben sind).

H. Kretschmer. 660.

Dobroljubskij, O. K., Ryža, V. K., Fedorenko, I. V. und Živickaja, L. I. (Dobroljubski, O. K., Rysha, W. K., Fedorenko, I. W. und Shiwizkaja, L. I.) O soderžanii nekotorych mikroėlementov v južnom černozeme i v vinograde. **(Der Gehalt an Spurenelementen im südlichen Schwarzerdeboden und in Weintrauben.)** V sb.: Rol' mikroėlementov v s. ch., Moskva **1961** S. 114–123. – Aus: Referativnyj žurnal. Biologija, Moskva **1962** Nr. 7. D 143. S. 23.
Im südlichen Schwarzerdeboden des Gebietes Odessa nimmt der Bruttogehalt an Spurenelementen in der Reihenfolge Mn, Zn, Co, Mo ab. Die Menge des beweglichen Mn beträgt 10,7–12,0% der Bruttomenge, die Menge an austauschbarem Mn ist nicht groß, an wasserlöslichem Mn sind nur Spuren vorhanden. Die Menge des beweglichen Zn beträgt nur 0,46–0,79% der Bruttomenge im Boden. Die Spurenelemente sind in den verschiedenen Horizonten ungleichmäßig verteilt, und in den Weingärten war ihr Gehalt in 60–90 cm Tiefe am geringsten. Nach Düngung mit Zn-, Co- und Mn-Sulfat stieg der Gehalt an Spurenelementen nicht nur im Boden, sondern auch in den Weinstöcken an. Während der Vegetationszeit nahm die N-, P- und K-Menge in den Blättern ständig ab. Zn verhielt sich analog; die Co-Menge vergrößerte sich anfangs stark, erreichte im Aug. ihr Maximum und sank dann merklich ab; der Mn-Gehalt stieg sowohl in den Blättern als auch in den Reben an. Spritzen mit Spurenelementlösungen steigerte den Zn-, Mn- und Co-Gehalt in allen Pflanzenteilen, wobei in einigen Entwicklungsstufen der Pflanzen die Menge der Spurenelemente auf das 2- bis 3fache anstieg. In den Böden der Weingärten ist der Gehalt an den erwähnten Spurenelementen nicht höher als in den südlichen Schwarzerdeböden.

übersetzt. v. G. Boetticher. 665.

Jurkevič, I. V. (Jurkewitsch, I. W.); Lugansk, Ukrain.SSR, Landwirtsch. Inst. Vlijanie mikroėlementov na dejstvie stimuljatora 2,4,5-T (TU). **(Einfluß von Mikroelementen auf die Wirkung des Stimulators Trichlorphenoxyessigsäure [TCPA].)** Fiziologija rastenij, Moskva **10** (1963) Nr. 1. S. 90 bis 97. – 2 Abb., 4 Tab., 20 Lit. Zus. in Engl.

In Gefäß- und Feldversuchen wurde die Wirkung der Blattbehandlung mit 0,0025% TCPA-, 0,1% Mn-, 0,03% B- und 0,05% Mo-Salzlösungen sowie mit allen Subst. im Gemisch auf den Tomatenertrag geprüft. Die Anwendung von TCPA in Kombination mit B und Mn führte zu bedeutenden Ertragssteigerungen (21 bzw. 29% gegenüber H_2O-Kontrolle im Vegetationsversuch; TCPA und B im Feldversuch 25,7%). Gleichzeitig stieg der Gehalt an Zukkern, Vitamin C und Tr.-Subst. in den Früchten. TCPA + Mo führte zu nur unbedeutenden Ertragssteigerungen, erhöhte jedoch den Tr.-Subst.-Gehalt und den Gehalt an Vitamin C am stärksten. TCPA + B zeigte den höchsten Effekt bei sehr hoher Mineralstoffversorgung der Pflanzen, bei der nach Anwendung von nur einem der beiden Mittel bereits Wachstumshemmung auftrat. Die gemeinsame Anwendung von TCPA und Mikroelementen führte zu einer Senkung der formbildenden Wirkung von TCPA und bewirkte eine Verringerung des Gewichtes der vegetativen Pflanzenteile.
J. Birke. 665.

Kanwar, J. S. und Dhingra, D. R.; Ludhiana, Government Agric. and Res. Inst. Effect of micronutrient sprays on the chemical composition of citrus leaves and incidence of chlorosis. **(Wirkungen aufgesprühter Mikronährstoffe auf die chemische Zusammensetzung von Citrusblättern und auf das Auftreten von Chlorose.)** Indian J. agric. Sci. **32** (1962) Nr. 4. S. 309–314. 3 Tab., 20 Lit.
Die Blätter von in Jullundur und Kauli gewachsenen Orangenbäumen wiesen chlorotische Symptome auf. Bodenanalysen zeigten, daß beide Böden wenig austauschbares Zn, Cu und Fe enthielten. In Feldversuchen wurde die Wirkung auf die Blätter gesprühter $MnSO_4$-, $ZnSO_4$-, $CuSO_4$- und $FeSO_4$-Lösungen gegenüber dem Auftreten der Chlorose geprüft. Am stärksten wirkte hierbei eine 0,6%ige $ZnSO_4$-Lösung; gleichzeitig erhöhte sich der Zn-Gehalt der Blätter, während der N-, P- und K-Gehalt derselben zurückging. In Kauli ergaben Blattanalysen, daß $ZnSO_4$-Sprühungen den Zn-Gehalt der Blätter verdoppelt hatten, während in Jullundur sogar ein Ansteigen auf den 4fachen Betrag festzustellen war. Ähnlich verhielt sich der Mn-Gehalt nach dem Besprühen mit $MnSO_4$-Lösung. Die erhaltenen Ergebnisse lassen die Schlußfolgerung zu, daß in Jullundur und Kauli die Chlorose der *Citrus*-Blätter fast ausschl. durch den Zn-Mangel der Böden hervorgerufen wird.
G. Loßner. 665.

Guinn, Gene und Joham, Howard E.; Texas Agric. Exp. Stat. Effects of two chelating agents on absorption and translocation of Fe, Cu, Mn, and Zn by the cotton plant. **(Wirkungen von zwei Chelatbildnern auf Absorption und Verteilung von Fe, Cu, Mn und Zn in Baumwollpflanzen.)** Soil Sci. **94** (1962) Nr. 4. S. 220–223. – 1 Abb., 2 Tab., 14 Lit.
In Nährlösungsversuchen mit Baumwollkeimpflanzen wurde der Einfluß steigender EDTA- oder HEEDTA-Konz. (0, 25, 50, 100 und 200 μMol/l) auf den Gehalt an Fe, Cu, Mn und Zn in Blättern und Wurzeln untersucht. Durch beide Chelatbildner wurde der Fe-Gehalt in den Blättern erhöht, der Mn- und Zn-Gehalt verringert. Der höchste Fe-Gehalt wurde durch die Konz. 50 μMol/l erreicht, höhere Konz. erniedrigten ihn. In den Wurzeln wurden der Fe-, Cu- und Zn-Gehalt durch beide Chelatbildner erniedrigt, der Mn-Gehalt erhöht. O. Knabe. 665.

Oertli, J. J.; Los Angeles, Univ. of California. Loss of boron from plants through guttation. **(Borverluste von Pflanzen durch Guttation.)** Soil Sci. **94** (1962) Nr. 4. S. 214–219. – 4 Abb., 1 Tab., 11 Lit.
Der durch Guttation eintretende B-Verlust wurde an Blättern von Gerstenkeimpflanzen untersucht, die in Nährlösungen mit einem B-Gehalt von 0, 10 und 50 ppm aufwuchsen. Durch kontinuierliche Guttation bei hoher rel. Luftfeuchtigkeit verloren die Keimpflanzen innerhalb von 1–2 Tagen

bis zu 80% des absorbierten B. Der B-Verlust war zu Beginn der Guttation am höchsten. Auf die Blattspreiten aufgebrachte Wassertropfen führten ebenfalls zu einem B-Verlust. Vf. folgert, daß sich die Hauptmenge des B im Transpirationsstrom der Pflanze bewegt, nicht festgelegt ist und auch später eine Bewegung aus dem Blattgewebe in anhaftende Guttationstropfen erfolgen kann. Es erscheint ferner möglich, daß das Auftreten von B-Toxizität durch diese B-Verluste reduziert wird. O. Knabe. 665.

Scholz, Günter. **Versuche mit Bor an Lemnaceen. Die Wirkung des Bors auf den Kohlenhydratgehalt von Lemna minor L.** Kulturpflanze **10** (1962) S. 63–71. – nach Zus.

B-Mangel führt bei *Lemna minor* zu extremer Stärkeakkumulation. Da Translokationsschwierigkeiten kaum eine Rolle spielen können, muß eine Beeinflussung des Kohlenhydratstoffwechsels durch B angenommen werden. B-Mangel bewirkt eine erhebliche Herabsetzung des Eiweißgehaltes zugunsten löslicher Verbindungen. Der rel. Trockengewichtsanteil am Frischgewicht ist stark erhöht, vermutlich infolge Vermehrung von Zellwandmaterial. 665.

Miyamoto, Takao; Gießen, Justus-Liebig-Univ., Inst. für Pflanzenernähr. Effect of treatment of seeds with 2-chloroethanol on the resistance to boron toxicity in wheat seedlings. **(Wirkung einer Behandlung von Samen mit 2-Chloräthanol auf die Resistenz gegenüber der Toxizität von Bor bei Weizensämlingen.)** Nature [London] **197** (1963) Nr. 4867. S. 620. – 1 Tab., 2 Lit.

Vf. beobachtete eine Minderung der Toxizität von B bei Weizensämlingen (Neubauerschalen), wenn die Samen vor der Aussaat 14 Std. in 0,2%igem 2-Chloräthanol bei Zimmertemperatur eingequollen wurden. Die B-Mengen (5, 9 und 12,5 mg B/200 g Boden als H_3BO_3[1 mg B/1 ml Lösung]) wurden 6 Tage nach der Aussaat angewendet. B. Effmert. 665.

Lingle, John C., Tiffin, Lee O. und Brown, John C.; Beltsville, Md., U. S. Dep. of Agric., A. R. S., Min. of Nutrit., Lab. for Pioneering Res. Iron uptake-transport of soybeans as influenced by other cations. **(Eisenaufnahme und -transport bei Sojabohnen, beeinflußt durch andere Kationen.)** Plant Physiol. **38** (1963) Nr. 1. S. 71–76. – 3 Abb., 2 Tab., 20 Lit.

In Nährlösungsversuchen wurden 'Hawkeye'-Sojabohnen (*Glycine max* L.) Fe-frei angezogen. Verschiedenen Varianten wurde je ein weiteres Element, das später auf seine antagonistische Wirkung gegenüber Fe geprüft werden sollte, entzogen (Mn, Zn, Cu, Ca, K + Rb und Mg). Nach 17 Tagen, bei stark entwickelter Chlorose, erhielten die Varianten jeweils Fe und eines der genannten Elemente. Mit Ausnahme von Zn stieg bei geringen Konz. dieser Elemente die Fe-Aufnahme. Höhere Gaben führten jedoch zu verringerten Fe-Gehalten. Zn setzte schon in kleinen Gaben die Fe-Aufnahme und ganz bes. den Transport in die oberirdischen Teile herab. Es muß deshalb als stärkster Fe-Antagonist angesehen werden. H. Kretschmer. 665.

Venkatasubramanyam, V., Adiga, P. R., Sivarama Sastry, K. und Sarma, P. S.; Bangalore, Ind., Inst. of Sci., Dep. of Biochem. The influence of iron & magnesium on cobalt & zinc toxicities in germinating seedlings of Phaseolus radiatus. **(Der Einfluß von Eisen und Magnesium auf die Kobalt- und Zink-Toxizitäten in keimenden Samen von Phaseolus radiatus.)** J. sci. ind. Res. [New Delhi], Sect. C **21C** (1962) Nr. 7. S. 167–170. – 4 Tab., 10 Lit.

In 72std. Keimungsversuchen mit 10^{-3} mol. Lösungen der o. g. Nährstoffe konnte durch Mg ($MgSO_4$) der toxische Effekt von Zn ($ZnSO_4$) vollständig und der von Co ($CoCl_2$) teilweise beseitigt werden. Fe ließ während dieses kurzen Versuches nicht die günstigen Wirkungen wie Mg erkennen. Diese Ergebnisse wurden durch Wägungen der Keimlinge erhalten. Die Gehalte an Zn und Co (auf der Basis von ^{65}Zn und ^{60}Co) wurden durch Mg schwach gesenkt. H. Kretschmer. 665.

Bezuidenhout, S. J. P. K. und Roach, W. A.; Stellenbosch, Univ., Coll. of Agric. A nitrogen induced chlorosis in lupins due to iron deficiency. **(Eine stickstoff-induzierte Eisenmangelchlorose bei Lupinen.)** South African J. agric. Sci. **5** (1962) Nr. 4. S. 669–670. – 3 Lit.

In Sand-Nährlösungsversuchen erhielt *Lupinus angustifolius* 25, 50, 75 und 100 ppm N und wurde außerdem mit einer Fe-freien Nährlösung versorgt. 4 Wochen nach der Saat trat bereits deutliche Chlorose auf, die durch gesteigerte NO_3-N-Gaben verschärft wurde. NH_4- und Harnstoff-N ließen diesen Effekt nicht erkennen. Eine Woche später wurden Fe und verschiedene Mikronährstoffe in einige der chlorotischen Blätter injiziert. Innerhalb einer weiteren Woche waren die Fe-behandelten Blätter vollständig ergrünt. Die übrigen Mikronährstoffe zeigten keine sichtbare Wirkung.

H. Kretschmer. 665.

Mandal, L. N. Levels of iron and manganese in soil solution and the growth of rice in water-logged soils in relation to the oxygen status of soil solution. **(Gehalt an Eisen und Mangan in der Bodenlösung und das Wachstum von Reis auf überfluteten Böden in Beziehung zum Sauerstoffgehalt der Bodenlösung.)** Soil Sci. **94** (1962) Nr. 6. S. 387–391. – 5 Tab., 11 Lit.

10-l-Weithalsflaschen mit Tubus (unten) wurden schichtweise mit Sand, Boden (etwas über die Hälfte des Volumens der Flaschen) und Wasser (bis $^4/_5$ des Volumens) beschickt und mit einem durchbohrten Stopfen verschlossen. In die Bohrung des Stopfens wurde ein Rohr eingesetzt, das der im Boden (unter Wasser) wurzelnden Reispflanze als Halterung diente. Der obere Teil des Flaschenvolumens war mit einem O_2-N_2-Gasgemisch wechselnder Zusammensetzung ausgefüllt (0, 10, 20 und 30% O_2). Die Versuchsanordnung gestattete, aus allen Schichten der Flaschen Proben zu entnehmen. – Ertrag, N-, Fe- und Mn-Gehalt des Reises lagen bei 10% O_2 am höchsten und fielen beiderseits ab. Der O_2-Gehalt im Drainagewasser (Sandschicht) stieg mit zunehmendem O_2-Anteil im Gasgemisch bis auf etwa 2%, im überstehenden Wasser bis auf 13%. Diese Gehaltsbereiche hatten sich bereits nach 7 Tagen eingestellt und veränderten sich während der folgenden 48 Tage des Versuches praktisch nicht mehr. Demgegenüber stieg der Fe-Gehalt im Dränagewasser bis zum Ende des Versuches laufend an. Er lag bei 20–30% O_2 am höchsten. Der Mn-Gehalt ließ diese ansteigende Richtung nicht so klar erkennen. Er lag bei 10% O_2 am höchsten. H. Kretschmer. 665.

Dijkshoorn, W.; Wageningen. The effect of soil-pH on manganese absorption by Lolium perenne L. **(Der Einfluß des Boden-pH auf die Manganabsorption von Lolium perenne L.)** Inst. biol. scheikund. Onderzoek Landbouwgewassen Wageningen, Meded. **1962** Nr. 189. S. 131–133. – 1 Abb., 1 Tab., 8 Lit.

Durch Gaben von 0, 60, 120 und 240 mval H_2SO_4 und 60, 120, 240 und 360 g $CaCO_3$/Gefäß wurde Boden (Weide) auf pH-Werte zwischen 5,25 und 7,40 eingestellt. Erhöhte sich der pH-Wert des Bodens, nahm der Mn-Gehalt des Grases (*Lolium perenne*) ab. So betrug der Mn-Gehalt der Pflanzen bei pH 5,3 (höchste H_2SO_4-Menge) etwa 300 ppm, bei pH 6,1 (unbehandelter Boden) etwa 150 ppm und bei pH 7,4 (höchste $CaCO_3$-Menge) etwa 50 ppm.

O. Knabe. 665.

Myttenaere, C. und Kirchmann, R.; Mol, Serv. de Biol. de la Direction Rech. et Enseignement de l'Euratom. Influence de l'apport de strontium stable au sol sur la teneur en strontium des végétaux cultivés. Emploides techniques d'activation et de spectrométrie. **(Einfluß der Einbringung von stabilem Strontium in den Boden auf den Strontiumgehalt der Kulturpflanzen. Anwendung der Aktivierungstechnik und der Spektrometrie.)** Physiol. Plantarum [Copenhagen] **15** (1962) Nr. 4. S. 656–662. – 3 Tab., 8 Lit.

1960 und 1961 wurden Felddüngungsversuche mit stabilem Sr an Welschem Weidelgras (*Lolium italicum*) und an Rotklee (*Trifolium pratense L.*) durchgeführt. Die Sr-Gaben betrugen 3 und 7,5 g pro m². Die Sr-Bestimmung erfolgte durch Anwendung der durch γ-Spektrometrie unterstützten Aktivierungsanalyse, und zwar 1960 unter Verwendung von ^{85}Sr, 1961 durch Einsatz von ^{87}Sr. Der Düngungseffekt wurde stark von der Art der Verabreichung beeinflußt. Gräser absorbierten im 1. Jahre stärker als Leguminosen, wenn das Sr nur auf die Ackeroberfläche gegeben wurde. Im 2. Jahre wies jedoch der Rotklee den höheren Sr-Gehalt auf, was auf die erfolgte Bodenbearbeitung zurückgeführt wird. Die Sr-Gaben steigerten den Ca-Gehalt der Pflanzenproben. Das Sr/Ca-Verhältnis erhöhte sich beim Welschen Weidelgras 1960 sehr stark, während es im Falle des Rotklees annähernd konstant blieb. G. Loßner. 665.

Graham, E. R. und Killion, D. D.; Columbia, Missouri Agric. Exp. Stat. Soil colloids as a factor in the uptake of cobalt, cesium, and strontium by plants. **(Bodenkolloide als Faktor bei der Aufnahme von Kobalt, Caesium und Strontium durch die Pflanzen.)** Proc. Soil Sci. Soc. America **26** (1962) Nr. 6. S. 545–547. – 5 Tab., 7 Lit.

Ca-gesättigte Proben von Illit, Kaolinit, Montmorillonit, Torf (Na-dispergiert, durch Zusatz von HNO_3 geflockt, durch $+Ca(OH)_2$ Ca-gesättigt [Fraktion **I**] bzw. suspendiert und ebenso mit Ca gesättigt [Fraktion **II**]) und Putnam-Ton wurden mit radioaktivem ^{60}Co, ^{137}Cs und ^{85}Sr versetzt und schließlich mit Sand und Nährlösung vermischt, um die Aufnahme dieser Ionen durch die Testpflanzen (Roggen, Garten- und Sojabohnen) in Abhängigkeit von der Art der anwesenden Kolloide zu beobachten. – Die Roggenpflanzen nahmen die höchsten Co-Mengen aus den Illit-Ansätzen auf; dann folgten Kaolinit, Putnam-Ton, die Torffraktion **I**, Montmorillonit und Torffraktion **II**. Cs wurde am meisten bei Anwesenheit von **II**, am geringsten aus dem Putnam-Ton aufgenommen; Sr am meisten aus dem Montmorillonit-Ansatz. Die gleichen Aufnahmeverhältnisse zeigten sich sowohl bei den Garten- als auch Sojabohnen-Ansätzen. Gleichzeitig durchgeführte Verteilungsstudien (im Gleichgewicht mit 0,01 mol. $CaCl_2$-Lösungen zeigten, daß durch die Torffraktionen mehr Co absorbiert wurde als durch die Tone, daß Cs stark durch Illit und Putnam-Ton adsorbiert wurde und für Sr kaum Unterschiede zu erkennen waren. Zwischen den Mengen der in den Pflanzen enthaltenen Nuklide und ihren reziproken Verteilungskoeffizienten ($1/K_d$) in den Kationen-Austauschsystemen ließen sich sehr enge Korrelationen nachweisen (insbes. für Co und Cs, weniger für Sr). H. E. Freytag. 665.

Evans, Robert John und Kerr, Mary H.; East Lansing, Michigan State Univ., Dep. of Biochem. Extraction and precipitation of nitrogenous constituents of dry navy beans (Phaseolus vulgaris). **(Extraktion und Fällung von stickstoffhaltigen Bestandteilen trockener Bohnen [Phaseolus vulgaris].)** J. agric. Food Chem. **11** (1963) Nr. 1. S. 26–29. – 2 Abb., 2 Tab., 22 Lit.

Die Extraktion von N-haltigen Bestandteilen aus getrockneten Bohnen *Phaseolus vulgaris*) mit Hilfe von aqua dest., NaCl-Lösungen (1–8%), verschiedenen Salzlösungen (0,25 n–2,00 n), HCl und NaOH verschiedener Konz. (pH 0,7–12,6) wurde untersucht. Die extrahierten N-Verbindungen wurden auf ihre Fällbarkeit zwecks weiterer Untersuchung geprüft. Durch aqua dest. wurden 70,7% des Gesamt-N, bestehend aus Globulinen, Albuminen und nicht proteinischem N, extrahiert. NaCl-Extraktion ergab unabhängig von der Konz. 74–76% des Gesamt-N. Die N-Extraktion wurde weniger von der Salz-Konz. als vielmehr von der Natur der Salze (pH-Wert) beeinflußt. Die besten Extraktionswerte lagen bei ca. 75%, mit 0,25 n $NaHCO_3$ wurden 85% extrahiert. Mit HCl/NaOH lag das Maximum bei pH 1,5 (75%) bzw. pH > 7 (80%). Das durch 2%ige NaCl-Lösung extrahierte und durch Dialyse gefällte Protein (Globulin) enthielt 14,63% N und war am besten zur weiteren Untersuchung geeignet. Papierelektrophorese (Whatman No. 3 MM oder Celluloseacetatstreifen mit Diäthylbarbiturat-Puffer pH 8,6) ergab, daß hauptsächlich Phaseolin anwesend war. Das ebenfalls aus dem Extrakt isolierte Conphaseolin scheint – nach den Ergebnissen der Säulenchromatographie mit DEAE-Cellulose zu urteilen – hauptsächlich aus einer Mischung von 3 Proteinen zu bestehen. P. Stoß. 667.

Machado Grácio, J. T. und Lima, Noémia O. Influência do fósforo da semente no „valor L". **(Einfluß des Phosphorgehaltes von Samen auf L-Werte.)** Agronom. lusitana **23** (1961) Nr. 3. S. 207–227. – 13 Tab., 8 Lit.

Die Beeinflussung der Genauigkeit der Bestimmung von labilem Phosphat im Boden durch Berücksichtigung des P-Gehalts der Samen bei der Berechnung der „L-Werte" wurde mit Hilfe von Gefäßversuchen mit Weizen untersucht. Durch Selektion wurden 2 Gruppen von Weizenkörnern erhalten, deren Gewicht sich um mehr als 100% voneinander unterschied. Die Wurzeln der Versuchspflanzen wurden 20, 38 und 67 Tage nach der Aussaat isoliert, getrocknet und auf ihren ^{31}P- und ^{32}P-Gehalt untersucht. Die Versuche ergaben, daß der Fehler bei der Berechnung der „L-Werte" zunimmt, wenn der P-Gehalt der Samen berücksichtigt wird. Auf Grund der Ergebnisse besteht kein Anlaß, den P-Gehalt der Samen zu berücksichtigen, sofern folgende Voraussetzungen erfüllt sind: Selektion der kleineren Samen; Verwendung von Kulturen mit hohem Verhältnis Wachstumsgeschwindigkeit/Samengewicht; gute Düngung, bes. mit N; Ausdehnung der Wachstumsperiode; Versuchsbedingungen, die das schnelle Wachstum der Schößlinge begünstigen. P. Stoß. 667.

Mello, F. A. F. de und Malavolta, E.; Piracicaba, Escola Superior de Agric. „Luiz de Queiroz"; S. Paulo, Univ. Determinaçao do calcio em plantas por fotometria de chama. **(Bestimmung von Calcium in Pflanzen durch Flammenphotometrie.)** Rev. Agric. [São Paulo] **37** (1962) Nr. 4. S. 199-202. – 1 Tab., 2 Lit. Zus. in Engl.

Zur Ausschaltung von Störungen bei der flammenphotometrischen Bestimmung von Ca durch SO_4^{2-} und PO_4^{3-} wird folgendes Verfahren empfohlen: 1 g getrocknetes und gemahlenes Material wird mit $HNO_3/HClO_4$ aufgeschlossen und die Mischung auf 100 ml aufgefüllt. Ein 9,75 ml-Aliquot wird mit 0,25 ml konz. H_2SO_4 versetzt und darin Ca flammenphotometrisch bestimmt. Das Zusatzgerät zum Beckmann-B-Spektrophotometer (O_2/Acetylen-Flamme) wird mit Hilfe eines 300 ppm Ca-Standards, der 2,5% H_2SO_4 enthält, geeicht. Die Messungen werden bei 624 nm vorgenommen. Die nach diesem Verfahren erhaltenen Ergebnisse stimmen gut mit denen der volumenometrischen Methode (Fällung von Ca-oxalat und Titration mit $KMnO_4$) überein. P. Stoß. 667.

Barker, W. F.; Grahamstown, Rhodes Univ., Dep. of Chem. Some problems in trace element analysis. **(Einige Probleme der Analyse von Spurenelementen.)** South African J. Sci. **58** (1962) Nr. 9. S. 259–267. – 54 Lit.

Über die Ergebnisse der an der Rhodes-Univ. auf dem Gebiet der Boden- und Pflanzenanalyse durchgeführten Arbeiten wird berichtet, die Entnahme von Bodenproben, pH-Messungen, Methoden zur Bestimmung austauschbarer Basen im Boden, Diskussion und statistische Behandlung der bei der Probenahme von Blättern auftretenden Fehler sowie Anwendung moderner Methoden, wie Polarographie und Spektroskopie bei der Boden- und Pflanzenanalyse, behandeln. Die ausführlichen Untersuchungen über die Fehlerquellen bei der Probenahme und Verarbeitung der Proben hatten genaue und standardisierte analytische Methoden zur Voraussetzung. Daher wurden die Bestimmungsmethoden für N, P und K bei Bodenuntersuchungen und für N, P, K, Ca, Mg, Na, Fe, Mn, Zn, Cu, B und Mo bei Blattanalysen

standardisiert. Mit Hilfe dieser Methoden wurden die Nährstoffgehalte von Citrus- und Ananasblättern ermittelt. Für Erkennen und Behebung von Nährstoffmangel dieser Kulturen ist damit eine Grundlage gegeben.
P. Stoß. 667.

Horovitz, C.; Bukarest, Forsch.-Inst. für Landwirtsch. **Nährlösungen für Zuckerrüben in Wasser- und Sandkultur.** Z. Pflanzenernähr., Düng., Bodenkunde **100** (1963) Nr. 2. S. 127–129. – 2 Tab., 4 Lit.
Die vergleichende Untersuchung von 6 Nährlösungen (Crone, Tollens, Ukradyga und Oleksijuk 1935, Ukradyga und Oleksijuk 1936, Belousov, Stoklasa) für die Hydrokultur der Zuckerrüben hat gezeigt, daß die beste Nährlösung die von Ukradyga und Oleksijuk 1936 ist. Ihre Zusammensetzung ist folgende: 1,77 g $Ca(NO_3)_2 \cdot 4\,H_2O$, 0,58 g K_2HPO_4, 0,37 g KCl, 0,85 g $NaNO_3$, 0,9 g $MgSO_4 \cdot 7\,H_2O$, 0,1 g $CaCO_3$, 0,15 g $Fe_2(SO_4)_3$. Außerdem sind ihr die Spurenelemente B, Mn, Al, Zn, Cu, Mo, Co, Sr, F, J, Br und Sn zugesetzt. Als Kriterien für die Eignung der verschiedenen Nährlösungen dienten Pflanzenmasse, Pflanzenlänge, Blattzahl und Trockensubstanz.
P. Curth. 667.

Andrew, C. S. und Pieters, W. H. J.; St. Lucia, Queensland, C. S. I. R. O., Cunningham Lab., Div. of Trop. Pastures. A continuous nutrient flow technique for comparative studies in plant nutrition. **(Eine Wasserkulturmethode mit kontinuierlicher Nährlösungszirkulation für vergleichende Untersuchungen in der Pflanzenernährung.)** Austral. J. agric. Res. **13** (1962) Nr. 6. S. 1054–1058.
Eine Wasserkulturmethode wird beschrieben, bei der mittels Preßluft ein kontinuierlicher Umlauf der gleichen Nährlösung durch mehrere Kulturgefäße erfolgt. Die verbrauchte Nährlösung wird selbsttätig aus einem Vorratsbehälter ergänzt und in einem gesonderten Mischgefäß mit der übrigen Nährlösung vermischt. Die vorgesehene Konz. konnte mit einer Genauigkeit von 5–10% eingehalten werden. Fr. Göhler. 667.

Verwendung radioaktiver Isotope für Wassergehalts- und Wasserleitungsbestimmungen an Bäumen. Graupa, Abt. Forstl. Pflanzenphysiol. Inst. Forstwiss. Dtsch. Akad. Landwirtsch.-Wiss. Berlin Plan-Nr.: 170 122/01i-62-16/7. Abschlußber. (27/3. 1963).
2 neue Methoden zur Untersuchung des Wasserhaushalts von Bäumen unter Verwendung radioaktiver Isotope werden beschrieben. Die eine Methode erfaßt die Wassergehaltsschwankungen im Baumstamm durch kontinuierliche Dichtebestimmung nach dem Durchstrahlungsprinzip; es wird so eine umfassende Beurteilung des Wasserhaushalts von Bäumen ermöglicht. Mit der 2. Methode kann der Tagesverlauf der Geschwindigkeit des Transpirationsstromes – nach radioaktiver Markierung des Wasserstromes – kontinuierlich erfaßt werden. 667.

Erforschung der Relationen zwischen dem Bodennährstoffgehalt und den Blattanalysenwerten bei Pappelsorten der Sektionen Aigeiros und Tacamahaca als Grundlage für eine Düngeberatung. Graupa. Abt. Forstl. Pflanzenphysiol. Inst. Forstwiss. Dtsch. Akad. Landwirtsch.-Wiss. Berlin Plan-Nr.: 170 122 h-62-47/0. Abschlußber. (27/3. 1963).
Dem Zwischenbericht liegen Versuchsergebnisse der Jahre 1960 und 1961 zu Grunde. Durch Gefäß-, Nährlösungs- und Freilandversuche wurde geprüft, ob die Blattanalyse in Verbindung mit Bodenanalysen aussagefähige Werte zum Aufbau einer Düngeberatung für den Pappelanbau liefern kann. In den Gefäßversuchen ergaben sich bei verschiedenen Pappelsorten gesicherte Beziehungen zwischen den Blattanalysenwerten einerseits sowie dem Bodennährstoffgehalt und den Pflanzenhöhen andererseits. Im Freilandanbau ist eine positive Korrelation zwischen den Blattspiegelwerten und dem Wachstum nicht immer gegeben, z. B. wenn ein anderer Wachstums-

faktor, wie das Klima, den Zuwachs begrenzt. Wesentlich für die Deutung der Ergebnisse ist die Kenntnis der verschiedenen Ionenantagonismen. Die Streuung der Gefäßversuchswerte ist zwar wesentlich geringer als die der Freilanduntersuchungen, jedoch sind letztere durchaus noch befriedigend und lassen erneut die Pappel als geeignetes Objekt für blattanalytische Untersuchungen erkennen. 667.

Malavolta, E., Haag, H. P., Mello, F. A. F. and *Brasil Sobro, M. O. C.* **On the mineral nutrition of some tropical crops.** Berne, Switzerland: International Potash Institute. 1962. (155 S. m. Abb., Tab. u. Literaturverz.) 8°. Nach der Besprechung der Kriterien für die Essentialität werden die pflanzlichen Nährstoffe (N, P, K, Ca, Mg, S, B, Cl, Fe, Mn, Mo, Cu und Zn), ihre Bedeutung im pflanzlichen Stoffwechsel, ihr Gehalt und ihre Formen im Boden sowie die Möglichkeiten einer diesbez. Bodenanalyse und die Feststellung von Mangelsymptomen an Pflanzen im einzelnen behandelt. In den sich anschließenden Kapiteln sind alle diese Fragen speziell für Kaffee, Citrus, Ananas, Eukalyptus und Baumwolle dargestellt worden. Außerdem werden diesen speziellen Kapiteln noch Ausführungen zur Geschichte und zur ökonomischen Bedeutung dieser Pflanzen vorangestellt. Das Literaturverzeichnis am Schluß des Buches ist nach Kapiteln geordnet. Bes. erwähnenswert sind die 60 Farbtafeln von Mangelsymptomen der o. g. Pflanzen, die in 6 Mappen dem Buch lose beigefügt sind.
H. Kretschmer

Wallace, T. **The diagnosis of mineral deficiencies in plants by visual symptoms.** London: Her. Majesty's Stationery Office. 1961. (125 S. m. 312 farb. Abb.) 8°. 63 S. Am Anfang des Buches werden in sehr kurzer Form Stoffwechselphysiologie der Pflanzen, Makro- und Mikronährstoffe, Nährstoffmangel und -toxizität, ferner Beschaffenheit des Bodens und sein Stoffkreislauf, die Formen, in denen der Boden die Nährstoffe enthält, und schließlich die Bedingungen, unter denen Nährstoffmangel bei Böden auftreten kann, behandelt. In den folgenden Kapiteln wird dann ausführlicher auf den Nährstoffmangel der Pflanzen, seine Symptome und seine Bestimmung eingegangen. Ein Weg zur Feststellung von Nährstoffmangel ist die chem. Analyse der Pflanzensubstanz (am besten junger, stoffwechselaktiver Blätter), die z. Z. nach Meinung des Vf. rel. wenig Aufmerksamkeit erfährt, weil die Agrikulturchemiker hauptsächlich Feldversuche und Bodenuntersuchungen vornehmen. Eine weitere Möglichkeit ist die visuelle Feststellung von Nährstoffmangel. Sie erfordert eine umfassende Kenntnis der Mangelsymptome. Neben den 312 farbigen Abb. wird ein ausgedehnter, aber übersichtlicher Schlüssel zur Identifizierung von Mangelsymptomen mitgeteilt. Dabei wird gleichzeitig auf mögliche, durch Wetter- und Bodenbedingungen sowie Bakterien- und Viruskrankheiten verursachte Fehlschlüsse hingewiesen. Eine listenmäßige Zusammenstellung von Indikatorpflanzen, die Mangel an bestimmten Nährstoffen bes. deutlich anzeigen, vervollständigt das Buch. — In einem Anhang werden erprobte Arbeitsvorschriften zur chem. Analyse des Pflanzengewebes auf Makro- und Mikronährstoffe sowie zur Mg- und Mikronährstoffbestimmung (Böden und Pflanzen) mittels der *Aspergillus-niger*-Methode mitgeteilt. H. Kretschmer.

C. Düngemittel, ihre Gewinnung und Anwendung

Oertli, J. J. und Lunt, O. R.; Los Angeles, Univ. of California, Dep. of Irrigation and Soil Sci. Controlled release of fertilizer minerals by incapsulating membranes: I. Factors influencing the rate of release. **(Kontrollierte Freigabe von Dünger-Mineralen durch Verwendung einkapselnder Membranen. 1. Mitt. Faktoren, die die Freisetzungsrate beeinflussen.)** Proc. Soil Sci. Soc. America **26** (1962) Nr. 6. S. 579–583. — 6 Abb., 1 Tab., 13 Lit.

Eine zeitliche Beeinflussung der Nährstoffverfügbarkeit läßt sich unter Verwendung von neuerdings in den Handel gebrachten, membranverkleideten anorg. Düngesalzen ermöglichen und ist in Anbetracht dessen, daß — wie z. B. in sandigen Böden bei 40-50 in. Jahresniederschlag gemessen wurde, — die Ausbeute des zugeführten N nur zwischen 20 und 30% liegt, von hoher ökonomischer Bedeutung. Der Verlauf der Freisetzung geht zunächst zeitlich linear, nimmt dann (nach ca. 4 Wochen) stetig ab und ist weitgehend unabhängig vom pH der Elutionslösung und des Bodens, wie Vff. in Elutionsversuchen mit 0,005 n NaOH bei verschiedenen pH-Werten an derartigen NO_3- und P-Düngern feststellen konnten. Bei einem Temperaturanstieg von 10 auf 20 °C wird die stark von der Membrandicke abhängige Freisetzungsmenge wahrscheinlich in der ersten Phase durch Wechsel in den Membraneigenschaften verdoppelt; unter sterilen Bedingungen ist sie nur schwach reduziert. — Mit Hilfe derartiger Düngemittel, an denen übrigens auch spez. Ionenwirkungen feststellbar wurden (NO_3, $NH_4 > K$, PO_4), können die Auswaschungsverluste stark reduziert werden und ergeben sich weite Möglichkeiten der Regulierung des zeitlichen Verlaufes der Nährstoffverfügbarkeit für die Pflanzen.

H. E. Freytag. 671.

Lunt, O. R. und Oertli, J. J.; Los Angeles, Univ. of California, Dep. of Irrigation and Soil Sci. Controlled release of fertilizer minerals by incapsulating membranes: II. Efficiency of recovery, influence of soil moisture, mode of application, and other considerations related to use. **(Kontrollierte Freigabe von Dünger-Mineralen durch Verwendung einkapselnder Membranen. 2. Mitt. Ausnutzungsgrad, Einfluß der Bodenfeuchtigkeit, Art der Applikation und andere bei ihrer Verwendung in Betracht zu ziehende Gegebenheiten.)** Proc. Soil Sci. Soc. America **26** (1962) Nr. 6. S. 584–587. – 3 Abb., 2 Tab., 8 Lit. 1. Mitt. vgl. vorst. Ref.

Unter Verwendung von NH_4NO_3-Umhüllungsgranulanten (Hülle ca. 11% des Gewichtes) ergab sich bei einmaliger Gabe zu Sandboden (< 1% Ton) und starker Auswaschung der Wurzelzone im Verlaufe eines 3mon. Versuchsansatzes eine N-Ausbeute durch Mais als Testpflanze von 25–45% (in Abhängigkeit von der Höhe der N-Gabe und fast unabhängig von der in Quoten zwecks Durchwaschung der Proben verabreichten Wassermenge). Innerhalb der Feuchtespanne zwischen Welkepunkt und Feldkapazität in einem Lehmboden ließ sich durch den Bodenwassergehalt kaum ein Einfluß auf die Düngerfreisetzung nachweisen. Die Diffusion durch die Hüllmembran blieb rel. konstant. (Erst bei sehr geringen Wassergehalten erschien ein Rückgang in der N-Gabe, der wahrscheinlich auf eine H_2O-Konkurrenz mit der hohen Saugspannung der Bodenkolloide zurückführbar ist). – Bei oberflächlicher Verabreichung des Düngers war – nach periodischer Durchwaschung mit H_2O – eine längere Zeit für die Passage der gleichen Nährstoffmenge durch die Membran erforderlich als bei Einmischung der Präparate in den Boden (wahrscheinlich infolge der zwischen den H_2O-Zusätzen erfolgenden Abtrocknungen). H. E. Freytag. 671.

Lampadius, Felix und Häußler, Dietrich; Tharandt. **Therapie gegen Rauchschäden durch Düngung. Untersuchung der Düngerwirkung auf rauchbeeinflußte Fichten.** Wiss. Z. Techn. Univ. Dresden **11** (1962) Nr. 6. S. 1417 bis 1424. – 31 Lit.

Auf einer der Raucheinwirkung ausgesetzten Düngungsversuchsfläche, die einen 20jährigen Fichtenbestand trug, untersuchten Vff. den Einfluß der Düngung auf Länge, Trockengewicht und Querschnitt der Nadeln. Die Untersuchungen sollten darüber hinaus Auskunft geben, ob die Düngung eine Handhabe bietet, um die zuwachshemmende Wirkung des Rauches auf Längen- und Stärkenwachstum der Fichten auszuschalten. Gleichzeitig wurden im Gebiet der Versuchsfläche die Immersionsverhältnisse durch Luftanalysen bestimmt. Die Einwirkung der Rauchgase auf die Assimilationsorgane der Versuchspflanzen wurde mit Hilfe des Trübungstestes nach Härtel (1953) ermittelt. Den mitgeteilten Untersuchungsbefunden ist u. a. zu entnehmen, daß sowohl bei vergleichender Anwendung des Härtel-Testes als auch bei Gegenüberstellung der Werte für Nadellängen, Nadelgewichte, Nadelquerschnitte sowie für Längen- und Stärkenwachstum klare Unterschiede zwischen den gedüngten und ungedüngten Fichten zu beobachten waren, so daß auf Grund dieser Ergebnisse die Düngung als therapeutische Maßnahme gegen Rauchschäden beurteilt werden kann. W. Prager. 671.

Dinca, D. und Ulinici, A. Sporirea fertilităţii podzolului de depresiune din zona solului brun roşcat de pădure, prin măsuri agrotehnice. **(Die Steigerung der Bodenfruchtbarkeit der Podsole in den Niederungen der rotbraunen Waldbodenzone durch agrotechnische Maßnahmen.)** Probleme agric. [Bucureşti] **14** (1962) Nr. 6. S. 44–52. – 3 Tab., 8 Lit. Zus. in Russ., Franz.

Die im Laufe mehrerer Jahre durchgeführten Versuche auf den Hydropodsolen zeigten, daß überschüssiges Wasser durch Rigolen (45-70 cm tief) abgeführt werden kann. Durch anorg. und org. Düngemittel wurde die Bodenfruchtbarkeit gesteigert. Es empfiehlt sich, zu Mais 60 t/ha Stalldung oder 200–400 kg/ha Ammoniumnitrat + 200 kg/ha Superphosphat in den Boden (20–25 cm tief) einzuarbeiten. Wi-Weizen soll nur 200 kg/ha Ammoniumnitrat erhalten. P- und K-Düngung bringt keine wirtschaftlichen Ertragssteigerungen. Cu-Gaben (25 kg/ha Kupfersulfat) erhöhen weder die Mais- noch die Weizenerträge. C. I. Milică. 671a.

Grimes, R. C. und Clarke, R. T.; Kenia, Agric. Dep. Continuous arable cropping with the use of manure and fertilizers. **(Kontinuierliche Ackernutzung durch Anwendung von Stallmist und mineralischen Düngemitteln.)** East African agric. Forestry J. 28 (1962) Nr. 2. S. 74–80. – 13 Tab.
Die Versuche wurden 1953 begonnen und 1960 beendet. Der Boden, ein roter Sand, war extrem mangelhaft mit N und P versorgt. Die 4 verwendeten Versuchspflanzen erbrachten die höchsten Erträge bei einer Düngung mit 3 t Stallmist/Jahr oder bei äquivalenten Gaben mineral. Düngemittel. Zwischen der Anwendung von 3 t Stallmist/Jahr und einer 3jährl. Stallmistdüngung von 9 t bestanden keine gesicherten Unterschiede hinsichtlich des Ertrages. H. Masche. 671a.

Kanwar, J. S. und Prihar, S. S.; Ludhiana, Punjab, Government Agric. Coll. Effect of continuous application of manures and fertilizers on some physical properties of Punjab soils. **(Wirkung kontinuierlicher Gaben von Dung und Handelsdüngemitteln auf einige physikalische Eigenschaften von Böden im Punjab.)** J. Indian Soc. Soil Sci. 10 (1962) Nr. 4. S. 243–247. – 3 Abb., 1 Tab., 9 Lit.
Aggregationsgrad, Wasserkapazität, hydraulisches Leitungsvermögen und Einsickerungskoeffizienten wurden an Bodenproben von 4 Dauerdüngungsversuchen zu Weizen und Baumwolle bestimmt. Die Weizenversuche waren nach folgendem Plan 1946/47 angelegt worden: 1. Kontrolle, 2. 4 t. Dung/acre, 3. 40 lb. N (als Ammonsulfat)/acre und 4. 40 lb. N (als Ammonphosphat)/acre. Die Baumwolle erhielt Dunggaben von 5 t./acre und 50 lb. N/acre. Dieser Versuch wurde 1951/52 begonnen. Die Probenahme der Böden erfolgte im Mai 1960. Bei der Auswertung der Untersuchungsergebnisse zeigte es sich, daß der Dung den mineral. Düngemitteln in keiner Weise überlegen war, wenn der phys. Zustand der Böden verbessert werden sollte. So konnte vornehmlich dem Ammonphosphat eine größere Tendenz bei der Bodenverbesserung zugeschrieben werden, was sich bes. eindringlich in der Erhöhung der WK in allen 4 Versuchen äußerte. Ebenso wirkten die Düngemittel in allen Versuchen günstig auf das hydraulische Leitungsvermögen und auf die Einsickerungskoeffizienten, was durch Dunggaben nur in 2 Versuchen gelang. G. Loßner. 671 a.

Garner, H. V.; Harpenden, Hertfords., Rothamsted Exp. Stat. Experiments with farmyard manure, sewage sludges, and town refuses on microplots at schools, 1940–9. **(Versuche mit Stallmist, Klärschlamm und Müll auf Kleinparzellen in Schulen, 1940–9.)** Empire J. exp. Agric. 30 (1962) Nr. 120. S. 295–304. – 6 Tab., 2 Lit.
In Düngungsversuchen mit Kartoffeln, Rüben und Gemüse, die in verschiedenen Schulgärten durchgeführt worden waren, brachte Stallmist höhere Mehrerträge als Klärschlamm und Müll. Kompostierter Müll und Müll-Klärschlamm-Kompost erwiesen sich dem nur mechanisch aufbereiteten Müll als überlegen. Eine Nachwirkung war erst nach mehrmaliger Düngung feststellbar. Die Wirkung von $(NH_4)_2SO_4$-Gaben wurde insbes. durch Klärschlamm, weniger durch Müll vermindert. Die Superphosphatwirkung konnte auf einem P-armen Boden durch Klärschlamm verbessert werden. K. Koepke. 671 a.

Levin, A. M. (Lewin, A. M.); Mitschurinsk, Mitschurin-Inst. für Obst- und Gemüsebau. Vlijanie navozno-zemljanych kompostov i bakterizovannych organo-fosfatnych smesej na urožaj kukuruzy. **(Der Einfluß von Stalldung-Erdkompost und bakterisierter organischer Phosphatgemische auf den Maisertrag.)** Vestnik sel'skochozjajstvennoj nauki, Moskva 7 (1962) Nr. 9. S. 15–19. – 4 Tab. Zus. in Engl., Franz., Dtsch.
Auf einer Fläche von 0,5 ha wurden 300 t Stalldung untergepflügt, worauf Bearbeitung mit Scheibenegge erfolgte. Nach 1,5 Mon., in deren Verlauf 2mal gegrubbert worden war, wurde dann der mit Erde vermischte Stalldung mittels Bulldozer zu Mieten zusammengeschoben. Dieser Kompost wurde zur Herbstfurche 25–27 cm tief untergebracht. Die Bestellung des Maises erfolgte auf dieser Fläche in Standweiten von 70 × 70 cm mit je 2 Pflanzen im Nest. Anläßlich der Frühjahrsbestellung erfolgte dann noch eine Volldüngung, bestehend aus Ammoniumnitrat, Rohphosphat und Kali, wodurch im Vergleich zur Kontrolle 98 dt/ha Grünmasse Mehrertrag erzielt wurde Granuliertes Superphosphat ergab 117,5 dt/ha Mehrertrag. Bes. wirkungsvoll waren bakterielle Düngemittel in Konbination mit org. Phosphatgemischen, die bei der Quadratbestellung von Hackfrüchten direkt in die Nester gegeben wurden, wobei Phosphobakterien dem Azotobakterien überlegen waren.

E. Kahn. 671a.

Baumann, E.; Großbeeren, Inst. für Gemüsebau der Humboldt-Univ. Berlin. **Ergebnisse der ersten sechsjährigen Rotation eines Dauerdüngungsversuches mit zeitlich und mengenmäßig differenzierter Kompost- und Stallmistdüngung zu Gemüse auf Sandboden.** Albrecht-Thaer-Arch. 7 (1963) Nr. 7/8. S. 565–585. – 17 Tab., 23 Lit. – nach Zus.
Auf Sandboden wurde im Jahr 1956 ein Dauerdüngungsversuch mit folgenden Varianten angelegt: Ohne org. Düngung, 300 dt Kompost/ha alljährlich, 600 dt Kompost/ha alle 2 Jahre, 900 dt Kompost/ha alle 3 Jahre, 150 dt Stallmist/ha alljährlich, 300 dt Stallmist/ha alle 2 Jahre, 450 dt Stallmist/ha alle 3 Jahre. Alle Varianten erhielten mineral. NPK-Düngung. Nach 6jähriger Versuchsdauer, während der 11 Gemüsearten angebaut worden waren, hatten alle Varianten gleiche Mengen Kompost bzw. Stallmist erhalten. In Abhängigkeit von der Verteilung der org. Düngung schwankte die Ertragssteigerung durch Kompost zwischen durchschnittlich 16,6 und 26,7%, die durch Stallmist zwischen 16,2 und 25,6%. Die höchste Ertragszunahme wurde bei den Varianten „900 dt Kompost/ha alle 3 Jahre“ und „300 dt Stallmist/ha alle 2 Jahre“ erzielt. Die Gelderträge, in denen auch die Qualitätsveränderungen der Ernteprodukte enthalten sind, wurden durch Kompostdüngung zwischen 19 und 32%, durch Stallmistdüngung zwischen 25 und 32% gesteigert. Der Mehrerlös je dt eingesetzten org. Düngers nach Abzug der Kosten lag bei Stallmist allgemein höher als bei Kompost, jedoch war die Anwendung beider Formen wirtschaftlich. Für Stallmist ist beim Gemüsebau auf leichtem Boden ein 2jähriger Düngungsturnus mit 300 dt/ha zu empfehlen, für Kompost war dagegen die Düngung mit 900 dt/ha alle 3 Jahre den anderen Ausbringungsweisen pflanzenbaulich überlegen. Der Gehalt des Bodens an org. Subst., C und an Nährstoffen sowie seine Sorptionseigenschaften wurden durch die org. Düngung allgemein erhöht bzw. verbessert. Es konnten jedoch dabei keine festen Beziehungen zur Art der org. Düngung gefunden werden.

671a.

Mayer, Ignaz. **Ist eine einmalige Aufdüngung mit Phosphorsäure und Kali wirtschaftlich tragbar.** Förderungsdienst [Wien] **11** (1963) Nr. 1. S. 5–7.
Da die in Österreich zu 75% an P_2O_5 und zu 40% an K_2O verarmten Kulturböden schnell verbessert werden müssen, wurden je Bundesland 2 Exaktversuche nach der Langparzellenmethode angelegt. Sämtliche Versuchsböden waren mittelschwere Böden mit einem pH-Wert von pH 5,0–6,7. Die theoreti-

sche Aufdüngung erfolgte auf die Grenzwerte der Methode Egnér-Riehm von 14 mg P_2O_5 und 18 mg K_2O je 100 g Feinboden. Aus den Ertragstabellen ist ersichtlich, daß durch einmalige Aufdüngung bedeutend höhere Erträge als durch die Ersatzdüngung erzielt wurden. H. Masche. 671 b.

Ansorge, H.; Halle-Lauchstädt, Inst. für Saatgut und Ackerbau der Dtsch. Akad. der Landwirtsch.-Wiss. zu Berlin. **Vorratsdüngung mit Phosphorsäure und Kali in der Fruchtfolge.** Dtsch. Landwirtsch. **14** (1963) Nr. 3. S. 119–121. – 4 Tab., 9 Lit. – nach Zus.
Aus den Versuchsergebnissen und den 10jährigen Erfahrungen des Institutes geht hervor, daß die Vorratsdüngung mit PO_5 und K_2O außer auf den leichten Sandböden keine negative Beeinflussung der Erträge zur Folge hat. Die Arbeitsproduktivität wird dagegen durch diese Maßnahme wesentlich erhöht. Die Vorratsdüngung mit P_2O_5 und K_2O wird in der entspr. Höhe für die 2 bzw. 3 anzubauenden Früchte auf einmal, am besten zu den Futterpflanzen oder Hackfrüchten verabreicht. Um Schäden durch zu hohe Salzkonz. bei diesen hohen PK-Gaben zu vermeiden, sollte die PK-Vorratsdüngung grundsätzlich als Stoppeldüngung gegeben und mit der Herbstfurche untergepflügt werden. Durch die Anwendung dieser Düngungsmethode wird es möglich sein, bei der gleichen Wirkung der Düngemittel mit einem wesentlich geringeren Arbeitsaufwand auszukommen und somit die Arbeitsproduktivität wesentlich zu erhöhen. Aus diesem Grunde sollte die Vorratsdüngung mit P_2O_5 und K_2O vor allem auf den besseren Böden in verstärktem Maße durchgeführt werden. 671 b.

Specht, G.; Potsdam, Inst. für Landwirtsch. Untersuchungswes. **Die Eingliederung der periodischen PK-Düngung in die Fruchtfolgen leichter Sandböden.** Dtsch. Landwirtsch. **14** (1963) Nr. 3. S. 121-124. – 5 Tab., 4 Lit. – nach Zus.
1. Die periodische Düngung, die arbeitswirtschaftliche, ackerbauliche und pflanzenbauliche Vorteile aufweist, kann auch auf lehmigen und anlehmigen Sandböden angewandt werden. Eine Ausnahme bilden für die K_2O-Vorratsdüngung lediglich leichte Sandböden etwa mit einer Bodenzahl unter 25 sowie stark versauerte und Mg-bedürftige Böden. 2. In engem Zusammenhang mit der Vorratsdüngung muß der Reaktionszustand der Böden gesehen werden. Nur die Beseitigung einer stärkeren Versauerung und Mg-Verarmung der Sandböden gewährleistet die volle Ausnutzung der übrigen Nährstoffe. Es ist deshalb unerläßlich, auf der Grundlage der systematischen Bodenuntersuchung gleichlaufend mit den Plänen für die Vorratsdüngung auch Kalkpläne aufzustellen. 3. Bei Dreifelderfolgen kann die PK-Düngung auf besseren, lehmigen Sandböden für 3 Jahre zusammengefaßt werden, d. h., die Hackfrucht kann bereits P_2O_5 und K_2O für die beiden folgenden Getreideschläge erhalten. Auf leichten Sandböden darf diese Art der Vorratsdüngung nur für P_2O_5 angewandt werden. Bes. auf P_2O_5-armen Böden gewährleistet die konz. P_2O_5-Anwendung eine bessere Ausnutzung. 4. Bei Fruchtwechselgliedern werden die PK-Gaben bereits bei der Blattfrucht für die nachfolgende Halmfrucht mit verabreicht. 5. Bei Doppelfruchtwechsel wird vorgeschlagen, auf leichten Böden die Vorratsdüngung für das 2mal aufeinanderfolgende Getreide auf die beiden vorangehenden Blattfrüchte zu verteilen. Auf besseren kolloidreichen Böden kann auch die gesamte PK-Düngung, zumindest die gesamte P_2O_5-Düngung, bereits zur ersten Blattfrucht, d. h., auf die letzte Getreidestoppel gegeben werden. 6. Bei Überfruchtwechsel, bes. in Futterfruchtfolgen, ist es häufig erforderlich, neben der Vorratsdüngung auch jährliche PK-Gaben zu bestimmten Früchten vorzusehen. 7. Zu Luzerne werden der Vorvorfrucht und der Vorfrucht eine starke PK-Vorratsdüngung verabreicht. 8. Die PK-Vorratsdüngung wird möglichst schon auf die Getreidestoppel bzw. vor dem Luzerne- oder Rotkleeumbruch gegeben, da dies zug-

kraftsparend und bodenschonend ist. Außerdem ergibt sich dadurch eine Entlastung der Frühjahrsarbeitsspitze. Voraussetzung dafür ist jedoch ein ausreichender Bestand an motorischer Zugkraft, an Traktorenanhängern und vor allem an Großflächen-Düngerstreuern. Wird die PK-Vorratsdüngung im Spätsommer auf die Stoppel ausgebracht, können die nachfolgenden Stoppel- oder Winterzwischenfrüchte ebenfalls schon die PK-Düngung ausnutzen. 671 b.

Selke, W. und Ebert, K.; Potsdam, Inst. für Landwirtsch. Versuchs- und Untersuchungswes. der Dtsch. Akad. der Landwirtsch.-Wiss. zu Berlin. **Beziehungen zwischen Magnesiumdüngung, Kalkgabe und Stickstofform.** Z. landwirtsch. Versuchs.- u. Untersuchungswes 8 (1962) Nr. 6. S. 473–497. – 6 Tab., 25 Lit. Zus. in Russ., Engl.
In 3jährigen Gefäßversuchen mit Hafer, Kartoffeln und Mais mit stark versauertem, Mg-armem Boden wurde der Einfluß von Mg- und Ca-Gaben in Abhängigkeit von der Form der N-Düngemittel (Ammonsulfat, Ureaform, Ammoniakwasser, Harnstoff, Ammonium-, Calcium- und Natriumnitrat) untersucht. – Bei Düngung mit Ammonsulfat hatten die Mg-Gaben erst bei ausreichender Kalkung größere Ertragssteigerungen zur Folge. Bei Salpeterdüngung lagen die Erträge bei Mg-Gaben dagegen auch ohne Kalkung wesentlich höher, und selbst bei Unterlassung der Mg-Düngung wurden hier z. T. noch beachtliche Erträge erzielt. Ammoniakwasser und Harnstoff nahmen eine Mittelstellung ein. Bei Unterlassung der Kalkung wurde bei Salpeterdüngung wesentlich mehr Mg aufgenommen als bei Ammonsulfat. Die Kalkung hatte bei Ammonsulfat stets eine starke Zunahme der Mg-Aufnahme zur Folge. Die Kornerträge des Hafers wurden durch die Mg-Düngung stärker erhöht als die des Strohes. H. Ansorge. 671 b.

Dauerversuche zur Erforschung von Möglichkeiten der Ertragssteigerung auf leichten Böden durch Düngungsmaßnahmen (Kalk- oder Magnesiumdüngung). Potsdam, Institut für Landw. Untersuchungswesen der Deutschen Akademie der Landwirtschaftswissenschaften zu Berlin **1962** 68 S. Plan-Nr.: 17 01 34h-2-02/8. Abschlußber. – 59 S. Anlagen.
Die Beseitigung der Austauschacidität durch Kalkung muß auf den stärker versauerten leichten Böden Brandenburgs auch die Grundlage für die Bekämpfung von Mg-Mangelerscheinungen bilden. Als weitere wirksame Maßnahmen kommen die Zufuhr von leicht löslichen Mg-Salzen ($MgSO_4$) und die Verwendung von salpeterhaltigen Düngemitteln in Frage. Natronsalpeter induzierte Mg-Mangel viel weniger als schwefelsaures Ammoniak. Harnstoff, Ammoniakwasser und Ammonsalpeter nehmen eine Mittelstellung ein. Eine bes. Bedeutung besitzt der Salpeter dann, wenn es sich darum handelt, spät erkannten Säure- und Mg-Mangelschäden noch durch eine Kopfdüngung entgegenzutreten. Nach Beseitigung der Austauschacidität gehen die Wirkung der Mg-Düngung und die Überlegenheit des Natronsalpeters zurück, und zwar bes. dann, wenn sie ohne Kalkung sehr hoch sind (zu Getreide in feuchten Jahren). Hohe K-Gaben können auf stark versauerten, Mg-armen Böden zu einer Verschärfung des Mg-Mangels führen. Bei Unterlassung von Kalkung und Stallmistdüngung beträgt die zweckmäßigste Höhe der Mg-Düngung unter den gewählten Standortverhältnissen 20–40 kg/ha MgO in Form von $MgSO_4$. Eine nennenswerte anhaltende Mg-Anreicherung ist auf den leichten Böden mit leicht löslichen Mg-Salzen nicht möglich. 671 b.

Ansorge, H.; Halle-Lauchstädt, Inst. für Saatgut und Ackerbau der Dtsch. Akad. der Landwirtsch.-Wiss. zu Berlin. **Über den Einfluß der NPK-Düngung auf Ertrag und Qualität von Silomais.** Albrecht-Thaer-Arch. 7 (1963) Nr. 3. S. 215–230. – 4 Abb., 8 Tab., 6 Lit. – nach Zus.
Um den Einfluß und die Wechselwirkung unterschiedlich hoher N-, P- und K-Gaben auf den Ertrag sowie Tr.-Subst.- und Nährstoffgehalt von Silo-

mais zu überprüfen, wurden in den Jahren 1958–62 mehrere Gefäß- und Feldversuche durchgeführt. In den Gefäßversuchen hatte die N- und P-Düngung neben hohen Ertragssteigerungen starke Wechselwirkungen zwischen beiden Nährstoffen zur Folge. So traten durch die hohen N-Gaben bei niedriger P-Düngung Ertragsdepressionen auf, und auch P kam erst bei höherer N-Düngung voll zur Wirkung. Der Einfluß der K-Düngung war dagegen geringer. Die steigenden N-Gaben bewirkten eine Abnahme der Tr.-Subst.-Gehalte des Silomaises, während durch die P-Düngung eine Erhöhung derselben erzielt wurde. Die Höhe der N-, P- und K-Gehalte des Silomaises wurde durch die differenzierte Düngung stark beeinflußt. Übereinstimmend mit den Ergebnissen der Gefäßversuche konnte in den Feldversuchen eine gute N-Düngungswirkung bis zu Gaben von 80–100 kg/ha N festgestellt werden. Gute P-Wirkungen und Wechselbeziehungen zwischen der N- und P-Düngung waren dagegen nur in mehrjährigen Versuchen vorhanden. Höhere N-Gaben hatten auch in den Feldversuchen fast immer einen Rückgang der Tr.-Subst.-Gehalte zur Folge, während eine Erhöhung derselben durch die P-Düngung nur in Versuchen mit sehr starker P-Wirkung festgestellt wurde.
671b.

Lefèvre, G. und Hiroux, G.; Amiens, Somme, Stat. d'Agronomie. Interaction des fumures phosphopotassiques et azotées sur la production et les exportations d'une fétuque des prés (variété Naïade). **(Wechselwirkung von Phosphatkalium- und Stickstoffdüngung auf Ertrag und Entzug von Wiesenschwingel [Sorte 'Naiade'].)** Ann. agronom. **13** (1962) Nr. 6. S. 587–610. – 6 Abb., 6 Tab., 2 Lit. Zus. in Russ., Engl., Dtsch.
Die im Jahre 1961 mit Wiesenschwingel einer anderen Sorte durchgeführten Dauerdüngungsversuche bestätigten die Ergebnisse der beiden vorhergehenden Jahre. Es wurden 5 Schnitte vorgenommen. Die Parzellen mit PK-Düngung brachten insgesamt einen Mehrertrag von 7,35 t/ha Grünmasse gegenüber ungedüngten. Geringes N-Angebot zusammen mit PK-Düngung bewirkte höhere Erträge als hohe N-Gaben ohne PK-Düngung. Auf Trockengewicht bezogen, führte PK-Düngung im Verein mit den N-Varianten zu einem Mehrertrag von 20%. Die N-Gehalte des Wiesenschwingels waren nicht stark abhängig von der Düngung. PK-Gaben führten zu einem hohen N-Entzug; entweder können die Pflanzen die N-Reserven des Bodens in Anspruch nehmen oder die PK-Dünger wirken mineralisierend. Die Entzüge an N, P_2O_5 und K_2O durch die Pflanzen lagen bei 5, 2 und 8,5 kg je t Grünmasse.
W. Schulze. 671b.

Parker, M. B. und Harris, H. B.; Blairsville, Georgia Mountain Exp. Stat. Soybean response to molybdenum and lime and the relationship between yield and chemical composition. **(Reaktion der Sojabohnen auf Molybdän und Kalk und die Beziehung zwischen Ertrag und chemischer Zusammensetzung.)** Agronomy J. **54** (1962) Nr. 6. S. 480–483. – 5 Abb., 5 Tab., 15 Lit.
Der Einfluß steigender Ca-Gaben (0, 1, 2, 3, 4 t./acre $CaCO_3$), kombiniert mit steigenden Mo-Gaben (0, 0,2, 0,4 lb./acre Mo als $Na_2MoO_4 \cdot 2\,H_2O$), auf Erträge und Zusammensetzung von Sojabohnen wurde in 2 Feldversuchen auf sauren Lehmböden (pH 5,6 bzw. 5,5) innerhalb von 2 Jahren untersucht. Die Mo-Gaben wurden durch Saatgutbehandlung (mit Lösung) und durch Blattdüngung verabfolgt. Mo erhöhte die Erträge in den beiden Jahren um 30 bzw. 55%. Die Mo-Wirkung war auf den ungekalkten Parzellen am größten, sie nahm mit steigenden Ca-Gaben ab. Eine signifikante Ca-Wirkung auf die Erträge wurde nur bei fehlender Mo-Zufuhr festgestellt. Durch 0,2 lb./acre Mo oder 2 t./acre $CaCO_3$ wurde der gleiche Ertragsanstieg erzielt. Die Wirkung der Mo-Gaben war durch Samenbehandlung größer als durch Blattdüngung. Der Proteingehalt in den Blättern und Samen und die TKM wurden durch Mo- oder Ca-Gaben erhöht, der Ölgehalt in den Samen vermindert. Zwischen

dem Kornertrag und dem pH-Wert des Bodens (bei fehlender Mo-Zufuhr), Kornertrag und Blatt-N, Blatt-N und Korn-N, Kornertrag und Korn-N sowie Kornertrag und TKM bestanden signifikante positive Korrelationen.

O. Knabe. 671b.

Gasser, J. K. R. Investigations on rice growing in British Guiana. II. Field experiments to test effects of fertilizers, lime, and cultivations on yield, composition, and nutrient uptake. **(Untersuchungen über den Reisanbau in Britisch-Guiana. 2. Mitt. Feldversuche zur Prüfung des Einflusses von Düngemitteln, Kalk und Anbaumaßnahmen auf Ertrag, Zusammensetzung und Nährstoffaufnahme.)** J. Soil Sci. **13** (1962) Nr. 2. S. 321–332. – 6 Tab., 16 Lit. 1. Mitt. vgl. LZ. Abt. II **7** (1962) Nr. 11. S. 2919.

Die Ergebnisse der im Küstengebiet von Britisch-Guiana auf verschiedenen Böden angelegten Feldversuche lassen u. a. erkennen, daß die verabreichten N-Düngemittel nur auf den fruchtbarsten Bodentypen eine Ertragssteigerung bei Reis zur Folge hatten. Die P-Düngung bewirkte dagegen ausschl. eine mäßige Ertragszunahme auf weniger leistungsfähigen Böden; sie verhinderte außerdem Ertragsausfälle auf Böden mit hohem Anteil an austauschbarem Al. Durch K-Düngung konnte zwar die Jugendentwicklung der Reispflanzen gefördert werden, eine Zunahme der Korn- und Stroherträge war jedoch nicht zu beobachten. Auch die Kalkgaben konnten eine Ertragssteigerung nur auf sehr sauer reagierenden Böden mit hohem Anteil an austauschbarem Al bewirken. Die in Korn und Stroh unter der Einwirkung der Düngung analysierten Gehalte an Kernnährstoffen lieferten u. a. Beweise dafür, daß die N- und P-Düngung nur einen geringen Einfluß auf die Konz. dieser Elemente in den oberirdischen Pflanzenteilen auszuüben vermochte. Darüber hinaus ließ die Nährstoffaufnahme einen engeren Zusammenhang mit dem Ertrag als mit der stofflichen Zusammensetzung der Pflanzensubstanz erkennen.

W. Prager. 671b.

Sharma, D. L. und Mehta, K. M.; Udaipur, Rajasthan, Agric. Chem. Sect. Tea waste as a source of organic manure. **(Teesatz als eine Quelle für organischen Dünger.)** J. Indian Soc. Soil Sci. **10** (1962) Nr. 4. S. 277–282. – 3 Tab., 4 Lit.

Bedingt durch einen hohen Teekonsum sind in der Nähe ind. Großstädte beträchtliche Mengen Teesatz verfügbar. Teesatz enthält im Durchschnitt (bezogen auf Tr.-Subst.) 8% H_2O, 4,16% N, 0,43% P_2O_5, 1,44% K_2O und 28% org. C; das C/N-Verhältnis liegt im Durchschnitt bei 6,19. Um die Zersetzung des Teesatzes zu beschleunigen, wurden Mischungen mit Boden und mit „slurry“ (Rinderdung + Rinderharn im Verhältnis 1:5) hergestellt, in Gefäßen bei 28 °C gehalten und aller 30 Tage auf pH-Wert, org. C, NH_4-N, NO_3-N und Gesamt-N untersucht. Außerdem wurde zu Beginn und am Ende des Versuches der Gehalt an verfügbarem P bestimmt. Nach 4 Mon. war der Teesatz ohne „slurry“ noch nicht ausreichend zersetzt. „Slurry“-Zusatz zu Boden und Teesatz beschleunigte den Nitrifizierungsprozeß, so daß bereits nach 30 Tagen ein beträchtlicher Betrag an Nitrat-N verfügbar war, während das Maximum nach 60 Tagen erreicht wurde. G. Loßner. 672.

Schmalfuß, K. und Kolbe, G.; Halle/S., Martin-Luther-Univ. Halle-Wittenberg, Inst. für Pflanzenernähr. und Bodenkunde. **Der Dünger Stallmist.** Albrecht-Thaer-Arch. **7** (1963) Nr. 3. S. 199–213. – 7 Tab., 17 Lit. – nach Zus.

1. Es werden 17 Stallmistlagerungsversuche ausgewertet, in denen Stallmist (Frischmist) verschiedenen Lagerungsverfahren, und zwar als Heißmist, Stapelmist und Silomist mit Jauche, unterzogen wurde. Die so gelagerten Mistarten, einschl. Frischmist, wurden seit 13 Jahren in einem Felddüngungsversuch hinsichtlich ihrer Ertragswirkung geprüft. 2. Die Verluste des Stallmistes auf der Lagerungsstätte betreffen den N und die org. Substanz.

Die Lagerungsversuche ergaben, daß – im Vergleich zum Ausgangsmaterial – der Heißmist rund 45%, der Stapelmist 38% und der Silomist mit Jauche dagegen nur 15% Verlust an org. Subst. erlitten. Während der Lagerung verloren gegenüber dem Frischmist der Heißmist 30%, der Stapelmist 18% und der Silomist etwa 10% N. 3. Auf Grund der Lagerungsverluste gelangten mit einer vorgesehenen Stallmistdüngung von 300 dt/ha mit den geprüften Mistarten folgende N-Mengen auf den Acker: mit Frischmist 126,0 kg Gesamt-N/ha (24,0 kg lösl. N/ha), mit Heißmist 89,0 kg Gesamt-N/ha (6,7 kg lösl. N/ha), mit Stapelmist 102,9 kg Gesamt-N/ha (15,0 kg lösl. N/ha), mit Silomist mit Jauche 123,0 kg Gesamt-N/ha (42,7 kg lösl. N/ha). 4. Die Wirkung der Mistarten im langjährigen Düngungsversuch auf die Pflanzenerträge läßt deutlich die Abhängigkeit vom jeweiligen N-Gehalt der Mistarten, insbes. vom Gehalt an wasserlöslichem N, erkennen. Je geringer die N-Verluste des gelagerten Stallmistes und damit auch die Substanzverluste, um so höher waren die Erträge. 5. Die C- und N-Gehalte des Versuchsbodens erhöhten sich trotz ungleicher C- und N-Zufuhr mit den einzelnen Mistarten gleichmäßig, d. h., daß die jeweilige Stallmistart (Heißmist, Stapelmist, Silomist, Frischmist) im Versuchszeitraum keinen Einfluß auf die im Boden zur Anreicherung kommende C- und N-Menge ausübte. 673.

Gliemeroth, G. **Nachwirkungen organischer Substanzzufuhren auf Struktur- und Gareeigenschaften in Dauerversuchen.** Z. Acker- u. Pflanzenbau **116** (1963) Nr. 3. S. 289–300. – 8 Abb., 3 Tab., Zus. in Engl.
Im Göttinger Raum wurde der Einfluß langjährig unterschiedlicher org. Düngung auf den Humusgehalt und die Strukturstabilität (Verschlämmungswiderstand und Aggregatstabilität) in 3 Dauerversuchen auf Lößlehmböden (Übergänge von eutropher zu Parabraunerde) untersucht. – Auf dem Göttinger A-Feld waren noch im 5. Nachwirkungsjahr ein erhöhter Humusgehalt und eine Strukturverbesserung nach einer langjährigen, in normaler Höhe verabreichten Stallmistdüngung vorhanden. Noch größer ist die Nachwirkung der org. Düngung im Weender Versuch, in welchem der Einfluß unterschiedlicher Stallmistgaben bei langjährigem Monokulturanbau und variierten Bearbeitungstiefen überprüft wurde. Nach 10 stallmistfreien Jahren waren noch große Unterschiede im Humusgehalt und der Strukturstabilität vorhanden. – In dem Fruchtfolgeversuch Holtensen hatte ein 15jähriger starker Zwischenfruchtanbau nur einen sehr geringen Anstieg des Humusgehaltes zur Folge. Bei der Feststellung der Strukturverbesserungen wurden Abhängigkeiten von Jahresrhythmus, Witterung, Pflanzenbestand und biol. Bodenaktivität beobachtet. H. Ansorge. 673.

Kick, H.; Bonn, Univ., Agrikulturchem. Inst. **Die Anwendung der festen Siedlungsabfälle (Müll- und Müllklärschlammkompost, Klärschlamm) im Landbau und ihre Beurteilung.** Landesausschuß landwirtsch. Forsch., Erziehung Wirtsch.-Berat. Minist. Ernähr., Landwirtsch. Forsten Landes Nordrhein-Westfalen, Forsch. u. Berat., R.B **1962** Nr. 6. S. 5–77. – 7 Abb., 25 Tab., 49 Lit.
Auf der Grundlage neuerer Arbeiten wird eine umfassende Übersicht über anfallende Mengen von Siedlungsabfällen, deren Verarbeitung im Kompostwerk Duisburg-Huckingen und die Eigenschaften, die Zusammensetzung, die pflanzenphysiol. Wirksamkeit der Nährstoffe und der org. Komponente der anfallenden Komposte sowie die Verwertung nichtaufbereiteter städtischer Abfälle in der Landwirtschaft gegeben. Verwertung von Rohmüll sollte nur dann erfolgen, wenn keine Verunreinigung des Grundwassers zu befürchten ist. Bei regelmäßiger Verwertung von Abfällen sollte unbedingt eine Kompostierung vorgenommen werden. Von den landwirtsch. Kulturpflanzen eignen sich am besten die Betarüben und Kohlarten, ferner Raps, Luzerne, auch Gerste für die Verwertung kompostierter städtischer Abfälle. Müllempfind-

lichkeit beruht auf dem Gehalt der Komposte an basisch wirksamen Stoffen (meist $CaCO_3$), an B und einem hohen Gehalt an anorg. Salzen. Die besten Erfolge werden auf den ärmsten und schlechtesten Böden erzielt. In Rekultivierungsgebieten (Braunkohlentagebau) läßt sich durch Anwendung von Abfallkomposten schnell eine Anreicherung mit org. Stoffen, Pflanzennährstoffen, Spurenelementen und Sorptionsträgern erreichen.

V. Koepke. 675.

Hilkenbäumer, F. und Reinken, G.; Bonn, Inst. für Obstbau. **Die Wirkung von Müll-Klärschlamm-Komposten und anderen Humusdüngern in Feldversuchen mit Obstgehölzen.** Landesausschuß landwirtsch. Forsch., Erziehung Wirtsch.-Berat. Minist. Ernähr., Landwirtsch. Forsten Landes Nordrhein-Westfalen, Forsch. u. Berat., R. B. **1962** Nr. 6. S. 79–105. – 17 Tab., 6 Lit.

In 7 3- bis 4jährigen Versuchen mit Apfel, Schattenmorelle und Pfirsich auf Sand, Lehm und Löß erhöhte sich der Gehalt des Bodens an org. Subst. durch einmalige Verabfolgung von 100 t/ha Müll-Klärschlamm-Kompost oder 30,5 t/ha Düngetorf um 0,6–1,0%. 50 t/ha Stallmist oder 20,5 t/ha Stroh hatten eine geringere Wirkung. Durch die Müll-Klärschlamm-Kompostgabe und die Torfdüngung stiegen die Erträge an Äpfeln im Vergleich zur alleinigen Mineraldüngung um 13–76 kg jährlich je Einzelbaum bei gleichzeitiger Erhöhung des Einzelfruchtgewichtes. Bei Schattenmorellen betrug die Ertragssteigerung je Einzelbaum bei Kompostdüngung 4-7 kg, bei Torfgabe 9–20 kg. Parallel zum Ertragszuwachs wurden ein verbesserter Jungtriebzuwachs und späterer Blattfall als Folge der org. Düngung beobachtet. Höhere Kompostgaben (200 und 300 t/ha) hatten eine geringere Wirkung. Die sog. Bodenmüdigkeit konnte durch Kompostgaben nicht behoben werden. Der Anbau von Gründüngungspflanzen in den Obstanlagen war wegen des laufenden Befahrens und der Beschattung weniger wirksam als die Zufuhr org. Düngemittel, er wird jedoch als ergänzende Maßnahme empfohlen.

V. Koepke. 675.

Reinken, G.; Bonn, Inst. für Obstbau. **Der Einfluß hoher Gaben von Müll-Klärschlamm-Kompost auf Apfel und Rote Johannisbeere in Großgefäßen.** Landesausschuß landwirtsch. Forsch., Erziehung Wirtsch.-Berat. Minist. Ernähr., Landwirtsch. Forsten Landes Nordrhein-Westfalen, Forsch. u. Berat., R. B **1962** Nr. 6. S. 107–123. – 9 Tab., 4 Lit.

5jährige Versuche mit Apfelbäumen ('Golden Delicious' auf M IV) und Roten Johannisbeeren ('Houghton Castle') in Tongefäßen (110 l Inhalt) mit Sand- bzw. Lößlehmboden führten zu der Feststellung, daß Düngetorfgaben, entspr. 50 t/ha, und Müll-Klärschlamm-Kompostgaben, entspr. 250 t/ha, das Triebwachstum und die Wurzelausbildung nachhaltig fördern. 500 und 1000 t/ha Müll-Klärschlamm-Kompost verminderten dagegen mehrjährig den Jungtriebzuwachs. Auf der Grundlage von Transpirations- und Assimilationsmessungen wird angenommen, daß die Beeinflussung des Baum- und Strauchwachstums bei Verabreichung von Humusstoffen über die Regulierung des Wasserhaushaltes erfolgt. Vff. empfiehlt, dem Boden bei der Pflanzung 1 kg Düngetorf oder bis zu 5 kg Müll-Klärschlamm-Kompost pro Einzelbaum beizumischen.

V. Koepke. 675.

Vikeland, Nils; Troms, Kalkingsforsøk i Finnmark. **(Kalkdüngungsversuche in Finnmark.)** Forskn. Forsøk Landbruket **13** (1962) Nr. 6. S.417–426. – 3 Tab.

Die Ergebnisse von 9 Ca-Düngungsversuchen, von denen einer in den Jahren 1937/39 und die übrigen 8 in den Jahren 1955/59 in Finnmark durchgeführt wurden, werden eingehend besprochen. Es wird außerdem ein allg. Überblick über die Gesteins- und Bodenbeschaffenheit dieses Landes sowie über frühere Versuche gegeben. – Die Varianten des Versuches waren: a) ungedüngt, b) 3,5 t Kalksteinmehl/ha, c) 7,0 t Kalksteinmehl/ha. 7 Versuche wurden auf humosem Sand, ein Versuch auf lehmigem Sand und ein Versuch auf Marschboden angelegt. Der Ca-Effekt wurde im ersten Jahr gekennzeichnet durch Hafer als Hauptvertreter des Wiesenbestandes, in den folgenden Jahren durch Wiesenlieschgras. Im Durchschnitt von 34 Jahresernten konnte auf allen 9 Versuchsfeldern eine Erhöhung des Heuertrages durch Ca-Düngung festgestellt werden (a) 45,6 dt/ha, b) 51,8 dt/ha, c) 54,1 dt/ha); 7 Versuchsfelder zeigten eine signifikante positive Ertragsbeeinflussung. Eine Korrelation bestand zwischen Ertragszunahme und pH-Wert.

H. Masche. 678.

Seetharaman, S. und Sen, Abhiswar; New Dehlhi, Indian Agric. Res. Inst. Studies on some compound fertilizers containing ammonium chloride. **(Untersuchungen über einige Ammonchlorid enthaltende Mehrnährstoffdünger.)** Indian J. agric. Sci. **32** (1962) Nr. 4. S. 253–259. – 4 Tab., 5 Lit.

Von folgenden einfachen Düngern und Düngemittelmischungen wurden die hygroskopischen Eigenschaften, die Nitrifizierung im Boden, ihre Eignung als Weizendünger und die N-Aufnahme der Pflanzen aus mit diesen Düngemitteln behandelten Böden untersucht: NH_4Cl, $(NH_4)_2SO_4$, NH_4NO_3, $CO(NH_2)_2$, $NH_4Cl/(NH_4)_2SO_4$, NH_4Cl/NH_4NO_3, $NH_4Cl/CO(NH_2)_2$, $NH_4Cl/CaSO_4$, $NH_4Cl/(NH_4)_2SO_4/CaSO_4$, $NH_4Cl/NH_4NO_3/CaSO_4$ und $NH_4Cl/CO(NH_2)_2/CaSO_4$. Die Hygroskopizität des NH_4Cl wurde durch Mischung mit $CaSO_4$, $(NH_4)_2SO_4$ oder $(NH_4)_2SO_4/CaSO_4$ erniedrigt. $CaSO_4$-Zusatz erhöhte jedoch den nach 1,5 Mon. gemessenen %-Satz des nitrifizierten NH_4-N. In Gefäßversuchen mit Weizen als Versuchspflanze brachte NH_4Cl-Düngung sowohl die höchsten Kornerträge, die höchsten Ausbeuten an Trockenmasse als auch die stärkste Zunahme des N-Gehaltes der Pflanzen. $CaSO_4$-Zusatz erhöhte nur die von der Pflanze aufgenommenen N-Mengen, wenn $NH_4Cl/CO(NH_2)_2$- und NH_4Cl/NH_4NO_3-Mischungen eingesetzt wurden. G. Loßner. 680.

Kaasenbrood, P. J. C., Berg, P. J. van den und Revallier, L. J.; Geleen, Netherlands, Dutch State Mines, Centr. Lab. Biuret formation in the manufacture of urea. **(Biuretbildung bei der Herstellung von Harnstoff.)** J. agric. Food Sci. **11** (1963) Nr. 1. S. 39–43. – 5 Abb., 4 Tab., 5 Lit.

Die Geschwindigkeit der Biuret-Bildung in Abhängigkeit von Harnstoff-, Biuret-, NH_3-Konz. (bzw.-Druck) und Temperatur wurde bestimmt. – Die Ergebnisse zeigen, daß die direkte Umwandlung von Harnstoff in Biuret und NH_3 nur eine untergeordnete Rolle spielt. Biuret wird vorwiegend in einer reversiblen Reaktion (I) zwischen Harnstoff und Isocyansäure, die aus Harnstoff unter gleichzeitiger NH_3-Entwicklung entsteht, gebildet. Das Gleichgewicht der Reaktion **I** kann durch hohe NH_3-Konz. wieder auf die Seite der Harnstoffbildung aus Biuret verschoben werden. Diese Umwandlung wird durch basische Verbindungen beschleunigt und durch saure verlangsamt. Es wird eine Gleichung angegeben, die es gestattet, aus direkt meß- und kontrollierbaren Prozeßvariablen, wie Temperatur, Gesamtdruck und Verdampfungsgeschwindigkeit von H_2O, die Zunahme des Biuretgehalts in Verdampfern und Vakuumkristallisatoren abzuschätzen. P. Stoß. 680.

Jung, J.; Limburgerhof, Landwirtsch. Versuchsstat. der BASF Ludwigshafen/Rh. **Über die Wirkung von Crotonylidendiharnstoff (CD-Harnstoff) in Abhängigkeit von der Korngröße.** Z. Pflanzenernähr., Düng., Bodenkunde **100** (1963) Nr. 2. S. 115–120. – 4 Tab., 2 Lit.

Um den Einfluß der Korngröße auf die Ertragsleistung und N-Ausnutzung des langsam wirkenden N-Düngemittels Crotonylidendiharnstoff (CD-Harnstoff) zu untersuchen, wurden mehrere Gefäßversuche durchgeführt. Die Ergebnisse zeigen, daß Korngrößen unter 1 mm etwa die gleiche Wirkung wie gepulverter CD-Harnstoff aufweisen, während bei Granulaten von 2–4 mm eine zusätzlich verlangsamte N-Wirkung auftrat. Bei Verwendung eines Bindemittels auf Harnstoff-Formaldehyd-Basis wurde dieser Effekt, bes. bei Anwendung des CD-Harnstoffs in Tabletten- und Brikettform, noch verstärkt. Die N-Ausnutzung des in Tabletten- bzw. Brikettform vorliegenden CD-Harnstoffs lag in den ersten beiden Jahren nur bei 16 bzw. 11% im Gegensatz zu dem pulverisierten Produkt, das eine N-Ausnutzung im Mittel zwischen 70 und 80% auswies. H. Ansorge. 680.

Bruinsma, J.; Wageningen, Netherlands, Plant Physiol. Res. Centre. The effect of a spray with 4.6-dinitro-o-cresol (DNOC) on nitrogen nutrition and yield of winter rye (Secale cereale L.). **(Die Wirkung einer 4.6.-Dinitro--o-cresol-Spritzung [DNOC] auf die Stickstoffernährung und den Ertrag von Winterroggen [Secale cereale L.].)** Plant and Soil [The Hague] **18** (1963) Nr. 1. S. 1--20. – 9 Abb., 6 Tab., 19 Lit.

In 2 Feldversuchen auf einem trockenen und sandigen Boden wurden die Wirkungen des Herbicids DNOC auf das Pflanzenwachstum, die N-Aufnahme und den Ertrag von Winterroggen geprüft. Die Anlage der Versuche umfaßte 4 Stufen: a) Kontrolle, b) DNOC-Spritzung, c) Harnstoff mit einer der DNOC-Spritzung äquivalenten N-Menge, d) gemeinsame DNOC/Harnstoffgabe. Die DNOC-Spritzung stimulierte das vegetative Wachstum, verzögerte den Chlorophyllabbau während der Reife und steigerte den Ertrag sowohl durch Erhöhung der Ährenzahl als auch bes. durch Vermehrung der Körnerzahl/Ähre. Die stärksten Wirkungen wurden bei gemeinsamer Verabreichung von DNOC/Harnstoff erzielt, so daß gefolgert wird, eine DNOC-Spritzung befähigte die Pflanze durch stärkeres Wachstum des Wurzelsystems und Verlängerung der Vegetationsperiode zur besseren Ausnutzung des dargebotenen N. G. Loßner. 680.

Nowakowski, T. Z.; Harpenden, Herts., Rothamsted Exp. Stat. Effects of nitrogen fertilizers on total nitrogen, soluble nitrogen and soluble carbohydrate contents of grass. **(Einfluß von Stickstoffdüngern auf den Gehalt an Gesamtstickstoff, löslichem Stickstoff und löslichen Kohlenhydraten von Gras.)** J. agric. Sci. **59** (1962) Nr. 3. S. 387-392. – 1 Abb., 3 Tab., 25 Lit.

Der Gesamt-N-Gehalt von Welschem Weidelgras war 10 Tage nach Düngung mit 56 bzw. 112 lb/acre N als $NaNO_3$ bzw. $(NH_4)_2SO_4$ nur wenig unterschiedlich. Er nahm mit zunehmendem Alter des Grases bei der geringeren Gabe schneller ab als bei der höheren. Der Gehalt an lösl. N war nur während der Anfangsentwicklung nach NO_3-Düngung höher als nach NH_4-Düngung, der NO_3-Gehalt war dagegen während der gesamten Untersuchungsdauer in den NO_3-Reihen höher. Die N-Düngung hatte den Gehalt an lösl. Zuckern (Glucose, Fructose, Saccharose) nur wenig beeinflußt, den Fructosan-Gehalt aber stark vermindert. Das Verhältnis von lösl. Kohlenhydraten zu Rohprotein betrug bei ungedüngtem Gras bei der letzten Probenahme 2,13, bei den NH_4-N-Steigerungen 1,44 bzw. 0,72 und bei den NO_3-N-Steigerungen 1,13 bzw. 0,66. Das Verhältnis von lösl. Kohlenhydrat-C zu lösl. N war in allen gedüngten Varianten enger als in der Kontrolle. K. Koepke. 680.

Görlitz, H. und Schulze, J.; Potsdam, Sektion 10, Landwirtsch. Versuchs- und Untersuchungswes. der Dtsch. Akad. der Landwirtsch.-Wiss. zu Berlin. **Stickstoffsteigerungsversuche zu Zuckerrüben. Zentrale Auswertung der Gemeinschaftsversuche 4/1961.** Z. landwirtsch. Versuchs- u. Untersuchungswes. **8** (1962) Nr. 6. S. 425-440. – 5 Abb., 5 Tab., 10 Lit. – nach Zus.

In den Jahren 1956–60 wurden von den 5 Instituten für Landwirtsch. Versuchs- und Untersuchungswesen 61 N-Steigerungsversuche zu Zuckerrüben durchgeführt. Höchste Erträge an Wurzeln wurden im Durchschnitt aller Versuche mit 100–120 kg/ha N erzielt; für die höchste Zuckerproduktion reichten bereits 80–100 kg/ha N aus. Höhere N-Gaben (120–160 kg/ha N) wirkten sich auf den Wurzelertrag nur unter bes. Verhältnissen (geringer disponibler N-Vorrat des Bodens, Unterlassung der Stallmistdüngung, günstige Wasserversorgung während der Vegetation) mit ausreichendem Erfolg aus. Die Blatterträge reagierten auf die N-Düngung wesentlich stärker, sie stiegen geradlinig bis 160 kg/ha N an. – Bei der Bedeutung des Zuckerrübenblattes für die Futterwirtschaft können daher Gaben von 140–160 kg/ha N vertreten werden, allerdings nur dann, wenn die N-Versorgung der anderen N-bedürftigen Kulturpflanzen gewährleistet ist. 680.

Hand jun., L. D., Potts, J. M. und Slack, A. V.; Wilson Dam, Ala., Tennessee Valley Authority. Use of concentrated sulfuric acid in production of granular normal superphosphate. **(Verwendung von konzentrierter Schwefelsäure bei der Herstellung von granuliertem Superphosphat.)** J. agric. Food Chem. **11** (1963) Nr. 1. S. 44–47. – 2 Abb., 5 Tab., 6 Lit.
Ein Verfahren zur Herstellung von granuliertem Superphosphat unter Verwendung von konz. H_2SO_4 (96%) und rauchender H_2SO_4 (103,6% bzw. 15 bis 18% SO_3) wurde im Labormaßstab untersucht. Das fein gemahlene Rohphosphat wurde mit der Säure gemischt, ca. 30 Min. stehengelassen, unter Besprühen mit H_2O granuliert und getrocknet. Bei Verwendung von rauchender H_2SO_4 war die übliche Mahlung des Rohphosphats ausreichend, jedoch lag der H_2SO_4-Verbrauch etwas höher. – Welche Kombination (96%ige oder 103,6%ige H_2SO_4) am vorteilhaftesten ist, hängt von örtlichen Gegebenheiten ab und muß von Fall zu Fall entschieden werden. Der H_2O-Gehalt der nach diesem Verfahren erhaltenen Produkte liegt unterhalb 2%. 97% der vorhandenen Phosphorsäure sind in verfügbarer Form enthalten. Gegenüber dem bisherigen Verfahren werden einige Verfahrensstufen eingespart und die HF-Gewinnung um mindestens das Doppelte vergrößert. Das Verfahren könnte nach Klärung einiger noch offener Fragen mit geringen Veränderungen der Ausrüstung in bestehenden Anlagen angewendet werden.
P. Stoß. 682.

Datta, N. P. und Goswami, N. N.; New Delhi, Indian Agric. Res. Inst. Effect of organic matter and moisture levels on the uptake and utilization of soil and fertilizer phosphorus by wheat. **(Wirkung von organischer Substanz und unterschiedlicher Wasserversorgung auf die Aufnahme und Verwertung des Boden- und Düngemittelphosphors durch Weizen.)** J. Indian Soc. Soil Sci. **10** (1962) Nr. 4. S. 263–276. – 5 Tab., 34 Lit.
An 4 für Indien typischen Böden wurde der Einfluß 3 verschiedener Gaben von org. Subst. und unterschiedlicher Wasserversorgung auf die Verfügbarkeit, Aufnahme und Verwertung des Boden- und Düngemittel-P durch Weizen untersucht. Lieferant des Düngemittel-P war mit ^{32}P markiertes Superphosphat. Auf allen Böden erhöhten sich Ertrag und P-Gesamtaufnahme bei gesteigerter Zufuhr von org. Substanz. Der %-Anteil des aus dem Düngemittel stammenden P in der Pflanze sank jedoch gleichzeitig auf allen Böden, ausgenommen auf einem roten Boden, auf dem der genannte P-Anteil der Pflanze stark anstieg. Verbesserte Wasserversorgung der Böden erhöhte den Ertrag sowie die Aufnahme des Gesamt-, Boden- und Düngemittel-P. Signifikante Wechselwirkungen zwischen org. Subst. und Wasserversorgung wurden im Hinblick auf die Aufnahme des Gesamt-P, den %-Anteil des Düngemittel-P in der Pflanze und auf die rel. Verwertung des verabreichten Düngemittels beobachtet. Bei der Wechselwirkung Boden × org. Substanz × Feuchtigkeit war nur hinsichtlich des %-Anteiles des Düngemittel-P in der Pflanze und des verfügbaren Boden-P Signifikanz festzustellen.
G. Loßner. 682.

Olson, R. A., Dreier, A. F., Hoover, C. A. und Rhoades, H. F.; Lincoln, Nebr., Agronomy Dep., Agric. Exp. Stat. Factors responsible for poor response of corn and grain sorghum to phosphorus fertilization: I. Soil phosphorus level and climatic factors. **(Über die für eine schlechte Reaktion des Maises und der Körnerhirse auf Phosphordüngung verantwortlichen Faktoren. 1. Mitt. Boden-Phosphorspiegel und klimatische Faktoren.)** Proc. Soil Sci. Soc. America **26** (1962) Nr. 6. S. 571–574. – 1 Abb., 5 Tab., 4 Lit.

Wie in Auswertung von 88 Feldversuchen auf Nebraska-Böden (1951–60) festzustellen war, reagierten Mais und Körnerhirse auf P enthaltende Torfdüngung im Ertrag sowohl positiv (auf Böden mit niedrigerem P-Spiegel) als auch negativ (bei höherem Boden-P-Gehalt): In trockenen Jahren kann zur Aussaat verabreichter P-Dünger Überstimulationen induzieren, die sich in einem übertriebenen vegetativen Wachstum und einem zu hohen Feuchtigkeitsverbrauch in den früheren Wuchsstadien, letztlich also über einen Ertragsrückgang äußern. In anderen Fällen scheint die infolge „Starter-P-Zusatzes" übertrieben schnelle physiol. Entwicklung die Pflanzen zu lange in dem kritischen, eigentlich reproduktiven Stadium zu halten, in dem sie durch Trockenperioden gefährdet sind. Eine weitere Möglichkeit zur Erklärung der negativen Reaktion scheint sich über eine Störung des Spurenelement-Haushaltes zu ergeben, da in einigen Fällen auch chlorotische Symptome in Erscheinung traten. H. E. Freytag. 682.

Langin, E. J., Ward, R. C., Olson, R. A. Rhoades, H. F.; Lincoln, Nebr., Agronomy Dep., Agric. Exp. Stat. Factors responsible for poor response of corn and grain sorghum to phosphorus fertilization: II. Lime and P placement effects on P-Zn relations. **(Über die für eine schlechte Reaktion des Maises und der Körnerhirse auf Phosphordüngung verantwortlichen Faktoren. 2. Mitt. Kalk- und P-Unterbringungswirkungen auf die P-Zn-Beziehungen.)** Proc. Soil Sci. Soc. America **26** (1962) Nr. 6. S. 574–578. – 6 Tab., 19 Lit. 1. Mitt. vgl. vorst. Ref.

Vff. untersuchten die zwischen pflanzlichem P und Zn bestehenden Beziehungen in Abhängigkeit von der Menge gleichzeitig zugeführten Kalkes und der Unterbringungsart des P-Düngers, da sich gezeigt hatte, daß die Zn-Konz. in Maispflanzen durch P-Zusatz oft bis zum kritischen Niveau reduziert worden waren. Es ergab sich, daß der Zn-Mangel bei Reihendüngung und Verwendung leicht zugänglicher P-Düngerformen vertieft wurde und daß auf gekalkten bzw. kalkreichen Böden dieser Effekt infolge der durch den hohen pH-Wert eingeschränkten Zn-Löslichkeit, insbes. auf Böden mit hohem Gehalt an leicht für die Pflanzen verfügbarem P, sehr ertragsentscheidend werden kann. Da es sich hierbei nicht um eine einfache chem. Zn-Phosphat-Ausfällung handelt (in diesem Falle hätte die Variante der P-Vermischung mit den Testböden Minima in den Zn-Konz. des Pflanzenmaterials erbringen müssen), wird eine physiol., in den Wurzelzellen eintretende Blokkierung der Zn-Adsorption durch steigende P-Mengen vermutet.
H. E. Freytag. 682.

Dickins, J. C., Harrap, F. E. G. und Holmes, M. R. J.; Ipswich, Levington Res. Stat. Field experiments comparing the effects of muriate and sulphate of potash on potato yield and quality. **(Vergleichende Feldversuche über die Wirkungen des Kaliumsulfats und des Kaliumchlorids auf Ertrag und Qualität von Kartoffeln.)** J. agric. Sci. **59** (1962) Nr. 3. S. 319–326. – 10 Tab., 7 Lit.

Von 1955–61 wurden in verschiedenen Gegenden Englands in 19 Versuchen zu Kartoffeln die Wirkungen von KCl und K_2SO_4 in Gaben zwischen 75 und 336 lb./acre K_2O – mit und ohne Dungverabreichung – untersucht. Fast alle Experimente wurden auf leichten Böden vorgenommen. Die durch die K-Dünger erzielten Gesamterträge an Knollen unterschieden sich nicht, nur brachte KCl einen höheren Anteil an großen Knollen. K_2SO_4 verursachte in den meisten Versuchsserien einen höheren Tr.-Subst.-Gehalt als KCl, und zwar lag die mittlere Differenz bei Gaben von 300 und 336 lb./acre K_2O bei 1%, bei geringeren Gaben um 0,4–0,5%. Die Qualität der geprüften Kartoffelknollen zeigte in Abhängigkeit von den geprüften Düngemitteln nur geringfügige Unterschiede. Dunggaben, verschiedene Formen der Verabreichung der Mineraldünger wie auch klimatische Unterschiede zwischen einzelnen Jahren beeinflußten nicht die rel. Wirkungen von KCl und K_2SO_4 auf Knollenertrag und -qualität. G. Loßner. 684.

Versteegh, P. M. R. und Lugt, Willem; Hoogvliet, Netherlands, Albatros Superfosfaatfabrieken N. V., Centr. Lab. Pilot plant studies of a nitric phosphate process. **(Pilotanlagenversuch mit einem Nitrat-Phosphat-Verfahren.)** J. agric. Food Chem. **10** (1962) Nr. 6. S. 434–441. – 4 Abb., 11 Tab., 8 Lit.
In einer Pilotanlage mit einem Ammoniator-Granulator des TVA-Typs wurden Versuche zur Herstellung von granulierten Nitrat-Phosphat-Düngemitteln aus Rohphosphat, HNO_3, H_3PO_4 und/oder H_2SO_4 sowie K-Salzen und NH_3 durchgeführt. Das daraus entwickelte Verfahren arbeitet sehr flexibel, insbes. kann das Verhältnis wasserlöslicher citratlöslicher P_2O_5 in einem großen Bereich variiert werden. Das Verfahren, dessen Prinzipschema angegeben ist, wird eingehend beschrieben. Weiterhin werden Angaben über Verfahrensparameter, Materialverbrauchsnormen und Prozeßbedingungen gemacht. Eine entwickelte Methode zur Berechnung der Düngemittel-Formulierungen wird an Hand eines 12-10-18-Düngemittels demonstriert. Das Verfahren soll in einer großtechnischen Anlage angewendet werden.
P. Stoß. 686.

Young, R. D., Hicks, G. C. und Davis, C. H.; Wilson Dam, Ala., Tennessee Valley Authority. TVA process for production of granular diammonium phosphate. **(TVA-Verfahren zur Herstellung von granuliertem Diammoniumphosphat.)** J. agric. Food Chem. **10** (1962) Nr. 6. S. 442–447. – 2 Abb., 2 Tab., 4 Lit.
In einer Pilotanlage wurde die Herstellung von granuliertem $(NH_4)_2HPO_4$ durch partielle Ammonierung von H_3PO_4 in einem vorgeschalteten Neutralisator und durch vollständige Ammonierung im TVA-Ammoniator-Granulator untersucht. – Durch Einspeisung von überschüssigem NH_3 wird die Löslichkeit des Produktes herabgesetzt und die Granulierung verbessert. Das aus dem Ammoniator-Granulator entweichende überschüssige NH_3 wird von H_3PO_4 vor der partiellen Ammonierung absorbiert. Das granulierte Produkt wird getrocknet und gesiebt. Es werden Produkte von 18-46-0 bis 21-53-0 erhalten. Durch Zugabe weiterer Rohstoffe lassen sich nach diesem Verfahren z. B. auch 18-18-18-, 15-15-15- und 14-35-14-Düngemittel herstellen. Neben dem Prinzipschema des Verfahrens werden auch Analysen der Einsatzprodukte und erzeugten Düngemittel sowie Verfahrensparameter mitgeteilt. Die Lagerungseigenschaften der produzierten Düngemittel wurden untersucht.
P. Stoß. 686.

Collis-George, N., Davey, B. G., Scotter, D. R. und Williamson D. R.; Sydney, Univ., School of Agric., Sect. of Soil Sci. Some consequences of bituminous mulches. **(Einige Wirkungen von Bitumen-Mulch.)** Austral. J. agric. Res. **14** (1963) Nr. 1. S. 1–11. – 2 Abb., 4 Tab., 8 Lit.
Eine Bitumen-Emulsion (50% Bitumen mit Na-silicat und Harz emulgiert) wurde in steigenden Mengen von 0,01–0,81 gal./sq. yd. auf die Oberfläche eines alluvialen sandigen Bodens im Freiland aufgebracht oder eingeharkt. Im Gefäßversuch wurden gleiche Mengen zu einem hellen Sandboden und einem dunklen Tonboden gegeben. In allen Fällen führte die Bitumendecke zu einer stärkeren Erwärmung des Bodens, und zwar um so mehr, je dicker die Bitumenschicht war. Das Einharken verminderte diese Wirkung. Gleichzeitig wurde die Wasserverdunstung aus dem Boden im Vergleich zu nicht-

behandeltem Boden verringert. Das Auflaufen und das Wachstum von *Trifolium subterraneum, Dactylis glomerata* und *Lolium rigidum* wurden im Freiland durch Bitumenbedeckung gefördert. Eine eindeutige Beziehung zur verwendeten Bitumenmenge war jedoch nicht feststellbar. Die günstige Wirkung des Bitumens hielt so lange an, bis die Pflanzen eine geschlossene Decke bildeten. Im Gefäßversuch wurde die Keimung von *Lolium rigidum* bei oberflächlicher Bitumenaufbringung gehemmt. V. Koepke. 689.

Datta, N. P., Shinde, J. E., Kamath, M. B. und Datta, S. K. de; New Delhi, Indian Agric. Res. Inst. Effect of sodium silicate on the uptake of soil and fertilizer phosphorus by wheat, rice and berseem (Trifolium alexandrinum). **(Einfluß von Natriumsilicat auf die Aufnahme von Boden- und Düngerphosphor durch Weizen, Reis und Alexandrinerklee [Trifolium alexandrinum].)** Indian J. agric. Sci. **32** (1962) Nr. 3. S. 219–227. – 5 Tab., 32 Lit.

Im Gefäßversuch mit 12 verschiedenen Böden wurde der Einfluß von Na-Silicat auf die P-Aufnahme durch Weizen, Reis und Alexandrinerklee untersucht. Die Na-Silicatgaben betrugen 0 und 1000 lb./acre (Weizen, Reis) bzw. 0,500 und 3000 lb./acre (Alexandrinerklee), sie wurden in Kombination mit 0 bzw. 80 lb. P_2O_5/acre verabfolgt. Na-Silicat erhöhte auf einigen Böden den Weizen- und Reisertrag, beeinflußte jedoch den Ertrag an Alexandrinerklee nicht. Ertrag und P-Aufnahme wurden bei Weizen sowohl durch Na-Silicat als auch durch P_2O_5 gefördert, bei Reis war nur die Na-Silicatbehandlung wirksam. Die P-Aufnahme durch Alexandrinerklee stieg in einigen Fällen nach Anwendung von Na-Silicat in Kombination mit P_2O_5.

O. Knabe. 689.

Die Düngung mit Magnesium im Landbau. Böhlitz-Ehrenberg, Krs. Leipzig, Adolf-Zade-Inst. für Acker- und Pflanzenbau, Abt. für Pflanzenernähr. u. Düng. Plan-Nr.: 2154 18/02i 2-04/1. 23 S. Abschlußber. (2/4. 1963). – 22 Tab.

An Hand von chem. Bodenuntersuchungen wurde fesgestellt, daß die Ackerböden zu etwa je einem Drittel schlecht, mäßig und gut mit Mg versorgt sind. Der Mg-Gehalt ist um so geringer, je leichter, saurer und kaliärmer der Boden ist. Diluviale Böden weisen bei vergleichbarer Bodenart weniger Mg auf als alluviale. Mit Ausnahme von Verwitterungsböden ist die Wertzahl der Bodenschätzung ein brauchbarer Maßstab für den Mg-Gehalt. In Feldversuchen konnte nachgewiesen werden, daß auf Mg-armen leichten Böden mit Hilfe Mg-haltiger Düngemittel erhebliche Ertragssteigerungen zu verzeichnen sind. Auch auf mittleren Böden wurden noch geringe Mehrerträge erzielt. 689.

Holmes, M. R. J.; Ipswich, Levington Res. Stat. The magnesium requirements of arable crops. **(Der Magnesiumbedarf von Feldfrüchten.)** J. Sci. Food Agric. **13** (1962) Nr. 11. S. 553–556. – 3 Tab., 5 Lit.

In Großbritannien und in Nordamerika wird, speziell auf leichten Böden, häufig Mg-Mangel angetroffen. Magnesiumsulfatgaben in das Saatbett von Kartoffeln erhöhten in nicht allen Fällen die Erträge, so brachte ein Versuch mit Frühkartoffeln ausgeprägte Ertragsdepressionen. Bei Getreide und Zuckerrüben führten Mg-Gaben ebenfalls nicht zu Ertragssteigerungen. Die Wechselwirkung zwischen Mg und K sowie die Möglichkeiten zur Erkennung und Beseitigung der Mg-Mangelsymptome werden diskutiert.

G. Loßner. 689.

Simon-Sylvestre, Ginette und Boischot, P.; Versailles, Seine-et-Oise, Centre Nat. de Rech. Agronomiques, Stat. Centr. d'Agronomie. Études sur l'emploi du soufre élémentaire comme fertilisant du sol. **(Studien über die Anwendung elementaren Schwefels zur Bodendüngung.)** Ann. agronom. **13** (1962) Nr. 6. S. 549–574. – 5 Abb., 18 Tab., 8 Lit. Zus. in Russ., Engl., Dtsch.

Elementarer S fällt bei der Reinigung von Erdgas in großen Mengen an und steht der Landwirtschaft als S-Dünger zur Verfügung. In diesem Zusammenhang sollte die Auswirkung von S-Gaben auf den Boden studiert werden, wobei es sich zunächst um Vorversuche handelte. In kalkfreien Böden bewirkten S-Gaben, 1 t/ha, eine pH-Herabsetzung bis um 0,8. Ähnliche Ergebnisse wurden in Gefäßversuchen mit Radieschen erzielt, doch erscheint die Anwendung von S in Mengen von 100–200 kg/ha bez. der Bodenversauerung unbedenklich. S-Gaben setzten die Mineralisation des N herab, was vorteilhaft (bei klimatisch stark begünstigter Mineralisation) oder nachteilig (etwa Begrenzung des im Frühjahr zur Verfügung stehenden N) sein kann. Auf Grund von Modellversuchen mit 150 g Boden wurden außerdem bei S-Zufuhr für die Praxis offenbar unwesentliche Auswaschungsverluste für K, Ca und Mg festgestellt. Bes. groß waren diese allerdings für Sulfate, während die Phosphorsäure überhaupt nicht ausgewaschen wurde. Parallel mit zunehmenden S-Gaben ging die Bodenatmung einen Monat nach Applikation zurück. Die Zahl der Mikroorganismen wurde vermindert, wobei es sich offenbar um eine partielle Sterilisierung handelte. Aerobe N-Binder und Cellulosebakterien wurden durch S-Gaben nicht beeinflußt, die Zahl der Pilze schien sich bei hohen Gaben leicht zu vermindern. W. Schulze. 689.

Anonym. Trace elements effects on plant growth. **(Spurenelementwirkungen auf das Pflanzenwachstum.)** New Zealand Agriculturist **15** (1962) Nr. 2. S. 6–7. — 5 Lit.

Düngungsversuche in Neuseeland (Stat. Rukuhia) zeigten, daß durch Gaben von Mikronährstoffen (**I**), aber auch durch Dolomit und basische Schlacke die Weideerträge um 15–50% gesteigert werden konnten. Hierbei erhöhten die **I** den Ertrag stärker als die Makronährstoffe. An Hand der Erträge ließ sich nachweisen, daß ein Bedarf für alle **I** bestand. Kombinierte **I**-Gaben führten stets zu höheren Erträgen als Gaben einzelner **I**.
H. Kretschmer. 689.

Drozdov, N. A. und Sokolova, G. P. (Drosdow, N. A. und Sokolowa, G. P.) Vlijanie predposevnoj obrabotki semjan borom na urožaj l'na-dolgunca i fiziologičeskie osobennosti ego v zavisimosti ot vlažnosti počvy. **(Einfluß der Behandlung des Saatgutes mit Bor auf den Ertrag von Faserlein und seine physiologischen Besonderheiten in Abhängigkeit von der Bodenfeuchtigkeit.)** Trudy Vsesojuznogo naučno-issledovatel'skogo instituta l'na, Kalinin **1960** Nr. 6. S. 96–107. — Zus. in Engl. Aus: Referativnyj žurnal. Biologija, Moskva **1961** Nr. 18. G 576. S. 62.

Für die Feld- und Gefäßversuche wurden Rasenpodsol- und anlehmige Böden verwendet. Das Benetzen des Leinsaatgutes mit 0,2%iger H_3BO_3-Lösung steigerte im Feldversuch, bei dem sich die Pflanzen 10 Tage an die Bodentrockenheit gewöhnt hatten, den Samenertrag um 12,9 und den Faserertrag um 19,3% bei gleichzeitiger Verbesserung der Faserqualität. Behandlung des Saatgutes mit B in einem Gefäßversuch ließ den Ertrag an Stroh um 14,5% und an Samen um 12,9% ansteigen, nachdem die Pflanzen eine Trockenperiode überwunden hatten. Bei Anzucht der Pflanzen unter optimalen Feuchtigkeitsbedingungen beeinflußte die Saatgutbehandlung mit B den Ertrag an Faser nur geringfügig. Bei Anbau unter normalen Feuchtigkeitsbedingungen verringerten sich die Atmungsintensität und im Anfangsstadium des Wachstums auch die Katalaseaktivität erheblich, bei Wassermangel erhöhte sich die Atmungs- und Katalaseaktivität.
übersetzt. v. W. Peitz. 689.

Esteban Velasco, E. und Lachica Garrido, M.; Granada, Estac. Exp. del Zaidin, Secc. de Fisiol. Vegetal y Quim. Analitico. Abonado en habas. Efecto de la adición de boro. **(Ackerbohne. Einfluß der Düngung mit Bor.)**

An. Edafol. Agrobiol. **21** (1962) Nr. 5/6. S. 285–293. – 3 Tab., 9 Lit. Zus. in Engl.
Der Einfluß von Borax (8 und 16 kg/ha) auf den Ertrag von Ackerbohnen wurde untersucht und die Ergebnisse varianzanalytisch verrechnet. Gegenüber den Kontrollvarianten wurden durch Zugabe von K_2SO_4 (100 und 200 kg/ha) Ertragssteigerungen hervorgerufen, die sich bei B-Zugabe nicht signifikant erhöhten. Die B-Zugabe hatte Erhöhung des B-Gehalts der Pflanzenteile, insbes. der Blätter, zur Folge. P. Stoß. 689.

Kucharkova, A. M. (Kucharkowa, A. M.) Vlijanie azotobaktera na urožaj jarovoj pšenicy i soderžanie v nej azota i fosfora. **(Einfluß des Azotobacters auf Ertrag sowie Stickstoff- und Phosphorgehalt von Sommerweizen.)** Uč. zap. Chaŕkovsk. un-t **1961** Nr. 112. Tr. N.-i. in-ta biol. i biol. fak. **30** S. 97 bis 105. – Aus: Referativnyj žurnal. Biologija, Moskva **1962** Nr. 2. B 396. S. 45.
In Vegetationsversuchen mit So-Weizen der Sorte 'Narodnaja' wurde *Azotobacter chroococcum*, Stamm K (**I**) gleichzeitig mit dem Saatgut in Mengen von 200000 und 5 Mill. Zellen je 6 kg Boden (podsolierte Schwarzerde) ausgebracht. In den meisten Fällen erhöhte sich der Ertrag mit der Dichte an **I**. Die Bakterisation des Saatgutes bewirkte eine Kornertragssteigerung um 5-16-19%, wobei N- und P-Gehalt im Korn um 12–25 und 8–35% über der Kontrolle lag. Der Gehalt des Bodens an Nitraten war in den ersten Wachstumsphasen bei den Untersuchungs- und Kontrollparzellen annähernd gleich. Im weiteren Verlauf verringerte sich der Nitratgehalt in der bakterisierten Variante etwas entweder infolge der Ausnutzung durch **I** oder infolge besserer Ausnutzung der Nitrate durch die Pflanzen in Gegenwart von **I**. Die Menge an wasserlöslichem P im Boden war in allen Varianten annähernd gleich. übersetzt. v. E. Fröhmcke. 689.

Williams, Moyle S. and *Couston, John W.* **Crop production levels and fertilizer use.** Rome: FAO 1962. (XIV, 48 S.) 8°. (1963 A 229).

D. Düngemitteluntersuchung

Lang, K. **Die gravimetrische Phosphatbestimmung als Chinolinphosphormolybdat und ihre Anwendung bei deutschen Einfach- und Mehrnährstoffdüngern.** Landwirtsch. Forsch. **15** (1962) Nr. 3/4. S. 240–249. – 4 Tab., 5 Lit. Zus. in Engl., Franz.
Als Ergebnis von Untersuchungen über die P-Fällung als Chinolinphosphormolybdat (CPM) wird nachstehende Vorschrift zur P-Bestimmung in Düngemitteln empfohlen: Zu 54 g MoO_3 p. a. werden unter Rühren 200 ml H_2O und 11 g NaOH p. a. gegeben. Gleichzeitig werden 60 g krist. Citronensäure p. a. in 250 ml H_2O gelöst und mit 140 ml HCl ($d = 1{,}18$) versetzt. Die Molybdatlösung wird unter gutem Umrühren in die Citronensäurelösung gegossen und die Mischung (Lösung I) nach Abkühlen, Filtration und Auffüllen auf 1 l in einer Polyäthylenflasche im Dunkeln aufbewahrt. Weiterhin werden 60 ml HCl ($d = 1{,}18$) mit 400 ml H_2O verdünnt, auf 70–80 °C erhitzt und unter Umrühren mit 50 ml Chinolin (frei von reduzierenden Bestandteilen) versetzt. Nach Auflösung des Chinolins, Abkühlen, Verdünnen, Filtration und Auffüllen auf 1 l wird die Mischung (Lösung II) in einer Polyäthylenflasche aufbewahrt. Zur Fällung wird ein aliquoter Teil der Düngerlösung (P_2O_5-Gehalt $< 0{,}015$ g, Bereitung hängt von der Zusammensetzung ab und ist in tab. Form angegeben) mit H_2O auf ca. 100 ml verdünnt und mit 17,5 ml 4 n HCl angesäuert. Es wird zum Sieden erhitzt und unter Umrühren mit 25 ml Lösung I und gleich danach mit 12,5 ml Lösung II versetzt. Der Niederschlag wird 15 Min. auf dem siedenden Wasserbad stehengelassen, abgekühlt, durch eine 1-G-4-Fritte filtriert und mehrmals mit kaltem H_2O gewaschen. Nach 15 Min. Trocknen bei 250 °C wird der Tiegel ausgewogen

(% P_2O_5 = 3,207 · g CPM/g Düngemittel im Aliquot). – Die Werte der geprüften Düngemittel stimmten gut mit denen der Lorenz-Methode überein.
P. Stoß. 690.

Ferretti, R. J. und Hoffman, W. M.; Beltsville, Md., U.S. Dep. of Agric., A.R.S., Soil and Water Conserv. Res. Div., U.S. Fertilizer Lab. Automatic photometric determination of phosphorus as molybdovanadophosphoric acid. **(Automatische photometrische Bestimmung von Phosphor als Molybdovanadophosphorsäure.)** J. Assoc. off. agric. Chemists **45** (1962) Nr. 4. S. 993 bis 996. – 3 Abb., 1 Tab., 3 Lit.
Die automatische photometrische P-Bestimmung nach der offiziellen photometrischen A.O.A.C.-Methode mit Hilfe des Technicon Auto Analyzer wird beschrieben. Ein Fließschema der automatischen Bestimmung sowie die Zeichnung einer modifizierten Durchflußküvette sind angegeben. Die an 3 Düngemitteln mit verschiedenem P-Gehalt erhaltenen Ergebnisse wurden mit denen der volumenometrischen NH_4-Molybdat-(**I**) und gravimetrischen Chinolin-Molybdat-Methode (**II**) verglichen. Die Auto-Analyzer-Ergebnisse wiesen sehr gute Übereinstimmung mit den **II**-Werten auf, lagen jedoch unter den **I**-Werten. Die Genauigkeit der automatischen Bestimmung ist befriedigend, gegenüber den anderen Methoden etwas geringer. P. Stoß. 690.

Leroy, A. und Meyer, F. de; Tessenderloo; Limbourg, Belgique. Determination of free water in dicalcium phosphate. **(Bestimmung von freiem Wasser in Dicalciumphosphat.)** J. Assoc. of agric. Chemists **45** (1962) Nr. 4. S. 996–998. – 2 Tab.
Zur Bestimmung von freiem H_2O in technischen Dicalciumphosphat-Produkten werden 2 g mit 10 ml Aceton übergossen. Nach einiger Zeit wird Vakuum angelegt, trockengesaugt und das Verfahren ein 2. Mal wiederholt. Danach wird die Probe mindestens 30 Min. im Exsikkator bei mindestens 1 mm Hg ohne Trocknungsmittel aufbewahrt. Werden bei der anschließenden Wägung $>1{,}50\%$ H_2O gefunden, muß das Waschen mit Aceton so lange wiederholt werden, bis Gewichtskonstanz erreicht wird. Ein Vergleich mit den offiziellen A.O.A.C.-Methoden ergab, daß die Acetonmethode, die einfach und schnell durchzuführen ist und sehr gute reproduzierbare Werte liefert, besser geeignet ist. Die Untersuchung der Methode durch die A.O.A.C. wird vorgeschlagen.
P. Stoß. 690.

Hoffman, William M.; Beltsville, Md., U.S. Dep. of Agric., A.R.S., Soil and Water Conserv. Res. Div. Determination of total phosphorus by the quinoline molybdate method. A collaborative study. **(Bestimmung von Gesamt-Phosphor mit Hilfe der Chinolin-Molybdat-Methode. Ein Ringversuch.)** J. Assoc. off. agric. Chemists **45** (1962) Nr. 4. S. 999–1003. – 2 Tab., 5 Lit.
Die Ergebnisse eines Ringversuches über die Bestimmung von Gesamt-P einer Anzahl Düngemittel und anderer P-haltiger Proben nach der offiziellen volumenometrischen A.O.A.C.-, der gravimetrischen und der volumenometrischen Chinolin-Molybdat-Methode (vgl. LZ. Abt. II **7** (1962) Nr. 12. S. 3258.) werden mitgeteilt. Bei Verwendung der Standardabweichung als Maß der Genauigkeit war die Chinolin-Molybdat-Methode genauer, wobei die Abweichungen beim gravimetrischen Verfahren der Chinolin-Molybdat-Methode geringer waren als beim volumenometrischen. P. Stoß. 690.

Graham jun., H. G., McRight, T. C. und Frederick, E. D.; Wilson. Dam, Ala., Tennessee Valley Authority. Determination of calcium in phosphate materials by titration with EDTA in the presence of calcein indicator. **(Bestimmung von Calcium in phosphathaltigen Materialien durch Titration mit EDTA in Gegenwart des Calcein-Indikators.)** J. agric. Food Chem. **10** (1962) Nr. 6. S. 447–450. – 3 Tab., 16 Lit.
Nach Aufschluß von 1 g der phosphathaltigen Probe wird verdünnt, filtriert und auf 500 ml aufgefüllt. Ein 25-ml-Aliquot wird auf 300 ml verdünnt, mit

5 ml Triäthanolamin zur Vermeidung von Störungen durch P, Fe, Al, Mn und Aufschlußmittel versetzt und mit 12 n KOH auf pH 12,5 eingestellt. Nach Zugabe von 3 Tropfen Calcein-Lösung (Lösung von 0,85 g Calcein in einer Lösung von 2 g KOH p.a. in 100 ml H_2O) und 13 Tropfen Thymolphthalein-Lösung (Lösung von 1 g Thymolphthalein in 1 l Äthanol) wird die Analysenlösung unter einer Fluorescenzlampe mit EDTA bis zu einem Überschuß von mindestens 5 ml EDTA-Lösung (Lösung von 4,775 g EDTA in 1 l H_2O) titriert. Die Rücktitration erfolgt nach 5 Min. Rühren mit $CaCO_3$-Lösung (Lösung von 2 g $CaCO_3$ p.a. in 15 ml HCl, mit H_2O auf 1 l verdünnt), bis eine grüne Färbung auftritt. Die Methode ist bei der Hälfte des Zeitbedarfs ebenso genau wie die Ca-oxalat-$KMnO_4$-Methode und wird für routinemäßige Kontrollanalysen bei der Herstellung von P, Ca-metaphosphat und Superphosphat vorgeschlagen. Die Anwendung auf andere phosphathaltige Materialien erfordert weitere Untersuchungen. P. Stoß. 690.

Chichilo, P. und Whittaker, Colin; Beltsville, Md., U.S. Dep. of Agric., A.R.S., Soil and Water Conserv. Res. Div., U.S. Fertilizer Lab. The mechanical and chemical analysis of agricultural limestone as affected by type of sieving. **(Die durch Art der Siebung beeinflußte mechanische und chemische Zusammensetzung von landwirtschaftlichem Kalkstein.)** J. Assoc. off. agric. Chemists **45** (1962) Nr. 4. S. 1004–1010. – 5 Abb., 4 Tab., 11 Lit.

Proben von 30 gehandelten Kalksteinsorten mit verschiedenem Mg-Gehalt wurden trocken und mit Wasser gesiebt. Das Gewicht der durch Trockensiebung erhaltenen Fraktionen war i. allg. größer als das der durch Wassersiebung erhaltenen. Die infolge Auswaschung bei den einzelnen Fraktionen auftretenden Gewichtsverluste verringerten sich mit zunehmender Teilchengröße, wobei die Verluste bei Proben mit $MgCO_3$-Gehalten $<1\%$ am größten waren. Bei einigen Sorten konnten im Gegensatz zur Trockensiebung durch Wassersiebung die staatlichen Spezifikationen für standardisierten, gemahlenen Kalkstein erfüllt werden. Dies war vor allem der Fall, wenn große Mengen von anhaftendem Staub und löschbare Anteile vorhanden waren. Die gesamte Neutralisationskraft (TNP) der Kalksteinsorten nahm bei beiden Methoden i. allg. mit steigender Teilchengröße ab, wobei die TNP der durch Wassersiebung erhaltenen Fraktionen durchschnittl. 1,15% höher lag als die der durch Trockensiebung erhaltenen. Die TNP des durch Wassersiebung entfernten Staubes war dementsprechend relativ gering. P. Stoß. 690.

VII. PFLANZENBAU AUF DEM ACKER

B. Fruchtwechsel und Fruchtfolgen

Vetter, H.; Kiel, Univ.-Inst. für Pflanzenbau und Pflanzenzücht. **Grassamenbau und Fruchtfolgegestaltung. 1. Teil.** Kali-Briefe, Fachgeb. 3 7 (1963) Nr. 8. S. 1–8.

Verringerter Hackfrucht- und verstärkter Getreidebau führen in der Bundesrepublik zu einem Rückgang guter Vorfruchtglieder in der Fruchtfolge. Die Einschaltung des Grassamenbaues kann hier nützlich sein, wodurch eine Anreicherung des Bodens mit Wurzelmengen von 50–65 dt/ha Tr.-Subst. erfolgt. Da die Gräser N-arme Wurzelmengen hinterlassen, die zu Ertragsminderungen der 1. Folgefrucht führen können, werden Einsaat von Weißklee in den Grasbestand, ein Durchreißen der Grasnarbe mit der Federzinkenegge und eine zunächst flache Einbringung der Narbenreste auf 5–10 cm Bodentiefe (Scheibenschälpflug) beim Umbruch empfohlen. Zusätzlich wird eine Gabe von 30–40 kg N gefordert. Als 1. Nachfrucht haben sich Körnerleguminosen oder Hackfrüchte bewährt. Der Befall mit Fußkrankheiten bei Getreide geht durch Einschaltung des Grassamenbaues zurück.

H. Pätzold. 716.

Simon, W. und Werner, W.; Müncheberg, Inst. für Acker- und Pflanzenbau der Dtsch. Akad. der Landwirtsch.-Wiss. zu Berlin. **Der Einfluß von Futterpflanzen als Haupt- und Zwischenfrüchte auf die Erträge und Fruchtbarkeit verschiedener Böden. Teil. 3.: Erträge von Fruchtfolgen mit unterschiedlichem Futterpflanzenanteil auf Lehmböden in feuchter Lage.** Albrecht-Thaer-Arch. 7 (1963) Nr. 3. S. 261-288. – 2 Abb., 18 Tab., 8 Lit. – nach Zus. Teil 2 vgl. LZ. Abt. II 8 (1963) Nr. 1. S. 104.
Dargestellt sind die ertraglichen und bodenkundlichen Ergebnisse eines 10jähr. Versuches mit vier 7feldrigen Fruchtfolgen auf mildem Lößlehmboden in feuchter Lage (mittelsächsisches Hügelland). Ein- und 2jähr. Kleegras sowie starker Zwischenfruchtbau führten zu einer beträchtlich höheren Rotationsleistung und zu geringeren Ertragsschwankungen. Dies läßt sich auf die günstige Beeinflussung der potentiellen Bodenfruchtbarkeit zurückführen. Auch die bei gleicher Intensität nach gleicher Vorfrucht erzielten Erträge zeigen wesentliche Differenzen zugunsten der futterbetonten Fruchtfolgen. Die Ergebnisse deuten an, daß auch die akkumulative Fruchtfolgewirkung, nicht nur die unmittelbare Vorfruchtwirkung, in starkem Maße eine Funktion des N (Bodenchemismus allgemein) ist, sofern der Wasserfaktor nicht zu negativer Ertragsbeeinflussung in der Nachfrucht führt. Futterbetonte Fruchtfolgen erhöhten das Stalldungproduktionsvermögen bzw. die Qualität des Stalldungs. Außer einem erhöhten C/N-Gehalt des Bodens nach stärkerem Futterpflanzenanbau ließ sich ein größerer Regenwurmbesatz nachweisen, der als Ausdruck und Folge höherer mikrobiol. Aktivität gewertet werden kann. Die Formen der Durchführung und die Art der Interpretation der Ergebnisse von Vorfrucht- und Fruchtfolgeversuchen werden ausführlich diskutiert. 718.

C. Saat- und Pflanzgut

Panos, D. A.; Larissa, Greece, Hellenic Agric. Res. Inst. Contribution of Greece to „Wold Seed Year" 1961. **(Der Beitrag Griechenlands zum „Weltsamenjahr" 1961.)** Z. Pflanzenzücht. 48 (1962) Nr. 4. S. 301-316. – 3 Abb., 17 Tab., 19 Lit.
Griechenland hat als Mitglied der F.A.O. große Anstrengungen gemacht, um in den Genuß der Vorteile zu kommen, die die Verwendung von Zuchtsorten bietet. Hieran haben griechische Pflanzenzüchter und Genetiker großen Anteil. Vf. legt ausführlich die griechischen Arbeiten zur Steigerung des Anbaus von Weizen, Gerste, Mais, Hafer, Reis, Tabak und Baumwolle sowie die Bemühungen des Griechischen Landw. Forsch.-Inst. in Larissa dar, das sich mit der Sammlung, Prüfung und weiteren Verbesserung zahlreicher ausländischer Formen befaßt. Eine bes. Rolle spielen hierbei Linsen, Saubohnen, Kichererbsen, Futtererbsen, Wicken, Lupinen, Platterbsen, Ackerbohnen, Sesam, Sojabohnen, Rizinus, Saflor und Sorghum. Der stark vergrößerte Anbau eiweißreicher Hülsenfrüchte wirkte sich auf die Entwicklung der Viehwirtschaft sehr günstig aus. Der „Nationale Samen-Vermehrungsdienst" hat bei der Propagierung und Einführung neuer Sorten in die Praxis einen großen Anteil. Er unterliegt der wissenschaftlichen Kontrolle der entspr. Forschungsinstitute. K. Bellmann. 720.

Krijthe, N.; Wageningen, Netherlands, Inst. for Biol. and Chem. Res. on Field Crops and Herbage. Observations on the sprouting of seed potatoes. **(Beobachtungen über das Keimen von Pflanzkartoffeln.)** Europ. Potato J. [Wageningen] 5 (1962) Nr. 4. S. 316-333. – 11 Abb., 2 Tab., 15 Lit. Zus. in Franz., Dtsch.
Die Dauer der Keimruhe von 25 untersuchten Sorten war je nach Sorte und Jahr verschieden. Während dieser Zeit hatte die Lagertemperatur nur einen geringen Einfluß. Bei 'Voran', 'Ambassadeur' und 'Rival' wurde die Keimruhe durch höhere Temperaturen abgekürzt, während bei 'Alpha' kaum ein

Einfluß beobachtet wurde. Die Sorten 'Alpha', 'Ackersegen' und 'Arran Banner' benötigten zur Entwicklung 3 mm langer Keime bei 25 °C 3–6 Wochen weniger als bei 20 °C. Die Differenzen waren bei niedrigeren Temperaturen noch größer. Bei reifen und unreifen, großen und kleinen Knollen von derselben Pflanze kann die Dauer der Keimruhe verschieden sein. Während des Wachstums können verschiedene Faktoren (Temperatur, Düngung) die Länge der Keimruhe beeinflussen. Die Keimkapazität einiger Sorten wurde nach verschieden langer Lagerung bei 2 °C durch regelmäßige Entnahme von Proben untersucht. Die Proben wurden dann bei 20 °C und 80% rel. Luftfeuchtigkeit für 4 Wochen zum Keimen angesetzt und das Keimgewicht ermittelt. Die höchsten Keimgewichte wurden in der Zeit von Juli–Sept. gefunden. Durch Erhöhung der Lagertemperatur von 2 °C auf 5 °C wird die folgende Keimentwicklung bes. nach längerer Lagerzeit beschleunigt. Durch Abkeimen wird eine Zunahme der je Zeiteinheit gebildeten Keimmasse verursacht. Nahezu jedes Auge kann einen Keim bilden. Nach dem Abkeimen wurden zum 2. Mal mehr und schwerere Keime ausgebildet. Bei der Entwicklung der Keime entstehen in der Knolle Gewichtsverluste durch Atmung und Verdunstung. Je später in der Lagerungszeit, um so größer sind die beim Keimen gemessenen Verluste. Die Gewichtsverluste sind dem Keimgewicht nicht proportional. Das Verhältnis von Keimgewicht zu Gewichtsverlust durch Atmung und Verdunstung bei der ersten Keimbildung ist für die betr. Probe charakteristisch. In dieser Weise lassen sich auch Unterschiede zwischen Herkünften nachweisen. Bestimmte Herkünfte weisen bei gleichem Keimgewicht unterschiedliche Gewichtsverluste auf. Zwischen dem nach wiederholtem Abkeimen gemessenem Keimgewicht und dem gesamten Gewichtsverlust der Knolle infolge der vorherigen Abkeimungen besteht eine Korrelation. Ch. Pfeffer. 720.

Hove, H. J. ten und Kleinendorst, A. De invloed van de grootte van het zaad op de jeugdontwikkeling van engels raaigras. **(Einfluß der Samengröße auf die Jugendentwicklung von Deutschem Weidelgras.)** Inst. biol. scheikund. Onderzoek Landbouwgewassen Wageningen, Meded. **1962** Nr. 179. S. 39–46. – 1 Abb., 3 Tab., 13 Lit.

Von einem Heutyp wurden 2 Samenpartien, eine mit 2,83 und eine mit 1,28 mg mittlerem Korngewicht getrennt oder im Gemisch auf humosem Sandboden ausgesät, und zwar in Tröge im Gewächshaus. Als erstes zeigte sich wesentlich stärkerer und schnellerer Aufgang bei den größeren Körnern (nach 6 Tagen 57,5 gegenüber 28,5%, nach 15 Tagen 88,5 gegen 63,0%). Weiter zeigte sich Überlegenheit in der Größe der Pflanzen und im Beginn des Bestockens. Die Zahl der Bestockungstriebe stieg jedoch bei den Beständen aus kleinen Samen schneller an. Die Triebe blieben jedoch kleiner, so daß die Tr.-Subst.-Menge/Pflanze bei beiden Gruppen etwa gleich hoch war. Ausgesiebte kleine Körner führten zu Beständen mit langsamerem Anfangswachstum und geringerer Konkurrenzkraft gegenüber anderen Komponenten. Nach einer bestimmten Zeit führt aber die stärkere Bestockung zur entgegengesetzten Wirkung. Die großen Samen sind bes. für Spätsommer- und Herbstsaaten geeignet wegen des schnelleren Anfangswachstums. Die weniger starke Bestockung verhindert zu große Dichte der Bestände. Im Ganzen wird aber das Sortieren nicht empfohlen, da es den Sortencharakter beeinflussen kann (späteres Schossen und stärkere Bestockung bei Beständen aus kleinen Körnern als bei solchen aus größeren Samen). Bes. die Wiederholung des Sortierens kann erhebliche Änderungen der Sorte bewirken. Solche Gefahren sind bereits bei zu scharfem Reinigen des Saatgutes gegeben. W. Stenz. 720.

Tempe, J. de; Wageningen, Netherlands, Off. Seed Testing Stat. Inspection of seeds for adhering pathogenic elements. **(Untersuchung der Samen auf an-**

haftende Krankheitserreger.) C.R. Assoc. int. Essais Semences [Copenhague] 28 (1963) Nr. 1. S. 153–165. – 7 Abb., 34 Lit. Zus. in Franz., Dtsch.
Saatgutinfektionen, die keine typischen Krankheitserreger aufweisen, können durch Prüfung der Samen in Wasser nachgewiesen werden. Z. B. ist dies bei *Gloeotinia temulenta* bei Weidelgras und *Polyspora lini* bei Lein der Fall. Diese Krankheiten können an der großen Zahl nichttypischer Sporen erkannt werden. Wenn sich charakteristische Krankheitserreger in genügender Zahl auf der Samenoberfläche befinden, kann eine Suspension durch Schütteln der Samen mit Flüssigkeit hergestellt werden, z. B. bei Brandkrankheiten und *Cercospora beticola*. Eine zusätzliche Vitalitätsprüfung des Krankheitserregers kann erforderlich werden. C. Tittel. 725.

Tempe, J. de; Wageningen, Netherlands, Off. Seed Testing Stat. The blatter method for seed health testing. **(Die Filterpapiermethode für die Gesundheitsprüfung des Saatgutes.)** C.R. Assoc. int. Essais Semences [Copenhague] 28 (1963) Nr. 1. S. 133–151. – 6 Abb., 14 Lit. Zus. in Franz., Dtsch.
Die Filterpapiermethode für die Gesundheitsprüfung des Saatgutes wird in zahlreichen Abwandlungen angewendet. Der Gebrauch ausgebreiteter Filterpapiere bei Lichteinwirkung ermöglicht die Entwicklung der Keimlinge und des Krankheitsbefalles. Manche Krankheitserreger werden durch die Symptome an den Keimlingen, andere durch ihre Fruktifikation auf der Samenoberfläche erkannt. Im letzteren Fall ist die Keimung der Samen nicht notwendig. Vor- und Nachteile der Filterpapiermethode im Vergleich zur Agarmethode werden an Hand zahlreicher Beispiele besprochen.
C. Tittel. 725.

Tempe, J. de; Wageningen, Netherlands, Off. Seed Testing Stat. Health testing of flax seed. **(Gesundheitsprüfung des Leinsaatgutes.)** C.R. Assoc. int. Essais Semences [Copenhague] 28 (1963) Nr. 1. S. 107–131. – 37 Abb. 53 Lit.
Fast alle wichtigen Krankheiten des Leins sind samenübertragbar. Durch Untersuchung der trockenen Samen lassen sich aber nur wenige Erreger nachweisen. Vf. gibt ausführliche Beschreibungen über die Methoden zur Erkennung des Befalls mit folgenden Erregern: *Alternaria linicola*, *A. lini*, *Ascochyta linicola*, *Botrytis cinerea*, *Colletotrichum linicola*, *Coniothyrium olivaceum*, *Fusarium oxysporum*, *Melampsora lini*, *Mycosphaerella linorum*, *Polyspora lini*, *Sclerotinia sclerotiorum*, *Tyroglyphus spp*. Neben der Untersuchung des trockenen Saatgutes mit bloßem Auge, Lupe oder Mikroskop werden die Filterpapiermethode und die Agarmethode zur Gesundheitsprüfung verwendet. C. Tittel. 725.

Tempe, J. de; Wageningen, Netherlands, Off. Seed Testing Stat. The use of correlation coefficients in comparing methods for seed vigour testing. **(Die Anwendung von Korrelationskoeffizienten beim Vergleich von Methoden zur Triebkraftbestimmung der Samen.)** C.R. Assoc. int. Essais Semences [Copenhague] 28 (1963) Nr. 1. S. 167–172. – 1 Abb., 2 Lit. Zus. in Franz., Dtsch.
Die Ergebnisse verschiedener Triebkraftbestimmungsmethoden und der Keimprüfungsmethode wurden mit dem Aufgang in unsterilisierter Erde verglichen. Angewendet wurden die Methode nach Hiltner mit Ziegelgrus bzw. Sand, der Keimrollentest nach Germ und der Sandkeimversuch. Als Versuchsmaterial dienten 10 Sommerweizensaatgutproben, von denen je eine Hälfte durch Heißwasserbehandlung geschwächt worden war, so daß 20 in ihrer Triebkraft unterschiedliche Proben zur Verfügung standen. Die Bestimmung der Korrelationskoeffizienten zwischen Labormethoden und dem Erdversuch ergab eine gute Übereinstimmung. Die herkömmlichen Methoden

zur Triebkraftbestimmung sind als Ergänzung zum Keimversuch gut geeignet. Der Sandkeimversuch ergab keine so gute Übereinstimmung der Ergebnisse mit denen des Erdversuchs. C. Tittel. 725.

Johnston, Margot E. H. und Miller, Jean G.; Palmerston North, New Zealand, Off. Seed Testing Stat.; Wellington, Dep. of Agric. Optimum germination conditions for some species of the genus Brassica. **(Optimale Keimungsbedingungen für einige Arten der Gattung Brassica.)** C.R. Assoc. int. Essais Semences. [Copenhague] 28 (1963) Nr. 1. S. 39–44. – 1 Lit. Zus. in Franz., Dtsch.

In der Samenprüfungsstation von Neuseeland werden jährlich etwa 2500 Saatgutproben der Gattung *Brassica* untersucht, hauptsächlich Gemüsekohl, Raps und Kohlrübe. Die angewendeten Keimungsbedingungen weichen etwas von den in den Internationalen Vorschriften angegebenen ab. Vergleichsversuche mit 140 Saatgutproben wurden bei 20–30 °C auf Jacobsen-Apparaten und bei 18–25 °C bzw. 20–30 °C in Keimschränken durchgeführt. Sie ergaben folgendes: Die beste Keimprüfungsmethode für *Brassica oleracea* ist die Keimung bei 20–30 °C im Keimschrank oder Jacobsen-Apparat; die Erst- und Endauszählung erfolgen nach 3 und 10 Tagen. *B. napus var. napobrassica* wird am besten bei gleichen Temperaturen auf dem Jacobsen-Apparat geprüft; Erst- und Endauszählung erfolgen nach 3 und 14 Tagen. Die Keimergebnisse bei *Brassica napus* (Raps) sind bei allen Methoden befriedigend; bis zum Abschluß des Versuchs genügen 7 Tage. C. Tittel. 725.

Effmann, H.; Potsdam, Inst. für Landwirtsch. Untersuchungswes. der Dtsch. Akad. der Landwirtsch.-Wiss. zu Berlin. **Beurteilung anomaler Keime bei Lupinus luteus.** C. R. Assoc. int. Essais Semences [Copenhague] 28 (1963) Nr. 1. S. 61–69. – 3 Abb., 3 Tab., 28 Lit. Zus. in Engl., Franz.

Die Schalenrissigkeit bei Lupinen wird durch ungünstige Erntebedingungen (mechan. Verletzung, hohe Trocknungstemperatur u. a.) hervorgerufen. Bei den schalenrissigen Samen kann der Riß in Längsrichtung, in Querrichtung oder in beiden Richtungen verlaufen. Alle 3 Formen der Schalenrissigkeit wirken sich nachteilig auf die Keimfähigkeit aus und bewirken das Auftreten anomaler Keimlinge. Eine sichere Beurteilung dieser Anomalien ist bei der Keimprüfung erst vom 6. Tage ab möglich. Es wird vorgeschlagen, daß die Internationalen Vorschriften für die Prüfung von Saatgut dahingehend ergänzt werden, daß auch Keimlinge als anomal angesehen werden, denen ein Teil der Wurzel fehlt oder bei denen die Wurzel durch die Samenschale eingeschnürt ist, auch dann, wenn sie gut entwickelte Adventivwurzeln bilden. C. Tittel. 725.

Tempe, J. de; Wageningen, Netherlands, Off. Seed Testing Stat. On methods of seed health testing principles and practice. **(Methoden zur Gesundheitsprüfung des Saatgutes — Prinzipien und Praxis.)** C.R. Assoc. int. Essais Semences [Copenhague] 28 (1963) Nr. 1. S. 97–105. – 6 Lit. Zus. in Franz., Dtsch.

Für die Gesundheitsprüfung des Saatgutes werden verschiedene Methoden angewendet, die über die totale Infektion (lebend oder tot), die lebensfähige Infektion oder nur die pathogene Infektion einen Aufschluß geben. Die Ermittlung der pathogenen Infektion hat für die Praxis den größten Wert, da sie die Wirkung der Infektion auf das Saatgut anzeigt. Die „pathogenen Methoden" verdienen den Vorzug in der Routineuntersuchung. Die Eignung der verschiedenen Methoden kann durch die Bestimmung der Korrelationskoeffizienten zwischen den im Labor und auf dem Feld ermittelten Zahlen geprüft werden. Methoden mit hoher Korrelation sind grundsätzlich am besten geeignet; von Nachteil können aber hoher Aufwand an Kosten und Arbeit

sein. In manchen Fällen dürfte es unvermeidlich sein, daß man mehreren Methoden den gleichen Wert für die Gesundheitsprüfung zuerkennt.
C. Tittel. 725.

Miller, Jean G.; New Zealand, Dep. of Agric. Studies on duplicate purity tests. **(Untersuchungen über doppelte Reinheitsbestimmungen.)** C.R. Assoc. int. Essais Semences [Copenhague] 28 (1963) Nr. 1. S. 27–38. – 4 Abb., 5 Tab. Zus. in Franz., Dtsch.
Die Ergebnisse der routinemäßigen Reinheitsuntersuchungen von über 3000 Proben von Rotklee, Weißklee und Deutschem Weidelgras wurden statistisch ausgewertet. Die Auswertung bestätigt die Tatsache, daß die engere Mittelprobe ein Zufallsmuster aus einer Menge mit zufälligen Unreinheiten darstellt. Durch eine Änderung der Technik der Probenahme kann keine bessere Übereinstimmung der Ergebnisse der Wiederholungen erwartet werden. Nur eine Vergrößerung der Probe kann die Sicherheit der Ergebnisse erhöhen.
C. Tittel. 725.

German, O. Controlul semințelor, factor important în sporirea producției agricole. **(Die Samenkontrolle, ein wichtiger Faktor der landwirtschaftlichen Ertragssteigerung.)** Probleme agric. [București] **14** (1962) Nr. 8. S. 72–76.
In der RVR wird die Kontrolle der Saatgutqualität in 16 Regions- und 11 Rayonlaboratorien durchgeführt. Diesen Laboratorien obliegt die Anerkennung von Kulturen, die Kontrolle der Hybridisierungsparzellen sowie die Prüfung des Kulturwertes des Saatgutes. Vf. gibt Hinweise über Lagerungs- und Aufbewahrungsbedingungen des Saatgutes in Speichern und Silos sowie für die Entnahme der Saatgutproben für Analysen. C. I. Milică. 725.

Šmálik, M.,987Hončariv, R., Drozd, J. und Kubíková, A.; Košice, Selection Stat., Velká Lomnice; Biol. Inst. Med. Fak., UPJŠ. Účinok žiarenia na rast a vývoj zemiakových klíčkov po ožiarení izolovaných klíčkov. **(Farbveränderungen der Kartoffelknollen nach Bestrahlung isolierter Keime.)** Biol. Plantarum [Praha] **4** (1962) Nr. 3. S. 207–210. – 5 Lit. Orig.: engl., Ausz.: russ.
Vff. untersuchten die Wirkung verschiedener Strahlendosen auf Kartoffeln. Nach Gaben von 1000 r zeigten sich Knollen- und Stengeldeformationen, die mit ansteigender Gabe zunahmen. Knollendeformationen wurden bereits nach Gaben von 250 r beobachtet. Bei der Hybride '4/50' wurden Nester mit rotschaligen Kartoffeln festgestellt. Diese Eigenschaft wird z. T. auch in der weiteren Generation beibehalten. Bei 1000 r wurden Blatt-, Stengel- und Knollendeformationen bei allen 4 Sorten beobachtet. Bei den bestrahlten Pflanzen ist die Bildung von Blattpaaren normal. Diese Differenzierung der Blätter wurde bei höheren Gaben nicht mehr beobachtet. M. Pštross. 726.

Dobrev, K. (Dobrew, K.) Udălžavane pokoja na kartofite, prednaznačeni za konsumacija, furaž i promišleni celi, s pomošta na chimičeskija preparat kartofin. **(Verlängerung der Keimruhe bei Speise-, Futter- und Industriekartoffeln mittels Kartoffin.)** Izvestija na Instituta za chimičeski sredstva v selskoto stopanstvo, Sofija **1** (1962) S. 81–92. – 5 Tab., 9 Lit. Zus. in Russ., Engl.
Die Versuche wurden mit den Sorten 'Binte', 'Ranni rosi', 'Aquila', 'Kardinal', 'Erstling', 'Saskia', 'Smeseni' u. a. durchgeführt. Zur Verlängerung der Keimruhe wurden die Knollen vor der Keimung mit α-Naphthylessigsäure-Methylester in Dosen von 1,2 und 2 kg/t Kartoffeln, mit Kartoffin (19 g α-Naphthylessigsäure-Methylester + 20 g Methyl-[Äthyl-]Alkohol + 0,5 kg Talkum; die Menge reichte für 200 kg Kartoffeln aus), mit Knoblauchextrakt u. a. behandelt. Die Präparate NES und Belvitan-K bewirkten die Bildung von Tochterknollen, wodurch die Qualität verschlechtert wurde. Kartoffin gewähr-

leistete eine lange Lagerungsdauer von Speise-, Futter- und Industriekartoffeln, ohne die Geschmackseigenschaften zu beeinträchtigen. Mit diesen Präparaten behandelte Kartoffeln können nicht als Pflanzgut verwendet werden.
K. Tschanew. 726.

Podtykan, Ja. P. Kak obogaščat' semena svekly organičeskimi pitatel'nymi veščestvami. **(Zur Anreicherung des Rübensaatguts mit organischen Nährstoffen.)** Sacharnaja svekla, Moskva 8 (1963) Nr. 2. S. 34–35. — 2 Tab.
Für 100 g Zuckerrübensaatgut werden 6,5 kg Hirse o. ä. zur Keimung gebracht, getrocknet, gemahlen und in 50 l Wasser gelöst. Das darin eingeweichte Zuckerrübensaatgut läuft 2–3 Tage früher auf. Der Wachstumsprozeß ist bedeutend intensiver. Das Rübengewicht betrug in Versuchen am 1. Sept. 336 g gegenüber 293 g (Kontrolle). Der Ertrag betrug 377 gegenüber 347 dt/ha und der Zuckergehalt 17,3% gegenüber 16,8%. Der zusätzliche Arbeitsaufwand beträgt je ha 0,3 AKh.
G. Jury. 726.

Nietsch, Hilde. **Beschreibung morphologischer Merkmale von Getreidesorten.** Bodenkultur [Wien], Sonderh. Nr. **13** Jb. 1961. (hrsg. 1962) S. 57–78. — 20 Abb., 1 Lit.
Neu in das amtliche Zuchtbuch für Kulturpflanzen u. in die „Sonderliste zur Saatgutanerkennung zugelassene Sorten" eingetragene Getreidesorten werden ausführlich morphol. beschrieben. Bis zu 30 Einzelkennzeichen, untergliedert in Vegetationsdaten, Ähren- bzw. Rispen- u. Kornmerkmale, werden für jede Sorte angegeben. Beschrieben werden die neuzugelassenen Sorten; von Wi-Weizen: 'Erla Kolben', 'Probus'; Wi-Gerste: 'Brucker Vierzeilige Nr. 4', 'Brucker Zweizeilige Nr. 34', 'Engelens Dea', 'Hauters'; So-Gerste: 'Eura', 'Heines Haisa II', 'Isaria Nova (Bim 21)', 'Probstdorfer Vienna', 'Union', 'Verbesserte Mehltauresistente Pumpergerste', 'Violetta II',; Hafer: 'Blenda', 'Eckendorfer Früh Borriesa', 'Erno Gelb', 'Flämingskrone' und 'Petkuser Weiß'.
P. Hahn. 728.

Ludwig, H.; Dresden-Pillnitz, Inst. für Chem. in der Landwirtsch., Abt. Saat- und Pflanzguntersuch. **Die Verwendung von Gibberellin zur schnelleren Unterscheidung von Sommer- und Wintergetreide.** C.R. Assoc. int. Essais Semences [Copenhague] **28** (1963) Nr. 1. S. 45–49. — 3 Abb., 3 Tab., 15 Lit. Zus. in Engl., Franz.
Die Unterscheidung von Wi- und So-Getreide durch Vegetationsversuche bei Dauerbelichtung und hoher Temperatur war durch Anwendung von Gibberellin nach wesentlich kürzerer Zeit möglich. Täglich wurden 5 cm³ Gibberellin in einer Konz. von 100 mg/l auf die Jungpflanzen bis zur Auswertung des Versuchs versprüht. Bei Sommergetreide wurde dadurch der Vegetationskegel stark in die Höhe geschoben. Nach 15 Tagen lag er etwa 20 cm über dem Bestockungsknoten, während er bei unbehandeltem So-Weizen nur 6 cm darüber lag. So-Gerste und -Roggen verhielten sich ähnlich. Beim Wi-Weizen kam es nur zu einer unbedeutenden Hebung des Vegetationskegels.
C. Tittel. 728.

Matthews, Dawn; Palmerston North, New Zealand, Off. Seed Testing Stat. Laboratory identification of seeds of some thistles Cirsium arvense, Cirsium vulgare, Carduus nutans. **(Die Bestimmung der Samen einiger Distel-Arten, Cirsium arvense, Cirsium vulgare, Carduus nutans, im Laboratorium.)** C.R. Assoc. int Essais Semences [Copenhague] **28** (1963) Nr. 1. S. 19–26. — 5 Abb., 1 Tab., 2 Lit. Zus. in Franz., Dtsch.
Die Früchte von *Cirsium arvense*, *C. vulgare* und *Carduus nutans* kommen in Neuseeland als Verunreinigungen im Grassaatgut vor. Normal ausgebildete Früchte dieser 3 Arten lassen sich ohne größere Schwierigkeiten voneinander unterscheiden. Schrumpfkörner sind sich dagegen im Aussehen sehr ähnlich.

Die mittlere Schicht der Fruchtwand, die aus langen, schmalen, dickwandigen Zellen besteht, ist ein zuverlässiges anatomisches Merkmal zur Erkennung von *Cirsium vulgare* und *C. arvense*. Bei *C. vulgare* ist diese Schicht weiter ausgedehnt als bei *C. arvense*. *Carduus nutans* kann daran erkannt werden, daß an der Fruchtschale sich eine Schleimschicht befindet und in der Epidermis eine Zellschicht aus langen, unregelmäßigen, dünnwandigen Zellen vorhanden ist. C. Tittel. 728.

E. Ernte und Ernteverfahren

Feiffer, P.; Nordhausen, Prüfstelle für Mähdrusch, Zentralstelle für Sortenwes. **Wie die Saat — so die Ernte.** Wiss.-techn. Fortschr. Landwirtsch. 4 (1963) Nr. 2. S. 88–90. – 3 Abb., 1 Tab., 2 Lit.

Zur Vermeidung von Arbeitsspitzen beim Mähdrusch sind bei der Anbauplanung zwei Gesichtspunkte zu beachten: 1. das Fruchtartenverhältnis, 2. die Sortenwahl. Ein ausgewogenes Fruchtartenverhältnis, für dessen Aufstellung einige Regeln angegeben werden, soll zu einem kontinuierlichen Einsatz des Mähdreschers führen und Arbeitsspitzen vor allem gegen Ende der Erntekampagne vermeiden helfen. Dadurch wird auch eine höhere Auslastung des Mähdreschers erreicht. Die Auswahl der Sorten soll hinsichtlich ihrer optimalen Mähdruschreife vorgenommen werden, was zu einer Verminderung der Ausfallverluste führt. Die Abreife der Sorten innerhalb einer Fruchtart ist zwar ziemlich einheitlich, Verschiedenheiten im Spelzenschluß, in der Standfestigkeit oder in der Neigung zum Ährenknicken führen jedoch zu größeren Unterschieden hinsichtlich der optimalen Mähdruschreife, was an einzelnen Fruchtarten (Wi-Weizen, So-Gerste) näher erläutert wird. Es wird auf das Beispiel der Anbauplanung und Sortenwahl in der LPG Artern für das Erntejahr 1963 verwiesen. J. Schulze. 742.

Vitali, Giovanni. La récolte mécanique des olives. Possibilités et perspectives après les essais de Florence. **(Die mechanische Ernte der Oliven. Möglichkeiten und Perspektiven auf Grund der Versuche von Florenz.)** Inform. oléicoles int. [Madrid] [N.S.] **1962** Nr. 20. S. 51–72. – 12 Abb., 4 Tab., 14 Lit.

In Süditalien stehen etwa 160 Mill. Olivenbäume auf einer Fläche von 2,225 Mill. ha. Sie sind meist sehr verstreut (40/ha), z. T. überaltert, wenig gepflegt und wachsen auf stark hängigem Gelände. Eine mechanische Ernte stößt wegen dieser Voraussetzungen auf Schwierigkeiten, ist bei der Entwicklung der Arbeitskräftelage aber erforderlich. Vf. berichtet über Vorführungen von Ernte-Maschinen und Geräten aller italienischen Firmen. Man unterscheidet Vorrichtungen zur Ernte vom Baum (A) in einen Vorratsbehälter oder auf die Erde und Sammelapparate zum Auflesen vom Boden (B) mit und ohne Aussortierung von Beimengungen. Die Geräte für A beruhen auf dem Prinzip des Riffelkamms, während für B rotierende Aufnahmetrommeln, die z. T. mit Stachelwalzen die Früchte aufspießen (Dimension und Art eines Handrasenmähers) und „Staubsauger“ eingesetzt werden. Bei der Leistung der Pflückgeräte muß der Arbeitsbedarf zum Aufsammeln der heruntergefallenen Früchte eingerechnet werden. In günstigen Fällen kann etwa das Doppelte wie bei Handarbeit geschafft werden. Die Leistung der Sammelapparate mit Handbetrieb liegt ebenfalls in dieser Größenordnung, während bei Motorantrieb die 12fache Menge aufgelesen werden konnte. In Übersee ist das Ernteproblem mit Hilfe von Schüttelarmen am Schlepper und angebauten Auffangplanen gelöst (Arbeitsaufwand 10–15%, Kostenaufwand 30–50% im Vergleich zur Handarbeit), in Italien erlangt diese Methode aber erst Bedeutung, wenn die neuen regelmäßig angelegten Plantagen mit einheitlicher Baumform ins tragfähige Alter kommen.

V. Ehrenpfordt. 748.

F. Konservierung und Lagerung des Erntegutes

Erprobung des Einsilierens von Mais mit luftdicht abschließenden Folien im Vergleich zu bisherigen Silierungsverfahren in der Praxis. Jena, Inst. Pflanzen ernähr. Dtsch. Abad. Landwirtsch.-Wiss. Berlin Plan-Nr.:170127h 2–12/0. Abschlußber. (26/3. 1963).

Um die Eignung der von unserer chem. Industrie hergestellten Folien aus Polyäthylen und PVC für Silozwecke zu überprüfen, wurden verschiedeneVersuchssilos mit Mais, Futterroggen, Futterrübenblatt und Getreide-Leguminosen-Gemenge angelegt. Am brauchbarsten haben sich Folienstärken zwischen 180 und 200 μm erwiesen. Die Temperaturen lagen in Foliensilos meistens unter den gewünschten Bereichen. In den Foliensilos konnten bei allen Futterstoffen gute Silagen gewonnen werden. Durch Absaugen der Luft aus den Foliensilos traten günstigere Gärungsvorgänge ein. Im Nährstoffgehalt zeigte bes. das Absaugen der Luft aus dem Futterstock die besten Ergebnisse. Das gleiche traf für die Substanzverluste zu, die – bedingt durch den Luftentzug – bei allen Futterstoffen am niedrigsten waren. Bei einer Kostenzusammenstellung ergab sich, daß ein Kubikmeter Siloraum eines Foliensilos aus PVC etwa dasselbe kostet wie 1 m³ eines massiven Durchfahrtsilos. Teurer sind dagegen Silos aus Polyäthylen. 758.

Lüddecke, F.; Rostock, Oskar-Kellner-Inst. für Tierernähr. der Dtsch. Akad. der Landwirtsch.-Wiss. zu Berlin. **Einfluß der Schnittzeit und der Zerkleinerung des Futterroggens auf die Qualität und den Nährstoffgehalt der Futterroggensilage.** Wiss.-techn. Fortschr. Landwirtsch. **4** (1963) Nr. 2. S. 97–99. – 2 Tab., 3 Lit.

Die Qualität der Futterroggensilagen ist bei weitem nicht so gut, wie die der Maissilagen, da die Einsäuerungstechnik noch mangelhaft ist. Versuchsergebnisse der früheren LVU-Institute, die durch Praxisproben bestätigt werden, weisen nach, daß der günstigste Schnittermin zur Erzielung einer guten Silagequalität in der Zeit liegt: eineWoche vor Erscheinen der Grannenspitzen bis zum Erscheinen der Grannenspitzen. Mit zunehmender Schnittverspätung nimmt in der Silage der Milchsäureanteil ab, hingegen steigt der Buttersäureanteil beträchtlich. Ebenso tritt eine Verminderung des Rohprotein- und des Rohfettgehaltes ein, bei einer erheblichen Steigerung des Rohfasergehaltes bei der letzten Schnittzeit (zu Beginn der Blüte). Die Schnittlänge des Futterroggens sollte 1–3 bis höchstens 12 cm betragen. Silagen von unzerkleinertem Futterroggen enthalten einen sehr hohen Buttersäureanteil. Der Futterroggen ist sauber in den Silo zu bringen. Zur einwandfreien Silierung sind Sicherungszusätze zu verwenden: je dt Grünmasse 200–300 g Kofasalz oder „EKB-Siliersalz neuerer Art". Die Silofüllung ist unbedingt in 3–4 Tagen zu beenden, wobei der gehäckselte Futterroggen sorgfältig festzufahren ist, Die Abdeckung erfolgt mit Spreu und Erde oder mit Silopapier und Erde. Eine Hafereinsaat führt zu einem besseren Luftabschluß. J. Schulze. 758.

Young. LeVern B. und Erickson, Louis C.; Riverside, Univ. of California, Citrus Exp. Stat. Influence of temperature on color change in Valencia oranges. **(Einfluß der Temperatur auf die Farbänderung bei ‚Valencia'-Orangen.)** Proc. Amer. Soc. horticult. Sci. **78** (1961) S. 197–200. 759.

G. Versuchswesen

Ceapoiu, N. Metodica experienţelor cu un număr mare de variante. **(Die Methodik der Versuche mit einer großen Variantenzahl.)** Probleme agric. [Bucureşti] **14** (1962) Nr. 10. S. 65–74. – 2 Abb., 6 Tab.

Für Versuchsarbeiten zur Züchtung von Kulturpflanzen bei einer sehr großen Anzahl Varianten empfiehlt der Vf. die Anwendung der Methode der unterteilten Versuchsblocks. Je nach Anzahl der Varianten wird die Anordnung der Blocks, Unterblocks und Varianten im Versuchsfeld angegeben. Weiter wird eine Methode zur Auswertung der Ergebnisse geschildert, die auf der Varianzanalyse in Abhängigkeit vom Gleichförmigkeitsgrad des Bodens im Versuchsblock beruht. C. I. Milică. 761.

Patterson, H. D. und Lucas, H. L. Change-over designs. **(„Change-over"-Pläne.)** North Carolina agric. Exp. Stat., techn. Bull. **1962** Nr. 147. S. 1–52. – 5 Abb., 26 Tab., 16 Lit.

Pläne, bei welchen einige Behandlungen in sukzessiven Perioden auf jede Versuchseinheit in zyklischer Folge angewandt werden, nennt man „change-over"-Pläne (wörtlich übersetzt: Umschaltpläne). Sie wurden bisher schon angewandt, z.B. bei Fütterungsversuchen an Milchvieh, bei klinischen und psycholog. Experimenten und auch bei gewissen biol. und landwirtsch. Versuchen. Vff. unterscheiden zwei Typen von solchen Versuchen. Im ersten Fall sollen in einer Folge nur verschiedene Behandlungen vorkommen und im zweiten Fall soll eine Behandlung in einer Folge zweimal auftreten. Will man die Wirkung einer Behandlung feststellen, so ist oft sehr schwer feststellbar, was die direkte Wirkung ist bzw. was auf frühere Behandlungen zurückzuführen ist. Vff. definieren einige ausgewogene und teilweise ausgewogene „change-over"-Pläne und führen die Analysen durch. Anschließend gehen sie auf die Auswahl des geeigneten Planes ein und konstruieren einige spezielle Pläne. G. Reißig. 761.

Gomez, A. A. und Carpena, A. L.; Laguna, Coll., Centr. Exp. Stat. The suitability of the randomized complete-block design in comparing the grain yields of corn at six locations in the Philippines. **(Die Eignung der Anlage mit vollständigen randomisierten Blöcken zur Prüfung von Mais-Kornerträgen an sechs Standorten auf den Philippinen.)** Philippine Agriculturist **46** (1962) Nr. 2/3. S. 101–107. – 2 Tab., 6 Lit.

Die Variationskoeffizienten von Maissorten und -hybriden in Versuchen mit vollständigen, randomisierten Blöcken an 6 Standorten auf den Philippinen wurden untersucht. Die durchschnittlichen VK zeigten zwischen den untersuchten Orten große Differenzen. Da diese auch von Jahr zu Jahr innerhalb der Standorte vorhanden waren, müssen die Hauptursachen im unterschiedlichen Schädlingsbefall und Beschädigungen der Anlage bei der Bearbeitung liegen. Außerdem ist es möglich, daß sich Bodenunterschiede in feuchten Jahren bes. bemerkbar machen. Die Zahl der Wiederholungen werden von 3 auf 4 heraufgesetzt. Eine Verkleinerung der Parzellengröße von 20 auf $10 m^2$ brachte keine Vergrößerung des Fehlers. 73% der Prüfgliedunterschiede konnten bei $P = 5\%$, 60% bei $P = 1\%$ als signifikant erwiesen werden. E. Wessely. 761.

Corsten, L. C. A.; Wageningen, Inst. for Res. on Varieties of Field Crops. Balanced block designs with two different numbers of replicates. **(Ausgewogene Blockversuche mit zwei verschiedenen Anzahlen von Wiederholungen.)** Biometrics [Blacksburg, Va.] **18** (1962) Nr. 4. S. 499–519. – 12 Lit.

Bei den meisten Versuchsplänen für unvollständige Blöcke werden alle Behandlungen gleich oft angewandt. Vf. geht davon aus, daß gelegentlich eine Behandlung wichtiger sein kann als eine andere und daher genauer erforscht werden muß. Vf. konstruiert Pläne für unvollständige Blöcke, bei denen die einzelnen Behandlungen verschieden oft angewandt werden. Trotzdem sind die Pläne in gewissem Sinne ausgewogen. Es sollen v_1 Behandlungen r_1-mal vorkommen und v_2 Behandlungen r_2-mal. Außerdem soll $r_1 < r_2$ sein. Deshalb werden die Behandlungen der ersten Gruppe „selten", die der zweiten Gruppe „häufig" genannt. Jede Behandlung soll in einem Block höchstens einmal vorkommen. Vf. beschreibt Versuchspläne für 5 verschiedene Fälle und führt die Varianzanalyse durch. G. Reißig. 761.

Escuro, P. B., Obligado, A. L., Everett, H. L. und Oñate, B. T. Border effects in experimental plots of upland rice. **(Randeinflüsse auf Versuchsparzellen mit Trockenreis.)** Philippine Agriculturist **46** (1962) Nr. 2/3. S. 82 bis 92. – 1 Abb., 7 Tab., 4 Lit.

Vff. prüften in einem 3jähr. Versuch in Spaltanlage 10 Bergreissorten auf die Beeinflussung der Randzeilen und Zeilenenden der Teilstücke durch Randwege. Dabei wurden die 1. und 2. Randzeilen und die Mittelzeilen jeder 10reihigen Parzelle in 40 cm breiten Zeilen-Abschnitten getrennt bonitiert und geerntet. – Auf den Randreihen trat das Rispenschieben etwas später ein (97,4: 97,1 Tage), was auf das höhere Nährstoffangebot zurückgeführt wird. Weiterhin war die Bestockung besser (4,8:4,1 Halme/Pflanze) und der Ertrag höher (31,4:26,5 g/Pflanze). Demgegenüber zeigten die Stirnabschnitte der Zeilen nur beim Rispenschieben und bei der Halmzahl, nicht aber im Ertrag signifikante Differenzen im Vergleich zum Parzellenkern. Die 2. Zeile bzw. der 2. Zeilenabschnitt wiesen ebenfalls – allerdings sehr viel geringere – Beeinflussungen auf. Für allg. Sortenversuche wird vorgeschlagen, je eine Randreihe sowie einen 40 cm breiten Streifen am Parzellenkopf auszuschalten, für genaue Untersuchungen sind Ränder von 80 cm Breite erforderlich.

V. Ehrenpfordt. 761.

Sen, A. R.; Cinnamara, Assam, India, Toklai Exp. Stat. Use of pretreatment data in designing experiments on tea. **(Verwendung vorjähriger Daten bei der Aufstellung des Versuchsplans beim Tee.)** Empire J. exp. Agric. **31** (1963) Nr. 121. S. 41-49. – 3 Tab., 7 Lit.

Neuere Teeversuche sind meist als Lat. Quadrate oder Versuchsanlagen mit Berücksichtigung des vorjährigen Ertrags bei Auswertung über die Kovarianzanalyse angelegt. Für letztere Methode gibt Cochran 3 Möglichkeiten an: 1. Normale randomisierte Blockanlage, 2. teilweise balancierte Blockanlage (Verteilung der Varianten in den einzelnen Blocks auf Grund vorjähr. Blindversuche derart, daß jede Variante in der Summe annähernd gleichen Boden aufweist), 3. Parzellen etwa gleicher Leistung im Vorjahr (nicht unbedingt zusammenliegend) werden als Blocks zusammengefaßt und in ihnen die Varianten verteilt. – Vf. bespricht einen 2jährigen Blindversuch mit 240 Parzellen zu je 6 Sträuchern und vergleicht 17 Versuchsgrößen (4 × 4 bis 10 × 10 Parzellen) bei 5 verschiedenen Anlagemethoden (A = Blockmethode, B = teilweise balancierte Blockmethode, C = völlig randomisierter Plan, D = Lat. Quadrat, E = unvollständiges Lat. Quadrat, F und G = D bzw. E mit optimaler Reihenanordnung auf Grund vorjähr. Ergebnisse) jeweils mit und ohne Berücksichtigung der Vorjahreserträge. – Die Kovarianzanalyse brachte in allen Fällen mit Ausnahme von F und G geringere Standardfehler, F und G waren aber bei nur einjähriger Verrechnung am wirkungsvollsten. Bei Kovarianzausgleich erwiesen sich A–E als gleichwertig, F und G fielen etwas ab. Die Wirksamkeit der Methode B nahm verglichen mit A + Kovarianzausgleich mit steigender Parzellengröße zu, während sie bei zunehmender Variantenzahl abnahm. V. Ehrenpfordt. 765.

Dancer, J.; Uganda, Dep. of Agric. A note on the statistical analysis of yield differences in biennially bearing crops. **(Eine Bemerkung zur statistischen Analyse von Ertragsunterschieden bei zweijährig tragenden Getreiden.)** East African agric. Forestry J. **28** (1963) Nr. 3. S. 126–128. -- 4 Abb., 3 Tab., 2 Lit.

Vf. knüpft an Untersuchungen über 2jähr. oder unregelmäßig tragende Pflanzen an, bei denen ein Jahr mit hohem und eines mit niedrigem Ertrag abwechseln. Als Maß dieses Phänomens werden zwei Größen (B und I) eingeführt. Vf. beschreibt entspr. Untersuchungen an Kaffeesträuchern und gibt einfache Methoden zum Vergleich verschiedener Sorten an. G. Reißig. 768.

H. Pflanzen der gemäßigten Zone

Staicu, I., Bratu, V., Oprişan, N. und Bratu, I. Măsuri agrotehnice pentru sporirea şi îmbunătăţirea recoltelor de grîu, porumb şi trifoi cultivate pe un podzol din sud-estul regiunii Banat. **(Agrotechnische Maßnahmen zur Steigerung und Verbesserung des Ernteertrages auf Podsol angebautem Weizen, Mais und Klee.)** Probleme agric. [Bucureşti] **14** (1962) Nr. 6. S. 33–43. – 4 Abb., 1 Tab. Zus. in Russ., Franz.

Die Podsolböden nehmen eine Fläche von über 3 Millionen ha, d.h. fast 1/3 der AF der RVR ein. Diese Böden können bei Einbringung von Kalk + org. Düngemitteln erhöhte Erträge hervorbringen. Auf den Terrassenpodsolen der Region Banat sind je ha 5–10 t Kalk + 20 t Stalldung erforderlich. Die dadurch erzielten Mehrerträge betrugen 794 kg Weizen, 31208 kg Klee-Grünmasse und 1575 kg Körnermais je ha. Gleichzeitig stieg auch der Proteingehalt bei Klee und Mais. Durch Anwendung von Kalk und Stalldung sanken bei den drei untersuchten Kulturen die Selbstkosten. C. I. Milică. 770.

Kopetz, L. M.; Wien. **Sicherung der Erträge bei verstärktem Körnerfruchtbau.** Arch. dtsch. Landwirtsch.-Ges. **30** (1962) S. 29–42. – 1 Lit.

Nach dem 2. Weltkrieg hat sich das Anbauverhältnis der Getreidearten untereinander verschoben. Weizen ist weiter in den Vordergrund getreten. Vf. bezieht sich hierbei bes. auf Westdeutschland aber auch auf den EWG-Raum. Nunmehr erfordert die Erzeugung von Qualitätsweizen ein besonderes Augenmerk, da der Markt an einheimischen Füllweizen mehr als gesättigt ist. Roggen ist agrarpolitisch gesehen zum Futtergetreide abgewertet worden. Gerste läßt sich auch weiterhin gut absetzen, wobei die Braugerste eine Sonderstellung einnimmt. Hafer zeigt in der Produktion eine rückläufige Tendenz. Körnermais, durch seine Klimaansprüche bes. gekennzeichnet, hat neben der wirtsch. Bedeutung eine hohe biol. Wertigkeit für die Gestaltung der Fruchtfolgen im Getreidebaubetrieb. Die Ausweitung des Körnerfruchtanbaues aus arbeitswirtsch. Gründen zwingt zur Beachtung biol. Grenzen in den Fruchtfolgesystemen. Wichtig ist, daß in den Fruchtfolgen mit 66% und höheren Getreideanteil neben Weizen und Gerste auch die anderen Getreidearten Verwendung finden, da sonst der Ausbreitung von Krankheiten und damit verbunden Ertragsausfällen Vorschub geleistet wird. Auch das einseitige Auftreten von schwer bekämpfbaren Unkräutern, wie z. B. Flughafer, wird gefördert. Für die Bekämpfung von Flughafer mit chem. Mitteln scheint nach Ergebnissen amerikanischer und deutscher Versuche einige Aussicht zu bestehen. Weitere Gefahren beim verstärkten Getreidebau treten beim Übergang zum viehschwachen und weiter zum viehlosen Betrieb auf, indem Ernterückstände wie Stroh gleich einzuarbeiten sind. Hierbei ist vor allem eine entspr. reichliche Düngung notwendig (jährl. Gaben von 60–70 kg/ha P_2O_5 und 140–160 kg/ha K_2O). N sollte in geteilten Gaben (2) gegeben werden. In den entspr. Klimalagen kann Körnermais in einer intensiven Getreidefruchtfolge zur notwendigen biol. Ergänzung werden. Zur Ertragssteigerung bei Mais wird die Maisbandkultur (MBK) empfohlen. Hierbei wechseln 4 Reihen Mais mit 4 Reihen Zwischenkultur (z.B. Buschbohnen, Sojabohnen, Feldtomaten, Gurken, Spätkartoffeln oder auch Klee, z.B. Alexandrinerklee). Diese MBK gibt Möglichkeiten zur Lösung des Fruchtfolgeproblems. Bei richtiger Wahl der Zwischenkulturen können die Bänder jährlich gewechselt werden, und damit entsteht die Möglichkeit einer Dauerfruchtfolge Maisband – Zwischenkultur. Auch für Silomais dürfte die MBK Bedeutung erlangen, wie es in Ungarn in der Kombination mit Silosoja bereits gehandhabt wird. Durch die Einschaltung von Körnermais in die Fruchtfolge ist es möglich, den Anteil der Körnerfrüchte bis auf 83% zu steigern, was aber als oberste Grenze anzusehen ist. Aber nur eine Paarung von wirtsch. und biol. Denken führt zu Erfolgen auf dem Wege zu einem verstärkten Körnerfruchtanbau. F. Beleites. 772.

Heymann, W.; Leipzig, Inst. für Landwirtsch. Versuchs- und Untersuchungswes. der Dtsch. Akad. der Landwirtsch.-Wiss. zu Berlin. **Ein Beitrag zur Frage der Futterkornerzeugung im Sommergetreidebau über Reinsaat von Hafer und Gerste oder deren Gemenge.** Albrecht-Thaer-Arch. 7 (1963) Nr. 1. S. 75–91. – 13 Tab., 12 Lit. – nach Zus.
Die Auswertung von 28 Feldversuchen der Jahre 1959–61 im sächsischen Anbaugebiet mit 3 verschieden zusammengesetzten Hafer-Gerste-Gemengen sowie Hafer und Gerste als Reinsaaten führte zu folgenden Ergebnissen: Im Mittel aller Versuche waren der Hafer und sämtliche Gemenge der Gerste im Kornertrag leicht überlegen; die Varianten reagierten jedoch in den einzelnen Jahren nicht einheitlich. Ertragshöhe und -relation von Hafer und Gerste zeigten deutliche Abhängigkeit von den Juni-Niederschlägen: Bei niedrigen Regenmengen (unter 40 mm) dominiert die Gerste, höhere Niederschlagssummen führen zu starker Förderung des Hafers. Die Erträge der Gemenge gleichen sich dagegen fast stets denen der leistungsstärkeren Reinsaaten an. Gemenge mit gleichen oder höheren Gerstenanteilen eignen sich bes. für trokkene Lagen und Standorte, während unter feuchteren Bedingungen der Haferanteil führend sein sollte. Im Laufe der Vegetationszeit kommt es bei den Gemengen oft zu nicht unerheblichen Anteilverschiebungen, die meistens zugunsten der Gerste gehen. Bei ungleich zusammengestellten Gemengen verschieben sich die Anteile häufig nach der Seite des untergeordneten Partners. Die Stärkewertleistungen der geprüften Gemenge erreichen in den meisten Fällen diejenigen der besten Reinsaat, teilweise liegen sie darüber. Von den Reinsaaten bringt Hafer erst bei Kornmehrerträgen von etwa 15% die gleiche Stärkewertleistung wie Gerste. Die Erträge an Rohprotein sind durchschnittl. bei Hafer höher als bei Gerste und bewegen sich bei den Gemengen in der gleichen Rangfolge wie die Höhe des Haferanteils. Die Strohertragsleistung nimmt vom reinen Hafer zur reinen Gerste mit zunehmendem Gerstenanteil in den Gemengen deutlich ab. Am ausgewerteten Material konnte eine höhere Ertragssicherheit der Gemenge gegenüber Hafer nachgewiesen werden. Die Ertragssicherheit nimmt mit steigendem Gerstenanteil zu. 772.

Heymann, W.; Leipzig, Inst. für Chem. in der Landwirtsch. der Dtsch. Akad. der Landwirtsch.-Wiss. zu Berlin. **Bietet der Anbau von Sommergetreide-Gemengen Vorteile?** Dtsch. Landwirtsch. **14** (1963) Nr. 3. S. 135–138. – 1 Abb., 4 Tab., 7 Lit. – nach Zus.
Vorliegende Arbeit berichtet über Ergebnisse der Feldversuche mit verschiedenen Hafer-Gerste-Gemengen und deren Reinsaaten im sächsischen Anbaugebiet. Die Relation der Kornerträge der Prüfglieder war dabei hauptsächlich von der Höhe der Niederschläge im Juni des Anbaujahres abhängig. Insgesamt erreichten die Gemenge eine bessere Eiweiß-Stärkewert-Leistung als die Reinsaaten. Ebenfalls konnte ihre im Vergleich zu Hafer höhere Ertragssicherheit nachgewiesen werden. 772.

Moritz, D. **Bericht über die Hauptprüfung mit Winterweizen 1961 (I. und II. Aussaat).** Hrsg.: Regierung der Deutschen Demokratischen Republik, Ministerium für Landwirtschaft, Erfassung und Forstwirtschaft, Zentralstelle für Sortenwesen. 1962. (35 S.).
7 Wi-Weizensorten und 3 Neuzuchten wurden an 52 Orten auf ihre Leistungsfähigkeit geprüft. Die Versuchsorte waren nach Klima, Boden und Höhenlage unterschiedlich. Versuchsvoraussetzungen u. -ergebnisse werden in Tab. dargestellt. Den höchsten Ertrag brachte die Neuzucht 'Hohenthurmer 9773/53' mit rel. 111 bei einer Bezugsbasis von 39,6 dt/ha. Es folgten 'Fanal' mit 104, 'Eros' 103 und 'Trumpf' 102. Ungenügende Erträge brachten 'WK' mit 95, 'Dorina' 97 und 'Kleinwanzlebener 1702' mit 97. Im Strohertrag sind die Unterschiede geringer. Beste Sorten waren 'Hohenthurmer 9773/53' und 'Dorina'. Eine 2. Aussaat wurde an 7 Orten durchgeführt. Im Korn- und

Strohertrag zeigten sich die gleichen Relationen wie bei der 1. Aussaat. In einer an 3 Orten durchgeführten Auswuchsfestigkeitsprüfung zeigten hohe Auswuchsfestigkeit 'Fanal' und 'Hohenthurmer 9773/53'. Starke Neigung zu Auswuchs wurde bei 'Hadmerslebener Qualitas', 'Hochland', 'Eros', 'Trumpf' und 'Basta' festgestellt. P. Hahn. 773.

Antoniani, Claudio; Bologna, Univ., Ist. di Agronomia. Prove con some di frumento meridionalizzato. **(Versuche mit im Süden nachgebautem Saatweizen.)** Sementi Elette [Milano] 8 (1962) Nr. 2. S. 32–46. – 17 Tab., 15 Lit. Zus. in Engl., Dtsch.
Vf. berichtet von Versuchen, die 1958–61 in Corticella, Gebiet Bologna, durchgeführt wurden und dabei das Ziel verfolgten, den im Süden nachgebauten einheimischen Saatweizen hinsichtlich seiner Ertragsleistung zu prüfen. Zum Anbau kamen die Sorten 'Mara' und 'Fortunato' und im Vergleich dazu die einheimische Spitzensorte 'R 37'. Bei der Aussaat wurde bes. auf gleiche Aussaatmengen und gleiche Körnerzahl geachtet. Die Erträge (im Mittel 50,50 dt/ha), die TKM in g (Mittel 43 g), das Hektolitergewicht (80,7 kg), die Anzahl der Halme/m², Anzahl der Körner je Ähre (33,4) zeigten keine nennenswerten Unterschiede zwischen den geprüften Sorten. Hinsichtlich der Keimfähigkeit und Keimenergie war ein Anstieg vom einheimischen zu dem im Süden nachgebauten Saatweizen festzustellen. G. Müller/Leipzig. 773.

Špaldon, Emil und Adamovský, František; Nitra, Vysoká Škola Pol'nohospodárska, Katedra Rastlinnej Výroby. Prvé poznatky zo syntézy prvkov agrotechnik vysokých úrod u ozimnej pšenice Diana I. **(Ergebnisse aus Anbauversuchen mit dem Winterweizen 'Diana I'.)** Pol'nohospodárstvo 9 (1962) Nr. 10. S. 717–728. – 10 Tab., 18 Lit. Zus. in Russ., Engl.
Untersucht wurden verschiedene Methoden der Bodenbearbeitung, und zwar Pflugtiefe 30 und 22 cm, Pflügen mit Vorschäler und Untergrundlockerung (mit 50 dt/ha Stalldung und ohne Düngung). Bei jedem Block wurden außerdem noch 3 Düngungsvarianten angewandt. Die Düngergaben betrugen beim Pflügen 40% N (Stickstoffkalk), 70% P (Thomasmehl), 70% K (Kalisalz), – am Ende des Winters: 25% N (Lovosice-Salpeter), beim Übergang von der III. zur IV. Etappe der Organogenese 10% N (Kalksalpeter), – beim Übergang von der V. zur VI. Etappe 10% N und beim Übergang von der VIII. zur IX. Etappe 5% N. Weder Tiefpflügen (30 cm), noch Untergrundlockerung, noch wiederholtes Pflügen brachten höhere Kornerträge. Am wirksamsten zeigte sich das Pflügen mit Vorschäler (Tiefe 22 cm). Die Kombination Stalldung und Handelsdünger brachte einen um 11,9% niedrigeren Ertrag als die Düngung mit Handelsdüngern. Das geplante Ertragsmax. von 50 dt/ha Korn wurde bei einer Gesamtgabe von 9 dt/ha Dünger (Verhältnis von N:P:K = 1:2,1:0,9) erreicht. V. Skládal. 773.

Torje, D. Comportarea soiurilor de grîu de toamnă în reteaua de stat a încercării soiurilor în perioada 1959–1962. **(Das Verhalten der Winterweizensorten in den staatlichen Sortenprüfungsstellen im Zeitraum der Jahre 1959 bis 1962.)** Probleme agric. [București] 14 (1962) Nr. 10. S. 5–18. – 11 Tab. Zus. in Russ., Franz.
Vf. legt die in 44 staatlichen Weizensortenprüfstellen unter den natürlichen Bedingungen der RVR erzielten Ergebnisse vor. Von 103 Wi-Weizensorten hoben sich 12 Sorten mit besten Eigenschaften heraus, die zum Anbau in Zonen mit spez. Boden- und Klimabedingungen empfohlen werden. Diese Sorten sind: 'Besostaja 1', 'Triumph', 'Skorospelka 3', 'Ponca', 'Nr. 301', 'Harrach', 'Belozerkowskaja 198', 'San Pastore', 'Etoile de Choisy', 'Cenad 117', 'Odvosch', '241' und 'A_{15}'. Für jede dieser Sorten gibt Vf. die morphol. Eigenschaften sowie die physiol. Ertrags- und Widerstandsfähigkeit an.
C. I. Milică. 773.

Wassermann, V. D. und Eksteen, L. L.; Stellenbosch, Univ., Landbou-koll. Die invloed van soort van stikstofkunsmis en tyd van toediening op die groei, stikstofopname en graanopbrengs van die Sterling-koringcultivar. **(Der Einfluß von Stickstoffart und Anwendungszeit auf Wachstum, Stickstoffassimilation und Körnerertrag bei der Weizensorte ‚Sterling'.)** South African J. agric. Sci. 5 (1962) Nr. 4. S. 547–556. – 4 Abb., 4 Tab., 4 Lit. Zus. in Engl., Franz.

In 3 Versuchen wurden $(NH_4)_2SO_4$, NH_4NO_3 Harnstoff bei gleichhoher N-Gabe in ihrer Wirkung miteinander verglichen. Die ersten beiden Versuche wurden 1955 und 1956 auf grobsandigem Lehm auf dem Gelände der Versuchsstation Langgewens (1), der dritte 1956 auf Sandboden in der Versuchsstation Elsenburg (2) gemacht. Die jährliche Niederschlagsmenge betrug im Mittel in (1) 13 in., in (2) 27 in. (1): N-Düngung bei der Saat und N-Kopfdüngung während des Schossens gaben gleicherweise gute Ergebnisse in bezug auf N-Aufnahme, Zunahme des Tr.-Gewichtes der Pflanze und Körnerertrag. Die Zeit zwischen der beginnenden Halmbildung und dem Ährenschieben ist die der größten Wachstumsintensität. Infolgedessen muß dann eine große N-Menge für die Pflanze zur Verfügung stehen. Außerdem besteht eine Korrelation zwischen der N-Aufnahme während der Halmbildung und dem Körnerertrag. Kopfdüngung während der Halmbildung führte zwar zu verstärkter N-Aufnahme und größerem vegetativen Wachstum, der Körnerertrag war jedoch niedriger als bei N-Düngung in einem früheren Entwicklungsstadium. (2): N-Düngung bei der Saat brachte niedrige Erträge wegen der starken N-Auswaschung auf Sandboden. Die höchsten Erträge wurden erzielt, wenn N zum Anfang der Schoßperiode gegeben wurde. Als optimale Zeit für die N-Kopfdüngung auf Sand erwies sich der Zeitraum 30–40 Tage nach der Aussaat. Die Anwendung von $(NH_4)_2SO_4$ und NH_4NO_3 erzeugte ein etwas besseres Pflanzenwachstum und eine geringfügige Steigerung der Körnermenge im Gegensatz zur Harnstoffdüngung. Die Unterschiede erwiesen sich jedoch als nicht signifikant. E. M. Ardelt. 773.

Šamsutdinova, K. G. und Popov, K. I. (Schamsutdinowa, K. G. und Popow, K. I.); Kasan, Landwirtsch. Inst. Vlijanie rannego (aprel'skogo) sroka seva jarovoj pšenicy na povreždaemost' ee vrediteljami i bolezniami. **(Der Einfluß der frühen Aussaat des Sommerweizens [Aprilaussaat] auf den Befall durch Schädlinge und Krankheiten.)** Zaščita rastenij ot vreditelej i boleznej, Moskva 8 (1963) Nr. 1. S. 24–25. – 1 Tab.

In der Tatarischen SSR wird der So-Weizen bei früher Aussaat bedeutend weniger von der Fritfliege, Weizenhalmfliege, vom Braunrost und Mehltau befallen als spätgesäter. Im Mittel der Jahre 1953–59 konnte durch frühe Aussaat ein Mehrertrag von 4,8 dt/ha erzielt werden. Das von diesen Feldern gewonnene Saatgut zeichnete sich im Nachbau durch eine um 13,2% gesteigerte Leistungsfähigkeit aus, was einen Mehrertrag von 2,09 dt/ha bedeutet (6jähr. Durchschnitt). H. Decker. 773.

Římovsky, K.; Brno, Katedra Základní Agrotechn. VŠZ. Působnost různých způsobů jarní kultivace na růst, vývoj a výnosy ozimé pšenice. **(Einfluß verschiedener Frühjahrskultivierungsverfahren auf Wachstum, Entwicklung und Ertrag von Winterweizen.)** Sborník Vysoké Školy zemědělské Brně, Řada A **1962** Nr. 3/4. S. 343–348. – 6 Tab., 3 Lit. Zus. in Russ., Dtsch.

Im Jahre 1961 wurde der Einfluß des Frühjahrseggens und -walzens auf das Wachstum und den Ertrag des Winterweizens untersucht. Während der Wachstumsperiode beobachtete Vf. den Verlauf der Bestockung, die Wuchshöhe, Blätterzahl, Masse der oberirdischen Organe und Entwicklung des Wurzelsystems. Durch Eggen trat eine Verringerung der Pflanzenzahl um 20% und bereits in den ersten 14 Tagen eine intensivere Bildung von neuen Wurzeln ein. Das Eggen regte die Pflanzen zu einer beschleunigten Bildung von produktiven Trieben an. Am 30. Juni entfielen je Pflanze durchschnittl. 1,83 Triebe, davon 1,65 produktive, während der nichtbehandelte Bestand insgesamt 1,60 Triebe, davon 1,35 produktive, bildete. Der geeggte Bestand besaß die höchsten und meist beblätterten Halme, die größte Masse oberirdischer Organe und brachte einen um 27% höheren Korn- und um 14% höheren Strohertrag. Durch Walzen sank die Pflanzenzahl um 14,43%, die Wurzelmasse war am niedrigsten. Dieser Bestand bestockte sich später als der geeggte; die Zahl produktiver Triebe war geringer (1,44). Der gewalzte Bestand wies kürzere und festere Halme auf. Das Walzen steigerte den Kornertrag um 21%, den Strohertrag um 5%. V. Skládal. 773.

Zaťko, Ján; Piešťany, Výskumný Ústav Rastlinnej Výroby. Letná hlboká orba pod ozimnú pšenicu. **(Sommertiefpflügen zur Winterweizensaat.)** Pol'nohospodárstvo **9** (1962) Nr. 9. S. 649–658. – 2 Abb., 5 Tab., 9 Lit. Zus. in Russ., Engl.

Die Feldversuche wurden 1956/57 und 1958/59 auf lehmigem bis lehmigtonigem Boden in Borovci durchgeführt. Versuchsvarianten waren: 1. Kontrolle (Schälfurche 8–10 cm und Saatfurche 23–25 cm); 2. Saatfurche 23–25 cm mit Egge und nachfolgender Bodenpflege bis zur Saat. Nach 2 war der Bestand bis zum Beginn des Winters besser. Der Ertrag lag nach 2 um 4,45 dt/ha (14%) höher als bei 1. Nach 2 waren die Feuchtigkeitsverhältnisse des Bodens im Herbst besser. Z.Z. der Bestockung wiesen beide Varianten den höchsten Gehalt an N, P, K, Ca, Na auf, wobei das Verhältnis N:P, N:K und N:Ca bei 1 am weitesten, bei 2 am engsten war. Während der weiteren Phasen geht der Gehalt der resorbierten Elemente rel. zurück; absolut jedoch (unter Berücksichtigung des höheren Tr.-Subst.-Ertrages) steigt er an. Mit dem Anstieg des Gehalts an P, K, Ca, Na und mit der Erweiterung des Verhältnisses N:P, N:Ca und N:Na wächst der technologische Wert der Körner. 2 unterdrückte die einjährigen Unkräuter besser. V. Skládal. 773.

Jur̆ev, V. Ja. und Pachomova, V. P. (Jurjew, W. Ja. und Pachomowa, W.P.) Zimostojkost' nekotorych sortov ozimoj rži. **(Winterfestigkeit einiger Winterroggensorten.)** Vestnik sel'skochozjajstvennoj nauki, Kiev **4** (1961) Nr. 8. S. 21–24. – Orig.: ukrain., Ausz.: russ. Aus: Referativnyj žurnal. Biologija, Moskva **1962** Nr. 2. G 225. S. 27.

Die Resultate der Bewertung der Winterfestigkeit der Sorten stammen aus dem Ukrain. Forsch.-Inst. für Pflanzenbau, Pflanzenzücht. und Genetik. Als am meisten winterfest und am ertragreichsten erwiesen sich 'Charkowskaja 55', 'Charkowskaja 194', 'Wolshanka' und 'Korotkostebelny gibrid'. Die Sorten vereinigten hohe Ertragsfähigkeit und Großkörnigkeit mit Winterfestigkeit und Standfestigkeit. übersetzt v. E. Fröhmcke. 775.

Ackermann, D. **Bericht über die Ergebnisse der Braugerstenbonitierung an den Ernteproben der Haupt- und Vorprüfung 1961.** Hrsg.: Regierung der Deutschen Demokratischen Republik, Ministerium für Landwirtschaft, Erfassung und Forstwirtschaft, Zentralstelle für Sortenwesen. 1962. (14 S.) [Maschinenschr. vervielfältigt].

Am Erntegut der Sortenwertprüfung von 16 Versuchsorten wurde eine Braugerstenbonitierung vorgenommen. 4 Sorten und 3 Neuzüchtungen wurden untersucht. Die Bewertung erfolgte nach einem Punktsystem. Beurteilt wurden Anteil an Vollgerste, Rohprotein in der Tr.-Subst., Farbe des Kornes, Spelzenfeinheit und -anteil. Die beste Gesamtbeurteilung erhielt 'Hadmerslebener 1977/41' mit 27,2 Punkten, es folgten 'Plena' mit 23,9 und 'Lisa' mit '22,8. Ungenügende Qualität wurde für 'Hohenthurmer 4592/51' 17,2 und 'Frigga' 19,2 ermittelt. Von den Versuchsorten brachten die höchsten Brauqualitäten Kötschau 30,7, Rohrbach 30,4, Blumberg 28,1 und Prenzlau 26,4 Punkte. Ungenügende Qualitäten wurden festgestellt in Tützpatz 12,0, Ho-

henthurm 12,6, Biestow 14,9, Bad Lauchstädt 18,6 und Biendorf 18,7 Punkte. 4 Neuzuchten einer Vorprüfung wurden mit 'Plena' verglichen. Sie blieben etwas unter der Vergleichssorte oder erreichten sie knapp in der Qualität.
P. Hahn. 777.

Kohl, E. **Bericht über die Hauptprüfung mit Hafer 1961.** Hrsg.: Regierung der Deutschen Demokratischen Republik, Ministerium für Landwirtschaft, Erfassung und Forstwirtschaft, Zentralstelle für Sortenwesen. 1962. (43 S.) [Maschinenschr. vervielfältigt].
An 42 nach Boden und Klima unterschiedlichen Orten wurden 7 Sorten und 2 Neuzuchten auf ihre Leistungsfähigkeit überprüft. Versuchsvoraussetzungen und -ergebnisse werden in Tab. dargestellt. Die durchschnittl. Vegetationsdauer betrug für die Sorten 137–140 Tage, die TKM 31,1 ('Goldschatz') bis 36,0 ('Sundhausen 2792'), der Spelzenanteil 25,0% ('Sundhausen 2792') bis 28,1% ('Hadmerslebener Auswuchsfester Gelb'), der Eiweißgehalt 9,7% ('GF') bis 11,0% ('Goldschatz'), der Fettgehalt 4,36% ('GF') bis 5,88% ('Sundhausen 2792'). Im Kornertrag lagen über dem Versuchsmittel bei einer Bezugsgröße von 40,1 dt/ha 'Bernburg 37664' mit rel. 104, 'Sundhausen 2792' 103, 'Hadmerslebener Auswuchsfester Gelb' 102, 'Torso' 102 und 'Flämingsweiß II' 101. Im Strohertrag überragten mit rel. 108 'Bernburg 37664', 'Hadmerslebener Auswuchsfester Gelb' 106 und 'Goldschatz' 103.
P. Hahn. 779.

Kumagai, Takeshi und Tabata, Seiji. Relationship between the occurrence of competition and some characters in oat varieties. **(Beziehungen zwischen Konkurrenzerscheinungen und einigen Merkmalen bei Hafersorten.)** Res. Bull. Hokkaido nat. agric. Exp. Stat. **1962** Nr. 79. S. 1–4. – 3 Abb., 2 Tab., 6 Lit. Orig.: jap., Ausz.: engl.
5 Hafersorten mit verschiedenem Wasserbedarf und 6 Hafersorten mit unterschiedlichen Wuchsformen wurden mehrere Jahre auf ihre Konkurrenzfähigkeit untersucht. Parzellen mit Rein- und Mischanbau von jeweils 2 Sorten dienten zum Vergleich. Die Werte der einzelnen Jahre zeigten, daß die Verdrängungseigenschaften der Sorten witterungsabhängig sind. Bes. bei den Sorten mit unterschiedlichem Wasserbedarf war es deutlich zu erkennen. Höheres Wasseraufnahmevermögen führte zur Überlegenheit. Die Konkurrenz der Sorten mit verschiedenem Wuchshabitus entsprach den Merkmalen. Rispenzahl und -gewicht je Pflanze zeigten, daß die Pflanzen mit aufrechtem Halm gegenüber solchen mit schwachem Halm im Vorteil sind. Undeutlich waren die Unterschiede in der Zahl der Ährchen am Haupthalm. Bei Sorten mit unterschiedlichem Wuchshabitus kann die gegenseitige Beeinflussung mit zu ihrer Unterscheidung herangezogen werden. F. Beleites. 779.

Jurčík, Fr. Vliv některých syntetických odpadních látek polyamidického charakteru na výnos a kvalitu zemědělských plodin. 2. sdělení. Vliv "stárnutí" odpadního Ulamuru na obsah vodoropustného dusíku a na výnôs ovsa. **(Einwirkung synthetischer Polyamid-Abfallstoffe auf den Ertrag und die Qualität der Nutzpflanzen. 2. Mitt. Einwirkung des Alterns von Ulamur auf den Stickstoffgehalt und den Ertrag des Hafers.)** Sborník Vysoké Školy zemědělské Brně, Řada A **1961** Nr. 3/4. S. 389–394. – 1 Abb., 3 Tab., 4 Lit. Zus. in Russ., Dtsch.
Bei der Analyse des Tr.-Subst.-Gehaltes einzelner N-Formen und wasserlöslichen Formaldehyds in stück- und pulverförmigem Ulamur, erzeugt in den Jahren 1957–59, wurde festgestellt, daß während der Lagerung der Gehalt wasserlöslicher org. N-Verbindungen in beiden Formen bis auf 10% zurückging. Der Gehalt an Gesamt-N nahm während der Einlagerung mäßig zu, wobei die Zunahme in der pulverförmigen Form stärker war. Nach 2jähr. Lagerung war beinahe kein freies Formaldehyd vorhanden, während der Gehalt an Ammoniak-N ohne Veränderung blieb. Bei einem zweiten Versuch

wurde die Wirkung des stück- und pulverförmigen Ulamurs untersucht. Die Körner- und Stroherträge von Hafer sanken nach Verwendung zwei Jahre alten, stückförmigen Ulamurs auf das Niveau der Kontrolle. Das pulverförmige Ulamur brachte eine signifikante Senkung der Körnererträge.
M. Pštross. 779.

Sidorov, F. F. (Sidorow, F. F.); Puschkin, Gebiet Leningrad, Unions-Forsch.-Inst. für Pflanzenbau. Mirovaja kollekcija samoopylennych linij. **(Weltkollektion von I-Linien.)** Kukuruza, Moskva 7 (1962) Nr. 12. S. 39-40.
Eine kurze Information über die vom Unions-Forsch.-Inst. für Pflanzenbau gesammelte Mais-Weltkollektion, die über 700 Proben von I-Linien enthält, wird gegeben. Davon sind 540 Proben Zahnmais-, 120 Proben Hartmais-, 49 Zuckermais- und 12 Proben Puffmais-I-Linien. Die meisten und verschiedenartigsten (524) stammen aus den USA, 63 sind aus Kanada, 19 aus Argentinien und 18 aus Mexiko. Unter den aus eur. Ländern stammenden Proben sind von größtem Interesse 6 Hartmaissorten aus der DDR (alle frühreif), 8 holländische Hartmais-, 20 tschechoslowakische Hartmais- und 3 Puffmais-I-Linien, 6 ungarische mittelfrühe Zahnmais- und 11 bulgarische Zahn- und Hartmais-I-Linien. Aus Frankreich, Griechenland, Portugal, Österreich, Italien stammen nur je eine Sorte, aus Afrika und Asien weniger als 20-I-Linien, aus der UdSSR 15 Zahn-, 10 Hart- und 10 Zuckermaisproben.
L. Rang. 782.

Kalašnik, D. I. (Kalaschnik, D. I.); Kamenez-Podolsk, Landwirtsch. Inst. Sejte Odesskuju 10. **(Sät 'Odesskaja 10'.)** Kukuruza, Moskva **1963** Nr. 1. S. 34. – 1 Abb.
Die nützlichen Besonderheiten der Maissorte 'Odesskaja 10', ihre große Lebensfähigkeit (die Fähigkeit, sogar nach Hagelschlag die verlorene vegetative Masse wieder herzustellen, ihre hohe Ertragsfähigkeit, die große Elastizität des Stengels, die es gestattet, die Zwischenreihen sogar bei Stengelhöhe von 110 bis 120 cm zu hacken, ohne daß die Stengel brechen) werden dargelegt. Das macht diese Sorte zur vorteilhaftesten im Süden der Gebiete Chmelnizki, Tschernowo, Ternopol. L. Rang. 782.

Kapás, Sándor und Kanizsay, Ferenc. 1960. évi nagyüzemi kukorica fajtaösszehasonlító kísérletek. **(Großflächen-Maisversuche im Jahre 1960.)** Nemesített Növényfajtákkal végzett Országos Fajtakísérletek Eredményei [Ergebn. Zücht. Pflanzensorten d. Staatl. Sortenprüfanst.] **1960** (hrsg. 1962) S. 225–240. – 9 Tab. Zus. in Russ., Engl., Dtsch. Aus: Ung. Agrar-Rdsch. **1963** Nr. 1.
Der Sortenprüfungsversuch wurde in 196 Betrieben, in 3 Gruppen (frühe, mittelfrühe und mittelspäte) mit je 6 Sorten, angelegt. In der frühen Gruppe blieb die Hybride 'Mv-40' nur 0,9 dt (je Kat.-Joch ?) unter dem Mittel, trotz kürzerer Vegetationsdauer und ca. 1 Woche früherer Reife. In der mittelfrühen Gruppe wurden ähnliche Ergebnisse erzielt. Der Ertrag der Hybride 'Mv-39' war um 1,6 dt signifikant höher als der der 'Mv-5'. Die beiden Hybriden sind als gleichwertig zu bezeichnen. 'Mv-39' kann aber unter intensiven Anbaubedingungen wesentlich höhere Erträge bringen. Ihre Standfestigkeit und Brandresistenz ist höher als die von 'Mv -5'. In der mittelspäten Gruppe wies die Hybride 'Mv-1' hervorragende Ertragsleistungen auf. Sie übertraf die ungarischen Hybriden 'Mv-39' und 'Mv-5' sowie die sowjet. Hybride 'WIR 156' um einen statistisch gesicherten Körner-Mehrertrag von 2 dt. Unter den 'Mv'-Hybriden steht 'Mv-40' an 1. Stelle. Ihr folgen 'Mv-5', 'Mv-1' und 'Mv-39'. Von den ausländischen Hybriden sind die Erträge von 'WIR 267' und 'WIR 281' und von 'Vigor' (polnische Sorte) als gut zu bezeichnen. Die Ergebnisse zeigten, daß Mais als Monokultur hohe Erträge bringen kann. Nach der Winterfurche wurden um 10% höhere Erträge erzielt als nach Frühjahrsumbruch. 782.

Zamfir, I. Pentru o producţie de 10000 kg porumb boabe la ha în cultură irigată. **(Für einen Körnermaisertrag von 10000 kg/Hektar in bewässerten Kulturen.)** Probleme agric. [Bucureşti] **14** (1962) Nr. 2. S. 92–97.
Die Möglichkeit, einen Maiskornertrag von mehr als 10000 kg/ha zu erreichen, wurde von einigen Staatsgütern realisiert. Sie erreichten auf bewässerten Versuchsflächen 13832 kg/ha. Auf Grund der gewonnenen Erfahrungen werden als wichtige Maßnahmen zur Erreichung hoher Erträge der Anbau der Doppelhybriden 'HD-409', 'HD-311', 'HD-402' und 'HD-303' empfohlen. Düngernormen, optimaler Zeitpunkt für die Bewässerung und Bewässerungsnormen für die verschiedenen Zonen (Steppe, Tiefebene) sind angeführt.
C. I. Milică. 782.

Dubinevič, B. N. und Pogorelova, N. S. (Dubinewitsch, B. N. und Pogorelowa, N. S.) Vlijanie glubiny i srokov poseva na poražennost' kukuruzy boleznjami. **(Der Einfluß der Saattiefe und der Aussaattermine auf den Befall des Maises mit Krankheiten.)** Kukuruza, Moskva **1963** Nr. 1. S. 49.
Vierjährige Versuche (1959–62) auf der Versuchsstation Mironowo (Gebiet Kiew) über den Einfluß der Aussaattermine und -tiefen auf die Verbreitung von Beulenbrand (der dort am stärksten verbreiteten und schädlichsten Maiskrankheit) und anderen Pilzkrankheiten haben ergeben: Tiefere Aussaat senkt nicht nur die Feldkeimfähigkeit, sondern verstärkt auch den Schimmelbefall; frühe Maissaaten werden weniger von Beulenbrand befallen; Viruskrankheiten kommen bei später Aussaat in größerem Umfang vor. L. Rang. 782.

Ökologische und agrotechnische Probleme des Maisanbaues. Potsdam, Inst. Landwirtsch. Untersuchungswes. Dtsch. Akad. Landwirtsch.-Wiss. Berlin Plan-Nr.: 170–134h–2–09/6Z. Abschlußber. (21/3. 1963).
Die Ergebnisse der Versuchsarbeiten über die Anbautechnik von Grünfutter- und Silomais sind in dem Buch von G. Specht und I. Wedel: Der Mais als Futterpflanze. Bedeutung, Anbau, Verwertung. 1961, Berlin, VEB Deutscher Landwirtschaftsverl., 228 S., zusammengefaßt. Ergänzend wird über neu hinzugekommene Ergebnisse berichtet. Als optimale Bestandesdichten von Silomais ergaben sich je nach Maisanbaugebiet 80000–100000 Pflanzen je ha. Bei der Berechnung der Aussaatstärken sind die Feldverluste beim Saatgut in Höhe von etwa 30% zu berücksichtigen. Stalldunggaben gestalten bes. unter ungünstigen Anbauverhältnissen den Silomaisanbau sicher, können aber bei besseren Wachstumsbedingungen unterbleiben. 60–80 kg/ha N reichen allg. aus. Der Vorfruchtwert des Silomaises ist dem von Kartoffeln und Hafer gleichzusetzen. Alle Saatgutbehandlungsmethoden (Vorquellen usw.) führten zu keinem Erfolg. Durch gemeinsamen Anbau von Grünfuttermais und Ackerbohnen werden die Rohproteinerträge gegenüber reinem Grünfuttermais erheblich gesteigert. 782.

Davide, Jorge G. Corn fertilization and seed quality. **(Maisdüngung und Saatgutqualität.)** Philippine Agriculturist **44** (1961) Nr. 9. S. 433–438. — 3 Tab., 3 Lit.
Mais wurde unterschiedlich gedüngt. Folgende Kornerträge wurden ermittelt: ungedüngt 16 dt/ha, bei 45 kg/ha N 31 dt/ha, bei 45 kg/ha N + 30 kg/ha P_2O_5 33 dt/ha, bei 90 kg/ha N 39 dt/ha. Die Düngung mit N erhöhte die Erträge stark, die Düngung mit P nur in geringem Umfang. Untersuchungen zeigten, daß durch die P-Düngung die Größe der Maiskörner und -kolben günstig beeinflußt wurde. W. Schmidt. 782.

Šain, S. S. (Schain, S. S.) Pitanie rastenij kukuruzy. **(Die Ernährung der Maispflanzen.)** Kukuruza, Moskva **1963** Nr. 1. S. 26–29.
Vf. behauptet, daß die mit org. Subst. gedüngten Sand- und Rasen-Podsolböden infolge der Ausscheidung von großen Mengen Kohlensäure hohe Maiserträge hervorbringen. Vf. berichtet über den Einfluß von N-, P-, K-, Ca-

und Mg-haltigen Düngemitteln sowie von solchen, die Mn, Zn und andere Spuren- und Ultraspurenelemente enthalten und die im Zusammenhang mit Wurzelausscheidungen eine spez. Wirkung auf die Entwicklung der für den Mais nützlichen Mikroflora haben. L. Rang. 782.

Văluţă, Gh. und Ionescu, Al. Mazărea, o principală cultură alimentară şi furajeră. **(Die Erbse, eine wichtige Nahrungs- und Futterkultur.)** Probleme agric. [Bucureşti] **14** (1962) Nr. 2. S. 78–83. – 3 Lit.
Vf. berichten über Erfolge in der Erbsenzüchtung und geben Empfehlungen für den Anbau in den verschiedenen Zonen der RVR. Die wertvollsten Sorten sind 'ICAR 5354' und 'Ceres'. Ihr Ertrag übertrifft den der rayonierten Sorte 'Victoria Strube'. Die günstigsten Aussaattermine sind 2. und 3. Dekade März. Die Aussaatmenge sollte 90–100 Körner je m² betragen, die Aussaattiefe je nach Bodenart bei 5–8 cm liegen. Zur Unkrautbekämpfung wird das Herbicid 4-Chlorphenoxynatriumacetat in Gaben von 0,3–0,7 kg/ha empfohlen. Agrotechnik und Maßnahmen zur Bekämpfung des Schädlings *Eruchus pisorum* und verschiedener Krankheiten sind beschrieben. C. I. Milică. 792.

Ponomarev, L. (Ponomarjow, L.) Goroch. **(Erbsen.)** Sel'skoe chozjajstvo Sibiri, Omsk **7** (1962) Nr. 1. S. 68–71. – 3 Tab. 792.

Anonym. **Zum Anbau der Ackerbohne.** Dtsch. Landwirtsch. **14** (1963) Nr. 3. S. 144–147. – 1 Abb., 1 Tab., 14 Lit. – nach Zus.
Hauptvoraussetzungen für einen erfolgreichen Ackerbohnenanbau sind ausreichende und möglichst gleichmäßige Wasser- und Nährstoffversorgung der Pflanzen. Tiefgründige, humus- und kalkreiche Lehmböden in niederschlagsreichen Lagen entsprechen diesen Anforderungen weitestgehend. Die Verträglichkeitsbeziehungen der Ackerbohne sind noch nicht ausreichend geklärt, doch wird von einem unmittelbaren Nachbau nach sich selbst und anderen Leguminosen abgeraten. Sie stellt keine bes. Vorfruchtansprüche, jedoch sollte bei Getreidevorfrucht auf eine ausreichende Grunddüngung geachtet werden. Die Ackerbohne selbst erweitert den Kreis der wertvollen Vorfrüchte und schafft bes. für Getreide (Weizen) günstige Voraussetzungen. Allg. ist eine möglichst tiefe Herbstfurche anzustreben. Da die Ackerbohne eine Saattiefe von 5–8 cm verlangt, erfolgt die Aussaat unmittelbar nach der schweren Egge. Der Grubber sollte nur in Ausnahmefällen verwendet werden. Bei Erstanbau ist eine Impfung des Saatgutes bzw. eine Bodenimpfung erforderlich. Ertragsentscheidend ist eine ausreichende PK-Düngung, wobei langsamwirkenden Düngemitteln der Vorzug zu geben ist. Stallmist- und N-Düngung sind unangebracht. Die chem. Unkrautbekämpfung kann in Form einer Vorauflaufbehandlung mit Hedolit in schwacher Konz. oder nach dem Auflaufen mit Herbicid Leuna MB erfolgen. Auf einen frühen Saatzeitpunkt ist bes. nach niederschlagsarmen Wintern und in zeitigen, trockenen und warmen Frühjahren zu achten. Durch frühe Saat kann die Blattlausgefährdung gemindert werden. Unter mittelthüringischen Verhältnissen verspricht eine Saatstärke von etwa 240 kg die besten Erfolge. Bei der chem. Bekämpfung der schwarzen Bohnenblattlaus haben sich bes. die systemischen Mittel bewährt. Aber auch der Einsatz von Phosphorsäureester- und kombinierten Mitteln (DDT + HCH) verspricht Erfolg. Reinsaaten bringen im Durchschnitt höhere Erträge als Gemengsaaten, doch sind bei Beabsichtigung hoher Gesamterträge Beisaaten auch in günstigen Lagen vertretbar. In Übergangslagen ist der Gemengebau im Interesse einer Risikominderung stets gerechtfertigt. Von den Getreidearten ist der Hafer auf feuchten Standorten der geeignetste Mischungspartner. In weniger feuchten Lagen tritt an seine Stelle die So-Gerste. Die Ackerbohne muß in Auswertung mehrerer Versuche als die beste Stützfrucht für die So-Wickenvermehrung bezeichnet werden. Im Feldfutterbau gewinnt sie bes. als Ergänzung für den Silomais an Bedeutung. 795.

Gunkel, W. W. und Anstee, L. L. Direct harvesting of dry beans. **(Direkte Ernte von Trockenbohnen.)** Agric. Engng. **43** (1962) Nr. 12. S. 694–697. 716. – 12 Abb., 7 Lit.

Die herkömmlichen Ernteverfahren bei Trockenbohnen waren sehr kostenaufwendig (> 25% der Produktionskosten). Deshalb wurde eine neue Erntemaschine entwickelt, bestehend aus a) einem Schneidwerk mit Vorrichtung zum Anheben der Bohnen ,b) einem Förderband zum Weiterführen der Bohnen zur Dreschtrommel und c) einer Trenn- bzw. Sortiereinrichtung. Vergleichsweise kam eine zweite Ausführung zum Einsatz, bei der die Bohnen durch Herausziehen geerntet wurden. Diese Lösung ist günstiger. Sie hat unter verschiedenen Boden- und Klimaverhältnissen gut gearbeitet und gestattet eine schmutzfreie Ernte. Aufbau und Arbeitsweise der Maschinen und Aggregate werden ausführlich beschrieben. Für eine 4reihig arbeitende Maschine wurde bei 3,2 km/h Fahrgeschwindigkeit eine Leistung von 0,85 ha/h errechnet. A. Jeske. 795.

Bettac, E. **Bericht über die Sortenwertprüfung mit Lupinen 1961.** Hrsg.: Regierung der Deutschen Demokratischen Republik, Ministerium für Landwirtschaft, Erfassung und Forstwirtschaft, Zentralstelle für Sortenwesen. 1962. (23 S.) [Maschinenschr. vervielfältigt].

Die Sorte 'Neutra' wurde mit 3 Neuzüchtungen an 18 nach Boden und Klima unterschiedlichen Orten in einer Sortenwertprüfung untersucht. Versuchsvoraussetzungen und -ergebnisse werden in Tab. dargestellt. Bei den Neuzuchten wurde eine 3–4 Tage kürzere Vegetationszeit bis zur Samenreife ermittelt. Der Rohproteingehalt in % der Tr.-Subst. betrug im Mittel aller Versuche 34,2 bei 'Neutra', 36,9 bei 'Gülzower St. 883', der Rohfettgehalt 8,7% bei 'Gülzower St. 883', 10,7% bei 'Neutra'. Die TKM betrug 243,9 g bei 'Gülzower St. 883' und 326,6 g bei 'Neutra'. Im Samenertrag überragte 'Neutra' mit 34,5 dt/ha. Die Neuzuchten brachten nur rel. 81–75. Im Rohproteinertrag waren sie ebenfalls mit rel. 76–80 unterlegen. Im Rohfettertrag war der Ertragsabfall der Neuzuchten noch größer. Es wurden nur Werte von rel. 64–51 erreicht. Im Strohertrag war 'Neutra' um 28–35% überlegen. Bei etwas früherer Reife konnten die Neuzuchten im Kornertrag nicht überzeugen. P. Hahn. 802.

Nelson, C. E., Roberts, S. und Nelson, G. D.; Prosser, Wash., Irrigation Exp. Stat. Yields and plant responses of six soybean varieties to nitrogen and zinc fertilization. **(Erträge und Reaktion von 6 Sojabohnen-Sorten auf Stickstoff- und Zinkdüngung.)** Washington agric. Exp. Stat., Bull. **1962** Nr. 642. S. 1–12. – 4 Abb., 4 Tab., 18 Lit.

Ein Düngungsversuch (0, 40, 80, 120, 240 lb. N + 0 oder 10 lb./acre Zn) sollte klären, ob die Sojabohne im Bewässerungsgebiet von Zentral-Washington N braucht, ob Zn mit oder ohne N gegeben werden muß und ob eine Wechselwirkung zwischen Sorte, Zn- und N-Düngung vorhanden ist. Gegenüber der Kontrolle erhöhte die Zn-Düngung den Ertrag um 10,3 bu./acre. Alleinige Zn-Düngung brachte einen höheren Ertrag als N-Düngung ohne Zn. Die einzelnen N-Gaben hatten bei gleichzeitiger Zn-Düngung keine Ertragssteigerung zur Folge, während sich N-Gaben ohne Zn ertragssteigernd auswirkten. Damit wird bestätigt, daß N-Gaben infolge der Erhöhung des pH-Wertes die Aufnahme des im Boden befindlichen Zn erhöhen. Pflanzenhöhe, Prozentsatz lagernder Pflanzen und Blattbesatz z.Z. der Ernte erhöhten sich mit steigenden N-Gaben und zeigten auf den Parzellen mit Zn höhere Werte als auf denen ohne. Die Auswirkung der Düngung auf die einzelnen Sorten ('Merit', 'Ottowa', 'Mandarin', 'Capital', 'Norchief', 'Grant', 'Chippewa') war bei allen gleich, lediglich bezüglich Proteingehalt und Samengröße bestanden Unterschiede. Alle 7 Sorten eignen sich für den Anbau in Zentral-Washington. Den höchsten Ertrag brachte 'Merit'. Ch. Janke. 805.

Putt, Eric D.; Morden, Manitoba, Canada Dep. of Agric. Sunflowers. **(Sonnenblumen.)** Field Crop Abstr. **16** (1963) Nr. 1. S. 1-6. – 74 Lit.
Die Sonnenblume gehört heute mit einer Anbaufläche von 6,84 Mill. ha und einer Bruttoproduktion von 5,35 Mill. t zu den wichtigsten einjährigen Ölkulturen der Welt (Raps = 7,7 Mill. ha und 3,6 Mill. t, Lein = 7,5 Mill. ha und 3,1 Mill. t; Angaben für das Jahr 1959). Infolge ihrer guten Anpassungsfähigkeit wird sie auf dem amerikanischen Kontinent zwischen dem 49. Breitengrad nördlicher und dem 38. Breitengrad südlicher Breite angebaut. Die Sonnenblume ist dürreresistent und gegenüber niedrigen Temperaturen und schlechten Böden weniger empfindlich als Mais. Vf. beschreibt ausführlich Krankheiten und Schädlinge der Sonnenblume sowie Anbau- und Erntemethoden. Aus der Züchtung werden vor allem die Methoden der Heterosiszüchtung zur Erzeugung von Linienhybriden und synthetischen Sorten, die Methoden der sowjetischen Züchter und ihre Erfolge sowie die wichtigsten züchtungsbiol. Grundlagen erwähnt. W. Merfert. 820.

Semichnenko, P. G. und Kamennobrodskaja, V. P. (Semichnenko, P. G. und Kamennobrodskaja, W. P.); Krasnodar, Unions-Forsch.-Inst. für Ölpflanzen und Äther. Ölkult. O priemach, povyšajuščich urožajnye kačestva semjan podsolnečnika. **(Verfahren zur Erhöhung der Ertragseigenschaften von Sonnenblumensamen.)** Agrobiologija, Moskva **1962** Nr. 4. S. 525–531. – 14 Tab.
Da die gegenwärtig angebauten Sonnenblumensorten sämtlich Populationen sind, haben Vff. Auslese- und Anbauversuche nach 5 verschiedenen Gesichtspunkten durchgeführt. Untersucht wurden 1. verschiedene Aussaatzeiten in 3jähr. Wiederholung: Die mittlere Aussaat (23.–25. April) ergab eine Ertragssteigerung von 1,2 dt/ha, die späte (3.–9. Mai) von 0,9 dt/ha gegenüber der frühen (7.–9. April). 2. Der Pflanzenabstand der Samenträger zeigte eine direkte Proportionalität zur Anzahl und absoluten Masse der Körner und eine umgekehrte zum Ölgehalt; trotzdem stieg bei dieser Variante der absolute Ölertrag. 3. Die Auslese der größten Körbchen hatte in 4 Jahren auf die Samenqualität keinen Einfluß. 4. Eine Selektion auf spätreife Formen brachte einen Mehrertrag von 3,2 dt/ha. Auch hier wird die Ölausbeute gegenüber den frühreifen größer, obwohl diese den höheren Ölgehalt haben. 5. Die Samen gut ausgebildeter Körbchen zeigten sich in allen getesteten Merkmalen, auch dem Ölgehalt, den schartigen überlegen. U. Bandlow. 820.

Popescu, Ch., Popescu, I. und Butnaru, V. Contribuţii la stabilirea spaţiului optim de nutriţie la floarea-soarelui în reg. Iaşi. **(Beiträge zur Feststellung des besten Standraumes bei der Sonnenblume in der Region Iaşi.)** Probleme agric. [Bucureşti] **14** (1962) Nr. 2. S. 33-38. – 2 Tab., 5 Lit. Zus. in Russ., Franz.
Zur Feststellung der günstigsten Pflanzweite und Pflanzenzahl für die mechanisierte Aussaat der Sonnenblume führten Vff. 1958-60 Versuche mit der Sorte 'WNIIMK 6540' durch. Der Samenertrag der Sonnenblume ist in großem Maße vom Pflanzenbestand abhängig. Bei Niederschlägen von 530 mm im Jahresdurchschnitt und auf fruchtbaren Böden bringt die Sorte 'WNIIMK 6540' bei einem Bestand von 40000–47500 Pflanzen/ha hohe Erträge. Die Reihenentfernung kann bis auf 100 cm vergrößert und der Abstand in der Reihe bis auf 25 cm reduziert werden, ohne daß der Ölertrag je Hektar fällt. Bei 80–100 cm Reihenentfernung kann die Bearbeitung mechanisiert, mit dem Maschinensatz für die Maiskultur, erfolgen. N. Hulpoiu. 820.

Şarpe, N. Cu privire la distanţa şi densitatea de semănat la floarea-soarelui în zona se stepa din sudul ţării. **(Studien über Aussaatabstand und -dichte bei der Sonnenblume in der Steppenzone im Süden des Landes.)** Probleme agric. [Bucureşti] **14** (1962) Nr. 3. S. 24–28. – 2 Tab., 6 Lit. Zus. in Russ., Franz.

In den Trockengebieten im Süden der RVR werden große Flächen mit Sonnenblumen bestellt. Reihenabstand und Aussaatdichte spielen für den Sonnenblumenertrag eine wichtige Rolle. Auf Grund der Untersuchungen (1959–61) kommt Vf. zu folgenden Schlußfolgerungen: Die von einer Sonnenblume hervorgebrachte Samenmenge wächst proportional mit der Standraumgröße. Das abs. Korngewicht und der Samenanteil sind bei Pflanzen mit größerem Standraum höher. Der Anteil an trockenen Früchten ist bei weiterem Standraum größer. – Bei 50–60000 Pflanzen je ha ist der Anteil an gebrochenen und gefallenen Pflanzen am höchsten, was zur Ertragsminderung, bes. bei mechanisierter Ernte, führt. Die besten Ergebnisse wurden bei 80 cm Reihenentfernung und 35–40 cm Pflanzenabstand erzielt. Diese Abstände bieten die Möglichkeit maschineller Aussaat und Pflege mit den Maschinen für die Maiskultur. N. Hulpoiu. 820.

Sipoș, Gh. und Timirgaziu, C. Rezultate experimentale privind densitatea optimă a plantelor și distanța între rînduri la floarea-soarelui pe cernoziomul din Banat. **(Versuchsergebnisse über den besten Pflanzenbestand und Reihenabstand bei der Sonnenblume im Tschernosem des Banates.)** Probleme agric. [București] **14** (1962) Nr. 3. S. 28–33. – 4 Tab., 9 Lit. Zus. in Russ., Franz.

Die Bestimmung der besten Aussaatdichte für jede pedoklimatische Zone erwies sich als außergewöhnlich wichtig. Bei Versuchen mit der Sorte 'WNIIMK 8931' (1959–61) wurden Höchsterträge an Kernen und Öl bei einem Bestand von 35–40000 Pflanzen je Hektar erzielt. Bei geringeren Beständen verminderte sich der Ertrag, bei größeren verminderte sich die Standfestigkeit der Pflanzen. Geringere Bestandesdichte ist zur Samenerzeugung zu empfehlen, um Samen mit größerer TKM zu erhalten. Die Vergrößerung des Reihenabstandes von 70 auf 85 und 100 cm änderte den Ertrag bei gleicher Pflanzenzahl/Flächeneinheit. N. Hulpoiu. 820.

Boeriu, I. und Bredt, H. Date experimentale privind cultura soiei pentru boabe și siloz. **(Experimentelle Daten über Körner- und Silosojakultur.)** Probleme agric. [București] **14** (1962) Nr. 4. S. 81–85. – 5 Tab.

Die Versuche wurden an der Landwirtsch. Versuchsstat. Turda, Region Cluj, mit für Sojakultur günstigen klimatischen Bedingungen durchgeführt. Geprüft wurden 'Chippewa' (Körnersoja) und 'Lincoln' (Silosoja). Die Herbstfurche wurde 25 cm tief gezogen. 300 kg/ha Ammoniumnitrat und 400 kg/ha Superphosphat erwiesen sich als am wirksamsten. Die Aussaat wurde bei einer Bodentemperatur von 7–9 °C (für Körnersoja) und 9–11 °C (für Silosoja) durchgeführt. Die Aussaattiefe betrug 5–7 cm. Die Aussaat wurde in Reihen mit 75–100 cm Abstand und 70 keimfähigen Körnern je m² durchgeführt. Durch diese Maßnahmen konnten Erträge von 15–18 dt/ha Korn oder 180–200 dt/ha Grünmasse erzielt werden. C. I. Milică. 827.

Gall, H.; Groß-Lüsewitz, Inst. für Pflanzenzücht. der Dtsch. Akad. der Landwirtsch.-Wiss. zu Berlin. **Sortenwahl und Sortenplanung in der Kartoffelproduktion.** Dtsch. Landwirtsch. **14** (1963) Nr. 3. S. 125–129. – 4 Tab., 2 Lit. – nach Zus.

Die Sortenwahl muß aus volkswirtsch. und einzelbetrieblicher Sicht betrachtet werden. Nach einer kurzen Beschreibung der 1963 zur Verfügung stehenden Kartoffelsorten wird gezeigt, unter welchen Gesichtspunkten die Sorten in die verschiedenen Gebiete zu lenken sind und wie in den einzelnen Betrieben die betriebseigene Vermehrung zu organisieren ist. Es werden Hinweise auf die zukünftige Entwicklung der spezialisierten Kartoffelproduktion gegeben und die noch nicht verbreiteten neuen Sorten unter Hinweis auf ihre Einführung im Konsumanbau beschrieben. Die Kenntnis der Werteigenschaft der Kartoffelsorten ist eine wichtige Voraussetzung für den erfolgreichen Kartoffelanbau. 832.

Young, L. C., Davies, H. T., Lawrence, C. H. und Hodgson, W. A.; Fredericton, New Brunswick, Canada Dep. of Agric., Res. Stat. Avon: A new potato variety with moderate resistance to common scab, excellent cooking quality, and ability to size its tubers early. **(Avon, eine neue Kartoffelsorte mit mittlerer Resistenz gegen Schorf, ausgezeichneter Kochqualität und der Fähigkeit, frühzeitig große Knollen zu bilden.)** Amer. Potato J. **39** (1962) Nr. 10. S. 363–367. – 1 Abb., 3 Tab.

'Avon' entstand aus der Kreuzung des Stammes U.S.D.A. 96–56×St. 1464–26. Die Sorte bringt bei etwas früherer Reife wie 'Katahdin' höhere Erträge. Bei frühen Rodungen bringt sie gleiche oder sogar höhere Knollenerträge als frühe Sorten. 'Avon' hat eine ausgezeichnete Kochqualität und eignet sich bei sofortiger Verarbeitung nach der Ernte zur Herstellung von Chips. Die Sorte hat das Gen R_1 für Phytophthoraresistenz. Die Resistenz gegen Schorf ist geringer als bei den Sorten 'Menominee' und 'Cherokee'.

Ch. Pfeffer 832.

Akeley, R. V., Schark, A. E., McCubbin, E. N. und Eddins, A. H.; Beltsville, Md.; Presque Isle, Me., U.S. Dep. of Agric., A.R.S., Crops Res. Div. Ona, a new potato variety resistant to late blight, scab, verticillium wilt, and mild mosaic. **(Ona, eine neue Kartoffelsorte mit Resistenz gegen Krautfäule, Schorf, Verticilliumwelke und leichtes Mosaik.)** Amer. Potato J. **39** (1962) Nr. 12. S. 464–467. – 1 Abb., 2 Tab.

'Ona' entstand aus einer Kreuzung des gegen Ringfäule resistenten Stammes U.S.D.A. B 3021-3 × U.S.D.A. 2968-31. Der letztgenannte Stamm ist sehr frühreifend und resistent gegen Schorf und Krautfäule. 'Ona' ist eine wüchsige, hochertragreiche, spät reifende Sorte mit glatten, mittellangen, weißen Knollen. Sie ist immun gegen die gewöhnlichen Rassen der Krautfäule und gegen leichtes Mosaik im Feld. Außerdem ist sie hoch resistent gegen gewöhnlichen Schorf und Verticilliumwelke. 'Ona' ist bes. zum Anbau in Maine, Florida und Minnesota geeignet sowie in Gebieten, wo Krautfäule, Schorf oder Verticilliumwelke produktionsbehindernde Probleme sind. Ch. Pfeffer. 832.

Anonym. Aardappelrassen met resistentie tegen aardappelmoeheid (A.M.-Rassen), 1963. **(Gegen Kartoffelmüdigkeit resistente Kartoffelsorten [A.M.-Sorten], 1963.)** Landbouwvoorlichting **20** (1963) Nr. 2. Ber. Rassenkeuze Nr. 335. S. 1–6. – 2 Tab.

Seit 1958 wird in den Niederlanden jährlich die sog. A.M.-Liste zusammengestellt. Diese Liste umfaßt die gegen Stamm A des Kartoffelnematoden *Heterodera rostochiensis* resistenten Kartoffelsorten. Ausgehend von der A.M.-Liste 1963 wird ein Bericht über die Feldversuche seit 1958, die sich mit diesem Problem befaßten, gegeben. Die Anbaueigenschaften der in die A.M.-Liste aufgenommenen Sorten werden besprochen. Es sind 16 Industriekartoffelsorten und 4 Sorten, die sich hauptsächlich als Speisekartoffeln eignen.

E. M. Ardelt. 832.

Steigerung der Leistungsfähigkeit des Kartoffelbaues auf den leichten Böden Brandenburgs. Potsdam, Inst. Landwirtsch. Untersuchungswes. Dtsch. Akad. Landwirtsch.-Wiss. Berlin Plan-Nr.: 170 13 4h–2–11/0. Abschlußber. (26/3. 1963).

Es wurden folgende Probleme untersucht: a) Einfluß von Pflanzzeit und Vorbehandlung, b) Wickrübsen bzw. Rübsendecke als Gründüngung, c) N-Düngung, Wechselbeziehungen zwischen Vorbehandlung und Düngung, d) zeitlich geteilte Phosphorsäuredüngung. Frühe Bestellung erhöhte den Knollenertrag um 10–15%. Der Wirkungsgrad der Vorbehandlung nimmt mit kürzer werdender Vegetationszeit zu. Wickrübsen sowie bei entspr. Düngung die Rübsendecke stellen eine gleichwertige Gründüngung wie Lupinen usw. dar Bei geringem Kulturzustand des Bodens mit geringerm disponiblen N-Vorrat und stark saurer Bodenreaktion war eine Wirkung der N-Düngung bis 100–120 kg/ha N vorhanden. Bei gutem Kulturzustand genügten 60 kg/ha N für eine volle Ertragsleistung. Die Vorbehandlung des Pflanzgutes kann zu einer Verbesserung der Düngerwirkung beitragen. Eine zeitliche Unterteilung der Phosphorsäuredüngung brachte keinen Erfolg. 832.

Carpio, Leo C. und Madrazo, Carlos L. Comparative yield trials of different Irish potato varieties at four locations. **(Vergleichende Ertragsversuche mit verschiedenen Kartoffelsorten an vier Orten.)** Philippine Agriculturist 46 (1962) Nr. 1. S. 25–37. – 3 Tab., 7 Lit.

In zwei Versuchsserien wurden 13 Kartoffelsorten aus den Niederlanden mit der einheimischen Sorte 'Baguio' bzw. im zweiten Versuch mit 'Furore' verglichen. Die erste Versuchsserie wurde mit 5 Sorten in La Trinidad 5000 ft über NN auf einem Lehmboden und in Boyog 4 ft über NN auf einem Sandboden angelegt. Die zweite Versuchsserie mit 8 Sorten wurde in Sayangan 7025 ft über NN auf Sandboden und in Marungko 40 ft über NN ebenfalls auf Sandboden durchgeführt. In beiden Versuchen wurden in den Gebirgslagen höhere Erträge erzielt als in den Niederungen. Nur 'Gineke' und 'Eigenheimer' brachten im Versuch I in der Niederung etwas höhere Erträge als im Bergland. Die Wüchsigkeit aller Sorten war in den Höhenlagen besser als in der Niederung; die Abreife war in den Niederungen früher. Hinweise für die Eignung der Sorten zum Anbau auf den Philippinen und für die weitere Durchführung von Versuchen über die Anbaueignung von Kartoffelsorten in den Niederungen werden gegeben. Ch. Pfeffer. 832.

Lehmann-Beckow, W.; Halle/S., Martin-Luther-Univ., Phytopathol. Inst. **Die Erzeugung wirtschaftseigenen Kartoffelpflanzgutes in Abbaulagen.** Albrecht-Thaer-Arch. 7 (1963) Nr. 7/8. 633–644. – 1 Abb., 2 Tab., 17 Lit. – nach Zus.

Bei der Prüfung verschiedener Verfahren zur Vermehrung von Kartoffel-Pflanzgut während der Jahre 1957–59 wurde in stärksten Abbaulagen von einer gegen das Kartoffel-Y-Virus rel. infektionsresistenten mittelfrühen Kartoffelsorte, die außerdem gegen das Blattroll-Virus eine hohe Abwanderungs-Resistenz besaß, durch die Anwendung von Früherntе-Verfahren (Blütezeiternte, Krautziehen) verhältnismäßig virusarmes Pflanzgut erzeugt. Infolge der bis zum Rodetermin bzw. bis zum Krautziehen erlangten Altersresistenz war die Wirkung der Früherntе-Verfahren auch bei einer sonst sehr virusanfälligen frühreifen Kartoffelsorte noch gut. Geringeren Erfolg hatten die Früherntеn an allen 3 Versuchsstandorten bei der späten Sorte sowie in der Höhenlage bei den 3 geprüften Sorten der verschiedenen Reifegruppen. Die Blattlausbekämpfung mit einem systemischen Insekticid verminderte die Zahl der sekundärkranken Kartoffelstauden im Nachbau nicht in dem Maße wie die Früherntеn, da sie nicht die Übertragung des Kartoffel-Y-Virus durch die geflügelten Aphiden verhinderte. 832.

Prüfung über die Auswirkung der Gründüngung auf den Ertrag und den Nachbauwert der Pflanzkartoffeln. Rostock, Inst. Landwirtsch. Versuchs- u. Untersuchungswes. Dtsch. Akad. Landwirtsch.-Wiss. Berlin Plan-Nr.: 170 125 h/2–11/8. Abschlußber. (26/3. 1963).

Die Winterübsengründüngung kann die Kartoffelerträge in den Bezirken Rostock, Schwerin und Neubrandenburg um 10–15% erhöhen, wenn die Aussaat der Gründüngung vor dem 1. Sept. erfolgt (Stalldung wurde nicht gegeben). Die Augenstecklingsprüfung des „mit“ Winterrübsengründüngung angebauten Vermehrungspflanzgutes hat praktisch keinen höheren Virusbesatz im Vermehrungs- und Nachbaujahr gezeigt als das „ohne“ Gründüngung angebaute Pflanzgut. Im Nachbaujahr sind im Durchschnitt der Versuche keine Mehr- oder Mindererträge in den o.g. Bezirken durch die zur

Vermehrung des Pflanzgutes gegebene Gründüngung aufgetreten. Die Winterrübsengründüngung kann demnach in Norddeutschland auch zu Pflanzkartoffeln gegeben werden. 832.

Görlitz, H.; Potsdam, Inst. für Landwirtsch. Untersuchungswes. der Dtsch. Akad. der Landwirtsch.-Wiss. zu Berlin. **Über den Einfluß von Pflanzzeit und Vorbehandlung auf den Knollenertrag, die Stärkeleistung sowie die Zusammensetzung der Knollen und Eigenschaften der Stärke mittelspäter und später Kartoffeln.** Albrecht-Thaer-Arch. 7 (1963) Nr. 1. S. 61–74. – 9 Tab., 30 Lit. – nach Zus.

Die vorliegenden Versuche unterstreichen den dominierenden Einfluß einer frühen Pflanzzeit auf die Ertragsleistung der mittelspäten und späten Kartoffeln. Durch Vorbehandlung (Vorkeimen oder Pflanzen in Keimstimmung) kann eine weitere Ertragssteigerung erzielt werden. Dabei wird der Wirkungsgrad der Vorbehandlung um so höher und um so sicherer, je später gepflanzt bzw. je früher geerntet wird. Auf die Folgerungen für den Kartoffelanbau nach Winterzwischenfrucht wird eingegangen. Eine nennenswerte Änderung des Stärkegehaltes wird durch die Vorbehandlung und frühe Pflanzzeit i. allg. nicht bewirkt. Bei gleichbleibendem Stärkegehalt steigen aber die Stärkeerträge parallel mit den Knollenerträgen beträchtlich an, so daß beide Faktoren zu einer max. Ertragsleistung im Futter- und Fabrikkartoffelanbau beitragen. Vorbehandlung und frühe Pflanzzeit haben je Flächeneinheit eine höhere N- und P-Aufnahme zur Folge, so daß trotz der höheren Erträge der Rohprotein- und Phosphorsäuregehalt der Knollen sowie der Phosphorsäuregehalt der Stärke nur wenig beeinflußt werden. Aus der größeren mit den Ernteprodukten aufgenommenen Nährstoffmenge resultiert eine bessere Ausnutzung der den Pflanzen zur Verfügung stehenden Nährstoffe. Die Zusammensetzung der Kartoffelstärke wird insofern positiv beeinflußt, als der Anteil der kleinen Stärkekörner zugunsten der größeren abnimmt, was zu einer höheren Ausbeute beiträgt. Auf weitere für die Stärkeindustrie bedeutsame Eigenschaften der Kartoffelstärke, P_2O_5-Gehalt, Viskosität, Amylose:Amylopektin-Verhältnis, üben die Vorbehandlung des Pflanzgutes und die frühe Pflanzzeit keinen Einfluß aus. 832.

Green, H. C. An experiment on the rotary inter-row cultivation of potatoes. **(Ein Experiment über die Zwischenreihenbearbeitung von Kartoffeln mit einer Fräse.)** J. agric. Engng. Res. 7 (1962) Nr. 3. S. 204–207. – 1 Abb., 5 Tab., 13 Lit.

Untersuchungen über die Auswirkungen des Einsatzes einer Spezialfräse für die Zwischenreihenbearbeitung von Kartoffel auf den Klutenanteil und den Ertrag wurden auf einem schweren und auf einem Moorboden durchgeführt. Auf beiden Böden wurde die Ackervorbereitung vor dem Pflanzen durch Eggen verglichen mit Fräsen. Die Fräsenbearbeitung zwischen den Reihen wurde a) nach dem Pflanzen, b) bei Aufgang, c) kurz vor dem Schließen der Bestände durchgeführt und auch die Kombinationen dieser Behandlungen geprüft. Zur Kontrolle wurden Parzellen ohne Pflegearbeiten mit chem. Unkrautbekämpfung angelegt. I. allg. brachten mit Unkrautbekämpfungsmitteln behandelte Parzellen höhere Erträge, aber auch einen höheren Klutenanteil. Zwischen der Bearbeitungsart vor dem Pflanzen traten keine signifikanten Unterschiede auf. Die besten Erträge und der geringste Klutenanteil auf schwerem Boden wurden bei zweimaliger Zwischenreihenbearbeitung kurz nach dem Pflanzen und bei Aufgang erzielt. Es muß aber berücksichtigt werden, daß Mitte Juni feuchte Witterung herrschte, die möglicherweise die ungünstige Reaktion auf eine spätere Bearbeitung erklärt. Bei Ausschluß der mechanisch nicht bearbeiteten Parzelle bestand zwischen Klutenbesatz und Knollenertrag eine signifikante Korrelation. Ch. Pfeffer. 832.

Burghausen, R.; Jena, Friedrich-Schiller-Univ., Inst. für Acker- und Pflanzenbau. **Düngung zu vorgekeimten Kartoffeln.** Albrecht-Thaer-Arch. 7 (1963) Nr. 1. S. 43–59. – 9 Abb., 6 Tab., 18 Lit. – nach Zus.

Die Ergebnisse aus Hydrokultur- und Feldversuchen über die zweckmäßige Düngung vorgekeimter Spätkartoffeln erscheinen für die Praxis bedeutungsvoll. Auch die Kartoffel hat einen bestimmten Keimwasserbedarf. Allgemein muß auf eine genügende Kalk-, Phosphorsäure- und Kaliversorgung des Bodens geachtet werden. Auch eine Kopfkalkung erscheint sehr ratsam. Die Nährstoffe P und K sollten entweder in Form einer Fruchtfolgedüngung oder in üblicher Höhe vor der Bestellung als Grunddünger gegeben werden. Eine Kalikopfdüngung mit 1 dt/ha Kalimagnesia zur Zeit der Blüte erscheint lohnenswert. Vorgekeimte Bestände nutzen eine höhere N-Gabe aus. Der Wirkungswert des Stickstoffs wird durch Vorkeimen wesentlich verbessert. Der durch Vorkeimung bewirkte Mehrertrag wurde durch eine zweite N-Gabe zum Knollenansatz signifikant erhöht. Hier ließe sich auch eine mit Schädlingsbekämpfungsmitteln kombinierte Harnstoffblattdüngung erfolgreich einsetzen. 832.

Šumetov, G. (Schumetow, G.) Vlijanie udobrenij na kačestvo klubnej. **(Der Einfluß der Düngung auf die Qualität der Kartoffelknollen.)** Kartofel' i ovošči, Moskva 7 (1962) Nr. 11. S. 10–11. – 2 Tab.

Zum Problem der Erzeugung abbaufreien Pflanzgutes wurden im Gebiet Orjol zwei Versuchsserien auf dunkelgrauem lehmigem Waldboden angelegt. Die mineral. Düngung (Ammonsalpeter, Superphosphat und Kaliumchlorid) wurde zum Frühjahrsumbruch untergebracht. Der in dieser Form eingebrachte N + Stalldung + P + K senkte die Pflanzguteigenschaften beim Nachbau. Das Verhältnis von Eiweiß zu Stärke betrug bei der Kontrolle (ohne Düngung) 5,66 und nach Einbringung von N + P 7,57 (Sorte 'Priejekuler Frühe'), bei 'Berlichingen' sogar 8,63 (nach NPK + Stalldung). Chem. Veränderungen in den Knollen führten bei der Nachkommenschaft zum Kartoffelabbau. Als beste Düngung haben sich je ha 20–25 t halbverrotteter Stalldung + 2–3 dt Superphosphat und 1–1,5 dt Kali erwiesen. Wird NPK ohne Stalldung eingebracht, so müssen die Mengen 1:3–3,5:1,5–2 dt betragen. E. Kahn. 832.

Essen, H. van. Arbeidsmethoden bij het oogsten van aardappelen. **(Arbeitsmethoden beim Ernten von Kartoffeln.)** Inst. Landbouwtechn. Rationalisatie Wageningen, Publ. **1962** Nr. 66. S. 1–103. – 63 Abb., 35 Tab. Zus. in Engl.

Untersucht wurden verschiedene Arbeitsmethoden beim Ernten von Kartoffeln. Arbeitsstudien bei den Arbeitsgängen Roden, Laden und Entladen führten zu der Festlegung von Normzeiten. – Ergebnisse: Bei reiner Handarbeit werden 200–285 AKh/ha benötigt, bei Einsatz von Schleuder- oder Vorratsrodern 135–185. Für das Handroden bei Einsatz eines Vorrats- oder Sammelroders liegt die Arbeitszeit zwischen 3,5–10 AKh/ha. – Je nach Kartoffeltransport werden beim Sammelroden 5 Arbeitsmethoden unterschieden: in Säcken, in Paletten, in Großkisten, in Bunker auf Schlepper oder Roder, in angekoppelte oder nebenherfahrende Wagen. Bei Sackrodung und Mitnehmen der Säcke auf einem angekoppelten Wagen variiert die Rodezeit bei Einsatz von 4 AK je nach Reihenabstand (0,52–0,75 m) zwischen 35–43 AKh/ha. Beim Laden von Kartoffeln in Paletten liegt die Leistung je AK zwischen 3,5 und 9 t/h, beim Laden von Säcken zwischen 6,2 und 13,8 t/h. Der Einsatz niedriger Wagen verkürzt die Ladezeit. Das Sammelroden mit Seitenförderung in einen nebenherfahrenden Wagen benötigt zwar zusätzlich Schlepper und eine AK, gewährleistet aber einen reibungslosen Abtransport der Kartoffeln; die Rodezeit bei einreihigen Rodern liegt je nach Reihenabstand zwischen

7–10 h/ha bei einer Arbeitsgeschwindigkeit von 3 km/h. 2reihige Sammelroder benötigen 3-5 h/ha. – Bei Sammelrodern mit Bunker beträgt die Flächenleistung ca. 1 ha/Tag. M. Lüpnitz. 832.

Šelestov, Ju. V. (Schelestow, Ju. W.); Ukrain. Akad. der Landwirtsch.-Wiss. Osobennosti razvitija kornevoj sistemy svekly na torfjanikach. **(Besonderheiten der Entwicklung des Wurzelsystems der Rüben auf Torfböden.)** Sacharnaja svekla, Moskva 8 (1963) Nr. 2. S. 19–21. – 5 Abb.
Auf Torfböden werden hohe Zuckerrübenerträge erzielt. Im Durchschnitt wurden in vorliegenden Versuchen (3jährig) 484,8 dt Rüben erreicht. Die Wurzelentwicklung wird jedoch durch den schlechten Wasser-Lufthaushalt gehemmt. Die günstigsten Wachstumsbedingungen für Zuckerrüben auf Torfböden werden bei einer Wassersättigung des Bodens von 60–75% der Wasserkapazität erreicht. Durch Dränung ist der Grundwasserstand im Frühjahr auf 0,6–0,7 m und während der Vegetationsperiode auf 0,9–1,2 m zu halten. G. Jury. 834.

Hammerton, John L.; Aberystwyth, Univ. Coll. of Wales, Dep. of Agric. The effects of soil aggregate size on the emergence and growth of beet (Beta vulgaris L.). III. Seedling growth. **(Der Einfluß der Bodentextur auf den Aufgang und das Wachstum von Rüben [Beta vulgaris L.]. 3. Mitt. Keimpflanzenwachstum.)** Empire J. exp. Agric. **31** (1963) Nr. 121. S. 83–96. – 2. Mitt. vgl. LZ. Abt. II **7** (1962) Nr. 4. S. 1043.
Es werden Untersuchungsergebnisse von Rübenpflanzen im Vereinzelungsstadium mitgeteilt. In der Trockenmasse waren Pflanzen aus Feinerde-Boden schwerer als solche, die in Kiesböden wuchsen. Sie hatten aber einen niedrigeren Tr.-Subst.-Gehalt (TS) und weniger Wurzeltrockenmasse. Pflanzen aus bearbeitetem Saatgut und auch Futterrüben lagen im TS höher als Pflanzen aus polykarpem oder polyploidem Saatgut. Saatbettverfestigung ließ die Tr.-Masse zunehmen und den Wurzelanteil an der Gesamtmasse der Pflanzen abnehmen. Nach tiefer Aussaat (1½ in.) nahm die Tr.-Masse der Pflanzen ab. Unterschiedliche Feuchtigkeitsnormen des Bodens wirkten sich auf die untersuchten Merkmale nicht aus. Jedoch waren Keimpflanzen, die im Juni aufwuchsen, viel schwerer als Pflanzen nach früherer Aussaat. L. Bachmann. 834.

Einführung des Zuckerrübenbaues auf Übergangsböden Thüringens. Jena, Inst. Pflanzenernähr. Dtsch. Akad. Landwirtsch.-Wiss. Berlin Plan-Nr.: 17 01 27 h 2–22/0. Abschlußber. (21/3. 1963).
Die Bedeutung des Zuckerrübenanbaues für die Steigerung der landwirtsch. Produktion war Anlaß, Untersuchungen über die Leistungsfähigkeit der Zuckerrübe auf Übergangsböden der drei thüringischen Bezirke anzustellen und Möglichkeiten zur Einsparung von Handarbeit durch fortschrittliche technische Methoden in Großflächenversuchen zu erproben und zu demonstrieren. Eine signifikante Ertragsüberlegenheit der Zuckerrübe über die als Bezugsbasis gewählten Futterrübensorten ergab sich in 54 Sorten- und weiteren Ertragsvergleichsversuchen. Statistisches Zahlenmaterial bestätigte dieses Ergebnis. In 15 N-Steigerungsversuchen wurden als wirtschaftlichste Aufwandmengen 80–100 kg/ha N gefunden. Die einmalige Düngung von 160 kg/ha N zeigte sich in 9 Versuchen den geteilten Gaben gleichwertig. Durch verschiedene Verfahren der technisierten Standraumzumessung konnte der Handarbeitsaufwand in Großflächenversuchen um 12–57% gesenkt werden. Bes. Anklang hat dabei der Ausdünnstriegel gefunden, der in Verbindung mit der Einzelkornsämaschine die größten Einsparungen erwarten läßt. 834.

Röstel, H. J. und Schulze, E.; Kleinwanzleben, Inst. für Pflanzenzücht. **Hinweise für den Anbau monokarper Zuckerrüben.** Wiss.-techn. Fortschr. Landwirtsch. **4** (1963) Nr. 2. S. 74–78. – 3 Abb., 1 Tab.
Im Jahre 1963 wurde der sozialistischen Landwirtschaft monokarpes Zucker-

rübensaatgut für etwa 5000 ha zur Verfügung gestellt. Zur Sicherung eines erfolgreichen Anbaues wurden Anbauempfehlungen gegeben. An die Bodenbearbeitung werden besonders große Anforderungen gestellt. Herbstfurche ist anzustreben. P und K sollten als Vorratsdüngung bereits im Herbst vor der Herbstfurche verabreicht werden. Im Frühjahr ist der Boden so herzurichten, daß auf einem gut abgesetzten Unterboden eine lockere, 3 bis 4 cm starke Oberkrume vorhanden ist. Das kalibrierte monokarpe Saatgut sollte mit Einzelkornsämaschinen, das Saatgut der Übergrößen mit Drillmaschinen in 2 bis 3 cm Tiefe zur Aussaat gelangen. Als Aussaatzeit gilt die letzte Etappe (Blüte der Süßkirschen). Die günstigste Aussaatmenge liegt bei 10 bis 12 kg/ha für Drillsaat. Die Einzelkornsägeräte sind so einzustellen, daß alle 3,6 cm eine Frucht abgelegt wird. Das bedeutet etwa 70 Ablagen je m^2. Das Vereinzeln sollte im 4-Blattstadium erfolgen. Der Striegel darf unmittelbar nach der Aussaat nur dann eingesetzt werden, wenn das Saatgut noch nicht gekeimt hat und infolge zu flacher Aussaat keine Verschiebung der Reihen erfolgt. Der Einsatz des Spreizstriegels ist nur dann möglich, wenn je m^2 mindestens 30 bis 36 Pflanzen aufgelaufen sind. Der Unkraut- und Schädlingsbekämpfung ist besondere Beachtung zu schenken. H. J. Röstel. 834.

Möbius, F. und Schulz, H. **Industriemäßiges Anbauverfahren für Zuckerrüben in der LPG Teutschenthal.** Wiss.-techn. Fortschr. Landwirtsch. 4 (1963) Nr. 2. S. 83–85.

Fruchtfolge, Düngemittelmengen und Produktionsverfahren, die im Zuckerrübenanbau der LPG Teutschenthal/Saalkreis 1962 zur Anwendung kamen, werden beschrieben. In der Saatbettvorbereitung wurde mit Breitenkoppelung der Geräte auf 12 m gearbeitet, wobei tägliche Durchschnittsleistungen von 60 ha erzielt worden sind. Der Einsatz der Einzelkorndrillmaschine A 765 hat sich bewährt, während der Bestand nach Aussaat mit der SKG(K)-6 W lückenhaft war. Zum Arbeitsabschnitt Rübenpflege gehören die Arbeitsgänge Blindstriegeln, Maschinenhacke längs der Rübenreihen, Einsatz der Cambridge-Walze auf 12 m Arbeitsbreite, Vereinzeln mit langer Hacke und Guthacke. Eine weitere Voraussetzung für die ausgewiesene hohe Produktivität – der reine Handarbeistaufwand in der Pflege wurde bis auf 108 AKh/ha gesenkt – war die Verwendung von segmentiertem Saatgut.

H. Reichenheim. 834.

Röstel, H. J.; Kleinwanzleben, Inst. für Pflanzenzücht. **Untersuchungen über den Einfluß von Früchtigkeit, Keimmedium und Aussaattiefe auf den Aufgang verschiedener Zuckerrübensaatgutformen.** Zuckererzeugung 7 (1963) Nr. 3. S. 67–69. 73. – 5 Abb., 6 Tab., 3 Lit.

In mehreren Untersuchungen wurde die Abhängigkeit des Aufgangs verschiedener Zuckerrübensaatgutformen (monokarp, polykarp, segmentiert) von der Früchtigkeit des Saatguts, dem Keimmedium und der Aussaattiefe ermittelt. Das Saatgut wurde je nach Eigenschaft in mono-, di-, tri- und tetrakarpe Knäuel sortiert und getrennt untersucht. Monokarpes Saatgut ist den übrigen Saatgutformen im Feldaufgang und in der Feldkeimigkeit überlegen. Der Feldaufgang nahm von monokarpem über di- und trikarpem zu tetrakarpem Saatgut ab. Das Keimmedium übte wesentlichen Einfluß auf den Aufgang aus. Als Vergleichsvarianten dienten Kies, Schwarzerde und Komposterde. Der Aufgang war um so besser, je günstiger das Verhältnis der Faktoren Feuchtigkeit, Sauerstoff und Temperatur im Boden gestaltet werden konnte. In allen Keimmedien war monokarpes Saatgut polykarpem und segmentiertem im Feldaufgang überlegen. Monokarpes und segmentiertes Saatgut sollte auf mittleren bis guten Böden nicht tiefer als 3 cm in den Boden gelangen. Auf leichteren Böden mit geringerem Keimwassergehalt ist eine Aussaattiefe von 3 bis 4 cm zu empfehlen. H. J. Röstel. 834.

Verres, G.; Bonn, Univ., Inst. für Landtechn. **Untersuchungen zur Förderung des Rübenaufganges durch geeignete Sä- und Pflegegeräte.** Zucker 16 (1963) Nr. 5. S. 120–125. – 10 Abb., 12 Lit. Zus. in Engl., Franz.
Vf. beschreibt Versuchsergebnisse, die die Keimung von Zuckerrübensaatgut unter erschwerten Bedingungen betreffen. Wegen der großen Empfindlichkeit des Hypokotyls gegen mechanische Bodenwiderstände soll eine Druckrolle bei der Aussaat in der offenen Säfurche laufen, nicht jedoch über die zugestrichene Drillreihe, und das Saatgut anschließend mit lockerem Boden bedeckt werden. Weitere Untersuchungen ergaben, daß Bodenkrusten von einzeln stehenden Keimen ebenso häufig durchstoßen werden wie von Keimen, die zu zweit oder dritt dicht beieinander wuchsen. Da die Keime unter einer Bodenkruste nur in geringem Maße seitlich ausweichen und Krustenrisse für ihren Aufgang nutzen können, muß ein wirkungsvolles Brechen der Kruste in kleine Stücke angestrebt werden. L. Bachmann. 834.

Mertins, S. und Schenk, D. **Die Aussaat der Zuckerrüben nach modernen Verfahren gut vorbereiten.** Wiss.-techn. Fortschr. Landwirtsch. 4 (1963) Nr. 2. S. 65–67.
1962 erfolgte in der DDR die Aussaat der Zuckerrüben auf 30000 ha, d. h. auf 12% der Anbaufläche, mit den Maschinen SKG(K)-6 W, TVD 6 und A 765. Für 1963 ist die Zuckerrübenaussaat nach neuen Verfahren auf 52000 ha vorgesehen. Eine zentrale Handhabung der Umrüstung der Maislegemaschinen in den Bezirken wird empfohlen. Die Einzelkorndrillmaschine A 765 erfüllt nach Ansicht der Vff. in ihrer jetzigen Form noch nicht die Anforderungen, die an eine für den Zweck der exakten Einzelkornablage konstruierten Spezialmaschine gestellt werden müssen. Die Notwendigkeit, bei der Anwendung moderner Aussaatverfahren mit kalibriertem Saatgut zu arbeiten, wird hervorgehoben. Zur Rübenpflege wird der Einsatz des Ausdünnstriegels empfohlen. H. Reichenheim. 834.

Storbeck, O. **Hohe Zuckerrübenerträge setzen richtige Bodenbearbeitung voraus.** Wiss.-techn. Fortschr. Landwirtsch. 4 (1963) Nr. 2. S. 81-82.
Das Produktionsverfahren, mit dem 1963 in der LPG Nauendorf, Saalkreis, Zuckerrüben und Zuckerrübensamenträger angebaut werden sollen, wird besprochen. Pflügen, Grunddüngerstreuen auf den gefrorenen Acker, Saatbettvorbereitung, Aussaat und Pflegearbeiten, von denen das Vereinzeln mit der langen Hacke hervorgehoben wird, sind Gegenstand der Ausführungen.
H. Reichenheim. 834.

Bachmann, L.; Kleinwanzleben, Inst. für Pflanzenzücht. **Gedanken zur neuen Technologie des Zuckerrübenanbaues.** Wiss.-techn. Fortschr. Landwirtsch. 4 (1963) Nr. 2. S. 69–74. – 1 Tab.
Das Produktionsverfahren des Zuckerrübenanbaues wird in die Abschnitte Herbstarbeit, Saatbettvorbereitung im Frühjahr, Aussaat und Pflege gegliedert (Pflanzenschutz und Ernte sind nicht behandelt). In den genannten Abschnitten werden ältere pflanzenbauliche Erkenntnisse unter den Bedingungen des Einsatzes der modernen Technik interpretiert und besonderes Augenmerk auf die Unkrautvernichtungsmaßnahmen, die Nährstoffanreicherung im Boden, die Keimungsansprüche des Saatgutes, die Wahl des Knäuelabstandes bei Einzelkornsaat und die Handvereinzelung mit langgestielter Hacke gelegt. Die Teilmaßnahmen des Produktionsverfahrens beeinflussen sich gegenseitig und tragen in ihrer Gesamtheit zur Steigerung der Arbeitsproduktivität sowie des Ertrages und zur Senkung der Kosten bei.
L. Bachmann. 834.

Röstel, H. J. und Schulze, E.; Kleinwanzleben, Inst. für Pflanzenzücht. der Dtsch. Akad. der Landwirtsch.-Wiss. zu Berlin. **Optimale Aussaat- und Vereinzelungszeit sowie Aussaatmenge bei Drillsaat von monokarpem Zucker-**

rübensaatgut. Dtsch. Landwirtsch. **14** (1963) Nr. 3. S. 131–134. – 3 Abb., 3 Tab. – nach Zus.
Mehrjährig durchgeführte Versuche mit monokarpen Zuckerrüben hatten zum Ziele, die optimalen Aussaat- und Vereinzelungszeiten sowie die günstigsten Aussaatmengen bei Drillsaat zu erforschen. Für die Praxis können daher folgende Empfehlungen gegeben werden: Obwohl auch monokarpe Zuckerrüben eine frühe Aussaat bevorzugen, sollte mit Rücksicht auf die in den ersten Jahren des Anbaues noch nicht völlig befriedigende Schoßresistenz die Aussaat nicht vor dem 30. Apr. vorgenommen werden. Der günstigste Zeitpunkt des Vereinzelns ist das Vierblattstadium. Das Vereinzeln zu einem späteren Zeitpunkt wirkt sich bei monokarpen Zuckerrüben infolge des weniger dichten Aufganges nicht so nachteilig im Ertrag aus wie bei polykarpen Zuckerrüben. Die lockeren Bestände sind sorgfältig vor einem Befall mit Wurzelbrand, Rübenfliege oder Moosknopfkäfer durch entspr. Bekämpfungsmaßnahmen zu schützen. Kalibriertes monokarpes Saatgut ist ausschließlich mit Einzelkornsägeräten oder umgebauten Maislegemaschinen auszusäen. Der Abstand der Einzelfrüchte sollte 3,0–3,6 cm betragen. Die dafür notwendigen Aussaatmengen liegen je nach Qualität der Kalibirierung und TKM zwischen 7 und 10 kg/ha. Mit der Drillmaschine sind auf eindwandfrei hergerichtetem Saatbett 10 kg/ha, sonst 10–12 kg/ha auszusäen. Monokarpes Saatgut ist dem segmentierten und polykarpen im Feldaufgang und in arbeitswirtschaftlicher Hinsicht überlegen. Die optimale Aussaattiefe für monokarpes Saatgut liegt bei 2-3 cm auf guten und mittleren Böden und bei 3–4 cm auf leichten Böden. 834.

Kapustjanskij, A. N., Balabanov, V. G. und Panitkin, V.A. (Kapustjanski, A. N., Balabanow, W. G. und Panitkin, W. A.) Udobrenie svekly sil'vinitom. **(Die Düngung der Rüben mit Sylvinit.)** Sacharnaja svekla, Moskva 8 (1963) Nr. 2. S. 24–25. – 1 Tab.
Düngungsversuche auf Schwarzerde mit Sylvinit (60 kg K_2O, 120 kg K_2O) zeigen gegenüber 120 kg K_2O in Form von 40er Kalisalz deutliche Ertragsunterschiede. Die Erträge betragen entspr. 325 dt/ha, 330 dt/ha und 304 dt/ha. Eine Verschlechterung der phys. Eigenschaften des Bodens wurde selbst auf leichten Böden nach 25jähr. Anwendung nicht festgestellt. G. Jury. 834.

Röstel, H. J.; Kleinwanzleben, Inst. für Pflanzenzücht. der Dtsch. Akad. der Landwirtsch.-Wiss. zu Berlin. **Untersuchungen über die Methodik der Ernte und Krautmassenbestimmung bei Zuckerrübenleistungsprüfungen und deren Fehlerquellen.** Z. landwirtsch. Versuchs- u. Untersuchungswes. 8 (1962) Nr. 6. S. 441–458. – 8 Abb., 11 Tab., 9 Lit. – nach Zus.
Zunächst werden Anlage und Ernte von Zuckerrübenleistungsprüfungen in Kleinwanzleben beschrieben. Ferner wird über Ergebnisse von Untersuchungen berichtet, die das Ziel haben, eine geeignete Methodik zur Bestimmung der Krautmasse bei diesen Leistungsprüfungen zu schaffen. Die in Kleinwanzleben benutzte Zeigerzugwaage und das dazu entwickelte Waagengestell haben sich gut bewährt und trugen damit zu einer größeren Versuchsgenauigkeit und Arbeitsproduktivität bei. Die bisher in Kleinwanzleben vorgenommenen Erntearbeiten von Hand konnten ohne Einbuße an Versuchsgenauigkeit teilweise mechanisiert werden. Mit der Krautmassebestimmung verbundene Fehlerquellen wurden besprochen. Der Anteil abgestorbener und massemäßig mit erfaßter Blätter lag bei den untersuchten Familien z. Z. der Ernte etwa gleich hoch. Der Anteil nahm zu, je später die Ernte erfolgte. Ungleichmäßiges Köpfen verminderte die Versuchsgenauigkeit. Die Größe des am Kraut verbliebenen Kopfes wurde weniger von der Sorte als vielmehr von der Geschicklichkeit und Sorgfalt der Arbeitskräfte bestimmt. Unterschiedliche Kopfgrößen führten nicht nur bei der Massebeurteilung von Wurzel und Kraut zu falschen Ergebnissen, sondern auch bei der Beurteilung der Rübeninhalts-

stoffe. Etwa 15% vom Gesamtkraut werden bei der Wägung nicht mit erfaßt. Wurde das Kraut nicht unmittelbar nach dem Roden und Köpfen der Rüben gewogen, traten je nach Witterungsbedingungen, Art der Lagerung, Größe des Haufens und Ploidiestufe unterschiedliche Masseverluste auf. Die rel. Masseverluste nahmen zu, je höher die Temperatur, je geringer die rel. Luftfeuchtigkeit und je kleiner die Krautmengen waren. 834.

Anonym. Voederbieten, 1963. **(Futterrüben, 1963.)** Landbouwvoorlichting 20 (1963) Nr. 2. Ber. Rassenkeuze Nr. 337. S. 1-5. – 2 Tab.

Die niederländischen Futterrübensorten sind nach dem Gehalt an Tr.-Masse in die Gruppen I (19–20%), II (15–18%) und III (11–15%) eingeteilt. 1962 betrug der Anteil der Gruppe III mehr als 50% der Futterrübenanbaufläche. Die Eigenschaften der einzelnen Sorten werden tabellenmäßig aufgeführt. Es werden 3 Sorten der Gruppe I, 15 Sorten der Gruppe II und 39 Sorten der Gruppe III besprochen. Diese Sorten sind von insgesamt 17 Züchtern gezüchtet worden. E. M. Ardelt. 834.

Schröder, H.; Bernburg/Saale, Hochschule für Landwirtsch., Inst. für Gartenbau. **Untersuchungen über den Einfluß unterschiedlicher Wasserversorgung auf Erträge, Gehalte an ätherischem Öl, Transpirationsquotienten, Blattgrößen und relative Öldrüsendichten bei einigen Arten aus der Familie der Labiaten. 2. Teil: Trockenmasseerträge, Transpirationsquotienten, Wechselbeziehungen zwischen Transpiration und Gehalten an ätherischem Öl.** Pharmazie 18 (1963) Nr. 2. S. 150–158. – 5 Abb., 13 Tab., 15 Lit. 1. Teil vgl. LZ. Abt. II 8 (1963) Nr. 9. S. 2417.

In 5-jähr. Gefäßversuchen wurden bei Majoran, Pfefferminze, Salbei und Bohnenkraut die Transpirationsquotienten, die Erträge an Gesamttrockenmasse und die rel. Wurzelanteile in Abhängigkeit von der Bodenfeuchtigkeit untersucht. Zwecks Vergleichsmöglichkeit wurden 1959 Hafer und 1960 Hafer, Luzerne und Mais in die Versuche mit einbezogen. Die Transpirationsquotienten wurden unter Berücksichtigung der Wurzelmassen errechnet und stiegen in allen Versuchen mit zunehmenden Wassergaben an. Pfefferminze besaß von den geprüften Labiaten den niedrigsten Transpirationsquotienten. Ein Resultat, das bei allen geprüften Feuchtigkeitsgraden des Bodens erhalten wurde. Zwischen den Gehalten an ätherischem Öl und den entspr. Transpirationsquotienten konnte keine Beziehung festgestellt werden. Der prozentuale Wurzelanteil an der Gesamterntemenge stand bei Majoran, Pfefferminze und Bohnenkraut im umgekehrten Verhältnis zur Bodenfeuchtigkeit.
G. Loßner. 852.

Schröder, H.; Bernburg/Saale, Hochschule für Landwirtsch., Inst. für Gartenbau. **Untersuchungen über den Einfluß unterschiedlicher Wasserversorgung auf Erträge, Gehalte an ätherischem Öl, Transpirationsquotienten, Blattgrößen und relative Öldrüsendichten bei einigen Arten aus der Familie der Labiaten. 3. Teil: Blattgrößen, relative Öldrüsendichten, Anzahl am Haupttrieb inserierter Blattpaare und Internodienlängen.** Pharmazie 18 (1963) Nr. 3. S. 241–245. – 11 Tab., 8 Lit. 2. Teil vgl. vorst. Ref.

In Gefäßversuchen zu Majoran, Pfefferminze und Salbei lieferten die Versuchsbedingungen die größten Blätter, die auch den höchsten Ertrag an Pflanzenmasse hervorbrachten. Bei Bohnenkraut wiesen Haupt- und Nebentriebe in Abhängigkeit von der Bodenfeuchte unterschiedliche Veränderungen der Blattgrößen auf. – Die Öldrüsendichten standen zu den Blattgrößen in umgekehrtem Verhältnis. Da jedoch beide Kriterien keine Beziehung zum Gehalt an äther. Öl erkennen ließen, scheiden sie als Selektionswertmesser aus. Aus den Wechselbeziehungen zwischen Gehalt an äther. Öl und Nodienzahl sowie Internodienlänge konnten keine klaren Schlußfolgerungen gezogen werden.
G. Loßner. 852.

Jambor, Rozsi; Budapest, „Eötvös Lóránd" Univ. der Wiss., Pflanzenbiol. Lehrstuhl. **Angaben zur Wertbestimmung der scheinbar wohlerhaltenen Samen von einigen Heil- und Gewürzpflanzen.** Z. landwirtsch. Versuchs- u. Untersuchungswes. 8 (1962) Nr. 6. S. 459–463. – 1 Abb., 2 Tab., 4 Lit. – nach Zus.

Vf. arbeitete eine einfache Methode zur Wertbestimmung nichtkeimender, anscheinend wohlerhaltener Samen einiger Heil- und Gewürzpflanzen aus. Das Wesentliche der Methode besteht im Aufschneiden der sich im dormanten Zustand befindlichen Samen am Ende der Keimungsuntersuchung. Auf Grund der Schnittflächen ist die Lebensfähigkeit nichtkeimender, doch wohlerhaltener Samen leicht zu beurteilen. Vf. verwendete als Gegenprobe die Lakonsche TTC-Färbung. Die Ergebnisse der Färbung stimmen laut Tab. mit der Klassifikation der Schnitte überein. Diese Untersuchungsmethode nichtkeimender, aber wohlerhaltener Samen ist zur Beurteilung der Samenqualität geeignet. 852.

Földesi, D., Máthé, I. und Tétényi, P. **Solanum aviculare Forst. – Solanum laciniatum Ait.** Pharmazie **17** (1962) Nr. 12. S. 777–779. – 6 Abb., 11 Lit.

In Ungarn wird unter dem Namen *Solanum aviculare* Forst. eine Pflanze auf etwa 100–150 ha kultiviert, aus der Solasodin gewonnen wird. Diese Verbindung dient als Ausgangsstoff für die Synthese der Steroidhormone. Auf Grund durchgeführter Studien wurde festgestellt, daß es sich nicht um *S. aviculare* Forst, sondern um *S. laciniatum* Ait handelt. Es wird die Vermutung ausgesprochen, daß in den eur. Bot. Gärten eine entspr. Verwechslung vorliegt. H. Schröder. 852.

Janakieva, E. (Janakiewa, E.) Zavisimost meždu dŭlžinata na vegetacionnija period i njakoi belezi na tjutjunevoto rastenie. **(Abhängigkeit zwischen Vegetationsdauer und einigen Merkmalen der Tabakpflanze.)** Naučni trudove. Naučnoizsledovatelski institut po tjutjuna – Plovdiv, Sofija **2** (1962) S. 249 bis 258. – 6 Abb., 2 Tab., 2 Lit. Zus. in Russ., Engl.

Die Beobachtungen wurden 1959/60 an verbreiteten Sorten durchgeführt. Untersucht wurden Vegetationsdauer, Pflanzenhöhe, Blattanzahl, Blattgröße und Samenkapselzahl. Mit Verlängerung der Vegetationszeit nimmt die Zahl der Blütenstände ab. Zwischen Vegetationsdauer und Blattzahl wurde eine lineare Abhängigkeit festgestellt, die bei den Primitivsorten schärfer ausgeprägt war als bei den Hochzuchtsorten. Die Abhängigkeit zwischen Vegetationsdauer und Blattgröße ist schwach ausgeprägt. Zwischen Vegetationsdauer und Pflanzenhöhe bestimmter Sorten war keine Abhängigkeit feststellbar. M. Stoilow. 855.

Vivian, L. A.; Kelantan, Kota Bharu. Virginian tobacco in Kelantan. **(Virginia-Tabak in Kelantan.)** Malayan agric. J. **43** (1961) Nr. 3. S. 144–159. – 5 Tab., 4 Lit.

Im Jahre 1959 wurden im Gebiet von Kota Bharu auf der Halbinsel Malaka Anbauversuche mit Virginia-Tabaken durchgeführt, die zu dem Ergebnis führten, daß befriedigende Erträge nur nach angemessener Düngung erzielt werden können. Bei Verwendung des üblichen Düngungsverhältnisses von $N:P_2O_5:K_2O = 1:1:1{,}6$ erreicht man ein gutes Wachstum, aber eine schlechte Blattqualität. Die malayischen Böden sind in der Regel P-arm, daher muß der P-Anteil in der Düngermischung erhöht werden, um helle Blattfarben zu erzielen. Die besten Ergebnisse wurden mit einer Düngermischung von 1:4,3:3,9 und Hinzufügung von 2% MgO erzielt. J. Merker. 855.

Griesel, A.; Jena, Inst. für Acker- und Pflanzenbau, Abt. Hopfenbau. **Geschichte und gegenwärtiger Stand des Hopfenbaues und der Hopfenforschung**

in der DDR. Int. Z. Landwirtsch. [Sofia/Berlin] **1962** Nr. 4. S. 121–125. – 7 Tab.
Eingangs wird kurz die Entwicklung des Hopfenbaues auf dem Gebiete der DDR im Mittelalter und seit der Wiederaufnahme ab 1951 dargestellt. Untersuchungen von 1952 bis 1958 über die Eignung des Klimas, der Lage, Bodenart, geol. Herkunft sowie des Nährstoffgehaltes des Bodens zum Hopfenbau ergaben Unterschiede zwischen den Standorten. Insgesamt ist der Hopfenbau erfolgreich möglich. Durch die Großflächenbewirtschaftung macht sich eine Revision der bisherigen pflanzenbaulichen Arbeitsmethoden erforderlich. Hierzu gehört die teilweise Verlegung des Hopfenschneidens und -auspflanzens aus dem Frühjahr in den vorangehenden Herbst. Durch die positive Selektion wird die Züchtung einer standortgerechten Herkunft durchgeführt. Die bisherige Standweite von 1,5 × 1,5 m wurde nach dem Standard auf 3 × 1,1 m verändert. Von jeder Pflanze werden 2 × 2 Reben in V-Form abgeleitet. Alle Neuauspflanzungen erfolgen nach dieser Methode. Gleichzeitig wurde ein geändertes Gerüst zum Standard erklärt. Die Erträge liegen auf gleicher Höhe wie bisher. 1961 wurden Schädlingsbekämpfungsmittel hinsichtlich ihrer Wirkung gegen Hopfenschädlinge erprobt. Weitere Versuche erforschen die Abhängigkeit der Kräuselkrankheit vom Boden. Durch chem. Unkrautbekämpfung soll die Verunkrautung der Hopfenanlagen bis Anfang Juni verhindert werden. H. Dolzmann. 855.

Cambier, M. Identification des variétés cultivées de houblon. **(Charakterisierung der Kultursorten des Hopfens.)** Ann. Gembloux **68** (1962) Nr. 4. S. 385–407. – 36 Abb., 19 Lit.
Die Charakterisierung der Hopfensorten kann unter 2 verschiedenen Gesichtspunkten erfolgen: 1. kommerzieller Aspekt: es interessieren nur die Hopfenzapfen, weil diese einen Handelswert besitzen. 2. genetischer Aspekt: die morphol., chem. und anatom. Eigenschaften aller Organe sind von Interesse. Vf. nahm eine Charakterisierung der wichtigsten internationalen Hopfensorten unter genetischem Aspekt vor, wobei ausschließlich die anatom. Eigenschaften interessierten. Es wurden von allen untersuchten Sorten Schnitte der Blattstiele und der Blütenstielchen angefertigt und studiert, da in diesen beiden Organen die Sortenunterschiede am auffallendsten sind. Die Pflanzen wurden in der 2. Hälfte des Monats Aug. untersucht. Auf Grund der ermittelten Eigenschaften wurde die Einteilung der Sorten in Gruppen vorgenommen.
E. M. Ardelt. 855.

Marschall, F.; Zürich-Oerlikon, Eidg. Landwirtsch. Versuchsanst. **Naturfutterbau – Kunstfutterbau.** Mitt. schweiz. Landwirtsch. **11** (1963) Nr. 3. S. 38–47. – 2 Abb., 2 Tab., 11 Lit.
In der Schweiz nimmt das Grünland (Naturfutterbau) 80% der LN (= 1,7 Mill. ha) ein, während der Feldfutterbau (Kunstfutterbau) auf 7% der LN (150000 ha) durchgeführt wird. Ein großer Teil der Grünlandflächen ist nicht ackerfähig. Anhand zahlreicher Versuchsergebnisse wird die Ertragsleistung des Dauergrünlandes dem Feldfutterbau gegenübergestellt. Im ersten Hauptfutternutzungsjahr sind die Kleegrasflächen i. allg. den gut bewirtschafteten Dauergrünlandflächen deutlich überlegen. Zieht man jedoch alle Nutzungsjahre der 3–4jährig genutzten Kleegrasflächen heran, so ist diese Ertragsüberlegenheit nicht mehr erheblich. In Wiesendüngungsversuchen sind Spitzenerträge von 120–140 dt/ha Tr.-Subst. erzielt worden und auf guten Weiden Durchschnittserträge von 4260 KStE. Auf dem Dauergrünland wurde Futter mit höherer Qualität gewonnen als im Feldfutterbau. Mit allem Nachdruck wird die Auffassung vertreten, daß für die Schweiz das Dauergrünland seine große Bedeutung beibehalten wird. Nicht Dauergrünland oder Feldfutterbau, sondern ein sinnvolles Nebeneinander von Dauergrünland und Feldfutterbau sei die Lösung des Problems. W. Lampeter. 860.

Nüesch, B.; Zürich-Oerlikon, Eidg. Landwirtsch. Versuchsanst. **Polyploide Zuchtsorten von Gräsern und Kleearten.** Mitt. schweiz. Landwirtsch. **11** (1963) Nr. 3. S. 33–38. — 3 Abb., 1 Tab.
In einem Rotkleeversuch im Alpengarten in Maran bei Arosa (1850 m ü. M.) zeigte 'Weibulls R 28' (tetraploid) eine deutliche Überlegenheit in der Kleekrebsresistenz im Vergleich zu 10 anderen diploiden Rotkleesorten. Bei der tetraploiden Sorte überlebten im Durchschnitt 5 Pflanzen je m² den 2. Winter 1961/62, während die diploiden Sorten und Stämme nur noch 0,75–2,25 Pflanzen aufwiesen. Die Vor- und Nachteile der diploiden Sorten bei Rotklee und Gräsern werden anhand der internationalen Literatur besprochen.
W. Lampeter. 860.

Simon, W. und Eich, D.; Müncheberg, Inst. für Acker- und Pflanzenbau der Dtsch. Akad. der Landwirtsch.-Wiss. zu Berlin. **Kleegrasversuche im mittelsächsichen Hügelland.** Albrecht-Thaer-Arch. 7 (1963) Nr. 3. S. 245–259. — 11 Tab. — nach Zus.
Zur Klärung einiger Probleme des Rotklee- und Kleegrasanbaues wurden die Erträge der Kleegrasparzellen eines seit 1952 im VEG Hirschfeld, Kreis Freiberg (Sa.), laufenden Fruchtfolgeversuches analysiert und die Ergebnisse der von 1952–61 auf dieser Versuchsfläche durchgeführten Klee- und Kleegrasgemengeversuche besprochen. — Hohe Ertragsleistung bei geringem N-Aufwand sowie ein im Vergleich zum 2jähr. Kleegras schnellerer Umlauf in der Fruchtfolge sprechen unter den derzeitigen Bedingungen in der Landwirtschaft der DDR auch im sächsischen Vorland für den bevorzugten Anbau von einjährigem Klee oder Kleegras. Bei einjähriger Nutzung sind durch Gemenge von Rotklee, Schwedenklee und Weißklee höhere und sichere Erträge zu erzielen als von reinem Rotklee. Der Verdrängungswert der wichtigsten Kleearten im Gemisch nimmt in folgender Reihe ab: Rotklee, Schwedenklee, Weißklee. — Grasbeisaaten erhöhten den Tr.-Subst.-Gehalt und den Trockenmasseertrag der Gemenge, senkten aber gleichzeitig den Eiweißgehalt und Eiweißertrag. Ob die Aussaat von Klee- oder Kleegrasgemengen für den praktischen Betrieb vorteilhafter ist, muß deshalb nach der beabsichtigten Verwertung im Zusammenhang mit den übrigen zur Verfügung stehenden Futtermitteln entschieden werden. — Welsches Weidelgras und Wiesenschwingel hatten bei feuchter Witterung gleichen Verdrängungswert wie Rotklee, bei trockener Witterung verdrängten sie alle Kleearten. Höhere Aussaatmengen der Gräser (60% der Reinsaatmenge im Vergleich zu 40%) führten zu keinem höheren Ertragsanteil. Im Mittel der Jahre wurden die höchsten Trockenmasseerträge erzielt, wenn 70% der Reinsaatmenge Klee und 40% der Reinsaatmenge Gras ausgesät worden waren. — Stoppelkleenutzung im Ansaatjahr erhöhten den Kleeanteil der Gemenge im ersten Hauptnutzungsjahr. 860.

Maršálek, L.; Brno, Katedra Rostlinné Výroby VŠZ. Studium mezidruhových poměrů komponentů různých směsek kukuřice s luskovinami vzhledem k výnosu zelené píce a živin. **(Beziehungen der Komponenten verschiedener Gemenge von Mais und Hülsenfrüchten in bezug auf den Grünfutter- und Nährstoffertrag.)** Sborník Vysoké Školy zemědělské Brně, Řada A **1961** Nr. 3/4. S. 441–451. — 6 Tab., 6 Lit. Zus. in Russ., Dtsch.
Verschiedene Mais- und Hülsenfruchtgemenge wurden geprüft und die günstigste Zusammensetzung festgestellt. Außerdem wurde der Einfluß des Saatgutgewichts auf Grünmasseerträge und Ertrag an N-haltiger Subst. untersucht. Die Gemenge wurden als Hauptfrucht angebaut. Auf Grünmasseerträge und Ertrag an N-haltiger Subst. üben Art und Zusammensetzung des Gemenges einen unmittelbaren Einfluß aus. Das Gemenge 70 kg/ha Mais und 60 kg/ha Bohnen brachte einen Masseertrag, der um 36 dt/ha niedriger war als der Ertrag einer Maismonokultur, doch war der Ertrag an N-haltiger Subst. um 3,64% höher. Das Gemenge 60 kg/ha Mais und 60 kg/ha Bohnen

lieferte einen Ertrag an N-haltiger Subst., der 513,5 kg/ha höher als bei Maismonokultur war. Die geringsten Masseerträge brachten das Gemenge Mais und Peluschke. Das Gemenge Mais-Soja brachte die besten Ergebnisse (Verhältnis 90 kg/ha Mais zu 30 kg/ha Soja). Bei allen Gemengen lagen die abs. Erträge niedriger als bei Maismonokultur, aber immer höher im Ertrag an N-haltiger Subst. Weitere Versuche müssen das Gemenge unter verschiedenen ökologischen und agrotechnischen Bedingungen und mit verschiedenen Sorten überprüfen. M. Pštross. 860.

Čuprakova, V. (Tschuprakowa, W.) Sovmestnyj posev kukuruzy s bobami. **(Gemeinsame Aussaat von Mais mit Bohnen.)** Sel'skoe chozjajstvo Sibiri, Omsk **7** (1962) Nr. 1. S. 64–67. – 2 Tab. 860.

Roşca, D. und Panait, V. Cultura pentru siloz a sorgului zaharat şi a ierbii de sudan în amestec cu soia furajeră şi floarea-soarelui. **(Der Anbau der Sorghumhirse und des Sudangrases für Silage im Gemenge mit Futtersoja und Sonnenblume.)** Probleme agric. [Bucureşti] **14** (1962) Nr. 5. S. 57–64. – 2 Abb., 2 Tab., 5 Lit. Zus. in Russ., Franz.

Die Versuche wurden unter Silvosteppenbedingungen durchgeführt. Beste Reihenentfernung für Sorghumhirse war 90 cm. Sorghumhirse im Gemenge mit Futtersojabohne brachte kleinere Erträge als in Reinkultur, jedoch mit doppeltem Proteingehalt. Sudangras im Gemenge mit Futtersojabohne erbrachte dieselben Erträge wie die Reinkultur. Sorghumhirse und Sudangras im Gemenge mit Sonnenblumen sichern größere Erträge als in Reinkultur. Zur Erzielung eines Qualitätsfutters empfehlen Vff. den Anbau von Sorghumhirse und Sudangras im Gemenge mit Futtersojabohne. N. Hulpoiu. 860.

Schweiger, W.; Groß-Lüsewitz, Inst. für Pflanzenzücht. der Dtsch. Akad. der Landwirtsch.-Wiss. zu Berlin. **Der Rotklee-Ertrag in Abhängigkeit von der Aussaatstärke.** Dtsch. Landwirtsch. **14** (1963) Nr. 3. S. 140–141. – 1 Tab. – nach Zus.

Saatstärken zwischen 9 und 30 kg/ha bei Rotklee-Blanksaaten ergeben keine gesicherten Ertragsunterschiede in der Grün- und Trockenmasse. Der Samenertrag verringert sich mit zunehmender Aussaatstärke. Die sich daraus ergebenden praktischen Möglichkeiten zur Verringerung des Saatgutbedarfes bei Rotklee werden besprochen. 862.

Märtin, B.; Jena, Friedrich-Schiller-Univ., Inst. für Acker- und Pflanzenbau. **Einige Hinweise zur Luzerneaussaat.** Dtsch. Landwirtsch. **14** (1963) Nr. 3. S. 141–143. – 3 Tab., 19 Lit. – nach Zus.

In Verwirklichung der in den Programmen zur Erhaltung und Hebung der Bodenfruchtbarkeit der sozialistischen Landwirtschaftsbetriebe der DDR gestellten Aufgaben ist die Luzerneaussaat eine wesentliche Maßnahme. Eine 5–6jähr. Anbaupause muß nach wie vor eingehalten werden. Die 4 Luzernesorten der DDR unterscheiden sich weder in ihren Ansprüchen an Klima und Boden noch in ihren Ertragsleistungen. Importsaaten aus Rumänien, Ungarn, Nordfrankreich und Westdeutschland sind anbauwürdiger als 'Ranger' und 'Buffalo' sowie die Provencer Luzerne. Bei verschiedenartiger Nutzung – Saatguterzeugung bzw. Futternutzung – ist eine unterschiedliche Aussaattechnik zu empfehlen. Vorschläge zur Aussaattechnik der Luzerne wurden in einer Luzernekarte zusammengefaßt. Eine ausreichende Vorwinterentwicklung ist nach Versuchen nur bei Saat bis spätestens Ende Aug. gesichert. Bei der Bodenbearbeitung zur Aussaat sollte man eine tiefe Pflugfurche wie zu Hackfrüchten durchführen, um eine Lockerheitsreserve zu schaffen. Der Anteil der Blanksaaten ist zu erhöhen, ganz bes. dort, wo im Aussaatjahr eine Samennutzung möglich ist und in Übergangs- und Grenzlagen des Luzernebaues. Bei Getreidedeckfrucht sind die besten Einsaatverfahren die frühe, zwischenreihige Einsaat in Wi-Roggen und die zwischenreihige Einsaat in frühbestellte So-Gerste bei deren Spitzen. Auf die Bedeutung der Gründeckfrüchte wird hingewiesen. Als solche kommen besonders Wi-Zwischenfrüchte, Erbsen/Wicken/Ackerbohnen-Gemenge und Grünhafer in Frage. Es werden Hinweise zur chemischen Unkrautbekämpfung bei Luzerne und auf das einschlägige Schrifttum gegeben. Luzernegrasbau kann hohe Erträge bringen. Mischungsbeispiele werden genannt. 862.

Anonym. Luzerne, 1963. **(Luzerne, 1963.)** Landbouwvoorlichting **20** (1963) Nr. 2. Ber. Rassenkeuze Nr. 338. S. 1–8. – 3 Tab.

Luzerne wird in den Niederlanden hauptsächlich auf guten Kleiböden angebaut. Der Anteil der nordfranzösischen Sorten überwiegt. Es werden die Ergebnisse der Sortenprüfungen der Jahre 1951–61 mitgeteilt, bei denen Sorten aus allen Weltteilen getestet wurden. Die nordfranzösischen Sorten haben i. allg. hohe Flächenerträge, hinter denen die deutschen Sorten zurückbleiben. Diese sind jedoch winterfest und zeichnen sich durch hohen Eiweißgehalt aus. Ähnlich verhalten sich die tschechoslowakischen und ungarischen Sorten, während die Erträge der nordamerikanischen, kanadischen, provençalischen und italienischen Herkünfte nur mäßig waren. Die Anzahl der Sorten verteilte sich nach den Herkünften wie folgt: Nord- und Mittelfrankreich: 14, Belgien und Luxemburg: 3, Deutschland: 10, Österreich: 4, Tschechoslowakei: 8, Jugoslawien: 1, Ungarn: 3, Rumänien: 1, Bulgarien: 1, Dänemark: 1, Schweden: 2, Südfrankreich: 1, Italien: 13, Griechenland: 1, Spanien: 4, Nordamerika: 14, Kanada: 7, Argentinien: 7, Mexiko: 1, Brasilien: 1, Peru: 1, Chile: 1, Neuseeland: 1, Australien: 1, Lybien: 1, Türkei: 1, Israel: 2, Indien: 2, Südafrika: 1. E. M. Ardelt. 863.

Schöberlein, W. **Bericht über die Hauptprüfung mit Luzerne. Aussaatjahr 1959. Nutzungsjahre 1960 und 1961.** Hrsg.: Regierung der Deutschen Demokratischen Republik, Ministerium für Landwirtschaft, Erfassung und Forstwirtschaft. Zentralstelle für Sortenwesen. 1962. (22 S.) [Maschinenschr. vervielfältigt].

Die Luzernesorten 'Bendelebener', 'Langensteiner', 'Neuga', 'Plaußiger', 2 Neuzuchten und eine Importsorte wurden in einer Sortenwertprüfung mit Aussaat 1959 und Nutzung bis 1961 untersucht. Die Versuche wurden in 4 nach Boden und Klima unterschiedlichen Orten angelegt. Die Ergebnisse sind in Tab. angegeben. An jedem Ort wurde der Grünmasse- und Samenertrag geprüft. Im Grünmasseertrag sind die Unterschiede gering. Positiv fällt 'Langensteiner' auf. Die Importsorte fällt stärker ab. Im Tr.-Subst.-Ertrag zeigt 'Langensteiner' ebenfalls gute Leistungen. Im 2. Nutzungsjahr brachten 'Plaußiger' und 'Bendelebener' Erträge über dem Durchschnitt mit rel. 102 und 103. Die Importsorte fällt wiederum stärker ab. Im Rohproteinertrag heben sich die gleichen Sorten hervor. In der Samenertragsprüfung zeigt dazu noch gute Leistungen in Grünmasse-, Tr.-Subst.- und Rohproteinertrag 'Müncheberger St. 5813'. Im Samenertrag stehen 'Bendelebener', 'Müncheberger St. 5813' und 'Langensteiner' mit rel. 112, 112, und 106 über dem Durchschnitt. Einen ungenügenden Ertrag bringt die Importsorte.
P. Hahn. 863.

Varga, P. Măsuri pentru sporirea producției de semînte la lucernă. **(Maßnahmen zur Steigerung des Luzernesaatgutertrages.)** Probleme agric. [București] **14** (1962) Nr. 2. S. 84–91. – 4 Tab., 6 Lit.

Zur Erweiterung der Luzerneanbaufläche gibt Vf. Hinweise. Zum Anbau werden die Sorten 'Hybride 652', 'Varia 454', 'Albastră 07/53' und 'București 01/53' empfohlen. Mineraldüngernormen, Maßnahmen zur Pflege und Schädlingsbekämpfung, Bewässerungs- und Erntetermine sind angeführt.
C. I. Milică. 863.

Heley, F. W.; Canberra, C.S.I.R.O., Div. of Plant Ind. Frequencies of annual species of Medicago on subgroups of the grey and brown soils of heavy texture of the Macquarie Region of New South Wales. **(Häufigkeitsvorkommen annueller Luzernearten auf Formationen von Grau- und Braunerdeböden verdichteter Struktur in der Macquarie-Region von Neu-Südwales.)** Austral. J. agric. Res. **13** (1962) Nr. 5. S. 801–812. – 4 Abb., 1 Tab., 6 Lit.
Unterschieden wurden 4 Bodentypen: A: alluviale Tonböden fester Struktur, tief liegend an Wasserläufen; B: feinkörnige Böden an Hanglagen mit Carbonatvorkommen unter 6 in. Tiefe; C: höhergelegene, unebene Flächen mit feinkörniger Textur in der Krume und Grobkörnigkeit im Untergrund und D: verdichtete Böden mit Carbonatvorkommen von 6–9 in. und Auftreten von Gips in 2 ft. Tiefe. Von den annuellen *Medicago*-Arten trat *M. denticulata* auf allen 4 Bodentypen auf, *M. minima* fand sich bevorzugt auf D, geringfügig auf A, *M. laciniata* und *M. tribuloides* bevorzugten B und C, während *M. praecox* nur gelegentlich auf D vorkam. H. Pätzold. 863.

Grosse, H.; Berlin, Dtsch. Akad. der Landwirtsch.-Wiss. **Der Futtermaisanbau 1962 und Schlußfolgerungen für 1963.** Dtsch. Landwirtsch. **14** (1963) Nr. 3. S. 138–140. – nach Zus.
Die Schlußfolgerungen aus der Einschätzung des Maisanbaues im Jahre 1962 ergeben, daß zukünftig noch mehr als bisher die folgenden Punkte zu beachten sind: Für den Maisanbau sind leichte bis mittlere Böden in geschützter Lage auszuwählen, die sich in gutem Kultur- und Nährstoffzustand befinden und günstige pH-Werte aufweisen. Die Bestellung beginnt mit einer sauberen Pflugfurche, je nach Stellung als Haupt- oder Zweitfrucht im Herbst oder nach der Zwischenfruchternte und hat zu den optimalen Terminen mit größter Sorgfalt zu erfolgen. Die Saatgutmenge richtet sich nach der Saatgutqualität und -eigenschaft unter Berücksichtigung der Feldverluste, um Pflanzenzahlen von 80000–100000 ha zu erreichen. Die späteren mittelfrühen und mittelfrühen Reifegruppen sind zu bevorzugen. Die Maisbestände sind ausreichend mit Stalldung oder Gründüngung und optimalen Mineraldüngergaben, vor allem Stickstoff zu versorgen. Die Pflege soll entspr. den bisher gegebenen Empfehlungen mit Hacke und Striegel vorgenommen werden. Bei Anwendung von Wurzelherbiciden ist auf rechtzeitige Einbringung zu achten. Der Mischanbau mit Ackerbohnen hat sich bewährt. Bei Berücksichtigung der Ansprüche, die die Ackerbohne an den Standort stellt, kann der Eiweißgehalt der Grünmasse verbessert werden. 864.

Bálint, S. Silókukorica-tenyészterület és fajtaösszehasonlító kísérletek Mosonmagyaróvárott, 1958–tól 1960. **(Silomais-Standraum- und Sortenprüfungsversuche in Mosonmagyaróvár, 1958 bis 1960.)** Kukoricatermesztési Kísérletek [Maisanbau-Versuche] **1958/60** (hrsg. 1962]) S. 455–461. – Aus: Ung. Agrar-Rdsch. **1962** Nr. 4.
Zur Bestimmung des Standraums von Silomais wurden 1958–60 vom Lehrstuhl für Pflanzenbau der Landwirtsch. Akad. in Monsonmagyaróvár Untersuchungen mit der Hybride 'Mv-39', 'Aranyözon' ('Goldflut'), 'M' und 'Sz-1' durchgeführt. Die optimale Pflanzenzahl beträgt beim Silomais unter den klimatischen und Bodenbedingungen des Versuchsortes mindestens 58000 bis 65000/ha; selbst bei guter Wasserversorgung empfiehlt es sich nicht, einen Pflanzenbestand von 75000 zu überschreiten. Die biol. Besonderheiten der Maispflanze ermöglichen innerhalb der vorgeschlagenen Grenzen sowohl bei der Aussaat im Quadratverband als auch bei Drillsaat einen hohen Grünmasseertrag. Die Hybriden bringen höhere Erträge, ihr Anbau, auch als Silomais, ist lohnend. Die Hybride 'Mv-39' zeigte innerhalb gewisser Grenzen eine gute Anpassungsfähigkeit an die Veränderungen des Standraumes. Die Versuche werden noch auf Stärkewert und Roheiweißgehalt ausgewertet. Die Bewertung auf Grund des Grünmasseertrages und Tr.-Subst.-Gehaltes führt zu

Fehlschlüssen. Der Anbau mit Sojabohnen hatte in 2 von 3 Jahren eine Verminderung des Stärkewertertrages zur Folge, ein Beweis dafür, daß bei ungünstiger Niederschlagsverteilung der Ertrag abnimmt. 864.

Görlitz, H.; Potsdam, Sektion Landwirtsch. Versuchs- und Untersuchungswes. der Dtsch. Akad. der Landwirtsch.-Wiss. zu Berlin. **Versuche über die Wirkung einer Saatgutbehandlung mit Bernsteinsäure-, Milchsäure- und Magnesiumsulfatlösung sowie mit Calciumcitrat auf Entwicklung und Ertragsleistung des Silomaises.** Z. landwirtsch. Versuchs- u. Untersuchungswes. 8 (1962) Nr. 6. S. 465–472. – 7 Tab., 34 Lit. – nach Zus.
Es wurde in 31 Feldversuchen der Einfluß einer Behandlung des Maissaatgutes mit Wasser, 0,0017%iger Bernsteinsäure-Lösung, 0,1%iger Milchsäure-Lösung, 0,1%iger Magnesiumsulfat-Lösung sowie mit Calciumcitrat (3% des Saatgutgewichtes) auf den Aufgang, die Jugendentwicklung und die Ertragsleistung des Silomaises geprüft. Unter den Versuchsbedingungen war kein Effekt einer derartigen Saatgutbehandlung auf den Aufgang, die Jugendentwicklung und die Ertragsleistung des Silomaises zu verzeichnen, der für eine Anwendung unter den gegebenen Anbaubedingungen spricht. 864.

Schöberlein, W. **Bericht über die Hauptprüfung mit Glatthafer. Ansaatjahr 1959. Nutzungsjahre 1960 und 1961.** Hrsg.: Regierung der Deutschen Demokratischen Republik, Ministerium für Landwirtschaft, Erfassung und Forstwirtschaft, Zentralstelle für Sortenwesen. 1962. (20 S.) [Maschinenschr. vervielfältigt].
Die Glatthafersorten 'Kutzlebener', 'Motterwitzer' und 'Plaußiger Nz' wurden an 4 nach Boden und Klima unterschiedlichen Orten geprüft. Die Versuche wurden 1959 angelegt und bis 1961 genutzt. Sie wurden in eine Grünmasse- u. Samenertragsprüfung unterteilt. Wachstumsbeobachtungen und Ertragsfeststellungen sind in Tab. angegeben. Für die Grünmasseprüfung wurden 25 kg/ha und für die Samenertragsprüfung 20 kg/ha ausgesät. Die Wachstumsbeobachtungen lassen keine größeren Sortenunterschiede erkennen. Im Tr.-Subst.-Gehalt zeigte 'Kutzlebener', außer im Ansaatjahr, die höchsten Werte. Im Rohproteingehalt streuen die Werte, so daß keine sichtbaren Sortenunterschiede zu erkennen sind. Im Tr.-Masseertrag ist bei 'Kutzlebener' eine rel. Leistung von 103 im Ansaatjahr festzustellen, während 'Plaußiger Nz' in den Nutzungsjahren etwas abfällt. Im Rohproteinertrag nimmt 'Motterwitzer' die Spitze mit rel. 102 nach 'Kutzlebener' 98 und 'Plaußiger Nz' 90 ein. Bei der Samenertragsprüfung lassen hohe Werte für *s* % an einigen Versuchen eine Mittelbildung nicht zu. Am häufigsten brachte 'Motterwitzer' die höchsten Samenerträge. Den höchsten Strohertrag in der Samenertragsprüfung brachte 'Plaußiger Nz'. Im Mittel aller Wertmerkmale kann 'Plaußiger Nz' die Sorten nicht übertreffen. P. Hahn. 864.

Thomson, J. R. und Sutton, W. G.; Edinburgh, Agric. Sci. Serv. The appraisal of grass varieties by the study of spaced plants, 1950–58. **(Die Beurteilung von Grassorten durch Untersuchung von Einzelpflanzen, 1950–58.)** J. Brit. Grassland Soc. **17** (1962) Nr. 4. S. 300–305. – 2 Abb., 3 Tab., 11 Lit.
Es wird der Versuch unternommen, aus den von 1950–58 durchgeführten Einzelpflanzenversuchen (mit 29 Sorten von *Lolium perenne*, 23 von *Dactylis glomerata* und 26 von *Phleum pratense*) allg. Rückschlüsse zwischen Ährenschieben und anderen Vegetationsabschnitten zu ziehen. Für *Lolium perenne* ergaben sich z. B. Korrelationen zwischen Wachstumshabitus und Zeitpunkt der Infloreszenzbildung (**I**) mit $r = -0{,}59$, für das Verhältnis Stengellänge zu **I** von $r = +0{,}71$ und Schoßfreudigkeit zu **I** von $r = -0{,}77$. Bei *Dactylis glomerata* und *Phleum pratense* gab es stets negative, gesicherte Korrelationen zwischen $r = -0{,}63$ und $r = -0{,}85$. Sortenlisten, geordnet nach dem Zeitpunkt des Ährenschiebens, werden unterbreitet. H. Pätzold. 864.

Schöberlein, W. **Bericht über die Hauptprüfung Wehrlose Trespe. Aussaatjahr 1959. Nutzungsjahre 1960 und 1961.** Hrsg.: Regierung der Deutschen Demokratischen Republik, Ministerium für Landwirtschaft, Erfassung und Forstwirtschaft, Zentralstelle für Sortenwesen. 1962. (12 S.) [Maschinenschr. vervielfältigt].
Die Sorten 'Karmos', 'Ostland' und 'Gülzower Nz' wurden an 3 nach Boden und Klima unterschiedlichen Orten (Aussaat 1959, Nutzung 1960 und 1961 auf ihre Leistungsunterschiede in Grünmasse u. Samenertrag geprüft. Versuchsvoraussetzungen u. Versuchsergebnisse sind in Tab. dargestellt. Im Grünmasseertrag übertraf die Neuzucht 'Gülzower Nz' die Sorten im Aussaatjahr mit rel. 129, im 1. Nutzungsjahr 107 und im 2. Nutzungsjahr mit 113. 'Karmos' brachte die niedrigsten Werte. Im Tr.-Subst.-Ertrag ergaben sich die gleichen Leistungsunterschiede. 'Gülzower Nz' brachte rel. 136, 111 und 113. Im Rohproteinertrag besteht die gleiche Sortenrangfolge. Im Samenertrag brachte 'Karmos' gute Leistungen, 'Gülzower Nz' im 1. Nutzungsjahr recht gute, im 2. jedoch zu geringe, 'Ostland' nimmt in allen Leistungsmerkmalen eine Mittelstellung ein. P. Hahn. 864.

Corns, Wm. G. und Schraa, R. J.; Edmonton, Univ. of Alberta. Seasonal productivity and chemical composition of marsh reed grass (Calamagrostis canadensis) (Michx.) Beauv. harvested periodically from fertilized and unfertilized native sod. **(Jahreszeitlich bedingter Futteranfall und chemische Zusammensetzung von Kanadischem Reitgras [Calamagrostis canadensis (Michx.) Beuav.] bei periodischer Ernte von gedüngten und ungedüngten Naturbeständen.)** Canad. J. Plant. Sci. **42** (1962) Nr. 4. S. 651-659. – 3 Abb., 2 Tab., 10 Lit.
Die Bestände wurden zu Vegetationsbeginn 1960 und 61 mit 200 lb./acre eines 16–20–0 Mischdüngemittels gedüngt und im Laufe der Vegetationszeit 1–7mal geschnitten. Der Grundwasserstand schwankte zwischen 5 und 20 in. – Die gedüngte Variante brachte im Durchschnitt aller Versuchsglieder 2272, die ungedüngte 1790 lb/acre Tr.-Subst. Gegenüber einmaligem Schnitt/Jahr brachten 2–4 Schnitte 15–20, 5–6 Schnitte 35–45 und 7 Schnitte 70% Ertragsrückgang mit sich. – Die NP-Düngung führte zu einem nicht nennenswerten Anstieg des N-Gehaltes, jedoch zu einer Verdoppelung des P-Gehaltes im Futter, während der Gehalt an Rohfaser und Ca unbeeinflußt blieb.
H. Pätzold. 864.

Evans, Gwilym; Aberystwyth, Welsh Plant Breeding Stat. Seed rates of grasses for seed production. III. Early perennial ryegrass S. 24. **(Saatmengen für Gräser zur Saatgewinnung. 3. Mitt. Frühes Deutsches Weidelgras S. 24.)** Empire J. exp. Agric. **31** (1963) Nr. 121. S. 34–40. – 4 Tab., 5 Lit. 2. Mitt. vgl. LZ. Abt. II 8 (1963) Nr. 2. S. 431.
Die frühe Sorte 'S. 24' von Deutschem Weidelgras wurde im Verband 12 × 12 in. sowie mit Saatstärken von 1, 5 und 125 lb./acre angebaut. Außerdem erfolgte Horstsaat mit 5 lb./acre. Ein Teil der Parzellen erhielt 34,7 im 1. und 2. und 52,1 lb./acre N im 3. Jahr. – Frühes Schossen wurde durch schwache Saatdichte und N-Düngung im Frühjahr begünstigt. Die Anzahl fruchtbarer Ähren war im Mittel der 3 Jahre bei 5 lb. Aussaatstärke am höchsten, bei der Verbands- und Horstsaat am geringsten. Im 3. Jahre waren aber alle Varianten außer Horst- und Verbandssaat gleich gut in diesem Merkmal (210–216 Ähren/ft. Reihenlänge, bei Verbands- und Horstsaat nur 144 bzw. 148). Bei N-Düngung waren die Zahlen am höchsten bei 1 und 125 lb. Aussaatstärke, am geringsten wieder bei Verbands- und Horstsaat. Die Samenerträge waren mit und ohne N-Düngung bei 1 und 5 lb./acre am höchsten, bei Verbandssaat signifikant am geringsten. Das Erntegewicht (Korn + Stroh) war bei allen Varianten etwa gleich hoch (ohne N 94–97, mit N120–131 cwt./acre) nur bei der Horst- (79 bzw. 109 cwt.) und bei der Verbandssaat (57 bzw. 86 cwt./acre) wesentlich geringer. W. Stenz. 864.

Untersuchungen über Anbau und Verwertung der Phacelia. Jena, Inst. Pflanzenernähr. Dtsch. Akad. Landwirtsch.-Wiss. Berlin. Plan-Nr.: 17 01 27h 2-11/0. Abschlußber. (26/3. 1963).
Die vorliegende Arbeit hatte zum Ziel, die Anbauwürdigkeit der Phacelia unter den Umweltverhältnissen des Thüringer Raumes zu ermitteln. Dabei wurde insbes. auf Versuche im Rahmen des Stoppelfruchtbaues Wert gelegt. Zur Durchführung kamen Vergleiche mehrerer Futterpflanzen mit Phacelia in Zweit- und Zwischenfruchtstellung, Untersuchungen über Vorfruchtwirkungen, Saatstärken und Reihenentfernungen sowie N-Düngungen. Außerdem wurde der Einfluß von Saatstärken, Reihenentfernungen und N-Gaben auf den Samenertrag geprüft. Weiterhin kamen einige Silageversuche sowie ein Fütterungsversuch bei Milchkühen zur Durchführung. Da der Forschungsauftrag vorzeitig abgebrochen werden mußte, ließen sich nicht alle aufgeführten Fragen sicher und repräsentativ klären. Es konnte jedoch ermittelt werden, daß die Phacelia im Stoppelfruchtbau eine leistungsfähige Pflanze darstellt. Insbes. bei späteren Aussaaten bewährte sie sich in höheren Lagen und auf leichteren Böden besonders gut. In Zweitfruchtstellung dagegen vermochte sie nicht zu überzeugen. 864.

Maass, G.; Rostock, Univ., Inst. für Acker- und Pflanzenbau. **Steigende Stickstoffgaben zu Grünroggen und ihre Nachwirkung auf den Ertrag von Kartoffeln.** Z. landwirtsch. Versuchs- u. Untersuchungswes. 8 (1962) Nr. 6. S. 511–519. – 1 Abb., 7 Tab., 7 Lit. – nach Zus.
In 5jähr. Vorfruchtversuchen wurde die Wirkung steigender N-Gaben auf die Erträge von Grünroggen und ihre Nachwirkung auf die Erträge von Kartoffeln untersucht. Steigende Düngergaben von 40, 80, 120 und 160 kg N erhöhten den Grünmassenertrag von Futterroggen bei abnehmendem Ertragszuwachs. Durch einen gleichzeitig sinkenden Tr.-Subst.-Gehalt fiel der Ertragszuwachs an Tr.-Masse schneller als der an Grünmasse. Mit erhöhter N-Versorgung stieg der nur 1961 ermittelte Rohproteingehalt stetig an und bewirkte auch in den höchsten Düngungsstufen einen beachtlichen Ertragszuwachs an Rohprotein. Ohne N nachgebaute Kartoffeln reagierten auf die steigende Vorfruchtdüngung deutlich mit Mehrerträgen. Der Ertragszuwachs an Knollen war durch nachwirkenden N in allen Düngungsstufen annähernd gleich. Der Stärkegehalt wurde schwach positiv beeinflußt. Die Krauterträge stiegen bei gleichzeitig sinkendem Tr.-Subst.-Gehalt. N-Gaben in Höhe von 40 kg/ha direkt zu Kartoffeln schwächten die Nachwirkung der Vorfruchtdüngung ab. Die N-Düngung erreichte bei Kartoffeln in der Nachwirkung 37.5% des Erzeugungswertes einer Direktdüngung. In zusätzlichen Untersuchungen konnte festgestellt werden, daß steigende N-Gaben das C/N-Verhältnis der Ernterückstände verengen und dadurch über eine verstärkte Nettomineralisation die Mehrerträge der Nachfrucht bewirken. Auf diesem Wege verbessern erhöhte N-Düngergaben den Vorfruchtwert. 866.

Güldner, R. **Bericht über die Sommer-Zwischenfruchtprüfung mit Cruciferen (Artenvergleich).** Hrsg.: Regierung der Deutschen Demokratischen Republik, Ministerium für Landwirtschaft, Erfassung und Forstwirtschaft, Zentralstelle für Sortenwesen. 1962. (20 S.) [Maschinenschr. vervielfältigt].
Auf ihre Anbauwürdigkeit als So-Zwischenfrüchte wurden in einem Artenvergleich 3 Senfsorten, 2 So-Rapssorten, 2 Wi-Rübsensorten, Markstammkohl und Phacelia in 2 Aussaatzeiten verglichen. Der Versuch wurde an 12 nach Boden, Klima u. Höhenlage unterschiedlichen Orten angelegt. Die Aussaaten erfolgten zwischen dem 26. Juli und 22. Aug., die Ernte zwischen dem 8. Sept. und 3. Nov. Die kürzeste Vegetationsdauer hatte der Senf mit 45, die längste der Markstammkohl mit 67 Tagen. Höchsten Grünmasseertrag brachte Phacelia mit rel. 140, den geringsten 'Gülzower So-Raps' mit 89. Im Tr.-Subst.-Ertrag nahm Phacelia wiederum die Spitze ein mit rel. 149, dicht gefolgt von

den Wi-Rübsensorten mit 142, und 143. Den niedrigsten Wert brachten die Senfsorten, Rohproteinbestimmungen wurden nur an 2 Orten vorgenommen. Die Werte schwanken stark und widersprechen sich z.T. 2. Aussaatzeit: 15. Aug. bis 1. Sept, Ernte 21. Sept. bis 8. Nov. Vegetationsdauer Senf 45 Tage, Markstammkohl bis 72 Tage. Grünmasseertrag 106 dt/ha (Markstammkohl) bis 265dt/ha (Phacelia). Gute Erträge waren bei Senf und Wi-Rübsen noch festzustellen. Die geprüften Sorten dieser Arten zeigten eine gute Eignung für späte Aussaaten als So-Zwischenfrucht. P. Hahn. 868.

Petkov, K. (Petkow, K.) Polski opit s uplŭtnjavane na furažnoto pole v seitboobrŭžtenieto s vtori kulturi. **(Ein Feldversuch mit Zweitkulturen innerhalb der Fruchtfolge.)** Izvestija na Selskostopanskija naučnoizsledovatelski institut – Kneža, Sofija 4 (1962) S. 95–106. – 8 Tab., 6 Lit. Zus. in Russ., Engl.
Aus den 1957–61 angestellten Feldversuchen geht hervor, daß die bessere Auslastung der Futterflächen durch Anbau von Zweitkulturen die Futtermenge je Flächeneinheit um das 2–3fache erhöht. Geprüft wurden Wickgemenge als Hauptfrucht, Wickgemenge mit Sudangras als Untersaat, Futterroggen mit nachfolgendem Grünmais, Zuckermohrenhirse und Sudangras. Sudangras als Untersaat wurde nach vorangehender Egge in die aufgegangenen Bestände eingespritzt. Die Zweitkulturen nach Roggen und Wintererbsen wurden nach 14–16 cm tiefer Saatfurche, Egge oder Walze + Egge ausgesät. Nach erfolgter Aussaat wurde stets gewalzt. Beste Erträge brachten Zuckermohrenhirse und Grünmais, es folgte Sudangras und danach Sudangras als Untersaat im Wickgemenge. Der nach Grünmais und Zuckermohrenhirse ausgesäte Weizen brachte bei entspr. Düngung gute, gleiche oder um etwas niedrigere Erträge als Weizen nach Wickgemenge; ungedüngter Mais lieferte normale Erträge. K. Tschanow. 869.

I. Pflanzen der Subtropen und Tropen

Pospíšil, F. und Hlava, B.; Brno, VSŽ. Zkušenosti s pěstováním užitkových rostlin subtropického a tropického pásma na jižní Moravě. II. **(Erfahrungen mit dem Anbau tropischer und subtropischer Nutzpflanzen in Südmähren. 2. Mitt.)** Živa **10(48)** (1962) Nr. 6. S. 199–205. – 8 Abb., 15 Lit.
Von insgesamt 23 bereits angeführten Pflanzen wurden bes. bedeutungsvolle Erfahrungen mit den folgenden gemacht: Teepflanze (Thea sinensis. L.). Bereits zweijährige Sämlinge setzten Blüten an, und vereinzelt brachten sie auch Früchte. Pflanzen, die in Räumen bei 0 °C überwintert werden, werfen ihr Blattwerk nicht ab. In der Ostslowakei haben die Pflanzen auch unter freiem Himmel den Winter und auch lange Dürreperioden während der Sommermonate überstanden. Die Auspflanzung im reinen Hochmoortorf(pH 5,6) hat sich bewährt. Es wurden auch die Blätter gesammelt und versuchsweise nach verschiedenen Methoden verarbeitet. Bei der Degustation war die rote Teepflanze am schmackhaftesten. Bei *Feijoa sellowiana* Berg. wurden wertvolle Erkenntnisse über die Bestäubung, Auswahl von Sämlingen und Stecklingsvermehrung gewonnen. *Papaya* (*Carica quercifolia*) fruchtet seit ihrem 2. Jahr alljährlich. Bei Kaffeebaum (*Coffea arabica*), Dattelpflaume (*Diospyros kaki* L.) und Feigenbaum (*Ficus carica*) fingen die Pflanzen nach freier Auspflanzung in den Boden bereits im 2. Jahr an zu blühen und waren fruchtbar. Die Sträucher ertrugen Temperaturen von –14 °C. V. Skládal. 870.

Umali, Dioscoro L.; Los Baños, U.P. Coll. of Agric. New frontiers in rice research. **(Neue Aufgabenbereiche in der Reisforschung.)** Philippine Agriculturist **46** (1962) Nr. 2/3. S. 69–81. – 1 Abb.
Obwohl über den Reisbau viele Tatsachen bekannt sind und ständig neue Erkenntnisse hinzukommen, besteht ein starkes Mißverhältnis zwischen dem Stand der Forschung und den Erfolgen im praktischen Reisbau, bes. in den

unterentwickelten Gebieten. Spanien, Italien, Japan ernten durchschnittlich 100 cavans/ha, Laos dagegen nur 19, und Spitzenerträge auf den Philippinen liegen bei 300 cavans. Die Forschungsergebnisse müssen daher in die Praxis übertragen werden. Dabei dürfen nur gesicherte und allgemeingültige Ergebnisse propagiert werden, und das empfohlene Schema für ihre Anwendung sollte flexibel genug sein, um an verschiedene Betriebsformen angepaßt werden zu können. Das bedingt, daß der Forscher einen guten wissenschaftlichen Überblick besitzen und über ein intensives Allgemeinwissen verfügen muß. Die Spezialisierung von Wissenschaftlern und Institutionen hat dazu geführt, daß viele Grenzgebiete zwischen den einzelnen Disziplinen nicht bearbeitet werden. Als Beispiele werden dazu Rentabilitätsfragen der Schädlings- und Unkrautbekämpfung oder Sortenfolgen (als Schutz vor Schädlingen bei Monokulturen) angeführt. Eine entscheidende Ertragsverbesserung, wie sie z.B. die Heterosiszüchtung beim Mais brachte, ist beim Reis noch nicht gelungen, kann aber auf Grund des Gesetzes der Parallelität erwartet werden. Vf. führt als mögliche Wege folgende Punkte an: 1. Erweiterung der genetischen Variationsbreite durch Kombination von Chromosomensätzen verschiedener Arten oder Mehrfachkreuzungen. 2. Erforschung des genetischen Einflusses des Cytoplasmas (quantitative Beeinflussung der Gene oder sogar Wirkung in Form des Heterosis-Effekts). 3. Nutzung der Heterosis durch rentable Hybridsaaterzeugung (Auffinden ♂ steriler Formen im Sortiment der bisher vorhandenen 3000 Inzuchtstämme). 4. Vegetative Vermehrung von Hybriden bei ausläufertreibenden Typen. – Die Koordination der gesamten Reisforschung im Weltmaßstab erfolgt über das Internationale Reisforschungsinstitut (IRRI). V. Ehrenpfordt. 872.

Simon, I. Adatok a rizs biológiájához és agrotechnikájához. **(Beiträge zur Biologie der Reispflanzen und zur Agrotechnik des Reisanbaues.)** Diss. Szarvas **1960** 169 S. – Aus: Ung. Agrar-Rdsch. **1962** Nr. 4.
Bei der Untersuchung mehrerer Reissorten war die Keimfähigkeit im Labor um 20-40% höher als auf dem Felde. Tiefe Herbstfurche bewirkte den besten Aufgang. – Zwischen Aufgang und Bestockung sind die Reispflanzen am unempfindlichsten gegenüber den Umweltbedingungen, und zwar vor allem in der 1. Woche nach dem Aufgang. Der Unterschied zwischen Winter- und Sommerfurche macht sich bes. in der anfänglichen Entwicklung bemerkbar. Dabei bestanden Sortenunterschiede. Beim Schossen kommt es zum Absterben eines Teils der bei der Bestockung entstandenen Wurzeln. Das Ausmaß dieses Vorganges ist nach Sorte und Boden verschieden. – Ferner wurden untersucht Wurzelgewicht, Längenwachstum der Sprosse, Ertragsfähigkeit der untersuchten Sorten sowie Ertragsfaktoren in Abhängigkeit von Zeit des Pflügens und Reihenabstand. I. allg. waren die Erträge nach Winterfurche höher. Die Drillweite hatte kaum Einfluß. Die Verunkrautung, bes. mit *Echinochloa*, war nach Sommerfurche wesentlich stärker. Die Aussaatstärke war je nach Sorte bei 2,5–3 Mill. Keimen/ha optimal, Drillweiten über 35 cm bewirken dabei abnehmende Erträge. Die Keimfähigkeit der Körner von den Haupthalmen steht in gleichsinnigem Verhältnis zur Drillweite, die der Körner von Seitentrieben in umgekehrtem Verhältnis. 872.

Dastur, R. H. und Dawson, M. J.; Bombay, Indian Centr. Cotton Committee. Studies on growth and yields of Egyptian cotton under irrigated conditions in Mysore. II. Nitrogen and the mineral composition of Egyptian cotton in Mysore. **(Untersuchungen über Wachstum und Erträge ägyptischer Baumwolle bei Bewässerung in Mysore. 2. Mitt. Stickstoff- und Mineralstoffgehalt ägyptischer Baumwolle in Mysore.)** Indian J. agric. Sci. **32** (1962) Nr. 3. S. 167 bis 177. – 13 Tab., 5 Lit. 1. Mitt. vgl. LZ. Abt. II 8 (1963) Nr. 5. S. 1297.
Der N-, P-, K- und Ca-Gehalt der Baumwolle ist aus Untersuchungen im Sudan bekannt. Auffällig ist dabei, daß der Ertrag stets im umgekehrten

Verhältnis zu Gehalt und Wachstum steht, zumal er von vielen und ganz anderen Faktoren bestimmt wird. – Da der Baumwollanbau in Indien unzureichende Erträge brachte und auch N-Gaben wirkungslos blieben, wurde das Problem der Nährstoffaufnahme an Hand mehrerer Saatzeit-Düngungs-Versuche untersucht und dabei 14tägig in Blättern, Stengeln und Fruchtständen der N, P, K, Ca-Gehalt bestimmt. An einem Standort (Mysore) fanden sich in den Blättern unternormale K-Mengen und ein anomal hoher N-Gehalt, auch bei der Reife. K-Gaben erhöhten zwar den Ertrag, verringerten aber nicht den N-Prozentsatz. Das N/K-Verhältnis betrug stets 1,5–1,9. An anderer Stelle (Babbur Farm) lag ebenfalls eine starke N-Akkumulation in der Pflanze vor, bei aber normalem K-Gehalt und vor allem auch guter Wirkung der Düngungsmaßnahmen. Der Stickstoff war im Blatt meist in Proteinform vorhanden, so daß Unregelmäßigkeiten im Eiweißhaushalt, die zuerst vermutet wurden, nicht wahrscheinlich sind. Auf alle Fälle scheint in Mysore im Vergleich zum K ein N-Überangebot im Boden vorhanden zu sein, während auf der Babbur Farm ein harmonisches Verhältnis vorliegt. V. Ehrenpfordt. 878.

Peat, J. E. und Brown, K. J.; Ukiriguru, Tanganyika, Empire Cotton Growing Corporation, Western Regional Res. Centre, Dep. of Agric. The yield responses of rain-grown cotton, at Ukiriguru in the Lake Province of Tanganyika. II. Landresting and other rotational treatments contrasted with the use of organic manure and inorganic fertilizers. **(Erträge im Regen aufgewachsener Baumwolle in Ukiriguru, Seeprovinz Tanganyika. 2. Mitt. Versuche mit Brache und Fruchtfolge in Gegenüberstellung zur Anwendung organischer und anorganischer Düngemittel.)** Empire J. exp. Agric. **30** (1962) Nr. 120. S. 305-314. – 1 Abb., 3 Tab., 2 Lit. 1. Mitt. vgl. LZ. Abt..II 8 (1963) Nr. 3. S. 735.

Einjährige, verwilderte Brache, die zur Ernte umgebrochen wurde, erbrachte eine signifikante Ertragsvermehrung der Baumwolle für wenigstens eine Vegetationsperiode. Erfolgte der Umbruch nach 3jähr., verwilderter Brache (Kontrolle: Brache abgeerntet und beweidet) so konnte eine über 3 Wachstumsperioden wirkende Ertragsvermehrung erzielt werden, die der Verabreichung einer Standardmenge von Rinderdung entspricht. Wird die Ruhezeit auf 5 Vegetationsperioden ausgedehnt, so entsprechen die Ergebnisse denjenigen einer starken org. Düngung. Versuche mit Anbau von Maniok, der einmal gejätet wurden, in der 2. und 3. Vegetationsperiode verwilderte, erbrachten zur ersten Baumwollernte gute Erträge, die dann jedoch nicht beständig blieben. L. Rath. 878.

Prévot, P. und Billaz, R.; Bambey, Senegal, Rech. Agronomiques IRHO. Recherches agro-physiologiques sur le problème de la résistance de l'arachide à la sécheresse. **(Agrophysiologische Untersuchungen zum Problem der Trokkenheitsresistenz der Erdnuß.)** Oléagineux **17** (1962) Nr. 12. S. 911–917. – 10 Tab., 13 Lit.

Die gesicherte Wasserversorgung spielt bei der Erdnußkultur im Senegal eine große Rolle. Zur Ertragssicherheit sind dabei 2 Wege möglich, die bessere Verwertung der verfügbaren Bodenfeuchtigkeit (Bearbeitung, Pflege) und der Anbau rel. trockenheitsunempfindlicher Sorten. Durch zeitweises Abdecken von Parzellen (Fahrbare Dächer) bzw. unterbrochene Wasserzufuhr im Gefäßversuch erwies sich die Zeit der Vollblüte als das empfindlichste Stadium. Tolerante Sorten zeigten dabei eine höhere Blattzahl als empfindliche. Dieses Kennzeichen korrelierte gut mit dem Ertrag. Demgegenüber scheint die Wurzelmenge keinen Einfluß zu haben. Die Einschränkung der unproduktiven Verdunstung gelang durch Abdeckung mit Papier nur unvollkommen, bessere Ergebnisse brachte das Einarbeiten von etwa 10 t/ha Erdnußschalen (Wasserspeicherung, Lockerung). Allerdings darf dies nicht vor der Saat geschehen, da sonst Auflaufschäden eintreten können (Wasserfestlegung). Eine Verbesserung der Resistenz gegen Trockenheit wurde durch Saatgutbehandlung mit Ca-, Cu- oder Zn-Sulfat versucht. Die Ergebnisse sind aber nicht überzeugend. Für die Selektion geeigneter Formen müßten einfache Prüfungsverfahren zur Verfügung stehen. Brauchbare Resultate zeigten Feststellungen des rel. täglichen Wachstums bei guter und geringer Wasserversorgung, des Wassergehalts der Blätter bei Anzucht der Pflanzen in hypertonischen Nährlösungen sowie die Austrocknungsgeschwindigkeit (Blattschäden) bei zweitweiliger Herausnahme aus den Gefäßen. Die Hitzeverträglichkeit (Behandlung in Temperaturkammern) läuft nicht mit der Trockenheitsresistenz konform, und die Transpirationsmethode nach Arland scheint ebenfalls nicht anwendbar zu sein. V. Ehrenpfordt. 880.

Singh, R. N.; New Delhi, Indian Agric. Res. Inst., Div. of Horticult. The problematic papaya. **(Die problematische Papaya.)** Wld. Crops **15** (1963) Nr. 3. S. 82–85. – 2 Abb., 6 Lit.

Papaya ist eine gute Kompottfrucht, ihr Anbau bereitet aber in vielen Fällen wegen des Klimaeinflusses, der Fußkrankheiten und des Geschlechtsproblems Schwierigkeiten. Papaya kann i.a. vom 2.–4. Jahr genutzt werden, danach werden die Pflanzen zu hoch. Neben ♀ treten ♂ und ⚥ Formen auf, die beiden letzteren können das Ausmaß der Geschlechtsausprägung aber je nach Klima, Witterung und Jahreszeit wechseln. Die Richtung dieser Wandlung ist in verschiedenen Ländern uneinheitlich, z.T. sogar gegenläufig, und außerdem treten konstant ♂ und beeinflußbare ♂ Typen auf. Für die Fruchtproduktion kommen nur die ♀ Pflanzen in Frage. Es wäre daher wichtig, schon im Anzuchtbeet das Geschlecht zu bestimmen. Bisher war dies aber nicht möglich, und auch neue serologische Tests brachten nur eine 67%ige (für ♂) bzw. 87%ige (für ♀ Pflanzen) Sicherheit. Man muß daher pro Pflanzstelle 2-3 Pflanzen setzen und später vereinzeln. Wahre Sorten gab es bisher wegen der ausgedehnten Fremdbefruchtung nicht, allerdings wurden nunmehr in Hawaii gynodiözische Formen gefunden, die die Entwicklung einer stabilen Sorte ermöglichen. Papaya wächst am besten bei Temperaturen zwischen 50 und 100 °F. Höhere Wärmegrade erfordern Beregnung, kühleres Wetter bedingt Kälteschutzmaßnahmen, um die Fruchtqualität zu erhalten. Kreuzungen mit weniger wärmeanspruchsvollen Arten wären daher im Interesse der Anbauausweitung (Versorgung der nördlichen Verbrauchszentren) sehr erwünscht. V. Ehrenpfordt. 893.

Cole, K. und Hawson, M. G.; Kununurra, Carnavon. The papaw- a fruit for the tropics and sub-tropics. **(Papaya – eine Frucht für Tropen und Subtropen.)** J. Agric. Western Australia [4] **3** (1962) Nr. 10. S. 781–784. 787-788. – 6 Abb.

Papaya ist – jeweils mit speziellen Sorten – für einen rel. großen Klima- und Bodenbereich geeignet und wird in NW-Australien (nördlich von Perth) erfolgreich angebaut. Der Stamm wird 15–20 ft. hoch, ist unverzweigt und hat eine palmenähnliche Krone mit großen Fingerblättern. Es gibt ♂, ♀ und bei einigen Sorten ⚥ Pflanzen. Da das Geschlecht erst bei der Blüte erkennbar wird (nach etwa $^1/_2$ Jahr), kann der Bestand erst zu diesem Zeitpunkt vereinzelt werden (1 ♂ Pflanze auf 10 ♀ Bäume). Papaya wird wegen der Windempfindlichkeit entweder in Einzelzeilen zwischen Schutzstreifen (z.B. Bananen) oder reihenweise (10 × 9 ft.) gebaut, wobei die Pflanzen aus Samen angezogen (möglichst Samen ausgewählter Früchte) und dann ausgepflanzt werden. Schon im 1. Jahr werden Früchte (etwa 20) angesetzt, die rund, oval oder länglich und je nach Sorte von Apfelsinengröße bis zu 18 in. lang (12 lb.) sein können. Es wird empfohlen, den Bestand nur 4 Jahre zu nutzen und dann neu zu pflanzen. Die Frucht hat eine grüne bis gelbliche dünne Schale, 1 in. dickes gelbes Fruchtfleisch und innen einen Hohlraum mit den Samen (ebenfalls eßbar). Die Verwertungsmöglichkeiten (als Obst und Gemüse) sind vielseitig. Absatzmärkte bieten sich in Südaustralien, wichtig ist es aber, durch richtige Werbung zuerst den Verbraucher mit dieser Frucht bekannt zu machen.

V. Ehrenpfordt. 893.

Furon, V. La production des plants d'avocatiers en Côte d'Ivoire. **(Die Anzucht von Avocatopflanzen an der Elfenbeinküste.)** Fruits d'outre Mer **17** (1962) Nr. 11. S. 573-576. – 5 Abb.

Seitdem einige geeignete Sorten eingeführt wurden, nimmt die Bedeutung der sortenechten Pflanzungen gegenüber dem gruppenförmigen Auftreten von Wildbäumen an Bedeutung zu. Damit ergibt sich die Frage nach der Anzuchtmethode. Vf. empfiehlt hierzu folgenden Weg: Die Kerne werden in Kästen angekeimt und dann ins Saatbeet gepflanzt. Nach 2-3 Mon. kann veredelt werden, wobei sich am besten die Pfropfung in einen Seitenschlitz (Blattachsel) bewährt hat. Wichtig ist ein den Wurzelballen schonendes Verpflanzen. Der Transport erfolgt daher z.T. in Bastkörben oder noch günstiger in Polyäthylenbeuteln (Ausstecken der Keimpflanzen in die Beutel). Die Saat kann etwa am 15. März ausgesteckt werden, das Umpflanzen ist etwa 4 Wochen später beendet, das endgültige Auspflanzen geschieht aber am sichersten erst im Mai des nächsten Jahres (Regenzeit).

V. Ehrenpfordt. 893.

Randhawa, G. S. und Dass, H. C.; New Delhi, Indian Agric. Res. Inst., Div. of Horticult. Studies on floral biology of phalsa (Grewia asiatica Linn.). **(Untersuchungen über die Blütenbildung von Phalsa [Grewia asiatica L.].)** Indian J. Horticult. **19** (1962) Nr. 1/2. S. 10-24. 893.

Rao, S. N., Subba Rao, Ch. und Bhaskara Rao, P.; Andhra Pradesh, India, Fruit Res. Stat. Effects of gibberellic acid on loquat (Eriobotrya japonica Lindl.). **(Einflüsse von Gibberellinsäure auf Loquat [Eriobotrya japonica Lindl.].)** J. horticult. Sci. **38** (1963) Nr. 1. S. 1-3. – 1 Tab., 6 Lit. 893.

Singh, Sucha, Kirpal Singh, K. und Chugh, Dharam Vir; Patiala, Punjab, Fruit Sect. Effect of naphthalene acetic acid and indole butyric acid on air-layering in sapota (Achras sapota L.). **(Einfluß von Naphthylessigsäure und Indolylbuttersäure auf die Bildung von Luftablegern beim Sapodillapfel [Achras sapota L.].)** Indian J. Horticult. **19** (1962) Nr. 1/2. S. 32-41. 893.

Kirpal Singh, K., Jawanda, J. S. und Dua, K. N.; Patiala, Punjab, Fruit Sect. Studies on the rate of fruit growth in sweet orange. **(Vergleichende Untersuchungen über das Fruchtwachstum bei Orangen.)** Indian J. agric. Sci. **32** (1962) Nr. 3. S. 189-195. – 2 Abb., 1 Tab., 18 Lit.

Die 3 Orangensorten 'Pineapple', 'Blood Red' und 'Valencia Late' wurden hinsichtlich der Größe ihrer Früchte unter Berücksichtigung der Witterungsbedingungen miteinander verglichen. Die Untersuchungen wurden ein Jahr hindurch in Bahadurgarh durchgeführt. Die Fruchtgröße der einzelnen Sorten ist variabel und wird von der Früh- bzw. Spätreife der Sorte stark beeinflußt. Alle 3 Sorten zeigten ein max. Wachstum von Mai bis Aug., wenn die Temperaturen hoch waren. Um optimale Erträge und Fruchtgrößen zu erreichen, ist ausreichende Bewässerung der Bäume während dieser Periode notwendig. Als Kulturmaßnahme empfiehlt es sich, sofort nach dem Ansatz einen Teil der sich bildenden Früchte zu entfernen, damit größere Früchte entstehen können. E. M. Ardelt. 894.

Milella, Antonio; Sassari, Univ., Ist. di Coltivazioni Arboree. Evoluzione ed attuali orientamenti della potatura dell'anracio in Sardegna. **(Entwicklung und gegenwärtiger Stand des Schnittes der Orangenbäume in Sardinien.)** Frutticoltura **25** (1963) Nr. 2. S. 111-117. – 18 Abb. 894.

Singh, L. B.; Saharanpur, Uttar Pradesh, Horticult. Res. Inst. Studies on the rootstocks for mandarins in the wet sub-tropics. I. Variety Hill. **(Untersuchungen über die Unterlagen für Mandarinen in den feuchten Subtropen. 1. Mitt. Sorte 'Hill'.)** Indian J. Horticult. **19** (1962) Nr. 1/2. S. 1–9. 894.

Singh, J. P. und Samaddar, H. N.; New Delhi, Indian Agric. Res. Inst., Div. of Horticult. Seasonal changes in sweet lime (Citrus limettioides Tanaka). **(Jahreszeitliche Änderungen bei süßen Limetten [Citrus limettioides Tanaka].)** Indian J. Horticult. **19** (1962) Nr. 1/2. S. 42–49. 894.

Mainstone, B. J.; Batang Malaka, Negri Sembilan, Malaya, Dunlop Res. Centre. Manuring of Hevea: effects of „triple" superphosphate on transplanted stumps in Nigeria. **(Düngung von Hevea: Wirkung von Tripelsuperphosphat auf verpflanzte Jungpflanzen in Nigeria.)** Empire J. exp. Agric. **31** (1963) Nr. 121. S. 53–59. – 1 Abb., 7 Tab., 7 Lit.
Der Gehalt an verfügbarem P_2O_5 der groben sandigen Lehmböden in Ost-Nigeria beträgt oft nur 1 ppm. – Um festzustellen, ob eine entspr. Phosphatgabe das Anwachsen von Jungpflanzen begünstigt, wurde Tripelsuperphosphat beim Pflanzen (0,1 und 3 oz./Pflanze) und bei 2maliger Spätdüngung (0 + 0, 1 + 3, 1,5 + 4,5 oz./Pflanze) verabreicht. Die Ergebnisse zeigen, daß vor allem die Gabe beim Pflanzen die Mortalität der Reiser erhöht (Keine Düngung → hohe Düngung = 2 → 21% Verluste). In Verbindung mit der Grunddüngung wirkte auch die spätere P-Düngung ungünstig (signifikante Wechselwirkung), allein blieb sie dagegen ohne negative Auswirkungen. Blattanalysen zeigten einen gesteigerten P-Gehalt nach Düngung (gesicherte Korrelation), der aber keine toxischen Werte erreicht. Es wird vermutet, daß das Tripelsuperphosphat die Wurzelbildung hemmt und daß bei Trockenperioden die gedüngten Pflanzen daher leicht eingehen. Da jedoch P-Gaben benötigt werden, empfiehlt Vf. die Anwendung von Rohphosphaten nach der Pflanzung. V. Ehrenpfordt. 898.

VIII. GRÜNLAND

A. Allgemeine Literatur, Berichte, Statistiken u.a.

Landwirtschaftliche Produktionsprozesse in Moor- und Grünlandgebieten. Paulinenaue, Inst. Grünland- u. Moorforsch. Dtsch. Akad. Landwirtsch.-Wiss. Berlin Plan-Nr.: 17 01 35h-3-06/8 Z. Teil-Abschlußber. (22/4. 1963).
Teil I, Die künstliche Trocknung: Die künstliche Trocknung von Gras hat für die Versorgung der Viehbestände mit Eiweiß, Mineralstoffen und Vitaminen große Bedeutung. In diesem Bericht wird gezeigt, wie in sozialistischen Großbetrieben mit hohem Grünlandanteil Trockenwerke als selbständige Betriebsteile einzurichten sind. – Teil II, Die Kosten des intensiven Weidebetriebes: Die Einführung der intensiven Grünlandwirtschaft ist die Voraussetzung zum Aufbau leistungsstarker Rinderbestände. Nur durch intensive Bewirtschaftung des Grünlandes wird ein günstiges Kosten-Ertragsverhältnis erreicht und damit die Wirtschaftlichkeit der bisher ökonomisch schwachen Grünlandbetriebe erhöht. 901.

B. Wiesen

Moraczewski, Roman. Rozwój roślinności na łąkach wtórnie zasolonych. **(Entwicklung der Pflanzendecke auf Wiesen mit sekundärer Versalzung.)** Wiadomości melioracyjne i łąkarskie **5** (1962) S. 15–18. – 7 Abb.
Die Erscheinung einer sekundären Bodenversalzung mit leicht löslichen Na-Salzen, wie NaCl, Na_2CO_3 und Na_2SO_4, sowie mit manchen Ca- und Mg-Salzen wird besprochen. Die Versalzung wird verursacht durch künstliche Bewässerung und Übertreten der Flüsse mit durch Industrieabwasser verunreinigtem

Wasser. Die Versalzung hat bes. auf die bindigen Böden zerstörenden Einfluß. Die Untersuchungen zeigten, daß sich bei einem Gehalt von Na_2O + Cl + SO_4 von 97 mg/100 g Boden die Pflanzen normal entwickeln, bei 544 mg/100 g Boden traten Krankheitssymptome auf, bei 740 mg/100 g Boden ging die Pflanzendecke völlig zugrunde. Vf. bespricht die Folgen der Bodenversalzung am Beispiel der am Bzura-Fluß gelegenen Wiesen, dessen Wasser nach den im Jahre 1957 durchgeführten Untersuchungen übermäßige Mengen verschiedener Salze und freier Säuren enthielt. Auf diesen Wiesen ging in den Jahren 1952–57 die Pflanzendecke unter der Wirkung der Flußüberschwemmungen fast völlig zugrunde. Es traten physiol. Dürre und Absetzung von Kristallen und sogar eine geschlossene Salzschicht auf der Wiesenfläche auf. Nach dem Aufhören der Überschwemmungen begann unter dem Einfluß der Niederschläge die Auslaugung der schädlichen Verbindungen aus den oberen Bodenschichten und die Wiederherstellung der Wiesennarbe. Die sekundäre Bodenversalzung ist demnach reversibel. In dem gegebenen Fall genügte zur Wiederherstellung der Wiese ein Zeitraum von 2 Jahren.

M. Kołodziejska. 925.

Knauer, N.; Kiel, Univ., Inst. für Pflanzenbau und Pflanzenzücht. **Einfluß der Düngung mit Phosphat, Kalium und Calcium auf Pflanzenbestand und Mineralstoffgehalt von Wiesen- und Weidefutter.** Wirtschaftseigene Futter **9** (1963) Nr. 1. S. 28–39. – 4 Abb., 1 Tab., 8 Lit. Zus. in Engl., Franz.
Ergebnisse mehrjähr. Grünland-Düngungsversuche zeigen, daß zwischen direkter und indirekter Wirkung der Nährstoffe P, K und Ca zu unterscheiden ist. Ursache für die indirekte Düngerwirkung sind der unterschiedliche Mineralstoffgehalt der Artengruppen Gräser, Leguminosen und Kräuter sowie ihre jeweils unterschiedliche Beteiligung am Futterertrag. Bei P-Düngung summieren sich infolge Leguminosenförderung beide Wirkungen. Die auch durch K-Düngung erzielte Zunahme der Leguminosen im Bestand wirkt allerdings der Gehaltssteigerung an K im Futter entgegen. Bei PK-Düngung übertrifft die direkte Düngerwirkung durch Steigerung des P- und K-Gehaltes der Pflanzen aller drei Artengruppen die indirekte Wirkung. Durch Ca-Düngung tritt nur manchmal eine direkte Ca-Gehaltssteigerung im Futter ein. P-Düngung kann in geringem Maße und unregelmäßig den Ca-Gehalt im Futter direkt, aber indirekt durch Leguminosenförderung erhöhen. K-Düngung senkt den Ca-Gehalt. Durch reichliche Volldüngung unter Betonung des N werden die Ca-reichen Kräuter zurückgedrängt, so daß indirekt das Futter Ca-ärmer wird.

E. Kreuz. 940.

Luppi, Gaetano; Torino, Sez. Agronomica del C.N.M.A. Risultati triennali di una prova di irrigazione per aspersione su prato stabile. **(Dreijährige Ergebnisse eines Versuches über Bewässerung einer Dauerwiese durch Beregnung.)** Irrigazione [Bologna] **9** (1962) Nr. 1/3. S. 119–125. – 2 Tab. 940.

Mott, N.; Kleve-Kellen, Forschungsstelle für Grünland und Futterbau des Landes Nordrhein-Westfalen. **Zur Stickstoffdüngung der Wiesen.** Wirtschaftseigene Futter **9** (1963) Nr. 1. S. 12–20. – 2 Abb., 2 Tab., 4 Lit. Zus. in Engl., Franz.
In einem 18jähr. Schnitthäufigkeitsversuch (2-, 3- und 4mal) auf einer Fuchsschwanzwiese auf Pseudogley wurde bei gleichbleibender PK-Düngung (70 kg/ha P_2O_5 + 160 K_2O) die N-Wirkung bei N-Steigerung (0, 40, 60, 80 N) geprüft. Die durch N erzielten Heu-Mehrerträge streuten in den einzelnen Jahren sehr. Sie waren stark von anderen Wachstumsfaktoren beeinflußt. So wurden in feuchten Jahren deutlich höhere Mehrerträge erzielt. Mit steigender Schnitthäufigkeit nahm die N-Wirkung zu. Im Mittel ergaben sich 14,3 dt/ha Heu-Mehrertrag bei 4maligem Schnitt und 80 N; 11,7 dt/ha Heu bei 3maligem und 60 N sowie 9,9 dt/ha Heu bei 2maligem Schnitt und 40 N.

Es zeigte sich ferner, daß zwischen dem Leguminosenanteil der Wiese, der Schnitthäufigkeit und der N-Wirkung ein deutlicher Zusammenhang besteht. Mit abnehmender Differenz des Leguminosenanteiles zwischen PK- und NPK-Parzellen nimmt die N-Wirkung zu. Dabei ist der Einfluß der höheren Belichtungsintensität durch häufigeren Schnitt von großer Bedeutung. Vf. schlägt vor, die N-Düngung bei 3maligem Schnitt der Wiese auf 75–90 kg/ha und bei 4maligem Schnitt auf 120–160 kg/ha zu erhöhen. E. Kreuz. 940.

Ouellette, G. J.; Laval, Quebec, Canada, Univ. La fertilisation azotée des prairies. **(Die mineralische Stickstoffdüngung von Wiesen.)** Agriculture [Montreal] **20** (1963) Nr. 1. S. 18–20. – 2 Tab.

In 3jähr. Versuchen (1958–60) wurden auf 2 Standorten Gaben von 100, 200 oder 300 lb./acre Ammoniumnitrat, geteilt und ungeteilt, zu Grasland mit 15–30% Leguminosen (Luzerne, Rotklee) verabfolgt. In Cap-Santé wurden mit 100 lb. Ammoniumnitrat 4466, mit 200 lb. 5012 und mit 300 lb. 5304 lb./acre Tr.-Subst. erzielt, die Rohproteinerträge betrugen in gleicher Folge 806, 966 und 1009 lb./acre. Diese Erträge wurden bei ungeteilter Frühjahrsgabe erzielt, eine Teilung erwies sich als nutzlos. Ein Rückgang des Leguminosenanteiles wurde (bei 2 Schnitten/Jahr) nicht beobachtet. – Empfohlen wird eine Gabe von 200 lb./acre Ammoniumnitrat. H. Pätzold. 940.

Klusmann, W.; Kiel, Landwirtschaftskammer Schleswig-Holstein. **Betriebswirtschaftliche Ergebnisse bei intensiv genutztem Grünland über die Verwertung durch die künstliche Trocknung.** Wirtschaftseigene Futter 8 (1962) Nr. 3. S. 225–234. – 6 Tab. Zus. in Engl., Franz.

Erfahrungsgemäß arbeiten Grünfuttertrocknungen am wirtschaftlichsten in grünlandstarken Gebieten. 75–80% des in Schleswig-Holstein hergestellten Trockengrünfutters entfallen auf Gras vom Dauergrünland. Grünmehl aus Gras hat einen höheren Carotin- und niedrigeren Rohfasergehalt als solches aus Luzerne. Für eine gleichbleibend gute Grasqualität ist die 4schnittige Nutzung nötig. Die ältesten Flächen haben bereits 27 Schnitte geliefert, sind also 6–7 Jahre ausschließlich gemäht worden und bringen noch 130 dt/ha Trockengras. Um der botan. Umwandlung vom Weide- zum Schnittypus vorzubeugen, sollte die Fläche jedoch jährlich oder 2jährig gewechselt werden. Die Jahreserträge schwanken von 90–110 dt/ha Tr.-Masse mit 18–20% Rohprotein. Die Düngung mit 200–270 kg/ha N und 185–250 kg/ha K_2O war geringer als der Nährstoffentzug, die P_2O_5-Düngung mit 120–160 kg/ha lag wesentlich darüber. Die Aufteilung der Grunddüngergabe ergab Mehrerträge von 5–8%. Die bewährtesten Gräser werden genannt. Die Kostenrechnung ergab, daß unter den z.Z. geltenden Preisverhältnissen von einer wirtschaftlichen Trockengrünproduktion vom Dauergrünland gesprochen werden kann. G. Weiland. 945.

C. Weiden

Nieschlag, F.; Oldenburg, Landwirtschaftskammer Weser-Ems, Landwirtsch. Untersuchungs- und Forsch.-Anst. **Die Verwendung von Am-Sup-Ka (9 × 9 × 9) auf Marsch- und Moorweiden.** Wirtschaftseigene Futter **9** (1963) Nr. 1. S. 21–27. – 3 Abb., 3 Tab., Zus. in Engl., Franz.

Auf einer Hochmoorweide und einer Weide auf schluffiger Brackmarsch wurden in 6jähr. Versuchen durch den Mehrnährstoffdünger Am-Sup-Ka (9 × 9 × 9; 0–10–15–20 dt/ha) Weideertrag und Weideleistung bedeutend und wirtschaftlich erhöht. Mehrertrag durch 20 dt/ha Am-Sup-Ka im sechsjährigen Mittel: Marschweide 3300 KStE/ha, Hochmoorweide 3403 KStE/ha. Die Qualität des Futters war hoch. Das N:P:K-Verhältnis des Grases veränderte sich in allen Düngungsstufen nur geringfügig. Bei Weidenutzung wird das im Am-Sup-Ka vorliegende Nährstoffverhältnis von 1:1:1 als günstig für den

Nährstoffhaushalt beider Böden angesehen, denn es traten Anreicherungen an P und K ein. Der Reaktionszustand des Marschbodens verschlechterte sich geringfügig; im Hochmoor dagegen stieg der pH-Wert etwas an.

E. Kreuz. 968.

Kreil, W. und Kaltofen, H.; Paulinenaue, Inst. für Grünland- und Moorforsch. der Dtsch. Akad. der Landwirtsch.-Wiss. zu Berlin. **Untersuchungen über die Düngung von Weiden mit verschiedenen N-Düngemitteln im Herbst und im Frühjahr.** Z. Landeskult. **3** (1962) Nr. 4. S. 413–424. — 8 Tab., 6 Lit. — nach Zus.

Auf 5 Weidestandorten wurde ein 3jähr. Düngungsversuch mit Kalkstickstoff, Kalkammonsalpeter und schwefelsaurem Ammoniak durchgeführt, in dem die Wirkung verschieden hoher Gaben dieser Düngemittel bei Herbst- und Frühjahrsausbringung geprüft wurde. Kalkstickstoff erwies sich als zur Weidedüngung ungeeignet. Er bewirkte nur geringe Ertragssteigerungen oder sogar Ertragsdepressionen. Mit Kalkammonsalpeter und schwefelsaurem Ammoniak dagegen wurden weit günstigere Resultate erzielt. Auf manchen Standorten war die Wirkung des Kalkammonsalpeters und auf anderen die des schwefelsauren Ammoniaks etwas besser. Während im Flachland bei Ausbringung des N-Düngers im Frühjahr eindeutig höhere Erträge erzielt wurden als bei Herbstverabreichung, war die Herbstdüngung in den Mittelgebirgslagen der Frühjahrsdüngung nur wenig oder überhaupt nicht unterlegen. 968.

Erforschung der Ursachen von Mangelerscheinungen bei Pflanzen auf Niedermoor und ihre Bekämpfung als Grundlage für die Gesunderhaltung des Nutzviehes. Paulinenaue, Inst. Grünland- u. Moorforsch. Dtsch. Akad. Landwirtsch. Wiss. Berlin Plan-Nr.: 10 01 35h-8-13/6. Abschlußber. (22/4. 1963).

Anhand von mehrjähr. Feldversuchen auf 2 Niedermoorstandorten im Rhinluch wird über den Einfluß einer Cu-, Mn- und B-Düngung auf die Grünlanderträge und einige Inhaltsstoffe berichtet. In diesen Versuchen wurde des weiteren der Frage nachgegangen, inwieweit und in welchen Mengen und zeitlichen Abständen durch Düngung mit Kupferschlacke aus dem VEB Mansfelder Kombinat bzw. VEB Freiberger Bleihütten eine Spurenelementdüngung ersetzt werden kann. In mehreren Co-Zufütterungsversuchen wird der Nachweis erbracht, daß die in der Friedländer Großen Wiese beobachteten lecksuchtartigen Erscheinungen von Jungrindern und Kälbern in erster Linie auf Co-Mangel im Futter zurückzuführen sind. Durch Verabreichung von 2 mg Co täglich, in der Tränkmilch oder im Tränkwasser gelöst, konnte diesen Mangelsymptomen begegnet werden. 968.

Zänker, J.; Erfurt, Rat des Bezirkes, Inst. für Landwirtsch.; Jena, Inst. für Pflanzenernähr. der Dtsch. Akad. der Landwirtsch.-Wiss. zu Berlin. **Der Einfluß verschiedener Nutzungsweisen auf die Struktur eines Dauergrünlandbodens.** Z. Landeskult. **3** (1962) Nr, 4. S. 401–412. — 6 Abb., 6 Tab., 14 Lit. — nach Zus.

Dreijährige Vergleichsuntersuchungen auf Wiese, Weide und Mähweide wurden mit der Zielsetzung durchgeführt, mögliche Veränderungen in der Bodenstruktur durch den Tritt der Tiere beim Weidegang zu erfassen. Während das Porenvolumen des untersuchten Auelehmbodens in seiner Gesamtheit gesehen nahezu unbeeinflußt blieb, traten innerhalb desselben Phasenverschiebungen auf. Je nach der Stärke des Bestoßens lag, im Vergleich zur Wiese, der Wassergehalt auf der Weide- und Mähweidefläche höher, der Luftgehalt niedriger. Die Ergebnisse der Wasser- und Luftkapazität sind in der Tendenz annähernd gleichlaufend. Aus den signifikanten Ergebnissen kann abgeleitet werden, daß durch den tierischen Tritt der bisherige Wiesenboden in der Kapillarität zugenommen hat, wodurch eine gleichmäßige Bodendurchfeuchtung, verbesserte Löslichkeit an Nährstoffen sowie deren Transport und eine verbesserte Wasserleitung erreicht werden. Auf Grund der Wechselbeziehungen zwischen Standort und Pflanze kann weiterhin die Schlußfolgerung gezogen werden, daß die nachgewiesenen Veränderungen in der Bodenstruktur keine nachteiligen Auswirkungen auf den Pflanzenbestand hinterlassen haben. 970.

D. Acker-Grünland-Wechselnutzung

Untersuchungen zur Grünland-Ackerwechselnutzung auf Niedermoor unter besonderer Berücksichtigung des Stickstoffhaushaltes. Paulinenaue, Inst. Grünland- u. Moorforsch. Dtsch. Akad. Landwirtsch.-Wiss. Berlin Plan-Nr.: 170 135h-9-12/6. Abschlußber. (26/3. 1963).
Anhand mehrjähriger Feldversuche auf 3 unterschiedlichen Versuchsstandorten werden Untersuchungsergebnisse über die Grünland-Ackerwechselnutzung auf Niedermoor, bes. über den optimalen Grundwasserstand, die beste Ansaatmethode, die zum Anbau auf Niedermoor am besten geeigneten Sorten von Kartoffeln, Mais, Futterrüben, Hanf und Roggen, über den Herkunftswert von auf Niedermoor erzeugten Pflanzkartoffeln sowie über die Ertragsfähigkeit verschiedener Niedermoorstandorte mit einer Standortgliederung der Niedermoore mitgeteilt. Außerdem werden Untersuchungsergebnisse über den N-Haushalt des Niedermoores in Abhängigkeit von Wasserregulierung, Nutzungsform und org. sowie mineral. Düngung dargelegt, die in mehrjährigen bodenmikrobiol., bodenchem. und bodenphysikal. Untersuchungen an einem Wechselnutzungs- und einem Dauerwiesendüngungsversuch gewonnen wurden. 980.

Kalajdžiev, I., Jakimova, Ja., Maslinkov, M., Lazarov, V., Tončev, G. und *Kalajdžieva, S.* (Kalajdshiew, I., Jakimowa, Ja., Maslinkow, M., Lasarow, W., Tontschew, G. und Kalajdshiewa, S.) **Izkustveni livadi i pasišta.** (Künstliche Wiesen und Weiden.) Sofija: Zemizdat. 1962. (280 S. m. 56 Abb., 37 Tab., 78 Lit.) Zunächst werden die Bedeutung der künstlichen Wiesen und Weiden für Bulgarien sowie alle mit ihrer Schaffung verbundenen Fragen erörtert. Eingehender werden folgende Fragen behandelt: Vorbereitung der Bodenflächen, Wahl der für Wiesen und Weiden geeignetsten ein- und mehrjährigen Futterpflanzen, Zusammensetzung der Gemische, Aussaatzeit, -menge und -verfahren, Pflege der derart angelegten Wiesen und Weiden u. a. m. Starke Beachtung wird den Fragen der Wiesen- und Weidenutzung, des Samenbaues bei den wichtigsten Arten der Wiesen- und Weidegräser, der Anlage der Weiden und der Schaffung von einjährigen Wiesen und Weiden geschenkt. Das Buch ist für die landwirtsch. Fachkräfte, wie Agronomen, Zootechniker und Produktionsarbeiter der LPG, VEG und MTS, gedacht. M. Stoilow.

IX. GARTENBAU

A. Allgemeine Literatur, Berichte, Statistiken u.a.

Štěpánek, Ladislav. Vývoj české zahradní architektury. **(Entwicklung der tschechischen Gartenarchitektur.)** Vesmír **41** (1962) Nr. 9. S. 278–283. – 5 Abb.
Die Arbeit berichtet über wesentliche Züge der Entwicklung der modernen böhmischen Gartenarchitektur vom 12. Jh. an bis in unsere Zeit. Diese Analyse zeigt, daß böhmische Gartenarchitekten durch ihre Werke auch in die gesamteuropäische Entwicklung auf diesem Gebiete eingegriffen haben. Vf. betont, daß der größte und schönste Renaissancegarten nördlich der Alpen in Prag entstanden sei. In den böhmischen Ländern kam der Einfluß der französischen Gartenarchitektur stark zur Geltung. Seit Ende der siebziger Jahre des 18. Jh. gewinnt bei uns der englische Park ein immer größeres Ansehen. Hierzu trägt auch J. P. Mayer in bedeutendem Maße bei, der auch als Fachschriftsteller sich in der Gartenliteratur einen Namen gemacht hat. Während der ersten Jahrzehnte des 19. Jh. wurde in den böhmischen Ländern das erste Alpinum gegründet. In Průhonice wurde im Jahre 1885 ein englischer Park errichtet, der nach der bildnerischen und botanischen Seite hin einzigartig in Mitteleuropa dasteht. Heute nimmt die Bedeutung der Pflanzen für die architektonische Gestaltung der Städte zu. Im Gartenwesen der Tschechoslowakei erfreuen sich die freien Formen des Naturparkes einer immer mehr zunehmenden Beliebtheit. J. Šindelářová. 1001.

B. Allgemeiner Gartenbau

Weleczka, J.; Bonn, Landwirtschaftskammer Rheinland. **Bodenheizungen mit Kunststoffrohren.** Dtsch. Gartenbauwirtsch. **11** (1963) Nr. 1. S. 1–3. — 5 Abb.
Das Kunststoffrohr ersetzt das Stahlrohr bei der Bodenheizung vollauf, es hat gegenüber diesem den Vorteil der Billigkeit, der leichten Verlegbarkeit und der Beständigkeit gegen Bodensäuren und Düngemittel. PÄ- und PVC-Rohre sollten bei Verwendung zu Bodenheizzwecken nicht über 60 °C erhitzt werden, da ihre Festigkeit temperaturabhängig ist. Wegen hoher Wärmedehnung wird bei einem Verlegen unmittelbar unter der Bodenoberfläche ein leichtes Anspannen im kalten Zustand und evtl. ein Befestigen mit Krampen angeraten. Eine Wärmeleistung von 40–80 kcal/m^{2}h ist für eine Bodenheizungsanlage ausreichend. Es genügt, wenn die Wassertemperatur im Rohr 10 °C mehr beträgt als die gewünschte Bodentemperatur. An einem Beispiel aus der Praxis wird die Berechnung des Wärmebedarfs, der umzuwälzenden Wassermenge und des erforderlichen Pumpendruckes erläutert. Die Temperaturregelung des Heizwassers erfolgt entweder mit einem handverstellbaren Mischhahn oder automatisch über einen Bodenthermostaten. Als Anschlußmöglichkeiten werden einfache Preßmessing-Verschraubungsstücke, mit Ventilen kombinierte Verbindungsstücke sowie vielfach im Ausland verwendete Schlauchschellen demonstriert. A. Mügge. 1011.

Megeren, P. van. Kunststoffen in de tuinbouw. **(Kunststoffe im Gartenbau.)** Vakbl. Bloemisterij **17** (1962) Nr. 51/52. S. 986–987. — 3 Abb. 1011.

Gordon, Max und Springer, Edwin. **Dauergedüngtes Torfkultursubstrat — eine Utopie?** Torfnachrichten **13** (1962) Nr. 11/12. S. 21–26. — 13 Abb., 2 Tab.
Vff. berichten über einleitende Versuche zur Nährstoffbevorratung in Torfkultursubstraten. Im einzelnen wurden durchgeführt: Dauer-Vegetationsversuche mit schwerlöslichen Phosphaten in hoher Konz. bei unterschiedlichen Kalkgaben; Versuche mit „Floranid" und „Kalipräparat S" bei Efeu und Edelpelargonien; Versuche mit „Floranid" und Kaliglühphosphat bei Begonien, Cyclamen, Chrysanthemen und Azaleen sowie Salat-Aussaatversuche mit Torf, dem leichtlösliche granulierte Düngesalze mit Kunstharzumhüllung zugesetzt wurden. Die Ergebnisse zeigten, daß durch schwerlösl. Düngemittel im Torf eine geeignete langsamfließende Nährstoffquelle geschaffen werden kann. Für den Erfolg waren Konz. und Kombination der Hauptnährstoffe entscheidend. Die Zusammensetzung dauergedüngter Substrate ließ sich noch nicht vereinheitlichen. Die P-Anreicherung mit Rohphosphaten und Thomasphosphat (Kalkzusatz senken!) zeigte gute Ergebnisse. Die Verwendung von „Kalipräparat S" und Kaliglühphosphat zur K-Anreicherung war möglich. Die N-Bevorratung war mit „Floranid" leicht zu erreichen; kühl kultivierte Pflanzen vertrugen höhere Konzentrationen. Auf die problematische Lagerung dauergedüngter Substrate wurde hingewiesen. Als günstigster Weg wurde die Verwendung kunstharzumhüllter Volldüngergranulate erachtet.
H. Erfurth. 1030.

Shadbolt, C. A., McCoy, O. D. und Little, Thomas M. Soil temperatures as influenced by bed direction. **(Durch die unterschiedliche Lage von Beeten beeinflußte Bodentemperaturen.)** Proc. Amer. Soc. horticult. Sci. **78** (1961) S. 488–495. — 3 Abb., 1 Tab., 1 Lit.
Der Anlaß zur Durchführung folgender Versuche war die Beobachtung in Kalifornien, daß Kopfsalat auf Beeten mit Furchenbewässerung in Abhängigkeit von der Pflanzreihe große Wachstumsunterschiede zeigte. Deshalb wurden im Frühjahr 1961 Beete in den 4 Hauptrichtungen angelegt: NS, OW, NO-SW, NW-SO. An 2 Stellen auf dem Beet erfolgten Bodentemperaturmes-

sungen in einer Tiefe von 1 in. und im Abstand von 12 in., der normalen Standweite der Pflanzen entsprechend. Die Seiten der angelegten Beete erhielten einen Winkel von 40°. Die Temperaturen wurden am 19. Jan. und 2. Febr. tagsüber in ½ std. Abstand auf den trockenen Beeten und am 10. März auf feuchten gemessen, die 36 Std. vorher bewässert wurden. Die in Kurven dargestellten Meßergebnisse lassen erkennen, daß eine Seite aller Beete, mit Ausnahme der in NW-SO-Richtung liegenden, 5-7 °F wärmer war als die andere. Auf dem wärmsten Beet wurde eine Durchschnittstemperatur von 70 °F gemessen, es lag in NS –, das kälteste dagegen in NO-SW-Richtung. Vf. führen diese Beobachtungen auf den Wind und den unterschiedlichen Einfallswinkel der Sonne zurück. Es wird die Möglichkeit angedeutet, daß der Wind einen größeren Einfluß auf die Bodentemperaturen haben könnte als der Einfallswinkel der Sonne, was in weiteren Untersuchungen geprüft werden müßte. L. Dreibrodt. 1052.

Žurbickij, Z. I. und Sokolova, L. A. (Shurbizki, S. I. und Sokolowa, L. A.); Moskau, Pflanzenphysiol. Timirjasew-Inst. der Akad. der Wiss. der UdSSR. Vyraščivanie ogurcov v vodnych kul'turach. **(Anbau von Gurke in Hydrokultur.)** Fiziologija rastenij, Moskva **9** (1962) Nr. 5. S. 639–648. – 4 Abb., 9 Tab., 8 Lit. Zus. in Engl.

Die Gurkenanzucht in Wasserkultur zeitigte bessere Erfolge als die Kieskultur (höherer und früherer Ertrag bei geringerem Arbeitsaufwand). Der höchste Ertrag (32,4 kg/m²)wurde bei einem festen Nährstoffverhältnis $N:P_2O_5:K_2O$ von 34:16:50 erzielt. Die Konzentration betrug bis zur Blütenknospenbildung 3,4; von der Blütenknospenbildung bis zur Blüte 5,1; während letzterer 6,8 und z.Z. der Fruchtbildung 8,6 mval/l (pH 5,5–6,0). Es erfolgte ein Zusatz von Mg, Ca, Fe und Mikroelementen. Die Untersuchungen ergaben weiterhin, daß die Gurken zu Beginn ihrer Entwicklung verstärkt mit N, während der Blüte verstärkt mit P und während des Fruchtansatzes verstärkt mit K versorgt werden sollten. Vff. schlagen in Abhängigkeit vom Entwicklungszustand folgende $N:P_2O_5:K_2O$-Verhältnisse vor (Klammerangaben: Konz. in mval/l): Jungpflanzen 50:15:35 (3); zur Blütenbildung 50:15:35 (5); zur Blüte 40:20:40 (7) und zur Fruchtentwicklung 34:16:50 (9).
J. Birke. 1060.

Henke, Otto. **Pflanzenwuchsstoffe.** Wittenberg Lutherstadt: A. Ziemsen Verlag. 1963. (63 S. m. 29 Abb.) 8° = Die neue Brehm-Bücherei Nr. 125. DM 3,75. Nach einer kurzen Betrachtung des Pflanzenwachstums werden die Wuchsstoffe behandelt (Auxine, β-Indolylessigsäure, -propionsäure, -acetonitril, -acetaldehyd, Indol, Gibberelline, Kinine) und es wird auf ihren Nachweis eingegangen. Ganz kurz werden Hemmstoffe erwähnt. Der größte Teil des Buches beschäftigt sich mit den Wuchsstoffen in der Pflanze (Bildung und Transport, Wuchsstoffe in den einzelnen Organen, Wuchsstoffinaktivierung, Streckungswachstum). Auf die praktische Anwendung der Wuchsstoffe wird am Schluß eingegangen. (Förderung der Wurzelbildung bei Stecklingen, Unkrautbekämpfung durch Wuchsstoffe, Steigerung des Fruchtansatzes). W. Hiller.

Nikonov, M. N. u. a. **Torf v sel'skom chozjajstve.** (Torf in der Landwirtschaft.) Moskva: Izd. sel'skoch. lit. žurn. i plak. 1962. (166 S.) 8°. (1963 A 304)

C. Gemüsebau

Geißler, Th. und Drews, M.; Großbeeren, Inst. für Gemüsebau der Humboldt-Univ. zu Berlin. **Nährstoffbedarf und Düngung beim Anbau von Tomate, Kohlrabi und Salat im Frühbeet.** Dtsch. Gartenbau **10** (1963) Nr. 2. S. 40 bis 42. – nach Zus.

Am Beispiel eines Frühbeetversuches wurde nachgewiesen, wie hoch der Nährstoffentzug an N, K, P, Mg und Ca während eines Vegetationsjahres bei einer Fruchtfolge Kohlrabi, Tomate (Stutztomate), Salat ist. Der Nährstoffentzug betrug etwa: 35 g N/m³; 13 g P_2O_5/m³; 62 g K_2O/m²; 9 g MgO/m²;

48 g CaO/m². An Hand der Entzugszahlen werden für die 3 Kulturen Richtzahlen für eine rationelle Düngung bei Erhaltung der Bodenfruchtbarkeit angegeben. 1130.

Siegel, O. und Bjarsch, H. J.; Speyer, Pfälz. Landwirtsch. Untersuchungs- und Forsch.-Anst. **Über die Wirkung von Chlorid- und Sulfationen auf den Stoffwechsel von Tomaten, Sellerie und Reben. III. Der Einfluß auf die freien Aminosäuren sowie auf die Zusammensetzung des Eiweißes.** Gartenbauwissenschaft **27(9)** (1962) Nr. 4. S. 437–446. – 4 Tab., 24 Lit. Zus. in Engl., Franz. 2. Mitt. vgl. LZ. Abt. II 8 (1963) Nr. 3. S. 749.
Blätter von Tomate, Sellerie und Reben wurden in chlorid (**I**)- bzw. sulfat(**II**)-haltigen Nährlösungen kultiviert. Der K-Gehalt wird gleichzeitig mit **I** bzw. **II** gesteigert. Quantitativ wurden Cystin, Lysin, Arginin, Threonin, Alanin und Leucin als freie (**III**) und eiweißgebundene (**IV**) Aminosäuren bestimmt. Bei **I**-haltigen Lösungen ist im allg. der **III**-Anteil erhöht, bes. beim Arginin; gleichzeitig sinken die mittleren Quotienten **IV/III** stark ab. Cystin ist nur in geringen Mengen vorhanden. Der höchste Gesamtaminosäuregehalt wurde im Sellerie gefunden. Steigende K-Gaben verringern bei Tomate und Rebe die **IV** und erhöhen diese bei Sellerie. Durch **II** wird diese Tendenz verstärkt. H. Ackermann. 1130.

Singh, Amir und Chopra, D. P.; New Delhi, Indian Agric. Res. Inst., Div. of Bot. Mechanical scarification, an efficient method of breaking hardseeded dormancy of vegetable seeds. **(Das mechanische Ritzen, eine wirkungsvolle Methode zur Beseitigung der Hartschaligkeit bei Gemüsesaatgut.)** Sci. and Cult. [Calcutta] **29** (1963) Nr. 1. S. 32–33. – 1 Tab.
Die Beseitigung der Hartschaligkeit ist für die Keimprüfung bes. wichtig. Bei der Untersuchung der Samen von *Luffa acutangular*, *Momordica charantia* und *Citrullus vulgaris var. fistulosus* wurde bei einem Teil der Proben ein hoher Prozentsatz harter Samen festgestellt. Durch Ritzen mit einem scharfen Rasiermesser konnte eine fast vollständige Keimung erreicht werden. C. Tittel. 1130.

Sláma, Josef; Hořice. Význam stopových prvků, kyselých a zásaditých hnojiv u květáku. **(Ein Versuch mit Anwendung von Spurenelementen und sauren sowie basischen Düngemitteln beim Blumenkohl.)** Ovocnářství a Zelinářství **10** (1962) Nr. 10. S. 302–304. – 2 Abb., 1 Tab.
1961 bildeten 70% der Blumenkohlpflanzen der LPG in Podhorní Újezd keine Blumen aus. Nachträgliche Mo-Spritzungen waren erfolglos. Der Boden (pH 5,3–5,4) wies geringen bis mittleren Mo-Gehalt auf. Die versuchsweise Anwendung von physiol. basischen Düngemitteln (Kalkstickstoff, Thomasmehl und Reformkali) mit 3 kg/ha Mo brachte beste Erfolge (nur 3% ohne Blumen; Qualität: Auslese). Bei gleicher Kombination der Düngemittel und Borzusatz (20 kg/ha) waren 17% ohne Blumen. Bei Mo-Zusatz zu einer Kombination aus Ammoniumsulfat, Superphosphat und Kalisalzen zeigten 4% der Pflanzen keine Blumen, aber die Blumenqualität war schlechter. 83 bzw. 93% der Pflanzen waren ohne Blumen, wenn neben dieser Grunddüngung nur gekalkt wurde. Bei Verwendung physiol. basischer Düngemittel und mittlerem Mo-Gehalt im Boden war die Kalkgabe weniger gefährlich. J. Kučera. 1132.

Chatterjee, S. S. und Mukherjee, S. K.; Calcutta, Government of West Bengal, Dep. of Agric. Investigation on seed production in cauliflower in West Bengal. **(Untersuchungen über die Saatguterzeugung bei Blumenkohl in West-Bengalen.)** Indian J. agric. Sci. **32** (1962) Nr. 3. S. 201–207. – 8 Abb., 3 Tab., 11 Lit.
Der Förderung des indischen Blumenkohl-Samenbaues dienten mehrjährige Untersuchungen. Versuchsweise wurden 1. die zentralen Teile der Blume entfernt, 2. die Blumen durch Aufbinden der Blätter gebleicht und 3. beide

Maßnahmen kombiniert. Bes. bei 'Snowball', einer Sorte mit kompakter Blume, erhöhten sich durch das Aushöhlen der Samenertrag und das Korngewicht. Bei 'Dania' war der Erfolg geringer. Bleichen, sowie Bleichen kombiniert mit Aushöhlen steigerte den Ertrag bei 'Snowball'. Ferner wurden bei beiden Sorten die Saatgutertrage verglichen, wenn die Pflanzen mit Musselin- bzw. verschiedenen Plaststoffbeuteln oder Drahtkäfigen zuvor isoliert waren. Je nach Sorte und Isolationsmaterial war der Erfolg der Selbstungen unterschiedlich. Bei 'Snowball' bewährten sich Drahtkäfige mit Insektenbesatz, während Musselintüten versagten; bei 'Dania' wurden niedrige Erträge mit Musselintüten erreicht. H. Erfurth. 1132.

Wróblewska, Z. Doświadczenia nad możliwością produkcji nasion kapusty wczesnej, wysiewanej w maju i czerwcu. **(Versuche über die Möglichkeit einer Saatgutproduktion von Frühkohl bei Aussaat im Mai und Juni.)** Biul. warzywniczy **1960** (hrsg. 1961) Nr. 5. S. 321-333. – 5 Tab., 16 Lit. Zus. in Russ., Engl.

In mehrjährigen Untersuchungen wurde Frühkohl der Sorte 'Pierwszy Zbiór' zu 4 Aussaatterminen (20.-23. V.; 30. V.-3. VI.; 10.-13. VI.; 20.-23 VI.) gedrillt und 5 verschiedene Lagermethoden der Stecklinge erprobt. Der Kohl der frühen Aussaaten wuchs leicht aus und platzte; aus den Strunkknospen konnten sich bis Ende Okt. keine Sekundärköpfe bilden. Pflanzen der spätesten Aussaat bildeten weiche Köpfe oder nur Blattrosetten, die sich zur Lagerung nicht eigneten. Köpfe hielten sich auf dem Lager besser als Strünke. Der durchschnittl. Verlust bei allen Lagerungsarten betrug im 3jährigen Mittel bei Köpfen 39,2%, bei Strünken 58,6%. Am günstigsten erwies sich die Lagerung in Töpfen und Beeten unter Glas. Billiger waren lüftbare Erdgruben mit Bretter- und Strohmattenabdeckung. Ungünstige Ergebnisse wurden erzielt, wenn die Stecklinge in der Ackerfurche oder in erdbedeckten Gruben eingebettet waren. Nur ein Teil der Stecklinge entwickelte normale Samenstände. Strünke konnten als Stecklinge dienen, wenn die Köpfe hoch und nicht zu spät geschnitten wurden. J. Pragłowski. 1142.

Bäz, H. **Ergebnisse der Sortenwertprüfungen mit mittelspätem und spätem Weißkohl von 1955 bis 1959.** Arb. Zentralstelle Sortenwes. **1962** Nr. 17. S. 11-42. – 14 Abb., 15 Tab., 4 Lit. Zus. in Russ., Engl.

In eine 5jährige Wertprüfung unter versch. Standortbedingungen waren die mittelspäten Weißkohlsorten 'Glückstädter Mittelfrüher' und 'September', die Spätsorten 'Amager Kurzstrunkiger', 'Holsteiner Platter' und die Dauersorten 'Türkis' und 'Dauerweiß' (2 Herkünfte) einbezogen. Ertrag, Sortierung, rel. Innenstrunkhöhe, Dichte der Blattlagerung, Tr.-Subst.-Geh. und Lagereignung wurden bestimmt. Die Versuchsergebnisse bildeten die Grundlage der Sorteneinschätzung. 'September' brachte höhere Erträge als 'Glückstädter Mittelfrüher', reifte aber später und hatte höhere Anbauansprüche. Höchste Erträge brachten 'Holsteiner Platter' und 'Amager Kurzstrunkiger' (letztere war anspruchsloser). Beide Sorten waren nur begrenzt lagerfähig. 'Türkis' zeigte gute Erträge und gute Lagereignung. Während bei 'Dauerweiß' die Herkunft VEG Saatzucht Bad Doberan ausreichende Erträge, aber ungenügende Lagerfähigkeit aufwies, zeigte die Herkunft Chrestensen niedrigere Erträge aber beste Lagereignung und sollte daher nur für günstigste Anbaulagen verwendet werden. H. Erfurth. 1142.

Pohoska, I. Badania nad przyczyną słabego kiełkowania nasion marchwi. **(Prüfung der Ursachen eines schwachen Keimens der Möhrensamen.)** Biul. warzywniczy **1960** (hrsg. 1961) Nr. 5. S. 343-352. – 3 Tab., 6 Lit. Zus. in Russ., Engl.

Die Keimfähigkeit des Möhrensaatgutes hängt vom Reifegrad z. Z. der Ernte ab. Bei einmaliger Ernte wird durch unausgereifte Samen die Keimkraft

vermindert. 1955, 56 und 59 stellte man an den Samenständen 5 *Lygus*-Arten fest. Auf den mit Insektiziden behandelten Flächen war die Keimkraft des Saatgutes um 16–20% erhöht. Wirksamste Präparate waren „Terpentol", „Toxaphen", „Gammatox" und „Verindal".
J. Pragłowski. 1146.

Beresina, N. M., Ščibrja, G. I. und Riza-Zade, R. R. (Beresina, N. M., Stschibrja, G. I. und Risa-Sade, R. R.); Inst. für Biophysik der Akad. der Wiss. der UdSSR. Povyšenie urožajnosti morkovi predposevnoj obrabotkoj semjan rentgenosvkimi i γ-lučami. **(Ertragssteigerung bei Möhren durch Vorbehandlung des Saatgutes mit Röntgen- und Gammastrahlen.)** Vestnik sel'skochozjajstvennoj nauki, Moskva 7 (1962) Nr. 12. S. 31–33. – 3 Tab., 2 Lit. Zus. in Engl., Franz., Dtsch.
Durch die Vorbehandlung des Möhrensaatgutes mit Dosen von 1000–4000 r läßt sich das Auflaufen der Pflanzen beschleunigen. Bei Dosen von 2500 r erzielte man einen Ertrag von 448 dt/ha und bei 4000 r einen solchen von 400 dt/ha (Kontrolle 330 dt/ha). Der Gehalt an Ascorbinsäure erhöhte sich entspr. um 8 und 11,9 mg % und der von Karotin um 3 und 12 mg %. Die vorliegenden Ergebnisse 3jähriger Versuche berechtigen dazu, der Praxis die Bestrahlung von Möhrensaatgut zwecks Steigerung der Erträge und Erhöhung der Qualität vorzuschlagen. E. Kahn. 1146.

Pudelski, T. Wpływ różnych podłoży na rozwój i planowanie ogórków szklarniowych w kulturach hydroponicznych. **(Der Einfluß verschiedener Substrate auf Entwicklung und Ertrag von Gurke in Hydrokultur unter Glas.)** Biul. warzywniczy **1960** (hrsg. 1961) Nr. 5. S. 303-310. – 3 Abb., 1 Tab., 9 Lit. Zus. in Russ., Engl.
Die Hydrokultur von Gurken der Sorte 'Awa' wurde mit dem üblichen Frühanbau auf Pferdedung verglichen. Die Hydrokultur erfolgte in Beeten mit einem Substrat aus Hochmoortorf und Filterkies im Verhältnis 1:2. Ferner liefen auf Tischen Versuche mit den Hydrosubstraten Filterkies, Blumentopfbruch, Hochmoortorf + Filterkies und Hochmoortorf. Die Desinfektion der Anlagen und Substrate erfolgte mit einer 2%igen Formalinlösung, die Behandlung der Samen mit 0,1% Sublimat. Gegenüber dem praxisüblichen Anbau war durch die Hydrokultur der Ertrag um 2 Wochen verfrüht, der Frühertrag um 1 kg/Pflanze und der Gesamtertrag um 3 kg/Pflanze (auf 152%) erhöht. Die techn. Erwärmung des Hydrosubstrates im Frühanbau der Gurke unter Glas ermöglicht weitere Ertragsverfrühungen.
J. Pragłowski. 1162.

Georgescu, M. Linii noi de ardei de boia. **(Neue Paprikastämme.)** Comun. Acad. Republ. Populare romîne **12** (1962) Nr. 2. S. 243–247. – 4 Tab., 3 Lit. Zus. in Russ., Franz.
1951–59 wurden in Lovrin die Paprika-Stämme Nr. 105, 113 und 104 gezüchtet. Sie waren in 3jährigen Versuchen der Kontrollsorte 'Calacea nouă' überlegen. Alle 3 Stämme zeichnen sich durch frühe Reife, hohen Ertrag, beste Qualität und Resistenz gegenüber Krankheiten aus. Stamm 105 und 104 sind für unbewässerte Flächen bzw. Trockengebiete geeignet. Stamm 113 ist bez. Klima- und Bodenverhältnissen anspruchsvoller und bringt beste Ergebnisse auf feuchten oder bewässerten Böden. C. Ilchievici. 1168.

Mildner, E. **Ergebnisse der Sortenwertprüfungen mit Puffbohnen 1955 bis 1960.** Arb. Zentralstelle Sortenwes. **1962** Nr. 17. S. 71–86. – 14 Tab. Zus. in Russ., Engl.
1955-60 erfolgten an 5-7 Versuchsorten Wertprüfungen versch. Herkünfte der Puffbohnensorten 'Frühe Weißkeimige', 'Hangdown Hellkörnige' und 'Dreifachweiße'. Die Versuchsdurchführung wurde erläutert. Höchste Grünhülsen- und Grünkornerträge brachte 'Frühe Weißkeimige', Herkunft Heine-

mann; niedrigste Ertragsleistungen zeigte 'Dreifachweiße'. Früheste Sorte war 'Frühe Weißkeimige'; 'Dreifachweiße' reifte sehr spät. 'Hangdown Hellkörnige' nimmt bez. Ertrag und Frühzeitigkeit eine Mittelstellung ein. Zur Konservierung eignete sich nur 'Dreifachweiße'. Die Erträge waren an den versch. Versuchsorten rel. einheitlich, aber in Jahren mit geringen Niederschlägen und hohen Tagestemperaturen allg. gemindert.

H. Erfurth. 1174.

Skierkowski, J. Reakcja pomidorów szklarniowych na sześciogodzinne doświetlanie rozsady światłem fluorescencyjnym w różnych godzinach podczas nocy. **(Die Reaktion der Tomate unter Glas auf eine sechsstündige Zusatzbelichtung der Jungpflanzen während verschiedener Nachtstunden mit einer Fluoreszenzlichtquelle.)** Biul. warzywniczy **1960** (hrsg. 1961) Nr. 5. S. 277 bis 289. – 9 Abb., 1 Tab., 9 Lit. Zus. in Russ., Engl.
1959/60 wurden Tomatenjungpflanzen versuchsweise 6 Std. zusätzlich belichtet. Die Ertragsverfrühung war am höchsten, wenn die Belichtung unmittelbar vor oder nach dem Tageslicht, also von 2–8 Uhr oder von 16–22 Uhr, erfolgte. Zusatzlicht von 20–2 Uhr hatte gegenüber unbelichtet einen ungünstigen Einfluß. Pflanzen, die nicht unmittelbar vor oder nach dem Tageslicht belichtet wurden, brachten erhöhten Frühertrag, wenn die nächtliche Pause zwischen dem abendlichen Tageslicht und dem Beginn der Zusatzbelichtung kürzer als 2 Std. oder länger als 6 Std. war. Hinsichtlich Ertragsverfrühung waren 6 Std. Zusatzlicht in der Zeit von 2–8 Uhr bzw. 16–22 Uhr und 8 Std. Zusatzlicht in der Zeit von 24–8 Uhr bzw. 16–24 Uhr gleichwertig.

J. Pragłowski. 1176.

Pudelski, T. Wpływ różnych podłoży na rozwój i plonowanie pomidorów w kulturach hydroponicznych. **(Der Einfluß verschiedener Substrate auf Entwicklung und Ertrag von Tomate in Hydrokultur.)** Biul. warzywniczy **1960** (hrsg. 1961) Nr. 5. S. 291–302. – 4 Tab., 4 Lit. Zus. in Russ., Engl.
Tomaten der Sorten 'Pillnitzer Hellfrucht' und 'Moneymaker' wurden in org. und mineral. Hydrosubstraten kultiviert. Der Anbau erfolgte auf Beeten und Betontischen, die mit Folie abgedichtet waren. Im Vgl. zur Erdkultur war beim Frühjahrsanbau in Beeten mit Torf/Kies als Hydrosubstrat der Erntebeginn um 7 Tage verfrüht, der Früh- und Gesamtertrag sowie der Anteil der Früchte I. Wahl erhöht. Auch beim Herbstanbau wurden Ertrag und Qualität durch die erdelose Kultur verbessert. Die guten phytosanitären Verhältnisse trugen zur Ertragserhöhung bei der Hydroponik bei. Im Frühjahrs- und Herbstanbau auf Tischen wurden mit Torfsubstrat höchste Erträge erreicht.

J. Pragłowski. 1176.

Kummer, M. **Ergebnisse der Sortenwertprüfungen mit Stabtomaten 1956 bis 1960.** Arb. Zentralstelle Sortenwes. **1962** Nr. 17. S. 43–70. – 14 Abb., 9 Tab., 5 Lit. Zus. in Russ., Engl.
Die Stabtomatensorten 'Fanal', 'Matura', 'Beymes Erntesegen', 'Vortreffliche', 'Dominator', 'Lukullus' und 'Harzer Kind' wurden an 8 Standorten (bes. im mitteldt. Raum) 5 Jahre geprüft. Die Versuchsvoraussetzungen wurden dargelegt. Die Neigung zum Blattrollen war sortenabhängig. Die spez. Daten über die generative Entwicklung (Blüh-, Erntebeginn, Schwerpunkterntetag, Ernteende, Anteil verwertbarer grüner Früchte) ließen deutlich sortenunterschiedliches Verhalten erkennen. Die Jahresdurchschnittserträge an marktfähigen reifen Früchten waren von der Länge der Ernteperiode und der Abreifegeschwindigkeit (dt/ha/Tag) abhängig; beide Größen korrelierten nicht miteinander. Form, Größe, Sortierung, Platzfestigkeit und Kammerzahl der Früchte wurden bonitiert, ihr Tr.-Subst.-Geh. bestimmt und ihr Geschmack organoleptisch bewertet. 'Fanal' war geschmacklich gut, 'Harzer Kind' schlecht. *Phytophthora*-Resistenz konnte nicht ermittelt werden. Sortenbeschreibungen und Anbauempfehlungen wurden aus den Prüfergebnissen

abgeleitet. Als bes. leistungsfähig erwiesen sich 'Fanal' (frühreifend; für Kleingärten), 'Matura' (frühreifend) und 'Dominator' (spät reifend; ertragreich, große Anbaubreite). H. Erfurth. 1176.

Thompson, A. E.; Urban, Univ. of Illinois, Dep. of Horticult. A comparison of fruit quality constituents of normal and high pigment tomatoes. **(Ein Vergleich der Frucht-Qualitätsmerkmale von normalen und hochpigmentierten Tomaten.)** Proc. Amer. Soc. horticult. Sci. **78** (1961) S. 464–473. 1176.

Špaldon, Emil und Krausko, Andrej; Nitra, Vysoká Škola Pol'nohospodárska, Agronom. Fak., Katedra Rastlinnej Výroby. Štúdium niektorých agrotechnických vlastností čakanky. **(Studie über einige landbautechnische Eigenschaften der Zichorie.)** Rostlinná Výroba **8(35)** (1962) Nr. 11/12. S. 1413–1428. – 13 Tab., 19 Lit. Zus. in Russ., Dtsch.
Die Analyse 3jähriger Versuche ergab, daß die Zichorienaussaat zu einer Zeit vorzunehmen ist, wenn der Boden in einer Tiefe von 2-4 cm auf 8–10 °C erwärmt ist, das ist in den Anbauzonen zwischen dem 10.–20. Apr. der Fall. Das Vereinzeln soll bei 3 Laubblättern erfolgen. Es wird ein Saatverband von 37,5 × 15–18 cm empfohlen, der auch die Anwendung der vorhandenen Maschinen ermöglicht. Während der Vegetationszeit verbraucht die Zichorie hauptsächlich N und K, weniger P. N nimmt sie während der ersten Vegetationshälfte intensiv auf, während die übrigen Nährstoffe im Laufe der Vegetationsperiode gleichmäßig aufgenommen werden.
M. Pštross. 1178.

Plumier, W. La fumure de la chicorée-witloof au cours du forçage. **(Die Düngung von Chicorée 'Witloof' während des Treibens.)** Rev. Agric. [Bruxelles] **15** (1962) Nr. 11/12. S. 1492–1496. – 3 Tab.
Die Chicoréeanbauer beschäftigen sich immer mehr mit der Frage, ob eine Düngung während des Treibens Qualität und Quantität beeinflussen könnte. Im Verlaufe des Winters 1960/61 wurde ein Gefäßversuch mit 3 verschiedenen Düngern (NH_4NO_3, K_2SO_4 und $MgSO_4$), 3 unterschiedlichen Konz., 3 Standards und 4 Parallelen je Prüfnummer durchgeführt. Das Ansetzen der 48 Plastikgefäße geschah mit 30 kg Sand und 3 l Wasser je Gefäß, deren Aufstellung während des Treibens in mehreren Wasserbecken mit Thermostaten erfolgte. Die mit 50 Chicoréewurzeln bepflanzten Gefäße wurden z. Z. des Vortreibens (bei 10 °C, vom 13. 12. 60 bis 17. 1. 61) mit einer leichten Erdschicht bedeckt. Nach guter Durchwurzelung erhielt jedes Gefäß in 1 l Lösung folgende differenzierte Düngermengen: N:5, 10, 15 g; K_2O:20, 30, 40 g; MgO:10, 15, 20 g. Die Temperaturerhöhung erfolgte auf 12 °C bis zum 27. 1., auf 17 °C bis zur Ernte am 9. bzw. 10. 2. Bis jetzt lassen die Versuchsergebnisse bei den gedüngten Chicoréepflanzen ein leichteres Durchwurzeln erkennen und deuten die Möglichkeit einer Verkürzung der Treibdauer an. Nach Angaben des Vf. sollen die Untersuchungen durch chem. Analysen von Substrat und Pflanzen vor und nach dem Treiben vertieft werden, wobei die Verabreichung der Mineralstoffe bereits beim Einpflanzen erfolgen soll.
L. Dreibrodt. 1178.

Kerr, W. E. und Humphreys, J. R. Lettuce seed production irrigated crop for Rhodesian farmers. **(Die Salatsamenproduktion, eine Bewässerungskultur für rhodesische Farmer.)** Rhodesia agric. J. **59** (1962) Nr. 6. S. 340 bis 346. – 7 Abb., 1 Tab., 9 Lit.
Die prinzipiellen und praktischen Erkenntnisse für eine wirksame Salatsamenproduktion unter den bes. Bedingungen Rhodesiens werden mitgeteilt. Nach einer kurzen hist. und bot. Einführung wird auf die klimatischen Erfordernisse, Boden- und Düngungsansprüche eingegangen. Die Kultur ist als Direktsaat oder als Pflanzkultur üblich. Vor- und Nachteile und Besonderheiten werden erörtert. Von großer Bedeutung für den Samenertrag ist die

Art der Bewässerung, die je nach den Bedingungen als Oberflächen- oder Furchenbewässerung gegeben wird. Es werden Hinweise über Blüte und Samenansatz, Ernte, Isolierung der Samenträger verschiedener Sorten und Keimung des Salatsamens gegeben. Abschließend werden die wichtigsten Krankheiten und Schädlinge behandelt. U. Walter. 1182.

Cervato, Arnaldo; Piacenza, Univ. Cattolica, Ist. di Agronomia Gen. e Coltivazioni Erbacee. Contributo alla descrizione ed al riordinamento di alcune cultivar italiane di lattuga (Lactuca sativa L.). **(Ein Beitrag zur Beschreibung und Neuordnung einiger italienischer Kopfsalatsorten [Lactuca sativa L.].)** Sementi Elette [Milano] **9** (1963) Nr. 1. S. 18-31. – 5 Abb. 1182.

Sorge, P. **Bericht über die Sortenprüfung mit Rhabarber von 1950 bis 1957.** Arb. Zentralstelle Sortenwes. **1962** Nr. 17. S. 87-108. – 24 Abb., 11 Tab., 5 Lit. Zus. in Russ., Engl.

1950-57 wurde in Bernburg und Nossen die Sortenhauptprüfung bei Rhabarber mit 11 Sorten durchgeführt. Ferner erfolgten mehrjährige Prüfungen der wichtigsten Sorten, um ihre Eignung für Haushalt und Verwertungsindustrie festzustellen. Im Gesamtmittel lag 'Dawes Challenge' mit einem Ertrag von 612,8 dt/ha an der Spitze, es folgten 'The Sutton' mit 599,9, Stamm R 148 mit 557,5, 'Elmsblitz' mit 480,6, 'Viktoria' mit 433,5 und 'Holsteiner Blut' mit 427,1 dt/ha. Außer 'Amerikanischer Riesen' erreichten im Ertrag andere Sorten das Gesamtsortenmittel nicht. Die 4 zugelassenen Sorten, Stamm R 148 und die rotfleischige Sorte 'Elmsblitz' wurden beschrieben, ihre Anbaueignung und ihre Verwertungseigenschaften für Kompott, Muttersaft, Süßmost und Wein nach den organoleptischen Beurteilungen eingeschätzt.
H. Erfurth. 1186.

Troníčková, Eva; Ruzyně, Ustředni Výzkumný Ústav Rostlinné Výroby, Oddelenie Šlechtěni a Genet. Vliv skladování v teplotách pod nulou na životnost semen cibule kuchyňské (Allium cepa L.) **(Einfluß der Einlagerung unter 0 °C auf die Lebenskraft der Zwiebelsamen [Allium cepa L.].)** Rostlinná Výroba **8(35)** (1962) Nr. 11/12. S. 1443-1452. – 4 Abb., 2 Tab., 14 Lit. Zus. in Russ., Dtsch.

Bei Temperaturen von – 12 °C und – 18 °C wurden unter Betriebsbedingungen verschiedene Partien des Saatgutes der Zwiebelsorten 'Všetatska' eingelagert. Es handelte sich um 1-5jähriges Saatgut mit 13-94% Keimfähigkeit. Nach 3jähriger Einlagerung sank dieser Wert bei 15-20 °C eingelagerten Kontrollen auf 2,8-26,8%. Bei Temperaturen unter dem Nullpunkt blieb die Keimfähigkeit beim 1- und 3jährigen Saatgut auf der ursprünglichen Höhe erhalten. Partien mit niedrigerer Ausgangskeimfähigkeit wiesen nach 3jähriger Tiefkühlung sogar eine bis um 16,3% erhöhte Keimfähigkeit auf. Die Temperatur von – 18 °C wirkte auf die Erhaltung der Lebenskraft des Saatgutes etwas besser als die Temperatur von – 12 °C. Das bei niedrigen Temperaturen eingelagerte Saatgut zeigte einen höheren Feuchtigkeitsgehalt.
M. Pštross. 1197.

Kohn, Samuel; Matsouba, Western Galilee, Israel. Uses of methyl bromide on our mushroom plant. **(Verwendung von Methylbromid bei Champignonkulturen.)** MGA [Mushroom Growers' Assoc.] Bull. **1962** Nr. 152. S. 329-330. 332. – 3 Abb., 1 Tab.

Untersuchungen mit Dampfsterilisation und Begasung mit Methylbromid (60 g/m³ Luftraum, Begasungsdauer 48 Std.) ergaben bei beiden Methoden vollständige Abtötung der Champignonmycelien, Amöben, Nematoden und Milben. Nach beiden Verfahren sind im Substrat noch Bodenpilze, vorwiegend Actinomyceten, vorhanden. Die Begasung des Substrates kann auch außerhalb der Kulturräume nach Überdecken mit Polyäthylenfolie durchgeführt werden. Eine Beeinträchtigung des Mycelwachstums nach der Methylbromidbegasung wurde nicht beobachtet. H. Ackermann. 1198.

D. Obstbau

Busch, R.; Berlin, Humboldt-Univ., Abt. für Gärtner. Betriebs- und Arbeitsökon. **Der Straßenobstbau der Deutschen Demokratischen Republik im Spiegel der Statistik.** Obstbau [Berlin] **3** (1963) Nr. 2. S. 18–19. – 2 Abb., 4 Tab.

Der Straßenobstbau hat sich seit 1952 weiter ausgedehnt. 1958 existierten 3,4 Mill. Straßenobstbäume. Davon sind 37,7% noch nicht ertragsfähig. Der Anteil an Äpfeln, Süßkirschen und Pflaumen liegt höher als bei den anderen Erzeugergruppen. 55,4% des Straßenobstbaues konzentriert sich in den Bezirken Halle, Erfurt und Magdeburg. Halle führt im Anbau von Süßkirschen mit 41,8% und Birnen mit 22,16%, Erfurt im Anbau von Sauerkirschen und Pflaumen mit 30% bzw. 28,6%. Die verwaltungstechn. Gliederung des Straßenobstbaues erfolgt in 3 Gruppen: 1. Obstbäume an Staatsstraßen, 2. Obstbäume an kommunalen Straßen, 3. Obstbäume an nicht schiffbaren Kanälen, Vorflutern usw. Die unterschiedliche Bewirtschaftung wird erwähnt. D. Stump. 1201.

Buntrock, H. **Jugoslawien als Erzeuger und Exporteur von Obst und Gemüse.** Dtsch. Gartenbauwirtsch. **9** (1961) Nr. 5. S. 95–100. 128-131. – 8 Abb., 1 Tab., 13 Lit.

Unter Berücksichtigung der Landbauzonen bzw. der föderativen Republiken Jugoslawiens werden statistische Angaben über die wichtigsten Obst- und Gemüsearten gemacht: Landwirtsch. Nutzfläche (außer Weiden) 1958 10,2 Mill. ha, Obst 0,4 Mill. ha, Gemüse 0,49 Mill. ha; Apfelbäume 14,9 Mill. Stück, Birnen 6,8, Quitten 1,1, Zwetschen 75, Süßkirschen 3,4, Sauerkirschen 2,8, Aprikosen 2, Pfirsiche 3,2 Mill. Stück; durchschnittl. Einzelbaumerträge, Gesamtproduktion, Ausfuhr je Obstart. Für Trockenbohnen, Trockenerbsen, Linsen, Grünen Paprika, Industrie-Paprika, Tomaten, Weißkohl und Wirsing, Zwiebeln, Knoblauch, Melonen und Wassermelonen sowie für Kürbis werden die Anbauflächen, die Gesamtproduktion und der ha-Ertrag angegeben. D. Neumann. 1213.

Hennik, J.-J. van; Seeland. **Entwicklung des modernen Obstbaues in den Niederlanden unter besonderer Berücksichtigung der Agrarstruktur in den Poldergebieten.** Mitt. Obstbauversuchsringes Alten Landes **15** (1960) Nr. 3. S. 72–77. – 2 Tab.

In Holland hat sich die Obstanbaufläche in den letzten 30 Jahren fast verdoppelt. Dabei konnte der Obstbau den veränderten Bedingungen wie z. B. Mangel und Verteuerung der Arbeitskräfte, Technisierung, Marktkonkurrenz, Ansprüche der Verbraucher, angepaßt werden. Der fortschrittlichste Obstbau befindet sich in Spezial- und Gemischtbetrieben der Poldergebiete mit Zentren, wie Goes, Kapelle und Krabbendijk. Die Betriebsgröße variiert von 1–100 ha, als Mindestgröße werden 5 ha gefordert. Beim Apfel werden Hecken mit EM IX, Standweite 3-4,5 × 1,5–2,5 m bevorzugt. Die Bäume werden als freie abgeplattete Spindeln erzogen. Das Apfelsortiment besteht zu 75% aus 'Cox', 'Golden Delicious' und 'James Grieve', das Birnensortiment zu 75% aus 'Conference', 'Doyenne du Comics', 'Beurré Hardy' und 'Triumph de Vienne'. D. Neumann. 1213.

Šenk, Lubomír; Velké Losiny. Za jakých podmínek lze ovocnařit ve vyšších polohách. **(Bedingungen für erfolgreichen Obstbau in höheren Lagen.)** Ovocnářství a Zelinářství **10** (1962) Nr. 12. S. 338–339. – 1 Abb.

In höheren Lagen gibt es Standorte für den Anbau verschiedener Obstarten.

Für Äpfel und Beerenobst sind die Niederschläge von etwa 750 mm und ihre jahreszeitliche Verteilung günstig. Schnee schützt vor Wurzelfrost, verursacht aber Astbruch. Die Temperaturverhältnisse sind i.allg. zusagend. Erfahrungen lehren, daß in höheren Lagen weniger mit kritischen Temperaturen zu rechnen ist. Niedrige Durchschnittstemperaturen verbieten den Anbau von Spätbirnen, Pflaumen, Aprikosen und Erdbeeren. Gegen Nord- und Westwinde geschützte Lagen sind auszuwählen. Frosttäler sind ungeeignet. Der Anbau von Äpfeln (mit Ausnahme von Spätsorten), Sauerkirschen, Edelebereschen und Strauchbeerenobst wird empfohlen. Bei 40 cm Bodentiefe ist die Rentabilität des Obstbaues gesichert. V. Skládal. 1215.

Hátle, Miroslav; Uherský Brod, Oblastní Stanice; Praha, Ústav pro Vedeckú Sústavu Hospodárenia. Doterajšie skúsenosti s úpravou svahov a terasovaním pre ovocinárske a vinohradnícke účely. **(Bisherige Erfahrungen mit Terrassenanlagen und Regulierung der Abhänge für Obst- und Weinbau.)** Ovocinár a Vinohradník **10** (1962) Nr. 12. S. 266–267. – 4 Abb.
Die mit der Errichtung von Terrassen verbundenen hohen Unkosten hemmen die Entwicklung des Obstbaues auf Hängen. Eine Verbilligung kann durch die Errichtung einer größeren Anzahl von stufenartigen Terrassen erzielt werden. Dabei verringert sich die Bewegung der Erdmassen und gleichzeitig wird es möglich, daß die Obstbaumwurzeln sowohl die Fläche der Terrassenstufen und die Hangfläche, die gegen Erosion begrast ist, ausnützen. Die Bäume werden in den aufgelockerten Ackerboden 0,50 m hinter den Stufenrand gepflanzt. Bei der Verwendung von engspurigen Schleppern wird mit 3 m, bei normalen Raupenschleppern mit 3,5–4 m Terrassenbreite gerechnet. Die Terrassierung in der LPG Družba wird erläutert. Die Terrassierungskosten werden gesenkt, weil die Betriebe imstande sind, die meisten Arbeiten selbst auszuführen. V. Skládal. 1215.

Alena, František; Praha, Výzkumný Ústav Meliorační; Bratislava, Pracovisko. Úpravy ovocinárskych a svahových polôh. **(Regulierung der Hangflächen für den Obstbau.)** Ovocinár a Vinohradník **10** (1962) Nr. 11. S. 242 bis 244. – 2 Abb.
Wesen und Bedeutung der Bodenerosion werden auseinandergesetzt. Die zum Obstbau benutzten Hanglagen können in 3 Kategorien eingeteilt werden: 1. Flächen mit einer Neigung von 0–5 ° (bis 10%); 2. mit einer Neigung von 5–12° (10–20%) und 3. mit einer Neigung von 12–25° (20–50%). Die Hänge der 1. Kategorie stellen den normalen Ackerboden dar und dürfen mit Obst nur nach eingehender ökon. Bewertung bebaut werden. Vom Gesichtspunkt der Erosionsbekämpfung wählt man die geeignete Schlagform (in Richtung der Schichtlinien). Der Neigung entsprechend bedient man sich eines Systems von Furchen und Vertiefungszuflüssen. Bei der 2. Kategorie werden die Schläge geteilt und bei einer Neigung von 10–12% mit Schutzgräben versehen. Bei 12–20% werden die Schläge in Beete geteilt, die durch die Schaffung von Erdrainen zu Terrassen werden. Die Abhänge der Terrassenstufen werden mit Gras besät. Die 3. Kategorie (20–50%) bildet vorläufig eine Reserve für die weitere Entwicklung des Obstbaues. Ferner werden Weisungen für die richtige Ausführung der Meliorationsprojekte angeführt. V. Skládal. 1215.

Jankiewicz, L. S. und Kemula, F. Porównanie koron okółkowo-piętrowych i luźnych piętrowych u dwuletnich okulantów jabłoni. **(Ein Vergleich von quirlständigen und freirängigen Etagenkronen bei zweijährigen Apfelokulaten.)** Prace Inst. Sadownictwa Skierniewicach **6** (1962) S. 19–26. – 5 Abb., 1 Tab., 9 Lit. Zus. in Russ., Engl.
Auf mittelschwerem, mit Nährstoffen gut versorgtem Boden wurden 2 Erziehungsmethoden der Apfelkrone verglichen : quirlständige (Q) und freirängige (F) Etagenkronen. Der Vergleich war nur bei den Sorten 'Starking'

und 'Bankroft' möglich. Es wurde nachgewiesen, daß der Verzweigungswinkel bei **F** nur unbeträchtlich geringer als bei **Q** war. Beide Kronenformen unterschieden sich in der Stammstärke nicht wesentlich. Nach Meinung der Vff. genügte bei der F-Krone ein Etagenabstand von 19–20 cm, um eine tragfähige, stabile Krone auszubilden. Größte Schwierigkeiten verursachte es, die Äste in horizontale Lage zu bringen. J. Pragłowski. 1222.

Padfield, C. A. S.; Havelock North, Dep. of Sci. and Ind. Res., Fruit Res. Div. Controlled atmosphere storage of New Zealand fruit: effects of low oxygen and varying carbon dioxide levels. **(Lagerung von neuseeländischen Früchten unter regulierbaren atmosphärischen Bedingungen: Wirkungen von niedrigen Sauerstoff- und verschiedenen Kohlendioxydgehalten.)** New Zealand J. agric. Res. **5** (1962) Nr. 5/6. S. 485–500. – 11 Tab., 14 Lit.
Vf. lagert 10 Apfelsorten und 1 Birnensorte bei CO_2-Gehalten von 0–5,1% und bei O_2-Gehalten von 2,1–15,8%. In Tabellen werden Pilzbefall, Welke, oberflächliche Verbrennungen und gesunde Früchte angegeben. Der Anteil der gesunden Früchte liegt bei 7monatiger Lagerung bei ca. 2,2% CO_2 und ca. 3,6% O_2 bei 80–100%. Einige wenige Sorten zeigen geringeren Anteil an gesunden Früchten. Die Kontrollen, die in Luft gehalten werden, zeigen einen bedeutend geringeren Anteil an gesunden Früchten, er liegt hier bei 0–60%. Günstig reagieren auf die regulierbaren Lagerungsbedingungen die Sorten: 'Dougherty', 'Frimley', 'Beauty', 'Golden Delicious', 'Rome Beauty', 'Sturmer Pippin', 'Jonathan'. W. Hiller. 1223.

Blanpied, G. D. und Smock, R. M. Two factorial experiments on controlled atmosphere storage of McIntosh apples. **(Zweifaktorielle Versuche mit 'McIntosh'-Äpfeln bei Lagerung unter kontrollierter Atmosphäre.)** Proc. Amer. Soc. horticult. Sci. 78 (1961) S. 35–42. – 4 Tab., 14 Lit.
Versuche mit mehrfachen Abstufungen der Faktoren O_2, CO_2 und Temperatur ergaben folgende Ergebnisse: Niedrige Temperatur, geringer O_2- und hoher CO_2-Gehalt bewirkten hohe Fleischfestigkeit und minimale Schalenbräune. Durch hohe Temperaturen, hohen CO_2- und niedrigen O_2-Gehalt entstanden äußerliche CO_2-Schäden an den Früchten. Die Wirkung der Temperatur auf innere CO_2-Schäden war widersprüchlich. Weitere Versuche zur Lagerung von 'McIntosh' unter 38 °F sind nötig, da z. B. bei 32 °F und 3% O_2 die Früchte geschmacklos blieben. W. Schuricht. 1223.

Merritt, Richard H., Stiles, Warren C., Havens, A. Vaughn und Mitterling, L. A. Effects of preharvest air temperatures on storage scald of Stayman apples. **(Wirkung der Lufttemperatur in der Vorerntezeit auf den Lagerschorf von 'Stayman'-Äpfeln.)** Proc. Amer. Soc. horticult. Sci. 78 (1961) S. 24–34. – 6 Tab., 15 Lit.
In Versuchen von 1957–59 zeigte sich eine Beziehung zwischen niedrigen Temperaturen vor der Ernte und dem Auftreten von Lagerschorf. Mit Beginn der gewöhnlich Ende Sept. einsetzenden Kühlwetterperiode wurde die Temperatursumme aus den unter 50 °F liegenden Temperaturen gebildet. Bei einer Temperatursumme von etwa 150 Std. waren die meisten, und ab 190 Std. so gut wie alle Früchte frei von Lagerschorf. Diese Beziehung erlaubt die Prognose der Schorfanfälligkeit der geernteten Früchte bzw. die Festlegung eines diesbez. vorteilhaften Erntetermins. 1959 hob eine spät auftretende Warmwetterperiode die Wirkung vorangegangener Kühlwetterperioden scheinbar auf, dies ist bei der Bildung der Temperatursummen zu beachten. W. Schuricht. 1223.

Tuli, V., Dedolph, R. R. und Wittwer, S. H.; Michigan State Univ., Dep. of Horticult. Effects of N^6-benzyladenine and dehydroacetic acid on the storage behavior of cherries and strawberries. **(Einfluß von N^6-Benzyladenin und Dehydroessigsäure auf die Lagerfähigkeit von Kirschen und Erd-**

beeren.) Michigan State Univ., agric. Exp. Stat., quart. Bull. **45** (1962) Nr. 2. S. 223–226. – 2 Tab., 9 Lit.
Frisch geerntete Süßkirschen und Erdbeeren wurden in eine 10 ppm N^6-Benzyladeninlösung (**I**) bzw. in Wasser getaucht und das frische Aussehen und die Erhaltung der grünen Färbung des Stieles bzw. Kelches beurteilt. Bei Erdbeeren wurde zusätzlich der Einfluß der Dehydroessigsäure (**II**) (2000 ppm) auf die Fruchtfäule bestimmt. Die Lagerung der Früchte erfolgte 7 Tage bei 70 °F. Durch die **I**-Behandlung wird bei Kirschen das Aussehen der Stiele verbessert, der Chlorophyll- und Wasserverlust herabgesetzt. Bei Erdbeeren wird durch **I** keine Beeinflussung erreicht, durch **II** wird jedoch die Fäulnisrate herabgesetzt (84,3% nach 7 Tagen bei **II**-Behandlung gegenüber 95,4% bei Kontrollfrüchten). H. Ackermann. 1223.

Uota, M.; Fresno, Calif., U. S. Dep. of Agric., Agric. Marketing Serv., Market Quality Res. Div. A laboratory method for maintaining carbon dioxide concentrations in controlled-atmosphere chambers. **(Eine Labormethode zur Aufrechterhaltung der Kohlendioxydkonzentration in luftkontrollierten Kammern.)** Proc. Amer. Soc. horticult. Sci. **78** (1961) S. 43–45. 1223.

Burroughs, L. F. A note on the juice composition of cider apple varieties. **(Saftzusammensetzung von Mostobstsorten.)** Annu. Rep. agric. horticult. Res. Stat.. Long Ashton, Bristol **1961** S. 173–175. – 2 Tab., 5 Lit.
Von 10 Mostobstsorten wurden spez. Gewicht (**I**), Säure- (**II**) (als Äpfelsäure) und Tannin (**III**)-Gehalt des Saftes bestimmt. Die Werte für die verschiedenen Sorten liegen bei **I** zwischen 1,050 und 1,061, bei **II** zwischen 0,14 und 0,64% und bei **III** zwischen 0,11 und 0,34%. Es wird die erforderliche Anzahl Proben zur Erzielung einer bestimmten Standardabweichung angegeben.
H. Ackermann. 1225.

Flechsig, H. **Vorratsdüngung im Obstbau.** Dtsch. Gärtnerpost **15** (1963) Nr. 9. Neue dtsch. Obstbau **9** Nr. 3. S. 34.
In Obstanlagen kommt es oft vor, daß der Untergrund (20-40 cm) schlecht mit P (auf bindigen Böden auch mit K) versorgt ist. Da dieser Mangel nach der Pflanzung nicht, oder nur mit unvertretbar hohem Aufwand an Nährstoffen und Arbeit zu beseitigen ist, wird eine Vorratsdüngung empfohlen. Die Menge richtet sich nach dem Ergebnis der Bodenuntersuchung. Für die P-Düngung sollten 20–30 mg (0–20 cm) bzw. 10-20 mg P_2O_5 (20–40 cm) angestrebt werden. Es wird tiefes Einpflügen des Düngers mit Vorschäler empfohlen. Wo dies nicht möglich ist, ist die entspr. Menge mit in die Pflanzgrube einzubringen. G. Stolle. 1230.

Albrecht, D.; Marquardt, Inst. für Obstbau der Humboldt-Univ. zu Berlin. **Seeschlamm, Niedermoortorf und Sommermüll als Humusreserven für den Obstbau.** Obstbau [Berlin] **3** (1963) Nr. 2. S. 24–26. – 5 Abb.
Der anfallende Stalldung reicht zur Humusanreicherung für den Obstbau im Havelländischen Anbaugebiet nicht aus. Andererseits werden die norddt. umfangreichen Seeschlamm- und Niedermoortorfvorkommen noch wenig genutzt. Wirtschaftl. vertretbar ist der Abbau von 4 m mächtigen Torfvorkommen auf schwer meliorierbaren, vernäßten Luchflächen. Der Torfabbau von 1 ha Grundfläche kann für den Obstbau etwa 200 TDM Mehrleistung bringen. Der Abbau von meliorierfähigen Flächen mit 1,5 m Torfschichten ist nicht vertretbar. Seeschlamm wird mit Saugspülschiffen gefördert. Die Förderkosten betragen etwa 2,50 DM je m³ bei einer Förderleistung von 50–80 m³ je Tag spitfestem Schlamm. Größere Spülschiffe arbeiten zu teuer (10, – DM je m³ Förderkosten). Der Schlamm wird durch eine Spülleitung in Absetzbecken gepumpt und am vorteilhaftesten sofort in diesen kompostiert, nachdem er mit der Bornimer Kompostfräse zerkleinert wurde. D. Stump. 1230.

Słowik, K. Zawartość P_2O_5 w glebie zależnie od odległości od pnia drzewa i głębokości. **(Der P_2O_5-Gehalt im Boden bei unterschiedlichem Abstand vom Stamm und unterschiedlicher Bodentiefe.)** Prace Inst. Sadownictwa Skierniewicach **6** (1962) S. 119–134. – 5 Abb., 5 Tab., 14 Lit. Zus. in Russ., Engl.
Auf Podsolboden wurde eine P-Anreicherung in den oberen gedüngten Bodenschichten festgestellt. Bei Einsaat von Grasstreifen war die Zunahme des P-Gehaltes in den oberen Zonen des Bodens bes. groß. Da sich in 0–5 cm Tiefe keine Obstgehölzwurzeln befanden, wurde vor allem für Anlagen mit Gras- oder Grasstreifeneinsaat die Düngung der tieferen Bodenschichten gefordert. In den Düngeempfehlungen wurden u. a. Angaben über die Breite des Streubandes der Düngemittel gemacht. J. Prağłowski. 1230.

Endlich, J. und Neubauer, S.; Halle/S., Martin-Luther-Univ. Halle-Wittenberg, Inst. für Obst- und Gemüsebau. **Die Bedeutung der Bodenpflege für die Erhaltung und Hebung der Bodenfruchtbarkeit in Obstanlagen.** Obstbau [Berlin] **3** (1963) Nr. 3. S. 38–40. – nach Zus.
Den günstigsten Einfluß auf die Bodenfruchtbarkeit in Obstanlagen hat das Dauergrünland (Mulch). Die Voraussetzungen für dieses Bodenpflegesystem sind Jahresniederschläge über 700 mm und nicht zu leichte Böden. Ist eine Zusatzbewässerung möglich und aus ökon. Gründen vertretbar, kann die Einsaat eines Klee-Grasgemisches auch bei Niederschlägen um 500 mm erfolgen. Das Dauergrünland (Mulchen) beansprucht keinen zusätzlichen org. Dünger (Stallmist). In Gebieten mit geringeren Niederschlägen soll der Boden bis Mitte Juli so oft bearbeitet werden, daß er unkrautfrei und krümelig bleibt. Danach werden Deckpflanzen zur Gründüngung eingesät, oder man läßt den natürlichen Unkrautwuchs aufkommen. Eine Einsaat von Deckpflanzen zur Gründüngung fördert die Bodenfruchtbarkeit besser als das natürliche Eingrünen. Die Auswahl der geeigneten Gründüngungspflanzen richtet sich nach der Bodenart und nach den Feuchtigkeitsverhältnissen z. Z. der Aussaat. Der Preis für das Saatgut ist nicht der entscheidende Faktor, da das Saatgut (z. B. *Phacelia*) durch eigene Erzeugung gewonnen werden kann. Eine jährliche Aussaat von Gründüngungspflanzen erspart nicht eine zusätzliche Stallmistgabe. Der Stallmist kann in geringerer Höhe gegeben werden als bei ständig offengehaltenem Boden bzw. bei natürlichem Eingrünen. Das ständige Offenhalten während des ganzen Jahres hat, trotz erforderlicher hoher Stallmistgaben, den ungünstigsten Einfluß auf die Bodenfruchtbarkeit. 1230.

Charrière, Jean. Le surgreffage, une opération délicate. **(Das Umpfropfen, ein empfindlicher Eingriff.)** Rev. horticole suisse **35** (1962) Nr. 11. S. 368 bis 372. – 9 Abb.
Für den Obstbauer ist das Umpfropfen die einzige Möglichkeit, um den Anbau auf bestimmte Sorten zu beschränken. Zur erfolgreichen Durchführung dieser Maßnahme müssen dafür geeignete Bäume ausgewählt werden. Das Alter der Bäume ist dabei bedeutungslos, da schon ein junger Baum durch schlechte Pflege oder Ernährung in das Greisenalter kommen kann. Für die neue Baumkrone sind 4-5 Äste gleicher Stärke notwendig, die sich möglichst in gleichmäßigem Abstand um die Mittelachse gruppieren sollen. Wegen Pflege- und Erntearbeiten wird die neue Krone auf eine Höhe von 2,5–3,0 m vom Boden begrenzt. Die Anwendung einer bes. Methode erleichterte das Anwachsen des Reises. Nach dem Umpfropfen der Obstbäume ist vom Frühjahr bis zum Herbst eine regelmäßige Nachbehandlung erforderlich.
L. Dreibrodt. 1230.

Toenjes, Walter. A rapid method of obtaining tree weight data on orchard trees. **(Eine Schnellmethode zur Gewinnung von Baumgewichten von Obstgehölzen.)** Michigan State Univ., agric. Exp. Stat., quart. Bull. **43** (1960) Nr. 1. S. 80–83. – 4 Abb.

Es wird eine Apparatur beschrieben, die eine Wägung abgesägter Bäume ermöglicht. Je nach Umfang des Baumes dauert das Absägen und Wiegen 5–10 Minuten. D. Neumann. 1230.

Marro, Marco; Milano, Univ., Staz. Sperimentale di Ortifrutticolt. Annessa. Alcuni impieghi delle sostanze plastiche in frutticoltura. **(Einiges über die Verwendung von Plaststoffen im Obstbau.)** Frutticoltura **25** (1963) Nr. 2. S. 119–129. – 10 Abb., 88 Lit. 1230.

Kemmer, E. **Mutterbaumkörung und Ertrag beim Apfel.** Erwerbsobstbau **2** (1960) Nr. 8. S. 160–163. – 6 Abb., 4 Lit.

Die schon 1932 eingeleiteten Arbeiten lieferten keine Beweise für die Annahme, daß die Ertragsgüte der Mutterbäume durch entspr. Reisentnahme auf die Nachzuchten übertragen werden kann. D. Neumann. 1232.

Bartlett, C. E. C. The after-ripening of apple seeds in the fruit during cold storage. **(Das Nachreifen von Apfelsamen in den Früchten während der Kühllagerung.)** Annu. Rep. agric. horticult. Res. Stat., Long Ashton, Bristol **1961** S. 66–67. – 1 Abb., 3 Lit.

Apfelsamen keimt normalerweise nur, wenn eine „Nachreife“ bei einer bestimmten Feuchtigkeit und tiefer Temperatur stattgefunden hat. Die vorliegenden Versuche sollten klären, in welchem Ausmaß die Samen in kühlgelagerten Früchten nachreifen. Dazu wurden je 25 bu. der Sorten 'Bramley's Seedling', 'Cox Orangen' und 'Laxton's Superb' sofort nach der Ernte in ein Kühllager bei 4 °C gebracht. Zum Vergleich wurden 1500 Kerne je Sorte 3 Tage in Wasser gehalten und anschließend in Petrischalen und Baumwolle im Kühlhaus aufbewahrt. Die Samen von 'Cox' und 'Laxtons', die den gelagerten Früchten entnommen wurden, zeigten ein viel geringeres Nachreifen und Keimen als die Samen, die getrennt vom Fruchtfleisch gelagert waren. 'Bramley's' keimte etwas besser, jedoch war nach 24 Wochen der Prozentsatz noch nicht halb so hoch wie bei der Kontrolle. Das gegensätzliche Verhalten der Saatgutproben wird auf den unterschiedlichen Wassergehalt der Samen zurückgeführt. Eine Beziehung zur Kernhausfäule ("core flush") ließ sich nicht nachweisen. M. Reichel. 1232.

Zagaja, S. W., Piątkowski, M. und Kemula, F. Wpływ pikowania siewek Antonówki na rozwój drzewek w szkółce. **(Der Einfluß des Pikierens von Antonowka-Sämlingen auf die Gehölzentwicklung in der Baumschule.)** Prace Inst. Sadownictwa Skierniewicach **6** (1962) S. 11–17. – 3 Tab., 7 Lit. Zus. in Russ., Engl.

Dreijährige Versuche bewiesen, daß das Pikieren von Sämlingen der Sorte 'Antonówka zwykła' den Anteil von Unterlagen I. und II. Wahl nur unbedeutend hob. Der Prozentsatz an Sämlingen mit stark entwickelter Pfahlwurzel war durch das Pikieren vermindert. Apfelbäume auf pikierten Unterlagen zeigten keine „Büschelwurzeln“, wie es Zaliwski angibt. Bei unpikierten Unterlagen mit wenigen Seitenwurzeln wurde die Bildung von „Büschelwurzeln“ erschwert. Unpikierte Unterlagen zeigten ein tiefer liegendes Wurzelsystem. Unter Berücksichtigung der Kosten war der wirtschaftliche Erfolg des Pikierens gering; diese Maßnahme konnte für die Praxis nicht befürwortet werden. J. Pragłowski. 1232.

Campbell, A. I. und Wilson, D. Apomictic seedling rootstocks for apples: Progress report. III. **(Apomiktische Sämlingsunterlagen für Äpfel: Fortsetzungsbericht. 3. Mitt.)** Annu. Rep. agric. horticult. Res. Stat., Long Ashton, Bristol **1961** S. 68–70. – 2 Abb., 1 Tab., 5 Lit. 2. Mitt. vgl. LZ. Abt. II **6** (1961) Nr. 8. S. 1949.

Die Gleichheit der Nachkommenschaft ist der Hauptzweck bei der Erzeugung von apomiktischen Sämlingen verschiedener *Malus*-Arten. Diese kann sich auf die Gesundheit oder die Virusfreiheit bei Sämlingsunterlagen beziehen. – Bei *Malus toringoides* Rehd. und *M. hupehensis* (Pamp.) Rehd. wurden je 100 bzw. 160 Blüten unter Schonung der Samenanlage sterilisiert, geselbstet, mit einem Pollengemisch aus 3 Kultursorten künstlich bestäubt oder der freien Bestäubung überlassen. Die geselbsteten und sterilisierten Blüten brachten einen gleichmäßige hohen Anteil an apomiktischen Sämlingen. Freie Abblüte und Kreuzbestäubung gaben 22–63% apomiktische und 37 bis 78% abweichende (Hybrid-) Sämlinge. Die Unterscheidung war gewöhnlich nur im 2. Wachstumsjahr am Laub möglich. Die Erzeugung gleichartiger Sämlinge ist demnach nur bei Ausschaltung fremden Pollens erreichbar. M. Reichel. 1232.

Jankiewicz, L. S. und Kemula, F. Formowanie jednorocznych okulantów kilku odmian jabłoni. **(Die Formierung einjähriger Okulate einiger Apfelsorten.)** Prace Inst. Sadownictwa Skierniewicach **6** (1962) S. 27–38. – 9 Abb., 2 Tab., 12 Lit. Zus. in Russ., Engl.
Vff. prüften verschiedene Methoden, Apfelveredlungen 1 Jahr nach der Okulation zur Bildung von Seitentrieben in einer Mindesthöhe von 50 cm anzuregen. Die einzelnen Sorten waren zur Kronenbildung aus „vorzeitigen" Trieben unterschiedlich geeignet ('Cox' und 'Landsberger' gut, 'Perkin' und bes. 'Ribston' schlecht). Die Entfernung von Seitentrieben bewirkte eine stärkere Verzweigung oberhalb von 50 cm. Das Entspitzen des Mitteltriebes ohne Aufputzen der Seitentriebe bewährte sich nicht. Entspitzen und Aufputzen ergab gute Resultate. 3 Triebe zur Bildung der unteren Etage einer „freirängigen" Etagenkrone waren am günstigsten; mit 2 Trieben war ein Umpflanzen möglich. In weiteren Versuchen soll geprüft werden, ob die Krone bei 60–70 cm geformt werden kann. Die Anwendung von Maleinsäurehydrazid und Hormonen ist geplant. J. Pragłowski. 1232.

Doll, C. C. Apple tree root development in terraced loess soils. **(Wurzelentwicklung von Apfelbäumen in terrassierten Lößböden.)** Proc. Amer. Soc. horticult. Sci. **78** (1961) S. 1–7. – 4 Abb., 8 Lit.
Das freigelegte Wurzelsystem von 'Jonadel'-Bäumen auf der Unterlage 'Columbia Seedling' zeigte maximal folgende Ausdehnung: 1jährige Bäume: 5,9 ft. horizontal und 6,1 ft. vertikal; 4jährige Bäume: 16,1 ft. horizontal und 11,2 ft. vertikal. Der Boden war gut durchgewurzelt, aber es zeigten sich nicht so zahlreiche Faserwurzeln wie in anderen Bodentypen. Die gefundene Tiefe und Ausbreitung der Wurzeln erlaubt Schlußfolgerungen für die richtige Festlegung der Pflanzstellen bei Bäumen auf Terrassen, um deren Verankerung zu gewährleisten. W. Schuricht. 1232.

Słowik, K. Rozmieszczenie korzeni 11-letnich jabłoni w pasach murawy i w międzyrzędziach. **(Die Plazierung der Wurzeln von 11jährigen Apfelbäumen in den begrasten Streifen und zwischen den Baumreihen.)** Prace Inst. Sadownictwa Skierniewicach **6** (1962) S. 101–117. – 3 Abb., 10 Tab., 14 Lit. Zus. in Russ., Engl.
Auf leichtem Podsolboden wurde die Verteilung der Wurzeln von 11jährigen Apfelbäumen (10×10 m Abstand) untersucht. Im 4. Jahr nach der Pflanzung erfolgte die Anlage eines 1,9 m breiten Grasstreifens entlang der Pflanzreihe. Die Grasstreifen verminderten den Wuchs der Wurzeln in Breite und Tiefe. Im Vgl. zur Wurzelmasse im Zwischenstreifen betrug unter Gras die Masse der groben Wurzeln 73,4%, der feinen Wurzeln 52,8%. Die groben Wurzeln befanden sich unter Gras vorwiegend in einer Tiefe von 20–60 cm, außerhalb des Grases zwischen 40 und 80 cm. In Stammnähe waren unter dem Gras mehr kleinere Wurzeln als in den Zwischenreihen. Als Folge der Graseinsaat konnten zahlreiche Veränderungen im Wurzelwachstum festgestellt werden. Da aber die Grasfläche nur $^1/_5$ der Gesamtfläche betrug, waren nach Pieniażek Wuchs und Ertrag nicht beeinträchtigt. J. Pragłowski. 1232.

Kłossowski, W., Gruszewska, M. und Mróz, H. Wpływ różnych systemów pielegnowania gleby na wzrost i owocowanie jabłoni karlowych. **(Der Einfluß verschiedener Bodenbearbeitungs- und Pflegesysteme auf den Wuchs und den Ertrag von kleinkronigen Apfelbäumen.)** Prace Inst. Sadownictwa Skierniewicach **6** (1962) S. 51-60. – 4 Tab., 15 Lit. Zus. in Russ., Engl.

In Osiny (450–500 mm Jahresniederschläge) wurde in 6jährigen Untersuchungen die Wirkung unterschiedlicher Bodenpflege auf den Wuchs von Apfelbäumen geprüft. Dauerrasen, Schwarzbrache, Schwarzbrache mit Deckpflanzen, Bodenbedeckung mit Strohstreu, Kiefersägespänen und Torf wurden verglichen. Stammstärke- und Trieblängenmessungen erfolgten an 7jährigen Bäumen der Sorte 'Jakob Lebel' auf EM II. Die Versuche demonstrierten die ungünstige Wirkung von Dauergras. Strohstreubedeckungen des Bodens verbesserten das Dickenwachstum des Stammes. Schwarzbrache mit Deckpflanzen, Bodenbedeckung mit Sägespänen oder Torf zeigten gleiche Ergebnisse. Die Bodenfeuchte in 0–10 cm Tiefe war unter Gras am niedrigsten, unter Streubedeckung am höchsten. In 40–50 cm Tiefe waren die Feuchtigkeitsunterschiede geringer. J. Pragłowski. 1232.

Drijfhout, E. Resultaten van het permanente bemestingsproefveld bij appels op het fruitteeltproefbedrijf te Numansdorp. I. Invloed van de bemesting op de vruchten. **(Ergebnisse des dauernden Düngerprüffeldes von Äpfeln des Obstversuchsbetriebes in Numansdorp. 1. Mitt. Einfluß der Düngung auf den Ertrag.)** Fruitteelt **51** (1961) Nr. 4. S. 106–108. – 5 Tab.

1948/49 wurde ein Düngungsversuch zu Äpfeln mit den Sorten 'Jonathan' auf EM II und IX, 'Cox Orange Pippin' auf EM II und IX und 'Golden Delicious' auf EM IX und VII angelegt. Je Parzelle wurden 300, 700 oder 1000 kg schwefelsaures Ammoniak, 0, 250 oder 500 kg Superphosphat, 240, 720 oder 1200 kg Patent-Kali verabfolgt. Im Sortenmittel ging die Erhöhung des Ertrages mit steigenden N-Gaben parallel. Bezogen auf die Gabe von 700 kg betrug der Ertrag bei 1000 kg schwefelsaurem Ammoniak 110%, bei 300 kg nur 72%. Bei Anwendung von 250 kg Superphosphat wurde der höchste Ertrag erzielt. Ohne P_2O_5 lag der Ertrag bei 93%, bei Überdosierung bei 98%. Die Ertragsleistung bei mittlerer und hoher K-Gabe war fast gleich, ohne K-Gabe betrug sie 93% gegenüber 720 kg Patent-Kali-Anwendung. Fruchtgröße: Der Einfluß differenzierter NPK-Düngung ist gering. Bei fallenden N-Gaben nimmt die Früchtezahl stärker als die Fruchtgröße der Einzelfrüchte ab. Fruchtfärbung: Je höher die N-Gabe, desto schlechtere Färbungsergebnisse lagen vor. Unterschiedliche K- und P-Düngung wirkte sich nicht auf die Ausfärbung der Früchte aus. Haltbarkeit: Hohe N-Gaben verschlechterten das Haltbarkeitsergebnis der Früchte. Der N-Gehalt in den Blättern stieg mit steigenden N-Gaben an. Bei K war kein derartiger Einfluß nachweisbar. W. Blasse. 1232.

Schwope, D.; Halle/S., Martin-Luther-Univ. Halle-Wittenberg, Inst. für Obst- und Gemüsebau. **Ertragssteigerung durch Bewässerung bei Apfelniederstämmen.** Obstbau [Berlin] **3** (1963) Nr. 3. S. 40–43. – nach Zus.

Die Untersuchungen geben zu der Schlußfolgerung Anlaß, auch im Obstbau alle Möglichkeiten einer optimalen Wasserversorgung, angefangen bei richtiger Bodenpflege bis zur Bewässerung, zu nutzen. Bedeutende Ertragssteigerungen können im Apfelanbau erzielt werden, selbst dann, wenn auf Grund sehr guter Bodenverhältnisse eine günstige Wasserführung vorliegt und im wesentlichen nur während einzelner Trockenperioden bewässert wird. 1232.

Zaliwski, S. Wpływ cięcia na regularność i jakość owocowania jabłoni karłowych. **(Der Einfluß der Schnittmaßnahmen auf die Gleichmäßigkeit des Ansatzes und die Fruchtqualität bei kleinkronigen Apfelbäumen.)** Prace

Inst. Sadownictwa Skierniewicach **6** (1962) 83–100. – 3 Abb., 4 Tab., 37 Lit. Zus. in Russ., Engl.

1948–54 wurden in Górna Niwa auf Sandboden mit Untergrundlehm Schnittversuche mit den Sorten 'James Grieve', 'Signe Tillisch' und 'Cox' auf EM IX durchgeführt. „Natürliche", „fichtenartige" und „kegelförmige" Wuchsformen unterschieden sich im Schnittaufwand und in der Astdichte. Den geringsten Schnitt verursachte die „natürliche" Krone, den höchsten Aufwand, bes. durch Waagerechtstellen der Triebe, die „fichtenartige". Stammdurchmesser, Zuwachs und Stärke der Langtriebe, Anzahl und Gewicht der Früchte wurden erfaßt. Die Ergebnisse belegten die Notwendigkeit des Schnittes. Der Winterschnitt verbesserte den jährlichen Fruchtansatz und die Fruchtqualität. Auslichtungs- und Rückschnitt verringerten die Kronengröße, stimulierten den Wuchs der Langtriebe und änderten das Blatt/Frucht-verhältnis. Geschnittene Bäume zeigten weniger aber größere Früchte. Die Ergebnisse des Sommerschnittes wurden diskutiert.

J. Pragłowski. 1232.

Johansson, Emil und Sahlström, Henry. Sortförsök med äpple i Norrland och Värmland. **(Sortenversuch mit Äpfeln in Nordland und Värmland.)** Sveriges pomolog. Fören. Årsskr. **61** (1960) S. 115.– 3 Abb., 8 Tab., 3 Lit.

An verschiedenen Standorten Nord- und Mittelschwedens wurden Sorten amer., russ. und lokaler Herkunft sowie Neuzüchtungen geprüft. Die meisten Sorten hatten einen späten Ertragsbeginn und geringe Leistungen. Für den Anbau unter gleichen Standortbedingungen werden empfohlen: 'Cloetta', 'Hornö', 'Lobo', 'Melba', 'Suislepper' und 'Transparente blanche'. Zwei Neuzüchtungen bewährten sich für Nordschweden ('Antonowka × Ecklinville' und 'Wealthy', frei abgeblüht). Alle Sorten zeigten Unverträglichkeitserscheinungen mit Sämlingsunterlagen von *Malus prunifolia*, während Sämlinge eines Paradies-Typs 'P. Ö.' bessere Ergebnisse brachten. Die weniger bekannten Sorten werden im Anhang kurz beschrieben.

D. Neumann. 1232.

Williams, R. R. und Child, R. D. Cider apples and their characters. **(Cider-Äpfel und ihre Eigenschaften.)** Annu. Rep. agric. horticult. Res. Stat., Long Ashton, Bristol **1961** S. 77–85. – 11 Abb., 5 Lit.

Da nur wenige Cider-Apfelsorten in der einschlägigen Literatur angeführt werden, soll die vorliegende Arbeit eine pomologische Bestimmung ermöglichen und die Sortenwahl für die Pflanzung erleichtern. – Eine sehr eingehende Beschreibung der Frucht wird durch Angaben über den Saft (spez. Gewicht, Säure, Tannin), den Geschmack des Weines sowie über Blühzeitpunkt und Anbaueigenschaften der Sorte ergänzt. Folgende Sorten werden behandelt: 'Ashton Brown Jersey', 'Bulmer's Norman', 'Court Royal', 'Dabinett', 'Kingston Black', 'Michelin', 'Sweet Coppin', 'Tremlett's Bitter', 'Stoke Red' und 'Yarlington Mill'. M. Reichel. 1232.

Paulin, André, Quidet, Pierre und Richard, Henri. Influence de la fumure sur la qualité et l'aptitude à la conservation de la variété de pommes 'Starking Delicious'. **(Einfluß der Düngung auf die Qualität und Lagerfähigkeit der Apfelsorte 'Starking Delicious'.)** Potasse [Mulhouse/Haut Rhine] **37** (1963) Nr. 303. S. 63–65. – 1 Abb., 3 Tab.

An einem von 1948–1959 laufenden Düngungsversuch mit den Varianten NP, NPK, NPK_2 und N_2PK_2 wurde 1959 der Einfluß der Düngung auf die Fruchtqualität durch Geschmacksbonitierung (5 Noten, 14tägiger Abstand) geprüft. Die günstigste Wirkung auf den Saft- und Aromagehalt übte die zusätzliche K-Düngung aus. Die zusätzliche N-Düngung hatte eher einen ungünstigen Einfluß, denn die Früchte der N_2PK_2-Parzelle wurden schlechter beurteilt, als die der NPK_2-Parzelle. Die Haltbarkeit der Früchte war bei diesen beiden Varianten am längsten. Die K-Düngung scheint die Entwicklung der Schalenbräune zu hemmen. Diese günstige Wirkung wird aber durch starke N-Düngung (N_2PK_2) unterdrückt. U. Neumann. 1232.

Fisher, E. G. und Kwong, S. S. The effect of potassium fertilization on fruit quality of the McIntosh apple. **(Wirkung der Kalium-Düngung auf die Fruchtqualität von 'McIntosh'-Äpfeln.)** Proc. Amer. Soc. horticult. Sci. **78** (1961) S. 16–23. – 7 Tab., 17 Lit.
Mehrjährige K-Düngungsversuche ergaben: K erhöhte signifikant den Säuregehalt. Der K-Einfluß auf Fruchtfestigkeit, -größe und -färbung war nicht groß. Signifikante Erhöhung der Fruchtgröße trat nur im 1. Jahr ein, wenn der Gehalt an K im Blatt 5–6% der Tr.-Subst. betrug; signifikante Verbesserung der Fruchtfärbung war nur bei Bäumen mit K-Mangel festzustellen. Der Einfluß anderer Faktoren auf die Färbung der Äpfel wird diskutiert (Wetter, Erntehöhe und extrem hoher K-Gehalt im Blatt).
W. Schuricht. 1232.

Miyashita, Kiichi, Soma, Eikichi und Kawamura, Eigoro. Studies on the relation between fruit characters and ecological factors of the apple. I. The influence of ecological factors on fruit weight of „McIntosh apple". **(Untersuchungen über die Beziehungen zwischen Fruchteigenschaften und ökologischen Faktoren beim Apfel. 1. Mitt. Der Einfluß von ökologischen Faktoren auf das Fruchtgewicht von 'McIntosh'-Äpfeln.)** Res. Bull. Hokkaido nat. agric. Exp. Stat. **1962** Nr. 79. S. 5–11. – 9 Tab., 17 Lit. Orig.: jap., Ausz.: engl.
An einem Baum der Sorte 'McIntosh' mit einem Durchschnittsfruchtgewicht von 235,1 g ± 2,49 wurden im Mittel folgende Daten registriert: Blühzeitpunkt 23.5., Samenanzahl 8,21, Blattzahl je Büschel 10,1, Blütenzahl je Infloreszenz 5,9, Fruchtsproßlänge 1,69 cm, Alter der Kurztriebe auf den Zweigen 4,45, Neigungswinkel der Kurztriebe 7,18°. – Zwischen Fruchtgewicht und folgenden Faktoren ergaben sich in abnehmender Reihenfolge ± enge Beziehungen: 1. Samenanzahl, 2. Blühzeitpunkt, 3. Blattzahl je Büschel, 4. Neigungswinkel der Kurztriebe, 5. Blütenanzahl, 6. Kurztrieblänge, 7. Alter des Astes. Die Korrelations- und Regressionskoeffizienten werden mitgeteilt. Eine hoch signifikante Beziehung besteht zwischen Blühzeitpunkt und Größe der Blütenknospen und erlaubt den Hinweis, daß große Blütenknospen auch große Früchte hervorbringen. M. Reichel. 1232.

Landfald, Rolf. Virkninger av dyrkingsvilkår, fruktstørrelse og temperatur ved lagring av James Grieve. **(Der Einfluß von Anbaubedingungen, Fruchtgröße und Temperatur auf die Lagerung von 'James Grieve'.)** Frukt og Baer **15** (1962) S. 57–61. – 5 Tab.
Die Lagerfähigkeit dieser Apfelsorte variiert je nach Ort und Jahr bedeutend. Die Früchte älterer Bäume auf Grasboden hatten eine bessere Deckfarbe und eine hellere Grundfarbe bei der Ernte. Nennenswerte physiol. Schäden wiesen diese Früchte nicht auf. Die Früchte von 2 jüngeren Feldern mit offenem Boden waren grüner und größer als die von Grasböden, hatten jedoch erhebliche physiol. Schäden aufzuweisen, die sich hauptsächlich im Zusammenfallen des Fruchtfleisches äußerten. Äpfel über 120 g wiesen größere Schäden auf als die unter 120 g. Die Größen 70–90 g und 90–120 g waren meistens gleichwertig hinsichtlich physiol. Schäden und Fäulnis. Bei Lagerung bei 0° waren mehr physiol. Schäden zu verzeichnen als bei 2° in durchlüfteten Räumen. 'James Grieve' von über 120 g ist somit für die Lagerung ungeeignet. Vor der Lagerung unter 2° ist allg. zu warnen.
E. Kahn. 1232.

Riehs, E.; Raumberg-Trautenfels, Höhere Bundeslehranst. für Alpenländ. Landwirtsch. **Messungen des Stammumfanges an einigen Birnensorten in**

den ersten drei Standjahren. Bodenkultur [Wien], Ausg. A **14** (1963) Nr. 1. S. 80–90. – 1 Abb., 12 Tab.
Die Stammumfänge der Birnensorten 'Gräfin von Paris', 'Gute Luise von Avranches', 'Williams Christbirne', 'Boscs Flaschenbirne' und 'Gellerts Butterbirne' auf 'Steirischer Birnen-Sämling' (Halbstämme) wurden in den ersten 3 Standjahren einer statistischen Prüfung unterzogen. 'Gräfin von Paris' und 'Williams Christbirne' zeigten die geringsten Mittelwerte, während 'Boscs Flaschenbirne' und 'Gellerts Butterbirne' am Ende des 3. Standjahres die größten Zuwachsraten aufwiesen. 'Gute Luise von Avranches' nimmt eine Zwischenstellung ein. W. Blasse. 1235.

Kłossowski, W. und Soczek, Z. Wpływ różnych materiałów użytych do ściółkowania gleby na wzrost młodych grusz. **(Der Einfluß verschiedener Arten von Bodenstreu auf den Wuchs junger Birnbäume.)** Prace Inst. Sadownictwa Skierniewicach **6** (1962) S. 39–50. – 4 Tab., 16 Lit. Zus. in Russ., Engl.
1950–55 wurden auf leichtem Podsolboden bei 450–500 mm Jahresniederschlägen Bodenbedeckungsversuche mit Torf, Sägespänen, Braunkohlenstaub und Schlackenwolle durchgeführt. Gleichzeitig wurde die Wirkung einer ganzflächigen Begrasung bzw. von Grasstreifen mit Schwarzbrache und Deckpflanzen auf den Wuchs von Birnen geprüft. Grasstreifen waren vorteilhafter als einheitliche Grasflächen. Die Bodenbedeckung übte nur bei Grasstreifen einen günstigen Einfluß auf den Wuchs aus; nicht aber bei ganzflächigem Dauergras. Bestes Bedeckungsmaterial war Sägemehl, es folgten Torf und Schlackenwolle. Braunkohlenstaub bewährte sich nicht. J. Pragłowski. 1235.

Luckwill, L. C.; Long Ashton, Bristol, Agric. Horticult. Res. Stat. The effect of gibberellic acid on the cropping of pears following frost damage. **(Die Wirkung von Gibberellinsäure auf die Birnenernte nach erfolgten Frostschäden.)** Annu. Rep. agric. horticult. Res. Stat., Long Ashton, Bristol **1961** S. 61–66. – 2 Abb., 3 Tab., 3 Lit.
An 3 Birnensorten wurde der Einfluß von Gibberellinsäure (**I**) auf den Fruchtansatz frostgeschädigter Blüten untersucht. Alle geprüften **I**-Konzentrationen vermochten Fruchtansatz und Ertrag zu erhöhen. Die besten Ergebnisse wurden erzielt, wenn die Behandlung 18 Tage nach dem Frost während der Vollblüte erfolgte. Die 3 Sorten reagierten unterschiedlich. 'Bristol Cross' und 'Laxton's Superb' zeigten den höchsten Fruchtansatz bei 50 ppm **I**, 'Williams' bei 100 ppm. Im Vgl. zur Kontrolle ergaben sich folgende Verhältniszahlen, die ihren Niederschlag auch in erhöhten Erträgen fanden: 9,6/28,8 ('Bristol Cross'), 9,4/23,3 ('Laxton's Superb') und 5,0/17,7 ('Williams'). Berücksichtigt man hierbei den Ertrag verkäuflicher Früchte, so ergibt sich nur für 'Bristol Cross' eine noch günstigere **I**-Konzentration, nämlich 10 ppm, wobei insgesamt gesehen der Fruchtansatz etwas geringer ist (9,6/26,1). H. Opel. 1235.

Williams, R. R. Perry pears for planting. II. **(Perry-Birnen zur Pflanzung. 2. Mitt.)** Annu. Rep. agric. horticult. Res. Stat., Long Ashton, Bristol **1961** S. 92–96. – 2 Tab., 6 Lit. 1. Mitt. vgl. LZ. Abt. II **5** (1959) Nr. 1. S. 136.
Vf. legt eine nach 5jähriger Beobachtungszeit überarbeitete Liste von Birnensorten für die Mostgewinnung vor. Das Verhalten der Sorten in der Baumschule (Wuchsstärke auf Sämlinge und Quitte mit Doppelokulation, vorzeitige Triebbildung) und im Ertragsstadium (Erntezeit, Ertragsleistung, Größe der Frucht und des Baumes, Krebs- und Schorfanfälligkeit, Mostbeschaffenheit) wird in Tabellen dargestellt. Auf das Vorkommen verbreiteter Virosen wird bes. hingewiesen. M. Reichel. 1235.

Williams, R. R. und Faulkner, Gillian. The identification of the perry pears of Gloucestershire. **(Das Bestimmen der Perry-Birnen von Gloucester-**

shire.) Annu. Rep. agric. horticult. Res. Stat., Long Ashton, Bristol **1961** S. 96–105. – 10 Abb., 8 Lit.
Ein Bestimmungsschlüssel zum Auffinden von 52 Mostsorten wurde erarbeitet. Innerhalb von 3 Reifegruppen werden folgende sortentypische Merkmale erfaßt: Fruchtform, Lentizellen, Kelch und Kelchhöhle, Stiel und Stielansatz. Am Ende der Aufstellung teilen Vff. bemerkenswerte Einzelheiten über die Sorten mit. M. Reichel. 1235.

Blaricom, L. O. van und Brittain, J. A.; Clemson, S. C., Agric. Exp. Stat. The quantity and size distribution of stone cell particles in pear varieties. **(Menge und Art der Verteilung der Steinzellen bei Birnensorten.)** Proc. Amer. Soc. horticult. Sci. **78** (1961) S. 59–64. – 4 Abb., 2 Tab., 14 Lit.
Für die Herstellung von Kleinstkindernahrung ist die Birne von Interesse. Die Qualität des Birnenpürees ist von seinem Gehalt an sclerenchymatischen Zellen abhängig. Es wird eine Methode zur Isolierung und quantitativen Bestimmung der Menge und Größe der Steinzellen eingehend beschrieben. Die Werte von 9 untersuchten Sorten lassen wesentliche Unterschiede zwischen diesen erkennen. Durch Verwendung feinerer Siebsätze bei der Herstellung der Pulpe können größere Steinzellen entfernt werden.
H. Ackermann. 1235.

Joley, Lloyd E.; Chico, Calif., Dep. of Agric., Crops Res. Div. Apricot seedlings of Turkish origin that set fruit under adverse conditions. **(Aprikosensämlinge türkischen Ursprungs und ihr Ertrag unter ungünstigen Bedingungen.)** Proc. Amer. Soc. horticult. Sci. **78** (1961) S. 65–68. – 2 Tab.
Zwei Aprikosensämlinge, die von Importfrüchten aus der Türkei gewonnen wurden, werden mit den Sorten 'Blenheim' und 'Tilton' verglichen. Die Beobachtungen mit anderen Sorten und Sämlingen fanden an einem Standort mit ungünstigen klimatischen Bedingungen statt. Aufgetretene Fröste und zu niedrige Temperaturen z. Z. der Blüte schienen für die Prüfung bes. geeignet. Bäume und Früchte der 2 Sämlinge werden beschrieben. Es wird festgestellt, daß selbst im Jahre 1958, wo Kirschen- und Pflaumenblüten erfroren sind, diese 2 Aprikosen Fruchtertrag aufwiesen. Keine von 175 eur. und asiatischen Sorten war kältewiderstandsfähiger. M. Umhauer. 1242.

Pollack, Robert L., Hoban, Nancy und Hills, Claude H.; Philadelphia, Pa, U. S. Dep. of Agric., Eastern Res. Lab. Respiratory activity of the red tart cherry (Prunus cerasus) during growth. **(Respirationsaktivität von Sauerkirschen (Prunus cerasus) während des Wachstums.)** Proc. Amer. Soc. horticult. Sci. **78** (1961) S. 86–95. – 7 Abb., 2 Tab., 21 Lit.
Während verschiedener Reifestadien wurden von Sauerkirschen Größe, Gewicht und Respirationsaktivität (**I**)[O_2-Aufnahme (**II**) u. CO_2-Abgabe (**III**)] bestimmt. Die **II** wurde aus der manometrischen Differenz, die **III** aus der Veränderung der elektrischen Leitfähigkeit einer 0,05 n NaOH ermittelt. Wurde die **I** auf g Frischgewebe bzw. Gesamt-N bezogen, nimmt sie mit fortschreitender Fruchtentwicklung stetig ab. In bezug auf die Gesamtfrucht durchläuft die **I** ein Maximum. Ein Klimakterium während der Fruchtentwicklung konnte nicht nachgewiesen werden. Die Abweichungen der **I** waren während der verschiedenen Untersuchungsjahre nur gering.
H. Ackermann. 1245.

Zagaja, S. W. und Zagaja, W. Wzrost „in vitro" niedojrzałych zarodków brzoskwini. **(Der Wuchs unreifer Pfirsichkeimlinge "in vitro".)** Prace Inst. Sadownictwa Skierniewicach **6** (1962) S. 3–9. – 1 Abb., 2 Tab., 6 Lit. Zus. in Russ., Engl.
Vff. prüften, ob die Zunahme der Kotyledonen an Frisch- und Trockenmasse bei niederen Temperaturen auf Zellteilung und Differenzierung oder auf den Wuchs der Zellen zurückzuführen ist. Nach Tukey dauert die Entwicklung

der Pfirsichkeimlinge (von der Blüte ab berechnet) ca. 110 Tage. Zur Zucht wurden 80 Tage nach der Blüte Keimlinge der Sorte 'Prinz York' entnommen. Während einer 45tägigen Stratifikationszeit konnte keine Zellteilung in den Keimblättern beobachtet werden. Der Umfang der Parenchymzellen und damit Frisch- und Trockengewicht nahmen zu. Die Differenzierung der Keimblattzellen war bereits 80 Tage nach der Blüte abgeschlossen. Die Versuche werden fortgesetzt. J. Prągłowski. 1248.

Proebsting jun., E. L. und Mills, Harland H.; Prosser, Wash., Irrigation Exp. Stat. Loss of hardiness by peach fruit buds as related to their morphological development during the pre-bloom and bloom period. **(Der Verlust der Härte von Pfirsichblütenknospen im Verhältnis zu ihrer morphologischen Entwicklung während der Vorblüte und Blühperiode.)** Proc. Amer. Soc. horticult. Sci. 78 (1961) S. 104–110. – 2 Abb., 2 Tab., 11 Lit. Zus. in Engl.

Im Winter 1958/59 wurden von 2 Bäumen der Sorte 'Elberta' Stichproben von je 80 Trieben entnommen, so daß für die Untersuchung rund 1600 lebende Knospen zur Verfügung standen. Unter Laborbedingungen, bei unterschiedlicher Entwicklung der Knospen, gemessen an der Länge des Pystils, wurden jeweils die Temperaturen ermittelt, bei der rund 50% der Knospen abgetötet wurden (T_{50}). Der Zustand der Knospen wurde an der Verfärbung des Gewebes festgestellt. Es zeigte sich, daß zu Beginn der Untersuchung T_{50} bei +0,2 °F lag und die größte Härte der Knospen während der Entwicklung der Petalen und der ersten Färbung zu verzeichnen ist. In dieser Periode (10.–15. März) lag T_{50} bei –0,6 °F. Die Härte der Blüte nimmt von diesem Zeitpunkt sehr stark ab (Pollenreife 30. 3., T_{50} = 13,7 °F) und erreicht von Blühbeginn bis Vollblüte die größte Empfindlichkeit (T_{50} = 24,3 °F). Die Laboruntersuchungen stimmen gut mit Angaben über Beobachtungen im Feldbestand überein. S. Kramer. 1248.

Ryugo, Kay; Davis, Univ. of California, Dep. of Pomol. The rate of dry weight accumulation by the peach pit during the hardening process. **(Die Rate der Trockengewicht-Akkumulation beim Pfirsichstein während des Härtungsprozesses.)** Proc. Amer. Soc. horticult. Sci. 78 (1961) S. 132–140. – 4 Abb., 1 Tab., 8 Lit.

Der Pfirsichstein stellt ein ideales Gewebe dar, um die Lignifikation zu untersuchen. Stichproben, zu verschiedenen Zeiten der Entwicklung des Steines bei den Sorten 'Elberta' (großer Stein) und 'Paolo' (kleiner Stein) entnommen, wurden auf Frischgewicht, Tr.-Subst. und alkoholunlösliche Substanzen (**AIS**) untersucht. Wenn der Härtungsprozeß beginnt, hat der Pfirsichstein bereits seine volle Größe erreicht, trotzdem nimmt das Frischgewicht in den letzten 60 Tagen vor der Ernte bei 'Elberta' von 5,9–7,0 g je Stein zu, während sich bei der Sorte 'Paolo' unter gleichen Bedingungen eine Zunahme von 3,8 auf 4,3 g verzeichnen ließ. Tr.-Subst. und **AIS** folgen der gleichen Tendenz. Die tägliche Zuwachsrate erreicht bei 'Paolo' Ende Mai und bei 'Elberta' Anfang Juni die größten Werte. Als Summenkurve in Prozent der Frischsubstanz des Steines ergibt sich bei beiden Sorten eine S-Kurve. Die Untersuchungen ließen erkennen, daß die Lignifikation in den Steinzellen des Pfirsichendokarps im frühen Stadium beginnt, aber ständige Translokationen von äußeren Stoffen über die Vaskularstränge zu Ablagerungen an den Zellwänden führen. S. Kramer. 1248.

Crane, Julian C., Rebeiz, Constantin A. und Campbell, Robert C.; Davis, Univ. of California. Gibberellin-induced parthenocarpy in the J. H. Hale peach and the probable cause of „button" production. **(Gibberellin-induzierte Parthenokarpie beim 'J.H. Hale'-Pfirsich und die vermutlichen Ursachen der „Button"-Produktion.)** Proc. Amer. Soc. horticult. Sci. 78 (1961) S. 111–118. – 3 Abb., 2 Tab., 17 Lit.

Bei der selbststerilen Pfirsichsorte 'J.H. Hale' konnte von Jahr zu Jahr eine unterschiedliche Anzahl von abnormen Früchten beobachtet werden, die sich gegenüber normalen Früchten durch eine spätere Reife und beträchtliche Größenverminderung auszeichnen und allg. „Buttons" (Knopffrüchte) genannt werden. Es kann angenommen werden, daß es sich dabei um parthenokarpe Früchte handelt. Kastrierte Blüten wiesen einen Fruchtansatz von 49,5% „Buttons" auf, während bei frei abgeblühten nur 19,8% zu verzeichnen waren. Eine Spritzung mit einer wäßrigen Gibberellin-Lösung (250, 500, 1000 ppm) in die kastrierten Blüten förderte den Ansatz parthenokarper Früchte (54–69%). Der Fruchtansatz war gegenüber frei abgeblüht signifikant höher. Jedoch waren die parthenokarpen Früchte länger bei verringertem Durchmesser und enthielten auch einen längeren, schmalen Stein. Das Fleisch am Stielansatz und am Blütenende der Frucht ist fester und die Früchte reifen rund eine Woche eher. Der Wachstumsverlauf der parthenokarpen Früchte gleicht dem der normalen Früchte. Es wird gefolgert, daß das Wachstum der Pfirsichfrucht nicht durch samenbürtige Wuchsstoffe kontrolliert wird. Die Bildung von „Buttons" wird als Ausdruck der Neigung zur Parthenokarpie der Sorte 'J. H. Hale' angesehen. S. Kramer. 1248.

Craft, C. C.; Beltsville, Dep. of Agric. Polyphenolic compounds in Elberta peaches during storage and ripening. **(Polyphenol-Verbindungen in 'Elberta'-Pfirsichen während der Lagerung und Reife.)** Proc. Amer. Soc. horticult. Sci. 78 (1961) S. 119–131. – 3 Abb., 5 Tab., 29 Lit.
Die papierchromatographische Untersuchung von Extrakten aus reifenden Früchten der Sorte 'Elberta' erbrachte den Nachweis, daß Leuco-anthocyane, Chlorogensäure, Katechine und Flavonole enthalten sind. Ein qualitativer Wechsel der Phenole während der Reife ist nicht vorhanden, auch die Verhältnisse zwischen den einzelnen Verbindungen bleiben ziemlich konstant. Der höchste Gehalt dieser Verbindungen konnte, bezogen auf das Frischgewicht der Pfirsiche, in der Zeit während der Steinhärtung festgestellt werden. Obwohl während der Reife die Phenole in der Frucht (mg/Frucht) zunehmen, sinkt der Gehalt dieser Verbindungen bezogen auf 100 g Frischgewicht bis zur Reife stark ab. Eine signifikante Veränderung dieser Verhältnisse konnte bei den Früchten, die zu verschiedenen Zeiten zwischen der Hart- und Baumreife geerntet und anschließend bei 40 °F bzw. 70 °F 10 Tage gelagert wurden, nicht nachgewiesen werden. Der Gehalt an Polyphenolen unterscheidet sich von Jahr zu Jahr signifikant. In zerteilten (geschnittenen) Pfirsichfrüchten findet vermutlich eine enzymatische Oxydation durch endogene Phenolasen statt, da weder chem. noch spektrophotometrisch der Nachweis von Polyphenolen erbracht werden konnte. S. Kramer. 1248.

Kłossowski, W. und Gruszewska, M. Wpływ różnych systemów pielęgnowania gleby na wzrost i owocowanie śliw odmiany Renkloda Ulena. **(Der Einfluß verschiedener Bodenbearbeitungs- und Pflegesysteme auf den Wuchs und Ertrag der Pflaumensorte 'Reneklode Ulena'.)** Prace Inst. Sadownictwa Skierniewicach 6(1962) S. 61–69. – 3 Tab., 10 Lit. Zus. in Russ., Engl.
Im VEG Osiny (jährliche Niederschlagsmenge 450-500 mm; Grundwasserstand 80 cm) wurde der Einfluß von Schwarzbrache, Schwarzbrache mit Deckpflanzen, Strohstreubedeckung und Dauergras auf Wuchs und Ertrag von 'Reneklode Ulena' auf *Prunus cerasifera divaricata* geprüft. Die 1945 gepflanzten Bäume erfroren 1953/54. Aus den 4jährigen Beobachtungen konnte folgendes abgeleitet werden: Dauergras beeinträchtigte Wuchs und Ertrag. Gegenüber Schwarzbrache wurde der Ertrag durch Deckpflanzen erhöht. Die Bodenbedeckung war während der Untersuchungszeit ohne wesentlichen Einfluß auf den Ertrag. Unterschiede in der Frostfestigkeit der Gehölze, verursacht durch die Bodenpflegesysteme, wurden nicht beobachtet.
J. Pragłowski. 1250.

Voth, Victor und Bringhurst, R. S.; Davis, Univ. of California. Pruning and polyethylene mulching of summer-planted strawberries in Southern California. **(Entranken und Mulchen mit Polyäthylen bei Erdbeersommerpflanzungen in Südkalifornien.)** Proc. Amer. Soc. horticult. Sci. **78** (1961) S. 275 bis 280. – 3 Abb., 5 Lit.

Die Erdbeersorten 'Lassen' und 'Solana' wurden in einem Komplexversuch mit 3 Entrankungsarten (nicht – mittel – stark) und 2 Bedeckungsarten (unbedeckt – bedeckt mit Polyäthylen) in 4facher Wiederholung hinsichtlich Gesamtertrag, Zeitpunkt der Ernte und Fruchtgröße geprüft. Starkes Ausputzen im Winter minderte den Gesamtertrag, verzögerte die Ernte und verursachte Ernährungsstörungen (Chlorose). Die Bedeckung mit Polyäthylen erhöhte die Frühzeitigkeit infolge hoher Bodentemperaturen im Febr. und März und bei der Sorte 'Lassen' außerdem den Gesamtertrag. Die varianzanalytische Auswertung ergab eine signifikante Wechselwirkung zwischen Erntemonat × Bedeckungsart sowie zwischen Erntemonat × Entranken × Bedeckungsart. Die Fruchtgröße wurde durch die einzelnen Behandlungsarten nicht beeinflußt. A. Mügge. 1260.

Voth, Victor, Proebsting sen., E. L. und Bringhurst, R. S.; Univ. of California, Dep. of Pomol. Response of strawberries to nitrogen in Southern California. **(Die Reaktion von Erdbeeren auf Stickstoff in Südkalifornien.)** Proc. Amer. Soc. horticult. Sci. **78** (1961) S. 270–274. – 6 Abb., 4 Lit.

1959–60 wurden mit den Erdbeersorten 'Lassen' und 'Solana' N-Düngungsversuche mit folgenden Prüfnummern durchgeführt: 0, 75, 150 und 300 lb. N/acre, wobei N in Form von Ammoniumnitrat verabreicht wurde. Der Gesamtertrag der gedüngten Parzellen war höher als der der ungedüngten. 150 lb. N/acre ergab höhere Erträge als 75 lb. N/acre; 300 lb. N/acre jedoch nicht mehr als 150 lb. N/acre. Bei der Fruchtgröße zeigten sich zwischen gedüngten und ungedüngten Pflanzen keine signifikanten Unterschiede. Die Erdbeerblätter wurden untersucht auf Nitrat- und Gesamt-N, P-, K-, Ca-, Mg- und Mn-Gehalt. Es ergaben sich Unterschiede hinsichtlich der Sorten und Daten der Probenahme. A. Mügge. 1260.

Cannell, Glen H., Voth, Victor, Bringhurst, R. S. und Proebsting sen., E. L.; Riverside; Davis, Univ. of California. The influence of irrigation levels and application methods, polyethylene mulch, and nitrogen fertilization on strawberry production in Southern California. **(Der Einfluß von Beregnungsmengen und -methoden, von Polyäthylen-Bedeckung und Stickstoff-Düngung auf die Erdbeerproduktion in Südkalifornien.)** Proc. Amer. Soc. horticult. Sci. **78** (1961) S. 281-291. – 3 Abb., 5 Tab., 8 Lit.

Über einen mehrfaktoriellen Versuch mit der Erdbeersorte 'Lassen' wird berichtet, in dem 2 Bedeckungsfaktoren (bedeckt mit Polyäthylen – unbedeckt), 2 Beregnungsarten (Sprüh- und Furchenbewässerung) mit 3 verschiedenen Regenmengen (stark – mittel – gering) und 2 N-Düngergaben (50 und 100 lb. N/acre) geprüft wurden. Der Gesamtertrag stieg mit zunehmender Bodenfeuchte, der Anteil an faulen Früchten war bei der Sprühberegnung höher als bei der Furchenbewässerung. Durch eine N-Gabe von 100 lb./acre wurde gegenüber 50 lb./acre keine Ertragssteigerung erzielt. Die Zahl der Ausläufer wuchs mit abnehmender Bodenfeuchte, Plastik-Bedeckung und höheren N-Gaben. 3mal vorgenommene Blattanalysen ergaben mit der Zeit ein Absinken von K, P, Ca, N und Mg. Die Aufnahme von N stieg mit abnehmender Bodenfeuchte. Höhere Bodentemperaturen unter der Bedeckung im zeitigen Frühjahr ergaben eine größere Frühzeitigkeit gegenüber den unbedeckten Parzellen und somit trotz gleicher Gesamterträge höhere Erlöse. A. Mügge. 1260.

Porlingis, I. C. und Boynton, Damon; Ithaca, N.Y., Cornell Univ. Growth responses of the strawberry plant, Fragaria chiloensis var. ananassa, to gibberellic acid and to environmental conditions. **(Wachstumsbeeinflussung der Erdbeere [Fragaria chiloensis var. ananassa] durch Gibberellinsäure und äußere Faktoren.)** Proc. Amer. Soc. horticult. Sci. 78 (1961) S. 261–269. – 2 Abb., 3 Tab., 20 Lit.

Das Blattwachstum wird durch Kältevorbehandlung (1 bis 2 Monate, 35–40 °F) unter Langtagverhältnissen (I) (16 Std.) bzw. durch Gibberellinsäure (II) gefördert. Eine Steigerung der Ausläuferbildung wurde durch II unter I erzielt. Einmaliges Besprühen der Pflanzen mit II beschleunigt die Entwicklung bereits vorgebildeter Blütenstände; bei mehrmaligem Besprühen mit II wird dagegen die weitere Ausbildung von Blütenständen gehemmt. Vff. schließen daraus, daß die Blütenbildung durch den Gehalt der Pflanzen an natürlich gebildeter II reguliert wird. H. Ackermann. 1260.

Porlingis, I. C. und Boynton, Damon; Ithaca, N.Y., Cornell Univ. Evidence for the occurence of gibberellin-like substances in the strawberry. **(Beweis für die Anwesenheit von gibberellinähnlichen Substanzen in Erdbeeren.)** Proc. Amer. Soc. horticult. Sci. 78 (1961) S. 256–260. – 4 Abb., 8 Lit.

Im Sept. entnommene und frostgetrocknete Proben von Ausläufern wurden mit Methanol extrahiert. Die Papierchromatographie der Extrakte erfolgte mit Isopropanol/Wasser (80:20 v/v), Laufstrecke 20 cm. 1 cm Teilstücke wurden mittels Avena-Mesocotyltest auf auxin- und mittels Avena-Erstblatttest auf gibberellinähnliche Wirkung (I) geprüft. An Zwergerbsen wurden zusätzlich nach Radley hergestellte Extrakte auf I untersucht. Die Untersuchungen zeigen Substanzen mit I an. Diese unterschieden sich durch ihre Rf-Werte (0,0–0,4) von der Gibberellinsäure (Rf 0,46). Sie werden mit zunehmender Tageslänge gebildet, fördern das vegetative Wachstum und hemmen die Blütenbildung. H. Ackermann. 1260.

Janick, Jules. Sample size for the determination of strawberry fruit size. **(Größe der Proben für die Bestimmung der Erdbeerfruchtgröße.)** Proc. Amer. Soc. horticult. Sci. 78 (1961) S. 292–294. – 1 Abb., 1 Tab., 2 Lit.

1960 wurde eine Feldversuch mit 11 Erdbeersorten in 5facher Wiederholung durchgeführt. Bei jeder Ernte wurden jeweils 4 Proben von 5 Früchten gewogen und die Standardabweichung und der Variationskoeffizient für das Fruchtgewicht errechnet. Das durchschnittliche Beerengewicht, die Standardabweichung und der Variationskoeff. sind für jede Pflücke graphisch aufgezeichnet. Die Standardabweichung für das Beerengewicht betrug im Durchschnitt 2,82, sie stieg an mit der Pflückanzahl und korrelierte mit dem Beerengewicht. Der Variationskoeff. betrug im Durchschnitt 39,5% und war rel. konstant. Eine Tabelle gibt die Fehlergrenze für das durchschnittliche Beerengewicht bei verschiedenen Grenzwahrscheinlichkeiten und verschiedenen Probengrößen (25–200 Beeren) an. Eine Probengröße von 75 Beeren ergab eine ausreichende Genauigkeit. A. Mügge. 1260.

Thorsrud, Johannes. Hekkplanting av solbaer. **(Heckenpflanzung der Schwarzen Johannisbeere.)** Frukt og Baer **15** (1962) S. 5–10. – 2 Abb.

Behandelt werden wirtsch. und techn. Fragen der Heckenpflanzung. Versuche ergaben 150 × 125 cm als günstigste Standweite mit einem Bestand von 533 Büschen/Dekar. Es werden Hinweise zur Pflege von Neupflanzungen, zur Unkrautbekämpfung sowie zum Abbinden und Beschneiden der Sträucher gegeben. Der Ertrag aus der Heckenpflanzung liegt etwa 30% höher als beim herkömmlichen Anbau. E. Kahn. 1265.

Kujan, V. G. (Kujan, W. G.) Udobrenie černoj smorodiny pri posadke. **(Die Düngung der Schwarzen Johannisbeere bei der Pflanzung.)** Sadovodstvo, Moskva **101** (1963) Nr. 2. S. 27-28. – 1 Abb., 1 Tab.

Es wird die Beobachtung gemacht, daß die bei der Pflanzung gegebene Düngung für die ersten Entwicklungsjahre ausschlaggebend ist. Versuchsergebnisse zu diesem Thema werden aus der Ukraine mitgeteilt. Es werden für die dortigen Bodenverhältnisse (Rasen-Podsol-Sandboden) je Pflanzloch 5–6 kg Humus und 10-40 g Rein-PK empfohlen. Versuchsergebnisse mit verschiedenen Düngungsvarianten bei 2 Sorten ('Boskoop' und 'Lija') werden angeführt. I. Lekve. 1265.

Kolek, Josef, Zvara, Josef, Frič, Fridrich und Horvatovičová-Haspelová, Alžběta; Bratislava, ČSAV, Biol. Ústav Slov. Akad. Vied, Oddelenie Fyziol. Rastlín. Niektoré poznatky o chlóroze čiernych ríbezlí. **(Einige Erkenntnisse über die Chlorose der Schwarzen Johannisbeere.)** Biológia [Bratislava] **17** (1962) Nr. 11. S. 795–803. – 1 Abb., 3 Tab., **14** Lit. Zus in. Russ., Dtsch.

Die Arbeit enthält einige Erkenntnisse über Ursachen und Behandlung der physiol. Chlorose, die bei der Schwarzen Johannisbeere ihren Ursprung in einem Ca-Überfluß hat. In der betreffenden Plantage war ein hoher Bodengehalt an $CaCO_3$ vorhanden. Eine Begleiterscheinung der Chlorose war die Pigmentabnahme der Blätter. Diese Abnahme bezog sich namentlich auf das Chlorophyll a (auf etwa ein Viertel), während das Chlorophyll b um etwa die Hälfte abnahm. Die kranken Pflanzen wurden einmal wöchentlich mit einer 2%igen Superphosphatlösung behandelt. Nach dieser Behandlung verschwand die Chlorose innerhalb von 2 Wochen. Weniger wirksam war das Begießen mit dem Fe-Chelat „EDTA". Spritzen mit 1% $FeSO_4$ hatte keine Wirkung. M. Pštross. 1265.

Tamás, Pál. **Untersuchungen zur Charakterisierung der Winterresistenz der Schwarzen und Roten Johannisbeere.** Züchter **30** (1960) Nr. 6. S. 242–247. – 4 Abb., 1 Tab., 6 Lit.

Die Messung des elektrolytischen Widerstandes der Exosmose eignet sich als Laboruntersuchungsmethode zur Bestimmung des Grades der Frostresistenz. Bei größerer Frostempfindlichkeit ergibt sich eine Zunahme der Exosmose von elektrolytisch wirksamen Stoffen, die in RLF-Werten ausgedrückt wird, d. h. als Proportion des elektrolytischen Widerstandes zwischen Kontrolle und behandeltem Pflanzenteil. Die unterschiedliche Frostempfindlichkeit der Sorten ließ sich durch die RLF-Werte gut kennzeichnen. Die Steigerung der Winterresistenz wird auf die Kombination von spez. Frostbeständigkeit und langsamer Entwicklungsgeschwindigkeit der unbelaubten Phase zurückgeführt. Diese Kombination ist bei Roten Johannisbeeren günstiger als bei Schwarzen. D. Neumann. 1265.

Wilson, D.; Long Ashton, Bristol, Agric. Horticult. Res. Stat. Induced parthenocarpy in black currants. **(Induzierte Parthenokarpie an Schwarzen Johannisbeeren.)** Annu. Rep. agric. horticult. Res. Stat., Long Ashton, Bristol **1961** S. 58–60. – 1 Tab., 5 Lit.

Zweijährige Sträucher der schwarzen Johannisbeere 'Wellington XXX' wurden mit 4 verschiedenen Konzentrationen (0,1, 0,5, 1,0 und 5,0%) von ß-Naphthoxyessigsäure, ß-Indolylessigsäure, ß-Indolylbuttersäure, α-Naphthylessigsäure und Gibberellinsäure behandelt. Die Substanzen wurden als Lanolinpaste-Verreibungen angewandt. Bevor die Blüten damit bestrichen wurden, hatte man die ♂ Geschlechtsanlagen und Griffel entfernt. Erfolgreich war die Behandlung zur Erzielung parthenokarper Früchte bei Anwendung von 0,1-, 0,5- und 1%iger Gibberellinsäure (durchschnittl. 19 Früchte von 22 behandelten Blüten) und bei Anwendung von α-Naphthylessigsäure in niedrigster Konzentration (17 Früchte von 27 behandelten Blüten). Weniger gut wirkte 5%ige Gibberellinsäure (8 von 23) und 0,5%ige α-Naphthylessigsäure (4 von 25). Alle anderen Substanzen und Konzentrationen blieben unwirksam oder wiesen nur sehr geringe Effekte auf (1 von 28). H. Opel. 1265.

Anisimov, M. I. (Anissimow, M. I.) Čerenki kryžovnika zimujut v parnikach. **(Stachelbeerstecklinge überwintern im Frühbeet.)** Sadovodstvo, Moskva **101** (1963) Nr. 2. S. 25–26. – 1 Tab.
Im Leningrader Gebiet werden Grünstecklinge von Stachelbeeren erfolgreich im Frühbeet überwintert. Die Frühbeete werden nur mit Fenstern abgedeckt. Die 8–12 cm langen Stecklinge werden mit Heteroauxin behandelt und in Sand gesteckt. Die Sorten, die der amerikanischen Gruppe ähnlich sind, bewurzeln besser als die Sorten europäischer Herkunft. I. Lekve. 1268.

Schenk, Walter. **Der heutige Stand der Affinitätsforschung in der Rebenveredlung.** Weinberg u. Keller **9** (1962) Nr. 11/12. S. 391–402. – 5 Tab.
Für die Kennzeichnung des Begriffes „Affinität" ist das Verwandtschaftsverhältnis zwischen Edelreis und Unterlage von Bedeutung. Zur Prüfung des Affinitätsproblems wurden Reziprokveredlungen hergestellt. Bei Kombinationen mit gleichem Verwandtschaftsgrad, sog. autoplastischen Veredlungen, zeigen Veredlungen von Europäer-Kultursorten wesentlich geringere Verwachsungsprozente gegenüber den Amerikaner-Unterlagsreben. Nur bei einigen Geisenheimer Neuzüchtungen liegt das Verwachsungsergebnis höher, wahrscheinlich bedingt durch ihre größere Wuchskraft. Bei den in der Praxis üblichen heteroplastischen Veredlungen, wobei Pfropfpartner verschiedener Arten vereinigt werden, zeigt sich ebenfalls die Tendenz, daß mit steigender Wüchsigkeit der Unterlagen die Höhe der Verwachsungsprozente der Pfropfreben zunimmt; an der Spitze liegen die Unterlagen 26 G und 5 BB. Für die restlose Aufklärung der Affinität ist noch die Kenntnis vieler Einzelmerkmale erforderlich. K. Thiele. 1270.

Čajlachjan, M. Ch., Galač'jan, R. M. und Sarkisova, M. M. (Tschailachjan, M. Ch., Galatschjan, R. M. und Sarkissowa, M. M.); Inst. für Mikrobiol. der Akad. der Wiss. der Armen.SSR; Inst. für Weinbau, Weinbereit. und Obstbau des Min. für Landwirtsch. der Armen.SSR; Moskau, Pflanzenphysiol. Timirjasew-Inst. der Akad. der Wiss. der UdSSR. Vlijanie vydelenij bakterij-vozbuditelej rastitel'nych opucholej na korneobrazovanie čerenkov vinograda. **(Einfluß der Ausscheidungen der Geschwulsterreger auf die Wurzelbildung der Weinsenker.)** Doklady Akademii nauk SSR, Moskva **146(30)** (1962) Nr. 5. S. 1227–1230. – 3 Abb., 1 Tab., 23 Lit.
Die Ausscheidungen der pflanzlichen Geschwulsterreger *Pseudomonas faciens* (I) und *Xanthomonas beticola* (**II**) wurden in einer Konzentration von 0,02% bzw. 0,01% (Kulturlösung wurde mit Tierkohle geschüttelt, letztere mit Aceton ausgezogen, das Aceton verdampft und der trockene Rückstand in H_2O gelöst) neben 0,02% ß-Indolbuttersäure + 0,2% Vitamin C (**III**), 0,005% α-Naphthylessigsäure (**IV**) und einer Wasserkontrolle (**V**) auf ihre Wirkung hinsichtlich des Austreibens von Weinsenkern verschiedener Sorten geprüft. Die Pflanzenteile wurden 18 Std. in den beschriebenen Lösungen gehalten und danach in feuchten Sand gepflanzt. Eine Woche nach der Behandlung öffneten sich bei **I**, **II** und **V** die Knospen und neue Blätter erschienen, während die Knospen von **III** und **IV** 3–4 Tage später aufbrachen. Nach 15 Tagen zeigte sich bei **I** bis **IV** eine deutliche Wurzelbildung, während an **V** nur kleine Wurzelansätze festzustellen waren. Einen Monat nach Beginn des Versuches zeigte **V** nur eine geringe Wurzelausbildung, während **I–IV** deutlich stimulierende Wirkungen auf die Wurzel- und Sproßentwicklung aufwiesen, wobei in Abhängigkeit von der Sorte die Wirkung der einzelnen Varianten unterschiedlich war. Die Ausscheidungen der geprüften Geschwulsterreger müssen auf Grund ihrer Wirkung einen hohen Gehalt an Auxinen, auxin- und gibberellinähnlichen Stoffen besitzen. J. Birke. 1270.

Binstadt, A.; Oppenheim, Landeslehr- und Versuchsanst. für Wein- und Gartenbau. **Erfahrungen zur Steigerung der Anwuchsprozente in der Rebveredelung.** Dtsch. Weinbau **18** (1963) Nr. 1. S. 7–8. 10–12.

Zur Erhöhung der Anzuchtergebnisse bei der Rebveredlung verdient das Paraffinieren der Veredlungen eine bes. Beachtung. Die Veredlungen werden in schnell erstarrendes Paraffin soweit eingetaucht, daß die Veredlungsstelle und ca. 2 cm der Unterlage vom Paraffin umhüllt sind. Das Vortreiben erfolgt in feuchtem Torf; die Edelaugen werden mit Sand bedeckt. Die Vortreibtemperatur soll im Raum 23–25 °C und in der Vortreibkiste 18–20 °C betragen. Beim Abhärten der Veredlungen ist auf die Abkühlung des Packmaterials zu achten. Eine warme und windgeschützte Lage der Rebschule mit humosem, sandigem Boden erhöht den Anteil pflanzfähiger Reben. Nach dem Einschulen sind die Veredlungen in den ersten Wochen durch laufendes Nachdecken vor Hitze- und Trockenschäden zu schützen. Kartonagen und Tontöpfe verbessern das Anzuchtergebnis. Die Reben werden nach der Triebbildung Ende Mai bis Anfang Juni eingeschult. K. Thiele. 1270.

Stoev, K. D. und Zankov, Z. D. (Stoew, K. D. und Sankow, S. D.); Plewen, Bulgarien, Forsch.-Inst. für Weinbau und Weinbereit. Osobennosti rosta i razvitija vinogradnych sejancev v zavisimosti ot dliny dnja. **(Besonderheiten des Wachstums und der Entwicklung von Weinsetzlingen in Abhängigkeit von der Tageslänge.)** Agrobiologija, Moskva **1962** Nr. 4. S. 554–561. – 5 Tab., 16 Lit.

Die aus freier Bestäubung geernteten Samen der Weinsorten 'Pamid' und 'Pinot noir' wurden nach ihrem Aufgang einem Belichtungsversuch in folgenden Varianten ausgesetzt: 6, 8, 10, 12 und 18 Std. Belichtung und als Kontrolle natürliche Tageslänge von 11–15 Std. Die Dauer des photoperiodischen Effektes betrug 40, 60 und 70 Tage. Untersucht wurden: Wurzelsystem, Erscheinen der 1. Ranke, Reifen der Schößlinge, Anlage des Blütenstandes und Fruchtansatz. Verkürzte Tageslänge hat auf alle getesteten Merkmale erheblichen Einfluß: die Setzlinge entwickeln sich monopodial, das Wachstum ist auch im 2. Jahr nach dem Versuch noch gehemmt, bereits nach 40tägiger Einwirkung ist kein Fruchtansatz vorhanden, obgleich sich diese Pflanzen dann noch sympodial weiterentwickeln. Auffällig ist ein abnormes Gewichtsverhältnis zwischen dem oberirdischen Pflanzenteil und dem Wurzelsystem: 1:4,0 bis 8,8 (normal 1:2,5). Der verlängerte Tag (18 Std.) hat in geringem Ausmaß auch negativen Einfluß auf die Entwicklung.
U. Bandlow. 1270.

Miller, G. Grape growing under glass. **(Anbau von Tafeltrauben unter Glas.)** J. Roy. horticult. Soc. **88** (1963) Nr. 2. S. 85–91. – 2 Abb.,
Es werden allg. Hinweise über geeignete Gewächshäuser, Standweiten, Erziehungsart, Bodenbeschaffenheit, Temperaturbedingungen, Schnitt, Düngung und Pflanzenschutzmaßnahmen gegeben. R. Schuricht. 1270.

Mihalache, Leonida; Rumunsko, Valea Călugărească. Výsledky dosažené pří pěstování révy vinné na terasách. **(Ergebnisse des Weinbaus auf Terrassen.)** Vinařství **55** (1962) Nr. 10. S. 149–152. – 7 Abb., 4 Tab.
Vf. berichtet über erste Ergebnisse anbautechn. Forschungen im Terrassenweinbau Rumäniens. Bei erodierten Böden haben sich Bodenlockerungen bis zu 75 cm und Stallmistgaben von 600–800 dt/ha beim Rigolen bewährt. Erfolgreich war ferner die Pflanzlochdüngung (2–4 kg). Die Humusbildung erfolgte in Abhängigkeit von der Bodenneigung. Für Horizontal-Terrassen wurde ein Reihenabstand von 1,6–1,7 m, für Schräg-Terrassen von 1,7–1,8 m vorgeschlagen. Bei 2 Reihen mit 1,6 m Abstand konnten 35,5%, bei 3 Reihen 55,7% der Arbeiten mechanisiert werden. War die 1. Reihe weniger als 75 cm von der Terrassenwand entfernt, traten Ertragsverluste bis zu 30% und hohe Stockausfälle ein. Verschiedene Methoden der hohen Rebenerziehung (Konsole, Pergola, Erziehung nach Moser) ergaben im Vgl. zum Drahtrahmen doppelten bis 3fachen Ertrag; die Trauben enthielten weniger Zucker und mehr Säuren. V. Skládal. 1270.

Weiss, E.; Freiburg/Br., Staatl. Weinbauinst. **Die Erziehungsart und ihr Einfluß auf das Ernteergebnis.** Dtsch. Weinbau **17** (1962) Nr. 16. S. 607–610. – 1 Abb., 3 Tab.
In einem Erziehungsartenversuch wurden Ertrag und Qualität bei mittelhoher Erziehung und Weitraumerziehung geprüft. Als Versuchssorten dienten 'Müller-Thurgau' und 'Gutedel' auf der Unterlage 5 BB. Der Flächenertrag lag bei beiden Sorten bei mittelhoher Erziehung mit 2 Halbbogen und 11 Augen je m^2 am höchsten; es folgten die Weitraumerziehung mit 10 Augen je m^2 und die mittelhohe Erziehung mit einem Flachbogen und 6,5 Augen je m^2. Der Stockertrag war bei der Weitraumerziehung mit 5,3 kg je Stock fast doppelt so hoch wie bei der mittelhohen Erziehung. Der Ertrag je angeschnittenes Auge war bei mittelhoher Erziehung mit einem Flachbogen am größten, bei Weitraumerziehung am niedrigsten. In den Mostgewichten bestanden keine wesentlichen Differenzen. Der Säuregehalt war bei Weitraumerziehung um 0,5–1 g/l höher als bei mittelhoher Erziehung. In arbeitswirtsch. Beziehung bietet, abgesehen von der Weitraumerziehung, die mittelhohe Erziehung mit 1 Flachbogen bei ausreichendem Stockabstand größere Vorteile als mit 2 Halbbogen. K. Thiele. 1270.

Wirtschaftlichkeit im Weinbau unter Anwendung neuzeitlicher Technik. Dresden-Pillnitz, Inst. Obst- u. Zierpflanzenbau Dtsch. Akad. Landwirtsch.-Wiss. Berlin Plan-Nr.: 17 01 14 h/2–04/6. 81 S. Abschlußber. (22/4. 1963).
Der Weinbau in der DDR wird vorwiegend in Steillagen, also unter außerordentlich ungünstigen arbeitstechn. Bedingungen betrieben. Die zukünftige Erhaltung und Förderung des Weinbaues setzt Mechanisierung und Rationalisierung voraus. Die z. Z. möglichen Arbeitsverfahren zur Steigerung der Arbeitsproduktivität werden beschrieben und arbeitswirtschaftl. Kennwerte gegeben. Ein Teil der in der Landwirtschaft verwendeten Maschinen und Geräte zur Bodenbearbeitung und Schädlingsbekämpfung ist auch zum Einsatz im Weinbau geeignet. Gründüngung, Bodenbearbeitung und chem. Unkrautbekämpfung sind als arbeitssparende Maßnahmen in die allg. Bodenpflege einzubeziehen. Der Lastentransport im Weinbau kann durch einen zweckmäßigen Wegebau, durch den Einsatz von Seilzugbahnen erleichtert und wirtschaftlich gestaltet werden. 1270.

Enăchescu, Georgeta. Conținutul în acid ascorbic al principalelor soiuri de struguri din R.P.R. **(Der Ascorbinsäuregehalt der wichtigsten Weintraubensorten der R.V.R.)** Comun. Acad. Republ. Populare romîne **12** (1962) Nr. 1. S. 117–124. – 2 Abb., 3 Tab., 7 Lit. Zus. in Russ., Franz.
Unter den Anbaubedingungen Rumäniens schwankte der Ascorbinsäuregehalt der Weintraubensorten zwischen 3 und 10,8 mg% (durchschnittl. 6,1 mg%). Hohe Gehalte besaßen 'Crîmpoșie', 'Afuz-Ali' und 'Chasselas'. Direktträger zeigten höhere Gehalte als veredelte Sorten. 14–32% des Gesamtgehaltes bestanden aus Dehydroascorbinsäure. Zwischen Tr.-Subst. und Ascorbinsäure konnten keine Wechselbeziehungen festgestellt werden. Mit der Reife verminderte sich der Ascorbinsäuregehalt. 15 Tage nach der Ernte war der Geh. weiter angestiegen ('Crîmpoșie') oder gefallen ('Chasselas').
C. Ilchievici. 1270.

Rjabova, N. I. und Čapurin, F. K. (Rjabowa, N. I. und Tschapurin, F. K.); Puschkin, Gebiet Leningrad, Unions-Forsch.-Inst. für Pflanzenbau. Novye stolovye sorta vinograda dlja Kubani. **(Neue Tafelwein-Sorten für den Kuban.)** Vinodelie i vinogradarstvo SSSR, Moskva **23** (1963) Nr. 2. S. 29–33. – 2 Tab. 1270.

Pokroky vo vinohradníckom a vinárskom vyskume. Vedecké práce Vyskumného ústava vinohradníctvo a vinárstvo. (Fortschritte in Weinbau und Kellerwirtschaft.) Bratislava: Vyd. Slov. akad. vied. 1962. (323 S.) 8°. (1963 A 232)

E. Zierpflanzenbau

Higazy, M. K. M. T.; Wageningen, Landbouwhogeschool, Lab. voor Tuinbouwplantenteelt. Shortening the juvenile phase for flowering. **(Verkürzung der Jugendphase für das Blühen.)** Meded. Landbouwhogeschool Wageningen **62** (1962) Nr. 8. S. 1–53. – 14 Abb., 25 Tab., 137 Lit.

Vf. untersucht, ob die Dauer der Jugendphase (**JP**) ein festes Charakteristikum ist oder ob sie durch Wachstumsfaktoren beeinflußt werden kann. Bei *Lunaria biennis* kann die **JP** stark beeinflußt werden. Haben die Pflanzen gute Photosynthesebedingungen, so kann die **JP** verkürzt werden. Niedrige Temperaturen wirken nur in einem bestimmten Alter ein. Im allg. können junge Pflanzen nicht vernalisiert werden, dies gilt in erster Linie auch nach niedrigen Lichtintensitäten. Ältere Pflanzen, sowohl nach hohen, als auch nach niedrigen Lichtintensitäten, befinden sich in einem „Erwachsenenstadium" und benötigen zur Überwindung der **JP** wenig Kälte. Das Kältebedürfnis ist um so größer, je jünger die Pflanze ist und je geringer die Lichtintensitäten bei der Anzucht sind. Bei unvollständiger Vernalisation treten Seitenblütenknospen auf. N-Mangel nach hohen Lichtintensitäten und genügender N-Gehalt nach geringen Lichtintensitäten verkürzen die **JP** nur geringfügig. Der Wasser-, N-, P- und K-Gehalt des Bodens hat geringen Einfluß auf die Verkürzung der **JP**. Gibberellin zeigt verschiedene Wirkung. Es hemmt einerseits die Überwindung der **JP** bei Pflanzen, die bei hohen Lichtintensitäten und 12 Wochen unter Vernalisationsbedingungen standen, andererseits beschleunigt es die Bildung von Blütenknospen. Bei *Silene armeria* ist die **JP** kurz. Hohe Lichtintensitäten verkürzen sie noch. Gibberellsäure reduziert bei häufiger Anwendung die **JP** ein wenig, bes. nach hoher Lichtintensität und verlängert sie nach niedriger Intensität. Bei *Salvia occidentalis* dauert die **JP** 3 Wochen. Vegetativ vermehrte Pflanzen überwinden die **JP** schneller, Gibberellsäure vermindert die **JP** hier wenig. W. Hiller. 1330.

Hieke, Karel; Průhonice. Nejnovější poznatky z množení a pěstování kamelií. **(Neueste Erkenntnisse über Vermehrung und Anbau von Kamellien.)** Ovocnářství a Zelinářství **10** (1962) Nr. 12. S. 345–347. – 5 Abb.

An Stelle der veralteten Sorte 'Lady Campbell' soll die Sorte 'Chandleri elegans' vermehrt werden. Diese besitzt größere, edelgebaute, rosafarbene Blüten, bewurzelt sich aber schlecht. In Bewurzelungsversuchen hat sich ein schräger Anschnitt der Stecklinge bewährt. Der 3–4 Blätter tragende Steckling soll mit der Schnittfläche nach unten gesteckt werden. Der Schnitt erfolgt am besten im Nov. und Dez. Nichtausgeschlagene Triebe von höchstens 10jährigen Pflanzen sollen verwendet werden. Mit ß-Indolylessigsäure und Nikotinsäure (50 + 50 mg/l) 12 und 24 Std. lang behandelte Triebe bewurzeln sich leichter. Auch das Präparat "VS 9" hat sich bewährt. Die Temperatur im Vermehrungshaus soll 20–25 °C betragen. Bewurzelte Stecklinge müssen rechtzeitig in Kamelliensubstrate versetzt werden. V. Skládal. 1335.

Untersuchungen verschiedener Hoch- und Niedermoortorfe als Kultursubstrat für Zierpflanzen. Erprobung von Hoch- und Niedermoortorfen als Kultursubstrat für Gerbera jamesonii unter Berücksichtigung verschiedener Kalk- und Düngergaben und gleichzeitiger Feststellung der Schnitthaltbarkeit. Dresden-Pillnitz, Inst. Obst- u. Zierpflanzenbau Dtsch. Akad. Landwirtsch.-Wiss. Berlin Plan-Nr.: 17 01 14 h/2–09. 55 S. Abschlußber. (26/3. 1963). – 13 Abb.

In mehrjährigen Versuchen wurden der Kalkbedarf, die Konzentration der zu verabfolgenden Düngemittel und die Art der Düngerkombinationen bei unterschiedlichem N:P:K-Verhältnis bei *Gerbera jamesonii*-Klonpflanzen in jüngerem Moostorf als vereinfachtem und nährstoffarmem Kultursubstrat überprüft. Der Kalkbedarf der *G.* ist gering; er wird mit 1 kg kohlensaurem Kalk pro m^3 Torf gedeckt. Von den geprüften Düngerkombinationen hat sich schwefelsaures Ammoniak + Superphosphat + schwefelsaures Kali bei einem N:P:K-Verhältnis von 2:0,8:2 am besten bewährt. Die bisher verwendete S 1-Nährsalzmischung ist abzulehnen. Die Gerbera ist salztolerant; kräftige Klonpflanzen sind bei Grund- und Zusatzdüngungen 0,4%ig zu düngen. 1340.

Cathey, H. M. und Borthwick, H. A.; Beltsville, Plant Ind. Stat. Cyclic lighting for controlling flowering of chrysanthemums. **(Periodische Belichtung zur Kontrolle der Blütenbildung bei Chrysanthemen.)** Proc. Amer. Soc. horticult. Sci. **78** (1961) S. 545–552. – 1 Abb., 3 Tab., 8 Lit.
Die Wirkung unterschiedlicher Belichtung bei den Sorten 'Honeysweet', 'Shasta', 'Improved Indianapolis Yellow' wurde überprüft. Die Wirkung der ununterbrochenen 3–5std. Belichtung um Mitternacht ist größer, wenn die Belichtungsdauer unterbrochen wird. Vf. schlagen für diese Belichtung die Bezeichnung "periodische Belichtung" vor. 5% der oben angegebenen Belichtungszeit sind nur notwendig, wenn die Belichtung unterbrochen wird. Die größte Wirkung wird erzielt, wenn die notwendige Belichtungszeit von 12 Min. (5% von 4 Std.) so aufgeteilt wird, daß jede Lichtperiode von nicht mehr als 30 Min. Dunkelheit unterbrochen wird. Die Lichtintensität hat in diesen Perioden kaum Einfluß. Gegeben wurden 20 fc. Die Versuchsdurchführung wird beschrieben. I.-G. Gründler. 1340.

Perra, M. Pierre. L'hybridation du chrysanthème. **(Kreuzung bei Chrysanthemen.)** Rev. horticole suisse **35** (1962) Nr. 11. S. 365–368.
Die in Frankreich angewandte Methode zur Samengewinnung bei Chrysanthemen wird beschrieben. Die Pflanzen sollen sonnig und trocken stehen. Die günstigsten Standorte sind überdachte, an 3 Seiten geschlossene Hallen. Die Bestäubung und Samenreife liegt in den Herbst- und Wintermonaten. Die Temperatur beträgt 10–12 °C. Der Blumenaufbau und die Technik des Bestäubens werden beschrieben. Nach der Ernte wird der Samen gereinigt und sofort ausgesät. Die daraus hervorgehenden Pflanzen blühen im frühen Herbst. Als Mutterpflanzen werden vor allem Pflanzen älterer Sorten verwandt. I.-G. Gründler. 1340.

Winsor, G. W. und Long, M. I. E.; Littlehampton, Glasshouse Crops Res. Inst. A factorial nutritional study of the perpetualflowering carnation grown under glass. **(Ein faktorieller Düngungsversuch bei Edelnelken unter Glas.)** J. horticult. Sci. **37** (1962) Nr. 4. S. 299–312. – 10 Tab., 11 Lit.
Nelken der Sorten 'Verbesserte William Sim' (**I**) und 'Saugus White' (**II**) wurden in Beete (gedämpfter Lehm mit 20% Torf und 10% Sand) gepflanzt, die teilweise vorher mit 9 lb. Superphosphat, 3 lb. Mg-Sulfat und 15 lb. $CaCO_3$ je cu.yd. angereichert waren. Die Zufuhr von N (25, 125 oder 225 ppm N) und K (50 oder 175 ppm K_2O) erfolgte während der Kultur mittels Tropfenbewässerung. Der Verbrauch an Düngerlösung betrug in 21 Mon. 349 gal. pro sq.yd. Untersuchungen über die Nährstoffverteilung im Boden und Wachstumsbonituren (Mangelerscheinungen und Mn-Schäden) erfolgten periodisch. Durch mittlere und hohe N-Gaben wurde gegenüber niederen die Gesamtzahl der Blüten bei beiden Sorten um 6–9% erhöht; bei **I** stieg ferner die Anzahl mit erhöhten P-Gaben, bei **II** mit steigenden K-Gaben. Mg und Ca waren hinsichtlich Schnittertrag nur in Wechselbeziehung mit anderen Faktoren wirksam. Im Versuchsmittel brachte **II** 24% mehr Blüten als **I**. Der Anteil geplatzter Blüten war bei **I** höher als bei **II**. Die Neigung zum Platzen der Kelche wurde durch hohe N-Versorgung stark gemindert, durch hohe P-, K- und Ca-Gaben leicht verstärkt. Sortierung und Pflanzengewicht wurden durch die Düngung beeinflußt. H. Erfurth. 1340.

Dobiáš, Emil; Hrdly. Novošlechtění Matthiola annua Mamuth Excelsior a nejvhodnější způsob rychlení. **(Neuzüchtungen von Matthiola annua Mamuth Excelsior und ihre beste Anbaumethode.)** Ovocnářství a Zelinářství **10** (1962) Nr. 12. S. 350–351. – 2 Abb.,
Vf. gibt eine kurze Geschichte der Züchtung von Gartenlevkojen-Excelsior in der Tschechoslowakei und eine Beschreibung von Neuzüchtungen. Genannt werden die Sorten: 'Vlasta', sattgelb, frühblühend mit reicher Rispe und mit zahlreichen vollen Blüten; 'Jitka', Neuzüchtung 1960, gelb mit kürzerem Stengel, sehr frühblühend; 'Sněhurka', weiß, sehr frühblühend; 'Svítáni', Neuzüchtung 1962, apfelblütenfarben, frühblühend; 'Terezín', leuchtend rot, höherer Wuchs als bei 'Vlasta'. Die Matthiolen-Excelsior lassen sich in kalten bis halbwarmen Häusern am besten treiben. Wenn sie zwischen 1. und 7. Jan. ausgesät werden, blühen sie im Mai; bei Aussaat im Febr. blühen sie im Juni. Bei Märzaussaaten und Auspflanzen Ende Mai blühen die Levkojen erst Anfang Juli. Blüten bester Qualität stammen aus einem kälteren, gut belüfteten Milieu. Die Anbaumethode wird kurz beschrieben.
V. Skládal. 1340.

Stoppelar, Gerardus de und Lighty, Richard W. The Longwood Gardens method of propagating winterflowering begonias. **(Die „Longwood Gardens"-Methode der Vermehrung winterblühender Begonien.)** J. Roy. horticult. Soc. **88** (1963) Nr. 3. S. 118-122. – 6 Abb.
Es wird folgende Vermehrungsmethode angewandt: Beim Schneiden des Blattstecklings wird der Schnitt so tief in den Stengel geführt, daß am Blattstielende das Periderm, das Rindengewebe und Gefäßgewebe des Stengels vorhanden ist. Der Blattstiel wird also bis ins Stengelmark herausgeschnitten. Die Blätter bleiben für 1 Std. an der offenen Luft, werden in eine Fungizidlösung getaucht und in ein gut drainiertes Substrat gesteckt (Sand), in ein beschattetes Haus mit hoher Luftfeuchtigkeit gebracht und bei 75 °F gehalten, wobei noch zusätzliche Bodenwärme gegeben wird. Nach 7 Wochen hat sich genügend Kallus gebildet und die Stecklinge können getopft werden. Die weitere Kultur bis zur Blüte weist keine Besonderheiten auf. Sie wird ausführlich beschrieben. W. Hiller. 1342.

Maatsch, Richard; Hannover, TH, Inst. für Zierpflanzenbau. **Registrierung des Sortimentes der Beetbegonien (Begonia × semperflorens-Cultorum) von 1900–1961.** Gartenbauwissenschaft **27(9)** (1962) Nr. 4. S. 399–412. – 3 Tab., 10 Lit.
Es wurde eine Liste der seit 1900 erschienenen Beetbegonien aufgestellt. In diese Gruppe gehören alle bisher als *B. semperflorens* und *B. gracilis* bezeichneten Begonien-Sorten, die jetzt *Begonia* × *semperflorens Cultorum* genannt werden. Eine alphabetische Liste enthält die nicht mehr im Handel befindlichen Sorten, das Auswahlsortiment, die Heterosissorten, die Züchterfirmen, das Erscheinungsjahr, Pflanzenhöhe und Farbe. Eine 2. Tabelle enthält die morphologisch nicht zu unterscheidenden Sorten.
I.-G. Gründler. 1342.

Dekker, P. Waardevolle nieuwe pioenbloemige ranonkels. **(Wertvolle neue päonienblütige Ranunkeln.)** Vakbl. Bloemisterij **17** (1962) Nr. 32. S. 577. – 1 Abb. 1342.

Springer, E. **Weitere Ergebnisse zur Frage der optimalen Torfkultursubstrat-Körnung.** Torfnachrichten **13** (1962) Nr. 9/10. S. 18–20. – 3 Abb., 4 Tab.
Die Prüfung des Einflusses der Körnung und des Feuchtigkeitsgehaltes des Torfes auf das Wachstum von Cyclamen ergab, daß die Körnung nur einen geringen Einfluß auf das Wachstum ausübt. Dagegen zeigten die sehr feucht gehaltenen Pflanzen (85–90% WG) deutlich besseres Wachstum und größere Reichblütigkeit als die mäßig feucht (80–85% WG) gehaltenen Pflanzen.

Die Auswahl der Korngröße des Torfmulles für die Cyclamenkultur kann daher nach arbeitswirtschaftl. Gesichtspunkten erfolgen. Feines Substrat bietet nach Ansicht des Vf. Arbeitserleichterungen. I.-G. Gründler. 1355.

Springer, E. und Voigt, U. **Auch für Orchideen Torfkultursubstrat.** Torfnachrichten **13** (1962) Nr. 11/12. S. 26. – 1 Abb., 1 Lit.
Das Substratproblem bei Orchideen wurde einleitend geschichtlich betrachtet und auf die Bedeutung der Substratstruktur hingewiesen. Paphiopedilen und Cymbidien in grob- und feingekörntem Torfkultursubstrat (Düngetorf) zeigten unabhängig von der Substratkörnung gutes Wurzel- und Sproßwachstum. Im Vergleich zu Pflanzen in Praxismischung war der Anteil blühender Pflanzen sehr hoch. Bei Verwendung von norddeutschem Düngetorf wurde eine Kalkzugabe von 3,0 g kohlensaurem Kalk/l Torf empfohlen. Zur Grunddüngung von Paphiopedilen und Cymbidien wurden je l Torf 1–1½ g Volldünger, 12 mg „Fetrilon" und 2 mg Na-molybdat, zur Nachdüngung eine 0,1%ige Volldüngerlösung vorgeschlagen. H. Erfurth. 1355.

Apte, S. S.; Wageningen, Landbouwhogeschool, Lab. voor Tubinbouwplantenteelt. Dormancy and sprouting in gladiolus. **(Ruhe und Austreiben bei Gladiolen.)** Meded. Landbouwhogeschool Wageningen **62** (1962) Nr. 5. S. 1–47.
Die Ruhe ist in kleineren Knollen tiefer als in größeren. Die Art des Austreibens in den kleinen Knollen verändert sich mit der Größe und der Art der Hüllblätter. Die Ruhe wird bei Lagertemperaturen zwischen 6 und 27° nach einer bestimmten Zeit gebrochen. Bei 6–10° gelingt es nicht, die Knollen während der Lagerung außerhalb des Ruhestadiums zu halten. Beseitigen der Hüllblätter der Knolle verbessert das Austreiben. Bodentemperaturen zwischen 6 und 23° haben keinen Einfluß auf die Zahl der ausgetriebenen Knollen, jedoch auf die Geschwindigkeit des Austriebes. Bodentemperaturen von 26° wirken ruhebrechend. Die Ruhe wird sonst nicht durch konst. Bodentemperaturen gebrochen. Eine Unterbrechung der Lagerung bei 10° oder 20° für 66 Tage mit 6° oder eine 2malige zyklische Änderung von 10 mit 22° kann die Ruhe brechen. Die Lagertemperatur der Knollen hat keinen Einfluß auf das Triebwachstum. Das Beseitigen der Hüllblätter bewirkt einen Anstieg der Respiration auf das 6–16fache. Eine Gladiolenkultur bei Temperaturen von 14–25° und unter Kurz- und Langtagbedingungen beeinflußt nicht die Zahl der austreibenden Knollen bei der nächsten Vegetationsperiode. In allen Fällen erfolgte unter jeder Bedingung ein 100%iger Austrieb. Der Austrieb erfolgte bei Kultur von 14 oder 16° und Kurztag schneller im Vgl. zu Langtag und 23 oder 25°. W. Hiller. 1360.

Lapin, P. I., Bylov, V. N. und Zaitseva, E. N.; Moscow, USSR, Acad. of Sci., Main Bot. Garden. The influence of the soil and climatic conditions on the adaptation of characters and propagation of tulips. **(Der Einfluß des Bodens und der klimatischen Bedingungen auf die Anpassung des Charakters und die Vermehrung der Tulpen.)** J. Roy. horticult. Soc. 88 (1963) Nr. 3. S. 123–128. – 2 Tab.
Die günstigsten Verhältnisse für die Kultur und Vermehrung der Tulpen sind in der USSR in Pribaltica, in der Zentralzone und in Mittelasien zu finden. Die früheste Blüte erfolgt in Suchumi (28. 3.), dann folgt Baku (12. 4.) und die späteste in Leningrad (22. 5.). Die Blütezeit ist in Leningrad doppelt so lang wie in Suchumi. Die größten Pflanzen mit großen Blüten werden unter gemäßigten Temperaturbedingungen erhalten, d. h. in Leningrad, Kaliningrad, Moskau und Salaspils. Die größten Blüten werden in Taschkent erzielt. Unter den Bedingungen in Baku werden kleine und wenig dekorative Tulpen erzeugt. Stolonenbildung erfolgt an Standorten mit heißem Klima (Suchumi, Kiew, Jalta), nicht jedoch bei temperiertem Klima (Salaspils, Leningrad, Moskau.). W. Hiller. 1360.

Pečenicin, V. P. (Petschenizin, W. P.); Taschkent, Lenin-Univ. Godičnaja pyl'ca tjul'panov i rezul'taty ispol'zovanija ee dlja opylenija. **(Ein Jahr überlagerter Pollen von Tulpen und Bestäubungsergebnisse.)** Doklady Akademii nauk SSSR, Moskva **141(29)** (1961) Nr. 2. S. 492–494. – 1 Abb., 3 Tab., 2 Lit.
Bei der entfernten Hybridisation der Tulpen sind Rückkreuzungen oft deshalb nicht möglich, weil frühblühende mütterliche Arten oder Sorten lange vor spätblühenden väterlichen Formen verblühen. Deshalb wurde 1959–61 eine einfache und erfolgreiche Methode zur längeren Erhaltung der Lebensfähigkeit des Tulpenpollens gesucht. Die Untersuchungen wurden einmal mit 13, und einmal mit 23 Wildarten durchgeführt. Überprüft wurde die Lagerung des Pollens in Papiertüten im Exsikkator über $CaCl_2$ bei 2–5° und bei 15–28° sowie in Schachteln bei 2–5° und bei 15–28° als Kontrolle. Die Lebensfähigkeit wurde in Abständen von 20–25 Tagen durch Keimversuche im künstlichen Keimmedium (15% Zucker + 1% Agar-Agar) überprüft. Bei der Aufbewahrung im Exsikkator bei 2–5° behielt der Pollen fast aller untersuchten Arten über ein Jahr seine Fähigkeit, im künstlichen Keimmedium auszukeimen. Unter diesen Bedingungen war die Lebensfähigkeit 8–10 mal länger als bei den Kontrollen. Die natürliche Keimfähigkeit des Pollens ist bei den einzelnen Arten unterschiedlich. Bestäubungen isolierter Blüten mit überlagertem Pollen brachte in allen Fällen Samenansatz, wenn auch weniger als bei freiem Abblühen. In einigen Fällen besaß der Pollen im Bestäubungsversuch zwar noch seine Befruchtungsfähigkeit, keimte aber im künstlichen Substrat nicht mehr. H. Jank. 1360.

Sijtsema, W.; Wageningen, Landbouwhogeschool, Lab. voor Tuinbouwplantenteelt. Bloei van sering aan afgesneden takken. **(Das Blühen des Flieders an abgeschnittenen Zweigen.)** Meded. Landbouwhogeschool Wageningen **62** (1962) Nr. 2. S. 1–57. – 7 Abb., 20 Tab., 63 Lit.
Die Anlage der Blütenknospen erfolgt um den 21. Juni zuerst bei 'Marie Legraye', dann bei 'Mad. Stepmann' und zuletzt bei 'Ludwig Späth'. Die Ausbildung der Blüte ist Ende Aug. bis Ende Sept. beendet. Im Aug. befinden sich die Knospen in Sommerruhe (korrelative Hemmung durch die Blätter), von Ende Aug. bis Mitte Okt. erfolgt der Übergang zur Winterruhe, die durch die natürliche Kälte gegen Ende Nov. gebrochen wird. Der Beginn der Winterruhe ist von den Temperaturen im Sept. und Okt. abhängig. Die Sommerruhe ist durch Entblättern zu brechen. Während der tiefen Winterruhe ist warmes Wasser nicht in der Lage, die Ruhe völlig zu brechen. Eine gute Blüte nach Warmwasserbehandlung ist nicht vor der 2. Novemberwoche möglich. Durch Kälte wird die Winterruhe zuerst vertieft und danach gebrochen. Das Brechen der Winterruhe von 'Mad. Stepmann' erfordert 3–4 Wochen bei –1 °C Mitte Sept., 4 Wochen bei –1°C Mitte Okt. und 3–4 Wochen Ende Okt. Abgeschnittene Zweige von 'Mad. Stepmann' können getrieben werden, wenn die unteren 35 cm 6 Std. mit Phenylquecksilberchlorid desinfiziert und anschließend in eine Lösung gestellt werden, die 0,003% $AgNO_3$, 0,003% Streptomycinsulfat, 5% eines Filtrates von 2.4-Dinitrorhodanbenzol, 0,2% $Ca(NO_3)_2$, 3% Saccharose, 0,01% Borsäure und 0,1 bis 0,2% Glycerin enthält. W. Hiller. 1380.

Seitz, Paul und Gruppe, Werner; Sarstedt, Inst. für Obstbau und Baumschule der TH Hannover. **Untersuchungen über die Nährstoffversorgung von Baumschulgehölzen. II. Ergebnisse von Stickstoff- und Magnesium-Felddüngungsversuchen.** Gartenbauwissenschaft **27(9)** (1962) Nr. 4. S. 447 bis 452. – 2 Abb., 3 Tab., 1 Lit. 1. Mitt. vgl. LZ. Abt. II 8 (1963) Nr. 8. S. 2158.
In holsteinischen Baumschulen wurden an auflaufenden Sämlingen von *Rosa canina* und *R. multiflora* sowie an 2jährigen *Syringa vulgaris*-Unter-

lagen 1jährige N-Steigerungsversuche und an 2jährigen Sämlingen von *Pinus strobus*, *Picea abies* und *P. omorica* sowie 2jährigen *Syringa vulgaris*-Unterlagen Mg-Steigerungsversuche durchgeführt. Die Wirkung der unterschiedlichen Behandlung wird zur vegetativen Leistung der Gehölze (Wurzelhalsdurchmesser und Trieblängen) und zum Gehalt an N bzw. Mg in den Blättern und Nadeln in Beziehung gesetzt. Mit zunehmender N-Versorgung werden signifikant größere Wurzelhalsdurchmesser und höhere N-Konz. in den Blättern der Rosen und des Flieders festgestellt. Die Mg-Steigerung bewirkte bei den Koniferen mit Ausnahme von *Picea omorica* ebenfalls eine geringe Steigerung der vegetativen Leistung und eine Erhöhung der Mg-Gehalte der untersuchten Pflanzenteile, die allg. mit einem Abfall der K- und Ca-Werte verbunden war. W. Fiedler. 1380.

X. PFLANZENZÜCHTUNG

B. Allgemeine Pflanzenzüchtung

Günther, Elisabeth; Greifswald, Ernst-Moritz-Arndt-Univ., Agrobiol. Inst. **Die Nachkommenschaft von Solanaceen-Chimären. 2. Mitt.** Flora [Jena] **152** (1962) Nr. 2. S. 196–226. – 13 Abb., 11 Tab., 67 Lit. 1. Mitt. vgl. LZ. Abt. II **4** (1959) Nr. 8. S. 1718.

Es wird die Nachkommenschaft eines deutlich veränderten Sämlings einer Chimäre (*Solanum lycopersicon esculentum*) beschrieben. Diese Sämlinge waren chromosomal Aneuploide mit 2 n = 64 bis 2 n = 136 Chromosomen. Unter 100 ausgewählten Pflanzen einer weiteren Nachkommenschaftsgeneration der Chimäre variierten die Chromosomenzahlen von 2 n = 24 bis 2 n = ca. 500. Es konnte nur teilweise ein Zusammenhang zwischen Chromosomenzahl und morphol. Veränderung gefunden werden. Es wird gefolgert, daß sowohl der Pfropfeffekt wie auch die durch Aneuploidie bedingten Meiosestörungen die Veränderungen hervorgerufen. Es konnten keine gerichteten Veränderungen durch einen der Pfropfpartner festgestellt werden.

D. Rothacker. 1515.

Schultz, Mary E.; Ann Arbor, Univ. of Michigan, Dep. of Bot. Incompatibility relationships in certain complex—heterozygotes of Oenothera. **(Unverträglichkeitsbeziehungen bei bestimmten Komplexheterozygoten von Oenothera.)** Genetics **47** (1962) Nr. 7. S. 819–838. – 10 Tab., 14 Lit.

Die Übertragung des alpha-Komplexes durch Pollen wurde untersucht und Hybriden erzeugt, welche Komplexe verschiedener Rassen der Gruppen *biennis* 2 und 3 von *Oenothera* besaßen. Die Alpha-alpha Hybriden waren einheitlich selbstunverträglich. Bei einigen Rassen wurde der alpha-Komplex durch den Pollen übertragen, bei anderen dagegen nicht. Nach Testkreuzungen sind Unverträglichkeitsallele für die alpha-Komplexe bei *biennis* 1, 2 und 3 charakteristisch. Sie wirken wahrscheinlich in der Weise, daß der Pollen bei den autogamen Komplexheterozygoten von *Oenothera* letal ist. 2 Inkompatibilitätsloci S_1 und T_1 sowie Epistasie von S_1 im Pollen werden postuliert. Durch die Tätigkeit dieser Allele werden alpha-alpha Strukturhomozygoten aus der Nachkommenschaft dieser Selbstungspflanzen eliminiert.

G. Bandlow. 1520.

Bouharmont, J.; Yangambi, Congo, Div. de Génétique de l'Inéac. Étude de la stérilité d'un autotétraploïde induit chez Crotalaria goreensis Guill. et Perr. **(Untersuchung der Sterilität einer induzierten Autotetraploiden bei Crotalaria goreensis Guill. et Perr.)** Cytologia [Tokyo] **26** (1961) Nr. 3/4. S. 253–267. – 47 Abb., 9 Lit. Orig.: franz.

Durch Colchicinbehandlung – Samen-, Hypokotyl- und Sproßbehandlung – wurden von *Crotalaria goreensis* Autotetraploide hergestellt und morphol. und cytologisch untersucht. Das Wachstum der Tetraploiden verlief langsamer, Verzweigung und Blattzahl, nicht dagegen die Stärke der Triebe und Größe der Blätter, sind geringer als bei den Diploiden. Die Blüten sind bei Diploiden gelb und deutlich kleiner als bei den Tetraploiden, deren Blüten rot sind. Deutliche Unterschiede wurden auch bei den Spaltöffnungen, Pollenkörnern u. a. Merkmalen nachgewiesen. Die Tetraploiden sind in erheblichem Maße steril. Die cytologischen Untersuchungen ergaben, daß Unregelmäßigkeiten der Meiose Hauptursache der Sterilität sind.

K. Schulz. 1520.

Ôta, Takahisa; Nagoya, Japan, Univ., Fac. of Sci., Biol. Inst. The role of cytoplasm in cytokinesis of plant cells. **(Die Bedeutung des Cytoplasmas in der Cytokinese pflanzlicher Zellen.)** Cytologia [Tokyo] **26** (1961) Nr. 3/4. S. 428–447. – 11 Abb., 21 Lit. Orig.: engl.

Das Cytoplasma spielt eine große Rolle bei der Differenzierung, Formgebung und Funktion der Spindel einer sich teilenden Zelle. Blütenknospen von *Tradescantia reflexa* wurden rel. schwach in verschiedenen Lagen zur Achse zentrifugiert. Das Verhalten der Zellen ist teilweise kinematografisch festgehalten worden. Durch die Zentrifugalkräfte wird die Spindel in das Zentrum der Zelle gebracht, während sie sich gleichzeitig langsam verlängert und außerdem eine polwärts gerichtete Trennung der Tochterchromosomen eintritt. Danach tritt ein Prozeß der Erholung ein, ganz gleich in welcher Stärke und Richtung die Zentrifugalkraft auf die Zelle angewendet wurde. Auch nach mehrmaligem Zentrifugieren in entgegengesetzter Richtung nimmt die Spindel nach einer bestimmten Erholungszeit ihre ursprüngliche Lage wieder ein. Die rückläufige Bewegung der Spindel nach dem Zentrifugieren wird durch eine bestimmte Reaktion des cytoplasmatischen Systems hervorgerufen. Abnormal gebildete Scheidewände konnten nach mehrmaligem Zentrifugieren nur in einigen Fällen beobachtet werden. Dies wird auf eine Schädigung während des Zentrifugierens zurückgeführt.

J. Schreiter. 1530.

Lima-de-Faria, A. und Sarvella, Patricia; Lund, Sweden, Univ. of Lund, Inst. of Genetics. Variation of the chromosome phenotype in Zea, Solanum and Salvia. **(Die Variation des Chromosomen-Phänotyps bei Zea, Solanum und Salvia.)** Chromosoma [Berlin] **13** (1962) Nr. 3. S. 300-314. – 68 Abb., 5 Lit.

Bei *Solanum lycopersicum, Zea mays* und *Salvia viridis* sind die Pachytänchromosomen nach der Abstufung der Chromomerengröße jeweils von beiden Seiten des Zentromers untersucht worden. So ist auf den langen Chromosomen von *S. lycopersicum* eine plötzliche Größenzunahme der Chromomeren ohne Übergänge zu beobachten, während in der Größenabstufung bei 9 von 12 Chromosomen eine Beziehung zur Armlänge besteht. Die Verteilung der Chromomeren in beiden Armen des Nukleoluschromosoms läßt jedoch keine Einstufung nach ihrer Größe zu, und eine auffallende Abstufung konnte nur auf kleinen Abschnitten festgestellt werden. Im gleichen Chromosom von *S. viridis* liegen die Verhältnisse ähnlich. Die übrigen Chromosomen, sowohl bei *Z. mays* als auch bei *S. viridis*, zeigen im Vergleich zwischen Spezies mit gut definierbaren und denen ohne auffallende Abstufung ein intermediäres Verhältnis. Alle hinsichtlich der Chromomerenanordnung bestehenden Merkmale werden eingehend beschrieben und dargestellt. Über die Möglichkeiten einer Veränderung des Chromomeren-Phänotyps nach einem Positionswechsel durch Translokationen wird diskutiert. J. Schreiter. 1530.

Georgieva, R., Nikolov, Ch. und Filev, K. (Georgiewa, R., Nikolow, Ch. und Filew, K.) Cytological and genetic changes caused by ultrasound wave effects. **(Durch Ultraschallwellenwirkungen verursachte cytologische und genetische Veränderungen.)** Doklady Bolgarskoj akademii nauk, Sofija **15** (1962) Nr. 3. S. 113–116. – 4 Abb., 1 Tab., 5 Lit. Zus. in Russ.

Ausgekeimte Luzerne-, Mais-, Gurken- und Wassermelonensamen wurden mit Ultraschallwellen (4 KV/9,9 W je cm^2) 5, 15, 30, 60, 90, 120, 180 und 240 Min. lang behandelt. Untersucht wurde der Einfluß von Ultraschall auf die Mitose sowie auf das Wachstum und die Entwicklung der aus bestrahlten Samen hervorgegangenen Pflanzen. Bei kurzer (5–15 Min.) Bestrahlung wurden keine wesentlichen cytologischen Veränderungen beobachtet. Bei längerer Bestrahlung wurde Verzögerung oder Ausfall der Längsspaltung mancher Chromosomen oder Chromosomenfragmentierung beobachtet, wodurch Zellen mit veränderter Chromosomenzahl entstehen. An den aus bestrahlten Samen hervorgegangenen Pflanzen wurden auch morphol. Veränderungen beobachtet. Wachstum und Entwicklung solcher Pflanzen waren gestört. Je nach der Bestrahlungsdauer ging der Gurkenertrag um 3 bis 30% zurück. M. Stoilow. 1530.

Entwicklung von Serienmethoden (in Sonderheit Mikromethoden und papierchromatographische Methoden) zur Bestimmung von Inhaltsstoffen bei Gemüse und Futterpflanzen, Ölpflanzen sowie Heil- und Gewürzpflanzen für die Qualitätszüchtung (Eiweiß, Aminosäuren, organische Säuren, Zucker, Fett, Vitamine, Alkaloide, ätherische Öle etc.). Quedlinburg, Inst. Pflanzenzücht. Dtsch. Akad. Landwirtsch.-Wiss. Berlin Plan-Nr.: 1701 06h-2-05/6Z. Teil-Abschlußber. (11/3. 1963).
Entwickelt wurden: 1. Halbmikromethoden zur Serienbestimmung von ätherischem Öl, Estermenthol, Menthol und Menthon in Pfefferminze. 2. Entwicklung der Keilstreifenchromatographie. 3. Kombinationsmethode Keilstreifenelektrophorese und Keilstreifenpapierchromatographie. 4. Entwicklung eines Durchlauf-Elektrophoresegerätes (EPh 60) mit spez. Auftragungsgerät (nach dem Prinzip des Knallgasvoltameters). 5. Beiträge zur Kenntnis der Inhaltsstoffe der Geißraute, *Galega officinalis*. 6. Über eine Vereinfachung der quantitativen Bestimmung von Aminosäuren an Austauschersäulen mit der Möglichkeit gleichzeitiger qualitativer Untersuchungen. 7. Fraktionssammler für 880 Fraktionen mit Programmsteuerung zum alternierenden Auffangen von Test- und Hauptfraktionen. 8. Keilstreifentechnik in der Dünnschichtchromatographie. 1550.

Biophysikalische Untersuchungen einschließlich Anwendung radioaktiver Isotope in der Qualitätszüchtung. Quedlinburg, Inst. Pflanzenzücht. Dtsch. Akad. Landwirtsch.-Wiss. Berlin Plan-Nr.: 1701 06h-2-14/6. Teil-Abschlußber. (11/3. 1963).
Für die Probleme der Zücht.-Forsch. und der Beschreibung der Leistung unserer Kulturpflanzen sollen phys. und mathematische Methoden nutzbar gemacht und neu entwickelt werden. Diese Methoden dienen in erster Linie als Grundlage für das Studium der Gesetzmäßigkeiten, welche der Wirkung der verschiedenen phys. Umwelteinflüsse auf die Leistung verschiedener Kulturpflanzenarten und deren Sorten und Stämme zugrunde liegen. In den vergangenen Jahren wurde dabei der Anwendung von Nukliden als Forschungsmittel bes. Beachtung geschenkt. Die Anwendung von radioaktiven Isotopen dient in erster Linie dazu, um mit ionisierenden Strahlen und Neutronen neue meßtechnische Möglichkeiten der Isotopenanwendung zu suchen, die bes. zur Klärung der Stoffproduktion und anderer ertragsphysiol. Untersuchungen unserer Kulturpflanzen dienen. Es wurde ein auf Kleinbahnschienen fahrbares Meßlaboratorium konstruiert, und darüber hinaus wurden Meßgeräte zur Bestimmung der Feuchtigkeit mittels Neutronenzerstreuung entwickelt, die einer industriellen Fertigung zugeführt werden. 1550.

Libby, W. J. und Jund, E.; Berkeley, Univ. of California, Dep. of Genetics. Variance associated with cloning. **(Mit der Klonung verknüpfte Varianz.)** Heredity **17** (1962) Nr. 4. S. 533–540. — 2 Abb., 3 Tab., 12 Lit.

Die Untersuchungen wurden bei *Mimulus guttatus* durchgeführt. Es sollte geprüft werden, ob physiol. und morphol. Veränderungen genetisch identischer Pflanzen sich ergeben würden bei unterschiedlich gezogenen und gewonnenen Stecklingen. In Versuch 1 und 2 wurde der Einfluß des Alters der Mutterpflanze ermittelt, in Versuch 3 der Einfluß des Alters des den Steckling liefernden Organs und in Versuch 4 der Einfluß unterschiedlicher Anzuchtbedingungen auf die Stecklinge untersucht. Alle 4 Versuche ließen Erhöhung der Variabilität durch Klonung erkennen. Die physiol. Ursachen, innere physiol. Bedingungen, Mikro-Umweltverhältnisse u. a. Ursachen werden angeführt und erörtert. K. Schulz. 1550.

Federer, Walter T. und Plaisted, Robert L.; Ithaca, N. Y., Cornell Univ., Dep. of Plant Breeding. A method for estimating combining ability components of variance in incomplete block designs. **(Eine Methode zur Abschätzung der Varianzkomponenten der Kombinationseignung in Versuchen mit unvollständigen Blocks.)** Amer. Potato J. **35** (1962) Nr. 5. S. 197–206. – 8 Tab., 6 Lit.
Die angegebene Methode basiert auf einer Ermittlung der Varianzkomponenten für spez. und allg. Kombinationseignung in Versuchen mit unvollständigen Blocks. Die Untersuchungen wurden an 3 verschiedenen Versuchsorten durchgeführt. D. Rothacker. 1550.

Morton, J. R. und O'Donald, P.; Cambridge, Univ., Dep. of Genetics. Analysis of gene action from inbred line crosses in non self-fertilising organisms. **(Untersuchungen der Genwirkung von Inzuchtlinienkreuzungen bei nichtselbstfertilen Organismen.)** Heredity **17** (1962) Nr. 4. S. 553–559. 1550.

Jucci, C.; Pavia, Univ., Inst. di Zool. „L. Spallanzani". Il miglioramento delle piante attraverso l'incrocio interspecifico. **(Die Verbesserung der Pflanzen durch zwischenartliche Kreuzung.)** Genetica agraria [Pavia] **15** (1961) Nr. 1/2. S. 112–126. 1563.

Aastveit, Knut. Mutasjonsforedling. **(Mutationszüchtung.)** Tidsskr. norske Landbruk **69** (1962) Nr. 10/11. S. 247–255. – 6 Abb., 4 Tab., 5 Lit. 1565.

Alichanjan, S. I. Chimičeskij mutagenez. **(Chemische Mutagenese.)** Žurnal Vsesojuznogo chimičeskogo obščestva im. D. I. Mendeleeva, Moskva **6** (1961) Nr. 3. S. 285–292. – 58 Lit. Aus: Referativnyj žurnal. Biologija, Moskva **1962** Nr. 4. A 191. S. 27.
Für die chem. Mutagenese besitzen sowj. Wiss. Priorität. Es sind mehrere Hundert chem. Mutagene bekannt. Dabei treten Mutanten auf, die niemals durch ionisierende Strahlen erzeugt werden können. Die Wirkung der Chemikalien ist noch nicht ausreichend geklärt. Die Ansicht von Rapoport, daß es sich hauptsächlich um Reaktionen mit Eiweißverbindungen handelt, wird als verfrüht bezeichnet, während Wirkungen der chem. Mutagene als Punktmutationen, die anfangs geäußert wurden, falsch sind. Nach Vf. bestehen zwischen der chem. Induktion von Mutanten Parallelen zur Krebserzeugung durch lange Einwirkung unspez. Agenzien. Katalase ist ein Antimutagen von H_2O_2. Anwendung von KCN, das die Katalase inaktiviert, kann mutagen sein. Mutagene des Typs H_2O_2 werden als Mutagene 1. Ordnung, Mutagene vom Typ KCN als chem. Mutagene 2. Ordnung bezeichnet. Die Mutationsfrequenz hängt nicht nur von den Mutagenen ab, sondern auch vom Zustand des Organismus und seiner genetischen Grundlage. Rückmutationen hängen davon ab, wie weit der betreffende Locus ursprünglich verändert war. Auf die Verwendung chem. Substanzen bei der Zücht. und die Gefahren für den Menschen wird hingewiesen. übersetzt v. G. Boetticher. 1565.

McKelvie, A. D.; Cambridge, Plant Breeding Inst. The uses of radiation in plant breeding and investigations into the induction of mutations. **(Die**

Anwendung von Strahlen in der Pflanzenzüchtung und Untersuchungen über die Auslösung von Mutationen.) Genetica agraria [Pavia] **14** (1961) Nr. 3/4. S. 197–205. – 2 Tab., 14 Lit.
Vf. berichtet über die Anwendung ionisierender Strahlen im „United Kingdom" und gibt einen Überblick über die im „Plant Breeding Inst." in Cambridge durchgeführten Arbeiten zur Mutationsauslösung. Ionisierende Strahlen haben sich zur Auslösung wertvoller Mutationen hinsichtlich Ertrag und Krankheitsresistenz als wenig nützlich erwiesen. Es werden aber Beispiele angeführt, daß Strahlen zur Lösung bestimmter spez. Probleme in der Pflanzenzücht. wertvoll sein können. – Zum Studium der Mutagenspez. wurden in Cambridge Versuche mit verschiedenen Mutagenen bei *Arabidopsis thaliana* vorgenommen. Die größte Mutationshäufigkeit erbrachte Äthylmethansulfonat. W. Hentrich. 1565.

Palenzona, D. L.; Pavia, Univ., Ist. di Genetica. Effetti della selezione intrasomatica in relazione agli effetti mutageni delle radiazioni ionizzanti sui caratteri poligenici. **(Wirkungen der intrasomatischen Auslese im Hinblick auf die mutagenen Wirkungen der ionisierenden Strahlen auf die polygenetischen Eigenschaften.)** Genetica agraria [Pavia] **15** (1962) Nr. 3/4. S. 390–396. – 2 Abb., 2 Tab., 4 Lit. Zus. in Engl. 1565.

Entwicklung der Polyploidie zu einer praktischen Zuchtmethode. 1. Untersuchungen über die Bedeutung des Ausgangsmaterials sowie über die wirkungsvollste Art der Herstellung von züchterisch brauchbaren polyploiden Populationen. 2. Untersuchungen über die Entwicklung von wirkungsvollen Selektions- und Isolationsverfahren für Züchtung polyploider Sorten. Quedlinburg, Inst. Pflanzenzücht. Dtsch. Akad. Landwirtsch.-Wiss. Berlin Plan-Nr.: 1701 06h-2-01. Teil-Abschlußber. (11/3. 1963).
Die Polyploidie hat in der Evolution zu bes. leistungsfähigen Kulturpflanzen geführt. Dagegen ließen sich mit Hilfe der Polyploidiezücht. nur bescheidene Erfolge erzielen. Im Laufe der Untersuchungen wurden Prinzipien ausgearbeitet, wodurch die Züchtung von polyploiden Sorten wesentlich erfolgreicher gestaltet werden kann. 1566.

Ross, H.; Köln-Vogelsang, Max-Planck-Inst. für Züchtungsforsch. **Resistenzzüchtung und pathogene Rassen.** Ber. dtsch. bot. Ges. **74** (1962) Nr. 9. S. 389–404. – 7 Tab., 31 Lit.
Es wird dargelegt, welche Grundzüge und Beziehungen zwischen Resistenzgenen und pathogenen Rassen bestehen und welche Gesetzmäßigkeiten die Rassenabhängigkeit bzw. -unabhängigkeit der Resistenz bestimmen. 11 Beispiele werden für monomere Vererbung der Resistenz gebracht. Nach der Flor'schen Hypothese gelingt es in der Regel nur der Mutante eines spez. Genlocus des Parasiten, diese monogene Resistenz zu durchbrechen. Es kann daher angenommen werden, daß der korrespondierende Locus nur eine niedrige Mutationsfrequenz besitzt. Die Resistenz ist unabhängig von der Rasse des Erregers. Die Wirkung oligogener Resistenz wird an 5 weiteren Beispielen erläutert. Diese Resistenz ist, wenn die einzelnen Gene nicht lediglich rassenunabhängig die Resistenz verstärken, vermutlich grundsätzlich rassenabhängig. Polygen vererbte Resistenz scheint i. allg. rassenunabhängig zu sein, weil vermutlich die vielen Resistenzblocks selten durch die Kombination ebensovieler mutierter Loci überwunden werden können.
D. Rothacker. 1568.

C. Spezielle Pflanzenzüchtung

Entwicklung von Methoden zur Züchtung von Spezialsorten für Beregnung und höhere Düngung. Kloster Hadmersleben, Zweigstelle Inst. Pflanzenzücht. Gülzow-Güstrow Dtsch. Akad. Landwirtsch.-Wiss. Berlin Plan-Nr.: 170107h/2-05/7. Abschlußber. (21/3. 1963).

Innerhalb von 4 Vegetationsperioden 1959–62 wurden bei Tetraroggen, Wi- und So-Weizen, So-Gerste und Hafer Sorten oder Neuzuchtstämme mit bes. Eignung für zusätzliche Beregnung und Spätkopfdüngung mit N gesucht. Solche Formen konnten nicht gefunden werden. Tetraroggen und So-Gerste sind unter den bodenklimatischen Verhältnissen der Börde nicht beregnungswürdig. Dagegen kann sich Beregnung und Spätkopfdüngung bei Wi- und So-Weizen, evtl. auch bei Hafer im Trockengebiet der Börde ertragssteigernd auswirken. Auf die Erhöhung des Feuchtklebergehaltes bei Weizen bis zu 50% durch Beregnung mit Spätkopfdüngung mit N wurde hingewiesen. Die Versuche wurden einheitlich nach der Streifenanlage als vereinfachter Komplexversuch unter Verwendung von Turbo-Viereck-Regnern durchgeführt. 1710.

Muchin, N. D. und Rosenkova, V. E. (Muchin, N. D. und Rossenkowa, W. Jc.); Beloruss. Forsch.-Inst. für Ackerbau. Effektivnost' metodov otbora jarovych zernovych kul'tur pri vyraščivanii ėlitnych semjan. **(Die Wirksamkeit der Auslesemethoden bei Sommergetreide bei der Elitesaatgutproduktion.)** Selekcija i semenovodstvo, Moskva **27** (1962) Nr. 6. S. 34–35. – 1 Tab. 1710.

Nakajima, Goichi; Kiryu, Japan, Gumma Univ., Fac. of Technol., Biol. Lab. Karyo-genetical studies on trigeneric triple hybrids in Triticinae. VII. External characteristics, fertility and the number of somatic chromosomes of TdurHRF$_2$ plants. **(Kerngenetische Untersuchungen an Dreigattungs-Tripel-Bastarden bei Triticinen. 7. Mitt. Äußere Merkmale, Fertilität und Zahl der somatischen Chromosomen von TdurHRF$_2$-Pflanzen.)** Jap. J. Genetics **36** (1961) Nr. 5/6. S. 212–216. – 8 Abb., 3 Tab., 3 Lit. Orig.: jap., Ausz.: engl. 6. Mitt. vgl. Kromosomo **44/45** (1960) S. 1506.
Körner der F$_2$ von TdurHR ([*Triticum durum* × *Haynaldia villosa* F$_1$] × *Secale cereale*) wurden in Gefäßen ausgesät und die Pflanzen cytologisch untersucht. Die Zahl der somatischen Chromosomen von 16 TdurHRF$_2$-Bastarden lag zwischen 42 und 50. Bei den äußeren Merkmalen wurden einige individuelle Abweichungen beobachtet. Die Halmlängen der F$_2$-Pflanzen blieben bis auf einige Ausnahmen unter den der F$_1$-Pflanzen. Zwischen Halmlänge und Zahl der Chromosomen konnte Vf. keine Beziehungen feststellen. Die Ähren waren bei der F$_2$ in den meisten Fällen länger als bei der F$_1$. Bei den Ährenmerkmalen, wie Zahl der Ährchen/Ähre, Ährendichte, Länge der Grannen und Zahl der Blüten/Ährchen hatte die F$_2$ in den meisten Fällen geringere Werte als die F$_1$. Auch bei diesen Merkmalen fand Vf. keine Beziehungen zur Chromosomenzahl. Allg. tendierte TdurHRF$_2$ zur Verkleinerung der äußeren Merkmale gegenüber der F$_1$. Nur eine von 16 F$_2$-Pflanzen setzte Körner an (0,27% Ansatz) und reifte aus. Alle anderen Pflanzen blieben steril.
F. Beleites. 1712.

Zizin, N. W. **Getreide-Futter-Weizen (Agropyrum-Triticum-Hybriden).** Albrecht-Thaer-Arch. **6** (1962) Nr. 5. S. 376–381. – 5 Tab.
Die Getreide-Futterweizen werden durch Kreuzungen, vornehmlich zwischen Wi-Weizen und *Agropyrum glaucum* geschaffen. Die genannten Formen werden auf Grund von Merkmalen, die sie vom gewöhnlichen Weizen stärker unterscheiden lassen, als selbstständige Art, *Triticum agropyrotriticum*, ssp. *submittans*, betrachtet. Die cytologische Analyse ergab 2 n = 56 Chromosomen. Die hervorragendste Eigenschaft dieser Hybriden, die Fähigkeit des Nachwachsens nach der Ernte, gestattet die mehrfache Verwendung sowohl für Grünfutterzwecke (mehrere Schnitte) als auch für kombinierte Körner- und Futternutzung. Bei ausschl. Grünfutternutzung werden in 2 bis 3 Schnitten über 400 dt/ha Grünmasse bzw. über 100 dt/ha Heu geerntet, etwa das Doppelte an Ertrag eines Hafer-Weizengemisches. Unter günstigen Witterungsbedingungen brachten die besten Hybriden nach einer Körner-

ernte von 14–15 dt/ha noch 45–65 dt/ha Heu. Der Eiweißgehalt im Heu beträgt 12–15% und 22–25% im Korn. Die Hybriden zeichnen sich weiterhin durch hohe Resistenz gegenüber Pilz- und Bakterienbefall aus.

H.-D. Koch. 1712.

Maliani, Cirillo; Roma, Federazione Ital. Consorzi Agrari. Risultati ottenuti con gli incroci interspecifici. **(Ergebnisse, die durch Artkreuzungen erzielt wurden.)** Genetica agraria [Pavia] **15** (1961) Nr. 1/2. S. 163–191. – 8 Abb., 1 Tab. Zus. in Engl. 1712.

Crumpacker, David W. und Allard, R. W. A diallel cross analysis of heading date in wheat. **(Eine diallele Kreuzungsanalyse des Ährenschiebens beim Weizen.)** Hilgardia [Berkeley, Calif.] **32** (1962) Nr. 6. S. 275–318. – 16 Abb., 12 Tab., 37 Lit.

10 So-Weizensorten wurden diallel gekreuzt, wobei unter Einbeziehung der innersortlichen und reziproken Kreuzungen 100 Kombinationen (p^2) im Hinblick auf das Merkmal Ährenschieben genetisch analysiert wurden. An Hand der ermittelten Daten der Eltern und F_1 sollte über die genetische Information eine Voraussage des möglichen Selektionserfolges getroffen werden. Die Sorten wurden nach ihrem rel. Dominanzgrad in 3 Gruppen eingeteilt. Der weitaus größte Teil der genetischen Variabilität wurde durch 3 Gene mit „major"-Wirkung bedingt. Nach der Wirkung dieser Hauptfaktoren wird die genetische Konstitution der untersuchten Sorten angegeben. Analysen an spaltenden (F_2-) Generationen entsprachen in den meisten Fällen dem genetischen Schema. Der noch verbleibende Rest der genetischen Variabilität soll durch „minor"-Gene bedingt sein, wobei Wechselwirkungen (WW) zwischen diesen und den Hauptfaktoren wahrscheinlich sind. Rel. Stabilität des genetischen Systems konnte hinsichtlich der WW Genotyp/Umwelt nachgewiesen werden. H.-D. Koch. 1712.

Chvostova, V. V., Valeva, S. A. und Možaeva, V. S. (Chwostowa, W. W., Walewa, S. A. und Moshajewa, W. S.) Chozjajstvenno perspektivnye mutanty, polučennye u ozimych pšenic pod dejstviem γ-izlučenij. **(Wirtschaftlich aussichtsreiche Mutanten, die aus Winterweizen durch γ-Strahlen gewonnen wurden.)** V sb.: Radioaktivn. izotopy i jadern. izlučenija v nar. ch-ve SSSR., Moskva **2** (1961) S. 114–117. – Aus: Referativnyj žurnal. Biologija, Moskva **1962** Nr. 5. G 120. S. 18.

Samen der Wi-Weizensorten 'PPG-186' und 'PPG-99' wurden mit Comit Dosen von 10000, 15000 und 20000 r bestrahlt (650 r/Min.). Die Sorte 'PPG-186' wies 26mal und die Sorte 'PPG-99' 17mal so viele Mutationen auf wie die Kontrolle. Alle erhaltenen Mutanten wurden in 4 Gruppen eingeteilt: Erektoide – mit kurzem, dickem Stroh, Speltoide – mit gestreckter Ähre und lockeren Ährchen, Squareheads – mit keulenförmiger Ähre und Pflanzen mit lockerer langer Ähre und einer vergrößerten Ährchenzahl. Unter den Mutanten wurde eine Pflanze ausgesondert, die nicht von Mehltau befallen wurde. Auf Infektionsparzellen wurden flugbrandresistente Formen ausgelesen. 26 Mutanten wurden dem Kontroll-Zuchtgarten zur Prüfung auf wirtsch. wertvolle Merkmale übergeben.

übersetzt. v. G. Boetticher. 1712.

Cikov, D. und Dučevska-Topalova, Ch. (Zikow, D. und Dutschewska-Topalowa, Ch.) Za dinamikata na zacharite v edin zimen i edin zimno-proleten sort obiknovena pšenica i v technija chibrid. **(Über die Dynamik des Zuckers in einer Winter- und einer Winter-Sommer-Weichweizensorte und ihrer Hybride.)** Izvestija na Centralnija naučnoizsledovatelski institut po rastenievŭdstvo, Sofija **13** (1962) S. 123–137. – 3 Abb., 2 Tab., 29 Lit. Zus. in Russ., Engl.

Es wurde ein Gefäßversuch mit der sich durch höchste Winterfestigkeit auszeichnenden Weizensorte 'Nr. 14' und der weniger frostharten aber ertragreichen 'Åckerman' durchgeführt, wobei das Anreicherungs- und Verbrauchsvermögen von verschiedenen Zuckerarten während des Winters in den Elternsorten und deren Hybriden verfolgt wurden. Die Proben wurden zu Anfang, Mitte und Ende des Winters entnommen. Aus den chem. Analysen ergab sich, daß die Sorte 'Nr. 14' zu Winteranfang mehr Zucker als die Sorte 'Åkerman' enthält. Die Hybriden, bei denen die Sorte 'Nr. 14' Muttersorte war, enthielten mehr Zucker als die reziproke Kombination, erreichten aber nicht die Menge von 'Nr. 14'. Zu Ende des Winters waren bei 'Nr. 14' alle Zuckerformen eindeutig feststellbar, während bei 'Åkerman' und der reziproken Kombination nur Spuren nachweisbar waren. K. Tschanew. 1712.

Meletti, Paolo und Onnis, Antonio; Cagliari, Univ., Ist. di Bot. Studio comparato di alcuni effetti fisiologici prodotti dai raggi x su Triticum durum normale e bianconato. **(Vergleichende Untersuchungen einiger physiologischer Wirkungen auf normales und „verfärbtes" Triticum durum, erzeugt durch X-Strahlen.)** Genetica agraria [Pavia] **15** (1962) Nr. 3/4. S. 288–296. – 3 Tab., 3 Lit. Zus. in Engl. 1712.

Stuke, E. **Untersuchungen über die Züchtung von Weizen mit guter Backfähigkeit. 2. Mitt. Über die Genetik einzelner Komponenten und die Bearbeitung des Zuchtmaterials.** Z. Pflanzenzücht. **47** (1962) Nr. 4. S. 297–329. – 20 Abb., 10 Tab., 47 Lit. 1. Mitt. vgl. LZ. Abt. II 8 (1963) Nr. 3. S. 789.
Die genetischen Untersuchungen erstreckten sich auf die Vererbung der Testzahl (TZ) und der Quellzahl (QZ). Kreuzungsanalysen ergaben für die Testzahl als quantitatives Merkmal eine nach der Castle-Wright-Formel geschätzte Wirksamkeit von 4, für die Quellzahl von 2–5 Genpaaren. Die ermittelte Heritabilität von 71–74% für TZ und 60–91% für QZ spricht für die geringere Umweltabhängigkeit dieser Komponenten der Backqualität. Der Wert der verschiedenen Methoden zur Qualitätsbestimmung, wie TZ, QZ, Feuchtklebergehalt (FKl-Geh.) und Zeleny-Test (Ze-Te), für die Auslese wird an Hand der korrelativen Beziehungen zwischen den genannten Komponenten erörtert. Rel. enge Beziehungen wurden zwischen TZ und QZ gefunden, dagegen keine züchterisch wertvollen Korrelationen zwischen FKl-Geh. und QZ bzw. TZ. Nach den Ergebnissen der Populationsuntersuchungen hängt der Züchtungswert bestimmter Kombinationen weitestgehend von den möglichst ausgeglichenen Qualitätseigenschaften der Kreuzungseltern ab. Zur Beurteilung des Zuchtmaterials im frühen Stadium des Zuchtprozesses wird die Bestimmung der TZ und des FKl.-Geh. vorgeschlagen. Auf die Bedeutung des Backversuches für die endgültige Beurteilung des Zuchtmaterials wird eingegangen. H.-D. Koch. 1712.

Dionigi, A.; Bari, Staz. Agraria Sperimentale. Metodologia per il miglioramento genetico dei grani duri. **(Methoden für die genetische Verbesserung der Hartweizensorten.)** Genetica agraria [Pavia] **15** (1961) Nr. 1/2. S. 144–162. – 2 Abb. 1712.

Dionigi, Alviero; Bari, Staz. Agraria Sperimentale. La „bianconatura" del grano duro e la sua profilassi agronomica. **(„Die Weißverfärbung" des Hartweizens und Maßnahmen zur Vorbeugung.)** Genetica agraria [Pavia] **15** (1962) Nr. 3/4. S. 263–287. – 5 Tab., 8 Lit. Zus. in Engl. 1712.

Sachs, E.; Weihenstephan, Bayr. Landessaatzuchtanst. **Organisation der praktischen Qualitätsweizenförderung und -züchtung.** Bayer. landwirtsch. Jb. **39** (1962) Nr. 2. S. 156–166.
Vf. berichtet über die Anerkennungsvorschriften und den ihnen zugrunde liegenden Methoden der Qualitätsbewertung bei Weizen in Dtschl. vor dem

2. Weltkrieg, Österreich, Frankreich und Holland. Diese Länder schlagen 2 grundsätzlich verschiedene Wege der Prämiierung ein: 1. Gewährung eines Zuschlages je dt für Qualitätsweizen, um Qualitätserzeugung auf breiter Basis zu fördern. Die Förderungsmaßnahmen erfolgen durch Vertragsanbau, bei dem neben einer Prämie/dt auch Saatgutverbilligungen in bestimmten Anbauzonen gewährt werden und Sortenlenkung, um einheitliche Partien zu erzielen. Die Bewertungskosten werden entweder vom Staat (Österreich) getragen oder durch eine entspr. höhere Prämie/dt (Frankreich) abgegolten. 2. Direkte finanzielle Unterstützung bei der Züchtung von Qualitätssorten in Form einer hohen Prämie je dt/Saatgut für zugelassene Sorten. Dieser Weg wird in Holland und praktisch auch in der DBR beschritten. Da dieser Weg keinen direkten Anreiz für den Anbauer darstellt, werden die Anbauer nur dann Interesse zeigen, wenn es gelingt, hohe Ertragsfähigkeit mit bester Qualität zu verbinden. K. Bellmann. 1712.

Sun, S. und Rees, H.; Aberystwyth, Univ. Coll. of Wales, Dep. of Agric. Bot. The use of the diallel cross analysis for investigating species differences. **(Die Anwendung der diallelen Kreuzungsanalyse zur Untersuchung von Artunterschieden.)** Heredity **17** (1962) Nr. 4. S. 577–583. – 2 Abb., 1 Tab., 1 Lit.
Mit der diallelen Kreuzungsanalyse wurden gute Ergebnisse bei der Ermittlung genetischer Differenzen bei quantitativen Eigenschaften erzielt. Vff. versuchten, die Methode auf die Untersuchung verschiedener Merkmale nach Kreuzungen bei *Secale cereale*, *S. ancestrale*, *S. montanum*, *S. vavilovii*, *S. dighoricum* und *S. turkestanicum* anzuwenden. Untersucht wurden die Zeitdauer von Keimung bis zur Entwicklung des 2. Blattes. Die Berechnung der Regressionen ergab, daß *S. ancestrale* die meisten dominanten Gene besaß und darauf in fallender Reihe *S. dighoricum*, *S. montanum*, *S. cereale* und *S. turkestanicum* folgten. Die Gene von *S. vavilovii* sollen dagegen mehr additiv wirken, womit das andersartige Verhalten von *S. vavilovii* gekennzeichnet wird. Durch diese Untersuchungen wurde die Eignung der Methode zur Charakterisierung genetischer Unterschiede von Arten nachgewiesen. K. Schulz. 1714.

Entwicklung von Methoden zur Erzeugung von Heterosissaatgut bei di- und tetraploidem hellkörnigen Winterroggen. Kloster Hadmersleben, Zweigstelle Inst. Pflanzenzücht. Gülzow-Güstrow Dtsch. Akad. Landwirtsch.-Wiss. Berlin Plan-Nr.: 1701 07h/2-03/6. 17 S. Abschlußber. (11/3. 1963).
In mehrjährigen Versuchen wurde die Heterosisleistung verschiedener Kombinationen hell- und grünkörniger diploider Roggenstämme und -sorten geprüft. Bei 100%iger Bastardierung (Xenien aus Kreuzung hell- × grünkörnig) betrug der Heterosiseffekt 4,1 bis 7,6% gegenüber dem leistungsstärkeren Elter. In der F_2 und F_3 erfolgte ein starker Ertragsabfall. Bei diallelen Kreuzungen (hell- × hellkörnig), wo theoretisch 50% Bastardierung erfolgt, brachte die F_1 nicht in allen Fällen Mehrerträge gegenüber dem leistungsstärkeren Elter. Die F_2 brachte allg. die höchste Ertragsleistung, während die F_3 stark abfiel. Die im Versuch nachgewiesenen Ertragssteigerungen konnten in der Praxis bisher nicht erreicht werden. Die Versuche wurden beendet. Über die Ergebnisse beim Tetraroggen sind noch keine sicheren Aussagen möglich. 1714.

Schmalz, H. **Makromutationen bei Sommergerste und Sommerweizen.** Züchter **32** (1962) Nr. 3. S. 133–146. – 16 Abb., 4 Tab., 39 Lit.
Die Merkmale und das genetische Verhalten 2 röntgeninduzierter So-Gerstemutanten sowie einer spontan aufgetretenen So-Weizenmutante werden beschrieben. Die vielknotige, vielblättrige, verzweigte So-Gerstemutante 7795/60 wurde nach Bestrahlung der Sorte 'Freya' in der X_2 i. J. 1960 gefunden. Die Mutation vererbt sich monogen rezessiv. – Bei der 2. So-Gerstemutation, der „knotenlosen" Mutante MS 1196 aus der Sorte 'Haisa', konnte

durch Rückkreuzung ebenfalls monofaktorieller Erbgang nachgewiesen werden. – Die entwicklungsgestörte So-Weizenmutante **14949/56** ist vor allem durch die starke Verzögerung der Ährenentwicklung, die deutlich hinter der Halmdifferenzierung zurückbleibt, charakterisiert. Versuche zur Beeinflussung der Mutante durch Jarowisation der Frühjahrssaat, photoperiodische Behandlung und Herbstaussaat hatten keinen Erfolg. Nach Gibberellinbehandlung wurden Ährendeformationen beobachtet. Monogen rezessive Vererbung wurde nachgewiesen. – Die Bezeichnung dieser Mutanten als Makromutationen wird begründet und die Bedeutung für die Evolution erörtert. H.-D. Koch. 1716.

Entwicklungen von Schnellmethoden, die eine verbesserte Auslese auf Qualitätsmerkmale bei Braugerste und Lupinen gestatten. Kloster Hadmersleben, Zweigstelle Inst. Pflanzenzücht. Gülzow-Güstrow Dtsch. Akad. Landwirtsch.-Wiss. Berlin Plan-Nr.: 1701 07h/2-09/7. 15 S. Abschlußber. (11/3. 1963).

Bei Gerste wurden eingehende Untersuchungen über die Beziehungen zwischen den äußeren und inneren Qualitätsfaktoren an einem größeren heterogenen Sortenmaterial durchgeführt. Mit Hilfe einer neuentwickelten Schnellmethode zur Bestimmung der β-Amylaseaktivität ließ sich auch die Amylaseaktivität in der Gerste und im Malz feststellen. Die wichtigsten Ergebnisse waren, daß: 1. die Extraktausbeute stark vom Spelzengehalt, von Kornform und enzymatischen Faktoren abhängt, weniger vom Eiweißgehalt. 2. Kornform und Spelzengehalt sind rel. leicht meßbare Größen. 3. Zwischen Kornform und Vollgerstenanteil bestehen enge Beziehungen. Gewisse Korrelationen bestehen auch zwischen Keimreifungsverlauf und Enzymaktivität, deshalb muß der erstere neben der Auswuchsfestigkeit geprüft werden. Ein endgültiges Urteil ist nur mit Hilfe der Mikromälzung zu erzielen. Die Ergebnisse der Arbeit finden in der praktischen Züchtung Anwendung. Bei Lupinen wurde eine von polnischen Wissenschaftlern erarbeitete Testmethode zu halbquantitativen Alkaloidbestimmungen im Vergleich zu quantitativen Untersuchungen überprüft und für die Züchtung als brauchbar erkannt. 1716.

Smirnov. V. G. (Smirnow, W. G.) Citoplazmatičeskaja mužskaja steril'nost' u kukuruzy. **(Cytoplasmatische männliche Sterilität bei Mais.)** V sb.: Issled. po genetike, Leningrad **1**(1961) S. 55-78. – 60 Lit. Zus. in Engl. Aus: Referativnyj žurnal. Biologija, Moskva **1962** Nr. 5. G 113. S. 17.

Cytoplasmatische männliche Sterilität wurde bei vielen Pflanzen gefunden und kann als einer der Wege der Evolution der Angiospermen zur Verschiedengeschlechtigkeit angesehen werden. Bei Mais wurden mehrere Typen cytoplasmatischer männlicher Sterilität festgestellt. Hinsichtlich der Vererbung der cytoplasmatischen männlichen Sterilität bestehen verschiedene Ansichten. In den meisten Fällen ist die cytoplasmatische männliche Sterilität durch die Wechselwirkung von Kern und Cytoplasma bedingt. Im Cytoplasma der Pflanzen mit cytoplasmatischer männlicher Sterilität wurden keinerlei morphol. Strukturen gegenüber dem Cytoplasma von Pflanzen mit fertilem Pollen festgestellt. Die Reduktionsteilung verläuft bei Pflanzen mit cytoplasmatischer männlicher Sterilität normal. Die Erscheinung der cytoplasmatischen männlichen Sterilität hängt von den Entwicklungsbedingungen der Pflanzen ab. Vf. schlägt ein neues Maiszüchtungsverfahren vor, daß sowohl die Beurteilung des Kombinationswertes der Linien ermöglicht als auch die cytoplasmatisch männliche Sterilität berücksichtigt. Es wird empfohlen, mehrere Typen der cytoplasmatischen männlichen Sterilität bei der Erzeugung von Liniendoppelhybriden zu verwenden. Die Ertragsfähigkeit der Formen mit sterilem Pollen ist ebenso hoch oder höher als die entspr. fertilen Formen. übersetzt v. G. Boetticher. 1720.

Welch, James E.; Davis, Univ. of California, Dep. of Vegetable Crops. Linkage in autotetraploid maize. **(Koppelung bei autotetraploidem Mais.)** Genetics **47** (1962) Nr. 4. S. 367–396. – 2 Abb., 8 Tab., 29 Lit.
Da Autotetraploide keine betimmten Häufigkeitserwartungen in bezug auf die Spaltung irgendwelcher Eigenschaften zulassen, ist das Feststellen von Koppelungen bei autotetraploidem Mais schwierig. Die zur Untersuchung benutzten Gene gehörten zum Chromosom 2 und betrafen folgende Eigenschaften der Blätter: Ligulafreiheit (lg), Glattheit (gl), Farbverstärkungsfaktor (B) und Chlorophyllgehalt (v), welche die Positionen 11, 30, 49 und 83 einnehmen. Etwa 7 Einheiten von v entfernt ist das Centromer. Die Aufspaltung von lg und gl entsprach den Erwartungen nach Chromatidenspaltungen, während die Aufspaltung von B und v auf Chromosomenspaltung schließen ließ. 2,1% der Quadruplex-Typen zeigte nondisjunction, während asymmetrische Koppelungsergebnisse in vielen Fällen keine signifikanten Differenzen zu Diploiden bei der Chromosomenspaltung erkennen ließen und darauf hindeuten, daß die Koppelung bei Di- und Tetraploiden gleich ist. Ermittlungen der crossing over-Rate von lg und gl ließen bei Polyploiden erkennen, daß sie geringer als bei Diploiden war. Alle anderen crossing over-Kombinationen waren nicht signifikant. K. Schulz. 1720.

Maiszüchtung auf leichten Böden. Groß-Lüsewitz, Inst. Pflanzenzücht. Dtsch. Akad. Landwirtsch.-Wiss. Berlin Plan-Nr.: 17 01 05h-2-40/9. Abschlußber. (21/3. 1963).
In den Jahren 1959–62 wurde versucht, Silomaisformen mit Resistenz gegen meteorogene Belastungen des mittleren Mecklenburger Raumes zu züchten, die bei genügend früher Reifezeit die Leistung der gegenwärtig in diesem Gebiet angebauten Sorten in Zweitfruchtstellung übertreffen. Unter Verwendung von einheimischen frühen Herkünften wurde nach der Zuchtmethode der rekurrenten Selektion ein früher Maisstamm mit verbessertem Tr.-Masseertrag, günstigerem Kolbensitz, besserer Kolbenform und geringerer Verzweigung geschaffen. Außerdem wurden zahlreiche Sortenhybriden hergestellt, von denen einige sich durch gute Jugendentwicklung und hohe Tr.-Masseerträge in Zweitfruchtstellung auszeichnen. 1720.

Lanza, Felice; Bergamo, Staz. Sperimentale di Maiscolt. Considerazioni e prospettive agronomiche nel miglioramento genetico del mais. **(Betrachtungen zur genetischen Verbesserung des Maises und ihre Perspektiven.)** Genetica agraria [Pavia] **15** (1962) Nr. 3/4. S. 297–304. – 3 Lit. Zus. in Engl. 1720.

Kapás, S. A koraiság és a termöképesség öszszefüggésének vizsgálata a kukoricahibrideken. **(Prüfung der Beziehungen zwischen Frühreife und Ertragsfähigkeit bei Maishybriden.)** Kísérletügyi Közlemények, Növénytermesztés [Mitt. landwirtsch. Versuchsstellen Ungarns, Pflanzenbau] **54/A** (1961) Nr. 1. S. 3–31. – Aus: Ung. Agrar-Rdsch. **1962** Nr. 4.
Bei mehreren Maissorten und -Hybriden wurden die Beziehungen zwischen Ertrag und Reifezeit untersucht. Da die Bestimmung der Reifezeit schwierig ist, wurde die Reife an Hand des Fahnenschiebens ermittelt. Es wurde festgestellt, daß Frühreife und Ertrag positiv korreliert sind, obwohl, wie betont wird, die Ertragsfähigkeit nur sehr locker mit der Frühreife korreliert ist. Die Regressionskoeffizienten der einzelnen Jahre sind sehr unterschiedlich. Die Beziehung Frühreife-Ertrag läßt Sorten und Hybriden besser einschätzen als der Ertrag allein. Dabei wird vor allem die biol. Leistungsfähigkeit, nicht der wirtsch. Wert, gemessen. 1720.

Kirjakov, K. (Kirjakow, K.) Sŭstojanie na rabotata vŭrchu cheterozisa pri carevicata v Bŭlgarija. **(Stand der züchterischen Arbeit über die Heterosis bei Mais in Bulgarien.)** Meždunarodno naučno sŭveštanie po cheterozisa, Sofija **1961** (hrsg. 1962) S. 113-122. – Zus. in Russ., Dtsch.

Die Arbeiten der Forsch.-Inst. werden im Zusammenhang mit der Erhaltung und Untersuchung einheimischer Maissorten, der Neuzüchtung von Sortenhybriden, ihrer Prüfung und Einführung in die Praxis sowie ausländischer Formen und der Schaffung bulgarischer Linienhybriden als Einfachhybriden besprochen. Vf. führt an, daß es in Bulgarien rund 30 Lokalsorten und über 1000 verschiedene einheimische Formen gibt und erhalten werden. Ausländische Hybriden wie 'WIR-42', 'Wisconsin 641' und 'Ohio-C-92' wurden eingeführt, und mit ihnen wurden inzwischen bulgarische Einfachybriden gewonnen, die z. Z. geprüft werden. Außerdem werden die Hauptthemen der wiss. Forsch.-Arbeit zur Schaffung von Linienhybriden und Bearbeitung der theoretischen Fragen, die im Zusammenhang mit der Heterosisuntersuchung und dem Maissamenbau stehen, angeführt. M. Stoilow. 1720.

Kirjakov, K. und Najdenov, G. (Kirjakow, K. und Najdenow, G.) Prinos kŭm proučvane na mestnite carevici ot Severozapadna Bŭlgarija. **(Beitrag zum Studium der Mais-Landsorten in Nordwestbulgarien.)** Izvestija na Selskostopanskija naučnoizsledovatelski institut — Kneža, Sofija **4** (1962) S. 37–60. — 15 Abb., 3 Tab., 10 Lit. Zus. in Russ., Engl.
Die 1953–59 angestellten Untersuchungen zeigten, daß aus einigen Hartmaislokalsorten bei freier, gegenseitiger Bestäubung mit Zahnmais unter unterschiedlichen orograph., Boden- und Klimabedingungen Lokalformen mit bot. und ökol. Mannigfaltigkeit erhalten werden. Im Inst. zu Knesha werden die wertvollsten Typen und Herkünfte von Lokalformen wie 'Hajredinska', 'Lechtschewska', 'Karbinska', 'Gorno-gnoenischka' u. a. angebaut. Lokalsorten können als Ausgangsmaterial für Inzuchtlinien mit gutem Kombinationswert benutzt werden und bei geeigneten Kreuzungspartnern zur Gewinnung von Hybriden mit gesteigerter Leistung und erhöhter Dürreresistenz dienen. K. Tschanew. 1720.

Tichvinskij, S. F. (Tichwinski, S. F.); Kirow, Landwirtsch. Inst., Lehrstuhl für Pflanzenbau. Dvuchzarodyševaja kukuruza. **(Zweikeimiger Mais.)** Kukuruza, Moskva **7** (1962) Nr. 11. S. 47. — 2 Abb., 1 Tab.
5jähriger Anbau von Maisproben aus der Kollektion des Unions-Forsch.-Inst. für Pflanzenbau im Gebiet Kirow hat gezeigt, daß die dortigen Umweltbedingungen zur Bildung von anormalen Kolben mit Körnern, die 2 Keime haben, führen (bei der Hybride 'Uspech' und den Sorten 'Besentschukskaja' und 'Tschischminskaja'). Die Zwillingspflanzen entwickelten sich schneller als die normalen Kontrollpflanzen und erreichten die volle Wachsreife um 7–10 Tage früher, sind aber weniger ertragreich. F_1 Hybriden von Zwillingspflanze (♀) × hochstenglige südliche Form (♂) waren frühreifer und ertragreicher als Hybriden aus normalen Samen. Diese Pflanzen waren 1,6–1,8 m hoch (Kontrolle: 1,4–1,5 m), ihr Durchschnittsgew. betrug 875 g (Kontrolle: 750 g), das durchschnittl. Kolbengew. war 198,6 g (Kontrolle: 136,2 g), die Anzahl der Körner je Kolben betrug 384 (Kontrolle: 312). L. Rang. 1720.

Bianchi, A. und Salamini, F.; S. Cuore, Piacenza, Univ. Cattolica, Ist. di Genetica Vegetale. Ultrastruttura della superficie fogliare di mutanti di mais e di frumento duro. **(Die Ultrastruktur der Blattoberfläche der Maismutanten und des Hartweizens.)** Genetica agraria [Pavia] **15** (1962) Nr. 3/4. S. 252 bis 262. — 12 Abb., 8 Lit. Zus. in Engl. 1720.

Abrams, R. und Vélez-Fortuno, J.; Rio Piedras, Univ. of Puerto Rico, Agric. Exp. Stat. Radiation research with pigeonpeas (Cajanus cajan). Results on X_3 and X_4 generations. **(Bestrahlungsversuche mit Taubenerbsen [Cajanus cajan]. Ergebnisse von X_3- und X_4-Generationen.)** J. Agric. Univ. Puerto Rico **46** (1962) Nr. 1. S. 34–42. — 4 Abb., 3 Tab., 7 Lit.
Die Sorte 'Kaki' wurde mit γ-Strahlen und Neutronen bestrahlt (vgl. LZ. Abt. II **7** [1962] Nr. 12. S. 3370.). 214 X_3-und 86 X_4-Linien wurden vor allem hin-

sichtlich Reifezeit und Ertrag im Vergleich zu der Ausgangssorte 'Kaki' und einer spätreifenden Handelssorte 'Saragateado' geprüft. Es wurden gegenüber der Ausgangssorte signifikant frühreifende und signifikant spätreifende Linien selektiert. Letztere waren jedoch nicht spätreifer als die Vergleichssorte 'Saragateado', zeigten aber bei gleicher Reifezeit höhere Erträge. Es wurden Mutanten gefunden, die der Ausgangssorte auch im Ertrag überlegen waren. F. Müller. 1732.

Neuzüchtung von Lupinus albus zur Körnernutzung durch Kombinations- und Mutationszüchtung. Kloster Hadmersleben Zweigstelle Inst. Pflanzenzücht. Gülzow-Güstrow Dtsch. Akad. Landwirtsch.-Wiss. Berlin Plan-Nr.: 1701 07 h/2-11/6. 17 S. Abschlußber. (11/3. 1963).

In der Verbesserung der Frühreife wurden gute Fortschritte erzielt. Zahlreiche Stämme des Neuzuchtmaterials reiften auch bei extrem ungünstiger Witterung im Sommer 1962 gut aus und entspr. in dieser Hinsicht allen Anforderungen der Praxis. Der Neuzuchtstamm '387/51' reifte im Mittel 5jähriger Prüfungen der Zentralstelle für Sortenwesen — bei gleicher Ertragsleistung — 3 Tage früher als die Standardsorte 'Neutra'. Der Ertrag noch früherer Stämme muß erst geprüft werden. Versuche mit chem. Unkrautbekämpfung brachten gute Ergebnisse, die bereits in der Praxis angewendet wurden. Mit chem. Unkrautbekämpfung und Mähdruschernte ist der Anbau auf Großflächen sehr gut möglich. Großversuche in der Praxis mit dem Neuzuchtstamm '387/51' brachten günstige Resultate. Auch 1962 konnte genügend reifes Saatgut geerntet werden. Die Verfütterung von Weißlupinenschrot als Kraftfutter hat sich in der Praxis gut bewährt. Es erscheint möglich, mit 'St. 387/51' den Anbau der Weißlupine in die Praxis einzuführen und dadurch die Eigenversorgung mit hochwertigem Eiweißfutter bedeutend zu verbessern. 1740.

Zuchtarbeiten an Lupinus polyphyllus und Lupinus albus zur Grünfutternutzung. Kloster Hadmersleben Zweigstelle Inst. Pflanzenzücht. Gülzow-Güstrow Dtsch. Akad. Landwirtsch.-Wiss. Berlin Plan-Nr.: 1701 07h/2-01/6. 13 S. Abschlußber. (11/3. 1963).

Seit dem Jahre 1953 laufen Arbeiten an *Lupinus polyphyllus* mit dem Ziel, aus der bitteren Wildpflanze eine süße Futterlupine mit platzfesten Hülsen zu züchten. Es gelang, süße und auch platzfeste Pflanzen zu selektieren. Durch künstliche Kreuzungen wurde die Ausgangsbasis für die Zuchtarbeit verbreitert. Schwierigkeiten bereiten noch die schlechte Schnittverträglichkeit und der bittere Geschmack zahlreicher einwandfrei alkaloidarmer Formen. Der Samenansatz war in bisher allen Jahren gut. Die Arbeiten werden weitergeführt. Bei Versuchen mit *L. albus* zur Grünfutternutzung brachten ausländische Herkünfte höhere Erträge. Die Arbeiten wurden beendet. 1740.

Špota, V. I. (Schpota, W. I.) Gorčično-rapsovye gibridy i priemy ich polučenija. **(Senf-Raps-Hybriden und Methoden ihrer Erzeugung.)** Sb. naučno-issled. rabot po masličn. i ėfiromasličn. kul'tura, Moskva **1960** S. 122–143. — Aus: Referativnyj žurnal. Biologija, Moskva **1961** Nr. 5. G 571. S. 62.

Als Ausgangsmaterial zur Kreuzung von Senf mit So- und Wi-Raps wurden verschiedene Sorten verwendet. Die Kreuzungen erfolgten 1955–57 in Krasnodar. Senf-Raps-Hybriden (SRH) und reziproke Raps-Senf-Hybriden erhielt man bei gleichzeitiger Blüte der Arten. Verhältnismäßig leicht wurden SRH durch künstliche Bestäubung zuvor kastrierter mütterlicher Blüten erhalten. Besser ist für die praktische Züchtung die einfache und billige Methode der Bestäubung ohne Kastration der mütterlichen Blüten zur Erzielung vieler SRH geeignet. Den höchsten Wirkungsgrad bei der Schaffung von SRH durch künstliche Kreuzung mit kastrierten mütterlichen Blüten erreicht man durch Verbindung der Kastration der mütterlichen Blüten mit einer Bestäubung und Zusatzbestäubung nach 24 Std. mit einem Gemisch von ♂ und artfremdem Blütenstaub. SRH sind in der F_1-Generation Pflanzen neuen Typs, die dem Senf nahestehen, die untereinander nicht und mit den Elternpflanzen nur schwer zu kreuzen sind. SRH übertreffen in der F_3 die Kontrolle im Gehalt an Allylsenföl in den Samen um das Doppelte.

übersetzt v. E. Fröhmcke. 1750.

Badanova, K. A. (Badanowa, K. A.); Moskau, Pflanzenphysiol. Timirjasew-Inst. der Akad. der Wiss. der UdSSR. Značenie kolloidno-chimičeskich svojstv protoplazmy dlja zasuchoustojčivosti rastenij. **(Bedeutung kolloidchemischer Eigenschaften des Protoplasmas für die Trockenresistenz der Pflanzen.)** V sb.: Vodn. režim rast. v zasušlivych r-nach SSSR, Moskva **1961** S. 223–232. – Aus: Referativnyj žurnal. Biologija, Moskva **1962** Nr. 4. G 89. S. 13.

In Versuchen mit Sonnenblumen zweier Sorten ('Shdanowski 8281' und 'Saratowski 169') wird gezeigt, daß unter dem Einfluß des Ca-Ions sowie unter dem Einfluß der Abhärtung der Samen vor der Saat nach P. A. Henkel oder der kurzfristigen Einwirkung atmosphärischer Dürre die Hydrophilität der Kolloide und die Intensität der Atmung verstärkt werden, die Menge des gebundenen Wassers größer wird, die hydrophile Viskosität des Protoplasmas wächst und gleichzeitig die Hitzeresistenz der Pflanzen um 1 bis 4° größer wird. Die Anionen der org. Säuren erhöhen die strukturelle Viskosität des Plasmas ohne Vergrößerung des Anteils des gebundenen Wassers, ohne Verstärkung der Atmung und ohne Zunahme der Hitzeresistenz. Die gleiche Wirkung ruft bei Baumwolle Sorte '1298' eine Chloridversalzung hervor.

übersetzt v. G. Boetticher. 1758.

Malheiros Gardé, Nydia; Bayfordbury, Hertford, Herts., John Innes Horticult. Inst. Mechanisms of species isolation in tuberous Solanum. **(Mechanismus der Trennung von Arten bei knollentragendem Solanum.)** Agronom. lusitana **21** (1959) Nr. 1. S. 19–42. – 9 Abb., 24 Lit.

Es wurden zwischen den Species (Ser. *Tuberosa*) *Solanum kurtzianum*, *S. vernei*, *S. simplicifolium*, *S. soukupii*, *S. phureja*; (Ser. *Demissa*) *S. verrucosum*; (Ser. *Polyadenia*) *S. polyadenium*; (Ser. *Cardiophylla*) *S. cardiophyllum*, *S. ehrenbergii*; (Ser. *Pinnatisecta*) *S. jamesii*, *S. pinnatisectum* Untersuchungen über Kreuzungskompatibilität und Pollenschlauchwachstum durchgeführt. Bei den erhaltenen Hybriden werden die morphol. Eigenschaften mit denen der Eltern verglichen. Kreuzbar war *S. verrucosum* als Mutter mit sämtlichen selbstinkompatiblen Species, jedoch nur mit den Arten der Serie *Tuberosa* konnten Hybriden erzielt werden. Dieses Ergebnis wird in der Weise gedeutet, daß diese Species nahe mit den Arten der Serie *Tuberosa* verwandt ist. In der Serie *Tuberosa* wurde des weiteren ein „S"Locus mit multiplen Allelen festgestellt. *S. jamesii* wie *S. pinnatisectum* bilden mit nahezu allen selbstunverträglichen Arten Beeren, die jedoch meistens ohne Samen sind.

D. Rothacker. 1772.

Hawkes, J. G.; Birmingham, England, Univ. Introgression in certain wild potato species. **(Introgression bei verschiedenen Wildkartoffelarten.)** Euphytica [Wageningen] **11** (1962) Nr. 1. S. 26–35. – 3 Abb., 3 Tab., 7 Lit.

Es wird versucht, Introgression bei *Solanum chacoense* nachzuweisen. Diese Art ist weit verbreitet und besiedelt vorwiegend die Ebene (500 m), ist aber auch im Nordwesten in Höhen bis 2 500 m zu finden. Von 31 untersuchten morphol. Merkmalen weichen 7 deutlich bei den Pflanzen der Ebene von denen aus dem Gebirge ab. Es wird angenommen, daß das bereits Ausdruck einer Introgression sein kann. Auch die Verteilung der Hybridindizes (nach Anderson 1949) deutet im Nordwesten des Verbreitungsgebietes, den Provinzen Jujuy und Salta, auf Abweichungen von der normalen Verteilung (Index 77 und 68 im Vergleich zu 11–37) hin. Es handelt sich vermutlich um

Introgressionen der Art *S. microdontum* im andinen Gebiet. Es ist anzunehmen, daß *S. chacoense* nur durch die Introgression von *S. microdontum*-Genen in der Lage war, auch das an die Ebene angrenzende Gebirge zu besiedeln. Vf. betont, daß eine derartige Betrachtungsweise noch neu ist und durch die darauf aufbauenden Forschungen erweitert werden muß.

D. Rothacker. 1772.

Dodds, Kenneth S. und Paxman, G. J.; Bayfordbury, Hertford, Herts., John Innes Inst. The genetic system of cultivated diploid potatoes. **(Das genetische System der kultivierten diploiden Kartoffeln.)** Evolution [Lancaster] **16** (1962) Nr. 2. S. 154–167. – 14 Tab., 14 Lit.

Unter Auswertung der einschlägigen Lit. sowie cytologischer, genetischer, morphol., biochem. und pflanzengeographischer Untersuchungen wurde eine einheitliche genetische Basis für sämtliche diploiden kultivierten Species gefunden. Sämtliche Arten sind obligate Fremdbefruchter. Eine Reihe von S-Allelen steuert die Inkompatibilitätsverhältnisse, und einige sind über das gesamte geographische Verbreitungsgebiet verteilt. So finden sich die Allele S_{11} und S_{12} bei *Solanum phureja* in Venezuela, Kolumbien und Ecuador, bei *S. stenotomum* dementspr. in Peru und Bolivien. Sämtliche kultivierten Kartoffeln, einschl. der diploiden, haben die gleichen Loci für die Anthocyane (P.R. und Ac) sowie für die Verteilung der Anthocyane (B, I und F) in der Pflanze. Das genetische System ist bei allen Kulturkartoffeln gleich. Diese und noch weitere Angaben werden zu einer generellen Klassifikation der kultivierten Kartoffeln verarbeitet. D. Rothacker. 1772.

Grun, Paul; University Park, Pennsylvania State Univ. Early stages in the formation of internal barriers to gene exchange between diploid species of Solanum. **(Frühe Stadien bei der Bildung innerer Barrieren des Genaustausches zwischen diploiden Solanum-Arten.)** Amer. J. Bot. **48** (1961) Nr. 1. S. 79–89. – 9 Tab., 30 Lit.

Es wurden zwischen verschiedenen Species der Serien Tuberosa (*Solanum phureja, S. stenotomum, S. soucupii, S. simplicifolium*) und *Commersoniana* (*S. chacoense, S. commersonii*, ssp. *subtilius, S. kurtzianum, S. tarijense*) und zwischen Genotypen der gleichen Arten Kreuzungen vorgenommen. Die Kreuzungstechnik wird beschrieben. Gegen Insektenbestäubung wurden die Griffel (♀) mit Strohhalmstückchen isoliert. Im wesentlichen werden folgende Angaben ermittelt: Anzahl bestäubte Blüten, Ansatz und Samenkeimung in %, Samenanzahl je Beere und Anteil des anfärbbaren Pollens in der F_1. Die verwendeten Arten sind morphol. gut zu unterscheiden und untereinander kreuzbar. Ergebnisse: 1. Kreuzungsergebnis ist zwischen den Species verschiedener Series ungünstiger als zwischen den Species der gleichen Serie, z. B. beträgt der Ansatz im Mittel aller Kreuzungen *Tuberosa* × *Tuberosa* 48%, *Commersoniana* × *Commersoniana* 48%, *Tuberosa* × *Commersoniana* 35%, *Commersoniana* × *Tuberosa* 34%. 2. Arten der gleichen Serie zeitigen ebenfalls unterschiedliches Kreuzungsergebnis untereinander. So ergaben die Kreuzungen *S. chacoense* × *S. phureja* 5% und *S. commersonii* × *S. phureja* 53% Ansatz. Die Kreuzungsbarrieren zwischen den Species sind häufig nur Ausdruck unterschiedlicher Eignung als ♀ bzw. ♂ Elter. Es ließen sich auch reziproke Unterschiede in der Samenanzahl je Beere feststellen. Wüchsigkeit und Pollenfertilität waren dagegen bei den F_1-Hybriden i. allg. nicht schlechter als bei den Eltern. D. Rothacker. 1772.

McKee, R. K.; Bayfordbury, Hertford, Herts., John Innes Inst. Identification of R-genes in Solanum stoloniferum. **(Die Identifizierung von R-Genen bei Solanum stoloniferum.)** Euphytica [Wageningen] **11** (1962) Nr. 1. S. 42 bis 46. – 4 Tab., 7 Lit.

Mit den *Phytophthora infestans*-Rassen 3, 4, 1.2, 1.4, 2.4, 1.3.4, 1.2.3.4 und 1.2.4.6 wurden im Blattest die Nachkommen von 9 *Solanum stoloniferum*-

Linien (CPC 28, 1333, 2093, 2094, 2243, 2282, 2284, 2337, 2420) auf R-Gene untersucht. Es ließen sich dabei die Gene R_2, R_3, R_4 und R_6 nachweisen. 2 Linien (CPC 2243 und 2420) waren vollkommen anfällig. Die Prüfung einer Anzahl F_2-Generationen läßt auf disomischen Erbgang schließen. Es wird weiterhin aus den Untersuchungen gefolgert, daß die R-Gene von *S. stoloniferum* mit denen von *S. demissum* übereinstimmen. D. Rothacker. 1772.

Rothacker, D.; Groß-Lüsewitz, Inst. für Pflanzenzücht. der Dtsch. Akad. der Landwirtsch.-Wiss. zu Berlin. **Untersuchungen am Sortiment wilder und kultivierter Kartoffelspecies des Institutes für Pflanzenzüchtung Groß-Lüsewitz. III. Rohverfärbung bei mittel- und südamerikanischen Kartoffelspecies.** Z. Pflanzenzücht. **48** (1962) Nr. 2. S. 106–116. – 2 Abb., 13 Lit. 2. Mitt. vgl. LZ. Abt. II **6** (1961) Nr. 11. S. 2745.
Eine Anzahl Arten und Herkünfte aus 11 Series des Lüsewitzer Sortiments von Wild- und Kultur-Kartoffelspecies wurde in den Jahren 1959–61 auf Rohverfärbung am Rohsaft untersucht. Bei den Wildkartoffeln zeigten einige Arten der Series *Bulbocastana, Cardiophylla, Pinnatisecta* und *Longipedicellata* sowie *Solanum columbianum, S. catarthrum* und *S. famatinae* geringere Verfärbung. Auch unter den kultivierten Formen mit 2 n = 24 und 48 Chromosomen befanden sich einige gute Muster. Auf die Bedeutung der günstig bonitierten ssp. *andigenum-tuberosum*-Muster für die Züchtung wird bes. hingewiesen. Ch. Pfeffer. 1772.

Ross, H.; Köln-Vogelsang, Max-Planck-Inst. für Züchtungsforsch. **Über die Vererbung der Resistenz gegen den Kartoffelnematoden (Heterodera rostochiensis Woll.) in Kreuzungen von Solanum famatinae Bitt. et Wittm. mit Solanum tuberosum L. und mit S. chacoense Bitt.** Züchter **32** (1962) Nr. 2. S. 74–80. – 2 Abb., 5 Tab., 32 Lit.
In der nematodenresistenten Species *Solanum famatinae* konnten die Resistenzgene Fa und Fb ermittelt werden. Fa ist vermutlich identisch mit dem Gen H_1 aus *S. andigenum* und bewirkt somit Resistenz gegen die Nematodenrasse A. Das Gen Fb dagegen scheint Resistenz sowohl gegen die normale Rasse (A) als auch die abweichenden Rassen zu bewirken. Die Kombination von Resistenz mit sonstigen Kultureigenschaften ist gelungen. Des weiteren deuten die Ergebnisse auf gute meiotische Paarungsaffinität zwischen den Chromosomen von *S. famatinae* und denen von *S. tuberosum* und *S. chacoense* hin. D. Rothacker. 1772.

Howard, H. W.; Trumpington, Cambridge, Plant Breeding Inst. Experiments with potatoes on the effect of the pigment-restricting gene, M. **(Untersuchungen mit Kartoffeln über die Wirkung des pigment-verdrängenden Gens M.)** Heredity **17** (1962) Nr. 2. S. 145–156. – 3 Abb., 7 Lit.
Experimente mit der Methode des „Augenentfernens" nach Asseyeva (1931) an Kartoffelklonen mit teilweise weißen mit Pigment-Flecken versehenen Kartoffeln ergab Pflanzen mit weißen Knollen. Die Nachkommenschaft dieser weißen Knollen zeigte, daß die Gene für die angegebene Fleckung noch vorhanden waren. Durch „Augenentfernen" wie auch X-Strahlenbehandlung könnten von gefärbtem Periderm keine Pflanzen mit weißen Knollen erzielt werden. Es wird geschlossen, daß nur vom Genotyp D E M und nicht wie bisher angenommen D E weiße Knollen bei den beiden Behandlungsarten erzielt werden können. Es werden weiter die Wirkung des Gens E im Hinblick auf die Peridermpigmentation und des pigment-verdrängenden Gens M diskutiert.
D. Rothacker. 1772.

Houghland, G. V. C., Akeley, R. V. und Kehr, A. E.; Beltsville, Md., U.S. Dep. of Agric. A program for breeding industrial potato varieties. **(Ein Programm zur Züchtung von Industriekartoffelsorten.)** Amer. Potato J. **38** (1961) Nr. 12. S. 419–422. – 1 Tab., 6 Lit.

Im J. 1959 ist die Züchtung von Kartoffelsorten mit hohem Stärke- und Tr.-Subst.-Gehalt sowie gutem Ertrag aufgenommen worden. Dieses Problem soll durch folgende wesentliche Maßnahmen gelöst werden: Kombinationszücht., Auslese auf Grund chemischer Analysen, Auslese nach Samenkeimung in Saccharoselösung und Feldauslese von Pflanzen mit Max. an Strahlungsabsorptionsvermögen. D. Rothacker. 1772.

Young, Donald A.; Fredericton, Canada Dep. of Agric. The selection of potato samples for the evaluation of culinary quality. **(Die Auswahl von Kartoffelproben für die Bewertung der Speisequalität.)** Amer. Potato J. **39** (1962) Nr. 1. S. 14–18. – 3 Tab., 8 Lit.

Durch Feststellung des spez. Gew. der Knollenproben in Salzlösungen wird Auswahl aus den zur Verfügung stehenden Partien getroffen. Durch ein von Cochran (1953) abgeleitetes Verrechnungsverfahren wird der Umfang der Probe bestimmt, der nötig ist, um repräsentativ für die jeweilige Population zu gelten. Die Textur von Kartoffeln, die sich im spez. Gew. um 0,0025 unterschieden, konnte von einer Bewertergruppe sicher festgestellt werden. Die Genauigkeit betrug bereits bei Differenzen von 0,0050 des spez. Gew. bei den verschiedenen Mitgliedern der Bewertergruppe 95–99%. Aus diesen Untersuchungen wird der Schluß gezogen, daß bei Speisewertprüfungen mittels einer Bewertergruppe eine genaue Bestimmung des Stärkegehaltes von Bedeutung ist. D. Rothacker. 1772.

Plaisted, R. L., Sanford, L., Federer, W. T., Kehr, A. E. und Peterson, L. C.; Ithaca, N.Y., Cornell Univ., Dep. of Plant Breeding. Specific and general combining ability for yield in potatoes. **(Spezifische und allgemeine Kombinationseignung für den Kartoffelertrag.)** Amer. Potato J. **39** (1962) Nr. 5. S. 185–197. – 11 Tab., 9 Lit.

Zur Ermittlung der allg. Kombinationsfähigkeit wurden 45 Linien mit 6 Testern gekreuzt. Die Untersuchungen wurden an 3 verschiedenen Orten durchgeführt. Nach den Untersuchungen sind 6 oder mehr Testkreuzungsstämme notwendig, um die allg. Kombinationseignung zu ermitteln. Die Wechselwirkung von allg. Kombinationseignung zu Orten war geringer als die Streuung der spez. Kombinationseignung zu Orten. Von den 32 geprüften Linien waren 4 mit bes. guter Kombinationseignung herausgestellt worden.
D. Rothacker. 1772.

Žigajlo, M. I. (Shigailo, M. I.) Mnogosemjadol'naja svekla. **(Vielkeimblättrige Zuckerrüben.)** Sacharnaja svekla, Moskva **7** (1962) Nr. 11. S. 28–30. – 3 Abb., 1 Lit.

Nach Auslese von 3keimblättrigen Pflanzen (1957, Lgower Zuchtstat.) und nachfolgender Vermehrung unter Anwendung der Selbstbestäubung und Gruppenvermehrung von Samenträgern, die in der Hauptsache auf spätreife Pflanzen der Sorten 'Belozerkowskaja monocarpe' und 'Janasch' gepfropft wurden, konnten dennoch nur wenige 3keimblättrige Pflanzen nachgewiesen werden. Der Anteil stieg in der 2. Generation erheblich und betrug bei einzelnen Linien bis zu 0,57%. In Einzelfällen wurden 4- und sogar 5keimblättrige Pflanzen beobachtet. 1961 wurden in der 4. Generation bei einigen Linien bereits 9,7% 3keimblättrige Pflanzen erreicht. Diese sind im Ertrag den 2keimblättrigen um 16% und im Zuckergehalt um 0,6% überlegen.
G. Jury. 1774.

Ševčenko, V. N. (Schewtschenko, W. N.) Metody selekcii sacharnoj svekly na ustojčivost' protiv boleznej. **(Züchtungsmethoden bei Zuckerrüben gegen Krankheitsresistenz.)** V sb.: Immunitet rast. k boleznjam i vredit., Moskva **1961** S. 118-126. – Aus: Referativnyj žurnal. Biologija, Moskva **1962** Nr. 5. G 163. S. 23.

Beschrieben werden die Methoden der Züchtung auf Widerstandsfähigkeit gegen Wurzelbrand, *Cercospora*, Mietenfäule und Mehltau, die im Unions-Inst. für Zuckerrübenforsch. angewendet werden. Die Auslese gegen Wurzelbrand widerstandsfähiger Formen erstreckt sich neben der Schaffung von Infektionsmaterial auf große Knäuel sowie Keimpflanzen mit hohem osmotischem Druck bei der Keimung der Samen in Salzlösungen. Eine Besonderheit der *Cercospora*-resistenten Sorten ist die Dürreresistenz, daher wird die Auslese von Pflanzen mit glänzenden Blättern mit hohem Turgor in den heißen Tagesstunden gleichzeitig eine Auslese der gegen *Cercospora* widerstandsfähigen Formen sein. Am sichersten kommt die *Cercospora*-Resistenz bei Infektion zum Ausdruck. Die Widerstandsfähigkeit der Rüben gegen Mietenfäule wird mikrobiol. vorgenommen, die in der Bestimmung der Widerstandsfähigkeit großer Rübenstücke besteht, die in Reinkulturen von *Botrytis cinerea* oder *Fusarium* eingetaucht werden. Die Widerstandsfähigkeit gegen *Cercospora* und Mietenfäule ist dominant. übersetzt v. G. Boetticher. 1774.

Magassy, L. Adatok a diploid és tetraploid cukorrépák pollenélettanához. **(Angaben zur Pollenphysiologie der diploiden und tetraploiden Zuckerrüben.)** Növénytermelés [Pflanzenbau] **11** (1962) Nr. 2. S. 165–174. – Aus: Ung. Agrar-Rdsch. **1963** Nr. 1.
Die Prüfung des Temperatureinflusses und die Wirkung von Borsäure auf Keimung und Pollenschlauchwachstum von haploidem und diploidem Pollen zeigte signifikante Wirkungen und Wechselwirkung dieser Faktoren. Bei der Pollenkeimung zeigten sich auch bei den Sorten signifikante Differenzen. Ebenfalls signifikant war die Wechselwirkung Sorte × Temperatur. Am günstigsten für die Pollenkeimung und das Pollenschlauchwachstum erwies sich eine Temperatur von 15 bis 20 °C. Borsäure stimulierte sowohl die Pollenkeimung wie auch das Pollenschlauchwachstum. Diploider Pollen keimte besser als tetraploider Pollen. Die Untersuchung der Wirkung von Saccharose und Borsäure ergab, daß sich die beiden Faktoren auf die Keimung des diploiden und haploiden Pollen signifikant auswirkten; auch die Wechselwirkung Sorte × Saccharose war statistisch gesichert. Beim Wachstum des Pollenschlauches waren Sorte, Saccharose und Borsäure sowie die Wechselwirkung der 3 Faktoren signifikant. Bei Lagerungsversuchen wurde festgestellt, daß Pollen der Zuckerrübe unter entspr. Lagerungsbedingungen (niedrige Temperatur und Luftfeuchtigkeit) längere Zeit gelagert werden kann. 1774.

Palmer, T. P.; Christchurch, New Zealand, Dep. of Sci. and Ind. Res., Crops Res. Div. Population structure, breeding system, interspecific hybridisation and allopolyploidy. **(Populationsstruktur, Befruchtungsverhältnisse, interspezifische Hybridisation und Allopolyploidie.)** Heredity **17** (1962) Nr. 2. S. 278–283. – 1 Tab., 12 Lit.
Wasserrüben (*Brassica campestris*) ließ man in verschiedenen Gruppen und Anordnungen (teilweise auch isoliert und kastriert) allein bzw. vereint mit Raps (*B. napus*) auf dem Feld abblühen. *B. napus* ist selbstfertil und *B. campestris* selbststeril. Beide Arten sind gut miteinander in beiden Richtungen kreuzbar. Die Kreuzung *B. napus* × *B. campestris* gab wenig, dagegen die reziproke Kreuzung viel Hybridsamen, sofern Inkompatibilität für *B. campestris*-Pollen bestand. Es wurde aus den Untersuchungen weiterhin geschlossen, daß in Gegenden, in denen beide Arten nebeneinander angebaut werden, die vorherrschende Species zur Selbstungsinkompatibilität neigt. Dadurch erfolgt eine ausgeprägtere natürliche Hybridisation (*B. campestris*). Bei Selbstkompatibilität dagegen ist die Hybridisationsneigung weniger deutlich ausgeprägt. D. Rothacker. 1776.

Jonard, Robert; Gautheret. Sur l'atténuation des lésions latentes provoquées par l'action des rayons X sur des rhizomes de topinambour. **(Über die**

Zurückdrängung latenter Schäden, die durch die Einwirkung von X-Strahlen bei Topinambur-Rhizomen hervorgerufen wurden.) C.R. hebd. Séances Acad. Sci. **255** (1962) Nr. 22. S. 3031–3033. – 2 Abb., 1 Tab., 3 Lit.
Die durch X-Strahlen (500–3000 r) bei Topinambur-Rhizomen verursachten potentiellen Schäden treten nach mehrwöchiger (60 Tage) Lagerung und Kultivierung auf einem Substrat, das Indolylessigsäure enthält, nicht in Erscheinung. Die verwendete Dosis Indolylessigsäure wird mit 10^{-6} angegeben. J. Schieblich. 1779.

Bingefors, Sven und Eskilsson, Lars; Uppsala, Swed. Seed Assoc. Pollination problems in tetraploid red clover in Central Sweden. **(Bestäubungsprobleme bei tetraploidem Rotklee in Mittelschweden.)** Z. Pflanzenzücht. **48** (1962) Nr. 3. S. 205–214. – 3 Abb., 2 Tab., 11 Lit. Zus. in Dtsch.
Bei der 4 n-Rotkleesorte 'Ulva' sind die Blütenröhren im Durchschnitt um 1 mm länger und etwas breiter als bei der diploiden Sorte 'Ultuna'; außerdem wird mehr Nektar geringerer Konz. gebildet. Auszählungen ergaben, daß der Besatz an positiv arbeitenden Hummeln bei 4 n- oft niedriger und an negativ arbeitenden Hummeln höher als bei 2 n-Rotklee ist. In manchen Jahren treten nektarraubende *Bombus terrestris* verstärkt auf. 4 n- wurde stärker als 2 n-Rotklee beflogen. Verschiedene andere Hummelarten, z. B. *B. lapidarius* und auch Bienen änderten bei verstärktem Auftreten von *B. terrestris* ihre Arbeitsweise und wurden ebenfalls Nektarräuber. Da in den Anbaugebieten Mittelschwedens die Zahl der *Bombus*-Arten sowie der Umfang der einzelnen Arten verschieden sind, besteht die Möglichkeit, Anbaugebiete auszuwählen, bei denen der tetraploide Rotklee bessere Samenerträge liefert. Weitere Maßnahmen zur Erreichung höherer Samenerträge sind: Anbau von Wildpflanzen zum Anlocken erwünschter *Bombus*-Arten und Ausschalten von Konkurrenzpflanzen in der Nachbarschaft von 4 n-Rotklee, künstliche Aufzucht von Hummeln, Züchtung von tetraploiden Formen mit kürzeren oder breiteren Blütenröhren und gesteigerter Nektarproduktion sowie Selektion in Isolierkäfigen mit Bienen als Befruchtern. E. Forbriger. 1780.

Grazi, F.; Milano, Univ., Ist. di Genetica; Lodi, Staz. Sperimentale di Praticolt. Un promettente successo della genetica moderna: Il trifoglio tetraploide. **(Ein vielversprechender Erfolg der modernen Genetik: Der tetraploide Klee.)** Genetica agraria [Pavia] **15** (1962) Nr. 3/4. S. 354–356. – 4 Lit. Zus. in Engl. 1780.

Jones, Keith, Carroll, Christopher P. und Borrill, Martin; Aberystwyth, Welsh Plant Breeding Stat. A chromosome atlas of the genus Dactylis L. **(Ein Chromosomenatlas des Genus Dactylis L.)** Cytologia [Tokyo] **26** (1961) Nr. 3/4. S. 333–343. – 1 Abb., 1 Tab., 10 Lit. Orig.: engl.
Bei 201 Populationen von *Dactylis* aus Europa, dem Mittelmeergebiet und Westasien wurde die Zahl der Chromosomen ermittelt. Am weitesten verbreitet sind die Tetraploiden. Sie besiedeln verschiedene Klimazonen. Ursache dieser Anpassungsfähigkeit ist nach Vff., daß einige tetraploiden Populationen Gene von 2 oder mehr diploiden Formen enthalten. Die Tetraploiden umfassen eine Vielzahl leicht kreuzbarer Ökotypen. Der Anteil der Diploiden betrug nur ca. 5%. Ihr Vorkommen ist auf bestimmte Gebiete beschränkt. Die Unterarten *smithii* (Kanarische Inseln), *ibizensis* (Balearische Inseln), *lusitanica* (Portugal), *juncinella* (Sierra Nevada, Spanien) und *aschersoniana* (mitteleuropäische Wälder) weisen deutliche morphol. Unterschiede auf Nachkommen von Kreuzungen zwischen diploiden Unterarten zeigten stark verminderte Fertilität. Hexaploid waren einige Herkünfte aus der Cyrenaika und dem westlichen Ägypten. Die z. Zt. bestehende komplexe Situation ist vermutlich das Ergebnis eines Gleichgew. verschiedener Faktoren, von denen Anpassung, Chromosomenverdoppelung und Introgression die wichtigsten sind. E. Forbriger. 1780.

Beddows, A. R., Breese, E. L. und Lewis, Betty; Aberystwyth, Welsh Plant Breeding Stat. The genetic assessment of heterozygous breeding material by means of a diallel cross. I. Description of parents, self- and cross-fertility and early seedling vigour. **(Die genetische Einschätzung von heterozygotem Zuchtmaterial mit Hilfe dialleler Kreuzungen. 1. Mitt. Beschreibung der Eltern, Selbst- und Kreuzungsfertilität und Keimenergie.)** Heredity **17** (1962) Nr. 4. S. 501–512. – 6 Tab., 12 Lit.
Ziel der Untersuchungen war die Erarbeitung praktischer Möglichkeiten einer schnellen genetischen Beurteilung heterozygoten Zuchtmaterials durch diallele Kreuzungen. Die Arbeiten basieren auf 8 nichtingezüchteten Pflanzen von *Lolium perenne*. Die Untersuchungen, die über 3 Jahre liefen, demonstrierten, daß die Pflanzen geringe Selbstfertilität besaßen aber die Unterschiede der Genotypen Möglichkeiten der Auslese von Linien besserer Selbstfertilität eröffneten. Gleichzeitig wurde festgestellt, daß mit dem Pflanzenalter der Samenansatz abnimmt und Untersuchungen über Alterswirkungen erforderlich macht. Die Ergebnisse der Ermittlungen über Samenansatz und Keimblattlänge von Bastarden ließen mütterlichen Einfluß erkennen, aber wegen Materialmangel keine weiteren definitiven Aussagen zu. K. Schulz. 1780.

Butler, G. W. und Glenday, A. C.; Palmerston North, New Zealand, D.S.I.R., Plant Chem. Div. Iodine content of pasture plants. II. Inheritance of leaf iodine content of perennial ryegrass (Lolium perenne L.). **(Jodgehalt der Weidepflanzen. 2. Mitt. Vererbung des Jodgehaltes der Blätter von mehrjährigem Raygras [Lolium perenne L.].)** Austral. J. biol. Sci. **15** (1962) Nr. 1. S. 183–187. – 2 Abb., 1 Tab., 8 Lit. 1. Mitt. vgl. LZ. Abt. II **3** (1958) Nr. 6. S. 1233.
Der Gesamt-J-Gehalt von Einzelpflanzen einer diallelen Kreuzung schwankte von 18,5–247,0 μg/100 g Tr.-Masse. Die biometrische Analyse der Werte zeigte, daß der J-Gehalt der Blätter erblich ist und signifikant mütterlich beeinflußt wird. O. Knabe. 1780.

Panella, Adelmo; Perugia, Univ., Ist. die Allevamento Vegetale. Il miglioramento genetico delle piante foraggere in relazione alla qualità del prodotto. **(Die genetische Verbesserung der Futterpflanzen im Hinblick auf die Qualität des Produktes.)** Genetica agraria [Pavia] **15** (1962) Nr. 3/4. S. 221–251. – 73 Lit. Zus. in Engl. 1780.

Ternovskij, M. F. (Ternowski, M. F.) Meżvidovaja gibridizacija v boŕbe s virusnymi boleznjami tabaka i machorki. **(Artkreuzungen zur Verhinderung von Viruskrankheiten bei Tabak und Machorka.)** V sb.: Virusn. bolezni s.-ch. rast. i mery boŕby s nimi, Moskva **1960** S. 120–126. – Aus: Referativnyj žurnal. Biologija, Moskva **1961** Nr. 15. G 586. S. 64.
Durch Arbeiten des Unions-Forsch.-Inst. für Tabak und Machorka in Krasnodar wurde festgestellt, daß *N. glutinosa* nicht von TMV und *N. alata*, *N. glauca* sowie *N. sanderae* nicht von Chlorose befallen werden. Letztere reagiert in ganz bestimmter Weise auf Infektion mit der Stolburkrankheit (ein Virus für weibliche Sterilität). Diese Wild-Tabak- und Machorkasorten wurden als Ausgangsmaterial für die Züchtung neuer virusresistenter Sorten benutzt. Ungeachtet einer Reihe von Schwierigkeiten (Unfähigkeit zur Bastardierung, Unfruchtbarkeit, Festigung von Kultureigenschaften der Wildformen) hat das Inst. folgende Tabaksorten 'Djubek 7', 'Djubek 566', 'Trapezunt 161' und 'American 287' gezüchtet, die immun gegenüber Tabakmosaik und Mehltau sind. Damit wurde Ausgangsmaterial für die Resistenzzüchtung gegenüber Weißfleckigkeit und Chlorose (fruchtbare Zwischenartenhybriden) geschaffen. übersetzt v. E. Fröhmcke. 1800.

Ahuja, Mulkh Raj; Berkeley, Calif., Univ., Dep. of Genetics. A cytogenetic study of heritable tumors in Nicotiana species hybrids. **(Eine cytologische**

Untersuchung über erbliche Tumoren bei Nicotiana-Artkreuzungen.) Genetics 47 (1962) Nr. 7. S. 865–880. – 7 Abb., 5 Tab., 16 Lit.
Zum Zwecke cytologischer Untersuchungen von erblich bedingten Tumoren wurde eine Reihe von Artkreuzungen der Gattung *Nicotiana* in verschiedenen Kombinationen vorgenommen. Diese Tumoren können plötzlich am Stengel oder an den Wurzeln, gelegentlich auch an den Blättern der F_1 entstehen. In der tumorbildenden Kreuzungsnachkommenschaft aus 4 n *Nicotiana debney-tabacum* × *N. longiflora*, die mehrmals mit 4 n *N. debney-tabacum* rückgekreuzt wurden, konnte ein abweichendes *N. longiflora*-Chromosom gefunden werden, das wahrscheinlich für die Tumorbildung verantwortlich ist. In cytologischer Hinsicht werden 4 Klassen unterschieden. Auf Grund des 2 × 2-Wahrscheinlichkeitstestes der 4 Klassen konnte Korrelation zwischen der Tumorbildung und der Pollensterilität festgestellt werden, wodurch die Annahme unterstützt wird, daß beide Faktoren auf das gleiche Chromosom zurückzuführen sind. Durch Pfropfversuche mit tumorbildenden und normalen Pflanzen sowie Anwendung von Tumorextrakten konnte kein tumorauslösender, erblicher Wirkstoff nachgewiesen werden. J. Merker. 1800.

Murty, B. R. Murty, G. S. und Pavate, M. V.; Rajahmundry, India, Centr. Tobacco Res. Inst. Studies on quantitative inheritance in Nicotiana tabacum L. II. Components of genetic variation for flowering time, leaf number, grade performance and leaf burn. **(Untersuchungen über die quantitative Vererbung bei Nicotiana tabacum L. 2. Mitt. Genetische Variationskomponenten für Blühbeginn, Blattzahl, Qualitätsgrad und Glimmfähigkeit.)** Züchter **32** (1962) Nr. 8. S. 361–369. – 1 Abb., 5 Tab., 19 Lit. Zus. in Dtsch.
Zwischen den 4 nach dem Divergenzgrad ausgewählten flue-cured-Sorten 'Harrison Special', 'Delcrest', 'Hicks' und 'Virginia Gold' wurden diallele Kreuzungen durchgeführt. An der F_2 und den Rückkreuzungen wurden die ertragsbestimmenden Faktoren Blühbeginn und Blattzahl sowie die Qualitätsmerkmale, Klassifikationsgrade und Glimmfähigkeit der Blätter untersucht. Für jedes der 4 Merkmale wurde eine signifikante nicht-allele Wechselwirkung allg. Art beobachtet. Die Verteilung der erwünschten Gene für Qualitätsmerkmale auf verschiedene Eltern machte mehrfache Kreuzungen notwendig, um eine größtmögliche Anreicherung dieser Gene zu erreichen. Auf unterschiedliche Genwirkungen bei Qualitätsmerkmalen und Ertragskomponenten wird hingewiesen. Die höchste additive Varianz und die beste Kombinationseignung war bei der Sorte 'Hicks' gegeben, 'Harrison Special' war dagegen weniger geeignet. J. Merker. 1800.

Georgiev, Ch. und Manolov, A. (Georgiew, Ch. und Manolow, A.) Cheterozisen efekt pri krŭstoska Chaskovo 2002 × Charmanli 163. **(Heterosiseffekt bei der Kreuzung 'Chaskowo 2002' × 'Charmanli 163'.)** Naučni trudove. Naučnoizsledovatelski institut po tjutjuna – Plovdiv, Sofija **2** (1962) S. 113–128. – 4 Abb., 13 Tab., 15 Lit. Zus. in Russ., Engl.
Untersucht wurden die morphol., biol. und die wirtsch. Besonderheiten der Kombination 'Chaskowo 2002' × 'Charmanli 163' im Vergleich zu den Eltern. Die Kreuzung zeichnete sich bes. im Jugendstadium durch rascheres Wachstum aus. Die Pflanzenhöhe, Blattanzahl und die Vegetationslänge werden intermediär vererbt. In bezug auf Ertrag und Qualität ist die Heterosis der Hybride gut ausgeprägt, dies betrifft vor allem die größere Blattzahl sowie Blattdichte und Blattgröße. Die Vatersorte wurde quantitativ um 6, die Muttersorte um 15%, qualitativ entspr. um 7 und 9% im Ertrag übertroffen. Die bessere Rentabilität der Hybride wurde durch ökonomische Analysen bestätigt. Der Geschmack entsprach etwa den Elternsorten.
M. Stoilow. 1800.

Georgiev, Ch. und Manolov, A. (Georgiew, Ch. und Manolow, A.) Agrobotaničesko opisanie na tjutjunevija sort Krumovgrad 988. **(Agrobotanische**

Beschreibung der Tabaksorte 'Krumowgrad 988'.) Naučni trudove. Naučnoizsledovatelski institut po tjutjuna – Plovdiv, Sofija 2 (1962) S. 91–112. – 11 Abb., 12 Tab., 16 Lit. Zus. in Russ., Engl.

Die neue Tabaksorte 'Krumowgrad 988' ist durch fortlaufende Individualauslese aus Lokalformen entstanden. Sie gehört zum Typ der großohrigen, kräuselblättrigen Baschi-Bagli-Tabake. Die mittlere Höhe der Sorte beträgt 93 cm, die Zahl der Blätter im Mittel 26. Die Abmessung des Mittelgutes erreicht 20,3 × 12,3 cm. Die durchschnittl. Vegetationslänge beträgt 64 Tage. Die Sorte 'Krumowgrad' übertrifft ertragsmäßig die Lokalsorten um durchschnittl. 60, qualitativ um 20%. Angaben über die agrotechnischen Ansprüche und die günstigsten Anbaugebiete der neuen Sorte werden gemacht. M. Stoilow. 1800.

Popivanov, I. (Popiwanow, I.) Agrobotaničesko opisanie na selekcioniranija tjutjunev sort Sandanski Nr. 144. **(Agrobotanische Beschreibung der neuen Tabaksorte 'Sandanski Nr. 144'.)** Naučni trudove. Naučnoizsledovatelski institut po tjutjuna – Plovdiv, Sofija 2 (1962) S. 75–89. – 2 Abb., 6 Tab., 7 Lit. Zus. in Russ., Engl.

Die neue Sorte 'Sandanski Nr. 144' ist durch Einzelpflanzen und anschließende Massenauslese aus Lokalformen gezüchtet worden. Die neue Sorte gehört zum Typ 'Baschi-Bagli'. Mit einer mittleren Blattzahl von insgesamt 26–27 erreicht die Pflanze eine Höhe von 80 cm. Die Blattabmessungen des Mittelgutes betragen 23 × 13 cm. Die Wachstumszeit ab Auspflanzung bis zur Reife der ersten Blätter beträgt 50 bis 55 Tage und bis zur Vollreife der letzten Blätter durchschnittl. 100 Tage. Die neue Sorte zeichnet sich durch gutes Aroma sowie guten Geschmack aus und ist sehr ertragreich. In trockenen Jahren brachte die neue Sorte im Mittel 1600 kg/ha, in feuchten über 2200 kg/ha. Die Anbautechnik und die günstigsten Anbaugebiete werden genannt. M. Stoilow. 1800.

Matzinger, D. F. und Mann, T. J.; Raleigh, N. C., State Coll. Hybrids among flue-cured varietes of Nicotiana tabacum in the F_1 and F_2 generations. **(F_1- und F_2-Hybriden von Nicotiana tabacum-Varietäten, die für die Röhrentrocknung bestimmt sind.)** Tobacco [New York] **155** (1962) Nr. 5. S. 25–33. – 1 Abb., 3 Tab., 7 Lit.

F_1- und F_2-Hybriden wurden neben 8 gegen black shank (*Phytophthora parasitica* var. *nicotianae*) resistenten HL-Tabak-Sorten unter verschiedenen Umweltbedingungen geprüft. Bei keinem der 9 untersuchten Merkmale (Ertrag, Erlös, Pflanzenhöhe, Blattzahl, Tage bis Blühbeginn, Anzahl der Geize, Blattlänge, Blattbreite und Nikotingehalt) konnten reziproke Unterschiede der F_1-Hybriden festgestellt werden. Der Heterosis-Effekt (Ertrag und Pflanzenhöhe) war rel. gering. Bei einigen Merkmalen traten in der F_2 in geringerem Umfang Inzucht-Depressionen auf. J. Merker. 1800.

Genetische und physiologische Untersuchungen über die Befruchtungsbiologie zur Entwicklung neuer Zuchtmethoden bei Gemüse, Blumen und Heilpfanzen. 1. Der Einfluß von Umweltfaktoren auf die Gametenbildung und die Befruchtung. 2. Der Einfluß von genetischen Faktoren auf die Gametenbildung und die Befruchtung. 3. Der Einfluß von Ernährungs- und Umweltfaktoren auf die Ausbildung von Samen aus unbefruchteten Samen. Quedlinburg, Inst. Pflanzenzücht. Dtsch. Akad. Landwirtsch.-Wiss. Berlin Plan-Nr.: 1701 06h-2-04/6. Teil-Abschlußber. (11/3. 1963).

Im Laufe der umfangreichen Untersuchungen hat sich herausgestellt, daß befruchtungsbiol. Vorgänge einen spezif. Einfluß auf die Zusammensetzung von Populationen haben. Um diese Vorgänge steuern zu können, ist es notwendig zu wissen, welchen Einfluß die Idiotypen wie auch die Umweltfaktoren haben. Nach Kenntnis verschiedener befruchtungsbiol. Vorgänge und ihrer

Beeinflussung ist es möglich gewesen, Verfahren zu entwickeln, die in der Pflanzenzücht. zur Entwicklung neuer, wertvoller Sorten ausgenutzt werden können. 1810.

Pflanzenphysiologische Untersuchungen zur Entwicklung von Serienmethoden für die Züchtung von Qualitätsgemüsen (in Sonderheit über Reifeverlauf und Konservierungseigenschaften von Gemüseerbsen, Bestimmung der sortentypischen Temperatursummen für Zwecke der Selektion und der Erntezeitpunkt-Vorhersage). Quedlinburg, Inst. Pflanzenzücht. Dtsch. Akad. Landwirtsch.-Wiss. Berlin Plan-Nr.: 1701 06h-2-10/6 Z. Teil-Abschlußber. (11/3. 1963).

Für Zwecke der Sterilkonservierung sind langsam reifende Erbsensorten qualitativ wertvoller als schnellreifende Typen. Zur Bestimmung der Reifegeschwindigkeit und zur Qualitätsermittlung von Konservenrohware wurde ein spez. Dynamometer konstruiert, das inzwischen unter der Bezeichnung „Durometer" serienmäßig hergestellt und in die Praxis eingeführt wurde. 1810.

Shetschewa, S. **Grundrichtungen und Methoden der Gemüsezüchtung.** Int. Z. Landwirtsch. [Sofia/Berlin] **1962** Nr. 4. S. 64–66.

Ziel der Zücht. ist die Erzeugung frühreifender ertragreicher Gemüsesorten mit besten biol. und wirtsch. Eigenschaften. Vf. berichtet über Erfolge von Arten- und Sortenkreuzungen sowie der Heterosiszücht. Der Heterosiseffekt wirkt sich bei Gemüse vor allem auf Ertrag und Frühreife aus. Die Methode der Heterosiszüchtung ist die wichtigste zur Erzeugung frühreifender und hochertragreicher Sorten. In Bulgarien basiert die gesamte Frühgemüseproduktion auf Heterosissorten. Wertvolle Sorten wurden bei Tomaten, Paprika, Gurken, Melonen und Weißkohl geschaffen. Bei fremdbestäubenden Gemüsearten ist ein nur unklar ausgeprägter Heterosiseffekt zu erzielen. Arten- und Sortenkreuzungen erweisen sich als geeignete Methode zur Verbesserung des biol. Wertes der Gemüsesorten. Über diese Methode werden auch Krankheits-, Frost- und Virusresistenz erzielt. Gegenwärtig befaßt man sich bes. mit der Kreuzung gut erforschter lokaler mit ausländischen Formen und der Anzucht der Hybridnachkommen in unterschiedlichen natürlichen und künstlichen ökologischen Verhältnissen. Die Verbindung der Zücht.-Arbeit mit biochem., physiol. und technologischen Untersuchungen erweist sich als notwendig. Eine moderne Zücht.-Methode ist die der gelenkten Erziehung. Es soll erforscht werden, wie Umweltfaktoren die Erziehung beeinflussen und wieweit eingetretene Veränderungen erblich zu erhalten sind.

Ch. Döhler. 1810.

Qualitätszüchtung bei Gemüse. Quedlinburg, Inst. Pflanzenzücht. Dtsch. Akad. Landwirtsch.-Wiss. Berlin Plan-Nr.: 1701 06h 2-15/6 Z. Teil-Abschlußber. (11/3. 1963).

Entspr. den im Teilbericht 1957–1961 angeführten Aufgaben des Inst. wurde die Zuchtarbeit insbes. bei Unterglaskulturen, Frühgemüse und solchen Stämmen fortgesetzt, die eine Mechanisierung erleichtern. Ergebnisse der Arbeiten zur Saatguterzeugung wurden in der samenvermehrenden Praxis über die DSG eingeführt. 1962 wurden 6 Neuzüchtungen als Hochzuchten zugelassen: Blumenkohl 'Elektra' für Unterglas- und Frühfreilandanbau, Stabtomate 'Apollo' für Haus- und Freilandanbau, Grünspargel 'Goldschatz', die erste spez. Grünspargelsorte: Zuckermais 'Zuckerfee', Bleichsellerie 'Türkis' und 'Goldkind'. Buschbohnen eines Sondertyps mit unter den Hülsen sitzendem Laub wurden fertiggestellt, die sich bes. für die maschinelle Ernte eignen. 1810.

Untersuchungen über die Abhängigkeit des Ernteertrages und der Leistung verschiedener Kulturpflanzenarten und -sorten von den klimatischen Faktoren.

Quedlinburg, Inst. Pflanzenzücht. Dtsch. Akad. Landwirtsch.-Wiss. Berlin Plan-Nr.: 1701 06h-2-13/6. Teil-Abschlußber. (11/3. 1963).

Die Erforsch. der Leistungsfähigkeit verschiedener Kulturpflanzenarten und deren Sorten und Stämme unter natürlichen Bedingungen stand im Mittelpunkt der Untersuchungen. Dabei sollten möglichst systematisch die Methoden der phytologischen Bioklimatologie bei verschiedenen Objekten erprobt und möglichst neue Verfahren in der Versuchsdurchführung erarbeitet werden. Um zu einer objektiven Beschreibung der Sortenleistung zu kommen, wurden neue Versuchsunterlagen ausgearbeitet. So konnten die Wachstumsintensität und die Ertragsbildung von den verschiedensten Gemüsesorten und -stämmen (Gemüseerbsen, Bohnen, Chinakohl usw.) sowie verschiedener Futterpflanzenstämme (Futterkohl, Klee und Futtererbsen) in Abhängigkeit von den phys. Umweltfaktoren ermittelt werden. Es wurde die Abhängigkeit der Saatgutvermehrung von Gurken von den mikrometeorologischen Bedingungen geprüft und neue Anbaumethoden für eine ertragssichere Vermehrung gefunden. 1810.

Daskalov, Ch. (Daskalow, Ch.) Sŭstojanie i rezultati ot rabotata vŭrchu cheterozisa pri njakoi zelenčukovi kulturi v Bŭlgarija. **(Stand und Ergebnisse der Heterosiszüchtung bei einigen Gemüsekulturen in Bulgarien.)** Meždunarodno naučno sŭveštanie po cheterozisa, Sofija **1961** (hsg. 1962) S. 9–25. – 12 Abb., 2 Tab. Zus. in Russ., Dtsch.

Vermittelt werden Angaben über die Untersuchung und Ausnutzung der Heterosis bei Tomaten, Paprika und Eierfrucht. Die Tomaten-Heterosissorten finden in der Praxis breiteste Verwendung. Der Frühtomatenanbau (feldmäßig), der Gewächshaus- und Frühbeet- sowie der Spättomatenanbau erfolgt zu 100% mit Hybridsorten. Der Heterosiseffekt ist in der F_1 nicht gleichmäßig ausgeprägt. Der beste Heterosiseffekt wird zu Beginn des Fruchtens beobachtet. Auf die Bedeutung der Kombination von Artkreuzungen und Heterosis, welche bei derTomatenzücht. Anwendung fanden, wird hingewiesen. Einflüsse waren durch das mütterliche Zytoplasma und die ökologischen Verhältnisse auf die Ausprägung der Heterosis nachweisbar. Es wird darauf hingewiesen, daß manche Tomatensorten gute Kombinationseignung besitzen und ihre Ausprägung unter unterschiedlichen ökologischen Verhältnissen verschieden ist. M. Stoilow. 1810.

Volkova, N. S. (Wolkowa, N. S.) Geterozis vegetativnych gibridov tomatov in baklažana. **(Heterosis bei vegetativen Hybriden von Tomaten und Auberginen.)** Uč. zap. Chaŕkovsk. un-t **1961** Nr. 112. Tr. N.-i. in-ta biol. i biol. fak. **30** S. 73–78. – 20 Lit. Aus: Referativnyj žurnal. Biologija, Moskva **1962** Nr. 4. G 107. S. 16.

Die Tomatensorte 'Humbert' wurde auf die Sorten 'Fikarazzi' und 'Stambowy 22' gepfropft (einmalige und mehrmalige Pfropfungen). Bei den vegetativen Hybriden, bes. aus den mehrmaligen Pfropfungen, stiegen im Vergleich zu den Ausgangsformen die Wachstumsenergie und das abs. Gew. der Samen, der Durchschnittsertrag der Früchte und das Gew. der vegetativen Masse/Pflanze. Die Heterosis der vegetativen Hybriden stieg von der ersten zu den folgenden Generationen. übersetzt G. Boetticher. 1810.

Vnučkova, V. A. (Wnutschkowa, W. A.); Moskau, Lenin-Berge, Genet. Inst. der Akad. der Wiss. der UdSSR. Izmenenie nasledstvennosti tomata v rezul'tate privivki ego na cifomandru. **(Veränderung der Erbanlage von Tomaten durch Aufpfropfen von Cyphomandra betaceae.)** Vestnik sel'skochozjajstvennoj nauki, Moskva 7 (1962) Nr. 11. S. 47–53. – 7 Abb., 2 Tab., 11 Lit. Zus. in Engl., Franz., Dtsch.

Das Pfropfen von 2 Pflanzenarten ist ein wesentlicher Faktor zur Veränderung der Erbanlage. In entspr. Versuchen zeigte sich die Veränderung durch die

Herausbildung neuer Merkmale und Eigenschaften bei den Pflanzen, die zu einer der Ausgangsarten gehörten. So wurden z. B. Pflanzen erzielt, die typisch für *Lycopersicum esculentum* waren, sich jedoch von der Ausgangssorte 'Golden' unterschieden. Die erworbenen neuen Eigenschaften unterschieden sich weiterhin von der Art *Cyphomandra betaceae*. Die neuen Merkmale hatten sich infolge der Assimilation des Organismus mit der labilen Erbanlage nach Pfropfung gebildet. Charakteristisch ist die rel. morphol. Gleichartigkeit der folgenden Generationen von veränderten Pflanzen. Ein solches Verhalten der aus Samen von Pfropfungen hervorgegangenen Nachkommen unterscheidet sich prinzipiell vom Verhalten derjenigen Pflanzen, die durch vegetative Hybridisation innerhalb der Arten entstanden sind. E. Kahn. 1810.

Blagoveščenskij, N. I. und Voskresenskaja, I. R. (Blagowestschenski, N. I. und Woskressenskaja, I. R.) K voprosu izmenenija geterozisnogo ėffekta pri gibridizacii pomidorov i ogurcov dlja celej semenovodstva v uslovijach Tatarskoj ASSR. **(Die Anwendung des Heterosiseffektes bei der Hybridisation von Tomaten und Gurken zum Zwecke des Samenbaus in der Tatarischen ASSR.)** Tr. Tatarsk. resp. gos. s.-ch. opytn. st. **1961** Nr. 1. S. 245–265. – Aus: Referativnyj žurnal. Biologija, Moskva **1962** Nr. 5. G 119. S. 18.

Die Arbeit wurde in den Jahren 1957–59 auf hellgrauem schwachpodsoliertem Boden durchgeführt. Hinsichtlich Ertragsfähigkeit und Frühreife waren folgende Tomatenhybriden am besten: 'Bison 639' × 'Earliana 20', 'Break O'Day' × 'Bison 639', 'Majak 12/20-4' × 'Bison 639', 'Bison 639' × 'Stambowy Alpatjewa 905a'. Die besten Gurkenhybriden ('Muromski 36' × 'Nerossimy 40', 'Posrednik 97' × 'Wjasnikowski 37', 'Posrednik 97' × 'Nerossimy 40', 'Porednik 97' × 'Neshinski', 'Isobilny 131' × 'Rshawski 294' übertrafen die Standortsorte 'Nerossimy 40' im Ertrage um 28 bis 64%, die mütterlichen und väterlichen Sorten um 119%. Bei den Hybriden wurde eine geringere Anfälligkeit gegen Krankheiten und eine bessere Qualität der Früchte festgestellt. Es folgt eine Charakteristik der aussichtsreichen Hybridformen von Gurken und Tomaten. übersetzt v. G. Boetticher. 1810.

Kočneva, V. (Kotschnewa, W.); Chibiny, Halbinsel Kola, Polar-Versuchsstat. des Unions-Forsch.-Inst. für Pflanzenbau. Geterosis i urožajnost' ogurcov. **(Heterosis und die Ertragsfähigkeit bei Gurken.)** Kartofel' i ovošči, Moskva 7 (1962) Nr. 12. S. 48–49. – 2 Tab.

Im Gebiet von Murmansk werden Gurken nur in Gewächshäusern und Mistbeeten gezogen. Max. Erträge sind deshalb von bes. Bedeutung. Die Verwendung von Hybridsaatgut erhöhte die Erträge um 150–200%. Für die Sortenkreuzungen wurden bodenständige Sorten mit bestem Erfolg verwendet. Als Ursache des höheren Ertrages der F_1 wurden gegenüber den Kontrollen 20 bis 40% mehr befruchtungsfähige Blüten festgestellt. Die Früchte der Hybriden wuchsen besser und die Ernte setzte gleichmäßiger ein. Selbst wenn der Mehrerlös nur 10% betragen würde, würden die Aufwendungen für die Gewinnung des F_1-Saatgutes noch 6 bis 8mal übertroffen.

H. Jank. 1810.

Weiling, F. **Genomanalytische Untersuchungen an F_1-Artbastarden zwischen Moschuskürbis (Cucurbita moschata Duch.) und der Wildart Cucurbita foetidissima HBK.** Züchter **30** (1960) Nr. 6. S. 247–250. – 1 Abb., 2 Tab., 11 Lit.

Die Chromosomenpaarungs- und -bindungsverhältnisse der Meiosisstadien von Pollenmutterzellen der F_1-Bastarde zeigen, daß *Cucurbita foetidissima* HBK. in ihrem cytogenetischen Verhalten den Arten *C. maxima*, *C. pepo*, *C. mixta* und *C. moschata* näher steht als *C. ficifolia*. D. Neumann. 1810.

Morphologische, phänologische und genetische Untersuchungen zur Taxonomie der Gattungen Malus und Pirus als Züchtungsgrundlage. Naumburg/S., Inst. Obst- u. Zierpflanzenbau Dtsch. Akad. Landwirtsch.-Wiss. Berlin Plan-Nr.: 1701 11h/2-1. 7 S. Abschlußber. (11/3. 1963).

Die morphol. Untersuchungen und phänologischen Beobachtungen an den Formen der Naumburger *Pirus*- und *Malus*-Sammlung, die jetzt 443 *Malus*-Arten und -Herkünfte und 101 *Pirus*-Arten und -Herkünfte umfaßt, wurden erweitert. Das Merkmal Blütentyp (Verhältnis Griffellänge/Antherenlänge) wurde genetisch analysiert. Extreme Quotienten können als Artkriterium herangezogen werden. Zum Erbgang der „pendula" Baumform wurden genetische Untersuchungen vorgenommen. Um das Problem der Artbildung in schwierigen, selbstinkompatiblen Pflanzengruppen, wie sie unsere Kernobstarten darstellen, zu lösen, wurde zunächst der Frage nach dem Auftreten der Sterilitätsbarriere in den verschiedenen Generationen bekannter *Malus*-Kombinationen nachgegangen. 1820.

Untersuchungen zur Apomixis und Sterilität bei Malus- und Pirus-Arten und Kernobstsorten in züchterischer Sicht. Naumburg/S., Inst. Obst- u. Zierpflanzenbau Dtsch. Akad. Landwirtsch.-Wiss. Berlin Plan-Nr.: 1701 11h/2-2-. – 7 S. Abschlußber. (11/3. 1963).

An *Malus*-Arten sowie Apfel- und Birnensorten wurden Selbstbestäubungsversuche in Verbindung mit Wuchsstoffbehandlung durchgeführt. Der Ansatz war kaum positiv, und die mikroskopischen Untersuchungen wiesen darauf hin, daß die Ursache der Selbstinkompatibilität bei unseren Kernobstarten vielleicht gar nicht in einer Hemmung des Pollenschlauchwachstums im Griffel, sondern in einer Störung der Embryonalentwicklung zu suchen ist. Neben den als apomiktischen Formen bereits bekannten Varietäten der *Malus coronaria*-Gruppe wurde auch bei *M. tschonoskii*, *Pirus pollveria* und *P. pyrifolia* apomiktische Fortpflanzung gefunden. Da zwischen Apomixis und Polyploidie sehr häufig Zusammenhänge bestehen, wurde begonnen, künstliche Polyploidisierungsversuche mit Colchicin durchzuführen. Apomiktische Sämlinge der *M. coronaria*-Gruppe werden auf Edelreisverträglichkeit geprüft. 1820.

Naumov, V. A. (Naumow, W. A.) Generativnoe raščeplenie u jabloni v pervom gibridnom pokolenii. **(Generative Aufspaltung beim Apfel in der ersten Hybridgeneration.)** Tr. Tatarsk. resp. gos. s.-ch. opytn. st. **1961** Nr. 1. S. 307–320. – 25 Lit. Aus: Refearativnyj žurnal. Biologija, Moskva **1962** Nr. 5. G 112. S. 17.

An den Hybridensämlingen des Aussaatjahres 1927, 'Bergamotter Renette' × 'Gelber Bellefleur', wurde in den Jahren 1953–55 die Kombination der Elternmerkmale untersucht. Die Merkmale der Elternformen wurden in verschiedener Kombination vererbt. Es wurden aber keine Pflanzen gefunden, die alle Merkmale eines der Eltern geerbt hätten. Als Ursache der Aufspaltung innerhalb einer Familie sieht Vf. die Heterozygotie des Apfelbaumes, Neubildungen dagegen als Atavismus an. Eine gewisse Verschiebung der Merkmale in Richtung auf 'Bergamotter Renette' wurde festgestellt; die Entwicklung der Merkmale von 'Bergamotter Renette' wurde durch die Anbaubedingungen gefördert. übersetzt v. G. Boetticher. 1820.

Kolontaev, V. M. (Kolontajew, W. M.); Mitschurinsk, Zentr. Genet. Mitschurin-Lab. O klonovoj selekcii Antonovki. **(Über die Klonzüchtung von 'Antonowka'.)** Agrobiologija, Moskva **1962** Nr. 3. S. 361–364. – 4 Tab.

Aus 2500 4- bis 13jährigen 'Antonowka'-Bäumen in geschlossenen Pflanzungen an verschiedenen Orten wurden 19 Bäume, die bes. früh, und 23 Bäume, die bes. spät in das Ertragsstadium eintraten, ausgewählt und beobachtet. Im Durchschnitt beginnt 'Antonowka' mit 6–8 Jahren einzelne Früchte zu tragen und erreicht mit 8—10 Jahren Max. In der frühen Gruppe beginnt Max. bereits mit 6—7 Jahren. Die Bäume haben eine lichte, breite Krone und bringen gleichmäßige, gut gefärbte Früchte. Sie bilden Blütenknospen am 1jährigen Holz. Nach Pfropfung mit Reisern der frühen Gruppe tragen sie schon im 2. Jahr. In der späten Gruppe tragen sie erst nach 10—13 Jahren einzelne große, schlecht gefärbte Früchte. Die Kronen sind kompakt. Beziehungen zwischen diesen Gruppen und dem Standort wurden nicht bemerkt. — 'Antonowka' gehört zu den periodisch tragenden Sorten. Neben einzelnen Bäumen, die in 3 Jahren 2mal tragen, fand man unter 13000 Bäumen 13, die jedes Jahr trugen. Manche übertreffen die normalen Bäume im Ertrag, andere erreichen sie nicht. Pfropfungen von Reisern jährlich tragender Bäume auf periodisch tragende Bäume blühten und fruchteten bereits 2 Jahre hintereinander. R. Schuricht. 1820.

Čuvašina, N. P. (Tschuwaschina, N. P.) Vlijanie gibberellina na skreščivaemost' otdalennych form rastenij. **(Einfluß von Gibberellin auf die Kreuzbarkeit entfernter Pflanzenformen.)** Trudy Central'noj genetičeskoj laboratorii imeni I. V. Mičurina, Mičurinsk **7** (1961) S. 183-189. — 7 Abb.
Nach Kreuzung von Birne × Apfel wurde der Stempel im Augenblick der Bestäubung und in mehrstündigem und -tägigem Abstand mit Gibberellin (G.) behandelt. 7 Tage nach der Bestäubung begannen die Fruchtanlagen der Kontrollen (ohne G.) abzusterben, der Embryosack vertrocknete. Bei den behandelten Pflanzen entwickelten sich Embryosack und Endosperm normal. Dadurch wird das Wachstum des gesamten Fruchtknotens stimuliert. Die Früchte unterscheiden sich in Form und Gew. nur wenig von den sortentypischen. Nicht alle Apfel- und Birnensorten sind auf diese Weise kreuzbar. Bei Kreuzungen von *Ribes nigrum* × *R. aureum* Pursh. bildeten 90% der G.-behandelten Blüten reife Beeren, ohne G. dagegen nur einzelne samenlose Beeren. Die mit G. erzeugten Beeren waren erheblich kleiner und anders in der Form als normal bestäubte von *R. nigrum*. Etwa 20% enthielten Samen, der normal keimte. Das Problem der richtigen Dosierung von G. wird weiter untersucht. R. Schuricht. 1820.

Žukov, O. S. (Shukow, O. S.) Genetičeskie osobennosti višne-černešnevych gibridov. **(Genetische Besonderheiten der Süß- und Sauerkirschenhybriden.)** Trudy Central'noj genetičeskoj laboratorii imeni I. V. Mičurina, Mičurinsk **7** (1961) S. 72-81. — 8 Tab., 9 Lit.
Die Beobachtungen zeigen, daß die Mehrzahl der Süß- und Sauerkirschhybriden aus unfruchtbaren Formen besteht. Jedoch gibt es auch Pflanzen mit voller und normaler Fruchtbarkeit. Der Pollen der Sauer- und Süßkirschhybriden besitzt einen geringen Anteil Pollen mit ausreichender Lebensfähigkeit. Deshalb muß von diesem Hybridpollen zur Bestäubung anderer Formen eine möglichst große Menge übertragen werden. Die niedrige Fruchtbarkeit der Hybriden ist das Haupterschwernis der Züchtungsarbeit. Die Winterhärte der Sauer- und Süßkirschhybriden ist oft hoch. Unter den Hybridsämlingen befinden sich viele Formen mit gutem und ausgezeichnetem Fruchtgeschmack. Z. Zt. muß unbedingt eine zuverlässige Methode zur Erhöhung der Fruchtbarkeit der Hybriden zwischen Sauer- und Süßkirschen ausgearbeitet werden. Dafür scheint vor allem die Verwendung von Pfropfungen auf verschiedenen Unterlagen und von Polyploiden erforderlich.
H. Jank. 1820.

Nybom, Nils; Balsgard, Fjälkestad, Inst. för Växtförädling av Frukt och Bär. Resultat och framtidsmål vid växtförädlingen av frukttäd och bärväxter. **(Ziele und Ergebnisse der schwedischen Obstzüchtung.)** Kungl. Skogs-och Lantbruksakad. Tidskr. **101** (1962) Nr. 5. S. 395-406.
Es wird ein zusammenfassender Überblick über die Entwicklung der schwedischen Obstzücht., die in den 20er Jahren in Ålnarp aufgenommen und jetzt

in Balsgard fortgeführt wird, gegeben. Die Notwendigkeit zur eigenen Züchtung ergab sich aus den Mängeln der aus Engl., Frankr. u. Dtschl. eingeführten Sorten. Unbefriedigend waren bei den eingeführten Sorten die Frosthärte, Krankheitsresistenz sowie Haltbarkeit und Aussehen. Erschwernisse der Züchtung bestehen durch die Unkenntnis über die Genetik bei Obstgehölzen und die lange Zeitdauer bis zum Einsetzen des Ertrages bei Kernobstsämlingen (5 – 15 Jahre). Untersuchungen über die Vererbung der Merkmale Fruchttextur, Ascorbinsäuregehalt, Fruchtfarbe, Säuregehalt, Frühzeitigkeit des Ertrages und Frostresistenz sind eingeleitet. Obwohl die Ergebnisse der Obstzucht bisher noch stark zufallsbedingt und die Ausbeute bei den jeweiligen Kombinationen sehr unterschiedlich sind, konnten folgende Neuzücht. mit großer wirtsch. Bedeutung herausgebracht werden: Äpfel: 'Alfa 68', 'Snovit', 'Mio', Unterlagen: A 2, Pflaumen: 'Opal' 'Ariel', Erdbeeren: 'Inga', 'Luna', 'Stella', 'Silva', 'Indra', 'Finn', 'Landia', 'Julia', Himbeeren: 'Mitra', 'Miranda', Stachelbeeren: 'Scania', 'Centum', 'Dr. Törnmarck'.

W. Blasse. 1820.

Erzeugung von virusfreien Erdbeersorten und Selektion von gesundem Elitepflanzgut. Aschersleben, Inst. Phytopathol. Dtsch. Akad. Landwirtsch.-Wiss. Berlin Plan-Nr.: 1701 12h-2-32/0. 4 S. Abschlußber. (1/2. 1963).

Im Gebiet der DDR kommen Erdbeerviren vor, deren Nachweis mit den Indikatoren *Fragaria vesca* und 'Rügen' möglich ist. Zur Testung von Mutterpflanzen ist die Flaschenpfropfung am besten geeignet. Mit dieser Methode und den genannten Indikatoren wurden Mutterpflanzen der Sorten 'Anneliese', 'Brandenburg' und 'Senga Sengana' getestet. Nach Abschluß der Testung wurde mit der Vermehrung der Mutterpflanzen begonnen. 1820.

Kluge, K.; Berlin, Humboldt-Univ., Landwirtsch.-Gärtner. Fak., Inst. für Obstbau; Dresden-Pillnitz, Inst. für Gartenbau der Dtsch. Akad. der Landwirtsch.-Wiss. zu Berlin. **Das Verhalten der diploiden Form von Fragaria vesca var. semperflorens im Vergleich mit der tetraploiden Form hinsichtlich Blüte und Scheinfrucht.** Arch. Gartenbau 7 (1959) Nr. 8. S. 589–606. – 10 Abb., 9 Tab., 25 Lit. Zus. in Russ., Engl. —nach Zus.

Der Vergleich der diploiden und colchicininduzierten tetraploiden Formen von *Fragaria vesca* var. *semperflorens* brachte folgende Ergebnisse: 1. Bei der tetraploiden Form wurden weniger Infloreszenzen je Pflanze und dementspr. weniger Blüten als bei der diploiden Form gebildet. Die Verteilung der Blütenzahl je Infloreszenz war annähernd gleich. 2. Die Blüte war bei den Tetraploiden größer. Bei der Anzahl der Blütenblätter sind keine Unterschiede aufgetreten. Die Zahl der Antheren je Blüte war bei den Tetraploiden geringer. 3. Der Anteil der intensiv färbbaren Pollenkörner war bei den Tetraploiden gering (50%). Die Pollenkeimfähigkeit war so niedrig, daß eine ausreichende gleichmäßige Befruchtung nicht möglich war, 4. Das TKG der Nüsse betrug bei den Tetraploiden das Doppelte von Diploiden. Die Keimfähigkeit der Nüsse war gering (etwa 20 bis 30%). Die Anzahl der ausgebildeten Nüsse je Scheinfrucht lag bei 2n bei etwa 100 Stück und bei 4n zwischen 30 und 40 je Pflanze. Von 1953 – 54 konnte eine Abnahme der Nußzahl innerhalb jeder Form festgestellt werden. Zwischen den einzelnen Ordnungen der Infloreszenzen bestanden keine gesicherten Unterschiede. 5. Die Scheinfrüchte der tetraploiden Form waren kleiner als die der diploiden und oft verkrüppelt. Dies wird auf geringe Fertilität zurückgeführt. Je Pflanze wurden weniger Scheinfrüchte bei den Tetraploiden entwickelt. 1820.

Qualitätszüchtung bei Blumen. Quedlinburg, Inst. Pflanzenzücht. Dtsch. Akad. Landwirtsch.-Wiss. zu Berlin Plan-Nr.: 1701 06 h–2–16/6. Teil-Abschlußber. (11/3. 1963).

In dem Teilbericht für die Jahre 1954 bis 1962 werden Angaben gemacht über die Weiterentwicklung der in der Praxis sehr gut eingeführten „Allgefüllten" Quedlinburger Stangenlevkojen für den Anbau unter Glas, die Fertigstellung eines Sortimentes „Allgefüllter" Winterlevkojen in 8 Farben, die Zuchtarbeiten für Treiblöwenmaulsorten. Weiterhin wurden 5 *Fusarium*-resistente Schnitt- und 2 resistente Schnitt- und Beetastern gezüchtet. Über die Neuzüchtung bunter Beetpetunien wird berichtet. 1830.

Quagliotti, L.; Torino, Univ., Ist. di Orticolt. e Floricolt. Aspetti del miglioramento genetico della Dalia (gen. „Dahlia"). **(Aspekte bei der Züchtung der Dahlie [gen. Dahlia].)** Riv. Ortoflorofrutticolt. ital. **46**(**87**) (1962) Nr. 4. S. 370–378. — 6 Abb., 22 Lit.

Die Formenvielfalt der Dahlie ergibt sich aus dem großen Reichtum verschiedener Species mit Chromosomenzahlen zwischen 2 n = 32 (*Dahlia coccinea*) bis 2 n = 64 (*D. variabilis*). Als Chromosomengrundzahl wird n = 8 genannt. Unter Beachtung der genetischen Untersuchungen von Crane und Laurence werden Probleme der Blütenfarbe, der Blütenform und der Frostresistenz behandelt. S. Kramer. 1830.

Emsweller, S. L. und Uhring, Joseph. Parthenogenesis in tetraploid Lilium longiflorum. **(Parthenogenese bei tetraploidem Lilium longiflorum.)** Amer. J. Bot. **49** (1962) Nr. 9. S. 978–984. — 14 Abb., 1 Tab., 18 Lit.

Parthenogenetisch entstandene Samen von *Lilium longiflorum* wurden durch Kreuzung einer diploiden und einer tetraploiden Pflanze erzielt. Die 10 daraus gezogenen Pflanzen (9 polyhaploide aus einer, 1 tetraploide aus der zweiten Kapsel) werden beschrieben und die cytologischen Verhältnisse geklärt. — Die Sämlinge entwickelten sich sehr langsam und kamen erst im 3./4. Jahr zur Blüte. Die Blüten aller 9 Pflanzen der einen Kapsel waren etwa in der Größe gleich und kleiner als die diploider Pflanzen, die Blüte der tetraploiden Pflanze war größer als die der 9 polyhaploiden. Von den 9 Sämlingen der einen Kapsel hatten 6 für die Spezies typische Chromosomen, eine Pflanze hatte 2 neue Chromosomen, 1 Pflanze besaß 1 n- und 1 v-Chromosom, 1 hatte ein dem v-Chromosom ähnliches Chromosom; 8 Pflanzen hatten 24, 1 25 Chromosomen. Die tetraploide Pflanze wies keine Besonderheiten im Chromosomensatz auf. — Die Beobachtungen der Meiose werden mitgeteilt. — Selbstungen der 9 Pflanzen blieben erfolglos, bei Fremdbestäubung waren sie zu 20–50% fertil. R. Peschel. 1830.

Untersuchungen über den Einfluß von Dürre- und Kältebelastungen auf die physiologische Aktivität züchterisch interessierender Holzarten als Beitrag zu den Grundlagen der Trocken- und Frostresistenz von Forstgewächsen. Graupa, Abt. Forstl. Pflanzenphysiol. Inst. Forstwiss. Dtsch. Akad. Landwirtsch.-Wiss. Berlin Plan-Nr.: 170 122/01 i–62–15/0. Abschlußber. (21/3. 1963).

Es werden neue Ergebnisse zu den physiol. Grundlagen der Dürre- und Frostresistenz bei Bäumen mitgeteilt. Sie fußen auf der Erfassung der Vitalität in Kardinalpunkten meteorogener Belastungen mit Hilfe gaswechselphysiol. Methoden. Spez. Merkmale frostharter Typen sind erhöhte Atmung als Kennzeichen der Kälteanpassung und größere Plastizität des CO_2-Stoffwechsels. Der Vorgang der winterlichen Abhärtung der Gehölze wird durch ihren Aktivitätswechsel in Abhängigkeit von der Temperatur erklärt. Kriterium der Dürreresistenz ist das Erreichen eines hydrostabilen Zustandes unter vorübergehender Einschränkung vitaler Funktionen. Dürreresistente Typen passen sich aktiv durch Atmungssteigerung an die Dürrebelastung an, sistieren die CO_2-Assimilation bei höheren Wasserdefiziten und restituieren sie nach Wiederbewässerung vollständig. 1850.

Untersuchungen zur Frostresistenz der Nadelholzarten. Graupa, Abt. Forstl. Pflanzenzücht. Inst. Forstwiss. Dtsch. Akad. Landwirtsch.-Wiss. Berlin. Plan-Nr.: 170 122/01 i–2–06/6.; 170 122/01 i–2–07/6. Sonderber. (18/3. 1963).

Von einer dynamischen Betrachtungsweise der habituellen Frostresistenz ausgehend, wurden Serienuntersuchungsverfahren entwickelt (Kühlschrankmethoden), die es gestatten, den unterschiedlichen Verlauf der Abhärtung und der Verwöhnung unserer Gehölze zu testen. Bei der Einschätzung des Resistenzverhaltens wird differenziert in 1. Frühfrostfestigkeit, 2. Abhärtungsvermögen, 3. Stabilität der Frosthärte, 4. Spätfrostfestigkeit und 5. Regenerationsvermögen. Der refraktometrisch ermittelte Verlauf der Zellsaftkonz. der Nadeln von Douglasie korrelierte sehr eng mit dem Verlauf der Frosthärte. An Hand einiger Beispiele wird bei den Baumarten Douglasie, Fichte und Lärche gezeigt, daß die Methodik zur Selektion weitgehend frostresistenter Einzelbäume, Nachkommenschaften oder auch Provenienzen brauchbar ist. Die Untersuchungen brachten überdies eine Reihe allg. physiol. interessierender Erkenntnisse über das Verhalten unserer Gehölze bei Frostbelastungen. 1850.

Forde, M. B. und Faris, D. G.; Davis, Univ. of California, Dep. of Genetics. Effect of introgression on the serpentine endemism of Quercus durata. **(Die Wirkung der Introgression auf das Vorkommen von Quercus durata auf Serpentinstandorten.)** Evolution [Lancaster] **16** (1962) Nr. 3. S. 338–347. – 5 Abb., 1 Tab., 9 Lit.

Vergleichende Untersuchungen verschiedener morphol. Eigenschaften an einer variablen Population buschförmiger Eichen in Nord-Kalifornien und den Arten *Quercus dumosa* und *Q. durata* ergaben, daß es sich um einen Bastard der 2 Arten handelte. Z. T. bestand die Population aus *Q. durata* mit Merkmalen von *Q. dumosa*. Die Population steht auf einem Standort, der kein Serpentinboden ist, obwohl *Q. durata* allg. nur auf Serpentinstandorten stockt. Für den Vergleich wurden u. a. die Anzahl der Blattrandzähne, das Verhältnis der Tiefe der Blattrandzähne zur Blattbreite, die Länge der Stacheln auf den Blattrandzähnen und die Dichte der Sternhaare auf der Blattober und -unterseite, die Länge und die Zahl der Sternhaarreihen auf der Blattunterseite und das Verhältnis von Breite und Tiefe der Cupula untersucht. Es ist z. Z. nicht mehr zu entscheiden, ob die untersuchte Population ein Reliktbestand aus der Zeit einer weiteren Verbreitung von *Q. durata* darstellt oder ob sie eine Neubesiedlung von einem Serpentinstandort in verhältnismäßig neuerer Zeit ist. O. Schröck. 1850.

Mehra, K. L., Subramanyam, K. N. und Swaminathan, M. S.; New Delhi, Indian Agric. Res. Inst., Div. of Bot. Cytogenetical studies in some members of andropogoneae. **(Cytogenetische Untersuchungen bei einigen Vertretern der Andropogoneae.)** J. Indian bot. Soc. **41** (1962) Nr. 3. S. 491 bis 502. – 13 Abb., 4 Tab., 22 Lit. 1880.

Chalam, G. V., Nanda, J. S., Mallick, S. N. und Tripathi, R. K.; Krishibhavan, New Delhi, Min. of Food and Agric. A promising mutant in rice by radioactive phosphorus. **(Eine vielversprechende Mutante bei Reis durch radioaktiven Phosphor.)** Current Sci. **31** (1962) Nr. 11. S. 471–472. – 2 Abb., 2 Tab., 5 Lit. 1880.

Bouharmont, J.; Louvain, Inst. Carnoy, Lab. de Cytogénétique. Pseudoquadrivalents in autotetraploid rice. **(Pseudo quadrivalente bei autotetraploidem Reis.)** Nature [London] **197** (1963) Nr. 4865. S. 410–411. – 8 Abb. 1880.

Savov, P. (Sawow, P.) Novi perspektivni formi pamuk. **(Neue aussichtsreiche Baumwollformen.)** Selskostopanska nauka, Sofija **1(7)** (1962) Nr. 4/5. S. 459–466. – 5 Abb., 3 Tab., 6 Lit. Zus. in Russ., Engl.

Um frühreifende, den Standortverhältnissen Nordbulgariens angepaßte Baumwollsorten zu schaffen, wurden die chinesische Sorte 'Kodsi-mi-men', die sowjetische Sorte '147-F' und die argentinische Sorte 'Hyptalodon-brebil' gekreuzt. Die aus den geographisch entfernten Sorten gewonnenen Hybriden wiesen geminderte Penetranz und größeres Anpassungsvermögen auf als die Eltern. Sie spalteten jedoch stark, woraus viele Formen mit neuen Eigenschaften entstanden. Folgende Linien sind gezüchtet worden: '1493', '1494', '1504' und '1537', die stark gestauchte Stauden aufweisen, früher Knospen bilden und früher als die Elternformen und die in der Praxis verbreiteten Sorten reifen. Für mechanisierten Anbau und Ernte sind die neuen Formen geeigneter. K. Tschanew. 1880.

Savov, P. (Sawow, P.) Rezultati ot krustosvaneto na geografski otdalečeni sortove pamuk. **(Ergebnisse der Kreuzung geographisch entfernter Baumwollsorten.)** Izvestija na Centralnija naučnoizsledovatelski institut po chidrotechnika i melioracii, Sofija **1** (1961) S. 85–98. – 7 Abb., 4 Tab., 7 Lit. Zus. in Russ., Engl.

Untersucht wurde die F_1, F_2 und F_3 aus der Kreuzung chinesischer Baumwolle Sorte 'Kodsi-min-men' und sowjetischer Sorte '147-F', sowie die Kreuzungen dieser Hybriden mit der argentinischen Sorte 'Hyptalodon-brebil' und Bastarde aus '147-F' × 'Hyptalodon-brebil'. Einige Nachkommen zeichneten sich durch Frühreife und stark gedrungene, buschige Stauden, die mechanisierten Anbau und Ernte ermöglichen, aus. Aussichtsreichste Linien der Kreuzung '147-F' × 'Hyptalodon-brebil' waren '1493', '1494' und '1504', während aus der Kreuzung 'Kodsi-mi-men' × '147-F' × 'Hyptalodon-brebil' die Linie '1537' am aussichtsreichsten war. Diese Linien zeichneten sich durch gute technologische Eigenschaften aus. Das Einzelkapselgew. schwankte zwischen 4,5 und 4,9 g, die Faserlänge zwischen 30,4 und 33,0 mm. M. Stoilow. 1880.

Anonym. Sugar cane breeding – seedling raising and preliminary eliminations. **(Zuckerrohrzüchtung — Sämlingsanzucht und vorläufige Auslesen.)** Brit. West Indies centr. Sugar Cane Breeding Stat. Barbados, annu. Rep. **28** (1960/61) S. 10–17. – 3 Tab. 1880.

Bragt, J. van. **Chemogenetical investigations of flower colours in cyclamen.** Wageningen: H. Veenman & Zonen N. V. 1962. (43 S. m. 5 Abb., 9 Tab. u. Literaturverz.) 8°. hfl. 3,– = Mededelingen van de Landbouwhogeschool te Wageningen, Nederland 62 (4), 1962. Nach einer Einführung wird auf die Methoden der chem. Analyse eingegangen. Die Ergebnisse der chem. Analyse werden dargelegt. Von den untersuchten 14 Wildarten zeigten 12 Malvidin-3.5-diglucosid. Angeführt werden ca. 250 Sorten und Herkünfte und die in ihnen enthaltenen Anthocyane, Flavonolglykóside und die Farbtöne wurden nach H.C.C. angegeben. In weiteren Übersichten werden die Aufspaltungen der F_2 der Kreuzungen 'Firefly' × 'White' und 'Firefly' × 'Sylphide' dargestellt. Angegeben sind: Phänotyp, Anthocyan- und Flavonoidkomponenten des Auges und der Spreite, theoretische und effektive Spaltungszahl und Genformel. Die Diskussion behandelt folgende Probleme: Synthese nichtmethylierter Aglykone, Methylierung, Glykosidierung und die Züchtung. W. Hiller.

Metzner, P., Rieth, A., Sagromsky, H. und *Stubbe, H.* **Die Kulturpflanze.** Band X. Berlin: Akademie-Verlag. 1962. (411 S. m. 105 Abb., 42 Tab. u. 2 Taf.) 8°. DM 65,– = Berichte und Mitteilungen aus dem Inst. für Kulturpflanzenforsch. Gatersleben der Dtsch. Akad. der Wiss. zu Berlin. Im 1. Teil wird über das Inst. und die Tätigkeit der einzelnen Abt. i. J. 1961 berichtet. Zunächst werden die Jahresberichte der 5 Forsch.-Abt., der Bücherei, der Abt. Versuchsfeld und Zuchtgärten sowie der Abt. Landwirtsch. vorgelegt und im Anschluß daran über Bauten, Tagungen und Kolloquien berichtet. Im 2. Teil sind folgende Originalarbeiten enthalten: Über die Wirkung kleiner Strahlendosen auf den Ertrag landwirtsch. Kulturpflanzen (O. Machold); Die Typisierung von *Vicia biennis* L. sowie systematische und cytologische Beobachtungen an *Vicia neglecta* spec. nov. (P. Hanelt und D. Mettin); Versuche mit Bor an Lemnaceen. Die Wirkung des Bors auf den Kohlehydratgehalt von *Lemna minor* L. (G. Scholz); Quantitative Beobachtungen an F_1-Bastarden des Gaterslebener Maissortiments (I. Grebenščikov); Beiträge zur Kenntnis der Phycomyceten. IV. *Pleotrachelus wildemani* Petersen neu für Deutschland (A. Rieth); Die laciniaten Sippen von *Brassica oleracea* L. (J. Helm); Beobachtungen an einer blaublühenden Sippe von *Lithospermum arvense* L. (P. Hanelt und J. Schultze-Motel); Die quantitative Bestimmung von Khellin und Visnagin aus *Ammi visnaga* L. (Chr. Horstmann); Weitere Versuche zur Züchtung einer scopolaminreichen *Datura*-Hybride (A. Romeike); Chromosomenuntersuchungen am Ehrlichschen Mäuse-Ascites-Carcinom (J. Schöneich); Die Bedeutung des Lichtes für die Ausprägung eines Mutationsmerkmals der Mutante *bipartita* von *Antirrhinum majus* (H. Sagromsky); Weitere Beobachtungen an Kulturen von *Porphyridium cruentum* (Ag). Naeg. mariner Herkunft (A. Rieth); Die Geschichte der Entstehung und Verbreitung von *Rubus idaeus* var. *leucocarpus*

(K. Wein); Die Auslösung von Chromosomenaberrationen bei *Vicia faba* durch chem. Agenzien. – Eine Übersicht (R. Rieger und A. Michaelis); Chimärenbildungen bei der Tomatenmutante *gilva* von *Lycopersicon esculentum* Mill. nach Behandlung von heterozygotem Samenmaterial mit Colchicin und Röntgenstrahlen (K. Gröber); Die Gaterslebener Mutanten der Saatgerste in Beziehung zur Formenmannigfaltigkeit der Art *Hordeum vulgare* L. s..l. IV. (F. Scholz und Chr. Lehmann); Ein Beitrag zur Kenntnis der Gaterslebener Mutanten der Sojabohne, *Glycine max* (L.) Merr. (M. Zacharias und Chr. O. Lehmann); Über Gliederungsprobleme bei Kulturpflanzen (S. Danert); Gattungsgrenzen bei höheren Discomyceten (E. H. Benedix); Isolierung von Cycloartenol aus Blättern der Kulturkartoffel, *Solanum tuberosum* L. – Sterine und Triterpenoide. II. Mitteilung (K. Schreiber und G. Osske); Anatomische Untersuchungen über die Reaktion von Organen der Kartoffelpflanze auf Befall durch den Nematoden *Heterodera rostochiensis* Woll. 7. Mitteilung über *Heterodera*-Arten (G. Sembdner). Die Originalarbeiten wurden von den Vff. dem Schöpfer und Direktor des Inst., Prof. Dr. Dr. h. c. Hans Stubbe, zum 60. Geburtstag gewidmet. K. Schulz.

Hodowla buraka cukrowego. (Die Zuckerrübenzüchtung.) Warszawa: Panstw. wyd. rolnicze i leśne. 1962. (XVI, 776 S.) 8°. (1962 A. 1696)

XI. PHYTOPATHOLOGIE UND PFLANZENSCHUTZ

A. Allgemeine Literatur, Berichte, Statistiken u. a.

Anonym. Research Report 1928–1961. **(Forschungsbericht für die Jahre 1928–1961.)** Res. Rep., Entomol. Lab., Kamloops, B.C. **1928/61.** – 1 Abb.

Der Forschungsbericht des Entomologischen Laboratoriums Kamloops der Jahre 1928–61 enthält u. a. die Ergebnisse mehrjähriger Untersuchungen an pflanzenschädigenden Insekten. Unter Berücksichtigung der lokalen Gegebenheiten wurden vor allem ökol. Arbeiten an Heuschrecken durchgeführt. Daneben interessierten Fragen der biol. Bekämpfung von Schmetterlingslarven (*Euxoa* spp., *Laphygma exigua* Hbn. u. a.). Bes. Bedeutung besitzen schädliche Fliegen bei Zwiebeln (*Hylemyia antiqua* Meig., *H. cilicrura* Rond., *Eumerus strigatus* Fall. und *Fannia canicularis* L. Im Kartoffelbau wurden Fragen der Bekämpfung des Kartoffelerdflohes, *Epitrix tuberis* Gent., bearbeitet. Bewährt haben sich Aldrin, Dieldrin und DDT. Resistente Stämme wurden bereits beobachtet. R. Fritzsche. 1901.

Zattler, Fr. **Versuchs- und Forschungstätigkeit auf dem Versuchsgut Hüll und in den Hopfenanbaugebieten im Jahre 1961.** Brauwelt, Ausg. B **102** (1962) Nr. 74. S. 1424–1247.

Diese Tätigkeit umfaßte das Registrieren der auftretenden Hopfenschädiger, das Prüfen von Pflanzenschutzmitteln und sonstiger Materialien für den Hopfenbau, Untersuchungen zu einzelnen Krankheiten, Schädlingen und Schäden und zur Physiologie des Hopfens, Beobachtungen über den Witterungseinfluß auf Ertrag und Qualität des Hopfens sowie züchterische Tätigkeit. – In Versuchen war eine Bekämpfung der Kräuselkrankheit durch chem. Bodendesinfektion weitgehend möglich, doch scheitert ihre Durchführung in der Praxis an den hohen Kosten. Mittels Topfpflanzenversuchen wurde nachgewiesen, daß Zn-Gaben über den Boden oder das Blatt in geeigneten Dosierungen zur Förderung des Wachstums bes. kräuselkranker Pflanzen führen. D. Weiß. 1901.

Anonym. Research report 1960 and 1961 Entomology Research Institute for Biological Control. **(Forschungsbericht der Jahre 1960 und 1961 des Entomologischen Forschungsinstitutes für Biologische Bekämpfung.)** Res. Rep., Entomol. Res. Inst. biol. Control Belleville, Ontario **1960/61** (hrsg. 1962) S. 1–28. – 132 Lit.

Einer Liste der wiss. Mitarbeiter des Institutes und ihrer Arbeitsgebiete folgt ein Überblick über die in Kanada durchgeführten und geplanten biol. Bekämpfungsmaßnahmen. Von 31 Versuchen waren 12 erfolgreich, 6 brachten Teilerfolge bzw. sind noch nicht abgeschlossen, die restlichen sind als Fehlschläge zu werten. Die bisher vernachlässigte Fauna der Raubinsekten wurde im

Hinblick auf ihre Nutzbarmachung für biol. Bekämpfungsmaßnahmen untersucht (Carabidenfauna der Felder, Anthocoriden, Raubmilben, Ameisen und Coccinelliden). Die Untersuchungen über die Parasitierung durch Insekten erstreckten sich hauptsächlich auf Versuche an Wirt-Parasit-Populationen, die Wirtswahl durch den Parasiten, Reaktionen des Wirtes auf den Parasiten sowie die Ernährung der Parasiten-Imagines. Bei einigen zur Unkrautbekämpfung eingeführten Insekten wurde Befall mit Microsporidien und Viruskrankheiten festgestellt. Einige in Insekten lebende Nematodenarten konnten neu beschrieben werden. Der Einsatz von Nematoden gegen verschiedene Schädlinge brachte, vor allem bei *Pieris rapae* und *Ostrinia nubilalis*, gute Erfolge. Über die Wirkung eingeführter Insekten zur Bekämpfung von 3 schädlichen Unkräutern kann noch kein abschließendes Urteil gefällt werden; Erfolge zeichnen sich in allen Fällen ab. Ferner wurden Vorkommen und Bedeutung von natürlichen Feinden einer Reihe von Schädlingen untersucht. – Aus 16 Ländern wurden über 500000 lebende Insekten eingeführt, 92000 Insekten wurden innerhalb des Landes und über 46000 an 6 Länder verschickt. Abschließend sind die von Mitarbeitern des Inst. im Berichtszeitraum veröffentlichten Arbeiten (132) aufgeführt. W. Lehmann. 1901.

Schlichting, H.; Magdeburg. **Bericht über die 2. Tagung der Desinfektions- und Schädlingsbekämpfungsbetriebe der DDR in Quedlinburg vom 23. bis 25. November 1961.** Z. ges. Hyg. Grenzgebiete 8 (1962) Nr. 5. S. 339–343. Folgende Themen wurden u. a. behandelt: Einsatz von Nebel- und Flugzeugsprühmitteln bei der Bekämpfung des Kartoffelkäfers und der Hackfruchtschädlinge; Schadwirkung von DDT, HCH und Phosphorsäureester auf den Menschen und die Forderung, neuere spez. Mittel mit möglichst geringer Toxizität zu entwickeln; Verwendung von Pyrethrumpräparaten in der modernen Schädlingsbekämpfung (Präparat Delicia-P-Aerosol); Verwendung von Phosphorwasserstoff in der Silobegasung; Stand und Aussichten der Winterspritzung im Obstbau, bes. hinsichtlich Wirksamkeit und Konz. vorhandener und neu entwickelter Mittel; Faktoren der Massenvermehrung bestimmter Schädlinge (Kiefernspanner, Rübenderbrüßler); Großflächenbekämpfung der Feldmäuse (mit Toxaphen; schließlich Unkrautbekämpfung mit Wuchsstoffmitteln. E. Wittenberg. 1901.

B. Krankheiten und ihre Ursachen

Dicke, F. F., Atkins, R. E. und Pesho, G. R.; Ames, Iowa, U. S. Dep. of Agric., A.R.S., Ontomol. Res. Div.; Iowa Agric. and Home Econ. Exp. Stat.. Agronomy Dep. Resistance of Sorghum varieties and hybrids to the European corn borer (Ostrinia nubilalis Hbn.). **(Resistenz von Hirsesorten und -hybriden gegen den Maiszünsler [Ostrinia nubilalis Hbn.].)** Iowa State Coll. J. Sci. **37** (1963) Nr. 3. S. 247–257. – 2 Abb., 5 Tab., 9 Lit. 1911.

Iščenko, L. A. (Istschenko, L. A.) Immunitet jabloni k parše. **(Immunität des Apfels gegen Schorf.)** Bjulleteń Central'noj genetičeskoj laboratorii imeni I. V. Mičurina, Mičurinsk **1961** Nr. 11/12. S. 110–116. – 2 Tab.
Zur Klärung des Rassenbestandes bei *Venturia inaequalis* Ad. wurden mit 3 Populationen des Parasiten Untersuchungen über Verhaltensbesonderheiten in der Kultur auf Nährböden durchgeführt. In Abhängigkeit von der Art des Nährsubstrates kam es zur unterschiedlichen Ausbildung der Farbe und des Wuchscharakters der Kolonien, wie auch des Auftretens von Pigmenten im Nährmedium. Auf das unterschiedliche Verhalten der Stämme wird ausführlich eingegangen und eine ungewöhnliche Veränderlichkeit des Pilzes nachgewiesen. Untersuchungen über den Einfluß von Phytonciden (Antibiotica aus höheren Pflanzen) auf den Wuchs verschiedener Populationen von *V. inaequalis* mittels Extrakten aus den Blättern von Apfelsorten unterschiedlicher Schorfresistenz wurden durchgeführt. Die Versuchsmethode wird be-

schrieben. Die erzielten Ergebnisse scheinen nachzuweisen, daß es in den Blättern des Apfels Stoffe gibt, die aktiv auf den Schorferreger einwirken und durch eine unterschiedliche Unterdrückung des Wachstums der Pilzkolonien und der Sporenbildung im Versuch kenntlich werden. Vf. schließt daraus, daß bei der Widerstandsfähigkeit der Sorten Phytoncide eine wichtige Rolle spielen. Wichtig scheint auch die Feststellung der Spezialisierung der an bestimmte Sorten angepaßten Schorfpopulationen, die bei den Untersuchungen auf ein und denselben Umweltfaktor sehr verschieden reagierten.

H. Jank. 1911.

Denby, L. G. und Woolliams, G. E. The development of Verticillium-resistant strains of established tomato varieties. **(Die Entwicklung Verticillium-resistenter Stämme im Anbau befindlicher Tomatensorten.)** Canad. J. Plant Sci. **42** (1962) Nr. 4. S. 681–685.

Das Gen Ve der Tomatensorte 'Loran Blood', das Resistenz gegen den Welkeerreger *Verticillium dahliae* bedingt, wurde durch Kreuzungen und 7 Rückkreuzungen 45 in British Columbia (Kanada) im Anbau befindlichen Tomatensorten einverleibt. Die einzelnen Nachkommenschaften waren durch künstliche Beimpfung (Eintauchen der Wurzeln in eine Sporen-Mycelsuspension) auf ihre Resistenzreaktion hin überprüft worden. Abweichungen sortentypischer Merkmale durch die Einkreuzung des Resistenzgens ließen sich nicht ermitteln. W. Gottschling. 1911.

Rademacher, B. **Folgeschäden des Frostes im Winter 1961/62 an Wintergetreide.** Z. Pflanzenkrankh. (Pflanzenpathol.) Pflanzenschutz **69** (1962) Nr. 10. S. 602–604.

Der wiederholte Wechsel von Gefrieren und Auftauen des Bodens hob außergewöhnlich flach keimende Roggen- und Weizenpflänzchen aus dem Boden, so daß sie auf ihren Primärwurzeln wie auf Stelzen standen. Den sproßbürtigen Sekundärwurzeln gelang es im Frühjahr auf Grund der geringen Niederschläge und des verhärteten Bodens nicht oder zu spät Fuß zu fassen. Kümmerwuchs und Nährstoffmangel-Verfärbungen waren die Folge. Rechtzeitiges Anwalzen kann solche Schäden teilweise beheben. Die verstärkten Ausfälle bei Winterweizen i. J. 1962 nach Simazinspritzungen im Frühjahr 1961 werden ebenfalls auf das frostbedingte Heben der keimenden Pflanzen zurückzuführen versucht; die Sekundärwurzeln mußten die simazinreiche oberste Bodenschicht durchdringen, wobei sie das Herbicid aufnahmen. D. Weiß. 1930.

Kolke, A. und Schmidt, J. **Bormangel bei Sellerie.** Nachrichtenbl. dtsch. Pflanzenschutzdienstes [Braunschweig] **14** (1962) Nr. 8. S. 123–125. — 1 Abb., 3 Tab., 11 Lit.

Beim Öffnen einer Selleriemiete im Jan. 1962 wiesen etwa 35% der Knollen im Fleisch mehr oder weniger große braune Flecke und zum Kopfe hin zundriges Gewebe auf. Zur Bestätigung des vermuteten B-Mangels wurden zahlreiche Knollen auf B, Ca, K und N untersucht und die Werte mit denen von 2 anderen Herkünften verglichen. Der B-Gehalt lag bei den gesunden Knollen um 50 ppm und bei den kranken unter 25 ppm. Das bei gesunden Knollen zwischen 1:15 und 1:100 schwankende B/Ca-Verhältnis war bei den kranken auf 1:300 und das bei gesunden Knollen bei etwa 1:300 liegende B/N-Verhältnis auf 1:2000 erweitert. Die Bodenuntersuchungen zeigten weiterhin, daß die Ursache des B-Mangels weniger ein zu niedriger B-Gehalt des Bodens als vielmehr ein zu weites Verhältnis zwischen verfügbarem B und Ca war.

E. Vorsatz. 1930.

Ceruti Scurti, J., Borzini, G. und Sapetti, C.; Torino, Univ., Lab. Sperimentale di Fitopatol.; Ist. de Chim. Agraria. Sintomi di carenze nutrizionali osservate su viti in Piemonte. **(In Piemonte beobachtete Nährstoffmangelsymptome an Weinreben.)** Notiziario Malattie Piante [N.S.] **41/42** (1962) Nr. 62/63. S. 89–93. — 12 Lit.

An den durch Spurenelemente verursachten Mangelkrankheiten der Weinrebe war B-Mangel am stärksten beteiligt, bes. auf Böden mit hohem Kalkgehalt. Als die wichtigsten durch B-Mangel hervorgerufenen Krankheitssymptome werden Chlorose, Blattflecke, Einrollen der Blattränder, Internodienverkürzung, Abfallen der Blüten und Kleinfrüchtigkeit genannt. Im Hinblick auf die durch Mangel an Kernnährstoffen verursachten Krankheiten an Weinreben wirkt sich bes. nachteilig der Mangel an P und K aus. P- und K-Mangel verursachten rote bis purpurfarbene, an den Blatträndern beginnende Verfärbung der Nerven, die später braun und nekrotisch werden. Die Trauben reifen später, die Früchte bleiben klein. Warmes, trockenes Wetter, bes. im Juli, fördert die Mangelkrankheiten. O. Saß. 1930.

Refatti, E.; Milano, Univ., Ist. di Pathol. Vegetale. Rilievi sulle carenze di ferro e di boro nella vite. **(Einige Beobachtungen über Eisen- und Bormangel der Weinrebe.)** Notiziario Malattie Piante [N.S.] **41/42** (1962) Nr. 62/63. S. 95–104.

Die durch Fe-Mangel hervorgerufene Chlorose der Weinrebe ist dem Gelbmosaik sehr ähnlich, dennoch ist eine Unterscheidung möglich. Die Fe-Mangelchlorose bleibt sehr gleichmäßig auf die Zwischenadern beschränkt und nimmt in ihrer Intensität von den Triebspitzen zur Basis hin deutlich ab. Es gibt auch Anzeichen dafür, daß durch Virusinfektion die Fe-Aufnahme herabgesetzt wird. Ebenfalls wird vermutet, daß die Verschiedenartigkeit der B-Mangelsymptome evtl. durch gleichzeitige Virusinfektion bedingt ist.

O. Saß. 1930.

Zanardi, D.; Pavia, Osservataria per le Malattie delle Piante. Intorno alla clorosi delle viti. **(Über die Chlorose der Weinrebe.)** Notiziario Malattie Piante [N.S.] **41/42** (1962) Nr. 62/63. S. 105–117. – 8 Abb., 1 Tab., 9 Lit.

In der Provinz Pavia wurde in den letzten Jahren 2mal eine weitverbreitete Chlorose der Weinrebe beobachtet, die keinerlei Beziehungen zum Reaktionszustand, zur phys. Struktur oder zum Nährstoffgehalt des Bodens erkennen ließ. Es bestehen Anhaltspunkte zur Höhe der Niederschlägen. Die den beiden Epidemien vorangegangenen Jahre wiesen übernormale Jahresniederschläge auf, deren Auswirkung auf die Fe-Versorgung als mögliche Ursache der Chlorose besprochen wird. O. Saß. 1930.

Kamerbeek, G. A.; Lisse, Lab. voor Bloembollenonderzoek. The influence of light on blueing of tulip bulbs, a disease of a physiological nature. **(Der Einfluß des Lichtes auf das Blauwerden der Tulpenzwiebeln, eine physiologische Krankheit.)** Tijdschr. Plantenziekten **68** (1962) Nr. 4. S. 219–230. – 6 Abb., 14 Lit.

Vorliegende Untersuchungen machen einen entscheidenden Einfluß des Sonnenlichtes auf das Auftreten der Krankheit wahrscheinlich. Beim Anbau der Tulpen auf Beeten ist ein deutlicher „Randeffekt" zu beobachten. Die Häufigkeit kranker Zwiebeln nimmt nach der Beetmitte zu ab. Auch durch Schattieren mit Plastikgaze oder Jutetuch, das die Belichtung um 50 bzw. 75% mindert, wird der Schaden herabgesetzt, aber nur während einer Periode zwischen der letzten Apr.- und den beiden ersten Maiwochen. Das Wachstum der Zwiebeln wird durch diese Maßnahme, deren wirtsch. Bedeutung aber in Frage gestellt ist, nicht ungünstig beeinflußt. Vermutet wird ein Zusammenhang zwischen erhöhter Photosynthese, Infiltration des Zwiebelgewebes durch Austreten zuckerhaltigen Zellsaftes und Bildung von Nekrosen (Vorgänge, die auch für das nichtparasitäre „Umfallen" der Tulpen verantwortlich gemacht werden).

Herta Schmidt. 1930.

Goss, Olga M. Internal decline of lemons. **(Abbau bei Citrus-Bäumen.)** J. Agric. Western Australia **3** (1962) Nr. 12. S. 953–954. 1930.

Topalov, V. (Topałow, W.) Medicinskata lajka (M. chamomilla L.) kato gostopriemnik na sinjata kitka (Orobanche L.). **(Die Echte Kamille [Matricaria chamomilla L.] als Wirtspflanze der Sommerwurz [Orobanche L.].)** Naučni trudove. Visš selskostopanski institut „Vasil Kolarov". Agronomičeski fakultet, Plovdiv **11** (1962) Nr. 1. S. 199–202. — 2 Abb., 1 Tab., 5 Lit. Zus. in Russ., Dtsch.

In Bulgarien wird Echte Kamille, *Matricaria chamomilla* L. von *Orobanche platystigma* Rchb. = *O. reticulata* Wallroth var. *typica* Beck. und *O. cernua* Loefl. befallen. Die Geruchlose Strandkamille, *M. inodora* L. erwies sich als resistent. M. Stoilow. 1940.

Beardsley, Robert E.; New York, N.Y., Manhattan Coll., Biol. Dep. Amino acid cross resistance in Agrobacterium tumefaciens. **(Aminosäure-Kreuzresistenz in Agrobacterium tumefaciens.)** J. Bacteriol. **84** (1962) Nr. 6. S. 1237–1240. 1950.

Shaffer jun., W. H. und Goodman, R. N.; Columbia, Univ. of Missouri, Dep. of Horticult. Progression in vivo, rate of growth in vitro, and resistance to streptomycin, as indices of virulence of Erwinia amylovora. **(Ausbreitung in vivo, Wachstumsrate in vitro und Resistenz gegen Streptomycin als Anzeiger für die Virulenz von Erwinia amylovora.)** Phytopathology **52** (1962) Nr. 11. S. 1201–1207. — 4 Abb., 1 Tab., 9 Lit.

Es wurden 25 Isolate von *Erwinia amylovora* verwendet (16 virulente und 9 avirulente). Die aus einigen glatten, virulenten Isolaten hervorgegangenen rauhen Formen wurden ebenfalls in die Versuche einbezogen. Die virulenten Bakterien zerfielen in 2 Gruppen: eine bes. aggressive, die sich nach 132 Std. 16,55 cm im Wirtsgewebe ausgebreitet hatte und eine mäßig aggressive, die in der gleichen Zeit 7,05 cm vorgedrungen war. Die avirulenten Formen — sie rufen nur schwache „fire-blight"-Symptome hervor — hatten nach 132 Std. 1,76 cm vom Inokulationspunkt zurückgelegt. Die Anzahl der Bakterienzellen/g Apfelgewebe betrug 72 Std. nach künstlicher Infektion $1{,}9 \times 10^6$ bei den glatten, virulenten, 3×10^4 bei den rauhen, avirulenten und $1{,}6 \times 10^3$ bei den glatten, avirulenten Formen. In vitro ergaben sich bei den avirulenten Kulturen die Wachstumsmaxima nach 11 Std., bei den virulenten erst nach 50 Std. Die an den virulenten Formen gefundenen Aggressivitätsunterschiede im Wirtsgewebe äußerten sich in vitro nicht in verschieden starkem Wachstum. Die virulenten Kulturen wiesen keine Streptomycin (SM)-Resistenz auf. Dagegen waren von 5 avirulenten 4 resistent gegen SM-Mengen unter 10 ppm und 1 gegen SM-Konz. bis 1000 ppm. Durch Übertragung in Medium mit steigenden SM-Mengen konnte bei den glatten, avirulenten Kulturen nur eine Resistenz bis zu 5 ppm SM induziert werden. G. Zahn. 1950.

Rieth, Alfred. **Beiträge zur Kenntnis der Phycomyceten. IV. Pleotrachelus wildemani Petersen neu für Deutschland.** Kulturpflanze **10** (1962) S. 93–105. — nach Zus.

Die Olpidiacee *Pleotrachelus wildemani* Petersen (1910), bisher nur aus Dänemark und Großbritannien bekannt, wurde in Moosprotonemen erstmalig für Deutschland gefunden, mit dem Wirt kultiviert und durch Infektionsversuche auf ihr Wirtsspektrum geprüft. 3 Laubmoosarten zeigten sich anfällig, auf Lebermoose gelang eine Übertragung bisher nicht. An den Kulturen konnten der vegetative Entwicklungszyklus verfolgt und die Variationsmöglichkeiten der Zoosporangienform studiert werden. 1950.

Apple, J. L.; Raleigh, N.C., State Coll., Dep. of Plant Pathol. Physiological specialization within Phytophthora parasitica var. nicotianae. **(Physiologische Spezialisierung innerhalb Phytophthora parasitica var. nictotianae.)** Phytopathology **52** (1962) Nr. 4. S. 351–354. — 2 Abb., 2 Tab., 6 Lit.

5 Tabaksorten und 9 Zuchtstämme von *Nicotiana tabacum-* und *N. plumbaginifolia*-Hybriden wurden im 5-Blattstadium mit einer Mycelsupsension von *Phytophthora parasitica* (Dastur) var. *nicotianae* (Breda de Haan) beimpft. 14 Tage danach wurde der Anteil abgetöteter Pflanzen bestimmt. Es wurden 2 Isolierungen des Pilzes aus North Carolina und 3 Isolierungen aus Kentucky benutzt. Alle Isolierungen führten zu einer schnellen Entwicklung der Krankheit bei den anfälligen *N. tabacum*-Sorten und zu einer geringeren Entwicklung bei den resistenten Sorten. Zwischen den Isolierungen ergaben sich aber Unterschiede bei *N. plumbaginifolia* und den Hybriden von *N. plumbaginifolia* und anfälligen *N. tabacum*-Sorten. Bei Linien mit homozygoter und heterozygoter Chromosomensubstitution trat die gleiche Resistenz wie bei den resistenten Eltern auf. Bei Linien mit homozygoter Segmentsubstitution konnten eine Gruppe mit unterschiedlicher Reaktion gegen verschiedene Isolierungen und eine Gruppe mit Resistenz gegen alle Isolierungen festgestellt werden. Die Ergebnisse zeigen, daß bei *P. parasitica* var. *nicotianae* physiol. Spezialisierungen auftreten. Nach der Resistenz oder Anfälligkeit von *N. plumbaginifolia* werden die Isolierungen von *P. parasitica* var. *nicotinae* in eine Rasse 0 und eine Rasse 1 eingeteilt. Die Rasse 1 tritt nur in sehr begrenzten Gebieten in Kentucky auf. Innerhalb der Rasse 0 treten morphol. unterschiedliche Biotypen auf, die sich in bezug auf ihre Pathogenität nicht unterscheiden lassen. Als Erklärung für die genetisch ungewöhnliche Erscheinung der Bildung resistenter Linien aus hochanfälligen Eltern werden intrachromosomale Epistasie und Positionseffekte angegeben. G. Otto. 1950.

Sherwood, R. T. und Hagedorn, D. J.; Madison, Univ. of Wisconsin, Dep. of Plant Pathol. Studies on the biology of Aphanomyces euteiches. **(Untersuchungen über die Biologie von Aphanomyces euteiches.)** Phytopathology **52** (1962) Nr. 2. S. 150–154. – 1 Tab., 18 Lit.

Die Untersuchungen erstreckten sich auf die Lebensdauer, den Wirtspflanzenkreis und das saprophytische Potential von *Aphanomyces euteiches* Drechs. Mit Oosporen versehene Pilzkulturen wurden auf autoklavierten Erbsenwurzeln in 10 g Boden gebracht und in Schalen verschiedener Feuchtigkeit (lufttrocken bis zur völligen Sättigung) und tiefen Temperaturen (–20 °C, z. T. mit vorausgegangenem Wechsel zwischen 4° und –20 °C für die Dauer von 3 Mon.) ausgesetzt. Die Oosporen überlebten alle Behandlungen. Nach 24 Mon. konnten lediglich in der Variante mit hoher Feuchtigkeit in sterilem Boden keine Oosporen nachgewiesen werden. Zur Bestimmung des Wirtspflanzenkreises wurden 52 Pflanzenarten aus 12 Familien geprüft. Davon wurden 19 Arten nicht infiziert (u. a.: *Glycine max, Avena sativa, Hordeum vulgare, Phleum pratense, Secale cereale, Triticum vulgare, Zea mays*). Die meisten der geprüften Leguminosenarten wurden infiziert, darunter: *Lathyrus odoratus, Medicago lupulina* und *M. sativa, Melilotus officinalis, Vicia sativa* u. a. *Trifolium repens* und *T. pratense* wiesen nur schwache Infektionen und geringe Oosporenbildung auf. In autoklavierten Bodensäulen, die auf einer Seite mit Agar oder Wurzelkulturen von *A. euteiches* beimpft wurden, war das Mycel in 3½ Wochen (bei einer Feuchtigkeit von 60% der Feldkapazität) und in 4 Wochen (bei 100% der Feldkapazität) bis an das andere Ende der Bodensäule (15 cm) durchgewachsen. *A. euteiches*-freie Böden die mit Erbsen- oder Weizenstroh bzw. mit frischen zerkleinerten Erbsensprossen versetzt wurden, wiesen nur in verschwindend geringem Maße eine Entwicklung des Erregers auf. Wurzel- und Blattstücke von in Sandkultur gewachsenen Gramineen und Leguminosenarten wurden mit Propylenoxyd behandelt bzw. autoklaviert und in entspr. Gefäßen mit Mycel oder Oosporen von *A. euteiches* beimpft. Die Ergebnisse zeigen, daß in Getreidewurzeln ein hitzelabiler Faktor vorkommt, der das Wachstum von *A. euteiches* hemmt.

G. Otto. 1950.

Haglund, W. A. und King, T. H.; St. Paul, Univ. of Minnesota, Dep. of Plant Pathol. and Bot. Sulfur nutrition of Aphanomyces euteiches. **(Die Schwefelernährung von Aphanomyces euteiches.)** Phytopathology **52** (1962) Nr. 4. S. 315–317. – 1 Tab., 7 Lit.

Von Böden aus Minnesota, Wisconsin und New York wurden 10 Isolierungen von *Aphanomyces euteiches* Drechs. gewonnen. Nach 2maliger Isolierung von Einzelzoosporen erfolgten die Untersuchungen, indem jedes Testmedium mit einem Agarblock der Kultur beimpft wurde. Die Agarblöcke konnten zur Prüfung der Toxizität der Testlösung auf bekannte, das Wachstum fördernde Nährböden zurückgebracht werden. 10 S-Verbindungen (l-Methionin, l-Cystin, Thioharnstoff, Na-Thiosulfat, Na-Bisulfit, Na-Metabisulfit, Na-Dithionat, Na-Persulfat und Na-Sulfat) wurden in gleichen Nährlösungen in Konz. von 5, 10 und 20 ppm geprüft. Das Wachstum von *A. euteiches* wurde durch l-Methionin, l-Cystin, Thioharnstoff und Na-Thiosulfat gefördert. Thioharnstoff wirkte in der höchsten Konz. toxisch. Alle anderen S-Verbindungen förderten das Pilzwachstum nicht oder wirkten toxisch. Die Fähigkeit zur Aufnahme bestimmter S-Verbindungen war bei allen Isolierungen gleich, doch reagierten sie mit quantitativen Wachstumsunterschieden. Es wird vermutet, daß die Eignung reduzierter S-Verbindungen für alle *A. euteiches*-Isolierungen mit dem Wirt-Parasit-Verhältnis in Beziehung zu bringen ist. G. Otto. 1950.

Shepherd, C. J.; Canberra, Australia, C.S. I.R.O., Div. of Plant Ind. Germination of conidia of Peronospora tabacina Adam. I. Germination in vitro. **(Konidienkeimung bei Peronospora tabacina Adam. 1. Mitt. Keimung in vitro.)** Austral. J. biol. Sci. **15** (1962) Nr. 3. S. 483–508. – 13 Abb., 16 Tab., 24 Lit.

Gewaschene Konidien von *Peronospora tabacina* Adam keimten nicht oder nur spärlich in reinem Wasser, dagegen gut in Gegenwart von Riboflavin. Die Konidienkeimung in wäßriger Suspension wurde erhöht in Gegenwart von C- und N-Quellen, Phosphaten sowie Ca- und Mg-Ionen. Es wurde die Wirkung von 141 Stoffwechselprodukten auf die Keimung und die Keimschlauchverlängerung geprüft. Als optimale Temperatur für die Konidienkeimung werden 15–20 °C genannt. Das pH-Optimum lag auf 2%igem Agar zwischen pH 5,5 und 8,0, in wäßriger Suspension zwischen pH 6,5 und 8,0. 24 Std. nach der Sporulation keimten die Konidien zu 85%, 48 Std. später dagegen nur noch zu 48%. Sichtbares Licht übte keinen Einfluß auf die Keimung aus, dagegen wurde sie um 2,7% vermindert durch 9000 μW/cm² UV-Licht.

J. Merker. 1950.

Lingappa, Yamuna und Lockwood, John L.; East Lansing, Michigan State Univ., Dep. of Bot. and Plant Pathol. Chitin media for selective isolation and culture of Actinomycetes. **(Chitinmedien für eine selektive Isolierung und für die Kultur von Actinomycetes.)** Phytopathology **52** (1962) Nr. 4. S. 317–323. – 4 Abb., 5 Tab., 19 Lit.

Der verwendete Chitinagar enthielt 1,0–2,5 g kolloidales Chitin als einzige C-Quelle. Der Nährboden wurde teilweise durch Zugabe von mineral. Nährstoffen ergänzt. Bodensuspensionen (1 g auf 100 ml aqua dest. und entspr. Verdünnung) wurden entweder auf den Agar aufgesprüht oder in den noch flüssigen Agar untergemischt. Die Bebrütung erfolgte bei 28 °C. Nach einer Woche wurden die Kolonien ausgezählt. Im Vergleich zu konventionellen Nährböden (Czapek's Agar, Glucose-Asparagin-Agar, Ei-Albumin-Agar) ergaben sich auf dem Chitinagar mehr Actinomyceten-, jedoch merklich weniger Pilz- und Bakterienkolonien. Außerdem traten weniger Überwachsungen der Actinomyceten-Kolonien durch schnellwüchsige Pilz- und Bakterienformen auf. Auch die Größe der Pilz- und Bakterienkolonien war verringert. Durch Zugabe von Nährlösungen zum Chitinagar wurden die Zahl und das Wachstum der Actinomyceten nicht beeinflußt. Wasseragar ergab geringere Actinomyceten-Zahlen als Chitinagar, war aber immer noch selektiver als die Standardnährböden. Die Impfmethode wirkte sich nicht auf die Koloniezahl aus. 140 auf Chitinagar isolierte farblose Actinomyceten wuchsen auf Czapek's-Agar ebenfalls gut, doch wiesen 133 davon Farbstoffe auf. Im umgekehrten Fall waren von 70 Kolonien mit Farbstoffen auf Czapek's-Agar nach Übertragung auf Chitinagar 65 farblos. Daraus wird geschlossen, daß der Chitinagar nicht selektiv in bezug auf ungewöhnliche Actinomyceten-Typen wirkt. Die Bildung von Antibiotica auf Chitinagar entsprach der auf anderen Nährböden. Bei 10 *Streptomyces*-Arten ergaben sich mit Ausnahme der Pigmentation keine morphol. Unterschiede zwischen dem Chitinagar und den Standardnährböden. 2 *Streptomyces*-Arten bildeten im flüssigen Medium mit 3 oder 6 g Chitin/l deutlich höhere Mycelgewichte als bei 10 g Glucose/l in anderen Medien. Auch Arten der Gattungen *Micromonospora*, *Nocardia* und *Actinoplanaceae* wiesen ein gutes Wachstum auf Chitinagar auf. G. Otto. 1950.

Malca, Isaac, Murray, Hazel C. und Zscheile, F. P.; Davis, Univ. of California, Dep. of Agronomy. Organic constituents in conidia of Erysiphe graminis hordei. **(Organische Bestandteile in den Konidien von Erysiphe graminis hordei.)** Phytopathology **52** (1962) Nr. 9. S. 891–893. – 2 Tab., 6 Lit.

In den Konidien von *Erysiphe graminis hordei* wurde ein hoher Anteil an org. Säuren, Aminosäuren und freien Zuckern nachgewiesen. Unter den org. Säuren liegt als Salz Malat in höchster Konz. vor. Der Anteil beträgt 55–65% des Gesamtvorkommens an org. Säuren. Außer Malat konnten Citrat, Isocitrat, Fumarat, Succinat und Malonat identifiziert werden. Von den identifizierten 18 freien Aminosäuren lagen Asparaginsäure, Glutaminsäure, Asparagin, Glutamin und α-Alanin in höchster Konz. vor. Im Hydrolysat der unlöslichen Proteine wurden 13 Aminosäuren festgestellt, und zwar in höherer Konz.: Asparaginsäure, Glutaminsäure, α-Alanin, Histidin, Leucin und Isoleucin. Prolin wurde nachgewiesen, jedoch nicht quantitativ bestimmt. An Zuckern konnten Glucose, Fruktose und Ribose ermittelt werden. Auf Glucose entfielen 75% des Gesamtzuckeranteiles. Als Untersuchungsmaterial dienten Konidien, die z. T. von im Freiland, z. T. von im Gewächshaus gewachsenen Gerstenpflanzen stammten. Die aus dem Freiland stammenden Konidienproben wiesen einen höheren Gehalt an org. Säuren und Aminosäuren auf. Die Bedeutung der Umwelteinflüsse auf die Bildung und Assimilation dieser org. Verbindungen wird hervorgehoben. W. Kühnel. 1950.

Whiteside, W. C.; Charleston, Ill., Eastern Illinois Univ., Dep. of Bot. Morphological studies in the Chaetomiaceae. I. **(Morphologische Untersuchungen bei den Chaetomiaceae. 1. Mitt.)** Mycologia [New York] **53** (1961) Nr. 5. S. 512–523. – 33 Abb., 24 Lit.

Die Untersuchungen an *Chaetomium globosum* Kunze und *C. brasiliense* Batista et Pontual erstreckten sich auf die Anfangsstadien der Ascocarpien, die Entwicklung und Struktur der Ascocarpien und der ascogenen Hyphen. *C. globosum*: Die Bildung der Ascocarpien wird durch bes. Hyphenverzweigungen, die Ascogonien, eingeleitet. Die meisten Zellen der Ascogonien enthalten, entspr. den vegetativen Hyphen, 2, 3 oder 4 Kerne. Zellen mit 1 Kern oder mehr als 4 Kernen wurden allerdings auch beobachtet. In den Hüllhyphen der Ascogonien waren die Kerne kleiner und stärker voneinander getrennt. Die jungen Asci entstehen büschelförmig auf einer kegelförmigen Masse ascogener Hyphen. Mit den Asci treten septierte, gelegentlich verzweigte Paraphysen von kurzer Lebensdauer auf. Die ascogenen Hyphen sind in der Regel einkernig. In einzelnen Zellen traten 2 Kerne auf, die rel. klein waren. Dafür wird eine vorangegangene Kernteilung verantwortlich gemacht. – *C. brasiliense*: Die Ascogonien bestehen aus mehreren Stielzellen. Aus der apikalen Region der Ascogonien entwickelt sich durch abwärts gerichtetes Wachstum ein symmetrisches Knäuel. Diese Knäule bestehen aus bis zu 8 spiraligen Windungen. Von den Stielzellen wachsen Seitenhyphen aus, die die Perithecienwand bilden. Wegen der Länge des Ascogons erheben sich die reifen Perithecien über das Substrat. Die Kernverhältnisse der vegetativen Hyphen und der Ascogonien entsprechen denen bei *C. globosum*. Die weiteren zahlreichen Einzelheiten sind dem Orig. zu entnehmen. Die Ergebnisse werden besprochen. G. Otto. 1950.

Holowczak, J., Kuć, J. und Williams, E. B.; Lafayette, Ind., Agric. Exp. Stat. Metabolism in vitro of phloridzin and other compounds by Venturia inaequalis. **(Stoffwechsel in vitro von Phloridzin und anderen Verbindungen durch Venturia inaequalis.)** Phytopathology **52** (1962) Nr. 10. S. 1019 bis 1023. – 4 Tab., 15 Lit.
Der Stoffwechsel dreier physiol. Rassen von *Venturia inaequalis* in vitro bei Cellulose, Cellobiose, Pektin, Ca-Pektinat, Phloridzin, Phloretin, Phloroglucinol und Phloretinsäure wird untersucht. Der Pilz zeigte mit Ausnahme der Phloridzin, Phloretin und Phloretin-Glucose enthaltenden Kulturmedien ein gutes Wachstum. Aus colorimetrischen und chromatographischen Analysen der Kulturfiltrate geht hervor, daß Phloridzin (2×10^{-3}M) in Gegenwart von Glucose (4% w:v) zu Phloretin, Phloroglucinol, Phloretinsäure, p-Hydrobenzolsäure und Glucose umgewandelt wird. Vermutlich spielen das in Blättern, Früchten, Trieben und Wurzeln vorkommende Phloridzin sowie seine Umwandlungsprodukte bei der Pathogenese des Obstbaumschorfes eine Rolle. F. Daebeler. 1950.

Hoyer, Hiltraud; Halle/S., Martin-Luther-Univ. Halle-Wittenberg, Phytopathol. Inst. **Ein Beitrag zur Kenntnis der Selbsthemmung der Uredosporenkeimung bei Puccinia triticina Erikss. und anderen Rostarten. 2. Mitt. Versuche zur Bestimmung der chemischen Natur und der Wirkungsweise des Hemmstoffes.** Zbl. Bakteriol., Parasitenkunde, Infektionskrankh. Hyg., II. Abt. **115** (1962) Nr. 4. S. 362–379. – 3 Abb., 14 Tab., 23 Lit. 1. Mitt. vgl. LZ. Abt. II 8 (1963) Nr. 7. S. 1945.
Die Untersuchungen dienten der Aufklärung der chem. Natur und der Wirkungsweise der früher festgestellten Hemmstoffe (**HS**) in den Uredosporen von *Puccinia triticina* Erikss. **HS** wird als hitzeinstabil bezeichnet, weil er durch längeres Kochen im Rückfluß völlig, durch kurzfristiges Erhitzen (30 Min. auch über 100°) teilweise zerstört wird. Durch Destillation kann eine geringe **HS**-Anreicherung in der Rückstandslösung erreicht werden. **HS** ist in geringerem Umfang bei Zimmertemperatur flüchtig. Eine auf dieser Flüchtigkeit beruhende geringe „Fernwirkung" konnte bestätigt werden. Aus dem **HS**-Verhalten gegen Säure und Alkali wird geschlossen, daß es sich um eine Verbindung mit sauren Eigenschaften handeln muß, deren keimhemmende Wirkung an das Anion gebunden ist. Bei der Destillation konnte durch Säurezusatz eine stärkere **HS**-Anreicherung erzielt werden als ohne Säurezusatz. Erhitzung alkalischer **HS**-Lösungen führte zur **HS**-Inaktivierung, während reduzierende entweder keinen Einfluß hatten oder eine **HS**-Anreicherung durch Einengung bei der Destillation unterstützten. In Waschwasserkonzentraten von Sporen 5 verschiedener Arten (*Puccinia tricticina*, *P. hordei*, *P. dispersa*, *P. anthirrhini*, *P. sorghi* und *Uromyces fabae*) konnten Asparaginsäure, Glutaminsäure, Serin, Glutamin und α-Alanin nachgewiesen werden. Aus weiteren Versuchen ergab sich jedoch, daß diese aufgefundenen Aminosäuren mit der Keimhemmung der Sporen nicht in Zusammenhang stehen. Dagegen konnte eine Abhängigkeit der Sporenkeimung vom pH-Wert festgestellt werden. Optimale pH-Bereiche für die Keimung verschiedener Sporenarten werden angegeben. Es wird darauf hingewiesen, daß außerdem im Waschwasserkonzentrat wahrscheinlich glykosidartige Verbindungen vor-

kommen. Aus Versuchen mit den synthetischen Hemmstoffen 2.4-Dinitrophenol (DNP) und Cumarin geht hervor, daß beide eine zum **HS** gegenläufig gerichtete Wirkung aufweisen. Es wird vermutet, daß die Aufhebung des Selbsthemmungseffektes durch DNP mit einer gesteigerten Atmungsintensität der Sporen verbunden ist bzw. **HS** eine Blockierung des Atmungssystems der Uredosporen verursacht. Weitere Untersuchungen über den Angriffspunkt von **HS** und DNP sind erforderlich. G. Otto. 1950.

Caltrider, Paul G., Ramachandran, S. und Gottlieb, David; Pimpri, India, Hindustan Antibiotics Ltd.; Urbana, Univ. of Illinois, Dep. of Plant Pathol. Metabolism during germination and function of glyoxylate enzymes in uredospores of rust fungi. **(Stoffwechsel während der Keimung und Tätigkeit der Glyoxalatenzyme in Uredosporen von Rostpilzen.)** Phytopathology **53** (1963) Nr. 1. S. 86–92. – 8 Abb. 1950.

Mead, H. W.; Saskatoon, Saskatchewan, Canada Dep. of Agric., Res. Stat. Studies on Ascochyta imperfecta Peck. Changes in physical characteristics of Canadian isolates on agar amended with various amino acids. **(Untersuchungen über Ascochyta imperfecta Peck. Veränderungen in den physikalischen Eigenschaften kanadischer Isolate auf Agar mit verschiedenen Aminosäuren.)** Canad. J. Bot. **40** (1962) Nr. 10. S. 1365-1370. – 5 Abb., 11 Lit.
Es wurde der Einfluß einer Reihe von Aminosäuren (dl-α-Alanin, l-Arginin, dl-Asparagin, dl-Asparaginsäure, l-Glutaminsäure, l-Histidin, l-Hydroxyprolin, dl-Isoleucin, dl-Leucin, l-Lysin und dl-Methionin) auf das Wachstum von 20 *Ascochyta imperfecta*-Isolaten in vitro untersucht. Die Aminosäuren wurden dem Agarnährboden in solchen Mengen zugesetzt, daß sich 21 g N/l Nährmedium ergaben. Es konnten beträchtliche Variationen in der Koloniefarbe, den Kolonierändern, dem Luftmycel und dem radialen Wachstum je nach der zugesetzten Aminosäure bei den einzelnen *Ascochyta*-Isolaten beobachtet werden. Die Veränderungen im makroskopischen Aussehen der Kolonien ließen in einigen Fällen erhebliche Abweichungen vom Bild der Kontrolle entstehen. Vf. vermutet auf Grund der Untersuchungsergebnisse, daß unter den verwendeten Isolaten physiol. Stämme existieren. Da Luzerne, ein Wirt von *A. imperfecta*, durch veränderte Umweltbedingungen oder künstliche Düngung einen unterschiedlichen Gehalt an verschiedenen Aminosäuren aufweisen kann, liegt die Vermutung nahe, daß die Entwicklung des Pilzes auf der Wirtspflanze durch diese Nährstoffe beeinflußt werden könnte.
G. Zahn. 1950.

Boosalis, M. G.; Univ. of Nebraska, Dep. of Plant Pathol. Precocious sporulation and longevity of conidia of Helminthosporium sativum in soil. **(Vorzeitige Sporulation und Lebensdauer von Helminthosporium sativum-Konidien im Boden.)** Phytopathology **52** (1962) Nr. 11. S. 1172–1177. – 1 Abb., 1 Tab., 17 Lit.
Vf. setzte künstlich mit Konidien von *Helminthosporium sativum* verseuchte Böden verschieden lange unterschiedlichen Temperaturen aus und untersuchte nach Behandlung mit verschiedenen Nährmedien die Keim- sowie die Sporulationsfähigkeit der Konidien. Es wird zwischen der normalen Konidienbildung an Konidienträgern und der vorzeitigen Sporulation unterschieden. Bei letzterer werden einzelne Konidien an unverzweigten derben Keimschläuchen gebildet. Im unbehandelten Boden keimten nach einer Aufbewahrung von 2–490 Tagen bei 3 und 22°C sowie schwankenden Temperaturen im Freien weniger als 4% der Konidien. Wurde der verseuchte Boden nach 7–180tägiger Lagerung bei 3 und 22° mit Kartoffel-Dextrose-Nährlösung behandelt, so wurde die höchste vorzeitige Sporulation der gekeimten Konidien beobachtet (50–63%). Ein geringerer Prozentsatz wurde bei Behandlung mit Kartoffel-, Dextrose- und Maismehlnährlösung erzielt. Weizenbrühe war dagegen unwirksam. Behandlung der Proben mit Kartoffel-Dextrose-Nährlösung nach

300- und 400tägiger Aufbewahrung im Freien löste trotz annähernd 50%iger Keimung der Konidien nur unerhebliche vorzeitige Sporulation aus. Nach 180tägiger Aufbewahrung bei 3 und 22° waren noch 85% und nach 490tägiger Lagerung im Freien noch ca. 65% der Konidien lebensfähig.
D. Seidel. 1950.

Aragaki, Minoru; Honolulu, Hawaii, Dep. of Plant Pathol. Quality of radiation inhibitory to sporulation of Alternaria tomato. **(Qualität der Strahlung, die auf die Sporulation von Alternaria tomato hemmend wirkt.)** Phytopathology **52** (1962) Nr. 11. S. 1227–1228. – 1 Abb., 10 Lit.
Es ist eine bekannte Tatsache, daß Strahlung je nach der Wellenlänge eine fördernde oder hemmende Wirkung auf die Sporulation verschiedener Pilze ausüben kann. In Versuchen mit *Alternaria tomato* konnte Vf. feststellen, daß Licht im Wellenlängenbereich von 390–515 mμ (violett-blaugrün) die Sporulation des Pilzes hemmt. In Kulturen, die bei 340, 365 und 540–740 mμ beleuchtet wurden, erreichte die Sporenbildung die der unbeleuchteten Kontrollen. G. Zahn. 1950.

Mathur, R. L., Agnihotri, J. P. und Tyagi, R. N. S.; Udaipur, Rajasthan, Dep. of Agric., Plant Pathol. Sect. Two undescribed species of Alternaria. **(Zwei bisher nicht beschriebene Alternaria-Arten.)** Current Sci. [Bangalore] **31** (1962) Nr. 7. S. 296–298. – 2 Abb., 1 Tab., 4 Lit.
In Rajasthan wurden auf Blättern von *Rumex* sp. und *Limnanthemum indicum* Thw. je eine neue Art der Gattung *Alternaria* festgestellt und taxonomisch eingegliedert: *Alternaria rumicola* sp. nov. und *A. limnanthemicola* sp. nov.
K.-H. Kuhfuß. 1950.

Reyes, Andres A. und Mitchell, John E.; Cagayan de Oro City, Philippines Packing Corporation; Madison, Univ. of Wisconsin, Dep. of Plant Pathol. Growth response of several isolates of Fusarium in rhizospheres of host and nonhost plants. **(Wachstum verschiedener Fusarium-Isolierungen in der Rhizosphäre von Wirts- und Nichtwirtspflanzen.)** Phytopathology **52** (1962) Nr. 11. S. 1196-1200. – 7 Tab., 15 Lit.
Vff. verseuchten sterilisierten Boden künstlich mit *Fusarium solani* f. *pisi*, *F. oxysporum* f. *lycopersici* bzw. einem gegenüber Steinklee pathogenen Stamm von *F. solani* und besäten die damit gefüllten Versuchsgefäße mit verschiedenen Wirts- und Nichtwirtspflanzen. Die Rhizosphärenproben wurden durch Ausschütteln der Wurzeln in aqua dest. gewonnen. Die Pilzzahlen wurden nach dem Plattengußverfahren auf Dextrose-Pepton-Hefeextrakt-Agar ermittelt. Die Testpilze wurden in der Rhizosphäre der entspr. Wirtspflanze (Erbse, Tomate bzw. Steinklee) stärker stimuliert als in der Rhizosphäre von Nichtwirtspflanzen. Die Stimulation begann am 4. Tag nach dem Bepflanzen und blieb über 64 Tage rel. konstant. Eine Beeinflussung durch zunehmenden Wurzelbefall konnte nicht beobachtet werden. Jüngere Wurzelteile scheinen die stärkste stimulierende Wirkung zu haben. 8 Erbsensorten stimulierten in verschiedener Stärke *F. solani* f. *pisi*. *Pisum sativum* stimulierte *F. solani* f. *pisi* am stärksten, während *Phaseolus vulgaris*, *Medicago sativa*, *Melilotus officinalis*, *Trifolium incarnatum* und *Vigna sinensis* sich nicht von der Kontrolle unterschieden. Eine leichte, aber signifikante Stimulation erfolgte durch *Glycine max*. D. Seidel. 1950.

Großmann, F.; Göttingen, Georg-August-Univ., Inst. für Pflanzenpathol. und Pflanzenschutz. **Untersuchungen über die Hemmung pektolytischer Enzyme von Fusarium oxysporum f. lycopersici. 2. Mitt. Hemmung durch Pflanzenextrakte in vitro.** Phytopathol. Z. **45** (1962) Nr. 1. S. 1–20. – 17 Tab., 31 Lit. Zus. in Engl. 1. Mitt. vgl. LZ. Abt. II **8** (1963) Nr. 8. S. 2211.
Die Versuche wurden mit autoxydierten Säften und nichtoxydierten Acetonauszügen verschiedener Pflanzen durchgeführt. Im einzelnen wurden folgende

Ergebnisse erhalten: Die autoxydierten Säfte von Kartoffeln (Knollen), Ackerbohnen (ganze Pflanzen), Äpfeln und Birnen (Früchte) weisen eine deutliche Hemmung der pektolytischen Enzyme auf. Bestimmte Apfel- ('Kalterer Böhmer', 'Klarapfel', 'Gravensteiner') und Birnensorten ('Gute Luise', 'Gellerts Butterbirne') hemmen in nichtoxydierten Acetonauszügen sehr stark. Nähere Untersuchungen der Hemmstoffe aus den Acetonextrakten der Sorte 'Kalterer Böhmer' zeigten, daß es sich bei den Inhibitoren um höhermolekulare Gerbstoffe handelt. Durch Aussalzen konnte ein sog. Kalterer-Hemmstoff gewonnen werden, der sich in der Wirkungsweise wie Tannin verhält. – Die Inhibitoren der autoxydierten Säfte gehören nicht zu den eigentlichen Gerbstoffen. Es handelt sich bei ihnen wahrscheinlich um chinoide Oxydationsprodukte aus Phenolen. G. Zahn. 1950.

Toussoun, T. A.; Berkeley, Univ. of California, Dep. of Plant Pathol. Influence of isoleucine isomers on development of the perfect stage of Fusarium solani f. cucurbitae, race 2. **(Der Einfluß von Isoleucin-Isomeren auf die Entwicklung der perfekten Form von Fusarium solani f. cucurbitae, Rasse 2.)** Phytopathology **52** (1962) Nr. 11. S. 1141–1144. – 3 Abb., 5 Lit.
Vf. konnte feststellen, daß KNO_3 in einem synthetischen Medium, das Glucose, KNO_3, KH_2, PO_4 und $MgSO_4$ enthält, die Perithecienbildung von *F. solani* f. *cucurbitae* (Rasse 2) hemmt. Diese Hemmung konnte weder durch Ersatz der Glucose durch l-Arabinose, d-Fruktose, d-Mannose, Maltose, Lactose oder Galaktose, noch durch Ersatz des KNO_3 durch $(NH_4)_2SO_4$ oder NH_4NO_3 aufgehoben werden. Isoleucin (0,32 g N/l) als N-Quelle im Nährboden brachte genau so reichlich Perithecien wie das Kontrollmedium (30%iger V-8 Agar), während verschiedene andere Aminosäuren nicht befriedigten. Die optimale Glucose-Konz. lag im Isoleucin-Medium bei 1%, höhere Konz. hemmten die Perithecienbildung, l-Isoleucin förderte das vegetative Wachstum und die Ausreifung der Perithecien, während d-Isoleucin die Perithecienbildung quantitativ beeinflußte. Die größte Anzahl gut ausgebildeter Perithecien wurde mit gleichen Mengen d- und l-Isoleucin (je 0,75%) erzielt. D. Seidel. 1950.

Mehrotra, B. S. und Mehrotra, M. D.; Allahabad, India. Univ., Bot. Dep. Morphological and physiological studies of Helicostylum piriforme Bainier. **(Morphologische und physiologische Untersuchungen an Helicostylum piriforme Bainier.)** Phytopathol. Z. **45** (1962) Nr. 1. S. 21–32. 1950.

Zoebelein, G.; Beirut. **Probleme angewandter Entomologie in den arabischen Nahostländern (Libanon, Syrien, Jordanien).** Anz. Schädlingskunde verein. Schädlingsbekämpf. **36** (1963) Nr. 1. S. 1-8. 1960.

Tomlinson, Geraldine A. und Rothstein, Morton; Richmond, Calif., Kaiser Foundation Res. Inst., Lab. of Comparative Biol. Nematode biochemistry. I. Culture methods. **(Nematoden-Biochemie. 1. Mitt. Kulturmethoden.)** Biochim. biophysica Acta [Amsterdam] **63** (1962) Nr. 3. S. 465 bis 470. 1960.

Rothstein, Morton und Tomlinson, Geraldine A.; Richmond, Calif., Kaiser Foundation Res. Inst., Lab. of Comparative Biol. Nematode biochemistry. II. Biosynthesis of amino acids. **(Nematoden-Biochemie. 2. Mitt. Biosynthese der Aminosäuren.)** Biochim. biophysica Acta [Amsterdam] **63** (1962) Nr. 3. S. 471–480. – 1 Mitt. vgl. vorst. Titel. 1960.

Decker, H.; Rostock, Univ., Inst. für Phytopathol. und Pflanzenschutz. **Zur Biologie und Ökologie von Aphelenchus avenae Bastian, 1865.** Wiss. Z. Univ. Rostock, math.-naturwiss. R. **11** (1962) Nr. 2. S. 299–305. 1960.

Mountain, W. B. und Elliot, J. M. Effect of summer fallowing on the root lesion nematode Pratylenchus penetrans (Cobb) and yield of flue-cured tobacco in Ontario. **(Die Wirkung der Sommerbrache auf Pratylenchus penetrans (Cobb) und den Ertrag bei Heißlufttabak in Ontario.)** Canad. J. Plant Sci. **42** (1962) Nr. 4. S. 642–645. – 2 Tab., 12 Lit.

Anhand mehrjähriger Feldversuche konnten Vff. nachweisen, daß die Ernte der Roggenparzellen auf den Versuchsflächen Anfang Juni – die normale Zeit hierfür ist Mitte Juli – die Populationsstärke von *Pratylenchus penetrans* an den Wurzeln des nachgebauten Tabaks genauso reduziert wie die Anwendung von Nematiciden. Sommerbrache dagegen verringerte den N-Gehalt des Bodens. Zusätzliche N-Gabe sicherte einen normalen Tabakertrag.
K. Geißler. 1960.

Hoestra, H. und Oostenbrink, M.; Wageningen, State Agric. Univ., Plant Protection Serv. Nematodes in relation to plant growth. IV. Pratylenchus penetrans (Cobb) on orchard trees. **(Nematoden in Beziehung zum Pflanzenwachstum. 4. Mitt. Pratylenchus penetrans (Cobb) an Obstgehölzen.)** Netherl. J. agric. Sci. **10** (1962) Nr. 4. S. 286-296. – 4 Abb., 5 Tab., 21 Lit. 3. Mitt. vgl. LZ. Abt. II **7** (1962) Nr. 6. S. 1704.

Pratylenchus penetrans ist als Schädling an Obstgehölzen schon länger bekannt. An Apfeljungpflanzen sind Zuwachsverluste schon bei etwa 100 Tieren/300 g Boden zu verzeichnen. Bei hoher Bodenverseuchung betragen die Zuwachsverluste 50% und mehr. In Feld- und Gefäßversuchen wird festgestellt, daß mit zunehmender Bodenverseuchung die Zuwachsverluste ansteigen. Die Verschleppung der Nematoden auf bisher freie Flächen erfolgt in der Regel durch bewurzelte Pflanzen. Die Vermehrung ist abhängig von der Wirtseignung der in der Folgezeit angebauten Pflanzenart. Im Jahr vor der Anlage einer Plantage sollten gute Wirtspflanzen von *P. penetrans* wie Kartoffeln, Roggen, Rotklee oder Kleegras nicht angebaut werden. Gründüngung oder Gräser als Unterkultur führen auf verseuchten Flächen nicht in jedem Falle auch zu einer starken Schädigung der Obstbäume. Es ist nicht ausgeschlossen, daß Gräser bessere Wirtseignungen aufweisen als Obstbäume. In einem Falle wurden in 10 g Graswurzeln 1580 Tiere und in 10 g Apfelwurzeln 45 Tiere festgestellt. – Zur Vermeidung von Schäden werden vor der Anlage von Obstplantagen folgende Maßnahmen empfohlen: 1. Untersuchung des Bodens auf *P. penetrans*, 2. Anbau für *P. penetrans* guter Wirtspflanzen unterlassen, 3. Anbau von *Tagetes* sp. oder Gräsern als Unterkultur und 4. Bodenbehandlung mit Nematiciden.
H. Stelter. 1960.

Townshend, J. L.; Vineland Station, Ontario, Canada Dep. of Agric. The root-lesion nematode, Pratylenchus penetrans (Cobb, 1917) Filip. et Stek., 1941, in strawberry in the Niagara Peninsula and Norfolk County in Ontario. **(Pratylenchus penetrans (Cobb, 1917) Filip. et Stek., 1941, in Erdbeeren auf der Halbinsel Niagara und im Gebiet Norfolk in Ontario.)** Canad. J. Plant Sci. **42** (1962) Nr. 4. S. 728–736. – 7 Abb., 1 Tab., 19 Lit.

An Erdbeeren wurden auf der Halbinsel Niagara und im Gebiet Norfolk (Ontario) *Pratylenchus penetrans* (Cobb, 1917) Filip. et Stek., 1941, und *Paratylenchus projectus* Jenkins, 1956, gefunden. Jedoch konnten nur durch *P. penetrans* eine Wurzelbeschädigung und ein Kümmern der Erdbeerpflanzen beobachtet werden. Die Wurzelverletzungen zeigten elliptische Form und verfärbten sich dunkelbraun. Sämtliche geprüften Sorten waren mit dem Schädling verseucht. Im Labor.-Versuch riefen bereits wenige Tiere das typische Schadbild hervor.
K. Geißler. 1960.

Cayrol, J.-C. und Ritter, M.; Antibes, Alpes-Maritimes, Centre de Rech. Agric. de Provence, Lab. des Nematodes. Recherches sur la maladie vermiculaire du muguet provoquée par Pratylenchus convallariae (Seinhorst 1959). **(Untersuchungen über die Älchenkrankheit der Maiblume, verursacht durch Pratylenchus convallariae [Seinhorst 1959].)** Ann. Épiphyties **13** (1962) Nr. 4. S. 301–328. – Zus. in Engl.

Seit mehreren Jahren werden im Anbaugebiet Milly-la Forèt in der Nähe von Paris starke Schäden durch *Pratylenchus convallariae* (Seinhorst 1959) an Maiblumen beobachtet. Befallene Pflanzen sind dürftig im Wuchs, vergilben und welken. Die Wurzeln solcher Pflanzen weisen viele Nekrosen auf. Blütentriebe werden kaum ausgebildet. — Die Nematoden leben im Wurzelgewebe, in dem sie sich auch vermehren. Sie ernähren sich vom Zellplasma und vernichten das Phloem. Wenn die Wurzeln absterben oder nekrotisch werden, bohren sich die Nematoden aus dem Gewebe aus. Im Boden können sie längere Zeit am Leben bleiben. Fäulniserreger und saprobe Nematoden treten im Gefolge auf. — Die Nematoden werden bei der Vermehrung der Maiblumen mit den Rhizomen verschleppt. — *P. convallariae* ist aus den USA und aus Westeuropa bekannt. — Gute Bekämpfungserfolge wurden durch Heißwasserbehandlung der Rhizome erzielt. Als wirksam werden angegeben: Tauchen in Wasser von 43 °C für 60 Min. Bei höherer Temperatur wird die Pflanze geschädigt. Darüber hinaus ist eine gewisse Wirkung durch Behandlung der Erde mit Parathion zu erzielen. Für eine Parzellengröße von 1,8 × 2 m werden 800 g eines 3%igen Parathion-Spritzpulvers in 15 l Wasser oder 2 kg eines 10%igen Parathion-Staubes angegeben. Die besten Erfolge wurden erzielt, wenn Heißwasserbehandlung und Erdbehandlung mit Parathion kombiniert werden. Shell DD, Dibromäthan und Nemagon befriedigten nicht. Durch *Tagetes*-Einsaat zwischen die Reihen ist wahrscheinlich eine Bekämpfung möglich, aber dazu sind noch weitere Untersuchungen erforderlich. H.-W. Nolte. 1960.

Grundbacher, F. J. und Stanford, E. H.; Davis, Univ. of California, Dep. of Agronomy. Effect of temperature on resistance of alfalfa to the stem nematode (Ditylenchus dipsaci). **(Der Einfluß der Temperatur auf die Resistenz der Luzerne gegen das Stengelälchen [Ditylenchus dipsaci].)** Phytopathology **52** (1962) Nr. 8. S. 791–794. — 2 Tab., 7 Lit. 1960.

Davies, T. Glyn und Griffiths, D. J.; Bangor, Nat. Agric. Advisory Serv.; Aberystwyth, Welsh Plant Breeding Stat. Resistance of oats to cereal root eelworm (Heterodera avenae Woll.). **(Resistenz von Hafer gegen den Hafernematoden [Heterodera avenae Woll.].)** Ann. appl. Biol. **50** (1962) Nr. 4. S. 687 bis 691. — 1 Tab., 9 Lit. 1960.

Cotten, John; Plas Gogerddan, near Aberystwyth, Wels Plant Breeding Stat. Variation in pathogenicity in the cereal root eelworm. **(Veränderlichkeit in der Pathogenität beim Hafernematoden.)** Nature [London] **196** (1962) Nr. 4861. S. 1330-1331. 1960.

Sembdner, Günther. **Anatomische Untersuchungen über die Reaktion von Organen der Kartoffelpflanze auf Befall durch den Nematoden Heterodera rostochiensis Woll. 7. Mitt. über Heterodera-Arten.** Kulturpflanze **10** (1962) S. 383–411. — nach Zus. 6. Mitt. vgl. LZ. Abt. II 8 (1963) Nr. 2. S. 524.
Von der Kartoffelsorte 'Aquila' wurden außer Wurzeln weiterhin Knollen, Dunkelkeime, Stolonen, unter- und oberirdische Stengelteile, Blütenstiele sowie Blätter mit geschlüpften Larven von *Heterodera rostochiensis* Woll.. infiziert. In alle geprüften Organteile vermochten Älchen einzudringen. In Knollen und Stolonen sowie in unter- und oberirdischen Stengelteilen entwickelt sich ein Teil der eingedrungenen Larven bis zur Zyste. Die in Wurzeln, Knollen, Stolonen und oberirdischen Stengelteilen nach Nematodenbefall eintretenden anatomischen Veränderungen wurden an Mikrotomschnittserien untersucht und dargestellt. Das von Wurzeln bekannte, aus Zentralzylinderschlauch und Rindenbrücke zusammengesetzte Riesenzellsystem tritt in ähnlicher Form in Stolonen auf. In oberirdischen Stengelteilen fehlt die Riesenzell-Rindenbrücke, weil die Larven normalerweise bis zu den Gefäßbündeln vordringen. In den parenchymatischen Geweben der Kartoffelknolle

entstehen einfache birnenförmige Synzytien. Hyperplastische Reaktionen in Form wundperidermartiger Zellvermehrung treten bei Wurzeln und Stengelteilen vorwiegend in der Rinde, bei Kartoffelknollen auch im Markgewebe auf. Die durch Kartoffelnmatodenlarven verursachten Zellwandveränderungen sind in den Anfangsstadien durch Verdickung und intensive Färbbarkeit der Membranen gekennnzeichnet. Fortgeschrittene Stadien können als Membranauftreibung bzw. als verschiedene Stufen einer lytischen Zerstörung gedeutet werden. Die anatomischen Befunde legen eine Beteiligung von enzymatischen Prozessen nahe. 1960

Harper, A. M., Lilly, C. E. und Hawn, E. J.; Lethbridge Alberta, Canada Agric. Res. Stat., Plant Pathol. Sect.; Entomol. Sect. The sugar beet nematode, Heterodera schachtii Schmidt, in Southern Alberta. **(Der Zuckerrübennematode, Heterodera schachtii Schmidt, in Süd-Alberta.)** J. Amer. Soc. Sugar Beet Technologists **12** (1962) Nr. 2. S. 148–151. – 4 Abb., 4 Lit. 1960.

Minton, Norman A.; Auburn, Ala., Auburn Univ., Agric. Exp. Stat., U.S. Dep. of Agric., A.R.S., Dep. of Bot. and Plant Pathol., Crops Res. Div. Effects of two populations of Meloidogyne arenaria on peanut roots. **(Wirkungen von zwei Populationen von Meloidogyne arenaria auf Erdnußwurzeln.)** Phytopathology **53** (1963) Nr. 1. S. 79–81. – 9 Abb. 1960.

Böhm, Helene; Wien, Bundesanst. für Pflanzenschutz. **Spinnmilben an Obstgehölzen und deren erfolgreiche Bekämpfung.** Rhein. Mschr. Gemüse-, Obst- u. Gartenbau **51** (1963) Nr. 1. S. 9–10. 1960.

Fritzsche, R.; Aschersleben, Biol. Zentralanst. der Dtsch. Akad. der Landwirtsch.-Wiss. zu Berlin., Inst. für Phytopathol. **Vergleichende Untersuchungen an Tetranychus urticae Koch und Tetranychus cinnabarinus Boisd.** Zool. Anz. **169** (1962) Nr. 5/6. S. 225–231. – 13 Lit.
Entgegen der Ansicht mancher Autoren handelt es sich bei *Tetranychus urticae* und *T. cinnabarinus* um 2 verschiedene Arten, die im Gewächshaus nebeneinander vorkommen können. Sie unterscheiden sich vor allem durch die Färbung der Weibchen und die Populationsdynamik. Die beiden Arten sind nicht bastardierbar. *T. cinnabarinus* tritt als ursprünglich mediterrane Art in der DDR nur im Gewächshaus auf. Der Wirtspflanzenkreis überschneidet sich, doch ist der Befall der einzelnen Nelkensorten durch die beiden Arten unterschiedlich. *T. cinnabarinus* ist nicht mit *T. urticae* f. *dianthica* Dosse identisch. E. Königsmann. 1960.

Henneberry, T. J.; Beltsville, Md., U.S. Dep. of Agric., A.R.S., Entomol. Res. Div. The effect of host-plant nitrogen supply and age of leaf tissue on the fecundity of the two-spotted spider mite. **(Der Einfluß des Stickstoffgehaltes der Wirtspflanze und des Alters des Blattgewebes auf die Fruchtbarkeit von Tetranychus telarius [L.].)** J. econ. Entomol. **55** (1962) Nr. 5. S. 799–800. – 2 Abb., 9 Lit.
Die Fruchtbarkeit der Weibchen der Spinnmilbe *Tetranychus telarius* (L.) wird an Lima-Bohnen stark durch die N-Versorgung und das Alter der Blätter bestimmt. Erhöhte N-Zufuhr hat eine verstärkte Vermehrung der Milben zur Folge. Das jüngste Blatt zeigt bei gleicher N-Versorgung die geringste, die älteren Blätter weisen eine stärkere Milbenvermehrung auf.
E. Königsmann. 1960.

Pieniążek, S. A. und Sypień, M. Studia nad występowaniem roztocza truskawkowego (Tarsonemus pallidus Banks) i nad jego zwalczaniem środkami chemicznymi. **(Studien über das Auftreten der Erdbeermilbe [Tarsonemus pallidus Banks] und ihre Bekämpfung mit chemischen Präparaten.)** Prace Inst. Sadownictwa Skierniewcach **6** (1962) S. 171–178. – 6 Tab., 11 Lit. Zus. in Russ., Engl.

Untersuchungen in den Jahren 1957 und 1958 in Dąbrowica zeigten auf: Die Population beginnt im Mai anzusteigen und erreicht im Juli, Aug. und Sept. ihren Höhepunkt. Im Frühjahr treten zunächst nur Weibchen auf. Die Männchen erscheinen erst im Mai, sie erreichen ihr Maximum im Sept. Die geprüften Sorten erwiesen sich unterschiedlich anfällig. Stark befallen waren 'Ville de Paris' und 'Deutsch Evern', schwach befallen 'Huxley' und 'Freia'. Als bes. wirksam erwies sich Oktanex, eine sehr gute Wirkung zeigte auch Basudin. J. Pragłowski. 1960.

Smith, B. D. Experiments in the transfer of the black currant gall mite (Phytoptus ribis Nal.) and of reversion. **(Versuche zur Übertragung der Schwarzen Johannisbeergallmilbe [Phytoptus ribis Nal.] und zur Reversion.)** Annu. Rep. agric. horticult. Res. Stat., Long Ashton, Bristol **1961** S. 170–172. 1960.

Tanskij, V. I. (Tanski, W. I.) Opredelenie vredonosnosti ličinok pšeničnogo tripsa. **(Die Bestimmung der Schädlichkeit der Weizenblasenfußlarven.)** Zaščita rastenij ot vreditelej i boleznej, Moskva **7** (1962) Nr. 12. S. 43–44. – 3 Abb.

Der Weizenblasenfuß, *Haplothrips tritici* Kurdj, ist in den Waldsteppen und Steppengebieten der UdSSR weit verbreitet. Größeren Schaden verursachen die Larven, die die Körner besaugen, wodurch es zur Schmachtkornbildung kommt. Es wurde durch vielfältige Untersuchungen festgestellt, daß der Verlust des Korngewichtes das 12fache des Gewichtes der daran saugenden Larven ausmacht Die Schädlichkeit kann durch Feststellung der Larvenzahl/m^2 und Multiplikation mit 0,1 (Gewicht einer Larve in mg) und den Faktor 12 bestimmt werden (Kornverlust in mg/m^2). H. Decker. 1960.

Raine, J.; Vancouver, B. C., Canada Dep. of Agric., Res. Stat., Res. Branch. Life history and behaviour of the raspberry crown borer Bembecia marginata (Harr.) (Lepidoptera: Aegeriidae). **(Lebensweise und Auftreten von Bembecia marginata [Harr.] [Lepidoptera: Aegeriidae.].)** Canad. Entomologist **94** (1962) Nr. 11. S. 1216–1222. – 9 Abb., 1 Tab., 7 Lit.

Der Falter ist in Nordamerika ein weitverbreiteter Brombeerschädling. Die Adulten erinnern im Aussehen und Flugbild an Wespen. In British-Columbia erscheinen die Tiere im Aug./Sept. Die Weibchen beginnen sofort mit der Eiablage und vermögen bis zu 103 Eier während ihres 6tägigen Lebens zu produzieren. Die Eier werden einzeln an den Rand der Blattunterseite gelegt. Die Larven schlüpfen nach 4 bis 8 Wochen; sie überwintern in Aushöhlungen in Bodennähe. Im folgenden Frühjahr wandern sie in das Kambium ein. Durch ihre Fraßtätigkeit entstehen im Verlauf des Sommers gallenartige Wucherungen. Die Larven überwintern zum 2. Mal und höhlen im 2. Sommer die Ruten aus. Im Juli verpuppen sie sich dicht unter der Rindenobenfläche. Die Puppen sind in starkem Maße von *Barichneumon* sp. parasitiert.
K. Geißler. 1960.

Douglas, W. A., Henderson, C. A. und Langston, J. M.; State College, Miss., U.S. Dep. of Agric., A.R.S., Entomol. Res. Div. Biology of the pink scavenger caterpillar and its control in corn. **(Biologie von Pyroderces rileyi und seine Bekämpfung in Mais.)** J. econ. Entomol. **55** (1962) Nr. 5. S. 651–655. – 1 Abb., 5 Tab., 13 Lit.

Die Lebensweise der Maismotte, *Pyroderces rileyi* Walsingham, wird beschrieben. Unterschiede im Befall verschiedener Maisstämme konnten gefunden werden, allerdings ist der Befallsgrad in jedem Jahr unterschiedlich. Es besteht eine positive Korrelation zwischen *P. rileyi*- und *Heliothis zea* Boddie-Befall. Zur Bekämpfung erwiesen sich Endrin, Dieldrin und Heptachlor sehr gut geeignet, wennn sie bei Erscheinen der Narben außerhalb der Kolben gespritzt wurden. DDT und Malathion befriedigten nicht. Sämtliche Wirkstoffe wurden mit Mineralölen gemischt. R. Fritzsche. 1960.

Müllller, H. W. K.; Hamburg, Pflanzenschutzamt, Staatsinst. für Angew. Bot. **Wicklerraupen an Erdbeeren.** Gesunde Pflanzen **14** (1962) Nr. 11. S. 201–204. – 2 Abb., 6 Lit. 1960.

Herfs, Walter; Köln, Univ., Zool. Inst. **Freilanduntersuchungen zur Klimaresistenz des Nelkenwicklers (Tortrix pronubana Hb.) und der Möglichkeit seiner Einbürgerung in Deutschland. Teil 1. Das Mikroklima.** Z. angew. Entomol. **51** (1962) Nr. 1. S. 42–54. – 2 Abb., 3 Tab., 10 Lit.
Der Nelkenwickler, *Tortrix pronubana* Hb., hat sich nach dem Kriege in den Nelkenkulturen der Riviera weit verbreitet. Anhand von Klimauntersuchungen (Methode ist angeführt) wurde die Möglichkeit einer dauernden Einbürgerung in der BRD geprüft. Messungen des Standortklimas sowie thermoelektrische Temperaturmessungen in Nelkenblüten wurden vorgenommen. Die mikroklimatischen Bedingungen in dtsch. Gewächshäusern lassen sich nicht ohne weiteres mit den Freilandbedingungen der Riviera vergleichen. Die Bedingungen in verschiedenfarbenen Nelkenblüten sind ausgeglichener als in der Außenluft. Die Innentemperatur ist abhängig von der Blütenfarbe.
R. Fritzsche. 1960.

Harris, C. R., Mazurek, J. H. und White, G. V.; Catham, Ontario, Entomol. Lab. The life history of the black cutworm, Agrotis ipsilon (Hufnagel), under controlled conditions. **(Die Lebensweise von Agrotis ypsilon [Hufnagel] unter kontrollierten Bedingungen.)** Canad. Entomologist **94** (1962) Nr. 11. S. 1183–1187. – 4 Tab., 6 Lit.
Die Untersuchungen brachten folgende Ergebnisse: Lebensdauer bei 87 ± 2 °F = 54,5 ± 5,0 Tage. Bei 70 °F begann die Eiablage am 4. Tage und dauerte 14 Tage mit einem Maximum zwischen dem 6. und 10. Tag. Die Eiablage erfolgte an Klee- und Tabakblätter, Holz, Papier, auf den Boden, seltener an Glas. Frisch abgelegte Eier sind weiß; sie dunkeln später nach. Die Embryonalentwicklung verkürzte sich mit zunehmender Temperatur und betrug z.B. bei 75 °F = 5 Tage. Die Larve durchläuft 6 bis 7 Stadien; die Entwicklung dauert bei 78 °F 24,5 Tage, das Präpuppenstadium 2,3 Tage, während das Puppenstadium sich in Abhängigkeit von der Temperatur unterschiedlich lange erstrecken kann. Bei 85 °F dauert die Puppenentwicklung z. B. 12,0 ± 0,8 Tage. K. Geißler. 1960.

Eden, W. G., McCain, F. S. und Arthur, B. W.; Auburn, Ala., Auburn Univ., Agric. Exp. Stat. Contents of corn silks in relation to corn earworm injury. **(Gehalt von Maisinhaltsstoffen in Beziehung zur Schädigung durch Heliothis zea.)** J. econ. Entomol. **55** (1962) Nr. 5. S. 802. – 1 Tab., 3 Lit.
Da bereits seit längerem bekannt ist, daß in verschiedensen Maislinien ein Letalfaktor für *Heliothis zea* enthalten ist, untersuchten Vff. 10 Maislinien, die einen unterschiedlichen *Heliothis*-Befall aufwiesen, auf deren Gehalt an Glucose und Stärke. Der Schädlingsbefall schwankte zwischen 0,818 und 4,136, der Glucosegehalt zwischen 5,47% und 12,2%, der Gehalt an Stärke zwischen 0,41% und 2,72%. Die Korrelationen zwischen dem Gehalt an diesen beiden Stoffen und dem Schädlingsbefall waren nicht signifikant. K. Geißler. 1960.

Petersen, Günther; Berlin-Friedrichshagen, Dtsch. Entomol. Inst. der Dtsch. Akad. der Landwirtsch.-Wiss. zu Berlin. **Ergebnisse der Albanien-Expedition 1961 des Deutschen Entomologischen Instituts. 3. Mitt. Lepidoptera: Tineidae.** Beitr. Entomol. **13** (1963) Nr. 1/2. S. 1–20. – 5 Abb., 10 Lit. Zus. in Russ., Engl. 2. Mitt. vgl. LZ. Abt. II 8 (1963) Nr. 9. S. 2499. 1960.

Friese, Gerrit; Berlin-Friedrichshagen, Dtsch. Entomol. Inst. der Dtsch. Akad. der Landwirtsch.-Wiss. zu Berlin. **Ergebnisse der Albanien-Expedition 1961 des Deutschen Entomologischen Institutes. 4. Mitt. Lepidoptera: Yponomeutidae.** Beitr. Entomol. **13** (1963) Nr. 1/2. S. 20–25. – 1 Tab., 7 Lit. Zus. in Russ., Engl. 3. Mitt. vgl. vorst. Titel. 1960.

Moucha, Josef und Chvála, Milan; Praha-Kunratice, Entomol. Oddělení Národni Museum; Praha, Karlovy Univ., Přírodovědecká Fak. **Ergebnisse der Albanien-Expedition 1961 des Deutschen Entomologischen Institutes. 5. Mitt. Diptera: Tabanidae.** Beitr. Entomol. **13** (1963) Nr. 1/2. S. 25–39. – 18 Lit. Zus. in Russ., Engl. 4. Mitt. vgl. vorst. Titel. 1960.

Chvála, Milan; Praha, Karlovy Univ., Přírodovědecká Fak. **Ergebnisse der Albanien-Expedition 1961 des Deutschen Entomologischen Institutes. 6. Mitt. Diptera: Conopidae.** Beitr. Entomol. **13** (1963) Nr. 1/2. S. 40–44. – 5 Lit. Zus. in Russ., Engl. 5. Mitt. vgl. vorst. Titel. 1960.

Moucha, Josef und Hradský, Milan; Praha-Kunratice, Entomol. Oddělení Narodni Museum. **Ergebnisse der Albanien-Expedition 1961 des Deutschen Entomologischen Institutes. 7. Mitt. Diptera; Asilidae.** Beitr. Entomol. **13** (1963) Nr. 1/2. S. 44–59. – 16 Lit. Zus. in Russ., Engl. 6. Mitt. vgl. vorst. Titel. 1960.

Hůrka, Karel; Praha, Univ. Karlovy, Katedra Systematické Zool. Přírodovědecké Fak. **Ergebnisse der Albanien-Expedition 1961 des Deutschen Entomologischen Institutes. 8. Mitt. Diptera: Nycteribiidae und Streblidae.** Beitr. Entomol. **13** (1963) Nr. 1/2. S. 59–64. – 11 Lit. Zus. in Russ., Engl. 7. Mitt. vgl. vorst. Titel. 1960.

Princis, K.; Lund, Schweden, Zool. Inst. **Ergebnisse der Albanien-Expedition 1961 des Deutschen Entomologischen Institutes. 9. Mitt. Blattariae.** Beitr. Entomol. **13** (1963) Nr. 1/2. S. 65–71. – 2 Abb., 1 Tab., 11 Lit. Zus. in Russ., Engl. 8. Mitt. vgl. vorst. Titel. 1960.

Postner, M.; München, Inst. für Angew. Zool. **Zur Lebensweise und Bekämpfung der Lärchenknospengallmücke Dasyneura laricis F.Lw. (Cecid. Dipt.).** Anz. Schädlingskunde verein. Schädlingsbekämpf. **35** (1962) Nr. 11. S. 169 bis 174. – 1 Abb. 1960.

Skuhravý, V.; Prag, ČSSR, Tschechoslow. Akad. der Wiss., Entomol. Inst. **Generationszahl der Rübenfliege Pegomyia hyoscyami betae Curt.** Anz. Schädlingskunde verein. Schädlingsbekämpf. **35** (1962) Nr. 12. S. 177–180. – 5 Abb., 16 Lit. Zus. in Russ., Engl., Franz.

Die Rübenfliege trat in Mittelböhmen i.J. 1959 in 2 Generationen und 1960 und 1961 in 3 Generationen auf. In Südböhmen wurden 1961 2 Generationen beobachtet. Über das zeitliche Auftreten der Larvengenerationen in den einzelnen Jahren wird eingehend berichtet. Die Generationen traten getrennt auf. Überlagerungen wurden nur ganz selten beobachtet. Die Angaben von Rambousek und Neuwirth über das Vorkommen von 7 Generationen in Mitteleuropa beruhten auf theoretischen Berechnungen (Labor.-Versuche) und sind nicht auf Freilandbedingungen übertragbar. E. Zesewitz. 1960.

Kangas, Esko; Helsinki, Univ., Landwirtsch.- und Forstzool. Inst. **Über das schädliche Auftreten der Diprion-Arten (Hym., Diprionidae) in finnischen Kiefernbeständen in diesem Jahrhundert.** Z. angew. Entomol. **51** (1963) Nr. 2. S. 188–194. – 2 Abb., 8 Lit. 1960.

Urban, S.; Eberswalde, Abt. Forstschutz gegen Tier. Schädlinge des Inst. für Forstwiss. der Dtsch. Akad. der Landwirtsch.-Wiss. zu Berlin. **Auftreten, Verlauf und Zusammenbruch der Übervermehrung der Kiefernbuschhornblattwespe Diprion pini L. in der DDR (Ein Überblick).** Sozialist. Forstwirtsch. **12** (1962) Nr. 1. S. 22–28. – 6 Abb., 6 Tab., 7 Lit.

Von der 1. zur 2. Blattwespengeneration trat i.J. 1960 in einigen Kreisen der DDR ein sprunghaftes Ansteigen der Populationsdichte auf, so daß es noch im gleichen Jahre z.T. zu empfindlichen Fraßschäden kam. Da die Prognoseuntersuchungen eine erneute großflächige Gefährdung auswiesen, wurden im

Frühjahr 1961 größere Flächen mit Pflanzenschutzmitteln behandelt. Auf den behandelten Flächen kam es zu keinem neuen Befall. In den unbehandelten Gebieten war in allen Altersklassen z.T. bedrohlicher Schadfraß zu verzeichnen. Darüberhinaus hatte sich das Befallsgebiet noch erweitert. Für den Herbst 1961 geplante Bekämpfungsmaßnahmen brauchten aber nicht mehr durchgeführt zu werden, da die Übervermehrung durch Parasiten zusammengebrochen war. Einige biol. Daten, Prognosemethoden und Parasiten werden angeführt. R. Angermann. 1960.

Acatay, Abdulgafur; Istanbul, Türkei, Univ., Forstl. Fak., Inst. für Forstentomol. und Forstschutz. **Über das Auftreten von einigen Forstschädlingen in der Türkei.** Z. angew. Entomol. **51** (1963) Nr. 2. S. 114–121. – 4 Abb., 8 Lit. 1960.

Untersuchungen über Auftreten, Lebensweise, wirtschaftliche Bedeutung und Abwehr tierischer Pappelschädlinge. Tharandt, Inst. Forstwiss. Dtsch. Akad. Landwirtsch.-Wiss. Berlin Plan-Nr.: 170 122h–61–7/7. Wiss. Ber. (21/3. 1963).
Es wurden Bionomie, Massenwechsel und Bekämpfung der wichtigsten der Gattung *Populus* blattfressenden Arten wie: Die Roten Pappelblattkäfer, *Melasoma populi* L., *M. tremulae* F., ferner die Blauen Weidenblattkäfer, *Phyllodecta laticollis* Suffr., *P. vitellinae* L., *P. vulgatissima* L. sowie *Plagiodera versicolor* Laich. und der Pappelspinner, *Stilpnotia salicis* L. behandelt. Die Roten Pappelblattkäfer treten im gesamten Gebiet der DDR am häufigsten auf. Die Käfer und Larven können Pappelkulturen vernichten, ihnen kommt die größte wirtsch. Bedeutung zu. Der Pappelspinner entblättert Altbäume außerhalb des Waldes. In Dauerschadgebieten entstehen physiol. Schäden. Die Anfälligkeit und die Reaktion der einzelnen Sorten und Klone werden berücksichtigt. 1960.

Rose, D. J. W.; Salisbury, Federal Min. of Agric., Branch of Entomol. Pests of maize and other cereal crops in the Rhodesias. **(Schädlinge an Mais und anderen Gramineen in Rhodesien.)** Rhodesia agric. J. **59** (1962) Nr. 6. Beil. Bull. Nr. 2163. S. 3–23. – 9 Abb., 1 Tab., 13 Lit. 1960.

Rose, D. J. W. Pests of groundnuts. **(Schädlinge der Erdnuß.)** Rhodesia agric. J. **59** (1962) Nr. 4. S. 197–198. 1960.

Bykova, E. P. (Bykowa, Je. P.); Unions-Forsch.-Inst. für Pflanzenschutz. Vlijanie grečichi i bobov na čislennost' provoločnikov. **(Einfluß von Buchweizen und Bohnen auf die Anzahl der Drahtwürmer.)** Zaščita rastenij ot vreditelej i boleznej, Moskva **7** (1962) Nr. 10. S. 23. – 1 Tab.
Im Jahre 1959 wurde ein Maisfeld im Gebiet von Woronesh so stark von Drahtwürmern geschädigt, daß es umgebrochen werden mußte. Es wurde daraufhin mit Buchweizen bestellt. Bei Grabungen im folgenden Frühjahr konnten keine Drahtwürmer festgestellt werden. Versuche über den Einfluß der Nahrung auf die Larven von *Selatosomus latus* L. und *Melanotus brunnipes* Germ. ergaben, daß bei Zugabe von Buchweizen- und Bohnenwurzeln die Entwicklung der Drahtwürmer stark gehemmt wird. H. Decker. 1960.

Winfield, A. L.; Kirton, Boston, Lincs., Nat. Agric. Advisory Serv. Effect of early flower-bud removal on subsequent development of some Brassica seed plants. **(Die Wirkung des frühzeitigen Entfernens der Blütenknospen auf die anschließende Entwicklung einiger Brassica-Samenpflanzen.)** Plant Pathol. **11** (1962) Nr. 1. S. 17–22. – 2 Abb., 4 Tab., 4 Lit.
An *Brassica*-Arten durch *Meligethes aeneus* F. verursachte Schäden bzw. das Entfernen der Triebspitzen im frühen Entwicklungsstadium zur Förderung des Wachstums und der Reife werden durch sekundäres Pflanzenwachstum kompensiert. Im Jahre 1959 an Samenpflanzen von *Brassica juncea* Coss und *B. oleracea* var. *gemmifera* Zenk. durchgeführte Versuche, die jedoch

dem Schadfraß von *Meligethes* nicht gleichzusetzen sind, ergaben ein gutes Sekundärwachstum und auch bei einem stärkeren Entfernen der Blütenknospen einen z.T. höheren Samenertrag als die Kontrolle.

U. Scheiding. 1960.

Maelzer, D. A.; Adelaide, Univ., Waite Agric. Res. Inst. The effect of other organisms on the survival rate of Aphodius tasmaniae Hope (Scarabaeidae) in the lower South-East of South-Australia. **(Der Einfluß anderer Organismen auf die Überlebensrate von Aphodius tasmaniae Hope [Scarabaeidae] im niederen Südosten Südaustraliens.)** Austral. J. Zool. **10** (1962) Nr. 4. S. 617–629.

1960.

Wilde, J. de; Wageningen, Netherlands, Fac. of Agric., Lab. of Entomol. The relation between diapause research and control of the Colorado beetle, Leptinotarsa decemlineata Say. **(Die Beziehung zwischen Untersuchung zur Diapause und der Bekämpfung des Katoffelkäfers, Leptinotarsa decemlineata Say.)** Ann. appl. Biol. **50** (1962) Nr. 3. S. 606–608. – 2 Abb., 7 Lit.

Der Kartoffelkäfer läßt sich bei zeitgerechter Anwendung von geeigneten Chemikalien rel. leicht bekämpfen. Seine biol., zumal diapausebedingten Eigenheiten verdienen im Hinblick auf die Zahl z.T. auch Abkunft der auftretenden Generationen sowie bez. seiner etwaigen weiteren Ausbreitung bes. Beachtung. Der Käfer gehört zu den Langtagtieren mit einer kritischen Photoperiode von 15 Std. bei 25 °C; höhere Temperaturen mindern die Langtagwirkung. Daher gelangen in Mitteleuropa bei üblichem Witterungsverlauf jährlich nur eine, in südlicheren Ländern weitere Generationen zur Entwicklung. Sein heutiges Verbreitungsgebiet unter Verweisung auf die Jahresisothermen und die Photoperioden wird dargestellt. Eine weitere Abb. erläutert die letztgenannten Daten des näheren für 6, breitenmäßig sehr entfernt gelegene Orte, von denen 2 im bisherigen Verbreitungsgebiet des Schädlings liegen, weitere in dieser Hinsicht aber zeitweilig Bedingungen bieten, die seine Entwicklung zulassen würden. – Da der Käfer bei zusagenden Bedingungen sowohl nach der Überwinterung als auch sommersüber vor Diapausebeginn ausgedehnte Flüge unternimmt, die auf recht unterschiedlichen Landeplätzen enden können, erachtet Vf. eine Überprüfung der sich auf landwirtsch. Importgut erstreckenden, Quarantänemaßnahmen für ratsam. H. Buhr. 1960.

George, K. S., Light, W. I. St. G. und Gair, R.; Harpenden, Herts., Plant Pathol. Lab. The effect of artificial defoliation of pea plants on the yield of shelled peas. **(Der Einfluß künstlicher Entblätterung von Erbsenpflanzen auf den Ertrag von Schalerbsen.)** Plant Pathol. **11** (1962) Nr. 2. S. 73–80. – 7 Tab., 2 Lit.

Zur Feststellung der Ertragsschäden durch Blattrandkäfer (*Sitona*) und Schnekken wurden Erbsenpflanzen in verschiedenen Stadien künstlich entblättert. Ein Verlust von 12,5% des Blattgewebes im 4-Blattstadium führte zu einer Ertragsdepression bei Schalerbsen von 8% verglichen mit unbehandelten Pflanzen. Entfernung des Vegetationspunktes (ähnlich Vogelschaden) führte zu einem leichten Ertragsanstieg. Bekämpfung von *Sitona* sp. ist demnach nur bei starkem Auftreten notwendig. Entblätterung in späteren Wachstumsstadien hat geringe oder keine Wirkung auf den Ertrag (25% Defoliation). Die Versuchsmethode wird besprochen. R. Fritzsche. 1960.

George, K. S.; Harpenden, Herts., Plant Pathol. Lab. Root nodule damage by larvae of Sitona lineatus and its effect on yield of green peas. **(Wurzelknöllchenschädigung durch Larven von Sitona lineatus und ihr Einfluß auf den Ertrag von Pflückerbsen.)** Plant Pathol. **11** (1962) Nr. 4. S. 172–176. – 2 Tab., 9 Lit. 1960.

George, K. S. Root nodule damage by larvae Sitona lineatus and its effect of yield of green peas. **(Die Wurzelknöllchenbeschädigung durch die Larven**

von Sitona lineatus und ihre Auswirkung auf den Ertrag von grünen Erbsen.) Plant Pathol. **11** (1962) Nr. 4. S. 172–176. – 2 Tab., 9 Lit.
Die Larven von *Sitona lineatus* mindern sowohl die Anzahl als auch das Gewicht der Wurzelknöllchen. Da die Versuche 1957 in Beständen angelegt worden waren, die eine N-Gabe erhalten hatten, wurden in den Jahren 1959 und 1960 Versuche auf N-armem und auf gut mit N versorgtem Boden durchgeführt. Die Pflanzen auf dem guten Boden hatten trotz Bodenimpfung nur halb so viel Knöllchen gebildet wie die auf dem N-armen Boden. Ertragsmäßig hatten weder die verschiedenen Böden noch eine Bekämpfung der Schädlinge einen Einfluß. E. Vorsatz. 1960.

Herdy, H. und Thomas, J. B.; Sault Ste. Marie, Ontario, Forest Insect Lab. The seasonal development of a species of Conophthorus (Hopkins) (Coleoptera: Scolytidae) in the shoots of Jack pine, Pinus banksiana (Lamb.) in Ontario. **(Die jahreszeitliche Entwicklung einer Conophthorus-Art in Trieben der Bankskiefer, Pinus banksiana [Lamb.], in Ontario.)** Canad. Entomologist **93** (1961) Nr. 10. S. 936–940. – 2 Abb., 3 Lit.
Die noch nicht genau identifizierte Borkenkäferart wurde auf Bankskiefern in Ontario gefunden und scheint sich auf das Verbreitungsgebiet dieser Kiefernart zu konzentrieren. Außerhalb dieses Gebietes konnten i.allg. nur schwächere Vorkommen, auch auf *Pinus silvestris* und *P. resinosa* festgestellt werden. In Freilandversuchen konnten Aufschlüsse über die Entwicklung und das Verhalten der Art gewonnen werden. Der Reifungsfraß und die 1. Eiablage erfolgten z.Z. des Triebschiebens im oberen Ende der vorjährigen Triebe, wodurch die jungen Triebe welken. Die Larven, die 2 Stadien durchlaufen, fressen sich in die jungen Triebe. Ende Juni/Anfang Juli wird eine 2. Brut hervorgebracht. Die Imagines beider Bruten bohren sich bis Sept. von der Basis her in die Knospen ein. Die Überwinterung erfolgt in den meist gebrochenen Knospen. Aus den Larven konnten 2 Parasitenarten gezogen werden. R. Angermann. 1960.

Schruft, Günter; Freiburg/Br., Staatl. Weinbau-Inst. **Zum Auftreten der Kleinzikade Empoasca flavescens Fabr. (Homoptera Jassidae) an Reben im Bodensee-Gebiet.** Wein-Wiss. **17** (1962) Nr. 12. S. 304–308. Beil. zu: Dtsch. Weinbau 1960.

Götz, Bruno; Freiburg/Br., Staatl. Weinbauinst. **Morphologische Rasseuntersuchungen an Wurzelrebläusen aus Baden-Württemberg.** Wein-Wiss. **17** (1962) Nr. 11. S. 267–276. Beil. zu: Dtsch. Weinbau 1960.

Lowe, A. D.; Lincoln, Dep. of Sci. and Ind. Res., Entomol. Div. The overwintering of Myzus persicae Sulz. in Canterbury (A note). **(Die Überwinterung von Myzus persicae Sulz. in Canterbury [Eine Notiz].)** New Zealand J. agric. Res. **5** (1962) Nr. 3/4. S. 364–367. 1960.

McMurtry, James A.; Riverside, Univ. of California, Citrus Res. Center; Agric. Exp. Stat. Resistance of alfalfa to spotted alfalfa aphid in relation to environmental factors. **(Resistenz von Luzerne gegen die Gefleckte Luzernelaus in Beziehung zu Umweltfaktoren.)** Hilgardia [Berkeley, Calif.] **32** (1962) Nr. 12. S. 501–539. – 10 Abb., 9 Tab., 35 Lit.
Der gegen *Therioaphis maculata* (Buckton) hochresistente Luzerne-Klon C-84 (**I**), der schwachresistente Klon C-902 (**II**), beides Eltern der resistenten Sorte 'Lahontan', und die voll anfällige Sorte 'Caliverde' (**III**) wurden von je einer Pflanze ausgehend vegetativ vermehrt und in Gewächshaus- und Labor.-Versuchen verschiedenen abiotischen Unweltbedingungen ausgesetzt. Das Ansetzen der zur Testung benutzten adulten Läuse oder Junglarven erfolgte in kleinen Käfigen, in denen einzelne Blätter oder Triebspitzen an den zu prüfenden Pflanzen eingeschlossen waren. Von allen untersuchten Umweltfaktoren beeinflußte die Temperatur am meisten die Ausprägung des Resi-

stenzgrades. Der Blattlausbefall war am stärksten an **I** bei 50, an **II** bei 71 und an **III** bei 85 °F. Während **II** bei 50 und 60 °F vollkommen anfällig war und bei höheren Temperaturen zunehmende Resistenz zeigte, erwies sich **I** bei 50 °F schwach resistent und bei 68 °F und höher als vollkommen immun. Wurden die Pflanzen vor dem Aufsetzen der Läuse in Räume mit höherer oder niederer Temperatur gebracht, so gewann **I** die Resistenz schneller zurück als er sie beim Übergang von warm zu kalt verlor. **II** verhielt sich in den entspr. Experimenten umgekehrt. Daraus wird geschlossen, daß der „Resistenz-Faktor" in **I** in höherer Konz. als in **II** vorhanden ist. Die Resistenzsteigerung höherer Temperaturen wird als Wirkung physiol. Veränderung in der Pflanze angesehen. Unterschiede in der Photoperiode von 18 gegenüber 8 Std., in der Bodenfeuchtigkeit, im Alter der Blätter und in der N-Versorgung blieben ohne Einfluß auf Überleben und Vermehrung der Läuse. P-Mangel bewirkte bei **I** und **II** eine Erhöhung, K-Mangel dagegen eine Erniedrigung der Resistenz-Ausprägung. Bei **III** waren Überleben und Vermehrung der Läuse nicht durch veränderte Nährstoffgaben zu beeinflussen.

F. P. Müller. 1960.

El-Tigani, Mohamed El-Amin; Wad Medani, Sudan, Gezira Res. Stat., Agric. Res. Div., Entomol. Sect. **Der Einfluß der Mineraldüngung der Pflanzen auf Entwicklung und Vermehrung von Blattläusen.** Wiss. Z. Univ. Rostock, math.-naturwiss. R. **11** (1962) Nr. 2. S. 307–324. – 16 Tab., 71 Lit.
Für die am Inst. für Phytopathol. und Pflanzenschutz der Univ. Rostock durchgeführten Versuche wurden 6 Blattlausarten benutzt: *Acyrthosiphon pisum* (Harris), *Aphis fabae* Scop., *Brevicoryne brassicae* (L.), *Macrosiphum euphorbiae* (Thomas), *Myzus persicae* (Sulz.) und *Rhopalosiphum padi* (L.). – *Avena sativa*, *Beta vulgaris*, Weißkohl, *Pisum sativum*, *Solanum tuberosum*, *Triticum aestivum*, *Vicia faba* und *Zea mays* wurden in Sand mit verschiedenen Gaben mineral. Nährstoffe in dichtschließenden Käfigen angezogen und jede Pflanze mit 5 neugeborenen Junglarven besetzt. Alle Aphiden wurden nach 21 Tagen wieder entfernt und gezählt. 19 Versuche, aus je 10 Parallelversuchen bestehend, ergaben bei 42% der Versuche eine statistisch gesicherte Abweichung der Blattlauszahlen von den Kontrollversuchen mit normaler Düngung. 75% davon lagen gegenüber der jeweiligen Kontrolle höher. Mangel an einem oder mehreren Nährstoffen hatte meist eine Vergrößerung der Blattlausanzahl zur Folge. So waren z.B. gegenüber dem Kontrollversuch mit Normaldüngung das Auftreten von *M. persicae* an Kartoffel bei $^1/_4$-Düngung 5,7mal so groß, der Befall von *R. padi* an Mais bei Kalimangel 3,8mal und das Auftreten von *B. brassicae* an Kohl bei Ca-Mangel 3,7mal so groß. Überschußgabe eines Nährstoffes bewirkte beinahe ebenso häufig Hemmung wie Förderung der Entwicklung und Vermehrung. Die von der Nährstoffversorgung beeinflußte Befallsfähigkeit der Wirtspflanzen ist offenbar ein für den Verlauf des Massenwechsels der Insekten maßgebender Faktor.

F. P. Müller. 1960.

Jurík, M.; Brno, Katedra Zool. VŠZ. Aký je hospodársky význam plcha zahradného v podmienkach ČSSR. **(Kann der Gartenschläfer [Eliomys quercinus (L.).] in der ČSSR als Schädling betrachtet werden?)** Sborník Vysoké Školy zemědělské Brně, Řada A **1962** Nr. 3/4. S. 289–305. – 1 Tab., 13 Lit. Zus. in Russ., Engl.
Durch Magenanalysen bei 60 Tieren des Gartenschläfers, *Eliomys quercinus* L., in der Südslowakei wurde festgestellt, daß die tierische Nahrung überwog (79%). Die pflanzliche Nahrung (21%) gewinnt nur im Herbst an Bedeutung (Samen und Früchte). Die ausländischen Angaben über die Schädlichkeit des Gartenschläfers im Obstbau und in der Forstwirtsch. sind in der CSSR nicht zutreffend. In der CSSR ist der Gartenschläfer selten anzutreffen.

P. Bartoš. 1960.

Kalela, Olavi; Helsinki, Univ., Dep. of Zool. On the fluctuations in the numbers of arctic and boreal small rodents as a problem of production biology. **(Über die Schwankungen der Anzahl arktischer und borealer kleiner Nagetiere als einem Problem der produktiven Biologie.)** Suomalaisen Tiedeakatemian Toimituksia [Ann. Acad. Sci. fennicae], Sarja A.IV **1962** Nr. 66. S. 1–38. – 6 Abb., 2 Tab., 80 Lit.
Vf. macht in der vorliegenden Arbeit den Versuch, die seit der zweiten Hälfte des 19. Jh. wiederholt beobachteten großen Bestandesschwankungen kleiner in der arktischen Zone lebender Nagerarten in ihren Ursachen zu klären. Gleichzeitig versucht er, die zu diesem Problem vorliegenden 12 Hypothesen auf einen gemeinsamen Nenner zu bringen. Seine Untersuchungsergebnisse basieren auf systematischen Studien und Fängen, die er und Mitarbeiter seit 1946 bzw. 1954 in Finnisch-Lappland und Nordnorwegen durchführten. Die Ergebnisse der Beobachtungen, die alle ökol. Faktoren, wie Klima, Nahrungsangebot u.a. berücksichtigten, ergaben: In erster Linie werden Schwankungen in der Bestandesdichte durch die produktive Biologie oder besser biol. Produktivität beeinflußt. Dabei ist bes. das Nahrungsangebot ausschlaggebend. Das trifft bes. für Arten zu, die sich von Koniferensamen ernähren. Daneben spielen die sommerlichen Temperaturwerte, die einmal den Entwicklungsverlauf der Nahrungspflanzen beeinflussen, zum anderen die Populationsdynamik der Tierart mit lenken, sowie Differenzen der Luftdruckwerte, eine bedeutende Rolle. Diese Faktoren sind in der nördlichen Hemisphäre ausgeprägter als in südlicheren Regionen. Vf. stützt seine Schlußfolgerungen durch anschauliche graph. Darst. und zahlreiche Beispiele. K. Geißler. 1960.

Wolffgang, H.; Aschersleben, Inst. für Phytopathol. der Biol. Zentralanst. der Dtsch. Akad. der Landwirtsch.-Wiss. zu Berlin. **(Erkenntnisse und Vorstellungen über die Struktur pflanzlicher Viren.)** Biol. Zbl. **81** (1962) Nr. 6. S. 649–666. – 12 Abb., 2 Tab., 45 Lit.
In einer Lit-Übersicht werden die heute bekannten Tatsachen über den strukturellen Aufbau stäbchenförmiger, fadenförmiger und isodiametrischer pflanzenpathogener Viren besprochen. Die in dieser Hinsicht wenig bearbeiteten Pflanzenviren, die sich in Insekten vermehren, wurden ausgeklammert. Anhand des bes. eingehend untersuchten TMV und des Gelbmosaikvirus der Wasserrübe werden die allg. Bauprinzipien abgeleitet. Abschließend wird auf die mögliche Wirkung der Virusanteile auf den Stoffwechsel der Wirtspflanze und die Replikationsmöglichkeiten des Virus eingegangen. E. Proll. 1970.

Bercks, R.; Braunschweig, Biol. Bundesanst. für Land- und Forstwirtsch., Inst. für Virusserol. **Der Stand der serologischen Verwandtschaftsforschung bei pflanzenpathogenen Viren.** Zbl. Bakteriol., Parasitenkunde, Infektionskrankh. Hyg., II. Abt. **116** (1962) Nr. 1. S. 3–12.
Die Serologie wird zwar bei Untersuchungen mit pflanzenpathogenen Viren in großem Umfange angewendet, die in ihr liegenden Möglichkeiten sind aber bei weitem noch nicht ausgenutzt. Oft wurde bzw. wird nur der Ausgang der Reaktion zwischen Antigen und Antikörper konstatiert. Bis in die letzten Jahre vertrat man die Ansicht, daß Virusisolate, die mit dem gleichen Antiserum reagieren, immer als Stämme eines einzigen Virus anzusehen sind. Neuere Untersuchungen in Braunschweig ließen jedoch deutlich werden, daß Gruppen von gestreckten Pflanzenviren, die von Brandes und Wetter (1959) auf Grund gleicher oder ähnlicher Partikellängen aufgestellt wurden, sich auch in ihren serol. Eigenschaften ähneln. Bercks, Wetter, Bartels wiesen nach, daß selbständige Viren mit gleicher oder leicht unterschiedlicher Normallänge (z. B. Kartoffel-X-Virus, Weißkleemosaikvirus, *Hydrangea*-Ringfleckenvirus; Kartoffel-Y-Virus, Rübenmosaikvirus, *Phaseolus*-Virus 2 u.a. Viren mit einer Normallänge zwischen 720 und 760 nm) gemeinsame serol. Eigenschaften aufweisen. Voraussetzung für derartige Untersuchungen ist

das Vorhandensein hochtitriger Antiseren, da der Grad der serol. Verwandtschaft zwischen 2 Viren i.allg. bei Verwendung derartiger Seren größer ist. Die Frage des Unterschiedes zwischen hoch- und niedrigtitrigen Seren wird besprochen. Aus den Ergebnissen ist der Schluß zu ziehen, daß die serol. Eigenschaften nicht grundsätzlich die entscheidenden Merkmale bei der Abgrenzung von Viren darstellen. Dafür ergibt sich die Möglichkeit, Zusammenhänge in größeren Gruppen festzustellen und somit die Entwicklung einer Klassifikation der pflanzenpathogenen Viren voranzutreiben, die auf der natürlichen Verwandtschaft basiert. Nach Meinung des Vf. besteht keine Ursache zur Annahme, daß die Verhältnisse bei den „sphärischen" Viren grundlegend anders sind. J. Richter. 1970.

Ohmann-Kreutzberg, G.; Aschersleben, Inst. für Phytopathol. der Biol. Zentralanst. der Dtsch. Akad. der Landwirtsch.-Wiss. zu Berlin. **Ein Beitrag zur Analyse der Gramineenvirosen in Mitteldeutschland. 1. Mitt. Das Streifenmosaikvirus der Gerste.** Phytopathol. Z. **45** (1962) Nr. 3. S. 260-288. — 9 Abb., 10 Tab., 53 Lit.

Vf. untersuchte verschiedene Eigenschaften des Streifenmosaikvirus der Gerste (GSMV) und konnte im wesentlichen die Ergebnisse anderer Autoren bestätigen. Die Versuche wurden mit einem Isolat aus der Gerstensorte 'Mahndorfer' durchgeführt. Eine positive Übertragung des GSMV gelang durch Abreiben von Preßsaft, von Guttationswasser und vom Pollen sowie durch Samen. Die Virusübertragung war negativ durch den Boden, durch intakte Wurzeln in Wasserkultur sowie mit den Aphiden *Myzus persicae*, *Acyrthosiphon pisi*, *Macrosiphon solanifolii*, *Rhopalosiphon padi*, *Sitobion avenae* und *Metopolophium dirhodum*. Von den 118 nach mechanischer Abreibung geprüften Pflanzenarten (106 mono- und 12 dikotyle) waren 91 anfällig (85 mono- und 6 dikotyle). 29 anfällige Arten erwiesen sich als latente Träger. An phys. Daten wurden ermittelt: thermale Inaktivierung bei 63 °C; Verdünnungsendpunkt bei 10^{-4}; Beständigkeit in vitro im Preßsaft 18, im getrockneten Blatt 95 bis 98 und im gefrorenen Blatt bei −10 °C etwa 95 Tage; Normallänge 125 μm und Dicke 25 bis 28 μm. Der N-Gehalt war bei den infizierten Pflanzen erhöht. Papierchromatographische Untersuchungen ergaben mehr eine quantitative als qualitative Vermehrung der Aminosäuren. In Freilandversuchen mit 3 Gerstensorten wurden Ährenlänge, Ertrag und Tausendkorn-Gew. nach künstlicher GSMV-Infektion signifikant vermindert. In der DDR wurde das GSMV bisher nur an 2 Orten in Gerstensortimenten nachgewiesen. K. Wiesner. 1970.

Bruehl, G. W. und Damsteegt, V. D.; Pulman, Wash., State Univ., Dep. of Plant Pathol. Re-examination of vector-specificity in the barley yellow dwarf virus in Washington. **(Nachprüfung der Vektorspezifität beim Gelbverzwergungsvirus der Gerste in Washington.)** Phytopathology **52** (1962) Nr. 10. S. 1056-1060. — 1 Abb., 2 Tab., 29 Lit.

Frühere Untersuchungen hatten ergeben, daß Isolate des Gelbverzwergungsvirus der Gerste aus Washington zum größten Teil vektorunspez. waren. Da dies im Gegensatz zu den Ergebnissen aus anderen Bundesstaaten stand, erfolgte eine Überprüfung mit veränderter Methode, die das Vorhandensein von Gemischen von vektorspez. Stämmen berücksichtigt. Geprüft wurden folgende Vektoren: *Macrosiphum granarium* (Mg), 1 roter Stamm von M. *granarium* (RMg), *M. dirhodum* (Md), *Rhopalosiphum fitchii* (RS) und *Toxoptera graminum* (Tg). Im 1. Versuch mit 27 Freilandisolaten des Virus und den Vektoren Mg, Md und Rg wurden 3 Isolate von allen, 24 von 2 Vektoren und 1 Isolat von nur einem Vektor übertragen. Im 2. Versuch mit 14 Isolaten und allen 5 Vektoren wurden 3 Isolate von allen 5, 6 von 4, 4 von 3 und 1 Isolat von 2 Vektoren übertragen. Die Häufung vektorunspez. Isolate des Gelbverzwergungsvirus in Washington ließ sich somit bestätigen. K. Wiesner. 1970.

Banttari, E. E. und Moore, M. B.; St. Paul, Minn., Univ., Dep. of Plant Pathol. und Bot. Virus cause of blue dwarf of oats and its transmission to barley and flax. **(Die Virusursache der Blauverzwergung des Hafers und ihre Übertragung auf Gerste und Lein.)** Phytopathology **52** (1962) Nr. 9. S. 897 bis 902. – 3 Abb., 3 Tab., 9 Lit.

In den zentralen Nordstaaten der USA wird seit dem Jahre 1951 eine Hafererkrankung beobachtet, deren Hauptsymptome Wuchshemmung, Blaugrünfärbung und sperriger Habitus sind. Die Virusnatur der „blue dwarf of oats" konnte in Übertragungsversuchen mit *Macrosteles fascifrons* im Gewächshaus und Freiland nachgewiesen werden. Das Virus ließ sich außer auf Hafer auf Gerste und Lein übertragen. Zur Übertragung genügten 15tägige Virusaufnahme- und 6tägige Virusabgabesaugzeit. Die Virusübertragung durch *Macrosiphum granarium*, mechanische Inokulation, Boden und Saatgut war negativ. Auf die Ähnlichkeit der z.Z. wirtsch. nicht wichtigen Virose mit der Sterilen Verzwergung des Hafers in der ČSSR wird hingewiesen. K. Wiesner. 1970.

Vacke, Josef und Průša, Vladimír; Ruzyně, Výzkumný Ústav Rostlinné Výroby ČSAZV, Oddělení Ochrany Rostlin; Žatec, Výzkumný Ústav Chmelařský ČSAZV. Studium okruhu hostitelů viru sterilní zakrslosti ovsa. **(Studium des Wirtspflanzenkreises des Virus der Sterilen Verzwergung des Hafers.)** Rostlinná Výroba **8(35)** (1962) Nr. 4. S. 463–474. – 3 Abb., 2 Tab., 11 Lit. Zus. in Russ., Dtsch.

In Gewächshausversuchen prüfte man die Anfälligkeit von 58 Pflanzenarten, die 6 Familien angehörten, gegen das Virus der Sterilen Haferverzwergung. Dieses Virus ist in der ČSSR i.J. 1958 beschrieben worden. Mit dem Virus der Sterilen Haferverzwergung infizierte *Calligypona pellucida* F. riefen nach dem Saugen markante Symptome bei *Triticum monococcum* L., *T. dicoccum* Schrank, *T. spelta* L., *T. durum* Desf., *T. turgidum* L., *T. compactum* Host., *T. polonicum L.*, *Avena fatua* L., *A. strigosa* Schreb., *A. sterilis* L., *A. nuda* [L.] Hoej., *Trisetum flavescens* [L.] P. Beauv. und *Zea mays* L. hervor. Schwache Symptome zeigte *Lolium multiflorum* L. Die Rückübertragung des Virus auf Hafer gelang auch von *Festuca pratensis* Huds., *Lolium perenne* L., *Bromus mollis* L., *B. arvensis* L., Arten, die keine Befallsanzeichen aufwiesen. Die restlichen 40 Arten reagierten nicht auf die Infektion. Auch die versuchsweise Rückübertragung auf Hafer blieb negativ. Hafer selbst ist die wichtigste Wirtspflanze des Virus der Sterilen Verzwergung des Hafers. P. Bartoš. 1970.

Hoyman, G. Importance of tuber eye position when indexing for the leafroll virus. **(Bedeutung der Augenlage bei Knollen, die Blattroll-Virus anzeigen.)** Amer. Potato J. **39** (1962) Nr. 11. S. 439–443. – 2 Tab., 11 Lit.

Von blattroll-infiziertem Pflanzgut der Sorten 'Kennebec', 'Norland', 'Red Pontiac', 'F 91–2' und einiger Stämme wurden Augen vom Nabel- und Kronenende sowie von der mittleren Knolle entnommen, um im Stecklingsverfahren zu prüfen, ob die Augenlage einen Einfluß auf die Blattrollsymptome ausübt. Die Stecklinge der am Nabelende entnommenen Augen liefen zuletzt und am spärlichsten auf; Nichtauflaufen oder Fadenkeimigkeit trat hier am häufigsten auf (innerhalb der Sorten am meisten bei 'F 91–2'). Bei 'Kennebec' ist die richtige Entnahme der Augen bes. wichtig, da bei der Sorte ein milder Blattroll-Stamm nur schwer erkennbare Symptome erzeugt; im Versuch zeigten die Pflanzen vom Nabelende nur zur Hälfte leichte, 37% aber gar keine Symptome, während die Pflanzen vom Kronenende 100%ig Symptome aufwiesen, die zum größten Teil mittel oder schwer waren. Auch bei anderen Sorten erzeugten die Stecklinge der am Kronenende entnommenen Augen am häufigsten schwere Symptome und zeigten die Blattrollkrankheit zu 100% an (bei den Stämmen nur zu 92%). R. Kämmerer. 1970.

MacKinnon, J. P.; Fredericton, Canada Dep. of Agric., Entomol. and Plant Pathol. Sect. Relationships between ease of infection of Solanum species with potato leaf roll virus and their suitability as hosts for aphids. **(Beziehungen zwischen Neigung zur Infektion bei Solanum-Arten mit dem Virus der Blattrollkrankheit der Kartoffel und ihre Eignung als Wirtspflanze für Blattläuse.)** Amer. Potato J. **39** (1962) Nr. 9. S. 327–331. – 1 Tab., 12 Lit.

Vf. prüfte in 5jährigen Gewächshausversuchen eine große Anzahl von wildwachsenden *Solanum*-Arten in ihrer Eignung, vom Virus der Blattrollkrankheit der Kartoffel infiziert zu werden. Für die Virusübertragungsversuche wurde die Grüne Pfirsichblattlaus, *Myzus persicae* (Sulz.), benutzt. Es zeigte sich eine Korrelation zwischen der Anzahl der Pflanzen mit gelungener Infektion und ihrer Eignung als Wirtspflanze für Blattläuse. Die für *M. persicae* als Wirtspflanze nicht geeigneten knollentragenden *Solanum*-Arten waren schwerer zu infizieren als geeignet oder toleranterscheinende. Es ließen sich Unterschiede sowohl in der Eignung als Wirtspflanze als auch in der Empfänglichkeit für das Virus unter Klonen einer Art auffinden. B. Hinz. 1970.

Bradley, R. H. E.; Fredericton, New Brunswick, Canada Dep. of Agric., Res. Stat., Res. Branch, Entomol. Plant Pathol. Sect. Different areas of tobacco leaves as sources of potato virus Y for aphids. **(Verschiedene Blattareale des Tabaks als Quellen des Y-Virus der Kartoffel für Aphiden.)** Virology **16** (1962) Nr. 4. S. 366–370. – 1 Abb., 2 Tab., 13 Lit.

Es wurden verschiedene Blattareale von *Nicotiana tabacum* L. hinsichtlich ihrer Eignung als Quelle des Y-Virus der Kartoffel für ungeflügelte Alttiere und ältere Larven der Grünen Pfirsichblattlaus, *Myzus persicae* (Sulz.), geprüft. Dabei erwiesen sich die Interkostalfelder an den Spitzen der mittleren Tabakblätter als beste Virusquellen. Die Aphiden erwarben das Virus an der Spitze zu 66, in der Mitte zu 36, an der Basis zu 28 und am Rand des Blattes zu 46%. Diese Unterschiede traten an den unteren Tabakblättern weniger auffallend in Erscheinung. In den oberen Blättern erwiesen sich die chlorotischen Läsionen als gute Virusquellen, die angrenzenden grünen Blattbezirke dagegen bewirkten bei 65 untersuchten Aphiden keine Infektion. B. Hinz. 1970.

Bradley, R. H. E., Wade, C. V. und Wood, F. A.; Fredericton, New Brunswick, Canada Dep. of Agric., Res. Stat., Entomol. Plant Pathol. Sect. Aphid transmission of potato virus Y inhibited by oils. **(Verhinderung der Blattlausübertragung des Y-Virus der Kartoffel durch Öle.)** Virology **18** (1962) Nr. 2. S. 327–329. – 2 Tab., 1 Lit.

Ausgehend von den Ergebnissen früherer Untersuchungen, daß bei ungeflügelten erwachsenen Pfirsichblattläusen, *Myzus persicae* (Sulz.), ein weitgehender Verlust der Übertragungsfähigkeit für das Y-Virus der Kartoffel eintreten soll, wenn die Aphiden auf Paraffin-Membranen saugten, kommt Vf. in vorliegender Arbeit zu dem Schluß, daß ein im Paraffin enthaltenes Öl diese Wirkung verursacht. Von 40 mit dem Y-Virus infizierten Pfirsichblattläusen, die 1 Min. auf der Paraffinmembran saugten, übertrug nur 1 Tier das Virus. Ein Saugenlassen auf der Membran vor der Aufnahme des Virus bewirkte einen um mehr als 50% niedrigeren Übertragungserfolg. Von infizierten Aphiden, die auf mit einem 0,2 mm dicken Film des aus dem verwandten Paraffin (Schmelzpunkt 43–45 °C) isolierten Öles überzogenen Blattflächen gesaugt hatten, übertrug nicht eines von 30 Individuen das Virus, während von den 30 Kontrolltieren es 18 vermochten. Bei der Untersuchung weiterer anderer Öle zeigte sich eine ähnliche Wirkung. B. Hinz. 1970.

Toba, H. Harold. Lafayette, Ind., Purdue Univ. Vector-virus relationships of watermelon mosaic virus and the green peach aphid, Myzus persicae. **(Virus-Vektor-Beziehungen zwischen dem Wassermelonen-Mosaikvirus und der Grünen Pfirsichblattlaus Myzus persicae.)** J. econ. Entomol. **56** (1963) Nr. 2. S. 200–205. – 1 Abb., 1 Tab., 30 Lit.

Vf. wies nach, daß das nichtpersistente Wassermelonen-Mosaikvirus durch M. *persicae* (Sulz.) am besten übertragen wurde, wenn die Blattläuse in der 1. Woche nach der Virusinfektion auf der infizierten Pflanze saugten. Der geringste Übertragungserfolg wurde beim Ansetzen der Läuse in der 4. Woche nach der Infektion der Pflanzen erzielt. *M. persicae* übertrug das Virus nach Saugzeiten von 10–30 Sek. auf der Infektionsquelle. Der optimalste Übertragungserfolg trat nach Saugzeiten von 15–20 Sek. ein. Die zur Virusübertragung notwendige Mindestsaugzeit beträgt auf der Infektionsquelle 10–12 Sek. und auf den Testpflanzen 9 Sek. Der bessere Übertragungserfolg durch ungeflügelte Tiere beim Vergleich mit geflügelten *M. persicae* ist möglicherweise auf das Bestreben geflügelter Tiere zurückzuführen, vor Beginn des Einstechens umherzuwandern. Heinz Schmidt. 1970.

Orlob, Gert B.; Fredericton, New Brunswick, Canada, Univ. of New Brunswick, Dep. of Biol. Further studies on the transmission of plant viruses by different forms of aphids. **(Weitere Untersuchungen über die Übertragung von Pflanzenviren durch verschiedene Morphen von Aphiden.)** Virology **16** (1962) Nr. 1/4. S. 301–304. – 2 Tab., 9 Lit.
Ovipare und ungeflügelte vivipare Weibchen der Aphidenarten *Macrosiphum euphorbiae* (Thomas) und *Brevicoryne brassicae* (L.) erbrachten keine unterschiedlichen Übertragungserfolge für das Y-Virus der Kartoffel bzw. das Kohlvirus B. Eine Übertragung des Y-Virus war außerdem durch ovipare Weibchen der Art *Aulacorthum solani* (Kltb.) und durch *Macrosiphum euphorbiae*-Männchen möglich. Bei Generationstypen von *Aphis nasturtii* Kltb., die ihre Entwicklung auf dem Winterwirt (*Rhamnus* sp.) durchmachen, wie Geschlechtsweibchen und Fundatricen, war die Übertragung erfolglos, dagegen übertrugen alle migrierenden Morphen (Gynoparen, Männchen und Fundatrigenien) das Y-Virus der Kartoffel. B. Hinz. 1970.

Swenson, K. G.; Canberra, C.S.I.R.O., Div. of Entomol.; Corvallis, Oreg., State Univ., Entomol. Dep. Bean yellow mosaic virus transmission by Myzus persicae. **(Die Übertragung des Gelbmosaik-Virus der Gartenbohne durch Myzus persicae.)** Austral. J. biol. Sci. **15** (1962) Nr. 3. S. 468–482. – 1 Abb., 5 Tab., 20 Lit.
Aphiden der Art *Myzus persicae* (Sulz.), die auf jungen Blättern von *Brassica pekinensis* Rupr. gehalten werden, übertragen das Gelbmosaik-Virus der Gartenbohne besser als Tiere, die von älteren Blättern entnommen werden. Gleichfalls erreichen Tiere aus einer sich auf jungen Blättern aufbauenden Zucht eine größere Infektionshäufigkeit als solche aus einer älteren, auf übersiedelten und entarteten Pflanzen gehaltenen Population. Ebenfalls ist der Übertragungserfolg abhängig vom Alter des als Virusquelle dienenden Ackerbohnenblattes. Die Saugzeit auf der Infektionsquelle hat keinen bedeutenden Einfluß auf die Übertragung. Unterschiede in der Übertragungsfähigkeit zwischen ungeflügelten Alttieren und Nymphen bestehen nicht. Die Übertragungsrate steigt mit zunehmender Einstichzeit auf der Testpflanze. Nichtsaugende *M. persicae* verlieren ihre Übertragungsfähigkeit für das Gelbmosaik allmählich nach der Virusaufnahme. Das Virus ist wenigstens 4 Std. am Überträger haltbar. B. Hinz. 1970.

Untersuchungen über die Stolbur-Virusgruppe. Aschersleben, Inst. Phytopathol. Dtsch. Akad. Landwirtsch.-Wiss. Berlin Plan-Nr.: 1701 12 h–2–1/9. 5 S. Abschlußber. (1/2. 1963). – 2 Tab.
Das Auftreten des Kartoffelhexenbesen- und des Tomatenstolbur-Virus an Solanaceen konnte im Bereich der DDR bisher nicht nachgewiesen werden. Dagegen wurden an 35 Pflanzenarten außerhalb der Solanaceen, die 11 verschiedenen Familien angehören, Blütenvergrünungen und z. T. auch Triebvermehrungen ermittelt. Alle untersuchten eur. Stolbur-Isolierungen und

einige Stämme des Hexenbesen-Virus verursachten Blütenvergrünungen an Tomaten. Andere Stämme des letztgenannten Virus ließen die Blüten mehr oder weniger unverändert. Die an *Nicotiana glutinosa* zu beobachtende Kurzhaarigkeit der Blätter unter dem Einfluß von Kartoffelhexenbesen- und Tomatenstolburstämmen wurde als ein wichtiges Differenzierungsmerkmal gewertet. Mit Hilfe dieses Merkmals ließen sich die eur. Stolburstämme, die bisher nur anhand der Symptomstärke differenziert wurden, in 2 Gruppen unterteilen. 1970.

Raymer, W. B. und O'Brien, Muriel J. Transmission of potato spindle tuber virus to tomato. **(Übertragung des Virus der Spindelknollenkrankheit auf Tomate.)** Amer. Potato J. **39** (1962) Nr. 11. S. 401-408. – 2 Abb., 1 Tab., 18 Lit.

Sprosse von spindelknollenkranken Kartoffelpflanzen (Isolate aus 'Green Mountain', 'Irish Cobbler' und dem U.S.D.A.-Stamm 41956) wurden auf 'Rutgers'-Tomaten und *Nicotiana rustica* L. gepfropft. Während die Tomatenpflanzen innerhalb von 3–4 Wochen lebhaft reagierten (Himbeerblättrigkeit, Sprenkelung, Nekrosen, Kümmern), zeigte *N. rustica* keine Symptome. Noch stärker waren die Symptome an Tomatenpflanzen, die mit Sprossen von auf dem Feld gewachsenen, spindelknollenkranken Kartoffelpflanzen infiziert wurden. Die Verbindung von einem Gelbvirus mit Spindelknollenisolaten aus der Viruskollektion von Schultz (wie sie MacLachlan nach seinen Versuchen für das östliche Kanada vermutete) konnte nicht nachgewiesen werden. Nach der Virusübertragung von den infizierten Tomaten auf Kartoffeln der Sorte 'Saco' entwickelten sich Knollen mit typischen Symptomen der Spindelknollenkrankheit. Damit ist der Beweis erbracht, daß das Virus der Spindelknollenkrankheit tatsächlich auf Tomaten übertragen worden war. Übertragungsversuche auf eine Reihe von Testpflanzen und serologische Teste zeigten, daß die Kartoffelviren X, A, Y, S und M nicht in den infizierten Tomatenpflanzen vorhanden waren und somit nicht Ursache der aufgetretenen Symptome sein können. R. Kämmerer. 1970.

Ribbands, C. R. Spread of yellows virus by Myzus persicae in sugar beet crops. **(Die Verbreitung des Vergilbungsvirus durch Myzus persicae in Zuckerrübenbeständen.)** Nature [London] **197** (1963) Nr. 4867. S. 624. – 6 Lit.

Vf. besiedelte im Frühjahr 1962 in einem Feldbestand einzelne Zuckerrübenpflanzen mit virustragenden *Myzus persicae.* Im Juni hatten sie und ihre Nachkommen sich bereits auf Herde von mehr als 10 ft. Dmr. ausgedehnt. Die Zahl viruskranker Pflanzen nahm um das 8- bis 10fache/Mon. zu. Das SBMYV wurde auf mehr als zweimal so viel Pflanzen übertragen wie das SBYV. Einzelinfektionen beider Viren scheinen eher zu gelingen als Mischinfektionen. K. Wiesner. 1970.

Russell, G. E.; Trumpington, Cambridge, Plant Breeding Inst. Sugar beet mild yellowing virus: a persistent aphid-transmitted virus. **(Das milde Zuckerrübenvergilbungsvirus: ein persistentes, durch Blattläuse übertragenes Virus.)** Nature [London] **195** (1962) Nr. 4847. S. 1231. – 1 Tab., 9 Lit.

In Übertragungsversuchen mit *Myzus persicae* stellte Vf. fest, daß zur optimalen Übertragung des milden Vergilbungsvirus eine Virusaufnahmesaugzeit von mindestens 48 Std. und eine Virusabgabesaugzeit von mindestens 24 Std. notwendig sind. Noch nach 9 Tagen auf *Brassica pekinensis* war *M. persicae* infektiös; ebenso nach der Häutung. Als geeignete Testpflanzen erwiesen sich *Claytonia perfoliata* und *Capsella bursa-pastoris.* K. Wiesner. 1970.

Bennett, C. W. Acquisition and transmission of curly top virus by artificially fed beet leafhoppers. **(Aufnahme und Übertragung des Curly top-Virus durch künstlich gefütterte Blattzikaden.)** J. Amer. Soc. Sugar Beet Technologists **11** (1962) Nr. 8. S. 637–648. – 6 Tab., 4 Lit.

Die Versuchstiere wurden in Membrankäfigen mit aufbereitetem Extrakt aus infektiösen *Circulifer tenellus* gefüttert. Als Testpflanzen dienten Zuckerrübenjungpflanzen. Gegenüber Tieren von viruskranken Pflanzen waren bei den künstlich gefütterten der Infektionserfolg geringer und die Inkubationszeit verlängert. Dies wird auf die geringere Viruskonz. in den künstlich gefütterten Tieren zurückgeführt. Bei diesen betrug die kürzeste Virusaufnahmesaugzeit 1, die optimale 24 Std. Der Infektionserfolg erhöhte sich bei Verlängerung der Virusabgabesaugzeit von 1 Tag auf 2 bis 3 Tage. Junge Geflügelte waren alten Geflügelten und allen Nymphenstadien, geflügelte Männchen den geflügelten Weibchen in der Übertragungsfähigkeit überlegen. Bei je 1 Tier auf beiden Keimblättern war der Infektionserfolg größer als bei 2 oder 4 auf einem Keimblatt. Die Übertragungsfähigkeit verbesserte sich innerhalb der ersten 48 Std. nach der Virusaufnahme. K. Wiesner. 1970.

Szirmai, János. A répamag perikarpiumának gátlása egyes vírusokra. **(Hemmende Wirkung des Rübenperikarps gegen einige Viren.)** Növénynemesítési és Növénytermesztési Kutató Intézet Közleményei, Sopronhorpács [Mitt. Forsch.-Inst. Pflanzenzücht. Pflanzenbau, Sopronhorpács] **1** (1961, hrsg. 1962) S. 321–328. – 2 Abb., 13 Lit. Zus. in Russ., Engl., Dtsch. Aus: Ung. Agrar-Rdsch. **1963** Nr. 1.
Im Rübenknäuel ist ein virushemmender Stoff vorhanden, der beim TMV bis 90,6, beim Tabaknekrosevirus bis 86,8 und beim Rübenmosaikvirus bis zu 64,3% in vitro auf die Testpflanzen *Nicotiana glutinosa* ('Samsun') und *Amaranthus caudatum* hemmend wirkt. Bei der Abreibung der Knäuel wird dieser hemmende Stoff entfernt. Dadurch wird eine Infektion möglich. Das Perikarp der abgebriebenen (polierten) Samen enthält ebenfalls einen Hemmstoff, doch in kleineren Mengen. Die Hemmungswerte betragen in der obigen Reihenfolge 60,4, 58,4 und 29,3%. Der Hemmstoff ist aus dem Knäuelstaub mit Wasser leicht extrahierbar, auf Kohle filtrierbar, doch er wird vom Seitz-Filter zurückgehalten. 1970.

Gibbs, A. J.; Harpenden, Herts., Rothamsted Exp. Stat. Lucerne mosaic virus in British lucerne crops. **(Das Luzernemosaik in britischen Luzernebeständen.)** Plant Pathol. **11** (1962) Nr. 4. S. 167–171. – 1 Abb., 3 Tab., 7 Lit.
Das Luzernemosaik wurde in 52 von insgesamt 76 aus England und Schottland stammenden und jeweils 400 Triebe umfassenden Proben nachgewiesen. 11% der getesteten Triebe waren krank. In Gebieten mit hohem Luzerneanteil war die Verseuchung nicht stärker als in solchen mit wenig Luzerne. Hauptinfektionsquelle scheint nicht die Luzerne, sondern der Weißklee zu sein. Auf kleinen Feldern ist der Befall infolge des ungünstigeren Rand-Flächen-Verhältnisses höher als in großen Beständen. Die Verseuchung nahm jährlich um das 1,8fache zu. In über 5 Jahre alten Beständen war die Zunahme geringer. Das wird auf ein durch eine allg. Schwächung und eine höhere Frostempfindlichkeit bedingtes vorzeitiges Absterben kranker Pflanzen zurückgeführt. Die verschiedenen Herkünfte waren unterschiedlich stark befallen. Der Ertragsabfall ging der Intensität der Symptome parallel und war deshalb im Frühjahr am größten. E. Vorsatz. 1970.

Selsky, M. I. und Black, L. M. Effect of high and low temperatures on the survival of wound-tumor virus in sweet clover. **(Der Einfluß von hohen und niedrigen Temperaturen auf das „Überleben" von Wundtumorvirus im Steinklee.)** Virology **16** (1962) Nr. 1/4. S. 190–198.
Von ausgesuchten Steinkleeklonen mit deutlichen Symptomen bekannter Stämme des Wundtumorvirus (WTV) wurden Stecklinge geschnitten und unter temperaturkonstanten Bedingungen künstlich kultiviert. Mit einem vektorlosen Stamm des WTV infizierte symptomlose Stecklinge wurden 4 aufeinander folgende Generationen bei 35 bzw. 40 °C vermehrt. Es waren dann

98–100% der Pflanzen symptomlos. Teste zeigten, daß bereits nach der 2. Generation 82–90% der symptomlosen Pflanzen virusfrei waren (bezeichnet als 90% virusfreie Pflanzen). Wurden die Stecklinge bei 14° angezogen, erhöhte sich dieser therapeutische Effekt. Bei Vektorstämmen des WTV, die ebenfalls bei 14° geprüft wurden, war dieser Einfluß im Verhältnis geringer.
K. Zschau. 1970.

Chenulu, V. V. und Thornberry, H. H.; Urbana, Univ. of Illinois, Dep. of Plant Pathol. Chenopodium amaranticolor L. – a local lesion host for turnip mosaic virus, Marmor brassicae H., from horse-radish. **(Chenopodium amaranticolor L. — ein Lokalläsionswirt für das Wasserrübenmosaikvirus, Marmor brassicae H., von Meerrettich.)** Current Sci. [Bangalore] **31** (1962) Nr. 12. S. 516–517. – 1 Abb., 1 Tab., 5 Lit. 1970.

Daškeeva, K. N. (Daschkejewa, K. N.) Rol' antibiotičeskich osobennostej rastenij tabakov v ich immunitete k virusu tabačnoj mozaiki. **(Rolle antibiotischer Besonderheiten der Tabakpflanzen in ihrer Immunität gegen das Tabakmosaikvirus.)** Izv. Mold. fil. AN SSSR **1961** Nr. 4. S. 17–26. – Orig.: russ., Ausz.: moldau. Aus: Referativnyj žurnal. Biologija, Moskva **1962** Nr. 2. G 583. S. 62.
Versuche während der Jahre 1957–1959 in der Moldauischen Zweigstelle der Akad. der Wiss. der UdSSR, zeigten, daß der Saft vieler Pflanzen die Fähigkeit besitzt, das Tabakmosaikvirus (TMV) zu inaktivieren. Die Resistenz von Tabakpflanzen gegen Mosaikerkrankungen wird durch Hemmstoff-Eigenschaften der pflanzlichen Gewebe bedingt. Ferner zeigte sich, daß das TMV nicht fähig ist, sich in Geschwülsten (*Pseudomonas tumefaciens*) immuner Tabaksorten zu vermehren. In den Geschwülsten anfälliger Formen vermehrte sich das TMV und erreichte genügend hohe Titer. Geschwulstgewebe besitzt im Gegensatz zu den Blättern einen beständigen Gehalt an TMV-Inhibitoren und kann als Merkmal der Inaktivierung des TMV in vivo dienen.
übersetzt v. E. Fröhmcke. 1970.

Knight, C. A., Silva, Darcy M., Dahl, Doris und Tsugita, A.; Berkeley, Univ. of California, Virus Lab. Two distinctive strains of tobacco mosaic virus. **(Zwei besondere Stämme des Tabakmosaikvirus.)** Virology **16** (1962) Nr. 1/4. S. 236–243. – 1 Abb., 5 Tab., 25 Lit.
Ein von Tomaten erhaltenes TMV-Isolat erwies sich bei Vermehrung in *Nicotiana tabacum* var. 'Turkish' als Gemisch zweier Stämme, die sich unwesentlich in ihrer Pathogenität gegenüber *N. tabacum* var. 'Turkish' unterschieden, jedoch bei anderen Wirtspflanzen deutliche Unterschiede erkennen ließen. Analysen der Aminosäurezusammensetzung des Virusproteins ergaben zahlreiche Unterschiede zwischen beiden Stämmen. Bei einem Stamm wurde carboxyl-terminales Serin nachgewiesen, während der andere Stamm wie alle bisher untersuchten TMV-Stämme carboxyl-terminales Threonin besaß. Beide Stämme wiesen unter sich und zu einigen anderen TMV-Stämmen eine starke serologische Verwandtschaft auf. Jedoch zeigten Absättigungsversuche Antigenunterschiede innerhalb der beiden Stämme einerseits und eine Gruppendifferenz zu verschiedenen anderen TMV-Stämmen andererseits. Beide Stämme unterschieden sich in der Sequenz der Nucleotide ihrer Nucleinsäuren; außerdem unterschied sich die Nucleotidsequenz beider Stämme von derjenigen des gewöhnlichen TMV. H. H. Schimanski. 1970.

Anderer, F. A.; Tübingen, Max-Planck-Inst. für Virusforsch. **Die Reihenfolge der Aminosäuren im Protein des Tabakmosaikvirus. II. Spaltung des Tabakmosaikvirus-Proteins mit Chymotrypsin.** Z. Naturforsch. **17b** (1962) Nr. 8. S. 526–530. – 1 Abb., 15 Lit. 1. Mitt. vgl. LZ. Abt. II **5** (1960) Nr. 10. S. 2498.
Es wird über die Strukturermittlung der Peptide berichtet, die durch enzymatische Hydrolyse des TMV-Proteins mit Chymotrypsin entstehen. Die

Methoden der Hydrolyse, Auftrennung und Strukturermittlung werden ausführlich dargestellt. Aus 18 Fraktionen konnten 37 Peptide isoliert werden, die 131 von den 158 Aminosäuren der gesamten Peptidkette enthalten. Die Aminosäuresequenz der Peptide wurde bestimmt. O. Henke. 1970.

Anderer, F. A.; Tübingen, Max-Planck-Inst. für Virusforsch. **Die Reihenfolge der Aminosäuren im Protein des Tabakmosaikvirus. III. Die Spaltung des Tabakmosaikvirus-Proteins mit Pepsin.** Z. Naturforsch. **17b** (1962) Nr. 8. S. 530–535. – 2 Abb., 15 Lit. 2. Mitt. vgl. vorst. Ref.
Nach der enzymatischen Spaltung des TMV-Proteins durch Pepsin wurden die entstehenden Peptide mit Kationen- und Anionen-Austauschersäulen fraktioniert. Es konnten 63 Peptide isoliert und dabei alle in der ursprünglichen Peptidkette enthaltenen Aminosäuren erfaßt werden. Eine Ausnahme bildete ein cysteinhaltiges Tripeptid, das bei keiner der enzymatischen Hydrolysen isoliert werden konnte. Von den isolierten Peptiden wurde die Aminosäuresequenz bestimmt. O. Henke. 1970.

Anderer, F. A. und Handschuh, D.; Tübingen, Max-Planck-Inst. für Virusforsch. **Die Reihenfolge der Aminosäuren im Protein des Tabakmosaikvirus. IV. Spaltung des Tabakmosaikvirusproteins mit Trypsin.** Z. Naturforsch. **17b** (1962) Nr. 8. S. 536–543. – 2 Abb., 3 Tab., 21 Lit. 3. Mitt. vgl. vorst. Ref.
Es wird über das Ergebnis einer erneuten Sequenzanalyse der aus der Spaltung mit Trypsin resultierenden Peptide des TMV-Proteins berichtet. In Verbindung mit den Strukturermittlungen der Peptide aus der chymotrytischen und peptischen Hydrolyse ermöglichen die Ergebnisse dieser Untersuchungen die Aufstellung der vollständigen chem. Strukturformel der Polypeptidkette im TMV. Unter Berücksichtigung der nun endgültig festgelegten Verteilung der Amidgruppen ergibt sich für die Aminosäurenzusammensetzung der Polypeptidkette folgende Bruttoformel: $Ser_{16}Thr_{16}Ala_{14}Val_{14}GluNH2_{13}Leu_{12}Arg_{11}Asp_{10}Ileu_{9}Pro_{8}AspNH2_{8}Phe_{8}Gly_{6}Tyr_{4}Glu_{3}Try_{3}Lys_{2}CysH_{1}Acetyl_{1}$. O. Henke. 1970.

Hayashi, Yukimasa; Anjo, Aichi-Ken, Japan, Nagoya Univ., Fac. of Agric., Plant Pathol. Lab. Amino acid activation in tobacco leaves infected with tobacco mosaic virus. **(Aminosäure-Aktivierung in Tabakblättern, die mit dem Tabakmosaikvirus infiziert sind.)** Virology **18** (1962) Nr. 1. S. 140–141. – 2 Tab., 11 Lit.
Homogenisate von unbehandelten und mit TMV infizierten Blatthälften (Tabak) wurden durch Zentrifugierung fraktioniert und in den einzelnen Fraktionen der Grad der Aminosäure-Aktivierung bestimmt. In dem infizierten Blattgewebe ist die Aktivität ca. 1,5mal höher als in dem gesunden. Hydroxylamin hemmt die Übertragung der aktivierten Aminosäuren auf die lösliche Ribonucleinsäure und unterdrückt bei Lichtabschluß völlig die Virussynthese. Die Ergebnisse lassen eine de novo Synthese von Virusprotein vermuten. Es wird angenommen, daß die Aminosäure-Aktivierung den ersten Schritt in der Virusproteinsynthese darstellt. O. Henke. 1970.

Semal, J.; Gembloux, Belgium, Agronomical Inst., Plant Pathol. Lab. Action of hydrochloric acid on the infection of Nicotiana glutinosa leaves by tobacco mosaic virus and by its nucleic acid. **(Wirkung von Salzsäure auf die Infektion von Nicotiana glutinosa-Blättern durch das Tabakmosaikvirus und durch seine Nucleinsäure.)** Virology **16** (1962) Nr. 1/4. S. 230–235. – 2 Abb., 2 Tab., 9 Lit.
Wurden Blätter von *Nicotiana glutinosa* L. unmittelbar vor der Inokulation mit Tabakmosaikvirus (TMV) oder dessen Nucleinsäure (RNS) mit HCl abgerieben, sank die Anzahl der sich entwickelnden Lokalläsionen. *N. glutinosa*-Blätter wurden zu verschiedenen Zeitabständen vor oder nach der Inokulation

mit TMV oder dessen RNS mit 0,06 n-HCl behandelt. Vor der Inokulation mit HCl behandelte Blätter gewannen ihre normale Empfindlichkeit gegen eine TMV-Infektion 2,5 bis 3 Std. früher zurück als gegen eine TMV-RNS-Infektion. Wurde HCl nach der Inokulation angewendet, so wurden die durch intaktes TMV infizierten Zentren etwa 3 Std. später gegen die HCl-Behandlung unempfindlich als die durch die TMV-RNS infizierten Zentren. Die Infektionshemmung durch HCl wird mit einer Wirkung von HCl auf das Blatt und nicht auf das infektiöse Agens erklärt. Aus den Versuchsergebnissen wird geschlossen, daß das TMV bei 20–22 °C etwa 3 Std. nach der Inokulation ein „empfindliches Stadium" durchläuft, nach dem es sich ähnlich wie RNS verhält. H. H. Schimanski. 1970.

Kontaxis, Demetrios G. und Schlegel, David E.; Berkeley, Univ. of California, Dep. of Plant Pathol. Basal septa of broken trichomes in Nicotiana as possible infection sites for tobacco mosaic virus. **(Die Grundquerwände abgebrochener Trichome bei Nicotiana als mögliche Infektionsorte für das Tabakmosaikvirus.)** Virology **16** (1962) Nr. 1/4. S. 244–247. – 2 Abb., 13 Lit.
An *Nicotiana glutinosa*- und *N. tabacum*-Blättern wurden autoradiographische Untersuchungen über die Initialvorgänge einer Virusinfektion nach mechanischer Inokulation mit gereinigtem ^{14}C-markiertem Tabakmosaikvirus (TMV) vorgenommen. An den Grundquerwänden abgebrochener Trichome wurden unmittelbar nach der Inokulation regelmäßig Anhäufungen von β-Strahlern (Virus) gefunden; an anderen Stellen der Blattoberfläche traten nur sehr geringe Virusanhäufungen auf. Auch die sich später entwickelnden jungen TMV-Läsionen bei *N. glutinosa* zeigten stets Anhäufungen von Strahlern im Läsionszentrum. Versuche mit UV-inaktiviertem TMV führten zum gleichen Ergebnis. Aus den Versuchsergebnissen wird folgende Hypothese über den Infektionsvorgang abgeleitet: Bricht während der mechanischen Inokulation ein Trichom ab, so wird das eindringende Virus auf der mit den Resten des Trichom-Cytoplasmas bedeckten Grundquerwand abgelagert. Dieser Cytoplasmarest steht durch zahlreiche Plasmodesmen mit dem Cytoplasma der lebenden Fußzelle in Verbindung. Auf diesem Wege gelangt das Virus in die ungeschädigte Wirtszelle, und die Infektion haftet.
H. H. Schimanski. 1970.

Nagaraj, A. N.; Berkeley, Univ. of California, Virus Lab. Fluorescent antibody staining of viral antigen in dissociated plant cells. **(Antikörper-Fluorescenzfärbung des Virus-Antigens in aus dem Zellverband gelösten Pflanzenzellen.)** Virology **18** (1962) Nr. 2. S. 329–332. – 2 Abb., 9 Lit.
TMV-infizierte, aus dem Zellverband gelöste *Nicotiana tabacum*-Blattzellen wurden mit TMV-Antiserum (TMV-AS), das mit einem Fluorescenzfarbstoff versetzt worden war, behandelt und im Fluorescenzmikroskop untersucht. TMV-AS färbte nur Zellen TMV-infizierter Blätter; Zellen virusfreier Kontrollblätter blieben ungefärbt. Wurden TMV-infizierte Zellen mit farbstofffreiem TMV-AS vorbehandelt und anschließend mit farbstoffhaltigem TMV-AS versetzt, war die Intensität der Färbung geringer. Daraus wird geschlossen, daß die Färbung durch das farbstoffhaltige TMV-AS für eines oder mehrere Antigene des TMV spezifisch ist. In den Mesophyllzellen TMV-infizierter Blätter war TMV-Antigen erst 44 und 68 Std. nach der Inokulation nachweisbar, nicht aber schon nach 2 oder 20 Std. H. H. Schimanski. 1970.

Pyriki, Constantin und Müller, Rudolf. **Vergleichende Untersuchungen zwischen gesunden und durch Virusbefall erkrankten Tabakblättern.** Ber. Inst. Tabakforsch. Dresden **9** (1962) Nr. 2. S. 284-291. – 1 Abb., 2 Tab., 8 Lit. – nach Zus.
Es wurde festgestellt, daß der Gesamt-N nach Förster, der Eiweiß-N nach Mohr sowie die im Eiweiß und in eiweißähnlichen N-Substanzen gebundenen

Aminosäuren in Tabakblättern, die an Tabakmosaikvirus bzw. Gurkenmosaikvirus erkrankt waren, eine Erhöhung gegenüber gesunden Blättern erfahren. Dagegen findet ein Rückgang an freien Aminosäuren statt. Weiterhin ist eindeutig zu erkennen, daß der prozentuale Anteil des Eiweiß-N am Gesamt-N bei den kranken Blättern deutlich höher liegt. Dies wirkt sich ungünstig auf die Qualität des Tabaks aus. Innerhalb der einzelnen im Tabak enthaltenen freien und gebundenen Aminosäuren konnte papierchromatographisch festgestellt werden, daß nach Virusbefall keine unterschiedlichen Aminosäuren gegenüber dem gesunden Material auftreten. 1970.

Bergman, E. L. und Boyle, J. S.; Pennsylvania State Univ., Dep. of Bot. and Plant Pathol. Effect of tobacco mosaic virus on the mineral content of tomato leaves. **(Wirkung des Tabakmosaikvirus auf den Mineralstoffgehalt von Tomatenblättern.)** Phytopathology **52** (1962) Nr. 9. S. 956–957. — 1 Tab., 6 Lit.
In Gewächshausversuchen wurde der Einfluß der Bodenfeuchtigkeit und der TMV-Infektion auf den Gehalt an P, K, Ca, Mg, Fe, B, Cu, Zn und Al in 'Tuckcross V'-Tomaten untersucht. Die statistische Auswertung für die einzelnen Elemente ergab, daß die Wechselbeziehung Feuchtigkeit und TMV-Infektion in keinem Fall signifikant war. Dagegen bestätigte sich die bekannte Tatsache, daß variierte Bodenfeuchtigkeit zu signifikanten Unterschieden im Gehalt an P, K, Ca, Fe, B und Al in den Blättern führt, während die übrigen o. a. Elemente nicht beeinflußt werden. Zwischen TMV-infizierten und gesunden Tomatenblättern ergaben sich signifikante Unterschiede im Mn-, Fe-, Cu-, Zn- und Al-Gehalt. Bei Cu und Zn betrug der Unterschied 50% und mehr. Die infizierten Blätter enthielten stets weniger Mineralstoffe als die gesunden. Vff. betonen die Tatsache, daß bes. Ionen, die zu der Enzymaktivität in enger Beziehung stehen, beeinflußt werden, lassen aber eine Erklärung dafür offen, da über den Mineralstoffwechsel viruskranker Pflanzen noch zu wenig bekannt ist. E. Proll. 1970.

Sastry, K. S. M. und Nariani, T. K.; New Delhi, Indian Agric. Res. Inst. Effect of host plant nutrition on growth and susceptibility of tobacco plants to infection with tobacco leaf curl virus. **(Der Einfluß der Ernährung der Wirtspflanzen auf Wachstum und Anfälligkeit von Tabakpflanzen gegenüber Infektionen mit dem Tabak-Kräuselvirus.)** Indian J. agric. Sci. **32** (1962) Nr. 4. S. 288–293. — 6 Tab., 11 Lit. 1970.

Teakle, D. S. und Sylvester, E. S.; Berkeley, Univ. of California, Dep. of Plant Pathol.; Dep. of Entomol. and Parasitol. Infection of plants by the feeding of aphids on leaves sprayed with tobacco mosaic virus. **(Die Infektion von Pflanzen durch Saugen von Blattläusen auf mit Tabakmosaikvirus besprühten Blättern.)** Virology **16** (1962) Nr. 4. S. 363–365. — 6 Lit.
Versuche, das hochinfektiöse und mechanisch leicht übertragbare Tabakmosaikvirus (TMV) durch Blattläuse zu übertragen, schlugen bisher fehl. Vf. erzielten nach 5 Tagen Lokalläsionen auf *Nicotiana glutinosa* L., wenn sie die Versuchspflanzen vor dem Übertragen der Blattläuse (*Myzus persicae* und *Aulacorthum circumflexus*) mit TMV besprühten. Da die Aphiden praktisch ihre Stechborsten durch einen TMV-Film führen mußten, kann vermutlich durch Verunreinigung der Stechborsten eine Infektion erfolgt sein. Das Ergebnis unterstützt die Hypothese der mechanischen Übertragung einiger Viren durch Blattläuse. B. Hinz. 1970.

Helms, Katie und McIntyre, G. A.; Canberra, C.S.I.R.O., A.C.T., Div. of Plant Ind.; Div. of Mathematical Statistics. Studies on size of lesions of tobacco mosaic virus on Pinto bean. **(Untersuchungen über die Größe der Läsionen des Tabakmosaikvirus an der 'Pinto'-Bohne.)** Virology **18** (1962) Nr. 4. S. 535–545. — 4 Abb., 3 Tab., 10 Lit.

Die TMV-Stämme U 1 und U 2 riefen an *Phaseolus vulgaris* var. 'Pinto' sowohl makroskopische (Makro-) als auch mikroskopische (Mikro-) nekrotische Läsionen hervor. Beide Läsionsarten waren auch als Stärkeläsionen nachweisbar. Die Läsionen beider Stämme unterschieden sich auf grünen Blättern durch Farbe und Größe. Bei beiden Stämmen war das Virus aus Makro- und Mikroläsionen biol. nicht unterscheidbar. Die Häufigkeitsverteilungskurve der Läsionsgröße zeigte, daß Mikro- und Makroläsionen zusammen eine kontinuierliche, unimodale Population bilden. Die Einteilung der Läsionspopulation in Mikro- und Makroläsionen war daher eine willkürliche Einteilung der Läsionen in 2 Größengruppen. Das Verhältnis der Anzahl der Makro- zu der der Stärkeläsionen gestattete eine Messung der Läsionsgröße. Zählungen der Stärkeläsionen ermöglichten eine genauere Ermittlung der Zahl der Infektionen als Zählungen der Makroläsionen. Das Verhältnis der Anzahl der Makro- zu der der Stärkeläsionen lag für den TMV-Stamm U 1 zwischen 45 und 75% und für U 2 zwischen 1 und 20%. Wurde TMV-U 1-RNS bzw. TMV-U 2-RNS anstelle des kompletten Virus als Inokulum verwendet, nahm die Läsionsgröße um 80 bzw. 76% zu. Beim TMV-Stamm U 1 stieg die Läsionsgröße mit zunehmender Viruskonz. im Inokulum. Außerdem konnte für diesen Stamm eine Heterogenität der Läsionsgröße für Blätter gleichen oder verschiedenen Alters und für verschiedene Bezirke des gleichen Blattes nachgewiesen werden.
H. H. Schimanski. 1970.

Helms, Katie; Canberra, C.S.I.R.O., A.C.T., Div. of Plant Ind. Masking of local lesions and the biology of infections of tobacco mosaic virus on Pinto bean. **(Maskierung der Lokalläsionen und die Biologie der Infektionen des Tabakmosaikvirus an der 'Pinto'-Bohne.)** Virology 18 (1962) Nr. 4. S. 546–552. – 4 Abb., 7 Lit.

Die Anzahl der makroskopisch an Blättern von *Phaseolus vulgaris* var. 'Pinto' erkennbaren nekrotischen Läsionen (Makroläsionen) von TMV-U 2 nahm nach 2-6 Tagen nach der Inokulation ab. Bei TMV-U 1 ließ sich diese Abnahme nicht beobachten. Während dieses Zeitraumes blieben die Makroläsionen beider Stämme als Stärkeläsionen nachweisbar. Die inokulierten Blätter nahmen während des Versuches an Größe zu. Die Flächen der Stärkeläsionen von TMV-U 2 erreichten nach 2 Tagen ein Maximum, während diejenigen von TMV-U 1 im Verlauf von 5 Tagen weiterhin ständig zunahmen. Die Makroläsionen von TMV-U 2 und TMV-U 2-RNS erschienen früher und gleichmäßiger als diejenigen von TMV-U 1 und TMV-U 1-RNS. Der Durchschnittszeitraum des Erscheinens von 50% der Makroläsionen von TMV-U 2 und TMV-U 2-RNS betrug 29,4 bzw. 27,5 Std., derjenige von TMV-U 1 und TMV-U 1-RNS 47,5 bzw. 34,4 Std. Der Durchschnittszeitraum des Erscheinens von 50% aller Stärkeläsionen war länger als bei den Makroläsionen. Die zeitliche Abnahme in der Anzahl der Makroläsionen von TMV-U 2 wurde auf eine Maskierung der Läsionen zurückgeführt, die durch die Vergrößerung der Blätter nach der Inokulation in Verbindung mit einem schnellen, aber begrenzten Läsionswachstum verursacht wird. H. H. Schimanski. 1970.

Průša, Vladimír; Žatec, Výzkumný Ústav Chmelařský. Poznámky o výsledcích sledování několika méně obvyklých viróz u chmele v ČSSR. **(Bemerkungen über einige in der Tschechoslowakei selten vorkommende Hopfenvirosen.)** Rostlinná Výroba 8(35) (1962) Nr. 8. S. 1127–1132. – 4 Abb., 5 Lit. Zus. in Russ., Dtsch.

Zunächst werden Beobachtungen und Erfahrungen über eine Mosaikkrankheit des Hopfens mitgeteilt. Vermutlich handelt es sich um Identität mit der chlorotischen Krankheit des Hopfens (*Humulus* virus 3 und 4 [Salmon et Ware] Smith). Ferner wird über das latente X-Virus des Hopfens (hop latent virus X) unter Gewächshausbedingungen berichtet und auf seine mögliche enge Beziehung zu dem Mosaik hingewiesen. Für die weitere beschriebene Viruskrankheit des Hopfens wird die Bezeichnung „Rosettenvirose der Hopfenblätter“ vorgeschlagen. Es handelt sich um eine Erkrankung, die i. J. 1953 im Versuchshopfengarten der Saazer Hopfenzone beobachtet wurde.

M. Pštross. 1970.

Nuber, K. **Die Mosaikkrankheit des Hopfens. Vorl. Mitt.** Z. Pflanzenkrankh. (Pflanzenpathol.) Pflanzenschutz **69** (1962) Nr. 10. S. 598–602.

Das Auftreten dieser Krankheit in verschiedenen Ländern wird in einer Lit.-Übersicht angeführt. — Nach eigenen Beobachtungen bilden erkankte Pflanzen nur wenige und schwache Triebe mit verkürzten Internodien aus. Die Blätter weisen anfangs nur Adernaufhellungen, später hellgrüne bis chlorotische Flecke auf den Interkostalfeldern auf. Schließlich werden sie brüchig und sind gelbgrün gescheckt. Bei schweren Erkrankungen kommt es auch zu Blattdeformationen. Der Befall beschränkt sich auf späte Sorten. Erkrankte Pflanzen bringen geringen oder keinen Ertrag. Ein Absterben nach 3-5 Jahren ist möglich. Die Übertragbarkeit durch Fechser wurde nachgewiesén, eine solche durch Pfropfung, Preßsaft und Insekten wurde nicht untersucht.

D. Weiß. 1970.

Klinkowski, Maximilian und Kegler, Hartmut; Aschersleben, Inst. für Phytopathol. der Biol. Zentralanst. der Dtsch. Akad. der Landwirtsch.-Wiss. zu Berlin. **Analyse der Virosen des Kern- und Steinobstes.** Forsch. u. Fortschr. **37** (1963) Nr. 1. S. 1–5. — 7 Abb., 18 Lit.

Die Forschungsarbeiten des Institutes richteten sich bei Obstvirosen auf die Verbreitung, Identifizierung, Differenzierung und Bekämpfung von Obstviren. Ausgangspunkt waren Untersuchungen über die stark verbreitete und wirtsch. bedeutende Stecklenberger Krankheit der Sauerkirsche, deren Vorkommen und Krankheitsverlauf beschrieben werden. Ferner wurden bei Sauerkirschen die Vergilbungskrankheit und das Linienmosaik nachgewiesen. Bei Süßkirschen treten chlorotische und nekrotische Ringfleckenviren auf sowie die Blattrollkrankheit und die Sichelblättrigkeit. Zur Differenzierung von Ringfleckenviren sind u.a. Pfirsich und *Chenopodium quinoa* geeignet. Nekrotische Ringfleckenviren verursachen an *Prunus*-Wirten Schockreaktionen, die chlorotischen bleiben auf Pfirsich latent und sind auf *C. quinoa* nicht übertragbar. Ihr thermaler Inaktivierungspunkt liegt bei 40–45°, der der nekrotischen bei 56-60 °C. Die wirksamste Bekämpfungsmaßnahme besteht in der Selektion gesunder, getesteter Mutterpflanzen und deren Vermehrung.

H. Kegler. 1970.

Analyse der Stein-, Kern- und Beerenobstvirosen im Gebiet der DDR. Aschersleben, Inst. Phytopathol. Dtsch. Akad. Landwirtsch.-Wiss. Berlin Plan-Nr.: 1701 12 h–2–2/9. 8 S. Abschlußber. (1/2. 1963). — 2 Tab.

Erhebungen über den sichtbaren Befall von Obstbeständen in der DDR durch Virosen führten zu dem Ergebnis, daß bei Äpfeln 10,6, bei Birnen 60,8, bei Süßkirschen 2,5, bei Sauerkirschen 30,1 und bei Pflaumen 4,5% der beschädigten Bäume virusbedingte Krankheitserscheinungen zeigten. Nach Testung symptomloser Bäume auf Befall durch latente Viren zeigte sich, daß bei Äpfeln 97,5, bei Birnen 43,4, bei Süßkirschen 66,6, bei Sauerkirschen 9,9 und bei Pflaumen 76,8% der Bäume virkuskrank sind. Durch Testung und Übertragungsversuche zur Identifizierung wurden in der Berichtszeit beim Apfel die Gummiholzkrankheit, die chlorotische Blattfleckung und die Triebspitzennekrose, bei Birnen die Adernvergilbung und Rotfleckigkeit, bei Kirschen die Vergilbungskrankheit, das Linienmosaik, die Blattrollkrankheit und die Sichelblättrigkeit und bei Pflaumen die Scharkakrankheit nachgewiesen. Das Himbeermosaik wurde in Fleckenmosaik, Adernbänderung und Adernchlorose differenziert. Von ringfleckenkranken Himbeeren gelang die Isolierung eines Stammes des Arabismosaik-Virus. 1970.

Campbell, A. I. Techniques used in the inactivation of some apple viruses. **(Verwendete Verfahren bei der Inaktivierung einiger Apfelviren.)** Annu. Rep. agric. horticult. Res. Stat., Long Ashton, Bristol **1961** S. 73–76. 1970.

Schuch, Kurt. **Die diagnostische Bedeutung der Nebenblätter bei der Triebsucht des Apfels.** Nachrichtenbl. dtsch. Pflanzenschutzdienstes [Braunschweig] **14** (1962) Nr. 6. S. 85–88.
Die meisten Symptome dieser Erkrankung treten in Art und Stärke so unterschiedlich auf, daß lediglich der Bildung abnormer Nebenblätter diagnostische Bedeutung zukommt. Diese Stipulae sind laubblattähnlich, ziemlich symmetrisch, regelmäßig gezähnt und oftmals stark vergrößert. Sie entstehen frühestens an den Verzweigungen der Besentriebe und an den Spitzen nicht ordnungsgemäß abschließender Langtriebe im Spätsommer und Herbst des Erkrankungsjahres oder im folgenden Frühjahr an den Kurztrieben und Basen der Langtriebe. D. Weiß. 1970.

Kegler, H.; Aschersleben, Inst. für Phytopathol. der Biol. Zentralanst. der Dtsch. Akad. der Landwirtsch.-Wiss. zu Berlin. **Chenopodium-Arten als Test- und Wirtspflanzen für Kirschenviren.** Phytopathol. Z. **45** (1962) Nr. 3. S. 248 bis 259. – 6 Abb., 2 Tab., 14 Lit. Zus. in Engl.
10 *Chenopodium*-Arten wurden vermittels mechanischer Abreibung auf ihre Anfälligkeit gegenüber verschiedenen Isolierungen des Blattrollvirus, des nekrotischen und des chlorotischen Ringfleckenvirus der Kirsche sowie des Himbeerringflecken- und Arabismosaikvirus geprüft. Als anfälligste Wirtspflanzen erwiesen sich *C. murale* L. und *C. quinoa* Willd. Die Übertragung des Himbeerringflecken- und des Arabismosaikvirus gelang auf *C. album* L., *C. amaranticolor* Coste et Reyn., *C. ambrosioides* L., *C. capitatum* (L.) Aschers., *C. ficifolium* Smith, *C. foetidum* Schrad. und *C. foliosum* (Moench) Aschers. Das Blattrollvirus konnte mit Ausnahme von *C. capitatum* ebenfalls auf die genannten Wirte übertragen werden. Die Übertragung der nekrotischen Ringfleckenviren gelang nur auf *C. album*, *C. amaranticolor* und *C. quinoa*. Übertragungsversuche mit den chlorotischen Ringfleckenviren zu den genannten Wirten schlugen fehl. *C. bonus henricus* L. erwies sich für alle untersuchten Viren als Nichtwirt. H. H. Schimanski. 1970.

Helton, A. W.; Univ. of Idaho, Agric. Exp. Stat. Relative merits of shirofugen and peach trees as indicators for prunus ringspot virus in prune trees. **(Relative Werte von 'Shirofugen' und Pfirsichbäumen als Indikatoren für Prunus-Ringfleckenviren in Pflaumenbäumen.)** Phytopathology **52** (1962) Nr. 9. S. 846–849. – 1 Tab., 10 Lit.
Die Grenzen der beiden Indikatoren liegen darin, daß 'Shirofugen' nicht bei allen Stämmen des Ringfleckenvirus der Kirsche mit lokalen Nekrosen reagiert und Pfirsichsämlinge meistens nur in der Schockphase Symptome zeigen. Vergleichende Untersuchungen zeigten, daß die Testergebnisse in Abhängigkeit von den Umweltbedingungen beträchtlich variieren können. 'Shirofugen' erwies sich als weniger empfindlich zum Nachweis von latenten Ringfleckenviren als Pfirsichsämlinge im Gewächshaus, doch empfindlicher als Freilandpflanzen. Das Testergebnis wird ferner durch die unvollständige systemische Ausbreitung der Viren in den Bäumen und durch längere Aufbewahrung der Testreiser beeinträchtigt. H. Kegler. 1970.

Ellenberger, Christina E.; Kent, England, East Malling Res. Stat. Dual-infection tests with three viruses causing leaf symptoms in plum. **(Teste durch zweifache Infektion mit drei Viren, die an Pflaumen Blattsymptome verursachen.)** J. horticult. Sci. **37** (1962) Nr. 4. S. 285–290. – 2 Abb., 1 Tab., 8 Lit.
Beim Bandmosaik (B), bei der Weidenblättrigkeit (W) und der Rindenrissigkeit (R) der Pflaume wurden linienartige Zeichnungen an Blättern beobachtet. Viren dieser Krankheiten wurden auf die Indikatoren 'Italienische Zwetsche',

'Cambridge Gage' und 'Early Laxton' übertragen. Hierbei zeigte es sich, daß das Bandmosaikvirus die Ausbildung von Rindenläsionen durch das R-Virus an 'Cambridge Gage' verzögerte. Die durch das B-Virus an den 3 Sorten verursachten Symptome wurden durch das W-Virus abgeschwächt. Sie blieben durch das R-Virus unbeeinflußt. Schwache Stämme des B-Virus unterdrückten die Symptome nachinfizierter starker Virusstämme. Die in Verbindung mit Rindenrissigkeit bzw. Weidenblättrigkeit beobachteten Bandmosaiksymptome sind vermutlich auf Mischinfektionen mit dem B-Virus zurückzuführen. H. Kegler. 1970.

Freeman, Jack A. und Mellor, Frances C. Influences of latent viruses on vigor, yield and quality of Britain Sovereign strawberries. **(Einflüsse latenter Viren auf Wüchsigkeit, Ertrag und Qualität von 'British Sovereign'-Erdbeeren.)** Canad. J. Plant Sci. **42** (1962) Nr. 4. S. 602–610. – 2 Abb., 5 Tab., 9 Lit.
Gesunde Pflanzen der Erdbeersorte 'British Sovereign' wurden mit verschiedenen Stämmen des mottle-, des veinbanding bzw. des latent A virus der Erdbeere infiziert. Diese in den meisten Sorten latent vorkommenden Viren verminderten die Wüchsigkeit der Pflanzen bei Mischinfektionen stärker als bei Befall durch ein einziges Virus. Während die Viren einzeln Ertragsverluste von etwa 25-30% verursachten, führten sie bei Mischinfektionen zu fast 50%igen Verlusten. Die stärkste Beeinträchtigung erfolgte bei Infektion von severe mottle + latent A Viren. Nur Mischinfektionen setzten die Fruchtgröße herab. Das veinbanding virus verminderte den Zuckergehalt und erhöhte den Säuregehalt. H. Kegler. 1970.

Corte, A.; Pavia, Univ., Lab. Crittogamico. Sintomatologia comparata fra borocarenza, degenerazione infettiva (1) ed altre virosi della vite (con una tavola). **(Vergleichende Symptomatologie bei Bormangel, Infektiöser Degeneration und anderen Viruskrankheiten.)** Notiziario Malattie Piante [N.S.] **41/42** (1962) Nr. 62/63. S. 73–87. – 5 Abb., 1 Tab., 26 Lit.
In 3jährigen Versuchen zeigten 5 Weinrebensorten (Herkunft *Vitis vinifera*) und 4 Amerikanerreben in Sandkultur gleiche B-Mangelanfälligkeit. An Viruskrankheiten traten „mosaic chlorosis" und „terminal bud necrosis" häufig, „thickness of the leaf blade" und „zigzagging" sporadisch auf. „Longitudinal split" und „swelling" an Trieben und Ranken wurden nicht beobachtet. O. Saß. 1970.

Staar, G.; Jena, Friedrich-Schiller-Univ., Inst. für Phytopathol. **Blumenkohlvirosen.** Dtsch. Akad. Landwirtsch.-Wiss. Berlin, Tagungsber. **1962** Nr. 51. S. 45–51. – 5 Lit. Zus. in Russ., Engl. – nach Zus.
Das Blumenkohlmosaik hat i. J. 1960 im Erfurter Blumenkohlanbau sehr erhebliche Schäden verursacht. Es wird über die Entwicklungsgeschichte dieser Katastrophe, über einige virologische Beobachtungen und über Abwehrmaßnahmen berichtet. Da bei jeder Massenvermehrung der Kohlblattlaus, *Brevicoryne brassicae*, mit einer weiteren Ausbreitung der Virose gerechnet werden muß, wird dargelegt, welche besonderen Umstände die Durchführung der als wirksam erkannten Abwehrmaßnahmen in praxi erschweren oder vereiteln können. 1970.

Broadbent, L.; Littlehampton, Sussex, Glasshouse Crops Res. Inst. The epidemiology of tomato mosaic. II. Smoking tobacco as a source of virus. **(Die Epidemiologie des Tomatenmosaiks. 2. Mitt. Rauchtabak als Virusquelle.)** Ann. appl. Biol. **50** (1962) Nr. 3. S. 461–466. – 1 Tab., 3 Lit. 1. Mitt. vgl. Rep. Glasshouse Crops Res. Inst. **1960** S. 96.
Vom TMV existieren Tabak- und Tomatenstämme, die sich auf 'White Burley'-Tabak differenzieren lassen. Von 203 untersuchten engl. Tomatenbeständen enthielten 187 das Tomaten-TMV und 4 das Tabak-TMV. Von 64 Tabakproben enthielten 60 das Tabak-TMV. Die Übertragung des Tabak-TMV auf

Tomaten gelang nur selten, wenn letztere bei Arbeitsgängen mit Händen angefaßt wurden, die vorher mit trockenem Tabak in Berührung gekommen waren. Mit Tomaten-TMV infizierte Tomaten ließen sich meist nicht mit dem Tabak-TMV zweitinfizieren. Die Versuchsergebnisse beweisen, daß Rauchtabak nur selten die Quelle einer Virusinfektion der Tomaten ist.

K. Wiesner. 1970.

Thomson, A. D.; Lincoln, Dep. of Sci. and Ind. Res., Plant Diseases Div. Occurrence of tomato aspermy virus, carnation mottle virus, and a virus from chrysanthemums in New Zeland. **(Das Auftreten des Virus der Aspermie der Tomate, des carnation mottle und eines Virus von Chrysantheme in Neuseeland.)** New Zealand J. agric. Res. **5** (1962) Nr. 5./6. S. 396-402. – 8 Abb., 1 Tab.

1970.

Kemper, Alfons; Landwirtschaftskammer Westfalen-Lippe, Pflanzenschutzamt. **Zum Auftreten von Salatmosaikvirus an Salat (Lactuca sativa L.) und an Kreuzkraut (Senecio vulgaris L.).** Z. Pflanzenkrankh. (Pflanzenpathol.) Pflanzenschutz **69** (1962) Nr. 11/12. S. 653–663. – 4 Abb., 3 Tab., 18 Lit.

Das durch Blattläuse und Saatgut übertragbare Salatmosaikvirus verursacht an Sommersalat erhebliche Ernteverluste. Saat- und Pflanztermin beeinflussen die Stärke des Auftretens. Unter den bekannten Wirtspflanzen des Salatmosaikvirus wurde das allg. verbreitete Gemeine Kreuzkraut ausgewählt und auf Virusbefall untersucht. Überwinterte Kreuzkrautpflanzen wiesen einen Befall von 4–20% auf. Da diese Pflanzen z. Z. des Auftretens virusübertragender Blattläuse ihre Entwicklung abgeschlossen haben, sind sie für die weitere Verbreitung nur von untergeordneter Bedeutung. Eine wesentliche Infektionsquelle war der Samen des Kreuzkrautes, dessen Befall zwischen 7 und 16,37% schwankte. Die als wichtigster Überträger bekannte Grüne Pfirsichblattlaus wurde auch an Kreuzkraut gefunden. Übertragungsversuche mit *Myzus persicae* von Kreuzkraut auf Salat verliefen positiv. Der Mosaikbefall lag in kreuzkrautfreien Salatbeständen niedriger als in denen mit Einsaat von Kreuzkraut. Neben der Gewinnung virusfreien Saatgutes sowie der Vektorenbekämpfung ist die Vernichtung der zum Wirtspflanzenkreis gehörenden Unkräuter eine wichtige Maßnahme gegen eine Ausbreitung des Salatmosaikvirus. R. Reich. 1970.

McLean, Donald L.; Davis, Univ. of California, Dep. of Entomol. and Parasitol. Transmission of lettuce mosaic virus by a new vector, Pemphigus bursarius. **(Die Übertragung des Salatmosaik-Virus durch einen neuen Vektor, Pemphigus bursarius.)** J. econ. Entomol. **55** (1962) Nr. 5. S. 580–583. – 2 Abb., 3 Tab., 15 Lit.

In Übertragungsversuchen erwiesen sich 3 Formen der wirtswechselnden Pemphigide *Pemphigus bursarius* (L.) als fähige Vektoren für das Salatmosaik-Virus. Die an den Wurzeln von Salat lebenden ungeflügelten Tiere übertrugen das Virus von oberirdischen Pflanzenteilen wesentlich schlechter als von Wurzeln der Virusquelle auf die entspr. Pflanzenteile der Testpflanzen. Bei einem Vergleich der von Pappel entnommenen Fundatrigenien mit von Salat stammenden ungeflügelten Virginogenien erwies sich die fundatrigene Form als besserer Überträger. Als durchschnittl. Inkubationszeiten konnten für die Übertragung des Virus von oberirdischen Pflanzenteilen etwa 7 Tage und für die von Wurzel auf Wurzel 15,5 Tage ermittelt werden. B. Hinz. 1970.

Szalay-Marzsó, L. und Solymossy, F. **Untersuchungen über die Blattlausvektoren des Gurkenmosaikvirus (GMV) an Paprika in Ungarn.** Acta agronom. Acad. Sci. hung. **11** (1962) Nr. 3/4. S. 329–343. – Aus: Ung. Agrar-Rdsch. **1963** Nr. 1.

Im Gewürzpaprikaanbau Ungarns verursacht das Gurkenmosaikvirus erhebliche Ernteverluste. Eine Wechselbeziehung zwischen den an Paprika lebenden Blattläusen und den benachbarten Unkrautarten (*Cirsium*, *Chenopodium*, *Amaranthus*, *Rumex* spp.) konnte nicht festgestellt werden. Letztere waren hauptsächlich durch *Aphis fabae* Scop. befallen, während an Paprika i. J. 1958 die primäre Infektion durch *Myzus persicae* Sulz. und *Aphidula nasturtii* Kalt. verursacht wurde. Die sich im Laufe des Sommers stark vermehrende Blattlaus *Pergandeida craccivora* Koch hat wesentlichen Anteil an der Ausbreitung der Virusherde. Das Vorkommen der hauptsächlich an Leguminosen lebenden *P. craccivora* und *A. nasturtii* auf Paprika sowie die Übertragung des speziellen GMV-Stammes sind neue Feststellungen. Während der 5jährigen Beobachtungen bei Szeged zeigten sich in epidemiol. Hinsicht die in der 2. Maihälfte herrschenden Witterungsbedingungen von großem Einfluß. In der Populationsdynamik der Blattläuse spielten *Coccinella septempunctata* L., *Aphidencyrtus aphidiovorus* Mayr und *Aphidius dauci* Marsh. in jedem Jahr eine bedeutende Rolle. In den Jahren 1958 und 1959 hatten Spritzungen mit Metasystox im Abstand von 10 Tagen (0,1%ig) von Anfang Juni bis Ende Juli die Blattlausansiedlung verhindert und den Virusbefall im Vergleich zu unbehandelt auf $^1/_3$ herabgesetzt. 1970.

Brčák, J., Ulrychová, M. und Čech, M.; Prague, ČSSR, Czechoslov. Acad. of Sci., Inst. of Biol., Dep. of Plant Pathol. Infection of tobacco and some Chenopodium species by the cucumber virus 4 (and 3) and by its nucleic acid. **(Infektion von Tabak und einigen Chenopodium-Arten durch das Gurkenvirus 4 [und 3] und durch seine Nucleinsäure.)** Virology **16** (1962) Nr. 1/4. S. 105–114. — 10 Abb., 1 Tab., 24 Lit.

Das Gurkenvirus 4 (CV 4) konnte mechanisch auf *Nicotiana tabacum* var. 'Samsun' und *N. tabacum* var. 'Xanthi-nc' übertragen werden; es induzierte bei beiden Wirten chlorotische Lokalläsionen ohne nachfolgende systemische Infektion. Die Übertragung gelang mit CV 4-Nucleinsäure (CV 4-NS), gereinigtem CV 4 und ungereinigtem Saft CV 4-infizierter Gurken. In den durch CV 4-NS hervorgerufenen Lokalläsionen wurden typische stäbchenförmige Partikeln beobachtet. Versuche, *N. glutinosa* zu infizieren, mißlangen. Nach der Passage über Lokalläsionen bei Tabak trat eine Abänderung der CV 4-Symptome an Gurken auf. CV 4 ruft an *Chenopodium glaucum* chlorotische Primärläsionen hervor; *C. murale* wird durch CV 4 und CV 3 systemisch infiziert. CV 4-infizierte *N. tabacum* var. 'Samsun'-Blätter konnten mit Tabakmosaikvirus (TMV) nachinfiziert werden. Eine Primärinfektion von *N. tabacum* var. 'Xanthi-nc' mit CV 4 unterdrückte bei TMV-Nachinokulation die Bildung von TMV-Läsionen nicht, ließ sie jedoch langsamer wachsen als auf den nicht vorinfizierten Kontrollblatthälften. Systemisch mit CV 4 oder CV 3 infizierte *C. murale*-Pflanzen zeigten gegenüber TMV-Folgeinfektion ebenfalls keine Prämunität. Aus den Ergebnissen wird geschlossen, daß CV 3 und CV 4 keine TMV-Stämme sind. H. H. Schimanski. 1970.

Härdtl, Heinrich; Neustadt/Weinstr., Landes-Lehr- und Forsch.-Anst. für Wein- und Gartenbau. **Untersuchungen über Verbreitung und Schaden der Gelbstreifigkeitsvirose bei Zwiebeln in der Pfalz.** Z. Pflanzenkrankh. (Pflanzenpathol.) Pflanzenschutz **69** (1962) Nr. 10. S. 587–597. 1970.

Heinze, Kurt; Berlin-Dahlem. **Über die Ausbreitung von Virkuskrankheiten in unseren Blumen- und Zierpflanzenbeständen.** Rhein. Mschr. Gemüse-, Obst- u. Gartenbau **51** (1963) Nr. 2. S. 43–45. — 3 Abb. 1970.

C. Krankheiten und Wirtspflanzen

Neubauer, Št.; Prag, Forsch.-Inst. für Natur-Arzneimittel. **Über einige Fragen der Phytopathologie von Solanum aviculare Forst.** Dtsch. Akad. Landwirtsch.-Wiss. Berlin, Tagungsber. **1959** (2–4/6., hrsg. 1961) Nr. 27. S. 245–248. — 1 Tab., 3 Lit. Zus. in Russ., Engl.

In der ČSSR werden an *Solanum aviculare* folgende Schädlinge und Krankheiten festgestellt: An tierischen Schädlingen Erdflöhe (*Phyllotreta* spp), Kartoffelkäfer (*Leptinotarsa decemlineata* Say), Blattläuse (*Myzodes persicae* Sulz., *Aulacorthum solani* Kalt., *Macrosiphon solanifolii* Ashm., ferner *Doralis fabae* Scop., *Neomyzus circumflexus* Bckt.), Zikaden (*Empoasca pteridis* Dahl., *Cicadella atropunctata* Goeze, *C. collina* Flor) und Blattwanzen (*Lygus* spp.) sowie an Pilzkrankheiten vor allem die Krautfäule (*Phytophthora infestans* de By.). Bes. Bedeutung wurde den kürzlich erkannten Virosen zugesprochen, bei denen vorerst 3 Typen unterschieden wurden: Mosaik, Fadenblättrigkeit und Stolbur. Die letztgenannte Erkrankung erzeugte völlige Sterilität. Durch Fadenblättrigkeit und Stolbur wurde der Solasodingehalt der Pflanzen z. T. stark herabgesetzt. K. Schreiber. 2000.

Lewis, Sally und Goodman, R. N.; Columbia, Univ. of Missouri, Dep. of Horticult. Morphological effects of colletotin on tomato and Digitalis foliage. **(Morphologische Auswirkungen von Colletotin an Blättern von Tomate und Fingerhut.)** Phytopathology **52** (1962) Nr. 12. S. 1273–1276. – 3 Abb., 24 Lit.

Colletotrichum fuscum, der Erreger der Fingerhutanthraknose bildet in künstlicher Kultur das Toxin Colletotin. Abgeschnittene *Digitalis*-Blätter und Tomatensprosse wurden bis zu 6 Std. in Lösungen von 200 γ Colletotin/ml eingestellt und danach histologisch untersucht. Es zeigt sich bald nach der Toxineinwirkung ein Nachlassen des Gewebezusammenhalts im Mesophyll und ein Austreten des Zellsaftes in die Interzellularen. Hieraus wird eine Beeinflussung der Permeabilität und, da Colletotin kein Enzym ist, auch auf das Pektinase-Enzymsystem geschlossen. M. Schmiedeknecht. 2000.

Suryanarayana, D. und Nath, Ram; New Delhi, Indian Agric. Res. Inst., Div. of Mycol. and Plant Pathol. Development of abnormal aerial mycelium of the maize downy mildew fungus (Sclerospora philippinensis Weston). **(Entwicklung anormalen Luftmycels beim Falschen Mehltaupilz des Maises [Sclerospora philippinensis Weston].)** Current Sci. [Bangalore] **31** (1962) Nr. 7. S. 294–295. – 2 Abb., 3 Lit.

Die Gattung *Sclerospora* Schroet. gehört zur Familie der *Peronosporaceae* und zur Klasse der *Phycomycetes*. Maiskeimpflanzen wurden nach der Inokulation mit Sporangien des Pilzes *Sclerospora philippinensis* von *Saccharum spontaneum* sowohl 2 als auch 7 Tage in Feuchtkammern gehalten. Bei dem längeren Aufenthalt unter extremer Feuchtigkeit entwickelte sich auf den Blattspreiten ein flaumiges, weißes Luftmycel aus den Stomata heraus. Zwei analoge Fälle werden für *S. graminicola* (Sacc.) Schroet. auf *Pennisetum typhoides* Stapf et Hubb. und *Setaria verticillata* angeführt. K.-H. Kuhfuß. 2020.

Mühle, Erich und Frauenstein, Käte; Leipzig, Karl-Marx-Univ., Inst. für Phytopathol. **Untersuchungen zur physiologischen Spezialisierung von Erysiphe graminis DC. II. Der Wirtspflanzenbereich des Poa-Mehltaus.** Züchter **32** (1962) Nr. 8. S. 345–352. – 3 Abb., 2 Tab., 13 Lit. 1. Mitt. vgl. LZ. Abt. II 8 (1963) Nr. 9. S. 2488.

Mittels künstlicher Infektionen nach der Stäubemethode ermittelten Vff. das Verhalten von 349 Grasarten gegenüber einer Mehltaupopulation von *Poa pratensis* L. Sorte 'Kutzlebener'. Trotz günstiger Infektionsbedingungen erwiesen sich davon 201 Arten als widerstandsfähig, unter ihnen auch Weizen, Gerste, Roggen und Mais. Bei Hafer erkrankten nur 0,7% der infizierten Pflanzen. Somit geht diese Mehltaupopulation weder auf unsere Getreidearten noch auf Mais über. Von 148 Grasarten, die nach der Infektion mehr oder weniger starken Befall zeigten, wiesen 64 Arten weniger als 10%, 59 Arten zwischen 10 und 50% Befall auf. Unter natürlichen Bedingungen würden diese Arten als Wirtspflanzen dieser Mehltaupopulation sicher keine große Rolle spielen. Diese Grasarten verzeichneten i. allg. nur schwache Symptom-

bildung. Als bes. anfällig erwiesen sich *Trisetum distichophyllum* Beauv.. *Koeleria hirsuta* Gaud. und *Stipa calamagrostis* Wahlenb. *Poa bulbosa* L. und *P. alpina* L. traten unter den verschiedenen Poa-Arten durch stärkere Anfälligkeit gegenüber der Mehltaupopulation als *P. pratensis* hervor.
W. Wolde. 2020.

French, Richard C.; Fort Detrick, Frederick, Md., U.S. Army Chem. Corporation. Interaction of aldehydes with uredospores of stem rust of wheat. **(Reaktion von Aldehyden mit Uredosporen vom Weizenschwarzrost.)** Bot. Gaz. **124** (1962) Nr. 2. S. 121–128. – 5 Abb., 6 Tab., 14 Lit.
Aldehyde besitzen möglicherweise keimungsstimulierende bzw. keimungshemmende Wirkungen auf Uredosporen von *Puccinia graminis* var. *tritici*. Uredosporen sind zur Oxydation von Furfural zu Furonsäure wie zur Reduktion zu Furfurylalkohol gleichsam befähigt. Werden sie in keimungsstimulierenden Aldehydlösungen aufbewahrt, vermindern sie die stimulierende Wirkung. Acetaldehyd ruft eine geringe Stimulierung der O_2-Aufnahme und Zunahme des Atmungsquotienten bei Uredosporen hervor. Doch kann die Hauptmenge des verbrauchten Acetaldehyds nicht durch Oxydation erklärt werden. Mit Wasserdampf können aus Sporen flüchtige Aldehyde, die mit p-Oxybiphenyl reagieren, und keimungsstimulierende Subst. extrahiert werden. Die Menge der stimulierenden Aldehyde nimmt mit zunehmender rel. Feuchtigkeit und steigender Temperatur zu. M. Schmiedeknecht. 2020.

Sydow, Burkard von und Durbin, Richard D.; St. Paul, Univ. of Minnesota, Dep. of Plant Pathol. Distribution of C^{14}-containing metabolites in wheat leaves infected with stem rust. **(Verteilung von ^{14}C-haltigen Stoffwechselprodukten in Weizenblättern, die mit Schwarzrost infiziert sind.)** Phytopathology **52** (1962) Nr. 2. S. 169–170. – 1 Abb., 4 Lit.
Die Verteilung radioaktiver Stoffwechselprodukte in rostinfizierten Weizenblättern (Sorte 'Litte Club'; Rostrasse 15 B) wurde nach 24std. Applikation von $^{14}CO_2$ untersucht. In allen Versuchen hatte der Parasit mehr ^{14}C-haltige Stoffwechselprodukte eingelagert als die Wirtspflanzen. Die Menge dieser Produkte korrelierte mit der Stoffwechselintensität der verschiedenen Zellen, d.h. reife Uredosporen mit stark herabgesetztem Stoffwechsel waren kaum, unreife dagegen stark markiert. Wirtszellen in unmittelbarer Nähe der Infektionsstellen unterschieden sich in ihrem Gehalt an ^{14}C-Verbindungen nicht von Zellen in größerer Entfernung. M. Schmiedeknecht. 2020.

Liu, Tsung-shang. Izučenie sortovoj ustojčivosti prosa k golovne i virulentnosti ėkologogeografičeskich populjacij vozbuditelja. **(Untersuchung über die Sortenresistenz der Hirse gegen Brand und zur Virulenz ökologischer Populationen des Erregers.)** V sb.: Immunitet rast. k boleznjam i vredit., Moskva **1961** S. 87–93. – Aus: Referativnyj žurnal. Biologija, Moskva **1962** Nr. 4. G 257. S. 34.
In den Jahren 1955 bis 1957 wurden unter den in Moskau herrschenden Bedingungen Versuche zur Untersuchung der Widerstandsfähigkeit von 14 Hirsesorten aus verschiedenen geographischen Zonen der UdSSR gegen die Sporen verschiedener ökologisch-geographischer Populationen des Brandes durchgeführt die aus Moskau, Barnaul, Charkow und Odessa stammten. Alle Sorten waren in 3 Gruppen eingeteilt: Zur 1. Gruppe gehören die gegen alle Populationen des Brandes anfälligen Sorten – 'Omskoje 9', 'Omskoje 38', 'Dolinskoje 86', 'Dolinskoje 83', 'Podoljanskoje 24/273', 'Wesjolopodoljanskoje 38', 'Mironowskoje 85', 'Krasnoufimskoje 54' und 'Saratowskoje 853'; zur 2. Gruppe gehören die gegen alle Brandpopulationen widerstandsfähigen Sorten 'WNIS-29', 'WNIS-10' und '25/30'; zur 3. Gruppe gehören die gegen manche Populationen widerstandsfähigen und gegen andere Populationen anfälligen Sorten. Die Sorten der 2. Gruppe bewahrten ihre Widerstandsfähigkeit unter sich verändernden Umweltbedingungen (Aussaattermin, Behand-

lung der Samen vor der Saat). Die Widerstandsfähigkeit der anfälligen Sorten kann durch die Einwirkung von Umweltbedingungen gesteigert werden.
übersetzt v. G. Boetticher. 2020.

Hale, M. G., Roane, C. W. und Huang, M. R. C.; Blacksburg, Virginia Polytechn. Inst., Dep. of Plant Pathol. and Physiol. Effects of growth regulations on size and number of leaf spots, and on O_2 uptake and extension growth of coleoptile sections of corn inbred lines K41 and K44. **(Wirkungen von Wuchsstoffpräparaten auf Größe und Anzahl von Blattflecken und auf die O_2-Aufnahme und das Streckungswachstum von Koleoptilenabschnitten bei den Maisinzuchtlinien K41 und K 44.)** Phytopathology **52** (1962) Nr. 3. S. 185–191. – 2 Abb., 22 Lit.

Die Wuchsstoffe Indolylessigsäure (**IAA**), Naphthylessigsäure (**NAA**), 2.4-Dichlorphenoxyessigsäure und Maleinhydrazid bewirkten die Zunahme der Blattflecke in Größe und Anzahl, die *Helminthosporium carbonum* Ullstrup Rasse 1 sowohl auf der anfälligen Mais-I-Linie K 44 als auch auf der resistenten K 41 hervorruft. Die Kontamination erfolgte 7 Tage nach der Applikation der experimentell variierten Wuchsstoffkonz. Symptomverstärkende Konz. führten bei beiden I-Linien außerdem zu erhöhter O_2-Aufnahme und zu gesteigertem Längenwachstum des Koleoptilgewebes. Die Werte für O_2-Aufnahme lagen bei K 44 höher als bei K 41. Konz. $>$ 10 mg/l von **IAA** und **NAA** als Zusatz zu Kartoffel-Dextrose-Agar verringerten die Zuwachsraten von *H. carbonum* auf Petriplatten. – Kulturfiltrate des Pilzes bewirkten sowohl bei Gewebe von etiolierten Erbsenkeimsprossen als auch bei dem von Koleoptilen der anfälligen I-Linie K 44 Wachstumshemmungen; das Gegenteil trat bei K 41 zutage. Es ließ sich kein Anhalt dafür gewinnen, daß vom Pilz freigesetzte Wuchsstoffe in das Wirt-Parasit-Verhältnis eingreifen.
K.-H. Kuhfuß. 2020.

Focke, Ingeborg; Bernburg, Inst. für Pflanzenzücht. der Dtsch. Akad. der Landwirtsch.-Wiss. zu Berlin. **Zwei Acremoniella-Arten als Samenbewohner von Zea mays L.** Z. Pflanzenkrankh. (Pflanzenpathol.) Pflanzenschutz **69** (1962) Nr. 7. S. 410–413. – 3 Abb., 2 Tab., 3 Lit.

Die während der Jahre 1959–1961 wiederholt an frisch geernteten Maiskolben apathogen aufgetretenen, in der dt. Fachlit. bisher nicht für diese Pflanze angeführten Pilze, *Acremoniella atra* (Cda.) Sacc. und *A. verrucosa* Togn., werden näher beschrieben. Die Besiedlung des Maises durch *A. verrucosa* ist neuartig. Unterschiede zwischen den beiden Species in bezug auf Bau der Konidienträger, Form der Konidien und Membranoberfläche werden durch Mikroaufnahmen veranschaulicht und durch Meßwerte von Konidienträgern und Konidien belegt. K.-H. Kuhfuß. 2020.

Littlefield, Larry J. und Wilcoxson, Roy D.; St. Paul, Univ. of Minnesota, Dep. of Plant Pathol. and Bot. Studies of necrotic lesions in corn stalks. **(Untersuchungen nekrotischer Läsionen an Maisstengeln.)** Amer. J. Bot. **49** (1962) Nr. 10. S. 1072–1078. – 7 Abb., 2 Tab., 10 Lit.

In 3 Tage alten, durch künstliche Infektionen mit *Fusarium graminearum* bedingten, nekrotischen Läsionen der Maisstengel waren die Zellwände des Phloems sowie die Grundparenchymzellen verfärbt. In diesen und den Xylemzellen wurden dunkle Subst. beobachtet. Später nahmen die Verfärbungen sowie die beobachteten Subst. zu und zahlreiche Protoplasten des Phloems kollabierten. Im Xylem ließ sich mittels Ruthenium-Rot-Färbung in diesen Subst. Pektin nachweisen, jedoch beeinflußte Pektinase diese Subst. nicht. Pektinase zersetzte die Parenchymzellen des gesunden Gewebes, nicht aber der nekrotischen Läsionen. Nach natürlicher Infektion wurden die Parenchymzellen schnell zerstört. Im zentralen Gefäßsystem werden keine Einschlüsse gefunden, nur in wenigen Xylemzellen des peripheren Systems traten diese auf.

Die Aufwärtsbewegung einer Farblösung wurde durch die Nekrosen verhindert. Die Transpiration wurde nicht meßbar beeinflußt. Ertragsminderungen traten erst ein, wenn die Läsionen 50% des Stengelgewebes umfaßten.

D. Seidel. 2020.

Wilcoxson, Roy D.; St. Paul, Minn., Dep. of Plant Pathol. and Bot. Stalk rot in relation to yield of corn. **(Stengelfäule in Beziehung zum Maisertrag.)** Phytopathology **52** (1962) Nr. 5. S. 416–418. – 5 Tab., 11 Lit.

In 3jährigen Prüfungen ergaben künstliche Infektionen mit *Diplodia zeae* (Schw.) und *Fusarium graminearum* Schw. an 14 verschiedenenen Maishybriden 17% Ertragsminderung. Die ermittelten Ertragsunterschiede waren nicht signifikant. Es ist allg. festzustellen, daß die Verluste höher sind, wenn die Pflanzen 9–10 Wochen vor der Ernte erkranken als bei einer Infektion 5–6 Wochen vor diesem Termin. In verschiedener Stengelhöhe ausgeführte Inokulationenen bewirkten keine statistisch gesicherten Ertragsverluste. Indessen ist deren Abhängigkeit von der Anzahl der Stengelinfektionen deutlich.

K.-H. Kuhfuß. 2020.

Horst, R. K. und Herr, L. J.; Wooster, O., Agric. Exp. Stat., Dep. of Bot. and Plant Pathol. Effects of foliar urea treatment on numbers of Actinomycetes antagonistic to Fusarium roseum f. cerealis in the rhizosphere of corn seedlings. **(Die Auswirkung von Harnstoffbehandlungen der Blätter auf die Anzahl von Actinomyceten mit antagonistischer Wirkung gegen Fusarium roseum f. cerealis in der Rhizosphäre von Maiskeimpflanzen.)** Phytopathology **52** (1962) Nr. 5. S. 423–427. – 1 Abb., 21 Lit.

Vff. prüften die Wirkung von Harnstoffbehandlungen der Blätter bei 2 Wochen alten Maiskeimpflanzen und von Oberflächendesinfektion der Körner auf die Anzahl der gegen *Fusarium roseum* f. *cerealis* antagonistischen Actinomyceten in der Rhizosphäre der Keimpflanzen. Im Falle von Keimpflanzen, die aus nicht desinfizierten Körnern aufgewachsen waren, konnte nach Harnstoffbehandlung ein signifikantes Ansteigen von Actinomyceten in der Rhizosphäre festgestellt werden, wobei jedoch deren Anzahl in Abhängigkeit von den wöchentlich gestaffelten Probenahmen schwankte. Bei der Prüfungsvariante mit Saatgutdesinfektion war eine statistisch gesicherte Verminderung der Antagonisten in der Rhizosphäre zu verzeichnen. – Die Anzahl der Actinomyceten im Boden war geringer als in der Rhizosphäre des Maises.

K.-H. Kuhfuß. 2020.

Harrison, Monty D.; St. Paul, Univ. of Minnesota, Inst. of Agric. Potato russet scab, its cause and factors affecting its development. **(Die Ursache des „braunroten“ Schorfes der Kartoffeln und die seine Entwicklung beeinflussenden Faktoren.)** Amer. Potato J. **39** (1962) Nr. 10. S. 368–387. – 8 Abb., 2 Tab., 21 Lit.

Der „braunrote“ Schorf (russet scab) ist durch flache, braune, netzartige Verkorkungen der Knollenschale gekennzeichnet. Ähnliche Symptome sind in den USA und einigen anderen Staaten seit 1902 bekannt. Als Ursache wurden Bodenbedingungen, *Rhizoctonia* und Actinomyceten vermutet. Durch zahlreiche Isolierungen von „braunrotem“ und gewöhnlichem Schorfgewebe sowie von gesunden Schalenstücken konnte Vf. als Ursache einen Actinomyceten herausstellen, der den bekannten Arten *Streptomyces scabies*, *S. tenuis* und *S. marginatus* zwar ähnlich, aber nicht identisch mit ihnen ist. Die taxonomischen Studien sind noch nicht beendet. Der stärkste Befall trat auf, wenn der Wassergehalt des Bodens 60% oder mehr der Feldkapazität ausmachte und die Bodentemperaturen zwischen 23 und 26 °C lagen. Eine Verschleppung der Krankheit mit den Pflanzknollen ist möglich. In Versuchen ging jedoch die Besiedlung sterilen Bodens von verseuchtem Pflanzgut aus sehr langsam vor sich. Feldresistenzprüfung mit 10 häufig angebauten Sorten ergab, daß diese Sorten nur eine geringe Widerstandsfähigkeit aufweisen. 5 gegen den gewöhnlichen Schorf resistente Klone waren gegen den „braunroten“ Schorf sehr anfällig. Ch. Janke. 2030.

Rožalin, L. V. (Roshalin, L. W.) O vyroždenii kartofelja i merach bor'by s nim. **(Kartoffelabbaukrankheiten und ihre Bekämpfung.)** Agrobiologija, Moskva **1962** Nr. 6. S. 912–922. – 8 Tab.

Um Bekämpfungsmaßnahmen gegen die Abbaukrankheiten der Kartoffel ausarbeiten zu können, müssen Verfahren vorliegen, mit denen die Ernährung der Kartoffelknollen überprüft werden kann. Aus dem Verhältnis der löslichen Eiweißfraktionen zu den Kohlenhydraten läßt sich das Niveau der N-Nahrung und der Grad der Abbaukrankheiten ermitteln. Dieses Verhältnis in % dient als Gradmesser für die Krankheit; mit zunehmender Krankheit steigt dieser %-Satz und umgekehrt. In der Zone gemäßigten Klimas, wo die Ernährung der Knolle hauptsächlich durch die ungleichmäßige Verteilung der Niederschläge und die falsche Düngung gestört wird, müssen für die Pflanzgutgewinnung entwässerte Moorböden, Aueländereien, Flächen mit hohem Grundwasserstand und humusreiche Böden ausgewählt werden.
E. Kahn. 2030.

Worf, G. L. und Hagedorn, D. J.; Madison, Univ. of Wisconsin, Dep. of Plant Pathol. Interactions of two pea fusaria in soil and associated host responses. **(Wechselbeziehungen zweier Erbsen-Fusarien im Boden und die Wirtsreaktionen.)** Phytopathology **52** (1962) Nr. 11. S. 1126–1132. – 5 Abb., 2 Tab., 19 Lit.

Sterilisierte Böden werden künstlich mit *Fusarium solani f. pisi* (**I**), *F. oxysporum f. pisi*, Rasse 2 (**II**) verseucht und mit Erbsen besät. Die Versuche wurden in „Wisconsin soil-tanks“ im Gewächshaus bei 26 °C Bodentemperatur durchgeführt. Bei Bodenverseuchung mit beiden Pilzen wurden in Abwesenheit der Wirtspflanze nur Chlamydosporen gebildet. Hohe Verseuchung mit **II** rief **I**-ähnliche Wurzelfäule hervor. Zusätzliche Verseuchung mit **I** erhöhte die Schädigung der Wurzeln. Geringe Verseuchung mit **II** und **I** reduziert die durch **I** bedingten Schäden. Wurden Böden, die mit je einem Testpilz verseucht waren, in einem Verhältnis vermischt, das höher lag als das, bei welchem **I** gehemmt wurde, nahm die Krankheitsintensität infolge des Zusammenwirkens beider Pilze innerhalb der Pflanzen zu.
D. Seidel. 2040.

Chi, C. C. und Hanson, E. W.; Madison, Univ. of Wisconsin, Dep. of Plant Pathol. Interrelated effects of environment and age of alfalfa and red clover seedlings on susceptibility to Pythium debaryanum. **(Wechselwirkungen zwischen Umwelt und Alter von Luzerne- und Rotkleesämlingen bei der Anfälligkeit gegen Pythium debaryanum.)** Phytopathology **52** (1962) Nr. 10. S. 985–989.

Luzerne- und Rotkleesämlinge wurden unter verschiedenen Bedingungen angezogen und in verschiedenem Alter künstlich mit *Pythium debaryanum* Hesse infiziert. Die Sämlinge zeigten sich während des Auflaufens hochanfällig gegen den Pilz. Mit zunehmendem Alter wurden die Sämlinge jedoch resistenter. Die Zeit, die zur Herausbildung dieser Resistenz erforderlich war, hing z.T. von den Umweltbedingungen ab. Die meisten Sämlinge, die in Sand oder Boden wuchsen, waren schon im Alter von 5 Tagen (gerechnet vom Aussaattermin vorgekeimter Samen) nicht mehr anfällig, und nur wenige Pflanzen, die älter als 2 Wochen waren, wurden infiziert. Gelegentlich erkrankten aber auch ältere Pflanzen. Bei hoher Bodenfeuchtigkeit nahm der Befall der jungen Pflanzen zu, die Resistenzbildung der älteren Pflanzen wurde aber auch bei hoher Bodenfeuchtigkeit nicht unterbunden. Bei kühleren Temperaturen (16 °C) liefen die Sämlinge langsamer auf als unter wärmeren Bedingungen.

Die Folge war, daß der Vorauflaufbefall durch *P. debaryanum* unter den kühleren Bedingungen stärker auftrat. Das Umfallen der Sämlinge nach dem Auflaufen zeigte sich am stärksten bei Temperaturen zwischen 24–28 °C und am geringsten bei 20 °C. In verschiedenen partiell sterilisierten Böden konnten keine Unterschiede in der Abhängigkeit der *Pythium*-Anfälligkeit vom Alter der Pflanzen beobachtet werden. Sämlinge, die in einer Nährlösung in Reagenzgläsern wuchsen, waren noch anfällig im Alter von 20 Tagen. Ältere Pflanzen wurden unter diesen Bedingungen nicht geprüft. H. Bochow. 2050.

Ramm, C. von; Raleigh, North Carolina State Coll., Dep. of Plant Pathol. Histological studies of infection by Alternaria longipes on tobacco. **(Histologische Untersuchungen über die Infektion durch Alternaria longipes bei Tabak.)** Phytopathol. Z. **45** (1962) Nr. 4. S. 391–398. — 2 Abb., 1 Tab., 10 Lit. Zus. in Dtsch.

Die Sporen des Erregers der Braunfleckenkrankheit des Tabaks, *Alternaria longipes*, keimen nur bei hoher Luftfeuchtigkeit oder in einem Wasserfilm. Im Jugendstadium der Pflanzen wächst der Pilz in der Hauptsache auf der Blattoberfläche entlang und dringt nur selten in das Blattgewebe ein. Zu Beginn der Blüte dringen die Pilzhyphen dagegen in unmittelbarer Nähe der Spore nach Ausbildung eines Appressoriums direkt durch die Cutinschicht in das Blattgewebe ein. Nach Eindringen der Pilzhyphen durch die Stomaöffnungen bilden sich runde pigmentierte Zellen aus, die Mikrosklerotien gleichen und in eine verzweigte, dunkle pigmentierte Struktur übergehen, von der aus hyaline Hyphen in die benachbarten Intercellularräume eindringen. Die Blattzellen sterben schließlich ab, nachdem sie von einem dichten Pilzmycelnetz durchdrungen wurden. Unter günstigen Feuchtigkeitsbedingungen breiten sich die nekrotischen Flecke nach allen Richtungen hin aus.
J. Merker. 2065.

Rodigin, M. N. und Minaeva, T. I. (Rodigin, M. N. und Minajewa, T. I.); Saratow, Landwirtsch. Inst. Vlijanie cinka na povyšenie ustojčivosti ogurcov različnych sortov k zabolevaniju bakteriozom. **(Der Einfluß von Zink auf die Erhöhung der Resistenz verschiedener Gurkensorten gegen Bakterienkrankheiten.)** Doklady Akademii nauk SSSR, Moskva **146(30)** (1962) Nr. 2. S. 478 bis 479. — 2 Tab., 13 Lit.

Die Samen dreier Gurkensorten wurden für 24 Std. in einer 0,02%igen Zinksulfatlösung eingeweicht, danach kurz bis zur Streufähigkeit der Samen an der Luft getrocknet und sofort ausgesät. Die Behandlung erhöhte die Keimungsenergie der Samen und förderte das gleichzeitige und vollständige Auflaufen der Sämlinge. Die erwachsenen Pflanzen bildeten größere, tiefgrüne Blätter. Bei allen geprüften Sorten war die Widerstandsfähigkeit der Pflanzen gegenüber Bakteriosen wesentlich erhöht. Die bedeutende Steigerung der Ernteerträge um 20-125% (40–100 dt/ha) muß einerseits auf die Verminderung der Bakteriosen, anderseits aber auf die allg. positive Wirkung von Zn auf Wachstum und Entwicklung der Gurken zurückgeführt werden. H. Leike. 2070.

Hampton, Raymond E.; Lexington, Univ. of Kentucky, Dep. of Agronomy. Changes in phenolic compounds in carrot root tissue infected with Thielaviopsis basicola. **(Veränderungen bei den Phenolverbindungen im Wurzelgewebe der Möhre nach Infektion mit Thielaviopsis basicola.)** Phytopathology **52** (1962) Nr. 5. S. 413–415. — 1 Abb., 1 Tab., 9 Lit.

Äthanolextrakte aus Möhrenscheiben, auf denen 3 Tage lang *Thielaviopsis basicola* gewachsen war, enthielten 3 papierchromatographisch nachweisbare Subst. mehr als Extrakte aus unbewachsenen Möhrenscheiben. Eine davon, vermutlich 3-Methyl-6methoxy-8-oxy-3.4-dihydroisocumarin, hemmte nach Elution aus dem Chromatogramm die Keimung und das Keimschlauchwachstum des Pilzes. Die gleiche Hemmwirkung zeigte auch Chlorogensäure, die in gesunden und infizierten Möhrenscheiben gefunden wurde. Auch der Rohextrakt der infizierten Scheiben hemmte nach Verdampfen des Alkohols Keimung und Wachstum der Endokonidien. M. Schmiedeknecht. 2070.

McKeen, C. D. und Wensley, R. N.; Harrow, Ontario, Canada Dep. of Agric., Res. Stat. Cultural and pathogenic variation in the musk-melon wilt fungus, Fusarium oxysporum f. melonis. **(Kulturelle und pathogene Variation von Fusarium oxysporum f. melonis.)** Canad. J. Microbiol. 8 (1962) Nr. 5. S. 769–784. – 4 Abb., 5 Tab., 15 Lit.
Die Morphologie des Pilzes wird durch Licht, Temperatur, Acidität und Zusammensetzung des Mediums deutlich beeinflußt. Auf einem angesäuerten Peptonmedium bildet *F. oxysporum f. melonis* ebenso viele und ähnliche Makrokonidien wie auf einer befallenen Pflanze. Die Pigmentierung, die Menge des Mycels und die Sporulation der Kolonien variieren beträchtlich. Unter gewissen Kulturbedingungen sind „Wild-Typ"-Isolierungen von kulturellen Mutanten nicht unterscheidbar. In steriler Bodenkultur sind Mutationen feststellbar. Isolierungen aus frisch befallenen Pflanzen von verschiedenen Feldern und Varietäten zeigten sich morphol. und in ihrer Pathogenität ähnlich. K. E. Lindner. 2070.

Sanwal, B. D. und Waygood, E. R.; Winnipeg, Univ. of Manitoba, Dep. of Bot. Glycolic acid oxidase and fusariose wilt of tomatoes. **(Glykolsäureoxydase und Fusarium-Welke der Tomaten.)** Canad. J. Bot. **41** (1963) Nr. 1. S. 55–63. – 2 Abb., 4 Tab., 26 Lit.
Wenn Tomatenwurzeln (Sorte 'Bonny Best') mit *Fusarium lycopersici* (Stamm R-5-6) infiziert werden, setzt 8–16 Tage später in den Blättern, wenn diese Chlorosesymptome zeigen, eine deutliche Aktivitäts-Verminderung der Glykolsäureoxydase und 20 Tage später eine Aktivitäts-Erhöhung der Glykolsäure-Reduktase ein. Nach 8 Tagen beginnen die Konz. von Flavinmononucleotid und Flavinadenindinucleotid abzunehmen. Diese Veränderungen bei den Enzymaktivitäten haben eine Speicherung der Glykolsäure in den Blättern 20 Tage nach der Infektion zur Folge, obwohl sich der Pilz überhaupt nicht in den Blättern befindet. M. Schmiedeknecht. 2070.

Stall, R. E. Development in Florida of a different pathogenic race of the Fusarium wilt of tomato organism. **(Die Entwicklung einer speziellen pathogenen Rasse des Erregers der Fusarium-Welke der Tomaten in Florida.)** Proc. Florida State horticult. Soc. **74** (1961, hrsg. 1962) S. 175–177.
Es wird das Auftreten einer neuen pathogenen Rasse (als Rasse 2 bezeichnet) von *Fusarium oxysporum* f. *lycopersici* beschrieben, die in der Lage war, in Florida selbst Tomaten zu befallen, die über den Resistenzfaktor Acc 160 verfügten. Diese Nachricht ist außerordentlich alarmierend! Es werden gewisse Verhaltungsmaßregeln für die Bauern und Züchter angegeben, um vorläufig zunächst wenigstens einer Ausbreitung des Erregers entgegenzutreten. Bisher konnte nur eine einzige kleinfrüchtige Tomatenlinie als resistent gegen die neue pathogene *Fusarium*-Rasse befunden werden.
Renate Kießig. 2070.

Untersuchungen zur Biologie des Schorferregers Venturia inaequalis unter Berücksichtigung der Resistenzzüchtung. Naumburg/S., Inst. Obstzücht. Dtsch. Akad. Landwirtsch.-Wiss. Berlin Plan-Nr.: 17 01 11h/2–6. 12 S. Abschlußber. (18/3. 1963).
Reife Perithecien von *Venturia inaequalis* (Cke.) Wint. enthielten nach 680 Tagen noch keimfähige Ascosporen. Sie waren bei verschiedenen Temperatur- und Luftfeuchtigkeitsbedingungen gelagert worden. Unter den gleichen Bedingungen konservierte Konidien waren nach 605 Tagen noch keimfähig. Die Grenze der Luftfeuchtigkeit für die Konservierung beider Sporenformen liegt zwischen 64 und 75% rel. Luftfeuchtigkeit. Infektionsergebnisse mit

Einsporisolierungen auf der Apfelunterlage EM IV bestätigen das Auftreten von Biotypen des Schorferregers. Diese Unterlage kann auf Grund ihrer Wirtsreaktion als feldresistent bezeichnet werden. E. Senger. 2080.

Bossi, R.; London, Imperial Coll. of Sci. and Technol., Dep. of Bot. The influence of extracts of rotted apples on the browning of solutions of phenolic substances. **(Der Einfluß von Extrakten aus verfaulenden Äpfeln auf das Braunwerden von Lösungen phenolischer Substanzen.)** Phytopathol. Z. 44 (1962) Nr. 2. S. 170-178. – 1 Abb., 6 Tab., 9 Lit. Zus. in Dtsch.

Aus Äpfeln der Sorte 'Bramley's Seedling', die nach Infektion mit *Botrytis cinerea, Sclerotinia fructigena, Pyrenochaeta furfuracea* und *Penicillium expansum* verfault waren, wurden Extrakte hergestellt und deren Wirkung auf Phenole und Polyphenolasen untersucht. Zum Vergleich dienten Extrakte aus gesunden Äpfeln. Wurde ein Extrakt aus gesunden Äpfeln zu Phenolen gegeben, entstand schnell eine dunkelgrüne Verfärbung. Diese Verfärbung ging langsamer vonstatten oder fehlte bei den Fäuleextrakten. Polyphenoloxydase ließ sich in den Fäuleextrakten nicht nachweisen. Anderseits entfärbte ein Extrakt von *P. expansum*-infizierten Äpfeln die Pigmente, die als Folge der Oxydation von Phenolen durch Polyphenoloxydase entstanden waren. Die Entfärbungsaktivität war vom pH-Wert abhängig und beruhte weder auf Patulin noch auf Ascorbinsäure. Die Entfärbungsreaktion scheint mittels eines hitzelabilen Enzyms über verschiedene Zwischenstufen zu erfolgen, von denen die eine dialysierbar, bzw. mit Aceton ausziehbar ist.
M. Schmiedeknecht. 2080.

Erforschung von Krankheiten und ihre Bekämpfungsmöglichkeiten bei Freesia hybrida und Gerbera jamesonii. Unterthema; Abhängigkeit der Gerberawelke von Umwelt- und Kultureinflüssen und Bekämpfungsmöglichkeiten der Krankheit. Dresden-Pillnitz, Inst. Obst- u. Zierpflanzenbau Dtsch. Akad. Landwirtsch.-Wiss. Berlin Plan-Nr.: 1701 14h/2-22/7. 10 S. Abschlußber. (11/3. 1963).

Umwelt- und Kultureinflüsse sowie Bekämpfungsmöglichkeiten der *Phytophthora*-Welke bei *Gerbera* wurden erfolgreich geprüft. Die Infektion der Pflanzen erfolgt über die Wurzeln und wird durch hohe Temperatur und Feuchtigkeit gefördert. Bodendesinfektionsmittel Ne 45 hat sich vorbeugend bewährt, in Hydrokultur auch SPT 30. Von Pillnitzer Klonen hat sich bisher ein Klon als vermutlich völlig resistent erwiesen. W. Gerstner. 2100.

Ouellette, G. B.; Ottawa, Dep. of Forestry, Forest Entomol. and Pathol. Branch. Studies on the infection process of Ceratocystis ulmi (Buism.) C. Moreau in American elm trees. **(Untersuchung des Infektionsvorganges von Ceratocystis ulmi [Buism.] C. Moreau bei Amerikanischen Ulmen.)** Canad. J. Bot. 40 (1962) Nr. 12. S. 1567–1576. – 20 Abb., 24 Lit.

Histologische Untersuchungen an *Ulmus americana* nach künstlicher Infektion mit *Ceratocystis ulmi*, bzw. nach Erregerübertragung mit dem Borkenkäfer *Scolytis multistriatus* unter kontrollierten Bedingungen ergaben, daß *C. ulmi* gut in allen Gewebeelementen des Xylems wächst. Der Erreger bildet dort neben zahlreichen kleinen Sporen Hyphen, die durch die Tüpfel und auch direkt durch die Zellwände von Zelle zu Zelle wachsen. Im Laufe der weiteren Entwicklung werden Tüpfel und Zellwände zerstört und die Gefäße durch den Pilz und durch Abbauprodukte verstopft. Ein vollständiges Verstopfen führt zur akuten Erkrankung, während teilweises Verstopfen eine chronische Erkrankung zur Folge hat. Auch das Hinüberwachsen von einem Jahresring zum anderen wurde beobachtet, dadurch ist eine sichere Bestimmung des Infektionsjahres unmöglich. M. Schmiedeknecht. 2150.

Crossa-Raynaud, P. Les principales maladies des agrumes dans le bassin méditerranéen. **(Die hauptsächlichsten Krankheiten der Agrumen im mediterrianen Becken.)** Fruits Primeurs Afrique du Nord **30** (1960) Nr. 5. S. 99–106.
Die Erträge der Agrumen werden durch das Auftreten verschiedener Krankheiten wesentlich vermindert. Die wichtigsten Krankheiten: Gummosis, hervorgerufen durch *Phytophthora citrophthora* und *P. parasitica* sowie zahlreiche Virosen werden beschrieben und deren Bekämpfung besprochen.
U. Neumann. 2200.

Turner, G. J.; Kuching, Sarawak, Dep. of Agric. Production of fusion organs by the species of Phytophthora which causes foot rot of Piper nigrum L. in Sarawak. **(Die Bildung von Fusionsorganen bei Phytophthora-Arten, den Erregern der Fußkrankheit an Piper nigrum L. in Sarawak.)** Nature [London] **195** (1962) Nr. 4837. S. 201. – 6 Lit.
In 31 von 81 Isolierungen des *Phytophthora*-Fußkrankheitserregers an Schwarzem Pfeffer in Sarawak konnten nach 2-4 Mon. auf Hafermehlagar Oosporen gefunden werden. Die Oogonien werden terminal oder lateral angelegt. Sie sind kugelförmig und im jungen Stadium dünnwandig und hyalin. Später werden sie dickwandiger und nehmen eine goldbraune Färbung an. Ihr Dmr. beträgt 26–45 μ. Die Antheridien liegen ebenfalls terminal oder lateral. Sie sind dünnwandig und hyalin mit einer Größe von 11–15 × 11–23 μ. Die Oosporen haben einen Dmr. von 19–38 μ und sind im reifen Stadium goldbraun. Die systematische Stellung dieser Art ist noch nicht bestimmt und wird besprochen. G. Otto. 2200.

Rangaswami, G. und Chandrasekaran, S.; Annamalainagar, Madras, India, Annamalai Univ., Dep. of Agric. Cercospora species on cucurbitaceous hosts in South India. I. Identification of species. **(Cercospora-Arten auf Cucurbitaceae-Wirten in Südindien. 1. Mitt. Bestimmung der Arten.)** Mycologia [New York] **53** (1961) Nr. 4. S. 371–377. – 3 Abb., 6 Lit.
In Südindien werden verschiedene *Cucurbitaceae*-Arten als Gemüse angebaut. *Cercospora*-Blattflecke treten an einigen dieser Arten auf und verursachen starke Schäden. Es wird über die systematische Stellung dieser Pilze von 7 Wirtspflanzenarten berichtet. 1. *Cercorspora citrullina* Cke. an lebenden Blättern von *Momordica charantia* L.; 2. *C. citrullina* Cke. var. *trichosanthei-anguinae* Rang et Chandv. var. nov. an Blättern von *Trichosanthes anguina* L. Die Originalbeschreibung dieser n. var. wird gegeben. 3. *C. citrullina* Cke. an Blättern von *Benincasa hispida* Cogn. Dieser Pilz ist mit 1 identisch und wurde erstmalig auf dieser Wirtspflanzenart festgestellt. 4. *C. citrullina* Cke. an Blättern von *Cucurbita maxima* Duchesne. Dieser Pilz ist mit 3 bzw. 1 identisch und wurde erstmalig auf dieser Wirtspflanzenart festgestellt. 5. *C. madrasensis* Rang et Chandr., n.sp. an Blättern von *Lagenaria vulgaris* Ser. 6. *C. chidambarensis* Rang et Chandr. n. sp. an Blättern von *Cucumis sativus* L. Die Originalbeschreibungen dieser beiden Arten sind angeführt. 7. *C. cocciniae* Munjal, Lall et Chona an Blättern von *Coccinia indica* Wt et Arn. Die morphol. Merkmale dieser 7 Pilzarten werden beschrieben. G. Otto. 2200.

D. Maßnahmen des Pflanzenschutzes

Kirchner, Hans-Alfred. **Allgemeines über den heutigen Stand der Pflanzenschutztechnik unter Berücksichtigung des Flugzeugeinsatzes.** Wiss. Z. Univ. Rostock, math.-naturwiss. R. **11** (1962) Nr. 2. S. 273–279. 2400.

Nemlienko, F. E. und Sidenko, I. E. (Nemlijenko, F. Je. und Sidenko, I. Je.) Povysit' kačestvo protravlivanija semjan. **(Die Qualität der Saatgutbeizung muß verbessert werden.)** Kukuruza, Moskva **7** (1962) Nr. 10. S. 48–49. – 1 Abb.

Das Unions-Inst. für Maisforschung in Dnepropetrowsk entwickelte eine kristallographische Methode zur Bestimmung der Qualität der Saatgutbeizung mit dem Präparat TMTD. Das Präparat wird in 90%iger wäßriger Acetonlösung aufgelöst, die TMTD-Kristalle, die sich nach Verdunsten des Acetons bilden, werden unter dem Mikroskop (300fache Vergrößerung) durchgesehen, wobei Dichte, Form und Größe der Kristalle mit einer Musterskala verglichen werden. Zu einer Analyse braucht man 8 Min. L. Rang. 2420.

Spencer, D. M.; Ashford, Kent, Wye Coll., A.R.C. Plant Growth Substance and Systemic Fungicides Unit. Polystyrene microbeakers for spore germination tests. **(Polystyrolmikrobecher für Sporenkeimtests.)** Plant Pathol. **11** (1962) Nr. 1. S. 41–43. — 1 Tab.; 5 Lit. 2420.

Gešele, E. È., Kukin, V. F. und Val'ter, O. Ju. (Geschele, E. E., Kukin, W. F. und Walter, O. Ju.) Primenenie vakuuma pri zasporenii semjan plenčatogo jačmenja. **(Die Anwendung des Vakuums bei der künstlichen Infektion der Spelzgersten.)** Selekcija i semenovodstvo, Moskva 27 (1962) Nr. 6. S. 37. — 1 Abb.

Die künstliche Infektion der Gerste mit Gerstenhartbrand mittels der Vakuummethode (auf 1 l Wasser 10 g Sporen, Senkung bis auf 10 mm Quecksilbersäulendruck und schnelle Zufuhr von Luft) ist bedeutend produktiver und billiger als die herkömmlichen Methoden. Die Ergebnisse liegen zwar unter der z.T. angewendeten Methode der Entspelzung, geben jedoch für die Züchtung eine genügend klare Aussage. G. Jury. 2420.

Stephan, S.; Berlin, Biol. Zentralanst. der Dtsch. Akad. der Landwirtsch.-Wiss. zu Berlin. **Ein Gerät zur Untersuchung des Ascosporenvorrates des Kernobstschorfes.** Nachrichtenbl. dtsch. Pflanzenschutzdienst [Berlin] [N.F.] **16(42)** (1962) Nr. 9. S. 195–199. — 2 Abb., 25 Lit. Zus. in Russ., Engl. 2420.

Anonym. A sensitive method for the isolation of Geotrichum candidum from soil. **(Eine empfindliche Methode zur Isolation von Geotrichum candidum aus dem Boden.)** Mycologia [New York] **54** (1962) Nr. 1. S. 106–109. 2420.

Schmitthenner, A. F. und Hilty, J. W.; Wooster, Ohio Agric. Exp. Stat., Dep. of Bot. and Plant Pathol. A method for studying postemergence seedling root rot. **(Eine Methode zur Untersuchung der Sämlingswurzelfäule nach dem Auflaufen.)** Phytopathology **52** (1962) Nr. 2. S. 177–179. — 1 Tab., 8 Lit.

In der beschriebenen Methode, der „Impf-Lager-Methode", wird das Impfmaterial getrennt von den Samen so in den Boden eingebracht, daß die Wurzeln der auflaufenden Samen durch diese Impflager wachsen müssen. 400 ml Boden (6 cm hoch) werden in einen Plastiktopf (10 cm ⌀) gefüllt und mit Wasser gesättigt. Eine bei 25 °C bebrütete und 7 Tage alte Petrischalenkultur von *Phytophthora megasperma* var. *sojae* wird auf diesen Boden gebracht und mit 2 cm (etwa 150 ml) losem und wassergesättigtem Boden bedeckt. 10 Sojabohnen werden in den Boden gesteckt und abermals 1 cm loser Boden aufgebracht. Nach 10–14 Tagen sind die anfälligen Pflanzen entweder abgestorben oder stark verkümmert. Resistente Pflanzen weisen gelegentlich schwache Verfärbungen der Wurzelspitzen oder des Wurzelrindengewebes in der Nähe des Impflagers auf. Die Methode gestattet eine gute Unterscheidung homozygot *Phytophthora*-resistenter oder anfälliger Nachkommenschaften. Die Methode wurde bereits erfolgreich zur Prüfung der Variabilität in der Pathogenität von Einsporisolierungen von *P. megasperma* var. *sojae* angewendet. Unterschiede in der Virulenz und Pathogenität konnten leicht unter Verwendung einer Bonitur der Schäden festgestellt werden. Dabei wurde für eine gleichmäßige Impfmenge in den Impflagern Sorge getragen. Die Methode wurde in modifizierter Form auch für die Unterscheidung virulenter Krankheitserreger der

Luzerne von Schwächeparasiten angewendet. Weiterhin ist die Methode für die Untersuchungen der Ernährung von Krankheitserregern, des Potentials eines Impfmaterials und der Wirkung von Umwelteinflüssen auf die Virulenz geeignet. Die Wirkung von Umweltfaktoren auf die Anfälligkeit von Sämlingen gegen bodenbürtige Krankheitserreger kann ebenso geprüft werden wie die Wirkung systemischer Fungicide. G. Otto. 2420.

Lloyd, A. B. und Lockwood, J. L.; East Lansing, Michigan State Univ., Dep. of Bot. and Plant Pathol. Precautions in isolating Thielaviopsis basicola with carrot discs. **(Vorsichtsmaßregeln für die Isolierung von Thielaviopsis basicola mit Hilfe von Mohrrübenscheiben.)** Phytopathology **52** (1962) Nr. 12. S. 1314–1315. – 6 Lit. 2420.

Dittrich, Volker; Ithaca, N.Y., Cornell Univ., Dep. of Entomol. A comparative study of toxicological test methods on a population of the two-spotted spider mite (Tetranychus telarius). **(Eine vergleichende Untersuchung der toxikologischen Testmethoden an einer Population von Tetranychus telarius.)** J. econ. Entomol. **55** (1962) Nr. 5. S. 644–648. – 5 Abb., 11 Lit.

3 toxikologische Testmethoden wurden auf ihre praktische Verwendbarkeit mit Kelthane, Meta-Systox und TEPP an der Spinnmilbe *Tetranychus telarius* (L.) geprüft: Objektträger-Tauch-Methode (**I**), Käfig-Sprüh-Methode (**II**) Blatt-Tauch-Methode (**III**). Hinsichtlich der geringsten Variabilität zeigte **II** bei mittlerer Empfindlichkeit die besten Ergebnisse. Es folgte **I**, die eine höhere Variabilität und die höchste Empfindlichkeit aufweis. **III**, die die größte Variabilität und die geringste Empfindlichkeit aufwies, empfiehlt Vf., nicht zuletzt wegen des geringen Arbeitsaufwandes, für Vorversuche. Die Versuchstechnik und die Errechnung der Ergebnisse werden besprochen.
E. Königsmann. 2420.

Crasson, G.; Libramont, Belgique, Stat. de Rech. de l'État de la Cult. de la Pomme de Terre. Disposition des champs d'essais pour la détermination de la résistance au virus de l'enroulement et au virus Y. **(Einteilung der Versuchsfelder zur Bestimmung der Resistenz gegen das Blattroll- und Y-Virus.)** Europ. Potato J. [Washington] **5** (1962) Nr. 4. S. 290-315. – 20 Abb., 24 Lit. Zus. in Engl., Dtsch.

Über die Technik der Feldversuche unterrichten 3 schematische Darstellungen, die ebenso wie alle übrigen Abb. mit dreisprachigen Erläuterungen (franz., dtsch., engl.) versehen sind. Die Untersuchungen wurden in jeweils 3 Parallelen mit zusammen 15 Knollen jeder Versuchssorte durchgeführt. Jeder Versuch setzte sich zusammen aus einer Pflanzreihe mit 5 Knollen der Versuchssorte und einer entspr. Reihe infizierter Knollen der Sorte '*Populair*'. Diese Sorte ist rel. tolerant gegen das Blattrollvirus, wenig anfällig gegen das Mosaikvirus und resistent gegen *Phytophthora* an Knollen und Blättern. Auf Probleme der Biotypen wurde nicht näher eingegangen. Damit sich alle untersuchten Sorten in möglichst vergleichbarem Zustand befinden, wurde das Auspflanzen rel. spät (Mitte Mai) durchgeführt. Sämtliche mit dem Virus infizierten Pflanzen wurden nach Erscheinen der ersten Symptome entfernt. Im Spätherbst wurden je Staude 10 Knollen geerntet, von denen ein Teil zur Wiederholung der Versuche im folgenden Jahr usw. verwendet wurden. Kriterien der Untersuchungen waren der Anfälligkeitsgrad (Anzahl der vom Blattrollvirus befallenen Klone)und der Übertragungsgrad (Gesamtzahl der in der Gesamtheit der Wiederholungen befallenen Stauden ohne Rücksicht auf die Klone). – Die Organisation der Feldversuche zur Resistenzprüfung gegen das Y-Virus erfolgte nach dem gleichen Schema. Diese noch nicht abgeschlossenen Untersuchungen sollen in einer späteren Arbeit veröffentlicht werden. Neben Untersuchungen über Anfälligkeit gegen das Blattrollvirus wurde das Verhalten von 169 alten und neuen Sorten, die von 1955 bis 1960 auf Resistenz gegen das Blattrollvirus getestet wurden, geprüft. — Zusammenfassend stellt Vf. fest, daß resistente Genotypen selten auftraten; sie wurden von primitiven Ausgangssorten erhalten; auch einige ältere Sorten sollten hinsichtlich ihrer Resistenz beachtet werden. Die Anzahl der resistenten Sorten nahm von Jahr zu Jahr mehr ab. R. Ritter. 2420.

Taniguchi, Takeshi; Anjyo, Japan, Nagoya Univ., Fac. of Agric. Plant Pathol. Lab. Determination of the limiting amount of tobacco mosaic virus attaching to ion exchange resin and the dissociation constant of their complex. **(Bestimmung der Grenzkonzentration von Tabakmosaikvirus, die von Ionenaustauscherharzen adsorbiert wird und der Dissoziationskonstante des Komplexes.)** Virology **18** (1962) Nr. 4. S. 646–647. — 1 Abb., 2 Lit.

TMV-Lösungen definierter Konz. in Na-Citrat-Puffer verschiedener Ionenstärken und pH-Werte wurden mit dem Kationenaustauscherharz IR-20 (Na-Form) geschüttelt, und das adsorbierte TMV spektrophotometrisch aus der Differenz der im Filtrat gefundenen und der eingesetzten Virusmenge ermittelt. Die graphische Darstellung der reziproken Werte des adsorbierten Virus gegen die eingesetzte Virusmenge ergibt Geraden, deren Schnittpunkt mit der Ordinate die maximal adsorbierbare Virusmenge bestimmt. Diese war für alle verwendeten Pufferkonz. dieselbe. Unterschiede zeigten sich nur in der Steigung der einzelnen Geraden. Es werden Gleichungen zur Ermittlung der Gleichgewichtskonstante und der Dissoziationskonstante des Virus-Harz-Komplexes aufgestellt. E. Proll. 2420.

Regenmortel, M. H. V. van; Stellenbosch, Univ., South Africa, Dep. of Microbiol. Purification of a plant virus by filtration through granulated agar. **(Reinigung eines Pflanzenvirus durch Filtration durch granulierten Agar.)** Virology **17** (1962) Nr. 4. S. 601–602. — 2 Abb., 6 Lit.

Die Reinigung des Virus der nekrotischen Ringfleckigkeit der Sauerkirsche (NRV) gelang mit Hilfe einer Filtration der Virussuspension durch eine 60 cm lange Säule von 2 cm Dmr., die mit Agargranulat beschickt worden war. Difco-Agar wurde in neutralem Phosphatpuffer (0,1 mol.) 15 Min. im Autoklaven gekocht, bei 18 °C abgekühlt und das Gel durch ein 60er Sieb getrieben. Das Granulat wurde dann mit dem gleichen Puffer in das mit einer Fritte aus gesintertem Glas verschlossene Rohr gespült und über Nacht nochmals mit 500 ml des Puffers gewaschen. Mit einer Durchlaufgeschwindigkeit von 0,5 ml/Min. wurde das zu untersuchende Substrat mit Puffer durch die Säule gespült und im Fraktionssammler zu je 2 ml aufgenommen. Die Vorreinigung des NRV aus Sauerkirschen wird beschrieben und die Wirksamkeit der Fraktionen durch Abreiben auf Kotyledonen von jungen Gurkenpflanzen geprüft. Die Methode wird als sehr geeignet für die Reinigung von Suspensionen aller Viren empfohlen. J. Hartisch. 2420.

Brčák, Jaroslav; Praha, ČSAV, Fytopatol. Odd. Biol. Ústavu. Určování viru bramboru pomoci elektronvého mikroskopu a přenosem na diferenční hostitele. **(Bestimmung der Kartoffelviren mit Hilfe des Elektronenmikroskops und durch Übertragung auf den Differenzwirt.)** Sborník českoslov. Akad. zěmědelských Věd, rostlinná Výroba **8(35)** (1962) Nr. 1. S. 89–108. — 17 Abb., 43 Lit. Zus. in Russ., Engl.,

In der ČSSR sind 17 Kartoffelvirosen bekannt. Die Elektronenmikroskopie kann nur als Ergänzung anderer Verfahren dienen. Die Elektrogramme erlauben, das Virus der Stengelbuntkrankheit, das X-Virus sowie das Aucubamosaikvirus voneinander zu unterscheiden, während das M- vom S-Virus und A- vom Y-Virus nicht zu unterscheiden sind. Bei der Verwendung von Testpflanzen wird der Kreuztest im Falle von verschiedenen X-Virusstämmen und dort, wo es sich um Gruppen von Y-Virus-Stämmen handelt, nicht empfohlen. *Solanum demissum* A 6 (Hybride) eignet sich zur Diagnose von Y- und A-Virus durch Schalenteste. Als Testpflanzen für künstliche Übertragungen im Treibhaus werden empfohlen: *Physalis floridana* für die Übertragung der Blattrollkrankheit durch Blattläuse und *Solanum lycopersicum* für Orientierungsversuche zur Feststellung von Stolbur und Hexenbesenkrankheit. Ferner wird die Eignung und Qualität von etwa 20 Testpflanzen für die Diagnostik der Kartoffelvirosen besprochen. P. Bartoš. 2420.

Andrejew, S., Martens, B. und Moltschanowa, W. **Eine neue Qualitätsbestimmungsmethode bei der Anwendung von Pflanzenschutzmitteln.** Int. Z. Landwirtsch. [Sofia/Berlin] **1962** Nr. 4. S. 72–76. 2420.

Heinisch, E. und El-Rafie, S. M.; Berlin, Dtsch. Akad. der Landwirtsch.-Wiss., Biol. Zentralanstalt.; Kairo, Ein-Shams-Univ., Landwirtsch. Fak. **Chemische Methoden zum Nachweis oder zur Bestimmung von Pflanzenschutzmittelrückständen auf oder in pflanzlichem Erntegut. IV. Chlordan.** Nachrichtenbl. dtsch. Pflanzenschutzdienst [Berlin] [N.F.] **16(42)** (1962) Nr. 11. S. 225 bis 233. — 2 Abb., 5 Tab., 64 Lit. 3. Mitt. vgl. LZ. Abt. II **6** (1961) Nr. 2. S. 484.
Anhand der Lit. werden die chem., phys. und toxikol. Eigenschaften sowie die von den einzelnen Autoren ermittelten Rückstandswerte des Chlordan übersichtartig zusammengestellt. Unter weitgehender Anlehnung an die Bestimmungsmethoden von Harris (1951) und Williams (1957) wird jeweils eine Standardkurve aufgestellt. Die eigenen Untersuchungen bezogen sich auf Rückstandsbestimmungen an grünen Erbsenpflanzen, die zahlreiche störende Pflanzeninhaltsstoffe (vor allem Wachse) enthalten. Es werden 3 verschiedene Extraktions- und 4 Vorreinigungsverfahren zur Bestimmung von Chlordan-Rückständen im Boden und in der Pflanze beschrieben.
H.-J. Wasserburger. 2420

Archer, T. E., Zweig, Gunter, Winterlin, W. L. und Francis, E. K.; Davis, Univ. of California, Pesticide Residue Res. Residue analysis of phorate by cholinesterase inhibition after oxidation. **(Rückstandsanalyse auf Phorate durch Cholinesterasehemmung nach der Oxydation.)** J. agric. Food Chem. **11** (1963) Nr. 1. S. 58–63. 2420.

Sferra, P. R., Gibbs, S. D., Glass, E. H. und Taschenberg, E. F.; Geneva, New York State Agric. Exp. Stat. Chemical and biological analysis of diazinon on apples and grapes. **(Chemische und biologische Bestimmung von Diazinon auf Äpfeln und Weintrauben.)** J. econ. Entomol. **55** (1962] Nr. 5. S. 641–643. — 3 Tab., 2 Lit.
Rückstände von Diazinon (0.0-Diäthyl 0-(2-isopropyl-4-methyl-6-pyrimidinyl) thiophosphat) wurden chem. nach der Phosphatmethode (Hydrolyse und spektrophotometrische Messung der Molybdänblaufärbung) und nach der Sulfidmethode (Extraktion mit HBr (48%), Erhitzen und Bildung von Sulfid, Zusatz von Zinkacetatlösung und spektrophotometrische Messung des Sulfids als Methylenblau) bestimmt. *Drosophila melanogaster* diente zur biol. Bestimmung. Bei Aufwandmengen von 2 und 4 lb./100 gal./acre fanden sich folgende Rückstände in ppm (Tage nach der Behandlung): Äpfel: 1,1 (0), 0,04 (8), 0,1 (22); Weintrauben: 7–10 (0), 0,7 (7), 0,2 (14). Innerhalb von 1 Woche war der größte Teil der Rückstände abgebaut. Zur Ernte lagen nie mehr als 0,2 ppm vor. Beim Vergleich der chem. und biol. Bestimmungsmethoden wurden nur einmal 0,5 ppm weniger gefunden, im übrigen betrugen die Abweichungen 0,1 ppm. P. Neubert. 2420.

Giang, Paul A. und Schechter, M. S.; Beltsville, Md., U.S. Dep. of Agric., Entonol. Res. Div. Colorimetric method for the estimation of dimethoate residues. **(Colorimetrische Bestimmungsmethode für Dimethoaterückstände.)** J. agric. Food Chem. **11** (1963) Nr. 1. S. 63–66. 2420.

Graham, J. R. und Orwoll, E. F.; Middleport, N.Y., FMC Corporation, Niagara Chem. Div. Colorimetric method for the determination of ethion of residues. **(Colorimetrische Bestimmungsmethode für Ethionrückstände.)** J. agric. Food Chem. **11** (1963) Nr. 1. S. 67–69. 2420.

Grainger, John; Auchincruive, Ayr, Scotland Agric. Coll., Dep. of Plant Pathol. Potato physiology and varietal efficiency in disease behaviour. **(Kartoffelphysiologie und Sortenwirtschaftlichkeit im Verhalten gegen Krankheiten.** Europ. Potato J. [Washington] **5** (1962) Nr. 4. S. 267–279. – 4 Abb., 1 Tab., 5 Lit. Zus. in Franz., Dtsch.
Frühe Pflanzungen der frühen Sorte 'Epicure' an der Küste von Schottland erlitten durch Befall mit dem Kartoffelnematoden einen etwa 30%igen Ertragsausfall. Dem steht ein 80–100%iger Ausfall bei Spätkartoffeln gegenüber, der durch die unterschiedliche Wirkung der Temperatur auf Wirt und Parasiten verursacht wird. Da die Lebensprozesse des Kartoffelnematoden bei Bodentemperaturen unter 7 °C gehemmt sind , konnte die Sorte 'Epicure' vor dem Auftreten höherer Temperaturen Knollen bilden. Regelmäßige Untersuchungen von Proben dieser Sorte ergaben, daß Sorten, die durch Nematoden wenig geschädigt werden, die Fähigkeiten haben müssen: 1. einen großen Teil ihrer Trockengewichtskomponenten den Knollen zuzuführen; 2. ihre Knollenbildung bei niedrigen Temperaturen und kurzen, trüben Tagen zu beginnen; 3. die Knollenbildung bei höheren Temperaturen und längeren, heiteren Tagen fortzusetzen. Die Bewertung der Sortenwirtschaftlichkeit (''varietal efficiency'') der Knollenproduktion – als dem Verhältnis der Knollentrockenmasse zur Trockenmasse der übrigen Pflanzenteile – ergab, den verschiedenen Temperaturen und Tageslängen gegenübergestellt, einen guten Maßstab für die Eignung einer Sorte, dem Nematodenbefall zu entgehen. – Die Sorten 'Epicure' und 'Kerrs Pink' sind beide genetisch anfällig für Krautfäule. Beobachtungen während der Vegetation zeigten, daß die Sorten zu verschiedenen Zeiten befallen werden. Ein Befall der Blätter erfolgt nur, wenn das Verhältnis von Gesamtgewicht der Kohlenhydrate in der ganzen Pflanze zu Trockengewicht der oberirdischen vegetativen Pflanzenteile > 1 ist (physiol. Barriere). Dies war bei 'Epicure' bereits Anfang Juni der Fall, so daß nach Auftreten einer Beaumont-Periode diese Sorte befallen wurde. Die Sorte 'Kerrs Pink' wurde später anfällig und nach Auftreten entspr. Witterungsbedingungen von *Phytophthora* befallen. Ch. Pfeffer. 2450.

Zamfirov, C. (Samfirow, Z.) Srokŭt na seitbata na pšenicata i ečemika kato sredstvo za borba sŭs žitnite muchi. **(Der Saattermin für Weizen und Gerste als Mittel zur Bekämpfung der Getreidefliegen.)** Rastitelna zaštita, Sofija **10** (1962) Nr. 4. S. 29-40. – 2 Abb., 7 Tab., 17 Lit. Zus. in Russ., Engl.
Die größten Schäden erleidet der Weizen durch Getreidefliegen wenn die Aussaat im Sept. erfolgt. Die Ertragsverluste betragen 10–14%. Beim Auflaufen der Saat in der Zeit vom 7. bis 13. Okt. betragen die Verluste 5–8% und beim Auflaufen um den 24.–25. Okt. 6–9%. Läuft die Saat nach dem 12. Nov. auf, liegen die Ertragsausfälle bei 10–13%. Die mittleren Weizenerträge betrugen in der 7jährigen Untersuchungsperiode: 24, 26, 28 und 20 dt/ha. Die Hauptschäden werden durch die Larven der Herbstgenerationen von *Oscinosoma frit* L., *Chlorops pumilionis* Bjerk., *Phorbia securis* Tiensuu, *P. peniciliifera* Jermi und *Mayetiola destructor* Say verursacht. Der günstigste Aussaattermin für Weizen liegt in der ersten Okt.-Hälfte und für Gerste Ende Sept./Anfang Okt. A. Balewski. 2450.

Müller-Kögler, E.; Darmstadt, Biol. Bundesanst. für Land- und Forstwirtsch. **Tagesfragen bei Insektenkrankheiten.** Dtsch. entomol. Z. [N. F.] **9** (1962) Nr. 5. S. 461–464. – 10 Lit.
Nach einer kurzen historischen Rückschau weist Vf. auf die aktuellen Probleme der Insektenpathologie in Form einer zusammenfassenden Übersicht hin und

weist auf die einzelnen Ref. des Symposiums „Insektenkrankheiten" bei der Tagung der Deutschen Gesellschaft für Angewandte Entomologie und der Deutschen Entomologischen Gesellschaft in Berlin (28.9. 1961) hin.
G. Kerner. 2470.

Knipling, E. F.; Beltsville, Md., U.S. Dep. of Agric., A. R. S., Entomol. Res. Div. Potentialities and progress in the development of chemosterilants for insect control. **(Möglichkeiten und Weiterentwicklung der chemischen Sterilisierung für die Schädlingsbekämpfung.)** J. econ. Entomol. **55** (1962) Nr. 5. S. 782–786. – 3 Tab., 9 Lit. 2470.

Kring, James B.; New Haven, Conn., Agric. Exp. Stat. Decay of plants and mortality among wireworms. **(Pflanzenfäulnis und Drahtwurmsterblichkeit.)** J. Insect. Pathol. **4** (1962) Nr. 2. S. 257–266. – 4 Abb., 1 Tab., 10 Lit.
Beobachtungen in Connecticut zeigten, daß die Verbreitung von Elateriden-Larven und der durch sie verursachte Schaden auf den Feldern erheblich nachließ. Als Ursache wurden *Pseudomonas*-Arten ermittelt, die sich auf Pflanzen vermehrten, die als Gründung in den Boden eingepflügt worden waren. Labor.-Untersuchungen ergaben, daß die Larven von *Limonius agonus* (Say), *Agriotes mancus* (Say), *Ctenicera tarsalis* (Melsheimer) und *Melanotus* sp. nicht durch Infektion, sondern durch Berührung mit den Stoffwechselprodukten der Bakterien abgetötet wurden, bes. durch solche Stämme, die den Farbstoff Fluorescin an ihre Umgebung abgaben. Getöteten Larven waren gestreckt und wiesen noch einige Tage nach dem Tode ihre natürliche Farbe auf. Larven, die frühzeitig aus dem mit *Pseudomonas* behafteten Erdboden oder von einer entspr. Kulturschale entfernt, gewaschen und mit frischer Nahrung versehen wurden, überlebten. Beide Tatsachen sprechen für eine Intoxikation. G. Kerner. 2470.

Ignoffo, Carlo M.; Brownsville, Tex., Dep. of Agric. The susceptibility of Pectinophora gossypiella (Saunders) to intrahemocoelic injections of Bacillus thuringiensis Berliner. **(Die Empfindlichkeit von Pectinophora gossypiella [Saunders] für Injektionen von Bacillus thuringiensis Berliner in die Leibeshöhle.)** J. Insect Pathol. **4** (1962) Nr. 1. S. 34–40. – 2 Abb., 2 Tab., 8 Lit.
Für die Versuche wurden Larven des 4. Stadiums verwendet, und zwar „short-cycle" Larven (**LI**) (normale Verpuppung innerhalb einer Woche nach Vollendung der Larvenentwicklung) sowie auch „long-cycle" Larven (**LII**) (um 30 Tage verzögerte Verpuppung). Den mit CO_2 betäubten Larven wurden 9 verschiedene Sporenkonz. injiziert. Für **LI** betrug die LD_{50} 27,3 ± 3,9 Sporen/Larve bzw. 1,1 Sporen/mg Körpergewicht. Die LT_{50}-Werte bei Injektion von nach Zehnerpotenzen gestaffelten Sporenkonz. von 749000 bis 74,9 waren 4,4; 6,2; 8,4; 10,6 und 13,5 Std. Für **LII** wurde eine LD_{50} von 30,7 ± 2,1 Sporen/Larve bzw. 1,3 Sporen/mg Körpergewicht ermittelt. Der Unterschied in der LD_{50} zwischen **LI** und **LII** ist nicht signifikant. W. Lehmann. 2470.

Ignoffo, Carlo M.; Brownsville, Tex., Dep. of Agric. The effects of temperature and humidity on mortality of larvae of Pectinophora gossypiella (Saunders) injected with Bacillus thuringiensis Berliner. **(Die Wirkung von Temperatur und Feuchtigkeit auf die Sterblichkeit der Larven von Pectinophora gossypiella [Saunders] nach der Injetion von Bacillus thuringiensis Berliner.)** J. Insect Pathol. **4** (1962) Nr. 1. S. 63–71. – 2 Abb., 4 Tab., 4 Lit.
„Long-cycle"-Larven von *P. gossypiella* (die Verpuppung ist gegenüber den normalen Larven um 30 Tage verzögert) wurden 7,33 ± 0,48 . 10^5 Sporen je Larve injiziert. Diese Menge verursachte bei 29 °C innerhalb von 6 Std. eine 100%ige Mortalität. Ausgehend von der LT_{50} erwies sich 40,1 °C als die für die Wirkung günstigste Temperatur. Bei 51,2 und 8,6 °C war die Sporeneinspritzung wirkungslos; bei Überführung in optimale Temperaturen wurden

aber diesem Bereich entspr. Mortalitätsverhältnisse erzielt. Verschiedene Feuchtigkeitsstufen beeinflußten die Mortalität injizierter Raupen nicht. Die für das Wachstum von *B. thuringiensis*-Kulturen ermittelten Zeiten stimmten gut mit den LT_{50}-Werten infizierter Larven für die jeweilige Temperaturstufe überein. Die günstigste Temperatur für die Keimung von *B. thuringiensis*-Sporen betrug 51,2 °C, für die Vermehrung (2- auf 16 Zellenstadium) 31,1 °C.
W. Lehmann. 2470.

Untersuchungen über die Epidemiologie der Kohleule in Abhängigkeit von biotischen Faktoren. Kleinmachnow, Biol. Zentralanst. Dtsch. Akad. Landwirtsch.-Wiss. Berlin Plan-Nr.: 170 110 h 2–34/0. 22. S. Wiss.-Ber. (21/3. 1963). – 18 S. Anlage.
Die in Zuchten von *Mamestra brassicae* L. (Kohleule) auftretende hohe Raupenmortalität wurde durch eine Polyederinfektion verursacht, wie die Untersuchung der Raupen ergab. Auch im Freiland wurde die Krankheit nachgewiesen. In 99% aller untersuchten Raupen (n = 4028) wurde eine Polyederinfektion festgestellt. Es gibt eine Primärinfektion der Raupen vom Ei her, der die jüngsten Stadien (1. und 2.) in den ersten beiden Lebenswochen erliegen. Infektionsversuche beweisen die Pathogenität der Polyeder. Die LT_{50} – d.h. der Verlauf der Absterbekurve – ist zunächst abhängig von der Infektionsstärke, aber auch von der Temperatur. Die Veränderungen der Populationsdichte im Freilandinsektarium bestätigten die Annahme der Polyedrose als Hauptbegrenzungsfaktor. Gruppenversuche zeigten, daß durch Besprühen der Futterpflanzen mit einer Polyeder-Aufschwämmung ein Bekämpfungserfolg erzielt werden kann. Nach weiterem Ausbau der Infektionstechnik im Feldversuch werden Bekämpfungen auf größeren Schlägen versuchsmäßig durchzuführen sein. Nach Klärung der damit verbundenen Fragen kann die Methode in die Praxis eingeführt werden. 2470.

Krieg, A.; Darmstadt. **Neues über insektenpathogene, kristallbildende Bazillen.** Anz. Schädlingskunde verein. Schädlingsbekämpf. **35** (1962) Nr. 12. S. 182–188. – 2 Abb., 44 Lit. Zus. in Engl.
Die insekticide Wirkung von *Bacillus-thuringiensis*-Präparaten beruht auf dem Sporen-Endotoxin-Komplex und dem von den vegetativen Zellen einiger Varietäten in das Kulturmedium abgeschiedenen Exotoxin. Neben der Endotoxinwirkung, die vom Gehalt an parasporalen Kristallen (% Kristalle bezogen auf die Sporenzahl) und dem durchschnittl. Volumen der Kristalle abhängt, kann die Infektionswirkung durch die Sporen von Bedeutung sein; durch eine starke Vermehrung der Sporen im Darm wird eine Untersdosierung des Präparates ausgeglichen. Andererseits ist die Infektionswirkung nicht so groß, daß unkrontrollierbare Epizootien entstehen. Während auf bestimmte Arten, z. B. *Bombyx mori*, bereits das Endotoxin allein wirkt, sind bei anderen Wirten, z. B. *Anagasta kühniella* (Zell.), infektiöse Sporen erforderlich. Die unterschiedliche Reaktion verschiedener Lepidopteren-Arten auf Sporen oder Endotoxin soll vom pH-Wert des Darmes abhängen. Sehr empfindlich gegen den Sporen-Endotoxin-Komplex sind die *Pieridae* und *Hyponomeutidae*, rel. unempfindlich sind die *Noctuidae*. Die Spezifität des Sporen-Endotoxin-Komplexes bedingt die Bienenungefährlichkeit. Das Exotoxin, das bei der Aufbereitung der Kulturen leicht abzutrennen ist, wirkt jedoch nicht nur auf Bienen, sondern auch auf andere Hymenopteren und bes. Dipteren. Versuche zur Bekämpfung von Fliegenlarven in Fäkalien durch Verfütterung von Exotoxin-haltigen Präparaten an Vieh und Geflügel verliefen erfolgreich. Latente Virosen werden bei Infektion mit *B. thuringiensis* aktiviert.
W. Lehmann. 2470.

Cooke, Roderic C.; Birmingham, Univ., Bot. Dep. The ecology of nematode-trapping fungi in the soil. **(Die Ökologie nematodenfangender Pilze im Boden.)** Ann. appl. Biol. **50** (1962) Nr. 3. S. 507–513. – 3 Abb., 1 Tab., 11 Lit.

Bei Zugabe von 3 g Saccharose zu 250 g nichtsterilisiertem Boden erhöht sich die Aktivität eines Gemisches nematodenfangender Pilze bis zu 4 Wochen, bleibt bis zu 8. Woche unverändert hoch, sinkt dann allmählich und erreicht in der 12. Woche den Ausgangspunkt. Die maximale Aktivitätsperiode der einzelnen Pilzarten ist zeitlich verschieden. Ähnlich wie der Aktivitätsgrad der Pilze verändert sich die Nematodenpopulation. Einem Anstieg bis zur 5. Woche folgt eine langsame Verminderung. Bei höheren Rohrzuckergaben nimmt die Aktivität der Pilze ab, während die Nematodenpopulation erheblich ansteigt; bei geringeren Gaben (1–2 g/250 g Boden) sind die Verhältnisse umgekehrt. In einem Versuch mit nematodenfreiem Boden und bei Zugabe von 2,5 g zerkleinerten Kohlblättern bzw. 3 g Zucker/250 g Boden entwickelten sich die Pilze in beiden Varianten gut, bildeten jedoch keine Fanghyphen. Es wird darauf hingewiesen, daß weitere Einzelheiten der vielseitigen Wechselbeziehungen zwischen den verschiedenen Fangpilzen, der org. Bodensubst. und den Nematoden geklärt werden müssen, ehe eine allg. Anwendung der Fangpilze zur biol. Nematodenbekämpfung vorgeschlagen werden kann.
H. Stelter. 2470.

Pääsuke, Mari; Alnarp, Schweden, Staatl. Inst. für Gartenbau. **Vorläufige Mitteilungen zur Bekämpfung von Pratylenchus penetrans durch Raubpilze.** Acta Agric. scand. 12 (1962) Nr. 3. S. 135–147. – 7 Abb., 2 Tab., 14 Lit.
Nematodenfangende Raubpilze wurden bei 17–19 °C auf Getreidemehlagar kultiviert und nach Zugabe von verschiedenen Nematodenarten das Einfangen der Nematoden durch die Pilze beobachtet. Von fanghyphenbildenden Raubpilzen (näher bestimmt wurden die Arten *Arthrobotrys oligospora*, *A. dactyloides* und *A. cladodes*) werden stacheltragende und Nematoden ohne Mundstachel angegriffen, während endozoische Raubpilze nur stachellose Nematoden befallen können. Zur biol. Bekämpfung wird den erstgenannten größere Bedeutung beigemessen. *Pratylenchus penetrans* wird infolge der geringen Größe und der im Verhältnis zu anderen Arten langsamen Fortbewegung von Fangpilzen schneller eingefangen als andere Nematodenarten. In einem Obstquartier war nach ausreichender Gründüngung die Entwicklung und Aktivität der Fangpilze begünstigt. Die Population von *P. penetrans* war auf den Parzellen mit Gründüngung und den mit Nematiciden behandelten Parzellen in gleichem Umfange reduziert. Durch regelmäßige Anwendung von Gründüngung im Obstbau werden nach Ansicht des Vf. Schäden durch *P. penetrans* vermieden oder zumindest vermindert. H. Stelter. 2470.

Drechsler, Charles; Beltsville, Md., Plant Ind. Stat., Crops Res. Div. A nematode-capturing phycomycete with distally adhesive branches and proximally imbedded fusiform conidia. **(Ein nematodenfangender Phycomycet mit distaler Verzweigung und proximal verschmolzenen Konidien.)** Amer. J. Bot. **49** (1962) Nr. 10. S. 1089–1095. – 46 Abb., 12 Lit.
Es wird ein neuer nematodenfangender Phycomycet beschrieben. Es handelt sich um *Acaulopage pectospora* n.sp. Er läßt sich auf Maismehl-Agar kultivieren. Mit seinen distalen Verzweigungen heftet er sich am Nematoden an und dringt schließlich in den Körper ein. Die Morphologie und der Infektionsverlauf werden anhand von Abb. beschrieben. Auffällig ist, daß die starke distale Verzweigung erst nach Eindringen in den Nematoden in charakteristischer Form ausgebildet wird. Die Untersuchungen wurden an einer *Bunonema*-Art durchgeführt. Die Versuchsmethode wird beschrieben.
R. Fritzsche. 2470.

Stammer, H. J.; Erlangen, Zool. Inst. **Protozoen und Würmer als Parasiten in Insekten.** Dtsch. entomol. Z. [N.F.] 9 (1962) Nr. 5. S. 441–460. – 12 Abb., 2 Tab., 79 Lit.
Nach einer taxonomischen Übersicht der bisher bekannten Parasiten unter Hinweis auf die einschlägige Lit. gibt Vf. eine Einschätzung des parasitischen

Einflusses auf die verschiedenen Insektenarten. — Von den Protozoen haben die Sporozoen, insbes. die Gregarinen und die Mikrosporidien entscheidende Bedeutung, während von den Rhizopoden nur 2 Arten parasitisch wirksam werden. Vf. weist auf Krankheitsfolgen und komplexe Erscheinungen, auf geringe Abwehrreaktionen von Seiten der Insekten sowie auf die praktische Anwendung von Mikrosporidien (Sporensuspensionen) gegen gradierende Lepidopteren hin. — Von den Würmern treten 5 Gruppen der Nematoden als echte Parasiten auf. Bei den Tylenchiden ist die Schädigung i. allg. nur gering, dagegen bei den Mermithiden und Gordiiden recht groß. Befallene Insekten haben kaum die Chance zu überleben, da Abwehrreaktionen zumeist fehlen. Es kann zu völliger Sterilisation der Wirte kommen. Bei einzelnen Insektengruppen sind intersexuelle Erscheinungen, habituelle Umwandlungen und Reduktionen die Folge des Parasitismus. Die Anwendung von Nematoden im Rahmen der biol. Schädlingsbekämpfung befindet sich im Versuchsstadium, da sie insbes. von Züchtung und Vermehrung der Parasiten abhängig ist. G. Kerner. 2470.

Poinar jun., George O. und Gyrisco, George G.; Ithaca, N.Y., Cornell Univ. Studies on the bionomics of Hexamermis arvalis Poinar and Gyrisco, a mermithid parasite of the alfalfa weevil, Hypera postica (Gyllenhal). **(Untersuchungen der Bionomie von Hexamermis arvalis Poinar et Gyrisco, einem in Hypera postica [Gyllenhal] parasitierenden Mermithiden.)** J. Insect Pathol. 4 (1962) Nr. 4. S. 469–483. — 4 Abb., 1 Tab., 9 Lit.
Vff. fanden i. J. 1959 in einigen Larven des 4. Stadiums von *Hypera postica* (1955 erstmalig in Orange County, New York, entdeckt) parasitierende Nematoden, die sie als *Hexamermis arvalis* beschrieben. *H. arvalis* wurde auch in Puppen und Imagines von *H. postica* festgestellt. Die Anzahl der parasitierten Larven korrelierte mit der Dichte der Käferlarvenpopulation und erreichte Anfang Juli das Maximum (33%). Die Nematodenlarven schlüpfen im Frühjahr aus den im Boden abgelegten Eiern und dringen wahrscheinlich aktiv in die Wirtslarve ein. Nach 7–12täg. Entwicklung (günstigste Temperatur 26 °C) verlassen sie den Wirt und vollenden ihre Entwicklung im Boden. Die Käferlarven sterben während oder kurz nach dem Schlüpfen der Nematodenlarven. Da fast ausschl. männliche Nematoden aus *H. postica* schlüpften, vermuten Vff., daß sich Weibchen in anderen Insekten mit längerer Larvenentwicklungszeit entwickeln. *Hexamermis*-Larven wurden in Heuschrecken, *Nabis ferus* und *Lygus lineolaris* gefunden. Auf Grund des unregelmäßigen und rel. seltenen Vorkommens von *H. arvalis* kann vorläufig von der Parasitierung kein wirtsch. ins Gewicht fallender Nutzen erwartet werden.
W. Lehmann. 2470.

Silva, Mervyn D. De; Rahangala, Agric. Res.Stat. A preliminary list of the native parasites and predators of insect pests in Ceylon. **(Eine vorläufige Liste der einheimischen Parasiten und Räuber von schädlichen Insekten auf Ceylon.)** Trop. Agriculturist [Peradeniya, Ceylon] **117** (1961) Nr. 2. S. 115 bis 141. 2470.

Tyler, P. S. On an infection of Tribolium spp. by the sporozoan Triboliocystis garnhami Dissanaike. **(Über eine Infektion von Tribolium spp. durch das Sporozoon, Triboliocystis garnhami Dissanaike.)** J. Insect Pathol. 4 (1962) Nr. 2. S. 270–272. 2470.

Mackauer, M.; Frankfurt/M., Univ., Zool. Inst. **Spezifische Parasiten der Acyrthosiphon-Macrosiphum-Gruppe und Grundfragen der Wirtsbindung der Blattlaus-Schlupfwespen (Homoptera: Aphididae—Hymenoptera: Aphidiidae).** Z. angew. Entomol. **50** (1962) Nr. 1. S. 125–131. — 1 Abb., 2 Tab., 7 Lit.
Die Wirtsbindung einiger Vertreter der Aphidiiden-Gattungen *Aphidius* Nees, *Trioxys* Hal. und *Binodoxys* Mack. wird in Beziehung gesetzt zur Ver-

wandtschaft der Gattungen der Wirtsblattläuse, wobei das Aphiden-System von Hille Ris Lambers als Grundlage benutzt wird. Der Verwandtschaft der Gattungen um *Acyrthosiphon* Mordv. einerseits und *Macrosiphum* Pass. andererseits entsprechen 2 *Aphidius*-Gruppen. Auch die „*Sitobion*-Gruppe“, bestehend aus den Aphiden-Gattungen *Sitobion* Mordv. und *Metopolophium* Mordv. hat ihre zusammengehörigen *Aphidius*-Arten. Es wird gefolgert, daß Wirte und Parsasiten eine parallele Evolution im Sinne der Fahrenholzschen Regel durchgemacht haben, und daß ökol. und ethol. Faktoren eine untergeordnete Rolle gespielt haben. F. P. Müller. 2470.

Jaques, R. P.; Kentville, Nova Scotia, Canada Dep. of Agric.; Ithaca, N.Y. Stress and nuclear polyhedrosis in crowded populations of Trichoplusia ni (Hübner). **(Stress und Kernpolyedrose in Populationen von Trichoplusia ni [Hübner] mit überhöhter Dichte.)** J. Insect Pathol. **4** (1962) Nr. 1. S. 1–22. — 1 Abb., 9 Tab., 25 Lit.
Bei der Zucht von *Trichoplusia ni* in Petrischalen trat bei großer Populationsdichte (20 Larven pro Schale) die Kernpolyedrose häufiger auf als bei 1–10 Larven pro Schale. Eine gegenseitige Infizierung der Larven in den Schalen ist nicht ausgeschlossen, aber sehr unwahrscheinlich. Die Infektion war bereits vor Versuchsbeginn erfolgt; das Zuchtmaterial war nicht virusfrei. Der Ausbruch der Viruskrankheit erfolgte aber erst bei Aktivierung des Virus durch „stress“-erzeugende Umweltfaktoren. Wurde mit Polyeder infiziertes Futter gereicht, stieg die Anzahl der erkrankten Larven bei hoher Populationsdichte bis auf den 8fachen Wert gegenüber den Zuchten mit wenig Larven pro Schale. Die gegenseitige Störung der Larven bei großer Populationsdichte wirkt sich auch auf die Art der Nahrungsaufnahme in Abweichungen vom normalen Randfraß aus. Wachstum, Entwicklung und Puppengewicht verhielten sich i. allg. umgekehrt proportional zur Populationsdichte. Alle diese Beobachtungen beweisen, daß Übervölkerung einen „stress“ verursacht.
W. Lehmann. 2470.

Dorožkin, N. A. und Strel'skaja, O. Ja. (Doroshkin, N. A. und Strelskaja, O. Ja.); Beloruss. Forsch.-Inst. für Obst-, Gemüse- und Kartoffelbau. Ėkonomičeskaja ėffektivnost' bor'by s boleznjami kartofelja. **(Der wirtschaftliche Nutzen der Bekämpfung von Kartoffelkrankheiten.)** Zaščita rastenij ot vreditelej i boleznej, Moskva **7** (1962) Nr. 11. S. 15–17. — 3 Tab. 2500.

Michalski, K. **Pflanzenschutz bei Zuckerrüben.** Int. Z. Landwirtsch. [Sofia/Berlin] **1962** Nr. 4. S. 70–72. 2500.

Bovey, R. Directives pour les traitements antiparasitaires en arboriculture, en viticulture et en grande culture 1963–1964. **(Richtlinien für die Schädlingsbekämpfung im Obstbau, Weinbau und in der Landwirtschaft 1963/64.)** Agric. romande [Lausanne] **2** (1963) Nr. 1. S. 1. 2500.

Ehrenhardt, H. und Grosser, H. U.; Neustadt/Weinstr., Landes-Lehr- und Forsch.-Anst. für Wein- und Gartenbau. **Die Schädlingsbekämpfung im Weinbau aus der Sicht betriebswirtschaftlicher Überlegungen.** Dtsch. Weinbau **17** (1962) Nr. 16. S. 594–600. 2500.

Baker, Kenneth F.; Berkeley, Univ. of California, Dep. of Plant Pathol. Thermotherapy of planting material. **(Hitzebehandlung von Pflanzenmaterial.)** Phytopathology **52** (1962) Nr. 12. S. 1244–1255. — 5 Abb., 58 Lit. 2500.

Untersuchungen über saat- und pflanzgutübertragbare Krankheiten an Zierpflanzen für Exportzwecke. a) Bekämpfung von Krankheiten an Gladiolenbrut durch Heißwasserbehandlung. Kleinmachnow, Biol. Zentralanst. Dtsch. Akad. Landwirtsch.-Wiss. Berlin Plan-Nr.: 170 110 h 2–22/0. 24 S. Wiss. Ber. (18/3. 1963). — 10 Anlagen.

Ein Weg zur Sanierung des von knollenbürtigen Mykosen bedrohten Gladiolenanbaues und zur Hebung der Exportwürdigkeit der Sproßknollen bietet sich in der Warmwasserbehandlung der Brut. In neuentwickelten Benetzungs-Warmbeizgeräten der SAG „Flugbrandbekämpfung" wurde die entscheidene Rolle des Behandlungstermins und seiner Relation zum Ruhestand der Brut, der Behandlungstemperatur und weiterer Faktoren untersucht. Außer Vegetationsversuchen, deren Deutung durch das Auftreten von Sekundärinfektionen erschwert wird, werden Labor.-Methoden mitgeteilt: Tetrazolium- und Sprühtest zur Ermittlung der Triebkraftverhältnisse und ein Plattentest zum Nachweis des fungitoxischen Effektes besprochen. Als Testkrankheit wurde in erster Linie *Stromatinia gladioli* (Drayt.) Shetz. benutzt. Nach den bisherigen Erfahrungen ist der Zeitraum zwischen 3. Dez.- und 1. Febr.-Dekade eine Beiztemperatur von höchstens 55 °C und eine Benetzung mit 5–10% Wasser bei Behandlung in dem von uns benutzten Gerät als optimal für die bestmögliche Entseuchung unter weitgehender Schonung der Brut anzusprechen. 2500.

Peew, P. **Zusammenarbeit bei der Bekämpfung des Blauschimmels des Tabaks** Int. Z. Landwirtsch. [Sofia/Berlin] **1962** Nr. 4. S. 116–117. 2500.

Trouvelot, A. (unter techn. Mitarb. von Stocky, G.); Colmar, Inst. Nat. de la Rech. Agronomique, Stat. de Pathol. Végétale. Effet de quelques traitements fongicides sur le mildiou du tabac, au champ. **(Wirkung einiger Fungicidbehandlungen gegen den Tabakblauschimmel im Freiland.)** Rev. int. Tabacs **37** (1962) Nr. 357. S. 195–200. 204. 2500.

Kröber, Heinz und Maßfeller, Dietrich; Berlin-Dahlem, Biol. Bundesanst., Inst. für Mykol. **Untersuchungen über die Eignung von Maneb- und Zinebpräparaten zur Bekämpfung von Peronospora tabacina an Tabak.** Nachrichtenbl. dtsch. Pflanzenschutzdienstes [Braunschweig] **14** (1962) Nr. 8. S. 113–118. – 5 Abb., 1 Tab., 11 Lit. Zus. in Engl.

Auf Grund umfangreicher Gewächshausversuche in den Jahren 1960–1962 wird die Eignung von Maneb-Präparaten (70–85% Wirkstoff) und Zineb-Präparaten (65–80% Wirkstoff) zur Bekämpfung von *Peronospora tabacina* an Tabak (vorwiegend Sorte 'Burley E', z. T. auch Sorten vom Geudertheimer-, Havana- und Virginia-Typ) miteinander verglichen. Dabei erwies sich Maneb hinsichtlich seiner fungiciden Wirksamkeit, der Wirkungsdauer und der Regenbeständigkeit dem Zineb deutlich überlegen. Außerdem waren alle Manebpräparate in den praktisch erforderlichen Konz. bei sämtlichen geprüften Sorten voll verträglich. Da Maneb keine curative Wirkung besitzt, müssen die Bekämpfungsmaßnahmen prophylaktisch durchgeführt werden.
J. Merker. 2500.

Ragimov, U. (Ragimow, U.) Bor̆ba protiv mučnistoj rosy tykvennych kul'tur. **(Bekämpfung des Mehltaus der Kürbiskulturen.)** Soc. s. ch. Azerbajdžana **1961** Nr. 9. S. 46–47. – Aus: Referativnyj žurnal. Biologija, Moskva **1962** Nr. 5. G 487. S. 60.

Gegen den Mehltau der Kürbisgewächse wurde eine Reihe von Fungiciden geprüft (Aserbaidshan. Landwirtsch. Inst.). Die besten Ergebnisse wurden durch zweimaliges Spritzen mit einer 0,5%igen Kolloidschwefel-Suspension auf Kaolin und mit 1%igem TMTD erzielt. Die 2. Spritzung mit der S-Suspension auf Kaolin hat 10–14 Tage nach dem ersten Spritzen zu erfolgen.
übersetzt v. G. Boetticher. 2500.

Zaleski, K. und Cichosz, E. Dwuletnie doświadczenia ze zwalczaniem amerykańskiego mącznIaka agrestu (Sphaerotheca mors uvae [Schw.] Berk. et Curt.). **(Zweijährige Versuche zur Bekämpfung des Amerianischen Stachelbeermehltaues [Sphaerotheca mors uvae (Schw.) Berk. et Curt.].)** Prace Inst.

Sadownictwa Skierniewicach **6** (1962) S. 179–196. – 3 Abb., 5 Tab., 17 Lit. Zus. in Russ., Engl.

Mit den Versuchen wurde i. J. 1957 am Inst. für Obstbau in Dąbrowica begonnen. Das ganze Quartier erhielt eine einheitliche Bodenbearbeitung (Schwarzbrache) und Düngung i. J. 1956 Stalldung, in den nächsten Jahren ausschl. Mineraldüngung von 4 kg N, 32 kg P_2O_5 und 90 kg K/ha. Kulturmaßnahmen, Kupferkalk Urania, Formalin und Kalkarsenat zeigten keine Wirkung gegen *Sphaerotheca mors uvae.* Am besten wirkten Kupferkalkbrühe, gefolgt von Kolloidschwefel. Schwefelpräparate verursachten aber Verbrennungen. Am empfindlichsten zeigten sich die Sorten 'Hönings Früheste', und' Grüne Hansa', völlig resistent war 'White Smith'. J. Pragłowski. 2500.

Russell, R. C. The production of smut-free barley seed as a community project. **(Die Erzeugung flugbrandfreien Gerstensaatgutes als ein Gemeinschaftsprojekt.)** Empire J. exp. Agric. **30** (1962) Nr. 120. S. 286–294. – 1 Abb., 8 Tab., 6 Lit.

Das Projekt wurde in einem 200 miles² großen Gebiet um die in der kanadischen Provinz Saskatchewan gelegenen Stadt Kelvington durchgeführt. Eigens für dieses Projekt wurden Geräte zur Heißwasserbehandlung und Trocknung der behandelten Körner gebaut. Die verschiedenen Arbeiten an diesem Projekt wurden von einer Fachkommission angeleitet. Der Brandbesatz ging auf Grund der Saatgutbehandlung zwar deutlich zurück, doch kam es zu Keimstörungen. Trotz strenger Isolierung im Testgebiet von verseuchten Feldern trat zur Blütezeit eine erneute Infektion auf, da es offenbar zu einem Windtransport der Sporen gekommen war. Da jedoch als abs. brandfrei deklariertes Saatgut keinen Preisaufschlag gegenüber solchem mit einer Toleranzgrenze von 4% erfuhr, war dem Projekt sozusagen die ökon. Grundlage entzogen. Dies führte nach 8 Jahren zur Auflösung. W. Fleischmann. 2500.

Forsyth, F. R. und Broadwell, C. E.; London, Ontario, Pesticide Res. Inst. Control of Cercospora leaf spot of sugar beets with protective fungicides. **(Bekämpfung der Cercospora-Blattfleckenkrankheit an Zuckerrüben mit Fungiciden.)** J. Amer. Soc. Sugar Beet Technologists **12** (1962) Nr. 2. S. 91 bis 93. – 1 Tab., 4 Lit. 2500.

Couey, Melvin H. und Uota, M.; Fresno, Calif., U.S. Horticult. Field Stat.; U.S. Dep. of Agric., Agric. Marketing Serv., Market Quality Res. Div. Effect of concentration, exposure time, temperature, and relative humidity on the toxicity of sulfur dioxide to the spores of Botrytis cinerea. **(Die Wirkung der Konzentration, der Behandlungsdauer, der Temperatur und der rel. Luftfeuchtigkeit auf die Toxizität von Schwefeldioxyd gegen Sporen von Botrytis cinerea.)** Phytopathology **51** (1961) Nr. 12. S. 815–819. – 4 Abb., 1 Tab., 8 Lit.

Botrytis cinerea Fr. wurde von infizierten Weintrauben isoliert und bei 20 °C auf Kartoffel-Dextrose-Agar zur Sporenbildung kultiviert. In bes. Kammern wurden die Sporen SO_2 unterschiedlicher Konz. unter Variierung auch anderer Umweltbedingungen ausgesetzt. Nach der Behandlung kamen die Sporen auf nährstofffreie Gelatine. Sie wurden 20 Std. bei 20 °C bebrütet und dann der Anteil gekeimter Sporen ermittelt. Bei sonst konstanten Umweltbedingungen nahm die Toxizität des SO_2 mit zunehmender Konz. in linearer Weise zu. Die Toxizität nahm mit zunehmender Behandlungsdauer ebenfalls zu. Bei Sporen, die während der Behandlung trocken gehalten wurden, war die Keimung weniger beeinträchtigt als bei feuchten Sporen. Das wird auf den Wasserfilm der Sporen mit den darin gelösten SO_2-Mengen bzw. auf den Einfluß des Wassers auf die Physiologie der Sporen zurückgeführt. Die rel. Luftfeuchtigkeit hat ebenfalls einen großen Einfluß auf die Toxizität des SO_2. Sie war bei 96% rel. Luftfeuchtigkeit 23mal so groß wie bei 75% und mindestens

11000mal so groß wie bei 0%. Im Bereich zwischen 0° und 30 °C nahm die Toxizität mit 10 °C Temperaturerhöhung um den 1,5fachen Wert zu.
G. Otto. 2500.

Decker, H. **Möglichkeiten und Probleme der Nematodenbekämpfung.** Wiss. Z. Univ. Rostock, math.-naturwiss. R. **11** (1962) Nr. 2. S. 289–297.
2500.

Franz, W.; Lübeck, Bezirksstelle für Pflanzenschutz. **Eine erfolgversprechende Möglichkeit zur Bekämpfung freilebender Nematoden im Maiblumenanbau.** Gesunde Pflanzen **15** (1963) Nr. 2. S. 30–32. 2500.

Janýčka, A.; Olomouc, ČSSR, ČSAZV-Výzkomný Ústav Zelinářsky. **Beiträge zum Schutz von Knoblauch gegen das Stockälchen in der ČSSR.** Dtsch. Akad. Landwirtsch.-Wiss. Berlin, Tagungsber. **1962** Nr. 51. S. 107 bis 110. — 2 Abb., 6 Tab. Zus. in Russ., Engl. 2500.

Raschke, K. und Pieroh, E. A.; Berlin, Schering AG. **Ergebnisse von Freilandversuchen zur Bekämpfung des Kartoffelnematoden (Heterodera rostochiensis) mit Methylisothiocyanat.** Z. Pflanzenkrankh. (Pflanzenpathol.) Pflanzenschutz **69** (1962) Nr. 11/12. S. 667–680. — 1 Abb., 10 Tab., 8 Lit.
Der Einsatz von Trapex, einem Methylisothiocyanat, bietet eine Möglichkeit zur Bekämpfung des Kartoffelnematoden. Die Aufwandmenge beträgt 150 cm^3/m^2. Der erzielte Abtötungserfolg lag bei 99,7–99,9% der Zysten. Die Ausbringung des Präparates muß in ungefähr 20 cm Bodentiefe erfolgen, da der Wirkstoff leicht flüchtig ist. Neben der nematiciden besitzt Trapex auch eine herbicide Wirkung. Die Wirksamkeit des Präparats wird nicht durch die Bodenart, wohl aber durch freies Ammoniak entwickelnde Dünger beeinflußt. Unter Berücksichtigung der einzuhaltenden Karenzzeit, kann Trapex zu jeder Jahreszeit zur Anwendung kommen. Die hohen Kosten der chem. Bodenentseuchung ermöglichen vorerst nur eine beschleunigte Sanierung von Infektionsherden in Pflanzkartoffelflächen. R. Reich. 2500.

Kříž, Josef und Taimr, Lubomír; Žatec, Výzkumný Ústav Chmelařský; Ruzyně, Výzkumný Ústav Rostlinné Výroby. Prověření sortimentu organofosfátů, akaricidů a ovicidů v boji proti mšici a svilušce chmelové. **(Überprüfung des Sortiments von Organophosphaten, Akariciden und Oviciden im Kampf gegen die Hopfenblattlaus und Spinnmilbe.)** Rostlinná Výroba 8(**35**) (1962) Nr. 8. S. 1053–1080. — 8 Abb., 12 Tab., 34 Lit. Zus. in Russ., Dtsch.
Es werden die Ergebnisse von Vergleichsversuchen in Hopfenanlagen mit 23 chem. Präparaten gegen die Hopfenblattlaus und Spinnmilbe besprochen. Geeignet waren systemische Organophosphate auf Demeton- oder Thiometbasis wegen ihrer längeren Residualwirkung. Systemische Präparate mit geringer Residualwirkung auf Phosdrinbasis sollen in der Vorernteperiode als Ersatz für das ungeeignete Malathionpräparat Phosphation verwendet werden. Die einzelnen Präparate und ihre Wirkung, die wirksamste Aufwandmenge und Konz. sowie die günstigsten Spritztermine werden besprochen.
M. Pštross. 2500.

Szirmai, János, Molnár, Bélánó und Virág, János. Vírusterjesztö levéltetvek elleni preventív védekezés szisztemikus szerekkel cukorrépában a szaporítóanyag kezelése útján. **(Vorbeugende Bekämpfungsmaßnahmen gegen virusübertragende Aphiden mit systemischen Mitteln bei der Zuckerrübe durch Behandlung der Vermehrungsbestände.)** Növénynemesítési és Növénytermesztési Kutató Intézet Közleményei, Sopronhorpács [Mitt. Forsch.-Inst. Pflanzenzücht. Pflanzenbau, Sopronhorpács] **1** (1961, hrsg. 1962) S. 303–320. — 6 Tab., 9 Lit. Zus. in Russ., Engl., Dtsch. Aus: Ung. Agrar-Rdsch. **1963** Nr. 1.
Die Versuche dienten der Verhinderung einer frühzeitigen Virusinfektion der Zuckerrüben durch Aphiden und zur Ermittlung der Wirkungsdauer der

durch das Saatgut absorbierten systemischen Insekticide. Das Saatgut wurde 15 Min. lang mit 0,1; 0,5; 1; 5 und 10%igen Lösungen von Systox, Metasystox und Ekatin getaucht. Im Gewächshaus wurden in 5–10täg. Intervallen auf die jungen Pflanzen *Doralis fabae* angesiedelt, um ihre Mortalität festzustellen. Alle geprüften Mittel schädigten bei einer Konz. von 5% und darüber die Keimfähigkeit der Samen. Als bestes Mittel hat sich Systox in 0,1–0,5%iger Lösung erwiesen, die Pflanzen blieben praktisch 30 Tage lang läusefrei. Die 0,5%ige Lösung beeinträchtigte die Keimung. Ähnliche Wirkung zeigte Metasystox, jedoch erst bei Konz. von 0,5–1,0%, sie hielt allerdings etwas länger an als jene von Systox. 1%ige Metasystox- und Ekatin-Beizlösungen hielten die Pflanzen bis zu 25 Tagen nach dem Aufgang läusefrei. Die Absorption des Beizmittels konnte erhöht werden, wenn die Rübenköpfe der Samenträgerstecklinge 10 Min. lang in 1%ige Metasystox-Lösung eingetaucht wurden. Die Wirkung des Insekticids hielt auf den so behandelten Samenträgern bis zur Blüte an. Es wurde festgestellt, daß die Beizung des Saatgutes und das Eintauchen der Rübenköpfe allein keine nennenswerte Verminderung der Virusinfektionen und auch keine Erhöhung des Samenertrages bewirkten. Die im Freiland durchgeführten Versuche mit der Beizung des Saatgutes und der 3maligen Spritzung (mit Metasystox und Ekatin) der Rübenstecklinge zeigten, daß gegenüber dem in den unbehandelten Samenträgern feststellbaren 79%igen Virusbefall die gebeizten + gespritzten Parzellen infolge der vorjährigen Behandlung mit 58–60%igen Befall am wenigsten infiziert waren, wogegen die nur gespritzten Parzellen 69–63% Befall aufwiesen. Die allg. starke Infektion der Samenträger hat bewiesen, daß die Virusinfektion zum größten Teil in der Stecklingsperiode erfolgt. Somit haben sich die Bekämpfungsmaßnahmen hauptsächlich auf die Stecklingsrüben zu erstrecken. Der höchste Samenertrag wurde auf den gebeizten + gespritzten Parzellen beobachtet. 2500.

Kunz, G.; Plaußig, Kreis Leipzig, Versuchsstat. für Pflanzenschutz des VEB Fettchemie Karl-Marx-Stadt. **Zur Bekämpfung der Kommaschildlaus durch Winterspritzung.** Obstbau [Berlin] **3** (1963) Nr. 3. S. 44–45. 2500.

Steinhauer, A. L., Blickenstaff, C. C. und Adler, V. E.; College Park, Univ. of Maryland. Beltsville, Md., U.S. Dep. of Agric., A.R.S., Entomol. Res. Div. Experiments on alfalfa insect control in Maryland. **(Versuche zur Bekämpfung der Luzerneinsekten in Maryland.)** J. econ. Entomol. **55** (1962) Nr. 5. S. 718–722. – 7 Tab., 5 Lit.

In Maryland sind folgende 4 Insektenarten als bedeutende Luzerneschädlinge anzusehen, wobei die ersten 3 Arten vor dem ersten Schnitt auftreten: *Hypera postica* (Gyllenhall), *Macrosiphum pisi* (Harris), *Philaenus spumarius* (L.) und *Empoasca fabae* (Harris). Vff. führten Feldversuche zur Bekämpfung der 3 ersten Arten durch. Dabei ergab es sich, daß eine Behandlung zur Bekämpfung aller 3 Arten nicht ausreichte. Die besten Erfolge wurden mit Guthion(R) in einer Aufwandmenge von 0,5 bis 1 lb./acre und der Kombination Malathion-Methoxychlor in Aufwandmengen von 1 bis 1,5 lb./acre erzielt. Zur Bekämpfung von *H. postica* ist eine Stäubung mit Heptachlor in einer Aufwandmenge von 1 lb./acre Mitte Nov. günstig. Zur Frühjahrsbekämpfung sind die neuen Präparate Geigy 30494 S in der Aufwandmenge von 1,5 lb./acre und Stauffer R-1504 in der Aufwandmenge von 1 lb./acre vorteilhaft.

K. Geißler. 2500.

Kal'bergenov, G. K. und Ljach, A. I. (Kalbergenow, G. K. und Ljach, A. I.); Nemtschinowka, Gebiet Moskau, Inst. für Landwirtsch. des Nichtschwarzerde-Gebietes. Udobrenie v smesi s insekticidom. **(Düngung im Gemisch mit Insekticiden.)** Zaščita rastenij ot vreditelej i boleznej, Moskva **7** (1962) Nr. 8. S. 35. – 1 Tab.

Zur Bekämpfung von Drahtwürmern wurde granuliertes Superphosphat mit Insekticidzusatz geprüft. Die besten Ergebnisse wurden durch den Zusatz von 2% Heptachlor erhalten. Hierdurch stieg der Ertrag um 92% gegenüber der Kontrolle. Zusatz von 2% Lindan zum granulierten Superphosphat ergab eine 35%ige Ertragssteigerung. Bei der Saatgutbehandlung mit Lindan betrug die Ertragssteigerung entspr. 39%. H. Decker. 2500.

Großflächenbekämpfungsversuche auf Böden, die von der Larve des Brachkäfers (Amphimallus solstitialis L.) verseucht sind: Grünanlagen, Sport- und Flugplätze. Kleinmachnow, Biol. Zentralanst. Dtsch. Akad. Landwirtsch.-Wiss. Berlin Plan-Nr.: 170 110 h 2-54/0. 25 S. Wiss. Ber. (21/3. 1963). – 4 Anlagen.

Der Populationsanstieg des Brachkäfers *Amphimallus solstitialis* L. im vergangenen Jahrzehnt von 1951–1961 erforderte Erarbeitung geeigneter Untersuchungsmethoden zur Klärung biol. Fragen sowie die Anlage von Großversuchen zur Bekämpfung des Larvenstadiums auf Grünflächen. Für die Fluggebiete der DDR wurde eine 2jährige Generationsfolge festgestellt. Die Flugjahre sind die Jahre mit ungeraden Zahlen. Für das Ansteigen einer Population scheinen hohe Julitemperaturen im Flugjahr ausschlaggebend zu sein. Zur Larvenbekämpfung wurden überwiegend Lindanpräparate angewendet. Bei Rasenneuanlagen erwies sich das flache Einarbeiten von 100 kg/ha Arbitex-Bodenstreumittel als ausreichend zur Eliminierung der Larven. Grünflächen konnten durch Gießen mit 0,2%iger Hl-Spritzmittellösung bei einem Flüssigkeitsaufwand von 6 l/m² entseucht werden. Das konz. Ausspritzen des gleichen Präparates bei gleicher Gammagabe/ha bei Regen, erbrachte ebenfalls gute Ergebnisse. 2500.

Brooks, R. F. und Thompson, W. L.; Lake Alfred, Florida Citrus Exp. Stat. Control of black scale in Florida. **(Die Bekämpfung von Saissetia oleae in Florida.)** J. econ. Entomol. **55** (1962) Nr. 5. S. 813–814. – 2 Tab., 6 Lit.

Saissetia oleae (Bernard) wird im *Citrus*-Anbau Floridas zu einem ernsten Problem durch seine überreiche Produktion von Honigtau. Auf diesem Honigtau siedelt sich ein Schwärzepilz an, der Früchte und Blätter überzieht. Als Folge dieser Infektion kann es zu Laub- und Fruchtfall sowie Absterben der Bäume kommen. Die Bekämpfungsversuche wurden in einer stark durchseuchten Anlage bei Clermont durchgeführt. Es wurden die Präparate Guthion 25 W, Parathion 15 W und 25 W in Konz. von 0,5 bis 1 lb. zu 3 verschiedenen Terminen (4. Mai, 17. Mai und 7 Juni) angewendet. Die besten Ergebnisse wurden mit Guthion 25 W am 17. Mai erzielt, da zu diesem Zeitpunkt der Schädling seine größte Populationsdichte erreicht hatte.

K. Geißler. 2500.

Brunson, M. H., Koblitsky, Louis und Chisholm, R. D. Effectiveness and persistence of insecticides applied during the summer months to control oriental fruit moth on peach. **(Wirksamkeit und Beständigkeit von Insekticiden, die während der Sommermonate zur Bekämpfung von Grapholitha molesta ausgebracht wurden.)** J. econ. Entomol. **55** (1962) Nr. 5. S. 728–733. – 6 Tab., 8 Lit.

Die vorliegende Arbeit stellt eine Überarbeitung des bisherigen Spritzprogramms zur Bekämpfung von *Grapholitha molesta* (Busck) in Pfirsichanlagen dar, das eine Behandlung mit DDT 6 und 3 Wochen vor der Ernte vorsah. Vff. führten ihre Versuche mit den Sorten 'Summercrest' und 'Elberta' im zentralen Teil von New Jersey durch. Die genannten Sorten wiesen in den letzten 19 Jahren durch *G. molesta* einen durchschnittl. Fruchtverlust von 23,3% auf. Die Anwendung von EPN, Parathion, Sevin(R), sowie Guthion(R) zwischen dem 10. Juli und dem 1. Aug. verhinderten den Befall. Entspr. Untersuchungen ergaben einen unterschiedlichen Insekticidgehalt der Früchte und Blätter. Biotestversuche zeigten eine unterschiedliche Wirksamkeit gegen die einzelnen Stadien des Schädlings bis zu 3 Wochen nach der Behandlung. K. Geißler. 2500.

Zamfirov, C. (Samfirow, Z.) Borbata s švedskata mucha (O. frit L.) pri ovesa posredstvom naprašvaneto na poseva s insekticidi. **(Bekämpfung der Fritfliege [O. frit L.] an Hafer durch Bestäubung der Saat mit Insekticiden.)** Izvestija na Selskostopanskija naučnoizsledovatelski institut – Kneža, Sofija 3 (1962) S. 171–180. – 7 Tab., 5 Lit. Zus. in Russ., Engl.
Mehrjährige Versuche zur chem. Bekämpfung der Fritfliege durch ein-, zwei- und dreimaliges Stäuben der Saaten mit verschiedenen Insekticiden führten zu folgenden Ergebnissen: Bei zwei- und dreimaligem Stäuben mit HCH (12 und 20% Hexachloran) in Dosen von 20 kg/ha vermindern sich die Schäden um etwa 50–60%, während die Kornerträge um 11,6–18,9% steigen; die übrigen Insekticide, wie DDT (5%), Naphthalin + DDT (5%), DD (5%) + HCH (12%) in gleichen Mengenverhältnissen und Toxaphen, führten zu einer geringeren Senkung der Schäden und geringerer Steigerung der Kornerträge. Der höchste Reinertrag wird durch zwei- und dreimaliges Stäuben mit HCH (12%) sowie DDT (5%) im Gemisch mit HCH (12%) erzielt. Die erste Behandlung ist zu Beginn der Flugzeit der aus den überwinterten Puppen hervorgegangenen Fliegen und die weiteren 1-2 Behandlungen sind während des Massenfluges der Fliege durchzuführen. A. Balewski. 2500.

Maskell, F. E.; Cambridge, Nat. Agric. Advisory Serv. Insecticidal sprays for the control of wheat bulb fly larvae. **(Insekticidspritzungen zur Bekämpfung der Brachfliegenlarven.)** Plant Pathol. **11** (1962) Nr. 4. S. 177–180. – 3 Tab., 7 Lit. 2500.

Tomlinson, J. A.; Wellesbourne, Warwick Nat. Vegetable Res. Stat. Control of lettuce mosaic by the use of healthy seed. **(Die Bekämpfung des Salatmosaiks durch Verwendung gesunden Saatgutes.)** Plant Pathol. **11** (1962) Nr. 2. S. 61–64.
Versuche in den Jahren 1959 und 1960 in Großbritannien bestätigten die i. J. 1952 in den USA gewonnenen Ergebnisse, daß durch das Salatmosaik verursachte Ertragsausfälle durch Verwendung von gesundem Saatgut, d. h. solchem mit weniger als 0,1% infizierter Samen und isolierten Anbau nahezu vermieden werden können. Während bei gesundem Saatgut und isoliertem Anbau 7 Tage vor der Ernte nur max. 4,5% der Pflanzen mosaikkrank waren, wiesen die Bestände aus Saatgut mit 2,2–5,3% infizierten Samen 25–96% kranke Pflanzen auf. Beim Anbau von gesundem und krankem Saatgut in unmittelbarer Nachbarschaft waren 11–45% der Pflanzen krank. Es wird betont, daß zu einer wirksamen Bekämpfung neben gesundem Saatgut unbedingt ein isolierter Anbau notwendig ist. Da der Virusnachweis bei den auf den Versuchsfeldern häufig vorkommenden Wirtspflanzen *Senecio vulgaris* L. und *Sonchus asper* Hoffm. in allen Fällen negativ verlief, wird ihnen keine Bedeutung für das Auftreten des Salatmosaiks beigemessen.
E. Vorsatz. 2500.

Toxikologie von Pflanzenschutzmitteln. Kleinmachnow, Biol. Zentralanst. Dtsch. Akad. Landwirtsch.-Wiss. Berlin Plan-Nr.: 170 110 h 2– 41/7. Abschlußber. (6/3. 1963).
Ausgehend von der Erkenntnis, daß für die hygienisch-toxikologische Beurteilung von mit Pflanzenschutzmitteln behandelten Lebens- und Futtermitteln, die Toxizität der Präparate einerseits und deren Menge andererseits von wesentlicher Bedeutung sind, wurden die folgenden Untersuchungen unternommen: 1. Zusammenstellung einer Dokumentation über die toxischen Eigenschaften aller im Pflanzenschutz, der Unkrautbekämpfung, dem Vorrats- und Holzschutz sowie der Human- und Veterinärhygiene angewendeten

chem. Präparate. Die Dokumentation wurde in Form von ca. 4000 Ref. auf Karteikarten festgehalten und ist die Basis eines gegenwärtig in Bearbeitung befindlichen Sammelwerkes. 2. Zusammenstellung einer Dokumentation über das Vorkommen und die Beständigkeit von Rückständen der bei 1. genannten Körperklassen an Lebens- und Futtermitteln, die ca. 2000 Ref. umfaßt. 3. Erarbeitung von teilweise bereits standardisierungsfähigen chem. Analysenmethoden zum Nachweis bzw. zur Bestimmung von toxischen Rückständen der folgenden Insekticide an pflanzlichem Erntegut: DDT, HCH, Lindan, Chlordan, Toxaphen, Aldrin, Dieldrin, Endrin, Parathion, Parathion-methyl, Malathion, Demeton, Demeton-methyl, Tinox und DNOC. 2505.

Šumakova, A. A. (Schumakowa, A. A.) Itogi ispytanija novych fungicidov. **(Ergebnisse der Prüfung neuer Fungicide.)** Zaščita rastenij ot vreditelej i boleznej, Moskva 7 (1962) Nr. 10. S. 29–30. 2510.

Schicke, Peter; Ingelheim/Rh., Fa. C. H. Boehringer Sohn, Wiss., Abt. **Die fungizide und keimhemmende Wirkung eines unverdünnten Präparates auf Basis Na-N-Methyldithiocarbamat im Boden.** Nachrichtenbl. dtsch. Pflanzenschutzdienstes [Braunschweig] **14** (1962) Nr. 9. S. 142–143. – 2 Tab., 1 Lit.

Da durch ein neu entwickeltes Gerät (Meyer, Rellingen) die Möglichkeit geschaffen worden ist, Na-N-Methyldithiocarbamat (31%ige wäßrige Lösung = Vapam) unverdünnt auszubringen, untersucht Vf. diese Anwendungsform auf fungicide und keimhemmende Wirkung. Als Vergleichspräparat wurde eine 20%ige xylolische Lösung von Methylisothiocyanat verwendet. Kressesamen und Filterscheiben, die von *Fusarium culmorum* durchwachsen sind, werden in bestimmte Bodentiefen in Glaszylinder ausgelegt, die unterste Bodenschicht mit der dosierten Präparatmenge behandelt und nach 3 Tagen die Kresse auf Keimfähigkeit, das rückisolierte *Fusarium* auf Agarplatten getestet. Sogar in lufttrockenem Boden ist das unverdünnte Mittel noch voll wirksam. Die selbsttätige Durchdringung des Bodens sinkt mit steigender rel. Wassersättigung und ist außerdem von der Dauer der Einwirkung abhängig. Herta Schmidt. 2510.

El-Nawawy, Ahmed S., El-Kheshein, S. A. und Abdel-Wahab, A. M. Relation between chemical structure and biological activity. **(Die Beziehung zwischen chemischer Struktur und biologischer Aktivität.)** Alexandria J. agric. Sci. **9** (1961) Nr. 2. S. 141–154. – 5 Tab.

Nach dem Prinzip von Kovalent-Elektrovalent von Nawawy und Kheshein (vgl. Alexandria J. agric. Res. **1960** [Jan.]) wurden 18 Verbindungen von Isothiouronsalzen der Tolylthioglykolsäure und deren Natriumsalze synthetisch hergestellt. Der Einfluß dieser Produkte auf *Fusarium oxysporum* wurde untersucht. Es zeigte sich, daß je größer das Kation ist, desto stärker dessen Einfluß, d. h. je höher seine Affinität zum Wasser, desto stärker die Wirkung. Eine Änderung der Molekülstruktur bewirkt eine höhere toxische Wirkung. Daraus erfolgt eine Eliminierung der phytotoxischen Wirkung auf Baumwolle. H. Hamdi. 2510.

Anonym. **TBTO hat als Fungizid gute Aussichten.** Chem. & Ind. **14** (1962) Nr. 9. S. 536.

Vor 3 Jahren hat die Firma Metal & Thermixt Corp. unter dem Handelsnamen „TBTO" das Bis-(Tri-n-butyl-zinn)-oxyd als Fungicid auf den Markt gebracht. Es hat trotz seines hohen Preises von 4 $/lb. eine überraschend gute Aufnahme gefunden. Die Firma glaubt, daß bis zum Jahr 1970 ein Umsatz von 25 Mill. $ möglich ist. Hauptanwendungsgebiete des TBTO sind die Bekämpfung von Pilzen, Bakterien, Algen und Seewasserorganismen. So wird es auch zur Wasserreinigung und als Zusatz zu Schiffsanstrichen eingesetzt. Das TBTO wird nach dem Grignardierungsverfahren gewonnen. Auf die technologischen Probleme wird hingewiesen. Die Hauptschwierigkeiten lagen in der Gewinnung reiner Ausgangsstoffe. Dietz. 2510.

Petrlík, Zdeněk und Štys, Zdeněk; Žatec, Výzkumný Ústav Chmelařský. Zkušenosti s úsporným postřikem chmele proti peronospoře. **(Erfahrungen über wirtschaftliche Spritzmaßnahmen im Hopfen gegen Peronospora.)** Rostlinná Výroba **8(35)** (1962) Nr. 8. S. 1111–1126. – 3 Abb., 9 Tab., 9 Lit. Zus. in Russ., Dtsch.
In den Jahren 1958–1961 wurden in vergleichenden Feldversuchen 3 Typen von Sprühgeräten geprüft, und zwar ein Gerät der Fa. Platz und 2 „Solo-Rex." Davon waren das Sprühgerät der Fa. Platz und eines der Solo-Rex-Geräte Anhängegeräte mit Motor für Kompressor- und Ventilatorantrieb und das 3. ein Anbausprühgerät. Der Wasserverbrauch verminderte sich um $^2/_3$, so daß pro ha statt der bisher ausgebrachten 1500–2500 l nur 400 bis 800 l Wasser benötigt wurden. Die biol. Wirksamkeit der geprüften Konz. war zufriedenstellend. Kuprikol verursachte in Konz. über 2% bei trockenem und sonnigem Wetter Verbrennungen an Dolden. Das Präparat Novozir N wirkte selbst in einer Konz. von 3% nicht phytotoxisch auf die Dolden. M. Pštross. 2510.

Shriver, David und Henneberry, Thomas J. Acaricidal properties of aramite and kelthane against two strains of two-spotted spider mite. **(Die acariciden Eigenschaften von Aramite und Kelthane gegen zwei Stämme von Tetranychus telarius.)** J. econ. Entomol. **55** (1962) Nr. 5. S. 617–618. – 3 Abb., 1 Lit.
In Labor.-Versuchen waren Kelthane-Beläge gegen Adulti und Jugendformen eines gegen Phosphorester resistenten und eines nichtresistenten Stammes der Spinnmilbe *Tetranychus telarius* (L.) sehr wirksam, während Aramite nicht oder weniger wirkte. Beide Wirkstoffe wirkten, wenn die Jugendstadien oder Eier der Milben in die Wirkstoffsuspension getaucht wurden. Erwachsene Weibchen des phosphoresterresistenten Stammes zeigten im Vergleich zum nichtresistenten Stamm gegen Aramite-Beläge eine verminderte Mortalität. Die Wirksamkeit der Wirkstoffbeläge hängt im hohen Maße von der Konz. der ausgebrachten Mittel ab. E. Königsmann. 2512.

Downing, R. S.; Summerland, Brit. Columbia, Canada Dep. of Agric., Res. Stat., Res. Branch. Polybutenes in orchard pest control. **(Polybutene zur Bekämpfung von Obstschädlingen.)** Canad. Entomologist **94** (1962) Nr. 11. S. 1222–1227. – 2 Tab., 7 Lit.
Die Versuche wurden vorrangig zur Bekämpfung der beiden Milbenarten *Panonychus ulmi* (Koch) und *Tetranychus mcdanieli* McG. durchgeführt, die innerhalb kürzester Zeit Resistenz gegen herkömmliche Acaricide zeigten. Daher wurden verschiedene Polybutene angewendet, die aber nur gegen *P. ulmi* wirkten, wenn die Behandlung bei Äpfeln während des Mausohrstadiums erfolgte. Mehrfach wiederholte Sommerspritzungen dagegen wirkten ausreichend gegen beide Arten. Anwendung der Präparate in hohen Konz. (3 bzw. 4%) brachte ausreichenden Schutz gegen *Psila mali* u. a. Schädlinge, gegen die Apfellaus aber war die Wirkung völlig unzureichend. So sind die Polybutene vorwiegend zur Bekämpfung der Milben geeignet.
K. Geißler. 2512.

Untersuchungen über die Wirkungsdauer von Insektizid-Sprühbelägen bei Flugzeugbehandlungen. Kleinmachnow, Biol. Zentralanst. Plan-Nr.: 170 110 h 1-10/0. Wiss. Ber. (18/3. 1963) Dtsch. Akad. Landwirtsch.-Wiss. Berlin.
Es wurde die Wirksamkeit von Ölsprühmitteln, die mit 5 l und mit 3 l/ha mit dem Flugzeug gegen den Kartoffelkäfer zum Einsatz kamen, untersucht. Das Eindringungsvermögen der Ölsprühschleier in den Kartoffelbestand

war bei beiden Aufwandmengen etwa dem eines Suspensionsmittels mit 200 l/ha annähernd gleichzusetzen. Mit 3 l war im Gegensatz zu 5 l/ha eine ausreichende Wirkung auf L_4b-Larven nur zu erreichen, wenn am Tage der Bekämpfung keine größeren Niederschläge fielen; während Schönwetterperioden entsprach der Endeffekt von 3 l dem von 5 l/ha. 2515.

Sherlock, E. Advances in the chemistry of phosphorousinsekticides. **(Fortschritte in der Chemie der Organo-Phosphor-Insecticide.)** Chem. & Ind. **14** (1962) Nr. 16. S. 715–720.
In einem Vortrag, vor der Abt. Schädlingsbekämpfung der Society of Chemical Industry am 16. 10. 1961 schilderte Vff. die Entwicklung der Organophosphor-Insekticide. Er knüpft an einen Vortrag von Schrader an, den dieser vor 15 Jahren vor dem gleichen Gremium hielt, an. Beginnend mit Parathion = E 605 und TEPP über Demeton (Schrader 1952 = Systox), das aus einem Gemisch aus 60% Demeton 0 (Systox) und Tetram (0.0-Diäthyl-S-2-diäthylaminoäthylthiophosphat) besteht, wird die Entwicklung zum Malathion und Menazon (S-(4.6-Diamino-1.3.5-triazin-2-yl)-methyl-0.0-dimethyldithiophosphat) geschildert, dessen Toxizität bei hervorragender spez. Wirkung z. B. nur $^1/_{100}$ der Toxizität des TEPP beträgt. In der anschließenden Diskussion wurden u. a. Fragen der Toxizität der Rückstände erörtert.
Rennert. 2515.

Wheatley, G. A., Hardman, J. A. und Strickland, A. H.; Wellesbourne, Warwick, Nat. Vegetable Res. Stat.; Harpenden, Herts, Plant Pathol. Lab. Residues of chlorinated hydrocarbon insecticides in some farm soils in England. **(Rückstände von Chlorierten Kohlenwasserstoff-Insekticiden in einigen Ackerböden Englands.)** Plant Pathol. **11** (1962) Nr. 2. S. 81–90. 2515.

Middlelem, C. H. van und Baranowski, R. M.; Gainesville, Univ. of Florida, Florida Agric. Exp. Stat. Phorate residues in tomato fruit and foliage. **(Phorate-Rückstände in Tomatenfrüchten und -blättern.)** J. econ. Entomol. **55** (1962) Nr. 5. S. 600–603. – 3 Abb., 4 Tab., 10 Lit.
Rückstände von Phorate (O.O.-Diäthyl S-[äthylthiomethyl]dithiophosphat) und seiner oxydierten Metabolite wurden in Tomatenfrüchten und -blätter nach der Cholinesterase-Methode bestimmt. Die Ausbringung des Mittels erfolgte granuliert im Bandverfahren beiderseits der gepflanzten Tomaten. Folgende Rückstände wurden in reifen Früchten ermittelt (ppm): 0,3–0,5 (unreife Frucht), 0,2 (halbreife Frucht), 0,1 (reife Frucht). Es ist möglich, bei dieser Ausbringungsart 5lb./acre zu verwenden, ohne daß merkliche Rückstände von Phorate oder seiner erhöht toxisch wirkenden oxydierten Metabolite in reifen Früchten auftreten. P. Neubert. 2515.

Shaw, F. R., Smith, C. Tyson und Fischang, W. J.; Amherst, Massachusetts Agric. Exp. Stat. Disappearance of guthion from forage crops in Massachusetts. **(Abnahme von Guthionrückständen auf Futterpflanzen in Massachusetts.)** J. econ. Entomol. **55** (1962) Nr. 5. S. 793–794. – 3 Tab., 7 Lit.
Guthion (O.O.-Dimethyl S-[-4-oxo-1.2.3-Benzotriazin-3-methyl]dithio-phosphat) wird zunehmend gegen Schadinsekten von Futterpflanzen verwendet. Vff. untersuchten deshalb Rückstände auf Luzerne, Rotklee und Ladino-Klee. Es ergeben sich folgende Werte in ppm (Tage nach der Behandlung). Luzerne: 77 (0), 4,5 (7), 0,04 (35) Aufwandmenge: 12 oz./acre; Rotklee: 28 (0), 2,9 (7) 0,4 (27) Ladino-Klee: 24 (0), 0,5 (14) Aufwandmenge: 8 oz./acre. Der Abbau des Wirkstoffs ist innerhalb von 14 Tagen auf 6–10% des Belages am Behandlungstag erfolgt. P. Neubert. 2515.

Mattick, L. R., Barry, D. L., Antenucci, F. M. und Avens, A. W.; Geneva, N. Y., Cornell Univ., New York State Agric. Exp. Stat. The disappearance of endrin residues on cabbage. **(Das Verschwinden von Endrinrückständen an Kohl.)** J. agric. Food Chem. **11** (1963) Nr. 1. S. 54–55. 2515.

Šabanova, M. P. (Schabanowa, M. P.) Itogi ispytanija fosfamida. **(Ergebnisse der Prüfung von Phosphamidon.)** Zaščita rastenij ot vreditelej i boleznej, Moskva 7 (1962) Nr. 11. S. 33-34. 2515.

Dirimanov, M. und Angelova, R. (Dirimanow, M. und Angelowa, R.) Dejstvieto na različnite insekticidi vŭrchu razvitieto na gŭbata Beauveria bassiana (Bals. Vuill.) **(Die Wirkung verschiedener Insekticide auf die Entwicklung des Pilzes Beauveria bassiana [Bals.] Vuill.)** Rastitelna zaštita, Sofija 10 (1962) Nr. 4. S. 63-67. – 3 Tab., 3 Lit. Zus. in Russ., Engl.
Vff. prüften die Wirkung von 22 Insekticiden auf *Beauveria bassiana*, wobei die Insekticide Mycel- oder Sporensuspensionen zugefügt wurden. Der Pilz wurde auf gekochten Maiskörnern gezüchtet und mit denselben vermahlen (Biopräparat). Am besten entwickelt sich der Pilz, wenn er mit DDT (5%) im Verhältnis 100:1 vermischt wird. Beim Vermischen des Biopräparats mit HCH (12%), unter Zusatz von 5% reinen Kiefernterpentins, im Verhältnis 100:1, Malathion im Verhältnis 100:0,3 und Intrathion im Verhältnis 100:1 entwickelt sich der Pilz nicht. Bei Vermischen des Biopräparats mit Duolit Extra im Verhältnis 100:1 und Ekation 100:1 entwickelt sich der Pilz nur sehr schwach oder überhaupt nicht. Beim Vermischen mit HCH, Nicotinsulfat oder Verindal im Verhältnis 100:0,2, Parathion im Verhältnis 100:0,1 und Systox im Verhältnis 100:0,06 entwickelt sich der Pilz schwach, dagegen gut beim Vermischen mit DDT (20%) im Verhältnis 100:1, Phonothion im Verhältnis 100:0,5, Dieldrin 100:1, Duotex 100:1, Alon-Kombi 100:0,3, Toxaphen 100:0,5, Erisit 100:0,1, Phencaptan 100:0,1 und Diazinon 100:0,1.
A. Balewski. 2515.

Scharen, Albert L.; Beltsville, Md., U.S. Dep. of Agric., A. R. S., Crops Res. Div. Inhibition of powdery mildew fungus by chlordane. **(Hemmung des Mehltaupilzes durch Chlordan.)** Phytopathology 52 (1962) Nr. 2. S. 173 bis 174. – 1 Tab., 2 Lit.
Bei Infektionsversuchen an Weizen, Sorte 'Little Club' mit *Erysiphe graminis* f. sp. *tritici* fiel auf, daß die Pflanzen nach Chlordan-Anwendung gegen Insekten, gesund blieben. Eingehende Untersuchungen ergaben, daß Chlordan in einer Konz. von 0,3% aktiver Subst. auf Pflanzen gesprüht, eine vorbeugende Wirkung gegen Mehltaubefall besitzt. *Puccinia graminis*, *Septoria tritici* und *S. nodorum* sowie einige Getreideviren werden nicht beeinflußt.
M. Schmiedeknecht. 2515.

Großversuche zur Nachprüfung der Gefährdung des jagdbaren Haar- und Federwildes durch Flächenbegiftung gegen die Feldmaus. Kleinmachnow, Biol. Zentralanst. Dtsch. Akad. Landwirtsch.-Wiss. Berlin. Plan-Nr.: 170 110 h 2-55/0. Abschlußber. (6/3. 1963).
Zur Lösung der Frage nach der Wildgefährdung durch Flächenbegiftung mit Toxaphen-Präparaten wurden Freilandversuche durchgeführt. An den Wald angrenzende Futterflächen wurden behandelt und das austretende Wild, Rehe und Hasen, bzw. in dem Areal ansässige Rebhuhnvölker vor und nach der Behandlung beobachtet. Dabei zeigte sich eine abschreckende Wirkung auf das Haarwild, mehr oder weniger stark ausgeprägt, während diese Haltung beim Federwild (Rebhühner) nicht beobachtet werden konnte. Kranke oder tote Tiere wurden in keinem Fall festgestellt. Die Nahrungsaufnahme war etwas gestört durch die abschreckende Wirkung. Für die Praxis gilt: Eine nach Anwendungsvorschrift zur rechten Zeit ausgeführte Flächenbegiftung ist weder für Haarwild noch für Federwild lebensgefährdend. Die Behandlung ist nach dem letzten Schnitt der überwinternden Flächen durchzuführen, die Bestände zur Saatgutgewinnung müssen früher behandelt werden. 2530.

Ubrizsy, G. und Vörös, J. **Antibiotika im Pflanzenschutz.** Int. Z. Landwirtsch. [Sofija/Berlin] 1962 Nr. 4. S. 67-69. 2535.

Krüger, W.; Potchefstroom, Republic of South Africa, Coll. of Agric. **Das Schicksal von Antibiotika in Tomatenpflanzen. II. Aufnahme, Transport und Stabilität von Antibiotica in Pflanzen.** Phytopathol. Z. **42** (1961) Nr. 4. S. 362–374. – 4 Tab., 33 Lit. 1. Mitt. vgl. LZ. Abt. II **7** (1962) Nr. 11. S. 3152.

Tomatenpflanzen, die 6 Std. mit ihren Wurzeln in Antibioticalösungen eintauchten, wurden nach dem Umtopfen zu verschiedenen Zeitpunkten auf ihren Gehalt an Antibiotica geprüft. Ein Konz.-Gefälle von den Wurzeln über die Stengel bis zu den Blättern bildete sich bei den meisten Antibiotica nicht aus. Penicillin G und Bacitracin wurden am schnellsten in die Blätter transportiert, sie waren andererseits die labilsten Antibiotica. Oleandomycin, Streptomycin und Agrimycin 100 wurden dagegen erst nach 4 Wochen inaktiviert. In den Bekämpfungsversuchen gegen den Erreger des Tomatenkrebses *Corynebacterium michiganense* konnte keine Korrelation zwischen Aufnahme, Transport und Stabilität der Antibiotica und der Wirkung auf den Erreger in vitro und in vivo festgestellt werden. H. Opel. 2535.

Lindgren, D. L., Gunther, F. A. und Vincent, L. E.; Riverside, Univ. of California, Citrus Res. Centre; Agric. Exp. Stat. Bromine residues in wheat and milled wheat fractions fumigated with methyl bromide. **(Bromrückstände in Weizen und Weizenmehlprodukten nach Räucherung mit Methylbromid.)** J. econ. Entomol. **55** (1962) Nr. 5. S. 773–776. – 4 Abb., 3 Tab., 9 Lit.

In den USA ist die Räucherung von Weizen und Weizenmehlprodukten zur Schädlingsbekämpfung weit verbreitet. Die Toleranzwerte für org. Bromverbindungen (berechnet auf Br) betragen 5 bis 240 ppm; für anorg. Bromverbindungen 50 ppm. Weizen mit einem Feuchtigkeitsgehalt von 9 bis 15% weist 6 Std. nach der Behandlung keine oder nur geringe Rückstände auf. Die Werte nehmen mit steigendem Feuchtigkeitsgehalt zu. Höhere Dosierung bei niederen Temperaturen hat geringere Rückstände zur Folge als im umgekehrten Fall. 2 Behandlungen im Abstand von 48 Std. hatten einen um 60 bis 70% höheren Bromgehalt als bei nur einer Behandlung. Bei Weizenprodukten nahm der Bromgehalt bei Behandlung vor dem Mahlen in der Reihenfolge Kleie, Mehl zu. K. Geißler. 2540.

Fields, Richard W. und King, Thomas H.; St. Paul, Univ. of Minnesota, Dep. of Plant Pathol. and Bot. Influence of storage fungi on deterioration of stored pea seed. **(Der Einfluß von Lagerpilzen auf die Wertminderung gelagerten Erbsensaatgutes.)** Phytopathology **52** (1962) Nr. 4. S. 336–339. – 3 Abb., 7 Lit.

Erbsensamen hoher Qualität wurden mit verschiedenen *Aspergillus*-Arten infiziert und bei verschiedenen Temperaturen (10–30 °C) und rel. Feuchtigkeitsstufen (75-92%) gelagert. Zur Kontrolle diente gleiches Saatgut, das ohne Infektion unter gleichen Bedingungen gelagert wurde. Die Besiedlung mit den Lagerpilzen und die Reduktion der Keimfähigkeit der Samen stieg mit steigendem Feuchtigkeitsgehalt, steigender Lagertemperatur sowie mit längerer Lagerzeit. Um die Keimfähigkeit zu erhalten, müssen entweder die Feuchtigkeit oder die Temperatur niedrig gehalten bzw. die Lagerzeit verkürzt werden. *A. flavus* war die pathogenste Art. Sie reduzierte nach 1 mon. Lagerung bei 30 °C und 92% rel. Luftfeuchtigkeit die Keimfähigkeit von 97 auf 22%. Bei 30 °C und 85% rel. Luftfeuchtigkeit wurde die Keimfähigkeit von 97 auf 70% gesenkt. M. Schmiedeknecht. 2540.

Woodroffe, G. E. The status of the foreign grain beetle, Ahasverus advena (Waltl) (Col., Silvanidae), as a pest of stored products. **(Über die Stellung von Ahasverus advena [Waltl] [Col., Silvanidae] als Vorratsschädling.)** Bull. entomol. Res. **53** (1962) Nr. 3. S. 537–540.

Ahasverus advena (Waltl) wird allg. nicht als Schädling pflanzlicher Vorratsgüter angesehen, sondern als ein Schimmelfresser. Man findet den Käfer vorwiegend an feuchten und schimmelnden Produkten, vor allem an ölhaltigen Samen tropischer Pflanzen und deren Erzeugnissen, wie Erdnüssen, Palmkernen, Kakaobohnen und Kopra. Unter Bedingungen, die dem Wachstum von Schimmelpilzen nicht förderlich sind (60–70% rel. Luftfeuchtigkeit [**r. L.**] und 25 °C), versuchte Vf., den Käfer auf verschiedenen Nahrungsstoffen zu züchten. Er stellte fest, daß *A. advena* bei 65% **r. L.** auf Getreideerzeugnissen (Haferflocken oder Weizenmehl) gedeihen kann, wenn der Nahrung getrocknete Bierhefe oder Weizenkeimlinge zugesetzt werden. Auch auf Weizenkeimlingen allein entwickelte sich der Käfer bei 65% **r. L.** und 25 °C, aber nicht auf ganzen oder beschädigten Weizenkörnern. Auf den ölhaltigen Samen und Pflanzenerzeugnissen war die Zucht ohne sichtbares Schimmelwachstum nicht unter 70% **r. L.** möglich, und auch dann nur mit mäßigem Erfolg auf Erdnüssen, nicht oder kaum jedoch auf Kopra, Kakaobohnen und Palmkernen. Bei 30 °C und 70% **r. L.** konnten Fraßspuren an Erdnüssen beobachtet werden. Vf. schließt, daß das Auftreten von *A. advena* vorwiegend deswegen auf schimmelnde Vorratsgüter beschränkt ist, weil es den meisten trockenen Pflanzenprodukten an Stoffen fehlt, wie sie nicht nur in den Schimmelpilzen, sondern auch in der Bierhefe und in Weizenkeimlingen vorhanden sind.

I. Bahr. 2540.

Bochow, H. **Fragen des Phytophthora-Warndienstes und der Phytophthora-Bekämpfung.** Wiss. Z. Univ. Rostock, math.-naturwiss. R. **11** (1962) Nr. 2. S. 281–287. 2550.

Untersuchungen zur Prognose von Pflanzenkrankheiten und Pflanzenschädigungen durch tierische Schädlinge im Rahmen der Objekte des Pflanzenschutzwarndienstes (Teilthema: Phytophthora-Prognose). Kleinmachnow, Biol. Zentralanst. Dtsch. Akad. Landwirtsch.-Wiss. Berlin Plan-Nr.: 170 110 h 2-32/6. 53 S. Wiss. Ber. (18/3. 1963)

In Freilandparzellen wurden 4jährige Untersuchungen über den Einfluß der Witterung auf Infektionsrate, Sporulationsstärke, Inkubationszeit, Größenzunahme der Läsionen und Absterbegeschwindigkeit der Blattfieder durchgeführt. Befallsbeobachtungen in einer Reihe von Kartoffelschlägen brachten Aufschlüsse über Beginn und Verlauf der Krautfäuleepidemie. Die Einzeluntersuchungen wurden zusammengefügt zu einem Gesamtbild der Witterungsabhängigkeit des Befallsablaufes. Eine auf dieser Grundlage und unter Auswertung der jüngsten ausländischen Erfahrungen auf diesem Gebiet entwickelte Prognose berücksichtigt im Gegensatz zu den älteren „Warnregeln" stärker die epidemiologischen Gesetzmäßigkeiten (Generationenfolge, Inkubationszeit usw.) und sieht eine graduelle Bewertung der Feuchtigkeits- und Temperaturbedingungen vor, wodurch die Festlegung starker Schwellenwerte vermieden werden kann. Ein weiterer Ausbau der Methode ist notwendig. Sie kann bereits jetzt dem Warndienst ein wertvolles Hilfsmittel zur Präzisierung der Warnungen sein und damit zur Verbesserung der Bekämpfungsmaßnahmen beitragen. 2550.

Huba, Alexander; Ivanka pri Dunaji, Pobočka Českoskov. Akad. Pôdohospordárskych Vied, Lab. Ochrany Rastlín. Prognóza šírenia a škodnosti červca sanchoskéno (Quadraspidiotus perniciosus COMST.) v Európe. **(Prognose der Verbreitung und Schädlichkeit der San José-Schildlaus [Quadraspidiotus perniciosus COMST.] in Europa.)** Pol'nohospodárstvo **9** (1962) Nr. 5/6. S. 415–422. — 3 Abb., 1 Tab., 3 Lit. Zus. in Russ., Engl.

Es wurden Faktoren untersucht, die die Verbreitung und Schädlichkeit der San José-Schildlaus *Quadraspidiotus perniciosus* Comst. beeinflussen. Die Temperatur hat sich dabei als der wichtigste Faktor gezeigt. Im Labor. und in Feldversuchen wurden 7,3 °C als Temperaturschwelle ermittelt; die

Temperatursumme eines Entwicklungszyklus beträgt 770 °C, wovon 200 °C auf die Entwicklung von L_1, 200 °C auf die Entwicklung von L_2 und 370 °C auf die Entwicklung des Weibchens und seines Nachwuchses entfallen. In der ersten Generation verkürzt sich die Entwicklung nach der Diapause um 70 °C. Als obere Temperaturgrenze sind 35 °C festgestellt worden. Auch die Diapause ist an eine bestimmte Temperatur gebunden, denn sämtliche L_1-Larven gerieten bei 14,2 °C in die Diapause, bei 23,2 °C setzten sie ihre Entwicklung fort. Die günstigsten Gebiete für die Verbreitung von *Q. perniciosus* Comst. in Europa sind solche, in denen die Entwicklung von 2 Generationen gegeben ist. In der ČSSR gibt es 4 verschiedene Zonen für die Entwicklung dieser Schildlaus: 1. Gebirgszonen, es kann sich keine Generation voll entwickeln, 2. Zonen, die für die Entwicklung einer Generation genügen, 3. Zonen mit fakultativer Möglichkeit der Entwicklung von 2 Generationen, 4. südliche Zonen mit regelmäßiger Entwicklung von 2 vollständigen Generationen.
P. Bartoš. 2550.

Erarbeitung von Grundlagen für langfristige Prognose zum Schadauftreten des Feldmaikäfers — Untersuchungen über den Einfluß der abiotischen Faktoren auf den Massenwechsel. Kleinmachnow, Biol. Zentralanst. Dtsch. Akad. Landwirtsch.-Wiss. Berlin Plan-Nr.: 170 110 h 2-36/1. Abschlußber. (6/3. 1963).
Es wurden 9 Hauptfluggebiete des Maikäfers herausgestellt und beschrieben: 1. Küstenflug, 2 Jahre nach Schaltjahr; 2. Landwirtsch. Großflug Halle-Magdeburg, 2 Jahre nach Schaltjahr; 3. Heideflug der Colbitz-Letzlinger Heide, 2 Jahre nach Schaltjahr; 4. Ruppiner Schaltjahrflug, 5. Thüringer Schaltjahrflug, 6. Elbsandstein-Zittauer Gebiergsflug, Schaltjahrflug; 7. Mischflug Bautzen-Löbau, 8. Mischflug Prenzlau-Angermünde, 9. Potsdamer Flug, 1 Jahr nach Schaltjahr. Die Hauptfluggebiete Nr. 1, 2, 5, 7, 8, 9 sind z. Z. schwach bis latent vertreten, der Abfall der Bevölkerungsdichte setzte i. J. 1958 ein. Der Ruppiner und der Zittauer Schaltjahrflug haben diesen Abfall kaum merklich erfahren. Demzufolge sind hier stärkere Engerlingsschäden zu erwarten. Die vorliegende Maikäferbefallskarte für das Gesamtgebiet der DDR ist eine zuverlässige Grundlage zur Prognose des Schadauftretens des Engerlings. 2550.

Vŭtov, V. und Zachov, S. (Wâtow, W. und Sachow, S.) Kontrol za napadenija ot zelenata dŭbova listovrŭtka i zimnite pedomerki. **(Befallskontrolle bei dem grünen Eichenwickler und den Frostspannern.)** Gorsko stopanstvo, Sofija 18 (1962) Nr. 7. S. 22–27. – 1 Abb., 2 Tab.
Vff. führten im Sept. und Okt. 1961 Leimringfänge durch, um die Stärke des Befalls durch Frostspanner i. J. 1962 voraussagen zu können. Als Maßstab wurde das Verhältnis der gefangenen ♀♀ zu den ♂♂ und der Länge des Leimringes angenommen. Für die Prognose des Eichenwicklerbefalls verwendeten Vff. Lichtfallen. Der auf Grund der Untersuchungen für das Jahr 1962 erwartete Befall wurde bestätigt. Die Eichenbestände im Ljulin- und Witoschagebirge litten 1962 so stark, daß die Bäume bei einer nicht termingemäß erfolgten Bekämpfung bis zu 50–60% entlaubt waren.
S. Nedjalkow. 2550.

Das Prognoseproblem des Apfelwicklers (Carpocapsa pomonella L.). Naumburg/S., Inst. Obstzücht. Dtsch. Akad. Landwirtsch.-Wiss. Berlin Plan: Nr.: 17 01 11h/2-16/0. 12 S. Abschlußber. (18/3. 1963).
Zur Verbesserung der Apfelwicklerprognose wurden verschiedene Kontrollmethoden für die Bestimmung des günstigsten Bekämpfungszeitpunktes geprüft. Am besten bewährt sich dabei ein Verfahren, bei dem der Zeitpunkt der Eiablage und des Fruchtbefalls in großräumigen Freilandkäfigen sicher ermittelt werden konnte. Untersuchungen über Ökologie des Schädlings zeigten, daß die Eiablage auch am Tage erfolgt. Während der natürliche

Flug des Wicklers zur Zeit des Sonnenuntergangs stattfindet, wurden die ersten Falteranflüge bei der UV-Lichtfalle 1–1 ½ Std. später registriert. Für eine richtige Einschätzung der Lichtfallenergebnisse ist die Hinzuziehung meteorol. Daten notwendig. 2550.

Posobie po bor'be s vrediteljami i boleznjami sel'skochozjajstvennych kul'tur. (Handbuch zur Bekämpfung der Krankheiten und Schädlinge der landwirtschaftlichen Kulturpflanzen.) 10., verb. u. erg. Aufl. Moskva: Sel'chozgiz. 1960 (615 S.) 8°. (1962 A 649)

Materialy simpoziuma po primeneniju biofiziki v oblasti zaščity rastenij. Oktjabr'. (Materialien des Symposiums über Anwendung der Biophysik auf dem Gebiete des Pflanzenschutzes.) Hrsg.: Vsesojuz. akad. sel'skochoz. nauk im. V. I. Lenina; Vsesojuznyj institut zaščity rastenij. Leningrad. 1961. (72 S.) 8°. (1961 A 1474)

Literatur über den Pflanzenschutz im Tabakbau (Nachtrag 1). Hrsg. Instn.: WTZ d. chem. Industrie f. Pflanzenschutz- u. Schädlingsbekämpfungsmittel b. VEB Fahlberg-List, Magdeburg. (Lit.-Nr.: 11/62. Titelanzahl: 39. Ber.-Zeit: 1956–1962.)

Literatur über die Isotopenanwendung im Pflanzenschutz (Ausgabe 3). Hrsg. Instn.: WTZ f. Pflanzenschutz- u. Schädlingsbekämpfungsmittel b. VEB Fahlberg-List, Magdeburg. (Lit.-Nr. 26/62. Titelanzahl: 54. Ber.-Zeit. 1956–62.)

A korszerü nagyüzemi növényvédelem feladatai Fejér megyében. (Aufgaben des modernen Pflanzenschutzes im Großbetrieb im Komitat Fejér.) Budapest. 1962. (31 S.) 8°. (DA 1379)

Unter d. Red. v. *Mel'nikov, N. N.* **Chimičeskie sredstva zaščity rastenij.** (Chemische Pflanzenschutzmittel.) Hrsg.: Gosudarstvennyj komitet Soveta Minist. SSR po chimii. Moskva: Gosud. naučno-techn. izd. chimičeskoj lit. 1961. (223 S.) 8° = Sbornik rabot. Naučnyj institut po udobrenijam i insektofungicidam imeni prof. Ja. V. Samojlova Nr. 171. (SR 1538, 171)

Literatur über die Testmethodik für Insektizide (Ausgabe 3). Hrsg. Instn.: WTZ f. Pflanzenschutz- u. Schädlingsbekämpfungsmittel b. VEB Fahlberg-List, Magdeburg. (Lit.-Nr. 18/62. Titelanzahl: 30. Ber.-Zeit.: 1956–62.)

Literatur über Defolianten (Ausg. 2). Hrsg. Instn.: WTZ f. Pflanzenschutz- u. Schädlingsbekämpfungsmittel b. VEB Fahlberg-List, Magdeburg. (Lit.-Nr. 16 u. 19/62. Titelanzahl: 40. Ber.-Zeit: 1956–62.)

Literatur über die Anwendung siliziumhaltiger Verbindungen in Pflanzenschutz- und Schädlingsbekämpfungsmitteln. Hrsg. Instn.: WTZ f. Pflanzenschutz- u. Schädlingsbekämpfungsmittel b. VEB Fahlberg-List, Magdeburg. (Lit.-Nr. 14/62. Titelanzahl: 10. Ber.-Zeit: 1956–62.)

Literatur über Repellents und Attractans. Hrsg. Instn.: WTZ f. Pflanzenschutz- u. Schädlingsbekämpfungsmittel b. VEB Fahlberg-List, Magdeburg. (Lit.-Nr.: 25/62. Titelanzahl: 90. Ber.-Zeit.: 1956–62.)

Chitzanidis, Anna. **Untersuchungen über das Verhalten von Kartoffel- und Tomatenrassen von Phytophthora infestans (Mont.) de Bary gegenüber organischen und anorganischen Fungiziden.** Diss. Univ. Bonn, Landwirtsch. Fak. 1960. (53 S.) 4°.

Literatur über Fragen der Saatgutbehandlung bei Baumwolle und Erdnuß und Fragen der Phytotoxizität bei der Saatgutbehandlung (insektizid, fungizid). Hrsg. Instn.: WTZ f. Pflanzenschutz- u. Schädlingsbekämpfungsmittel b. VEB Fahlberg-List, Magdeburg. (Lit.-Nr. 44/62. Titelanzahl: 16. Ber.-Zeit: 1956–62.)

Literatur über Carbanilsäureester (m-chlorsubst.). Hrsg. Inst.: WTZ f. Pflanzenschutz- u. Schädlingsbekämpfungsmittel b. VEB Fahlberg-List, Magdeburg. (Lit.-Nr. 22/62. Titelanzahl: 18. Ber.-Zeit: 1956–62.)

Literatur über die Wirkung von DDT auf Ferment-Systeme (Ausgabe 4). Hrsg. Instn.: WTZ f. Pflanzenschutz- u. Schädlingsbekämpfung b. VEB Fahlberg-List, Magdeburg. (Lit.-Nr. 27/62. Titelanzahl: 53. Ber.-Zeit: 1956–62.)

Literatur über Thiodan und Alodan. Hrsg. Instn.: WTZ f. Pflanzenschutz- u. Schädlingsbekämpfungsmittel b. VEB Fahlberg-List, Magdeburg. (Lit.-Nr. 21/62. Titelanzahl: 101. Ber.-Zeit: 1956–62.)

Literatur über Dipyridylium-Verbindungen. Hrsg. Instn.: WTZ f. Pflanzenschutz- u. Schädlingsbekämpfungsmittel b. VEB Fahlberg-List, Magdeburg. (Lit.-Nr. 24/62. Titelanzahl: 18. Ber.-Zeit: 1956–62.)

Literatur über Toxaphen. Hrsg.-Inst.: WTZ d. chem. Industrie f. Pflanzenschutz- u. Schädlingsbekämpfungsmittel b. VEB Fahlberg-List, Magdeburg. (Lit.-Nr.: 10/62. Titelanzahl: 22. Ber.-Zeit: 1956–1962.)

Literatur über Toxaphen und Melipax (Ausgabe 2). Hrsg. Instn.: WTZ f. Pflanzenschutz- u. Schädlingsbekämpfungsmittel b. VEB Fahlberg-List, Magdeburg. (Lit.-Nr. 28/62. Titelanzahl: 105. Ber.-Zeit: 1956–62.)

XII. UNKRAUTBEKÄMPFUNG

A. Allgemeine Literatur, Berichte, Statistiken u. a.

Bachthaler, G.; Rotthalmünster/Ndb., Höhere Landbauschule. **Entwicklungsfortschritte der chemischen Unkrautbekämpfung im Ackerbau.** Bayer. landwirtsch. Jb. **39** (1962) Nr. 5. S. 615–629.

Vf. berichtet über die 2. Tagung des Europäischen Unkrautforschungsrates (European Weed Research Council, EWRC) vom 12.–14. 12. 1961 in Paris.

Der Haupttagung des EWRC ging am 12. 12. ein Treffen des Fachkomitees für Wildhafer im Centre National de Recherches Agronomiques in Versailles voraus. Es wurde über Keimversuche und biol. Untersuchungen an *Avena fatua* auf internationaler Basis, über Labor- und Gewächshausteste mit Avadex (Diallat), Carbyne (Barban) und Casoron 133 (2.6-Dichlorbenzonitril), über Feldversuchsergebnisse mit neuem grasspezifischen Herbiciden zur Flughaferbekämpfung in verschiedenen landwirtsch. Kulturen und über die Planung weiterer internationaler Ringversuche für 1962 referiert. – Auf der Haupttagung wurde zunächst über den Einsatz von Grasherbiciden berichtet: Barban und Avadex zur Flughaferbekämpfung, Casoron gegen *Agropyron*, *Agrostis*, *Taraxacum* u. a., neue Entwicklungen auf dem Gebiet der Triazin-Herbicide, Anwendungsmöglichkeiten von Zytron, Garlon, Dalapon und Aminotriazol. Weitere Vorträge waren Herbiciden mit Wirkung gegen mono- und dikotyle Pflanzen auf dem Acker gewidmet: Endothal + Propham zur Unkrautbekämpfung in Zuckerrüben, herbicide Wirkung von verschiedenen Harnstoffderivaten, EPTC sowie Phenyloxylidin-dione. Ferner folgten Vorträge über Herbicide zur überwiegenden Bekämpfung dikotyler Unkräuter: Amiben, Fenac, CMA, PCA, 3.4-DCPA, Diquat und Paraquat.
H. Lehmann. 2701.

Anonym. Report on the EWRC-COLUMA symposium on herbicides, Paris, 13th-14th December 1961. **(Bericht über das EWRC-COLUMA-Symposium über Herbicide, 13.-14. Dez. 1961.)** Weed Res. 2 (1962) Nr. 3. S. 220–225. 2701.

Anonym. Report of the first conference of the French Weed Control Committee, 14th-15th December 1961. **(Bericht über die erste Konferenz des Französischen Komitees für Unkrautbekämpfung, 14.-15. Dez. 1961.)** Weed Res. 2 (1962) Nr. 3. S. 226–228. 2701.

Anonym. Reports presented to a meeting of the European Weed Research Council held at the UNESCO Building, Paris, 13th December 1961. **(Auf einer Tagung des European Weed Research Council im Unesco-Gebäude Paris, 13. Dez. 1961, gegebene Berichte.)** Weed Res. 2 (1962) Nr. 3. S. 210-217. 2701.

B. Unkrautbekämpfungsmittel

Bucha, Harry C., Cupery, Willis E., Harrod, James E., Loux, Harley M. und Ellis, Linus M.; Wilmington, Del., Ind. and Biochem. Dep. Substituted uracil herbicides. **(Substituierte Uracilherbicide.)** Science [Washington] **137** (1962) Nr. 3529. S. 537–538. – 1 Tab., 1 Lit.
3-Butyl-6-methyluracil (**I**) und 5-Brom-3-isopropyl-6-methyluracil (**II**) erwiesen sich in den Aufwandmengen von etwa 2 kg/ha als sehr wirksam gegen Samenunkräuter, Ungräser, wie *Avena fatua* und *Sorghum* sp. **II** wirkt darüber hinaus auch gegen ausdauernde Unkräuter. Von den Kulturpflanzen wurden Bohnen durch **I**, nicht aber Erbsen und Erdnüsse geschädigt. Die LD 50 von **I** gegenüber Ratten beträgt 7500 mg/kg Lebendgewicht von **II** 3400 mg/kg. Der Schmelzpunkt von **I** liegt bei 182 °C, von **II** bei 158 °C. Die Synthese beider Verbindungen wird beschrieben. G. Feyerabend. 2710.

Riden, J. R. und Hopkins, T. R.; Merriam, Canada, Spencer Chem. Res. Center. Formation of a water-soluble. 3-chloroaniline-containing substance in barban-treated plants. **(Bildung einer wasserlöslichen, 3-Chloranilin enthaltenden Substanz in Barban-behandelten Pflanzen.)** J. agric. Food Chem. **10** (1962) Nr. 6. S. 455–458. – 1 Abb., 1 Tab.
3 Tage nach der Anwendung von Barban (4-chlor-2-butinyl N-[3-chlorophenyl] carbamat) und ähnlichen Carbamaten wurde in verschiedenen Pflanzen eine wasserlösliche, 3-Chloranilin enthaltende Subst. isoliert. Durch Hydrolyse kann 3-Chloranilin freigesetzt und bestimmt werden. Es gelang jedoch

nicht, die pflanzliche Komponente zu bestimmen, an die 3-Chloranilin gebunden ist (kein Zucker, kein Protein). Versuche, in vitro, 3-Chloranilin an verschiedene Zucker, Aminosäuren und Peptide zu binden, schlugen fehl.
P. Neubert. 2710.

Klingman, Glenn C.; Raleigh, North Carolina State Coll. Persistence of 2,3,6-trichlorobenzyldiisopropyldithiocarbamate, or its residues, in North Carolina soil. **(Beständigkeit von 2.3.6-Trichlorbenzoldiisopropyldithiocarbamat oder seinen Rückständen in Boden Nordkarolinas.)** Weeds **10** (1962) Nr. 4. S. 336–337. 2710.

Wilkinson, Robt. E.; Clarkedale, Ark., U. S. Dep. of Agric., A. R. S., Crops Res. Div. Growth inhibitions by 2,2-dichloropropionic acid. **(Wachstumshemmungen durch 2.2-Dichlorpropionsäure.)** Weeds **10** (1962) Nr. 4. S. 275–281. 2710.

Ashton, Floyd M. und Uribe, Ernest G.; Davis, Univ. of California, Dep. of Bot. Effect of atrazine on sucrose-C^{14} and serine-C^{14} metabolism. **(Einfluß von Atrazin auf den Saccharose-^{14}C- und Serin-^{14}C-Stoffwechsel.)** Weeds **10** (1962) Nr. 4. S. 295–297. 2710.

McIntyre, G. I.; Oxford, Univ. Studies on the translocation in Agropyron repens of ^{14}C-labelled 2,2-dichloropropionic acid. **(Untersuchungen zur Verlagerung von ^{14}C-markierter 2.2-Dichlorpropionsäure in Agropyron repens.)** Weed Res. 2 (1962) Nr. 3. S. 165–176. – 3 Abb., 1 Tab., 7 Lit. Zus. in Franz., Dtsch.
Die Ergebnisse früherer Untersuchungen ließen den Schluß zu, daß die Verlagerung von Dalapon in *A. repens* durch die Stärke der Transpiration erheblich beeinflußt wird. Diese Beziehung untersuchte Vf. mit ^{14}C-markiertem Dalapon und Autoradiographie. Wenn Dalapon auf das Blatt gespritzt und die Pflanzen anschließend im Dunkeln gehalten wurden, nahm die Transpiration um ca. 90% ab, während die Menge des in die Wurzeln und Halme verlagerten Dalapons erheblich zunahm. Dieses durch Autoradiographie gewonnene Ergebnis wurde durch quantitative Feststellung des in den Wurzeln vorhandenen ^{14}C bestätigt. Ferner wurde geprüft, ob die Bewegung des Dalapons von der Verlagerung der Assimilate abhängt. Die Bewegung konnte jedoch weder durch 50%ige Reduktion der Lichtintensität noch durch Reduktion der Transpirationsrate (Kultur der Pflanzen bei hoher Luftfeuchtigkeit oder Bestreichen der Blätter mit Vaseline) beeinflußt werden.
H. Lehmann. 2710.

Szilvássy, L. Néhány fontosabb rizsfajta Dikonirt-érzékenysége. **(Die Empfindlichkeit einiger wichtiger Reissorten gegen Dikonirt.)** Növénytermelés [Pflanzenbau] **11** (1962) Nr. 2. S. 175–183. – Aus: Ung. Agrar-Rdsch. **1963** Nr. 1.
In den Jahren 1959–60 wurde die Empfindlichkeit der in Ungarn am meisten angebauten Reissorten ('Dubowski 129', 'Uz-Ross-17', 'Precoce Allorio', 'Dunghan Shali') gegenüber Dikonirt (2.4-D) untersucht, um den optimalen Zeitpunkt der Unkrautbekämpfung festzustellen. In den Versuchen waren die genannten Reissorten im 2- bis 4-Blattstadium sogar gegenüber 1,5 kg Dikonirt je Katastraljoch (kj = 0,575 ha) empfindlich. Am Anfang der aktiven Bestockung nimmt ihre Empfindlichkeit rasch ab; bis zur Mitte des Schossens sind sie dann widerstandsfähig und werden unmittelbar vor der Blüte wieder empfindlich. Gegen eine mit 1,5–2,5 kg Dikonirt je kj im 2- bis 4-Blattstadium durchgeführte Spritzung war 'Dubowski 129' am stärksten, 'Dunghan Shali' weniger empfindlich. Eine Behandlung am Ende der Bestockung bzw. zu Beginn des Schossens beschädigte keine Sorte. In diesen Phänophasen ertragen die 4 Sorten eine Dosis von 2,5 kg Dikonirt/kj ohne Schaden. Die chem. Unkrautbekämpfung kann demzufolge am zweckmäßig-

sten im Zeitraum zwischen Abschluß der Bestockung und vollem Schossen durchgeführt werden. Wenn der Reis Anfang Mai gesät wird, kann die Bekämpfung etwa zwischen dem 15. Juni und dem 10. Juli stattfinden. 2710.

C. Unkraut und Unkrautbekämpfung

Beinhauer, H. Försök med bekämpning av buskar och ogräs längs vägar och järnvägar. **(Unkrautbekämpfungsversuche an Straßen und Eisenbahnen.)** Kungl. Lantbrukshögskolan Statens Lantbruksförsök, Statens Jordbruksförsök, Medd. **1962** Nr. 134. S. 1–45. – 8 Abb., 19 Tab., 26 Lit. Zus. in Dtsch.

Im Jahre 1956/57 wurden in Schweden zur Bekämpfung von Buschwerk 2.5.4-T-Ester und 2.4-D/2.4.5-T-Ester angewendet. Folgende Arten waren vorherrschend: Weidearten (*Salix*), Birke (*Betula*), Esche (*Fraxinus excelsior*), Eiche (*Quercus robur*; *Q. petraea*), Hasel (*Corylus avellana*), Faulbaum (*Rhamnus frangula*), Pappel (*Populus tremula*), Fichte (*Picea abies*) und Kiefer (*Pinus silvestris*). Bei Blattbehandlungen sind 5–10 g 2.4.5-T oder 2.4-D/2.4.5-T-Säureäquivalent/l Spritzbrühe nötig, bei Schnittflächenbehandlung (Stumpfbehandlung) 10–20 g/l. Bei Stammgrundbehandlung von Weide und Birke sind 2.4.5-T-Ester dem Mischpräparat überlegen. Gegen Fichte und Kiefer wirkten 40 kg/ha Dalapon sehr gut. Die Handspritzung war der Anwendung fahrbarer Spritzen mit Spritzbalken weit überlegen. Zur Totalbekämpfung auf Gleisanlagen zeigten CMU und Simazin eine größere Dauerwirkung und bessere Breitenwirkung als NaCl. PCP war sehr effektiv, zeigte aber keinerlei Nachwirkung. Einzelwirkstoffe führten zur Selektion widerstandsfähiger Unkrautarten. Größte Breitenwirkung wurde durch Kombination von CMU oder Simazin mit Aminotriazol oder Dalapon erzielt. Die Kombination CMU/Borat hatte eine lange Nachwirkung. Folgende Wirkstoffe zeigten spez. Wirkung auf best. Unkrautarten: CMU auf Schafschwingel, ATA auf Ackerschachtelhalm, Dalapon und Dalapon/2.4.5-TP auf Schilf.
M. Amme. 2720.

Aleev, B. G. (Alejew, B. G.); Inst. für Pflanzenschutz des Min. für Landwirtsch. der Usbek.SSR. Chozjajstvennaja i ėkonomičeskaja ėffektivnost' chimičeskich metodov bořby s sornjakami. **(Wirtschaftlicher und ökonomischer Nutzeffekt chemischer Unkrautbekämpfungsmaßnahmen.)** Chlopkovodstvo, Moskva **12** (1962) Nr. 12. S. 38–42. – 2 Tab. 2720.

Panigrahi, B. M. und Misra, G.; Berhampur, Khallikote Coll., Dep. of Bot.; Cuttack, Ravenshaw Coll., Dep. of Bot. Use of 2,4-dichlorophenoxyacetic acid in the control of Argemone mexicana L. and Heliotropium indicum L. **(Anwendung von 2.4-Dichlorphenoxyessigsäure zur Bekämpfung von Argemone mexicana L. und Heliotropium indicum L.)** Sci. and Cult. [Calcutta] **28** (1962) Nr. 9. S. 426–427. 2720.

Selleck, G. W., Coupland, R. T. und Frankton, C. Univ. of Saskatchewan, Dep. of Plant Ecol. Leafy spurge in Saskatchewan. **(Eselswolfsmilch in Saskatchewan.)** Ecolog. Monogr. **32** (1962) Nr. 1. S. 1–29. – 8 Abb., 21 Tab., 71 Lit.

Durch vegetative und generative Vermehrung erfolgte seit der Jahrhundertwende eine starke Ausbreitung dieses perennierenden Unkrautes in Saskatchewan. Beträgt das Samenalter 1–2 Jahre, ist das Keimungsmaximum erreicht. Keimlinge vermögen keine größeren Bodenschichten als 2 in. zu durchstoßen. Die Keimruhe kann durch Wechseltemperatur (20 und 30 °C), durch länger anhaltende Temperaturen von 30–32 °C oder durch wechselndes Frieren, Tauen und längere Dunkelperioden beendet werden. Die Samenkeimung erfolgt hauptsächlich im Mai, obgleich sie während der gesamten Vegetationsperiode beobachtet wurde. Die vegetative Vermehrung beginnt bei Sämlingen schon 7–10 Tage nach dem Auflaufen. Der Blütenstand entwickelt sich erst im 2. Jahr. Wurzel- und rhizombürtige Pflanzen beginnen Ende Apr. ihr Wachstum und blühen um den 10. Mai. Die vegetative Ausbreitung (1–3 ft./Jahr) erreicht ihren Höhepunkt im Juni, unter trockenen Bedingungen im Herbst. Bis über 3 ft. tief in den Boden vergrabene Pflanzen wuchsen wieder auf. Die Bodentextur beeinflußt die vegetative Vermehrung. Die Bekämpfung bis zu 10 Tage alter Keimlinge kann mit 2.4-D (12 oz./acre) erfolgen, auch werden Totalherbicide empfohlen. Mehrjährige Anlage einer Schweineweide oder eines Hühnerauslaufes führt zur Ausrottung. Erfolgversprechend ist auch der Anbau stark konkurrierender perennierender Gräser, wie *Agropyrum cristatum*. H. Lehmann. 2720.

Kolb, F.; Stuttgart-Hohenheim, Landwirtsch. Hochschule, Inst. für Pflanzenschutz. **Experimentelle Untersuchungen zur gegenseitigen Beeinflussung von Kulturpflanzen und Unkräutern.** Z. Acker- und Pflanzenbau **115** (1962) Nr. 4. S. 375–406. – 7 Abb., 10 Tab., 46 Lit. Zus. in Engl.
Mit einer Wasserkulturmethode wurden Kulturpflanzen und Unkräuter auf die gegenseitige Beeinflussung im Wurzelbereich untersucht. Dabei standen die Faktoren Nährstoffkonkurrenz und Wurzelallelopathie im Vordergrund. Bei Getreide und Hackfrüchten (bes. Kartoffeln) wurden in einigen Fällen deutliche Effekte beobachtet. Die Unkräuter verursachten teils eine Hemmung, teils eine Förderung der Kulturpflanzen. Die Ursache der Hemm- und Förderungseffekte sind nicht auf Wurzelallelopathie, sondern ausschl. auf Nährstoffkonkurrenz zurückzuführen. M. Amme. 2735.

Thurston, J. M.; Harpenden, Herts., England, Rothamsted Exp. Stat. An international experiment on the effect of age and storage condition on viability and dormancy of Avena fatua seeds. **(Ein internationaler Versuch über den Einfluß von Alter und Lagerungsbedingungen auf Lebensfähigkeit und Keimruhe der Samen von Avena fatua.)** Weed Res. **2** (1962) Nr. 2. S. 122–129. 2735.

Thurston, Joan M.; Harpenden, Herts., Rothamsted Exp. Stat. The effect of competition from cereal crops on the germination and growth of Avena fatua L. in a naturally-infested field. **(Der Einfluß der Konkurrenz von Getreidebeständen auf Keimung und Wachstum von Avena fatua L. in einem natürlich befallenen Feld.)** Weed Res. **2** (1962) Nr. 3. S. 192–207. 2735.

Hammerton, John L.; Aberystwyth, Univ. Coll. of Wales, Dep. of Agric. A preliminary study of the competition between kale and three weed species of the genus Polygonum. **(Eine vorläufige Untersuchung der Konkurrenz zwischen Grünkohl und 3 Unkrautarten der Gattung Polygonum.)** Weed Res. **2** (1962) Nr. 4. S. 274-282. 2735.

Leuchs, F.; Fischenich/Köln, Biol. Bundesanst. für Land- und Forstwirtsch., Inst. für Gemüsekrankh. und Unkrautforsch. **Untersuchungen über Ökologie und Bekämpfungsmöglichkeiten des Huflattichs (Tussilago farfara L.). 2. Teil. Die Bekämpfung des Huflattichs mit Herbiciden.** Weed Res. **2** (1962) Nr. 4. S. 283-305. – 6 Abb., 10 Tab., 46 Lit. Zus. in Engl., Franz. 1. Teil vgl. LZ. Abt. II **7** (1962) Nr. 4. S. 1189.
Vf. verwendete MCPA, 2.4-D, 2.4.5-T, 2.4-D + 2.4.5-T, MCPA + 2.4.5-T, CMPP, MCPB, 2.4-DP, 2.4.5-TP, 2.3.6-TBA + MCPA und Mischungen der 2.3.6-TBA mit anderen Wuchsstoffmitteln. Die besten Ergebnisse wurden mit 4-CPA(Ester) erreicht. Wegen unzureichender Verträglichkeit kommt sie für den Einsatz im stehenden Getreide nicht in Frage. Etwas weniger wirksam, aber getreideverträglicher (bes. bei Weizen und Hafer) ist 2.4.5-TP. Es sind 1,7 l/ha AS notwendig, um den Huflattich mit einer Spritzung zu schädigen. Stärker und nachhaltiger wirken 2 Spritzungen, die entweder mit je 1,3 l/ha AS im Abstand von 5–10 Tagen oder auf der Stoppel mit 3–4 l/ha AS und im folgenden Frühjahr im Hafer mit 1,7 l/ha AS durchgeführt

werden. Alle anderen Wuchsstoffmittel zeigten unbefriedigende Ergebnisse. Auf der Getreidestoppel wirkte am besten Amitrol mit 7,5–10 kg/ha AS, bei 2 Spritzungen (4 und 6 kg) im Abstand von 3–4 Tagen. Schälen 4–6 Wochen nach der Spritzung verstärkte den Erfolg. Gleichsinnig wirkt auch Zusatz von NaCl (10–20 kg/ha) zur Spritzbrühe. Bei Spritzung mit Amitrol muß aber hinreichend großes und gesundes Laub vorhanden sein. Die Residualwirkung des Amitrols im Boden kann verschieden lange anhalten; i. allg. sind die Rückstände im folgenden Frühjahr abgebaut. M. Amme. 2740.

Church, B. M., Dadd, C. V. T., Miller, T. E. und Page, J. B.; Harpenden, Herts., Rothamsted Exp. Stat. Herbicide practice in arable farming districts of Eastern England, 1959-60. **(Herbicidpraktik in den Ackerbaubezirken Ostenglands, 1959/60.)** Weed Res. **2** (1962) Nr. 3. S. 153–164. 2740.

Stöhr, H.; Kassel. **Versuchsverfahren zur Ungrasbekämpfung auf Ackerland.** Mitt. dtsch. Landwirtsch.-Ges. **77** (1962) Nr. 50. S. 1640–1644. 2740.

Hoffmann, Otto L.; Kansas City, Spencer Chem. Co. Chemical seed treatments as herbicidal antidotes. **(Chemische Saatgutbehandlungen als herbicide Gegengifte.)** Weeds **10** (1962) Nr. 4. S. 322–323. – 1 Abb., 3 Lit.
Die herbicide Wirkung von Barban, das zur Bekämpfung von Flughafer eingesetzt wurde, sank, wenn gleichzeitig eine Unkrautbekämpfung mit Wuchsstoffherbiciden erfolgte. Daraufhin im Labor mit Barban und 2.4.6-Trichlorphenoxyessigsäure durchgeführte Versuche ergaben, daß zwischen beiden Herbiciden ein Antagonismus besteht. Es ließen sich weitere Wuchsstoffe mit ähnlicher Wirkung finden. Solche Verbindungen versprachen einen aussichtsreichen Einsatz in Getreidekulturen; denn die zur erfolgreichen Flughaferbekämpfung notwendige Barbanmenge führt stets zu Getreideschäden. Zu diesem Zweck mußte ein bes. Anwendungsverfahren entwickelt werden: Weizensaatgut wurde mit dem Antagonisten behandelt, gesät und nach dem Auflaufen z. Z. des 1- bis 2-Blattstadiums des Flughafers mit Barban gespritzt. Ungefähr 75% der Schadwirkung auf Weizen bei Spritzung des Bestandes mit Barban können vermieden werden, wenn das Saatgut vor dem Drillen mit 1 oz./bu. 4'-Chlor-2-hydroximinoacetanilid trockengebeizt wird. Wenn bisher 0,25–0,5 lb./acre Barban als getreideverträglich angesehen wurden, können bei vorheriger Saatgutbehandlung 1–2 lb./acre Barban gespritzt und damit eine bedeutend bessere Herbicidwirkung erzielt werden. Andere hochwirksame Barban-Gegengifte sind 2.4-Dichlor-9-xanthenon und N-Methyl-3.4.-dichlorbenzolsulfonamid. H. Lehmann. 2740.

Dragoev, P. (Dragoew, P.) Izpolzuvaneto na dinitrobutilfenolovi i dinitroortokrezolovi preparati sreštu div sinap vŭv fievi posevi. **(Einsatz von Dinitrobutylphenol- und Dinitroorthokresol-Präparaten gegen Ackersenf in Wickenbeständen.)** Rastitelna zaštita, Sofija **10** (1962) Nr. 2. S. 76–78. – 1 Tab.
Aus Versuchen mit „Gebutox flüssig" (**a**) und „Geol" (**b**) ergibt sich, daß **a** in einer Dosierung von 4 kg/ha und **b** in Aufwandmengen von 7 und 10 kg/ha erfolgreich zur Bekämpfung des Ackersenfs eingesetzt werden können. Die Spritzung soll zu Entwicklungsbeginn der Wickenbestände (bei einer Pflanzenhöhe von 10–15 cm) erfolgen. J. Ljubenow. 2740.

Unkrautbekämpfung mit chemischen Mitteln im Hackfruchtbau einschließlich Mais. Halle-Lauchstädt, Inst. Saatgut u. Ackerbau Dtsch. Akad. Landwirtsch.-Wiss. Berlin Plan-Nr.: 17 01 24h 2-28/0Z. Teil-Abschlußber. (18/3. 1963).
Die Überprüfung verschiedener chem. Unkrautbekämpfungsmittel im Hackfruchtbau in den Jahren 1959–62 auf verschiedenen Standorten ergab bei Mais eine Überlegenheit der Vorauflaufmittel (W 6658) gegenüber den Mitteln bei Anwendung im Pflanzenbestand. – Im Zuckerrübenbau hatten die als

Vorauflaufmittel angewendeten chlorierten aliphatischen Säuren bei geringer unkrautbekämpfender Wirkung rel. starke Schäden an den Zuckerrüben zur Folge. Die Wirkung von Alipur war dagegen besser. Spritzungen mit Natronsalpeter waren stark witterungsabhängig und schädigten nur einige Unkrautarten. – Im Kartoffelbau sind die Wuchsstoffherbicide dann mit Erfolg anzuwenden, wenn stärkere Verunkrautung durch die Bearbeitung nicht verhindert werden kann. W 6658 hatte z. T. starke Schäden bei Kartoffeln zur Folge. 2740.

Zemánek, Jiří und Fiedler, Jiljí; Praha-Ruzyně, Výzkumný Ústav Rostlinné Výroby; Semčice, Výzkumný Ústav Řepařský. Chemické hubení plevelů v cukrovce. **(Chemische Unkrautbekämpfung in Zuckerrübenkulturen.)** Studijní Inform., rostlinná Výroba **1962** Nr. 6. S. 1–56.
Die Ergebnisse praxisnaher Prüfungen von 34 Herbiciden (Vorauflaufmittel) werden mitgeteilt. Der spez. Teil des Berichtes gliedert die Herbicide in anorg. Mittel, ferner in Phenole, Carbamate und substituierte Harnstoffe, wobei bes. die Wirkung von Alipur (Kombination von 16% N-cyclooktyldimethyl-Harnstoff mit 11% Butiynyl-m-chlorphenylcarbamat, in der BRD hergestellt) eingehend bewertet wird. Von org. Herbiciden wird bes. Endothal und seine Kombination mit Isopropyl-N-phenylcarbamat, die unter der Bezeichnung Murbetol in England hergestellt wird, hervorgehoben. Die Beschreibung der Wirkung von Herbiciden auf einige zweikeimblättrige Unkräuter wird durch Angaben über Anwendung und Dosierung ergänzt.
M. Pštross. 2740.

Fischer, A.; Ludwigshafen, Landwirtsch. Versuchsstat. der Badischen Anilin- und Soda-Fabrik AG. **1-Phenyl-4-amino-5-chlor-pyridazon-6 (PCA) als ein neues Rübenherbicid.** Weed Res. **2** (1962) Nr. 3. S. 177–184. – 8 Abb., 1 Tab., 3 Lit. Zus. in Engl., Franz.
Von bisher über 500 geprüften Pyridazon-Derivaten zeigt PCA die besten herbiciden Eigenschaften. PCA (1–3 kg/ha) besitzt sowohl im Vor- als auch im Nachauflaufverfahren eine genügende Selektivität gegenüber Zucker- und Futterrüben. Die Nachwirkung in lehmigen Sandböden ist kürzer als die von OMU, CMU und Simazin. Nach Behandlung mit 2 kg/ha PCA kann eine Neuansaat von Kulturpflanzen nach 8–10 Wochen erfolgen, ohne daß Schäden befürchtet werden müssen. Während die meisten in Rübenkulturen vorkommenden Samenunkräuter bekämpft werden, sind *Avena fatua* und einzelne *Vicia*-Arten schwer sowie sämtliche Wurzelunkräuter überhaupt nicht bekämpfbar. Die PCA-Anwendung ist unabhängig vom Entwicklungsstadium der Rüben. Der günstigste Spritztermin wird durch das Keimblattstadium der Unkräuter bestimmt und sollte bei windstillem Wetter, bedecktem Himmel, Temperaturen bis ca. 22 °C und 40–70% rel. Luftfeuchtigkeit erfolgen. Die herbicide Wirkung wird durch geringen Zusatz von OMU im Vorauflaufverfahren eindeutig gesteigert. Die Bekämpfung von Unkräutern im 2- bis 4-Blattstadium im Nachauflaufverfahren mit 1–3 kg/ha PCA läßt sich durch Zusatz von 100–150 kg/ha $NaNO_3$ verbessern. H. Lehmann. 2740.

Becker, Clarence F., Costel, Gerald L. und Alley, Harold P.; Laramie, Univ. of Wyoming. Effect of incorporation methods and carrier type of endothal (TD-66) on control of weeds in sugar beets. **(Einfluß der Anwendungsmethoden und des Trägermittels von Endothal [TD-66] auf die Bekämpfung von Unkräutern in Zuckerrüben.)** J. Amer. Soc. Sugar Beet Technologists **12** (1962) Nr. 2. S. 127–134. – 8 Abb., 4 Lit. 2740.

Stephens, R. J.; Mylnefield, Scott. Horticult. Res. Inst. The control of weeds in potatoes by pre-emergence application of herbicides. **(Unkrautbekämpfung in Kartoffeln durch Vorauflaufherbicide.)** Weed Res. **2** (1962) Nr. 3. S. 185–191. – 3 Tab., 6 Lit. Zus. in Franz., Dtsch.

In 3jähr. Versuchen mit 3 verschiedenen Kartoffelsorten wurde die herbicide Wirkung von 2.4-DES (3,6 lb./acre) + Propham (4), 2.4-DES (3,6) + Fenuron (0,5), Simazin (1,5) (alle drei wurden 4–7 Tage nach dem Pflanzen gespritzt), Dinoseb (3; 44–48 Tage), Dinoseb (6) + Dalapon (2,5–5; 29–48 Tage), Triëtazin (2; 10–29 Tage) und Atrazin (2; 29 Tage) geprüft und mit unbehandelten Kontrollen bzw. mechan. Unkrautbekämpfung (7–9 Arbeitsgänge, die sich über ca. 8 Wochen erstreckten) verglichen. Die höchsten Erträge wurden durch die mechan. Bekämpfung erzielt; dann folgen Dinoseb + Dalapon, Dinoseb, Atrazin und Triëtazin. Simazin und die 2.4-DES-Kombinationen wirkten ertragsmindernd. Triëtazin verhinderte das Wachstum aller annuellen Unkräuter außer *Atriplex patula*, das sich dann bes. stark entwickelte. – Kartoffelknollen aller mit Herbiciden behandelten Varianten trieben im kommenden Frühjahr normal aus. – An gekochten Kartoffeln durchgeführte Geschmacksprüfungen ergaben lediglich bei Simazinanwendung eine leichte Geschmacksbeeinflussung, die sich aber in weiteren Untersuchungen nicht bestätigen ließ. H. Lehmann. 2740.

Fedorova, L. L., Šajdurov, V. S. und Stanko, S. A. (Fjodorowa, L. L., Schaidurow, W. S. und Stanko, S. A.); Chibiny, Gebiet Murmansk, Polar-Versuchsstat. des Unions-Inst. für Pflanzenbau; Moskau, Pflanzenphysiol. Timirjasew-Inst. der Akad. der Wiss. der UdSSR. Ėffektivnost' dejstvija smesi gerbicidov v posevach kormovoj kapusty. **(Wirksamkeit eines Herbicidgemisches in Futterkohlsaaten.)** Fiziologija rastenij, Moskva **9** (1962) Nr. 6. S. 735–737. – 4 Tab., 4 Lit.

Unter den Bedingungen des Gebietes Murmansk setzte die Anwendung eines Gemisches von 20 kg/ha TCA und 20 kg/ha CDEC in 600 l Wasser/ha die Verunkrautung des Futterkohls um 54–86% herab und stimulierte das Wachstum der Kulturpflanzen. Das Herbicidgemisch wurde im Vorauflaufverfahren am 2. Tag nach der Aussaat ausgebracht. Auf mineral. Böden war die herbicide Wirkung besser als auf torfmoorigen Böden. Der Gehalt an Chlorophyll und Carotin war bei den behandelten Futterkohlpflanzen größer als bei den Kontrollen, wobei das Verhältnis Chlorophyll a zu Chlorophyll b auf 1,2–1,4 vermindert wurde. Die Intensität der Photosynthese und der Transpiration war erhöht. Insgesamt waren die Futterkohlpflanzen der behandelten Flächen z. Z. der Ernte 4 cm größer als die Kontrollpflanzen. K. Schumann. 2740.

Blood, T. F. The control of marsh horsetail (Equisetum palustre) by cutting with a flail-type forage harvester. **(Die Bekämpfung des Sumpfschachtelhalmes [Equisetum palustre] durch Schnitt mit einem Schlegelernter.)** J. Brit. Grassland Soc. **17** (1962) Nr. 4. S. 322. 2750.

Dvořak, Jiří; Holovousy, Výzkumný Ústav Ovocnářský ČSAZV. Příspěvek k otázce použití herbicidu Simazinu v ovocnářství. **(Beitrag zur Anwendung des Herbicides Simazin im Obstbau.)** Rostlinná Výroba **8(35)** (1962) Nr. 4. S. 557–570. – 5 Abb., 5 Tab., 9 Lit. Zus. in Russ., Dtsch.

Die Möglichkeit der Anwendung von Simazin in Zwergbaumkulturen und in Obstbaumschulen wurde überprüft. Es wurden die Wirkung des Simazins auf die Unkrautpflanzen und auf die Obstbäume sowie sein Eindringen in den Boden untersucht. Die behandelten Flächen wiesen verschiedene Unkrautdichte auf. Da in den Obstanlagen fast immer auch Unkrautarten vorkommen, die gegen das Simazin wenig empfindlich sind, wird eine Gabe von 10–15 kg/ha empfohlen. Das Simazin soll nur innerhalb der Baumreihen und nicht über die ganze Fläche gespritzt werden. Selbst bei einer Gabe von 20 kg/ha wurde keine Beschädigung an Kern- und Steinobst festgestellt. Beim Blattspritzen zeigte sich bei den Steinobstbäumen eine schwache Chlorose der Blätter. Bei Gefäßversuchen mit Sämlingen führten höhere Simazingaben zum Vertrocknen der Blattränder und zu Blattfall. Bei 20 kg/ha drang das Simazin nach 9 Mon.

30 cm tief in den Boden ein, und nach 14 Mon. wurde es in 10 cm Tiefe festgestellt; bei 10 kg drang es nach 10 Mon. 10 cm tief ein.
J. Sindelářová. 2760.

Karnatz, H.; Jork, Obstbauversuchsanst. **Über die Wirkung des Atrazins (Gesaprim) gegen Quecken und Gräser in Obstanlagen.** Mitt. Obstbauversuchsringes Alten Landes **17** (1962) Nr. 11. S. 381–382. – 2 Tab. 2760.

Goddrie, P. D.; Wilhelminadorp, Versuchsstat. für Obstbau. **Chemische Unkrautbekämpfung bei der Vermehrung der Erdbeere.** Rhein. Mschr. Gemüse-, Obst- u. Gartenbau **50** (1962) Nr. 12. S. 351–352. – 5 Tab.
Zur Vereinfachung der Unkrautbekämpfung im Erdbeervermehrungsanbau wurden in den Jahren 1958 –62 mehrere Versuche zur chem. Unkrautbekämpfung durchgeführt. Zur Anwendung gelangten Simazin flüssig mit 0,5-2 kg in 1000 l/ha Wasser, Simazin-Granulat 2%ig mit 40 kg/ha und Amiben mit 10 l/ha. Die Versuche wurden auf Sand- bzw. lehmigen Sandboden durchgeführt. Die Sorten und Aufwandmengen waren in den Prüfungen verschieden. Die Anwendung erfolgte zu Beginn der Rankenbildung um Mitte Juni. Durch Simazin wurden bei keiner Aufwandmenge Veränderungen an den Mutter- und Jungpflanzen verursacht. Amiben bewirkte Blattschädigungen an den Jungpflanzen. Bodenlockerung nach der chem. Unkrautbekämpfung begünstigte die Wurzelbildung der Jungpflanzen. Die Zahl der geernteten Jungpflanzen in den behandelten Parzellen entsprach etwa der in den mit der Hand bearbeiteten oder lag z. T. darüber. Für die Unterdrückung des Unkrautwachstums in der Zeit zwischen Rankenbildung und Jungpflanzenernte wird die Aufwandmenge von 1 kg/ha Simazin und auf humusreichen Böden 0,5 kg/ha als ausreichend betrachtet. Unterschiedliche Sortenempfindlichkeit wird angenommen, wobei die Sorte 'Deutsch Evern' als sehr empfindlich und 'Senga Sengana' als widerstandsfähig gilt. B. Borck. 2760.

Orth, H.; Fischenich bei Köln, Biol. Bundesanst. für Land- und Forstwirtsch., Inst. für Gemüsekrankh. und Unkrautforsch. **Der gegenwärtige Stand unserer Kenntnisse über die chemische Unkrautbekämpfung in einigen Gemüsekulturen.** Dtsch. Akad. Landwirtsch.-Wiss. Berlin, Tagungsber. **1962** Nr. 51. S. 53–66. – 9 Lit. Zus. in Russ., Engl. – nach Zus.
Es werden die neuesten Erkenntnisse über die chem. Unkrautbekämpfung in Gemüsekulturen dargestellt. Als Modellobjekte dient die Unkrautbekämpfung in Zwiebeln, Möhren und Erbsen. Die Wirkung der z. Z. im Handel befindlichen Wirkstoffe sowie die Verfahren zu ihrer Anwendung werden beschrieben und ihre Vor- und Nachteile gegenübergestellt. Die Prüfung der Herbicide sollte nach folgenden Gesichtspunkten durchgeführt werden: 1. Phytotoxizität gegenüber Kulturpflanzen; 2. herbicider Effekt; 3. Wirtschaftlichkeit in Relation zum Wert der Kultur; 4. Residualeffekt im Boden und in der Pflanze. Eingehend werden die Möglichkeiten der Schädigung von Kulturpflanzen durch Verwendung der Herbicide besprochen. Die bisher vorliegenden Mitteilungen über die Dauer der Nachwirkung von Herbiciden im Boden dürften z. Z. nur einen bedingten Wert haben, der durch örtliche Umstände bestimmt wird. Ein allg. Urteil hierüber kann vorerst noch nicht gegeben werden. Eine Reihe von Beispielen wird angeführt. Vorrangige Bedeutung kommt hierbei dem biol. Abbau der Wirkstoffe im Boden zu. Diesbez. Untersuchungen sind noch nicht abgeschlossen. Nach bisherigen Beobachtungen hat die zunehmende Anwendung von Herbiciden die Bodenfruchtbarkeit noch nicht beeinflußt. 2760.

Holz; Oldenburg, Pflanzenschutzamt. **Möglichkeiten und Grenzen der chemischen Unkrautbekämpfung im Gemüsebau.** Rhein. Mschr. Gemüse-, Obst- u. Gartenbau **51** (1963) Nr. 2. S. 31–33. 2760.

Zanardi, D.; Pavia, Osservatorio per le Malattie delle Piante. Sul diserbo chimico dei vigneti. **(Über die chemische Unkrautbekämpfung in Weinbergen.)** Notiziario Mallatie Piante [N.S.] **41/42** (1962) Nr. 62/63. S. 125–131. – 2 Abb., 8 Lit. Zus. in Engl. 2760.

Lazenby, Alec; Cambridge, Univ., School of Agric. Studies on Allium vineale L. III. Effect of depth of planting. **(Untersuchungen bei Allium vineale L. 3. Mitt. Die Wirkung der Pflanztiefe.)** J. Ecol. **50** (1962) Nr. 1. S. 97–109. – 4 Abb., 4 Tab., 11 Lit. 2. Mitt. vgl. LZ. Abt. II 8 (1963) Nr. 4. S. 1160.

Um die Auswirkung von Tiefpflanzung auf das Auftreten und Verhalten von *Allium vineale* zu prüfen, wurden die unterirdischen Hauptsprosse, Ausläufer und Luftzwiebeln in 0; 1,25; 2,5; 5; 10; 20 und 40 cm Bodentiefe eingebracht (Gefäßversuche). Zuerst erschienen die Blätter der in 1,25 und 2,5 cm Tiefe eingebrachten Sprosse; mit zunehmender Tiefe war das Erscheinen immer stärker verzögert. Die Zahl der Ausläufer und die Wachstumsfähigkeit waren aber bis zu 20 cm Tiefe praktisch gleich, lediglich die bei 40 cm eingegrabenen Sprosse liefen in geringerem Maße auf und starben bald wieder ab. Wurden Ausläufer in verschiedener Tiefe vergraben, so ergab sich bei 1,25 cm ein optimales Wachstum; in Abhängigkeit von der Eingrabungstiefe nahmen die Restitutionsergebnisse ab. Dabei verminderte sich das Gewicht der unterirdischen Sprosse rascher als deren Größe. Die Zahl der ausgebildeten Luftzwiebeln verringerte sich gleichfalls rasch mit der Einpflanztiefe; auch hier erwies sich die Tiefe von 1,25 cm als optimal. H. Naumann. 2760.

Lazenby, Alec; Cambridge, Univ., School of Agric. Studies on Allium vineale L. IV. Effect of cultivation. **(Untersuchungen bei Allium vineale L. 4. Mitt. Wirkung von Kulturmaßnahmen.)** J. Ecol. **50** (1962) Nr. 2. S. 411 bis 428. – 4 Abb., 6 Tab., 11 Lit. 3. Mitt. vgl. vorst. Ref.

Vf. untersuchte in mehreren Gefäßversuchen mit 3 Vermehrungsorganen von *Allium vineale* L. (unterirdische Hauptschosse, harte Ableger, Luftzwiebeln) den Einfluß einer guten Saatbettbereitung und des Weizenanbaus auf das Aufkommen dieses in Großbritannien bes. auf schwerem Ton gefährlichen Unkrautes. Während das Pflügen und Eggen im Herbst vor Einsaat einer Wi-Weizensorte das Aufkommen von unterirdischen Hauptschossen und deren nachfolgendes Wachstum kaum beeinflußten, verminderte die Saatbettbereitung vor Aussaat einer So-Weizensorte das *Allium*-Aufkommen erheblich. Das Getreide reduzierte zwar nicht das Auflaufen von *Allium*, verminderte aber das Gewicht der unterirdischen Organe dieses Unkrauts um etwa $^1/_4$. Die als Dauerorgane wirksamen harten Ableger wurden durch Kultivierungsmaßnahmen und den Anbau von Weizen nicht beeinflußt. Am stärksten war die Auswirkung auf Zahl und Gewicht der aus Luftzwiebeln austreibenden unterirdischen Teile; auch hierbei war das Pflügen im Frühjahr am erfolgreichsten. H. Naumann. 2760.

Lazenby, Alec; Cambridge, Univ., School of Agric. Studies on Allium vineale L. V. Effects of plant disturbance. **(Untersuchungen bei Allium vineale L. 5. Mitt. Wirkungen der Pflanzenstörung.)** J. Ecol. **50** (1962) Nr. 2. S. 429–438. – 1 Abb., 6 Tab., 4 Lit. 4. Mitt. vgl. vorst. Ref.

Es wurde der Einfluß verschiedener Formen und Häufigkeiten von Störungsmaßnahmen auf Pflanzen von *A. vineale* geprüft, die aus Luftzwiebeln ausgetrieben waren. Selbst über einen Zeitraum von 4 Mon. 14tägig erfolgendes Ausgraben und Wiedereinpflanzen führten nicht zum Absterben, sondern nur zu erheblicher (30%) Reduzierung des Gewichts der unterirdischen Organe. Je früher im Jahr die Störung erfolgte, desto wirksamer war sie. Im Zeitraum von März–Juni nur einmal ausgegrabene Pflanzen zeigten sogar ein gesteigertes Wachstum. Ausgegrabene Pflanzen, die auf die trockene Erdoberfläche gelegt wurden, blieben bis zu 4 Wochen vor ihrem Absterben grün und vermochten so Nährstoffe in die Zwiebeln zu transportieren, die dann in der Lage waren, längere Trockenheit zu überstehen. Ausgegrabene *Allium*-Pflanzen, die auf dauernd feuchtgehaltenen Boden gelegt wurden, starben um so eher ab, je häufiger dieser Eingriff erfolgte. Bis zum Juni nicht ausgegrabene Pflanzen überlebten alle späteren häufigen Eingriffe.

H. Naumann. 2760.

Davis, Frank S., Peters, Elroy J., Klingman, Dayton L., Kerr, Harold D. und Fletchall, O. Hale. Chemical control of wild garlic. **(Chemische Bekämpfung von Weinbergslauch.)** Weeds **10** (1962) Nr. 4. S. 281–284. – 5 Tab., 17 Lit.

In 7jähr. Freilandversuchen wurde die herbicide Wirkung von ATA, Dalapon, MH, Fenac und 2.3.6-TBA (I) mit verschiedenen 2.4-D-Mitteln verglichen. Da Weinbergslauch vom zeitigen Herbst bis zum späten Frühjahr keimt, wurden Herbst- und Frühjahrsbehandlungen durchgeführt. Bei gleicher Gesamtaufwandmenge war die Herbst- + Frühjahrsbehandlung wirkungsvoller als die Frühjahrsbehandlung allein. Von allen geprüften Herbiciden übertraf nur I die Wirkung von 2.4-D. Netzmittelzusatz vermochte die Wirkung von I noch zu verbessern. Zusätze von ATA zu I, MH oder Dalapon erhöhten nicht deren Wirkung. Da die hartschaligen, mindestens 3 Jahre im Boden lebensfähigen Zwiebeln nicht angegriffen werden, ist die Ausrottung mit diesen Herbiciden nicht möglich. H. Lehmann. 2760.

Untersuchungen zur Rationalisierung der Anbau- und Anzuchttechnik von Baumschulgehölzen. Unterthema: Anwendung der chemischen Unkrautbekämpfung in den Baumschulkulturen. Dresden-Pillnitz, Inst. Obst- und Zierpflanzenbau Plan-Nr.: 17 01 14 h/2–19/0. 95 S. Abschlußber. (18/3. 1963).

Verschiedene Herbicide wurden in Baumschulkulturen geprüft. Bei simazinhaltigen Herbiciden (Simazin, W 6658) wurden Fragen der Aufwandmengen, Applikationsverfahren und -termine bearbeitet und das phytotoxische Verhalten der Baumschulpflanzen untersucht. Gemeinsam mit den Betrieben der SAG Baumschule Dresden konnten die Erkenntnisse unter Praxisbedingungen erweitert und gleichzeitig Herbicide in die Praxis eingeführt werden. Erste Erfahrungen konnten mit Amitrol und Azaplant-Kombi gesammelt werden. Der Bau einer speziellen Unkraut-Reihenspritze wurde veranlaßt. Je ha und Jahr lassen sich 150,– bis 200,– DM und 70–80 AKh einsparen. 2760.

Stahn, B.; Markkleeberg, VEG (Z) Saatzucht, Spezialbetr. für Moorbeetkult. **Moderne Unkrautbekämpfung in Erica gracilis-Beständen schaltet Handarbeit völlig aus.** Dtsch. Gartenbau **9** (1962) Nr. 11. S. 302–304. – 4 Abb.

Vf. berichtet über den Einsatz von Simazin, MCPA, 2.4-D, Natriumchlorat und DNOC. Die beste Wirkung wurde durch Natriumchlorat und Simazin erreicht. Bei Anwendung von Natriumchlorat muß die vorgeschriebene Konz. unbedingt eingehalten werden. Mit Simazin, 1–4 g/5 m^2 je nach Bodenverhältnissen, ließen sich ausreichende Ergebnisse erzielen. Für Großflächenspritzungen sind 4–8 kg in 400–600 l Wasser je ha erforderlich. Alle übrigen geprüften Mittel erwiesen sich als nicht brauchbar. M. Amme. 2760.

Jannaud, G. und Rakotomanana. Le désherbage chimique des rizières par avion. Campagne 1961–1962 – Alaotra. **(Die chemische Unkrautbekämpfung auf den Reisfeldern durch Flugzeuge, Kampagne 1961/62 in Alaotra.)** Agronom. trop. **17** (1962) Nr. 9. S. 715–733. – 6 Abb., 10 Tab. Zus. in Engl., Span.

Seit dem Jahre 1955 werden im Gebiet des Alaotra-Sees Flugzeuge zur chem. Unkrautbekämpfung in Reisfeldern herangezogen. Die eingesetzte Maschine heißt "Piper Supercub Agricole P A 18 A" (150 PS). Ihr Reservoir faßt 400 l. Einige Tage vor der Unkrautbekämpfung werden die Reisfelder trockengelegt.

An Arbeitskräften werden 6 Mann im Flugzeug und 4 Mann auf den Feldern benötigt. Es können 35 ha/Std. behandelt werden. Die Kosten belaufen sich auf insgesamt 1300 frs CFA/ha (Personal, Herbicid, sonstiges Material). Da der Reinertrag beim Reis 9000 frs CFA/ha beträgt, ist diese Art der Unkrautbekämpfung rentabel. Die Kosten bei Handarbeit belaufen sich auf 5000 frs CFA/ha. Auf großen Flächen ist dem Flugzeug der Vorzug zu geben.
E. M. Ardelt. 2770.

Silvy, A. Lutte contre les mauvaises herbes en plantation d'ananas en Côte d'Ivoire. **(Unkrautbekämpfung in Ananasplantagen an der Elfenbeinküste.)** Fruits d'outre Mer **17** (1962) Nr. 10. S. 501–505. – 4 Tab. 2770.

Faber, H.; Rellingen, Pflanzenschutzamt des Landes Schleswig-Holstein, Bezirksstelle. **Die Unkrautbekämpfung in Forstkulturen.** Gesunde Pflanzen **14** (1962) Nr. 10. S. 190–194. – 1 Abb., 2 Tab., 13 Lit.
Vf. gibt einen Überblick über die Möglichkeiten der chem. Unkrautbekämpfung bei Neuaufforstungen und in Forstkulturen, wobei der Erfolg abhängig ist von den Unkrautarten, den Mitteln und deren Konz. sowie dem Zeitpunkt der Anwendung. Einzelheiten sind in Tab. angegeben. M. Amme. 2780.

Peevy, Fred A. Evaluation of placements of 2.4.5-T basal spray for control of Blackjack oak. **(Ermittlung der Plazierung der 2.4.5-T zur Bekämpfung von Blackjack-Eichen.)** Weeds **1o** (1962) Nr. 1. S. 74–75. – 1 Tab., 5 Lit.
5 verschiedene 2.4.5-T-Anwendungsmethoden werden untersucht und mit der unbehandelten Kontrolle, deren Baumstämme mit der Axt geringelt wurden, verglichen. Der größte Prozentsatz an Bäumen starb ab, wenn die unteren 2 in. des Stammes und der Boden im Umkreis von 4 in. um die Stammbasis gespritzt wurden. Die stärkste Defoliation erfolgte nach Spritzung der unteren 12 in. des Stammes, wobei die Flüssigkeit auf Wurzeln und Boden ablief. Die Aufwandmenge betrug 48 ml/in. Stammdurchmesser (8 lb./ahg Dieselöl).
H. Lehmann. 2780.

Crafts, A. S. **The chemistry and mode of action of herbicides.** New York; London: Interscience publ. 1961. (VIII, 269 S.) 8°. (1962 A 1384)

Dzieczyc, J. **Zwalczanie chwasstów.** (Die Unkrautbekämpfung.) Warszawa: Panstw. wyd. rolnicze i leśne. 1962. (232 S.) 8°. (1962 A 740)

Evans, Stanley A. **Weed destruction.** A farmer's and students' guide. Oxford: Blackwell. 1962. (XII, 172 S.) 8°. (1962 A 1382)

Irták, Virág Árpad, Márton, Geza und *Varga, János.* **Vegyszeres gyomirtás a kukoricavetésekben.** (Chemische Unkrautvertilgung bei der Maisausaat.) Budapest: Földmüvelésügyi Minist. állani gazdaságok. 1960. (71 S.) 8°. (DA 1200)

Kott, Stepan Alekseevič. **Sornye rastenija i boŕba s nimi.** (Unkräuter und deren Bekämpfung.) 3., überarb. u. erg. Aufl. Moskva: Sel'chozgiz. 1961. (364 S.) 8°. (1962 A 144)

Kozlov, A. A. **Ispolzovanie gerbicida 2,4 D v boŕbe s sornjakami na orošaemych zemljach Alma-Atinskoj oblasti. Avtoreferat.** (Anwendung der Herbicide 2.4-D zur Bekämpfung der Unkräuter auf den bewässerten Ländereien des Gebietes Alma-Ata.) Hrsg.: Minist. sel'skogo choz. Kazachskoj SSR; Kazachskij gosudarstvennyj sel'skchozjajstvennyj institut. Diss. Kasach. Landwirtsch. Inst. Alma-Ata, Wiss. Rat. (1962. (19 S. m. 9 Tab.) 8°. (Diss. 8139)

Leuchs, F. **Untersuchungen über Ökologie und Bekämpfungsmöglichkeiten des Huflattichs.** Forsch.-Auftr. Ministerium für Ernähr., Landwirtsch. und Forsten des Landes Nordrhein-Westfalen; Fischenich, Bezirk Köln, Inst. für Gemüsekrankh. und Unkrautforsch. der Biol. Bundesanst. 1961.

Rola, Józef. **Przewodnik stosowania herbicydów w kompleksowej walce z chwastami.** (Ratgeber für die Anwendung von Herbiciden in der komplexen Unkrautbekämpfung.) Warszawa: Panstw. wyd. roln. i leśne. 1962. (76 S.) 8°. (1962 A 729)

Unter d. Red. v. *Skrjabin, K. I.* **Voprosy fitogel'mintologii. Gel'minty i gel'mintozy sel'skoch. rastenij i mery boŕby s nimi.** (Probleme der Phytohelminthologie.) Hrsg.: Akad. nauk SSSR; Gel'mintologičeskaja laboratorija. Moskva: Izd. Akad. nauk SSSR. 1961. (248 S.) 8°. (1962 A 696)

Stonov, Leonid Dimitrievič. (Unter d. Red. v. *Korolev, L. I.*) **Defolianty i desikanty. Chemičeskie sredstva dlja preduboročnogo udalenija list'ev i vysušivanija sel'skochozjajstvennych rastenij.** (Defolianten und Desikanten.) Moskva: Goschimizdat. 1961. 99 S.) 8°. (1961 A 1265)

Szigehty, Lászlo. **Tapasztalatok a kukorica vegyszeres gyomirtásaval.** (Erfahrungen in der chemischen Unkrautbekämpfung von Mais.) Budapest: Mezögazdasági kiadó. 1961. (77 S.) 8°. (DA 1396)

Primenenie gerbicidov i stimuljatorov rosta rastenij. (Die Verwendung von Herbiciden und Wachsstumsstimulatoren der Pflanzen.) Hrsg.: Akad. nauk Belorusskoj SSR; Inst. biologii. Minsk: Izd. Akad. nauk BSSR. 1961. (310 S.) 8°. (1962 A 353)

A vegyszeres gyomirtás jelenlegi állása. (Die gegenwärtige Situation in der Unkrautbekämpfung.) Budapest. 1960. (80 S.) 4°. (1961 B 240)

Literatur über den Wirkungsmechanismus von Herbiziden (Ausgabe 2). Hrsg. Instn.: WTZ f. Pflanzenschutz- u. Schädlingsbekämpfungsmittel b. VEB Fahlberg-List, Magdeburg. (Lit.-Nr.: 17/62. Titelanzahl: 92. Ber.-Zeit: 1956–62.)

Literatur über die Wirkung von 2.4-Dichlorphenoxyessigsäure auf Mono- und Dikotyledonen (Ausgabe 2). Hrsg. Instn.: WTZ f. Pflanzenschutz- u. Schädlingsbekämpfungsmittel b. VEB Fahlberg-List, Magdeburg. (Lit.-Nr.: 23/62. Titelanzahl: 69. Ber.-Zeit: 1956–62.)

Literatur über das Herbizid Äthylen-(1.1)-bis-pyridylium-(2'.2')-dibromid. Hrsg. Instn.: WTZ f. Pflanzenschutz- u. Schädlingsbekämpfungsmittel b. VEB Fahlberg-List, Magdeburg. (Lit.-Nr.: 15/62. Titelanzahl: 5. Ber.-Zeit: 1956–62.)

Ėffektivnost' gerbicidov v sisteme mer bofby s sornjakami. (Nutzeffekt der Herbicide im System der Bekämpfungsmaßnahmen gegen Unkräuter.) Hrsg.: Vsesojuznaja akad. sel'skochoz. nauk im. V. I. Lenina; Vsesojuznyj naučno-issledovatel'skij institut udobrenij i agropočvovedenija. Moskva: Izd. „Moskovskaja pravda". 1962. (285 S. m. Abb.) 8° = Trudy VIUA. Vsesojuznyj naučno-issledovatel'skij inst. udobrenij i agropočvovedenija Nr. 39. (ZA 1713)

Redaktionsschluß: 15. 7. 1963

Herausgeber: Deutsche Demokratische Republik · Deutsche Akademie der Landwirtschaftswissenschaften zu Berlin, Institut für Landwirtschaftliche Information und Dokumentation, Berlin W 8, Krausenstraße 38/39; Chefredakteur: Dr. Ursula Wittbrodt, stellvertretender Chefredakteur: Dr. Werner Kleeberg, Berlin W 8, Krausenstraße 38/39; Fernsprecher: 22 51 61. Verantwortliche Redaktion der Abteilung II – Pflanzliche Produktion: Phytopathologie und Pflanzenschutz: Prof. Dr. Alfred Hey, Berlin, und Prof. Dr. Maximilian Klinkowski, Aschersleben; Pflanzenbau: Prof. Dr. Gustav Könnecke, Halle; Gartenbau: Prof. Dr. Johannes Reinhold, Berlin; Pflanzenzüchtung: Prof. Dr. Rudolf Schick, Groß-Lüsewitz, Kreis Rostock; Bodenkunde, Pflanzenernährung und Düngung: Prof. Dr. Karl Schmalfuß, Halle. Hauptredakteur: Dr. Werner Kleeberg, Berlin W 8, Krausenstraße 38/39; Fernsprecher: 22 51 61. Verlag: Akademie-Verlag GmbH, Berlin W 8, Leipziger Straße 3–4; Fernsprecher: 22 04 41, Telex-Nr. 011773, Postscheckkonto Berlin 350 21. Bestellnummer dieses Heftes: 1030 II – VIII/10. Das Landwirtschaftliche Zentralblatt, Abt. Pflanzliche Produktion, erscheint monatlich. Einzelheft DM 20,– einseitig bedruckte Ausgabe DM 24,–. Jahresbezugspreis DM 240,–; einseitig bedruckte Ausgabe DM 288,– einschl. Register, zuzüglich Porto- und Versandkosten. Gesamtherstellung: VEB Druckerei „Thomas Müntzer" Bad Langensalza. Veröffentlicht unter der Lizenznummer 1291 des Presseamtes beim Vorsitzenden des Ministerrates der Deutschen Demokratischen Republik.

Kolibri 360 GmbH
Ferdinand-Jühlke-Straße 7
99095 Erfurt, Deutschland
produktsicherheit@kolibri360.de